U0190514

"十四五"国家重点出版物出版规划项目
基础科学基本理论及其热点问题研究

国家重点研发计划项目（2021YFC2902002）
国家自然科学基金项目（41972166，42272193）
成果

# 两淮煤田煤中微量元素的地球化学

刘桂建　刘　源　陈　健　孙若愚　程思薇　著

中国科学技术大学出版社

## 内 容 简 介

本书系统介绍了研究区域两淮煤田、煤的样品采集方法以及煤中微量元素的分析方法，通过详细的数据分析，总结了两淮煤田石炭二叠纪煤中微量元素的含量、分布特征、赋存状态与地质成因，深入剖析了地质作用如岩浆岩侵入等对微量元素富集和形态的影响，揭示了这些地质过程在微量元素地球化学中的重要作用。此外，本书还展示了微量元素在两淮煤层对比中的应用，丰富了煤中微量元素的环境地球化学理论。这些内容不仅对煤炭资源的开发利用具有重要意义，还对环境保护和健康风险评估等领域具有指导作用。本书是煤炭清洁利用以及煤矿区环境保护研究领域的一部重要参考资料。

**图书在版编目(CIP)数据**

两淮煤田煤中微量元素的地球化学/刘桂建等著.—合肥：中国科学技术大学出版社，2023.12

(两淮矿区资源与环境治理前沿科学与技术)

国家科学技术学术著作出版基金项目

“十四五”国家重点出版物出版规划项目

ISBN 978-7-312-05775-5

Ⅰ.两…　Ⅱ.刘…　Ⅲ.煤—微量元素—地球化学—研究—安徽　Ⅳ.P618.11

中国国家版本馆 CIP 数据核字(2023)第 169351 号

**两淮煤田煤中微量元素的地球化学**

LIANG HUAI MEITIAN MEI ZHONG WEILIANG YUANSU DE DIQIU HUAXUE

**出版**　中国科学技术大学出版社
安徽省合肥市金寨路 96 号，230026
http://www.press.ustc.edu.cn
https://zgkxjsdxcbs.tmall.com

**印刷**　安徽省瑞隆印务有限公司

**发行**　中国科学技术大学出版社

**开本**　787 mm×1092 mm　1/16

**印张**　20

**字数**　512 千

**版次**　2023 年 12 月第 1 版

**印次**　2023 年 12 月第 1 次印刷

**定价**　128.00 元

# 前　　言

我国能源结构以煤炭为主，因长期受到煤烟型大气污染等环境问题的困扰，故大力推进煤炭高效清洁利用是时代需求。煤中微量元素富集分异特性研究是突破洁净煤技术瓶颈的关键。我国煤炭分布面积广、沉积环境多样、成煤时代长、聚煤盆地地质条件复杂、后期地质影响和改造活动明显，煤中微量元素的含量变化大。两淮（淮南、淮北）地处华东腹地，是我国大型煤炭基地和“火电三峡”。本书选取两淮地区为研究区，深入阐述该区煤的微量元素组成及其主要控制因素，对两淮乃至全国的绿色发展有重要意义。

本书由多位长期从事该领域研究的学者，按其专长及前期研究成果分工撰写而成，共7章，汇聚了发表在国际煤地质学重要刊物上的多个精华成果，是近20年来多个重大项目研究成果的集成。本书注重内容的准确性、科学性和创新性，全面更新了我国煤中砷、硒、锡、锑、汞、钒、镉、铬、铅和铀等环境敏感性微量元素的含量数据库，揭示了微量元素在不同区域、成煤时代、变质程度煤中的时空分布规律及成因。在此基础上，总结了两淮煤田石炭二叠纪煤中微量元素的含量、分布特征与赋存状态，探究了岩浆岩侵入等地质作用对元素富集及形态的影响，展示了微量元素在两淮煤层对比中的应用，丰富了煤中微量元素的环境地球化学理论，揭示了元素的潜在环境危害性，为煤炭清洁利用及煤矿区环境保护研究奠定了基础。

本书的撰写得到了诸多学者的关心和支持，在此一并向他们表示衷心的感谢！

本书力争做到简明扼要、重点突出、通俗易懂。期望本书能为初学者和研究生提供该领域的基础理论与应用示范。由于作者能力等原因，书中难免有疏漏之处，恳请读者提出宝贵意见，给予批评指正。

著　者

2023年6月

# 目　　录

# 第1章　绪　　论

## 1.1　微 量 元 素

### 1.1.1　微量元素的定义

地球化学学科中，元素被划分为两大类型：主量元素和微量元素。微量元素被定义为物质中含量低于100 mg/kg的元素。研究表明，有26种微量元素是需要特别关注的环境敏感性元素，根据这些元素对环境影响的程度，又将它们划分为三组：Hg、As、Se、Pb、Cr和Cd是对环境危害最大的一组微量元素；第二组元素包括F、V、U、Cl、Mn、B、Mo、Cu、Ni、P、Be、Th和Zn；第三组元素为Sb、T、Co、Sn、Ba、Ra和I。[1]

微量元素在不同的学科领域中有不同的含义。在生物化学学科中，微量元素是指生物体内含量低于体重0.01%的元素；而在食物营养学中，它代表食物中普遍存在但含量低于20 mg/kg的元素。在该学科中，微量元素的近义词包括痕量金属、重金属、痕量元素及微量营养素等。这些近义词在不同的情形下被使用，其中"重金属"一词被广泛使用。重金属泛指密度大于5 $g/cm^3$的元素，包括可被生物吸收、有毒性和会产生污染的金属和类金属。然而当元素与植物联系紧密时，我们称微量元素为微量营养元素，包括Cu、Fe、Mn、Mo和Zn等元素。

### 1.1.2　微量元素的来源

大多数情况下微量元素的人为来源多于自然来源。微量元素的自然来源包括岩石风化、火山喷发、海浪、温泉、湖泊河流沉积物、植被及森林火灾等。相较之下，其人为来源更为广泛，包括各种工业、农业、生活排放以及交通尾气。金属工业中的采矿、冶炼和加工活动中的微量元素的释放被认为是微量元素工业来源中最主要的类型，然而煤矿工业中煤的开采、洗选、加工、运输、堆放及燃烧过程中微量元素的释放则是煤矿区微量元素的主要来源之一。[2-9]

# 1.2 微量元素的性质

## 1.2.1 微量元素的理化性质

### 1.2.1.1 砷

砷是青灰色、易碎、结晶状的类金属元素，它有 3 种同素异形体，在空气中存放会失去表面光泽，加热时迅速氧化。砷的元素序号是 33，密度为 5.73 g/cm$^3$，熔点和升华点分别为 817 ℃和 613 ℃。作为砷化合物原料的三氧化二砷可由冶炼得来，低价态的砷可由催化或细菌氧化成五氧化二砷或亚砷酸。硫化物、白砷、巴黎绿、砷酸钙和砷酸铅等是几种常见的砷化合物。巴黎绿、砷酸钙和砷酸铅等砷化合物常被用作杀虫剂或毒药。此外，一些砷化合物因其高毒性还被用作除草剂或灭林剂。砷在大自然中分布广泛，在所有环境介质中的含量都处于可被检测的水平，饮用水及土壤中砷的世界平均含量分别为 2.4 ng/L 和 7.2 mg/kg。[10]

### 1.2.1.2 镉

镉是一种存在于地壳中柔软的具有延展性的银白色金属。它主要以锌、铅和铜矿中的复合氧化物、硫化物和碳酸盐的形式存在。[11]如表 1.1 所示，镉的相对原子质量为 112.4，原子序数为 48，熔点为 320.9 ℃，沸点为 765 ℃。镉在元素周期表中位于第五周期ⅡB 族，电子构型为 $4d^{10}5s^2$，主要以 +2 价形式存在。自然界中镉的同位素主要有$^{106}$Cd、$^{108}$Cd、$^{110}$Cd、$^{111}$Cd、$^{112}$Cd、$^{113}$Cd、$^{114}$Cd 和$^{116}$Cd，它们的丰度分别为 1.25%、0.89%、12.5%、12.8%、24.1%、12.2%、28.7%和 7.49%。镉同位素示踪可以作为一种新型的研究镉在地质和生物材料的循环途径的手段。[12]

**表 1.1 镉的基本理化性质**

| 性　质 | 参　数 |
| --- | --- |
| 相对原子质量 | 112.4 |
| 硬度(Mohs) | 2 |
| 密度(g/cm$^3$) | 8.65 |
| 熔点(℃) | 320.9 |
| 沸点(℃) | 765 |
| 熔化热(kJ/mol) | 6.192 |
| 汽化热(kJ/mol) | 99.57 |

续表

| 性　质 | 参　数 |
| --- | --- |
| 比热(J/(g·K)) | 0.231 |
| 电负性(鲍林) | 1.69 |
| 原子半径(pm) | 151 |
| 共价半径(pm) | 144±9 |
| 范德华半径(pm) | 158 |
| 摩尔体积($cm^3$/mol) | 13.01 |
| 晶体结构 | 六方密堆积 |
| 价电子构型 | $1s^2 2s^2 p^6 3s^2 p^6 d^{10} 4s^2 p^6 d^{10} 5s^2$ |
| 发现者 | 弗里德里希·斯特罗梅耶 |
| 发现年份 | 1817 |
| 发现地 | 德国 |
| 主要用途 | 合金、电池 |
| 外观特征 | 银白色金属 |

### 1.2.1.3　汞

汞的原子序数为80,位于元素周期表ⅡB族,密度为13.6 g/$cm^3$(20 ℃),属于重金属元素,原子量为200.6,离子半径为1.12 Å,电负性为1.8。

汞是毒性较大的有色金属,俗称水银,常温下为银白色发光易流动的液体。它是室温下唯一的液体金属,这是其最大的特点。汞的熔点低,为-38.87 ℃,在356.95 ℃沸腾。溶化初期的汞开始蒸发,因此,0 ℃时存在一定的汞蒸气,温度升高,汞蒸气越多,说明汞具有较高的挥发性。另外,汞又是比较稳定的金属元素,在室温下不能被空气氧化,加热至沸腾才会慢慢与氧反应生成氧化汞。汞及其常见化合物的基本理化性质见表1.2。

**表1.2　汞及其常见化合物的基本理化性质**

| 性　质 | Hg | $HgCl_2$ | HgO | HgS | $CH_3HgCl$ | $(CH_3)_2Hg$ |
| --- | --- | --- | --- | --- | --- | --- |
| 熔点(℃) | -38.87 | 277 | 500 | 584 | 167 | |
| 沸点(℃) | 356.95 | 303 | | | | 96 |
| 蒸气压(Pa) | 0.18 | $8.99\times10^{-3}$ | $9.2\times10^{-12}$ | n.d. | 1.76 | $8.3\times10^3$ |
| 溶解度(g/L) | $49.4\times10^{-6}$ | 66 | $5.3\times10^{-2}$ | $2\times10^{-24}$ | 5～6 | 2.95 |
| 亨利常数 | 0.32 | | | n.d. | | 0.31 |

n.d.:无数据。

### 1.2.1.4　铅

铅的原子量为207.2,原子序数为82,熔点为327.3 ℃,沸点为1744 ℃。铅是原子序数最高的稳定化学元素,位于元素周期表的第四主族。环境中的铅主要以+2价和+4价的氧化态存在。自然界中铅的同位素主要有$^{204}Pb$、$^{206}Pb$、$^{207}Pb$和$^{208}Pb$，它们的丰度分别为1.48%、23.6%、22.6%和52.3%。除了$^{204}Pb$是稳定同位素之外，其余铅同位素均为$^{238}U$、$^{235}U$和$^{232}Th$的放射性分解产物。因此在研究铅同位素变化时，$^{204}Pb$通常作为对比标准。由于不易受到物理或化学分馏过程的影响，铅浓度及其同位素特征是环境中尤其是大气环境中追踪污染源和污染途径的重要手段。铅是高度亲硫的，在环境中的初始存在形态为方铅矿（PbS）。除此之外，它通常的矿物有硫酸铅矿（$PbSO_4$）、白铅矿（$PbCO_3$）、红铅（$Pb_3O_4$）、磷氯铅矿［$Pb_5(PO_4)_3Cl$］和砷铅矿［$Pb_5(AsO_4)_3Cl$］。[13]

#### 1.2.1.5　锑

锑的原子量为121.76，原子序数为51，熔点为630.5 ℃，沸点为1635 ℃（表1.3）。在周期表中位于第五周期第五主族，和它同族的前后元素分别为砷和铋。锑可以多种价态形式存在：-3价、+1价、2价、+4价和+5价。锑与其同主族的砷都是环境中存在的微量元素。由于它们外轨道电子的相同$s^2p^3$构造，在氧化环境下，两者通常都以+5价的氧化物、氢氧化物、过氧化物或+3价的锑酸盐和砷酸盐形态存在。

**表1.3　锑的基本理化性质**

| 性　质 | 参　数 |
|---|---|
| 密度（$g/cm^3$） | 6.68 |
| 熔点（℃） | 630.5 |
| 沸点（℃） | 1635 |
| 熔解热（kJ/mol） | 19.870 |
| 汽化热（kJ/mol） | 77.140 |
| 热容（J/（K·mol）） | 25.23 |
| 熵（J/（K·mol）） | 45.69 |
| 原子体积（$cm^3/mol$） | 18.23 |
| 导热性（W/（cm·K）） | 0.243 |
| 光电功函数（eV） | 4.0 |
| 热膨胀系数（mg/（kg·K）） | 8.5 |
| 电子构型 | $[Kr]4d^{10}5s^25p^3$ |
| 鲍林电负性 | 2.05 |
| 中子截面 | 5.4 |
| 晶体结构 | 斜方六面体 |
| 发现年份 | 1450 |
| 发现者 | Valentine |
| 地壳浓度（mg/kg） | 0.2 |
| 陨石浓度（mg/kg） | 0.017 |
| 宇宙星尘浓度（mg/kg） | $929\times10^{-6}$ |
| 主要用途 | 合金、电池 |
| 表观特征 | 片状白色金属 |

### 1.2.1.6 硒

硒的化学符号是 Se,原子序数为 34,是一种半金属元素(基本理化性质见表 1.4)。其具有 3 种同素异形体:黑色、灰色和红色的单质硒。在自然界中,常以 -2 价、0 价、+4 价和 +6 价形式存在,形成的化合物与硫元素较为相似。在自然界中,硒元素有 6 种稳定同位素 $^{74}Se$(0.185%)、$^{76}Se$(8.66%)、$^{77}Se$(7.31%)、$^{78}Se$(23.21%)、$^{80}Se$(50.65%)、$^{82}Se$(8.35%)和 3 种放射性同位素 $^{75}Se$、$^{77}Se$、$^{78}Se$。

**表 1.4　硒元素的基本理化性质**

| 性　质 | 参　数 |
|---|---|
| 颜色 | 黑、灰、红 |
| 密度($kg/m^3$) | 4790 |
| 硬度 | 2 |
| 熔点(℃) | 221 |
| 沸点(℃) | 684.9 |
| 蒸汽压(Pa(494 K)) | 0.695 |
| 汽化热(kJ/mol) | 26.3 |
| 熔化热(kJ/mol) | 6.694 |
| 摩尔体积($m^3/mol$) | $16.42\times10^{-6}$ |
| 地壳含量(%) | $8\times10^{-5}$ |
| 比热(J/(kg·K)) | 320 |
| 热导率(W/(m·K)) | 2.04 |
| 原子量 | 78.96 |
| 原子半径(pm) | 115 |
| 范德华半径(pm) | 190 |
| 价电子排布 | $[Ar]3d^{10}4s^24p^4$ |
| 晶体结构 | 六方晶系 |
| 电负性 | 2.48 |

硒化氢和金属硒化物是硒在自然界中主要的硒化物。其中,硒化氢是一种具有恶臭气味的有毒气体,溶于水,呈强酸性。溶于水的硒化氢可与许多重金属离子发生沉淀,生成微粒状的硒化物。氧化态为 +1 的金属可以与硒反应生成 2 种硒化物:正硒化物和酸式硒化物。硒离子与硫离子具有较为接近的离子半径,分别为 0.198 nm 和 0.184 nm,硒与硫可经常发生替代。因此,金属硒化物常存在于金属硫化物(如 Fe、Cu、Pb)的矿床中。另外,动物、植物和微生物作用亦可产生挥发性烷基硒污染物。

$SeO_2$、$H_2SeO_3$ 或 $SeO_3^{2-}$($HSeO^{3-}$)是 +4 价硒的主要存在形式。它们在空气中燃烧或者与硝酸进行反应,均可获得 $SeO_2$。但是由于其具有较强的氧化性,易被 $SO_2$ 或者其他有机化合物还原成元素硒。烟气中 $SeO_2$ 在常温下呈固体状且可挥发，遇水可形成亚硒酸。亚硒酸盐是一种弱酸，在酸性环境中亦可被强还原剂（$SO_2$、有机微生物等）还原成硒。在土壤环境中，亚硒酸盐常可被铁和铝的氧化物或者铁的氢氧化物所吸附，吸附量与土壤环境的pH、微粒粒度和含量有关。

硒酸盐极易溶解，并且向难迁移形式硒转化的过程非常缓慢，是硒元素最易被植物吸收的一种存在形式。

#### 1.2.1.7 锡

锡是原子序数为 50 的元素，相对原子质量为 118.71，核外电子排布为[Kr]$4d^{10}5s^25p^2$。由锡的核外电子排布可知，锡共有 2 个主要化合价，+2 价和 +4 价。锡位于元素周期表的第四主族，具有一定两性金属元素特性，可以同时与强酸和强碱反应。锡单质存在两种同素异形体，分别为α-锡和β-锡。纯度够高的情况下，β-锡在低温情况下会向α-锡转化，该反应的临界温度为 13.2 ℃。常温下的锡是一种柔软、延展性强的银白色金属。锡的熔点相比其他同周期的过渡金属是最低的，仅为 232 ℃，沸点为 2270 ℃。

锡的化学性质不活泼，不能与水反应，但能够与稀酸、稀碱缓慢反应，与强酸强碱迅速反应，还能与卤素单质反应。锡离子在水中易水解，久置的含锡溶液可以使溶液的 pH 明显下降。锡的卤素化合物易溶于水，在水中，$Sn^{2+}$ 和 $Sn^{4+}$ 的卤化物分别以$[SnCl_4]^{2-}$和$[SnCl_6]^{2-}$复合离子的形式存在。少量碱溶液可以使水中的 $Sn^{2+}$ 和 $Sn^{4+}$ 沉淀，生成白色的 $Sn(OH)_2$ 和 $Sn(OH)_4$ 沉淀。然而在碱过量的条件下，这两种锡的氢氧化物会重新溶解。

$$[SnCl_4]^{2-}(aq) + 2OH^-(aq) \rightleftharpoons Sn(OH)_2(s) + 4Cl^-(aq)$$

$$[SnCl_6]^{2-}(aq) + 4OH^-(aq) \rightleftharpoons Sn(OH)_4(s) + 6Cl^-(aq)$$

$$Sn(OH)_2(s) + 2OH^-(aq) \rightleftharpoons [Sn(OH)_4]^{2-}(aq)$$

$$Sn(OH)_4(s) + 2OH^-(aq) \rightleftharpoons [Sn(OH)_6]^{2-}(aq)$$

二氧化锡是自然界中最常见的锡的化合物。锡石的理化性质十分稳定，抗风化能力很强，不与水反应，但可以溶于卤族元素形成的浓酸，也可以溶于碱。以二氧化锡为主要成分的矿物称作锡石。二氧化锡是锡矿中锡的主要存在形式。

锡的硫化物是另一种较为重要的存在形式。在中度酸性条件下，锡可以与硫单质反应，分别形成 SnS 和 $SnS_2$。其中 $SnS_2$ 在含过量 $S^{2-}$ 的碱溶液中可以重新溶解。

$$[SnCl_4]^{2-}(aq) + H_2S(aq) \rightleftharpoons SnS(s) + 2H^+(aq) + 4Cl^-(aq)$$

$$[SnCl_6]^{2-}(aq) + 2H_2S(aq) \rightleftharpoons SnS_2(s) + 4H^+(aq) + 6Cl^-$$

$$SnS_2(s) + S^{2-}(aq) \rightleftharpoons [SnS_3]^{2-}(aq)$$

$$SnS_2(s) + 4H^+(aq) + 6Cl^-(aq) \rightleftharpoons [SnCl_6]^{2-}(aq) + 2H_2S(aq)$$

#### 1.2.1.8 铀

铀是一种天然存在的放射性元素，广泛分布于地壳中，$^{238}U$ 的半衰期长达 447 万年，因此它能在自然界中长时间存在。铀作为煤的伴生元素之一，它在水介质中能以可溶的铀酰离子（$UO_2^{2+}$）的形态迁移，当含铀的水溶液流过含煤地层或成煤的沼泽地带时，铀便会被有机物及腐殖酸类以离子状态吸附结合而还原沉淀于煤中,从而形成含铀煤。[14]铀和铀化合物的毒性较大,接触利用它时有一定风险,但同时它也是一种战略资源,因此铀资源的开发与利用也成了人们研究的热点之一。[15]含铀煤是能提供铀和煤两种能源的一种资源,按核燃料$^{238}U$蕴藏的能量$1.9\times10^7$ kcal/g和煤的热值500 kcal/kg计算,煤中铀含量为40 mg/kg时,含铀煤中铀产生的能量就能等同于煤的能量值。[16]

#### 1.2.1.9 钒

钒的原子序数为23,原子量为50.94,是一种银白色金属。钒具有非常高的熔点,约为$(1919\pm2)$ ℃,常与铌、钽、钨和钼一起称为难熔金属。[17]钒的沸点是3000~3400 ℃。钒具有延展性、质坚硬、无磁性的特性。钒的常见价态为+5价、+4价、+3价和+2价,其中+5价最为稳定,其次是+4价。五价钒化合物具有氧化性,而低价钒具有还原性。钒的价态越低,还原能力越强。钒能以+2价、+3价、+4价和+5价态的形式与氧结合,形成4种氧化物:一氧化钒、三氧化二钒、二氧化钒和五氧化二钒。酸碱度和氧化还原电位对钒的化学形态和溶解度有很强的影响。[18]此外,在高温下,金属钒容易与氧气和氮气相互作用。当钒在空气中被加热时,钒先被氧化成棕黑色的三氧化二钒,然后变为深蓝色的四氧化二钒,最后被氧化成橙色的五氧化二钒。常见的钒盐包括偏钒酸铵、偏钒酸钠、硫酸氧钒、四氯化钒和三氯氧钒。钒总共有31种同位素,其中大部分是通过人工合成获得的,只有$^{50}V$和$^{51}V$是自然界存在的,分别占比为0.25%和99.75%。[19]

### 1.2.2 微量元素及其化合物的用途

#### 1.2.2.1 砷

砷很少以单质的形式存在,而经常形成或者被人工合成化合物、盐类和有机化合物。这些含砷化合物可用于多行业:医药行业,如卡巴砷(Carbasone)、新砷凡纳明(Neoarsphenamine)等;木材加工处理行业,如铬酸铜砷(CCA);农业,如枯叶剂、杀虫剂(砷酸氢铅,$PbHAsO_4$)等;有机砷化合物——洛克沙砷(3-Nitro:Roxarsone)也曾被用作饲料添加剂在养殖业中大规模使用。

#### 1.2.2.2 镉

自20世纪初,镉及其化合物开始在工业中得到广泛的应用。它可用于金属电镀、合金、塑料稳定剂、颜料以及可充电镍镉电池。[20-21]镉的电镀广泛应用于汽车和飞机零件、电子零件、船舶设备和工业机械,基本原理是在电解池中使用镉电极,将金属镉和镉的氧化物溶解在氰化钠溶液中。镉可以制成特殊的易熔合金、耐磨合金、焊锡合金等。由于其高的氧化电位,镉可用作铁、钢、铜的保护膜,并广泛地应用于电镀防腐上。但因其毒性大,这项用途有减缩趋势。很多低熔点的合金中也含有镉,如著名的伍德易熔合金中含镉高达12.5%。由于镉具有较大的热中子俘获截面,因此含银(80%)铟(15%)的合金可作原子反应堆的(中子吸收)控制棒。此外,由于镍-镉和银-镉电池具有体积小、容量大等优点,镉还被广泛用于制造充电电池。大多数这些产品中的镉都很难被回收,因此Fulkerson和Geoller将镉标记为"耗散元素"。[22]

#### 1.2.2.3 汞

汞(mercury，Hg)，俗称水银，古称辰砂(HgS)，自1000多年前被用作涂料以来，其用途变得广泛，特别在工业、农业、交通运输、医药卫生以及军工生产等领域中都得以应用。

#### 1.2.2.4 铅

铅是人类最早广泛使用的金属之一，它的使用可以追溯到公元前3000年前，人们开始从矿石中熔炼铅。从19世纪80年代开始，由于铅的环境污染和对人类的健康影响，现对铅的利用下降了许多。[23]四乙基铅曾经用在汽油中作为汽油防爆剂。含铅汽油的燃烧曾经是全球大气中铅扩散的重要来源。[24]大部分的铅被用于生产含铅蓄电池，其中金属铅用于负极，而氧化铅(PbO)用于正极。小部分的铅与锑结合用来制造铅网格和焊接材料。铅也可以用来制造放射性辐射、X射线的防护设备。

#### 1.2.2.5 锑

锑的拉丁名称 *stibium* 和元素符号 Sb 均来自辉锑矿的英文名 stibnite。原意为“反对僧侣”。锑的发现与使用在人类文明中有着悠久的历史，可以上溯到铜器时代。在古卡尔迪亚王国的 Tello 挖掘出土了公元前4000年的含锑碎片文物。许多文献记载炼金术士和道士都试图将含锑的辉锑矿用作药物。令人惊讶的是，在过去金属锑及辉锑矿常被用来治疗梅毒、胸痛、瘟疫、忧郁症，尤其是热病。[25]

我国是世界上发现并利用锑较早的国家之一。明朝末年，中国发现了世界上最大的锑矿产地——湖南锡矿山，当时把锑误认为锡，故命名为锡矿山。随着机械制造业的兴起，锑的用途和需求量扩大，黔、滇、桂等省区也相继开采了一些锑矿。从1908年以后数十年间，中国产锑量常占世界总产量的50%以上，仅锡矿山自1912—1935年间的锑品产量占世界产量的36.6%，占全国的60.9%。新中国成立之后，对锑矿进行了大规模的地质勘探和开发，并发展了硫化锑精矿鼓风炉挥发熔炼。我国锑矿储量和产量均居世界首位，并大量出口，生产高纯度金属锑(含锑99.999%)及优质特级锑白，代表着世界锑业先进生产水平。

锑多用作其他合金的组元，可增加其硬度和强度。如蓄电池极板、轴承合金、印刷合金(铅字)、焊料、电缆包皮及枪弹中都含锑。铅锡锑合金可作薄板冲压模具。高纯锑是半导体硅和锗的掺杂元素。锑白(三氧化二锑)是锑的主要用途之一，锑白是搪瓷、油漆的白色颜料和阻燃剂的重要原料。硫化锑(五硫化二锑)是橡胶的红色颜料。生锑(三硫化二锑)用于生产火柴和烟剂。

锑是电和热的不良导体，在常温下不易氧化，有抗腐蚀性能。因此，锑在合金中的主要作用是增加硬度，常被称为金属或合金的硬化剂。在金属中加入比例不等的锑后，金属的硬度就会加大，可以用来制造军火。锑及锑化合物首先使用于耐磨合金、印刷铅字合金及军火工业，是重要的战略物资。

锑可用作 PET 生产中的缩聚催化剂。含锑合金及其化合物则用途十分广泛，锑化物可阻燃，所以常应用在各式塑料和防火材料中。含锑、铅的合金耐腐蚀，是生产蓄电池极板、化工管道、电缆包皮的首选材料；锑与锡、铅、铜的合金强度高、极耐磨，是制造轴承、齿轮的好材料，高纯度锑及其他金属的复合物(如银锑、镓锑)是生产半导体和电热装置的理想材料。锑的化合物锑白是优良的白色颜料，常用在陶瓷、橡胶、油漆、玻璃、纺织及化工产业。

随着科学技术的发展，锑现在已被广泛用于生产各种阻燃剂、搪瓷、玻璃、橡胶、涂料、颜料、陶瓷、塑料、半导体元件、烟花、医药及化工等产品中。

#### 1.2.2.6 硒

在硒被发现的初期，由于硒的光敏特性，在玻璃工业中的应用较为广泛，可作为容器玻璃的脱色剂，除去玻璃中的铁杂质所造成的绿色。或者，同其他金属一起使建筑玻璃呈现不同的颜色。随着计算机的普及，其在激光印刷领域的应用比重逐渐上升，成为最主要的应用领域。除了硒鼓之外，还可用于光电池、光度计、光学仪器的制作。

在冶金工业方面，用硒所占比重较大的是电解锰行业。除此之外，向合金中加入硒可以使其具有更好的加工性能和可切削性，令所加工的零件表面更加光洁。例如，低压整流器和热电材料就是用硒与其他元素的合金进行制作。另外，在橡胶中添加适量的硒，可以增强橡胶的耐磨性。

一些研究认为，肿瘤、高血压、糖尿病、内分泌代谢病、老年性便秘等普遍性的疾病都与缺硒有关。中国著名营养学家于若木指出："人体缺硒是关系到亿万人民健康的大事"。一些专家认为，人类需要终生补硒，不断从饮食中得到足够量的硒。若不能及时补充，就会降低机体免疫力。目前，补硒已经成为人类追寻健康的一种潮流，各种富硒产品应运而生。

目前富硒的产品主要分为无机硒和有机硒两种。无机硒主要采用的亚硒酸钠因有毒性，基本上濒临技术淘汰。较为安全和广泛用于人体补硒的是有机硒产品，如富硒的维生素和蛋白等，它们无毒副作用并且吸收利用率较高。随着人类对食品口感及味道的追求，富硒的天然农产品成为受关注的热点行业。国内外不断涌现出富硒水稻、富硒玉米、富硒茶叶、富硒水果等，以及利用富硒农产品进一步加工的各类精制食品，如富硒啤酒、富硒饼干和富硒牛肉干等，有机硒已成为最受追捧的补硒方式。许多大学、研究机构和企业已兴起了一股富硒产品研究热，随着硒元素的重要性被越来越广泛的认识，补硒产品行业的发展前景将非常广阔。

#### 1.2.2.7 锡

锡通常以微量元素的形式存在于天然食物中，含量一般少于 1 mg/kg，但在使用了含有机锡杀虫剂或者锡制容器的食物中可以发现高浓度的锡。据统计，在世界范围内，每年有大约 800 亿个锡罐被用于食品和饮料的包装容器，而这也是食品中高浓度锡的重要来源之一。[26]有机锡由于其对微生物具有强烈毒性，因此一度在杀虫剂、微生物杀灭涂料中广泛应用。在韩国镇海湾地区捕获的牡蛎中含有三丁基锡（TBT）与三苯基锡（TPhT），其范围分别为 95～885 ng/g、155～678 ng/g，其中三丁基锡的生物富集倍数达到了 25000 倍。

#### 1.2.2.8 铀

铀有多种化合物，主要铀化合物的化学式、存在形态和用途列于表 1.5。

**表 1.5 铀化合物的存在形态及用途**

| 名　称 | 化学式 | 存在形态 | 用　途 |
|---|---|---|---|
| 二氧化铀 | $UO_2$ | 深褐色或黑色粉末 | 制造反应堆元件或生产 $UF_4$ |
| 三氧化铀 | $UO_3$ | 无定形 $UO_3$ 或 $\alpha$-$UO_3$，褐色，$\beta$-$UO_3$ 橙色粉末，$\gamma$-$UO_3$ 亮黄色，$\delta$-$UO_3$ 红色，$\Sigma$-$UO_3$ 砖红色，$\eta$-$UO_3$ 棕色 | 还原成 $UO_2$ |
| 八氧化三铀 | $U_3O_8$ | 橄榄绿色（有时呈墨绿或黑色） | 储存、还原成 $UO_2$ 制取金属铀或 $UF_6$ 同位素分离，浓缩 $^{235}U$ |
| 四氟化铀 | $UF_4$ | 粉末翠绿色晶体（绿盐） | |
| 六氟化铀 | $UF_6$ | 室温下近于白色固体，在 309 K 温度升华，最易挥发的铀化合物 | |
| 硝酸铀酰 | $UO_2(NO_3)_2$ | $UO_2(NO_3)_2 \cdot 6H_2O$ 亮黄色晶体 | 脱硝成 $UO_3$ |
| 重铀酸铵 | $(NH_4) \cdot 2U_2O_7$ | 黄色沉淀物（俗称“黄饼”），质量好的呈片状结晶 | 热分解成 $UO_2$ 或 $UO_3$ |
| 三碳酸铀酰铵 | $(NH_4) \cdot 4UO_2(CO_3)_3$ | 淡黄色晶体 | 热分解成 $UO_2$ |

#### 1.2.2.9 钒

钒是一种重要的战略资源，具有许多用途。添加钒可以提高钢的强度和韧性，钒也可以用来生产钛合金和其他合金，用于一些领域，比如宇航和核工业等。[27]大约 97%生产出来的钒用于钢铁和有色金属的合金添加剂。此外，钒化合物对于治疗疾病引起了越来越多的关注。多种被合成的钒化合物为治疗癌症提供了更易兼容、更有效、更好的选择性和更低毒性的药物。[28]

### 1.2.3 微量元素及其化合物的毒性和环境效应

#### 1.2.3.1 砷

因砷在环境中存在的广泛性以及潜在的健康暴露风险，美国有毒物质与疾病登记处联合机构(Agency for Toxic Substances and Disease Registry，ATSDR)在 2011 年将砷列为优先污染物之首。世界卫生组织也将砷暴露列为主要的公共卫生问题，规定了一系列的空气、食品、饮水卫生指导意见。[29-31]砷是人体内的一种正常成分，体内砷不足会造成头发营养不良、脾脏肿大等。但砷在人体内生理作用与毒性作用的界限仍难以界定，因此摄入砷易造成体内砷蓄积过量而中毒。而且不同的砷化合物的毒性有所差别，其顺序为砷化氢(−3)＞有机胂衍生物＞亚砷酸盐(+3)＞砷的氧化物(+3)＞砷酸盐(+5)＞五价有机砷化合物(+5)＞金属态砷化合物(+1)＞砷单质(0)。[32]砷在人体和动物体内的生化作用和毒性作用有很多相似之处，主要表现为以下几个方面：

**1. 抑制含巯基酶和蛋白的活性**

砷与酶蛋白质中的巯基(—SH)、蛋白质物质中的胱氨酸、半胱氨酸含硫的氨基(—NH)具有很强的结合力，可引起蛋白质和酶变性。三价砷($As^{3+}$)的亲和力高于五价砷($As^{5+}$)，因而毒性也较大。另外，三价砷可与特定的蛋白质结合改变其形态和功能。据报道，砷可抑制人体内200多种酶的代谢和合成等。[32]

**2. 竞争并替代磷酸化合物**

砷酸($HAsO_4^{2-}$)与磷酸($HPO_4^{2-}$)分子结构类似，故而可竞争磷酸阴离子转运蛋白，并在一系列生物化学反应中取代磷酸。[33]因此，砷可替代体内磷而留存在人体骨骼等部位。[34]该替代现象在三磷酸腺苷(ATP)的氧化磷酸化反应中也较为显著，砷酸可能在体内形成不稳定的砷酸酯从而抑制氧化磷酸化反应，阻滞ATP的代谢合成，影响组织的能量生成与供应。[35]

**3. 干扰遗传物质的合成与修复**

砷可影响细胞内RNA转录，影响DNA甲基化并抑制DNA转录因子的活性，从而造成DNA损伤和基因表达异常。[36-37]砷还可以直接与巯基反应导致DNA链、DNA-蛋白质交联和DNA-DNA交联的损伤和断裂。

**4. 对血管壁的直接损伤**

砷进入血液循环后可直接刺激毛细血管壁和黏膜，使其通透性增大。同时可损伤小动脉血管内膜，使其形成血栓，造成管腔狭窄和变性坏死。[38]

**5. 砷可取代蛋白质中的硫，引起体内硫代谢障碍**

含有大量硫的角质素随之分解和死亡而产生皮肤增厚、角化过度等皮肤代谢异常。[39]

另外，一些实验结果显示砷还能诱导引起细胞凋亡和退化的基因表达。[36]因为砷与多种癌症有关，被一致认为是一种致癌物，然而有观点认为砷并不是始发致癌剂，而是通过表观遗传机制导致DNA损伤的辅助剂。[40]

虽然砷的毒性较强，但某些砷剂仍可用作治疗牛皮癣、慢性支气管哮喘和热带嗜酸细胞增多肺炎和寄生虫病等的有效药物。砷的化合物(以$As_2O_3$形式)也被可靠的应用于某些特定癌症的化疗。[35]

人体内的砷可经过一定的途径被代谢和排出。体内砷的主要排泄途径是经肾由尿排出，其次是经胆汁随粪便排出，也可由汗液、乳汁、毛发和指甲排出少许。经口摄入的砷中毒较多地经粪便排出。有机砷化合物被摄入人体和大多数生物体内后主要以原形的方式排出。生物甲基化则是无机砷最主要的代谢途径，这种生物过程是由多种还原酶和甲基转移酶参与反应完成的。[35]事实上，部分有机砷如砷甜菜碱(AsBet)和砷胆碱(AsChol)可以与机体很好的相容。

人体暴露于砷污染的环境中可引起砷中毒，砷中毒大致分为急性中毒以及慢性中毒，可由消化道、呼吸道和皮肤吸收等引起。经肺和肠胃摄入人体的砷可广泛分布在多种内脏和组织器官中，如肺、肝、肾和皮肤等，其中以毛发、指甲和皮肤的含量最高。[41]

急性和亚急性砷中毒是由短期大量摄入砷化合物引起的。生产过程和环境污染导致的急性砷中毒较罕见，而生活性急性砷中毒较常见。职业性砷中毒主要由吸入砷的氧化物、砷酸盐粉尘和砷化氢气体等引起。接触高砷矿井水也可能产生砷中毒，而生活型砷中毒主要是因为误服。口服三氧化二砷5～50 mg即可引起砷中毒，60～200 mg即可致死。[42]大多数经口摄入大量砷化物的患者30 min之内即可出现急性砷中毒症状[43]，包括中枢神经型中毒即中枢神经麻痹、四肢疼痛性痉挛、意识模糊、呼吸困难、血压下降等，以及肠胃型砷中毒即强烈呕吐、腹痛和腹泻等。据统计，1956—1984年间我国共发生30多起急性砷中毒事件，受影响总人数达11000多人，造成死亡40余人。[42]

常人接触低剂量砷数周后，即可发生慢性中毒。[44-50]在人类流行病学上，慢性低剂量砷暴露具有中枢神经系统毒性、基因毒性和免疫毒性。某些慢性砷中毒可经数月甚至数十年的积累而发病。慢性砷中毒具有非致癌效应和致癌效应，非致癌效应症状表现为头痛失眠、体重减轻、皮肤病变（如色素不均、角化过度、皮肤黑变）、周围神经病变（如神经麻痹、多发性神经炎、视神经萎缩）以及血管病变等。慢性砷中毒在我国最典型的表现为台湾的黑脚病，发病起初表现为神经麻木和四肢溃疡，但最终可导致坏疽和肢体自然断连。除此之外，某些非癌症疾病，如贫血、白细胞减少、高血压、糖尿病和心脑血管疾病也被证实与砷中毒有关。砷也具有一定致癌性，据报道，砷与多种癌症有显著的剂量-反应关系，可导致膀胱癌、肾癌、皮肤癌和肺癌等，并可导致男性前列腺癌和肝癌，男性发病率要高于女性。[51]砷导致的癌症潜伏期有 30～50 年，其致癌性取决于化学形态和氧化还原状态。[40]自然环境中的砷含量较高时，居民可由长期少量摄入砷造成慢性砷中毒。按原因可分为环境污染如采矿活动等造成的工业污染型中毒，以及地质原因造成的地方性砷中毒。[42]

地方性砷中毒（endemic arseniasis）多由自然地质环境或者非人为活动造成，由于长期从饮用水、室内煤烟、食物等一系列环境介质中摄入过量的砷而导致的一种生物地球化学性疾病。地方性砷中毒可能有多重来源，如燃烧高砷煤、饮用高砷地下水、高砷温泉浸浴等。1983 年，在印度的西孟加拉地区发现饮用高砷地下水造成的 20 多万地方性砷中毒病人，促使世界卫生组织向全球发布砷危害警报。某些煤中的砷含量可能超过 1500 mg/kg。除饮水造成的砷中毒以外，日本和新西兰等国家和地区的温泉和火山温泉也会造成砷中毒。[42]例如，温泉活动地区的砷含量可高达 9.08 mg/L，其中 70%以上为三价砷（亚砷酸盐形式）。

在世界范围内已知的地方性砷中毒病区主要分布在美洲和亚洲，智利是其中最早发现的病区。已发现砷中毒病例的国家和地区包括墨西哥、阿根廷、智利、中国、蒙古和日本等。我国最早在 20 世纪 50 年代发现台湾省西南沿海地区黑脚病盛行地区的地方性砷中毒病情。[52]1980 年左右在新疆奎屯地区发现并确定一起地方性砷中毒事件，随后相继在内蒙古赤峰地区、呼和浩特和河套地区发现大面积地方性砷中毒。[53]截至 2010 年，先后在 20 个省（自治区）发现地下水高砷区，严重影响当地居民生产生活和身体健康。[54]

地方性砷中毒分为饮水型地方性砷中毒和燃煤型地方性砷中毒两类。饮水型地方性砷中毒是指由于地质原因，当地居民长期饮用高砷地下水（＞0.05 mg/L）而产生的慢性砷中毒。燃煤型地方性砷中毒特指由于室内燃烧高砷煤用以做饭、取暖和烘烤食物而造成当地居民经口和呼吸道摄入大量砷造成的地方性砷中毒现象。

世界范围内发现的地方性砷中毒以饮水型为主，在印度、孟加拉、阿根廷和智利等地多有报道，尤其以孟加拉和印度的一些地区砷中毒严重流行。而燃煤型砷中毒仅在我国贵州和陕西地区被发现和报道。[34,55]

我国饮水型砷中毒病区主要分布在内蒙古、山西、新疆、吉林、宁夏、青海、安徽、北京和台湾等省份、直辖市。其中内蒙古和山西地区为我国饮水型地方性砷中毒重病区。2003 年发布的调查结果中，两地饮用水最高砷浓度分别为 1.86 mg/L 和 0.78 mg/L。为了摸清中国饮水型地方性砷中毒情况，卫生部于 2001—2004 年间开展名为“全国水砷污染抽样筛查计划”的调查，连续四年对全国各地 44.5 万口水井进行检测，充实和完善了饮水型地方性砷中毒的研究。根据 2005 年国家疾控中心发布的更新数据，推测有 1470 万人生活在水砷超标地区（＞0.01 mg/L），其中有 560 万人生活在高暴露风险地区。

我国燃煤型砷中毒病区分布在贵州省和陕西省奉巴山区，这些地区饮用水砷含量均在0.02 mg/L以下，其中贵州省为我国甚至世界典型的燃煤型砷中毒病区。[50]现知最早的燃煤砷中毒发病为1953年，1964年织金县当地居民因燃烧高砷煤引起慢性中毒而引起专家和学者的广泛重视。据测定，这些煤中砷含量最高可达7180 mg/kg。[42]燃烧高砷煤可造成严重的室内空气污染，根据调查燃煤砷含量高于100 mg/kg的家庭室内空气平均砷浓度高于国家允许值的87倍。利用高砷煤在敞开式炉灶烘烤农作物也可造成严重的食品污染，如贵州地区烘烤过的玉米砷平均含量高达15.12 mg/kg，辣椒砷平均含量高达541.20 mg/kg。[51]

燃煤型和饮水型地方性砷中毒都有类似的特点，即由环境地质因素主导，有较强的地域性，患者在发病地区依据不同家庭污染水井或者高砷煤的使用而呈散点状分布、发病期长等特点。

#### 1.2.3.2 镉

在自然条件下，镉对微生物、植物和动物都有危害。镉是一种持久性污染物，它在环境中不能被分解成毒性较低的物质。因此，它的环境风险会通过食物链的积累而不断增加。人类最早关于镉中毒事件的报道出现在1858年，使用含镉抛光剂的人群出现了人体呼吸道和胃肠道不适的症状。[56]20世纪早期，锌矿中的镉污染了富山县的神通川流域，造成了当地人肾小管功能紊乱和伴有骨质疏松症的软骨病。[57]

人类对镉的暴露途径包括职业接触、环境污染和吸烟。[58]镉进入人体后，首先通过血液循环传递到所有的身体组织，然后主要积聚在肾脏、肝脏、甲状腺、脾脏和胰腺等器官。营养状况等一些因素可能对镉的生物利用、同化作用和毒性有影响。除了肾小管损伤外，镉还可以直接或间接造成肾功能障碍而引起骨损伤。[59]

自然界中的镉化合物中，碳酸镉、氢氧化镉和硫化镉均不溶于水，而其他含镉化合物如硫酸镉、氯化镉和硝酸镉可溶于水。如果灌溉水中的镉含量达到0.04 m/L，则会出现明显的水污染。当水中镉含量达到0.1 mg/L时，就会完全抑制水体的自净作用。水中的镉化合物被水生植物吸收，积聚在水生植物体内，可进一步对鱼类和其他水生动物构成毒害。相对于其他形式的镉化合物，可溶性氯化镉对水生动物的危害更大。据报道，含量为0.001 mg/L的氯化镉在水中足以对鱼类和其他水生生物造成致命影响。

另外，镉很容易在高温下挥发并释放进入空气中，并能以镉氧化物的形式随着风的蔓延而扩散。氯化镉进入灌溉水后会对作物的生长产生极大的危害。从空气和水中释放出来的镉化合物进入土壤后，被作物和其他植物摄入后会导致植物发育不良和黄萎病。镉可以直接或间接地与植物体内的铁相互作用，并抑制植物对铁的吸收，从而引起植物出现失绿现象。这些被镉污染的农作物和水生动物可能最终成为人类的食物，进而对人体健康造成危害。

#### 1.2.3.3 汞

环境中的汞主要以无机态和有机结合态两类形态存在，不同形态的汞毒性不同。一般来说，汞在环境介质中的毒性主要表现在：① 无机汞主要容易和蛋白分子中的巯基(—SH)结合，形成较强的毒性。如环境中的气态汞容易透过肺泡进入血液，蓄积于机体各组织、器官中，引起中毒和病理改变；环境中元素态汞以及汞盐甘汞(HgCl)不溶于水以及稀酸和稀碱溶液中，并且进入机体后不会被吸收，毒性很小。② 有机汞由于其种类和化学性质不同，毒性有很大的差异。如环境中的甲基汞(MeHg)进入机体后容易与红细胞血红素分子中的巯基(—SH)结合,生成稳定的巯基汞(R—SHHg)或烷基汞(R—SHHg—$CH_3$),从而蓄积于细胞和脑室中,导致中枢神经中毒,而且甲基汞也是环境中唯一的具有极强的生物积累性和生物放大性的汞的化合物;而环境中的烯丙汞、醋酸汞等进入有机体后容易被迅速分解排出,毒性相对较小。

由于汞具有极强的毒性,自然和人为活动排放到环境中的汞已经对环境和人类健康造成了极大的危害。人类历史上最严重的汞中毒事件是发生在日本水俣湾1953—1956年的水俣病事件,事件导致甲基汞中毒患者的死亡人数达67人,283名患者知觉障碍、运动失调、视野模糊、听力减退和语言困难,造成近万人患中枢神经疾病。[60]另外,在加拿大、挪威、伊拉克以及美国等国家也都曾经发生过由环境中高浓度的汞造成的汞中毒事件。[61]因此,美国环境保护局和欧洲的环境管理部门长期以来一直将汞作为环境中优先控制的污染物。

#### 1.2.3.4 铅

根据国际癌症研究机构(International Agency for Research on Cancer, IARC)的分组结果,无机铅化合物被归类到2A组(很可能的致癌物质)。[62]根据中国环境保护部的统计结果,2009年全国有12起重金属污染事件,结果导致了4035名儿童血铅超标。[63]

铅主要通过吸入、摄取和其他途径进入人体。[64]吸入的铅快速地进入血液循环系统中,然后扩散至大脑、肝脏、肾脏和脾脏中,尤其会在肝脏中富集。铅及其化合物会对人体的神经系统、造血系统、心血管系统和免疫系统产生不良影响。[65-66]因此,铅及其化合物会产生一系列的健康效应,包括行为问题、学习障碍、癫痫,甚至死亡。头晕、呕吐、心悸和水肿等是长期铅暴露以及在人体内蓄积的典型症状。六岁以下的儿童对铅污染是最敏感的,铅污染可以影响他们的骨骼发育和智力发展。除此之外,也有相关研究报道了铅对实验动物的致癌性与致突变性。然而,在饲料中添加2.0 mg/kg的铅可以缓解哺乳期动物的缺铁、缺钙症状。过量的铅也会对作物产生危害,虽然在有关研究表明铅也可以作为作物的营养元素。

鉴于人体内尤其是儿童体内血铅含量的升高,铅污染在中国得到了广泛的关注。在重庆铜梁进行的一项研究表明,燃煤释放的铅已经对该区域儿童的生长发育造成了一定的负面影响。产前暴露于燃煤释放的污染物与血铅含量增高有关,并与2岁儿童的社会发展商数和运动发育迟缓显著相关。[67]煤炭在家庭和一些地方工厂作为主要能源来使用是儿童体内铅的重要来源。儿童尿液中的铅同位素特征表明了居住在炼焦厂附近的儿童体内的铅主要是来自于燃煤的排放。[68]

#### 1.2.3.5 锑

锑在元素周期表中的位置决定了其在化学性质和毒性上和砷有许多相似之处。其毒性取决于环境的氧化程度,化合物的溶解度及与配合物的相互作用等。[69]

锑在很低浓度下即有潜在的毒性,而其生物学功能尚不清楚。[70]单质锑的毒性远大于锑的化合物;无机态的锑毒性远大于有机态的锑;三价的锑毒性是五价锑毒性的10倍。锑的毒性行为与其同族的砷和铋类似:误食锑的慢性中毒症状为恶心、呕吐、肝损坏和心脏中毒。锑在大气中通常存在于悬浮颗粒物中。在某些作业现场,长期暴露在大气中的含锑颗粒物下可导致呼吸道的慢性中毒,如鼻腔出血、鼻炎、咽炎、尘肺以及肺气肿等。[71]

通常情况下,锑的化合物具有较弱的毒性[72],它们比砷化物的毒性弱,而比铋化合物的毒性要强。锑的三氧化物由于难溶解于水中被认为是几乎无毒的。[73]锑化氢($SbH_3$)气体是一个例外,氢气与锑金属如电池中的锑在熔炼、焊接、蚀刻等过程中接触可生成有毒的锑化氢,而在砷存在的情况下会优先生成砷化氢。与相应砷化物相似,锑的三价化合物的毒性远大于锑的五价化合物。锑化物会导致细胞和器官的损害,尤其是对心脏、肺、肝和肾,该过程的详细机制尚不清楚。如人工培养实验表明锑对心肌细胞的损害可能是通过脂质过氧化以及与巯基化合物的反应。[74]锑化合物的某些疗效通常包括其与合成巯基组酶类的反应或是对某些寄生虫的毒性,锑化合物对逆转录酶的抑制作用被认为是对艾滋病人治疗中的有效反应[75],尽管尚不确定艾滋病毒中是否存在特殊的逆转录酶。[76]

经动物实验报道,狗摄入 4 mg/kg 的酒石酸锑钾盐后即会显示中毒反应;猫出现类似反应的剂量浓度在 10 mg/kg,浓度超过 100 mg/kg 对兔子有致死效应,而马牛羊显示出比兔子更强的耐受性。由于酒石酸锑在水中的可溶性,世界卫生组织报道其对兔子和小鼠的半致死浓度分别为 115 mg/kg 和 600 mg/kg。[77]人体持续接触高浓度的锑会导致皮肤以及黏液膜受到刺激;误食锑会导致人体胃和肠的紊乱以及呕吐,此前,锑冶炼厂的工人常被报道感染尘肺症。[78]锑作为药剂的副作用包括代谢紊乱及肝和心脏的退化。心脏受损可能是导致服用含锑药物病人死亡和某些工人猝死的主要原因。[79]另一方面,通常情况下锑化合物的吸附率很低(约 15%),在人体内不易积累且相对较容易排泄[80],二巯基丙醇可作为锑中毒的解毒剂。[81]

近年来,有报道认为锑对土壤中无脊椎动物的繁殖能力有不利影响。[82] An 和 Kim 研究了锑对土壤微生物的生长抑制及对土壤中某些酶的活性影响[83],认为在中性 pH 条件下,锑通过改变尿素酶的活性影响了土壤中的氮循环,并认为土壤中的酶活性是一个复杂的反应模型,不能作为很好地锑污染分析评价因子。

He 和 Yang 进行了锑在水稻中的种子和盆栽试验[84],结果表明锑(+Ⅲ,+Ⅴ)会影响水稻根部的生长及稻子的抽穗,降低稻种在发芽期间的干重转化率,同时,锑还会影响水稻中 α-淀粉酶的活性和稻子的生长。水稻中锑含量和水稻产量的减少与锑在土壤中的浓度呈明显正相关。在评估锑对作物的生长影响以及土壤或食物中锑的污染风险时,不仅要考虑锑在土壤中的含量,还要考虑锑的化学形态。

相关研究和动物实验及对冶炼厂工人的调查发现吸入某些锑化合物会导致肺癌。需要指出的是,在动物实验和对工人的调查中,实验动物与工人同时暴露在其他化合物下,如强致癌物砷。雌性老鼠暴露在 1.6 mg/L 或 4.3 mg/L 市售三氧化锑(含有 0.02%砷)下时,会促进老鼠体内肺肿瘤的生长,高剂量下会导致肺癌。实验中的雌性老鼠会死于肺纤维症、肺增生和肺组织变形,在雄性老鼠中没有发现这一情况。

没有信息表明人类在口服锑之后会有致癌反应,在大鼠和小鼠的每日饮用水中分别加入不同浓度的酒石酸钾锑,大鼠和小鼠的癌症发病率也未见有变化。有证据表明锑在哺乳动物体内不可以通过甲基化过程解毒,锑的基因毒性的相关作用机制目前还有待探讨。国际癌症研究署[85]在对大鼠和小鼠的实验基础上认为有足够证据表明三氧化锑的致癌性,而实验尚不能提供足够的证据表明三硫化锑的致癌性。动物实验及相关人体调查对锑是否具有致癌性的结果分析存在一定的不确定因素。

有关锑化合物的致畸性研究和报道非常少。Boveri 于 1911 年的实验认为金属锑可以导致兔子的人工流产。[86]但随后 Bou 在实验中使怀孕的大鼠在整个怀孕期间吸入浓度分别为 0.0027 mg/L、0.083 mg/L、0.27 mg/L 的三氧化锑，结果显示高浓度暴露下大鼠胚胎植入前后的死亡率均有增长；而中浓度暴露下胚胎植入前的大鼠会出现体重下降及发育延迟等不良症状。[87]

总体来说，对锑及其化合物的“三致”(致癌、致畸、致突变)作用的风险研究较少。且大部分情况下认为得出锑化合物具有诱变性的证据不够充分。此外，有机锑的“三致”作用也需要得到关注。目前的研究应当可以表明锑的致突变风险比其他很多金属如砷、铬、镍等要弱。国际癌症研究署在动物实验的基础上判定锑具有一定的致癌性，并对锑的三硫化物在环境中的浓度进行了限制；国际癌症研究署认为锑的三氧化物对人类有潜在的致癌性，锑的三硫化物和三氧化物在呼吸途径进入生物的情况下分别被归于 2B 和 3 类致癌物。[85]

#### 1.2.3.6 硒

在 2000 年制订的《中国居民膳食营养素参考摄入量》中，18 岁以上人群的推荐硒摄入量为 50 μg/d，适宜摄入量为 50～250 μg/d，可耐受最高摄入量为 400 μg/d。过量摄入硒可导致中毒，出现脱发、脱甲等。临床所见的硒过量而致的硒中毒分为急性硒中毒和慢性硒中毒。

急性中毒通常是在摄入了大量的高硒物质后发生，每日摄入硒量高达 400～800mg/kg 可导致急性中毒。主要表现为运动异常和姿势病态、呼吸困难、胃胀气、高热、脉快、虚脱并因呼吸衰竭而死亡。致死性中毒死亡前大多先有直接心肌抑制和末梢血管舒张所致顽固性低血压。其特征性症状为呼气有大蒜味或酸臭味、恶心、呕吐、腹痛、烦躁不安、流涎过多和肌肉痉挛。

慢性硒中毒往往是由于每天从食物中摄取硒 2400～3000 μg，长达数月之久才出现症状。表现为脱发、脱甲、皮肤黄染、口臭、疲劳、齿禹齿易感性增加、抑郁等。一般慢性硒中毒都有头晕、头痛、倦怠无力、口内金属味、恶心、呕吐、食欲不振、腹泻、呼吸和汗液有蒜臭味，还可有肝肿大、肝功能异常、自主神经功能紊乱、尿硒增高。长期高硒使小儿身高、体重发育迟缓，毛发粗糙脆弱，甚至有神经症状及智力改变。慢性硒中毒的主要特征是脱发及指甲形状的改变。

#### 1.2.3.7 锡

锡的毒性一般分为无机锡和有机锡两类讨论。对于无机锡，一般认为对人体是低毒的。在一项关于无机锡的临床研究中，研究者分别给予参与者 240 mL 添加了不同浓度锡的果汁饮料，锡的浓度分别为 0、498 mg/kg、540 mg/kg、1370 mg/kg，24 h 后，仅最高锡浓度组的参与者表示他们有恶心、呕吐的症状，而低浓度锡组的参与者则没有任何反应。[88]与无机锡的低毒相对应的是，有机锡的毒性已经引起学者的广泛关注。有机锡由于具有强烈的生物杀灭作用，因而一度曾广泛用于杀虫剂和船舶涂料中。但由于其中的 TBT 和 TPhT 对海洋生物的强烈致畸作用，被欧盟在 2002 年禁止。[89]有机锡化合物(OTC)在生物体中的毒性主要表现在 6 个方面：① 直接阻碍生物体内主要解毒代谢过程，或通过干扰相关基因表达阻碍；② OTC 可以直接连接在生物体内的 DNA 上，从而导致 DNA 损伤；③ 通过控制某些特定基因表达，从而导致细胞畸变；④ OTC 可以直接连接在蛋白酶上，导致生物体内蛋白质代谢异常；⑤ 某些 OTC 可以阻碍离子的膜间传递，由此可能会损伤糖蛋白代谢以及能源物质 ATP 的合成；⑥ OTC 可能导致编程性细胞凋亡。[90]

#### 1.2.3.8 铀

铀能以粉尘、气溶胶的形式由呼吸道吸收，可溶性铀尘的吸收率约为25%，难溶性铀尘的吸收率小于10%，大部分沉积在支气管、肺和淋巴结。胃肠道吸收铀较少，可溶性铀化合物吸收率为1%～5%，难溶性铀化合物吸收率小于0.3%。6价铀在血液中主要与$HCO_3^-$结合，而4价铀主要与血浆蛋白结合。与$HCO_3^-$结合的6价铀易于扩散，主要沉积在肾脏（约60%），4价铀主要沉积在肝、脾。有20%～30%蓄积在骨组织中。6价铀经肾排出迅速，24 h已排出大部分，一周后尿中已测不到。4价铀化合物排出缓慢，由尿和粪便排出大致相等，40天后排出摄入量的75%～80%。半排出期为70～140天。

铀及其化合物的毒性因其可溶性、分散度、价态及侵入途径的不同而异，一般口服毒性较低，可溶性铀化合物毒性较大，而可溶性铀化合物静脉注射毒性最大。如硝酸铀酰家兔静注的LD50为0.1 mg/kg，大鼠为1 mg/kg。可溶性铀化合物对肾有选择性毒性，这是由于铀化合物在血液中形成$UO_2^{2+}$（铀铣离子）—$HCO_3^-$络合物，可由肾小球滤过，当肾小管将原尿中的$HCO_3^-$于重吸收后$UO_2^{2+}$沉积在肾小管上皮细胞与亲铀基团结合，造成肾小管上皮细胞损伤。铀是放射元素，浓缩铀随$^{234}U$含量的增加，其辐射效应增加，晚期产生致癌效应。

#### 1.2.3.9 钒

钒是一种具有潜在毒性的元素。煤燃烧产生大量的钒排放，可能会导致人类严重的肺部疾病。[91]长期暴露于工厂钒尘埃的工人的眼睛可能会受到轻度至中度的刺激。[92]钒毒性随着其价态和溶解度的增加而增加。从毒理学的角度看，主要的有毒无机钒化合物包括五氧化二钒、偏钒酸钠和硫酸氧钒。[93]对于人体，钒酸盐（$V^{5+}$）被认为比氧钒基（$V^{4+}$）更具毒性，因为钒酸盐可以与许多酶反应，并且是质膜$Na^+K^+$—ATP酶的有效抑制剂。[94]动物学研究表明，通过吸入五氧化二钒，在两性老鼠体内都找到了肺肿瘤[95]，表明五氧化二钒对人体可能有致癌作用。[96]钒可能对植物、鱼类、无脊椎动物、野生动物和人类均有毒害作用。[93]由于$V_2O_5$、$VO_2$和$V_2O_3$可在燃煤过程中释放[97]，因此燃煤可能对人体健康构成威胁。

## 1.3 煤中微量元素

煤炭是最重要的能源之一。中国是目前全球最大的煤炭生产和消费国，煤炭消耗量占全球煤炭消费总量的47%。截至2016年底，中国一次能源消费总量约为$4360\times10^4$ t标煤（百万吨标准煤当量），煤消耗量约占一次能源消费总量的62%。[98]

目前，煤中已查明的伴生元素有80多种，现有的分析技术可以直接检测到原煤中60多种元素。[1,99-101]美国国家资源委员会（NRC）在1980年根据危害程度将煤中元素分为6类：

Ⅰ类：值得特别关注的元素，包括砷（As）、硼（B）、镉（Cd）、汞（Hg）、钼（Mo）、氮（N）、铅（Pb）、硒（Se）、硫（S）。

Ⅱ类：值得关注的元素，包括铬（Cr）、铜（Cu）、氟（F）、镍（Ni）、锑（Sb）、钒（V）、锌（Zn）。

Ⅲ类:值得加以关注的元素,包括铝(Al)、锰(Mn)、锗(Ge)。

Ⅳ类:需要加以关注的放射性元素,包括钋(Po)、镭(Ra)、氡(Rn)、钍(Th)、铀(U)等。

Ⅴ类:需要关注但是在煤及其残余物中很少富集的元素,包括银(Ag)、铍(Be)、锡(Sn)、铊(Tl)。

Ⅵ类:暂时不需要关注的元素,即以上五类之外的元素。

## 1.3.1　煤中微量元素的含量与赋存

内蒙古哈尔乌素露天矿煤中富集 Li、F、Sc、Zn、Ga、Se、Sr、Zr、Nb、In、REE、Hf、Ta、W、Pb、Th 和 U。[102]大青山煤田阿刀亥煤矿 CP2 煤富集 Ca、Mg、P、F、Ga、Zr、Ba、Hg 和 Th。[103]胜利煤田乌兰图嘎高锗煤中 Ge 含量范围为 32～820 mg/kg,平均为 137 mg/kg,与早白垩纪热液流体从断层和多孔火山岩中循环有关[104],同时还显著富集 As、W 和 Hg,Sb、U、Cs 和 Be 含量也较高。[105]准格尔煤田官板乌素煤矿 6 煤显著富集 Li、Se 和 Ag[106],还富集 Al、P、F、Cl、Ga、Sr 和 Th。[107]辽宁沈北褐煤中 Co、Cr、Cu、Zn、V 和 Ni 显著富集。[108]阜新盆地煤中除 Mn、Mo 和 Th 外,其他元素含量较低。[109]河北开滦矿区晚古生代煤中 As、Cd、Cr、Cu、Ni 和 Zn 等偏高。[110]山东兖州矿区煤稍富集 Th、U 和 Cu[111],山西组 3 煤中 Se 和 Hg 含量高于世界煤均值。山西太原西山煤田马兰矿区 8 煤富集 Li、Zn、Ga、Sr、Hf、U、Zr、W、Sn 和 REE。[112]山西褐煤较烟煤和无烟煤富集 As、Ba、Cd、Cr、Cu、F 和 Zn,烟煤富集 B、Cl 和 Hg,无烟煤富集 Cl、Hg、U 和 V,山西煤中 Cd、F、Hg 和 Th 含量高于世界煤均值。[113]新疆 WC1 电厂原煤中 B、Sr 和 Ba,WC2 电厂原煤中 P、Ti、V、Cr、Mn、Cu、Zn、Rb 和 Ba,HC 电厂原煤中 Ti、Mn、Cu、Zn、Rb、Sr 和 Ba 含量高于中国煤均值和世界煤均值。[114]宁夏石嘴山电厂原煤中 Pb、Hg、Se 和 Th 含量高于中国煤均值。四川盆地长河矿晚三叠纪煤富集 As、W、Pb 和 Th。[115]重庆松藻矿区 11＃煤明显富集碱金属元素、Be、Sc、Ti、Mn、Co、Cu、Zn、Ga、Zr、Nb、Hf、Ta、W、Hg、Pb、Th 和 REE。[116]广西合山晚二叠高硫煤中大多数微量元素相对世界煤富集[117],明显富集 Bi、Ce、Cr、Cs、Cu、Ga、Hf、Sr、Ta、Th、U、V、W、Y、Zr、La、Mo、Nb 和 Sc,与其独特的低能浅局限碳酸盐台地聚煤环境有关[118],赵峰华等还发现 Ni、Hg、Zn、As、Se 和 Sb 等含量较高。[119]

贵州西晚二叠纪煤中 Co、Cr、Cu、Ga、Hf、Li、Mn、Mo、Ni、Sc、Sn、Ti、U、V、Zn 和 Zr 与中国煤相比富集。[120]黔西晚二叠纪煤中 F 含量范围为 16.6～500 mg/kg,均值为 83.1 mg/kg。[121]普安煤田 2 煤层煤中 As、Cd、Cr、Cu、Hg、Mo、Ni、Pb、Se、Zn 和 U 显著富集。[122]兴仁晚二叠纪无烟煤中局部显著富集 As、Sb、Hg 和 Tl,其含量分别达 2226 mg/kg、3860 mg/kg、12.1 mg/kg 和 7.5 mg/kg,赋存于硫砷锑矿中。[123]兴仁和兴义晚二叠纪煤中 As 和 Sb 含量范围为94.1～32000 mg/kg 和 8.1～120 mg/kg,高砷煤中 As 与 O 配合,以 $As^{5+}$ 砷酸盐为主。贵州西南煤中 As 含量范围为 0.3～32000 mg/kg,大多数样品中 As 低于 30 mg/kg,与中国其他煤接近,仅少数局部地区或不可采煤层 As 高于 1000 mg/kg。[124-125]大方煤田晚二叠纪 11 煤中富集 Cu、Ni、Pb 和 Zn,且铂族元素 Pd、Pt 和 Ir 含量高。[126]黔西断陷区晚二叠纪煤显著富集 As、Hg、F 和 U,稍富集 Mo、Se、Th、V 和 Zn,晚三叠纪煤中显著富集 As 和 Hg,稍富集 Mo、Th 和 U。[127]六盘水矿区煤显著富集 Mn、V、Cu、Li、Zr、Nb、Hf、Ta、Tl、Th 和 U。[128]

云南宣威煤富集 Si、Ca、Mn、V、Co、Ni、Cu、Zn 和 Se,亏损 Na、Al、Ge、Rb、Sr、Sb、Ba、Tl 和 Bi。[129]砚山煤田超高有机硫 M9 煤层煤显著富集 B、F、V、Cr、Ni、Mo、U、Se、Zr、Nb、

Cd 和 Tl。[130]华北煤中 Hg、Se、Cd、Mn 和 Zn 含量较高。西南大多数煤地球化学类似于其他地区，仅局部地区小煤矿煤富 As，安龙县一煤样中 As 含量高达 3.5 wt%，同生黄铁矿 As 含量较低，而后生 Au 矿化黄铁矿 As 含量高。[131]东北煤中 As 含量一般高于 100 mg/kg，Se 低于 1 mg/kg，东部煤中 As 低于 100 mg/kg，Se 高于 5 mg/kg。[132]

中国煤中 F 含量范围为 20～300 mg/kg，平均为 122 mg/kg[133]，而 Dai 和 Ren 计算 F 的加权均值为 130 mg/kg[134]，齐庆杰等认为 F 近似服从对数正态分布，范围为 17～3088 mg/kg，73%的煤在 50～300 mg/kg 之间，平均为 202 mg/kg；As 含量范围为 0.24～0.71 mg/kg，算术均值为(6.4±0.5) mg/kg，几何均值为(4.0±8.5) mg/kg，东北和南部省份煤中 As 含量较高，西北煤中 As 含量较低[135]，而计算 As 的加权均值为 3.18 mg/kg；Se 含量均值为 3.91 mg/kg，重庆、安徽、江苏和湖北煤中 Se 含量高[136]；Hg 含量范围为 0.1～0.3 mg/kg，平均 0.19 mg/kg[137,138]，而 Belkin 等计算其均值为 0.15 mg/kg[139]；Sb 含量均值为 2.27 mg/kg，贵州和内蒙古煤尤其富集；Be 平均 1.79 mg/kg，含量较低。[140]中国煤中 F、As 和 Se 含量最高分别达 2000 mg/kg、35000 mg/kg 和 8000 mg/kg。[47]

Dai 等给出了中国晚古生代煤中铂族元素(Pd、Pt、Ru、Rh 和 Ir)的背景含量。[141]赵继尧等统计了中国煤中 44 种微量元素的丰度，煤中绝大多数元素含量在 $10^{-5}$～$10^{-7}$数量级内。[142]Ren 等认为中国煤绝大多数微量元素含量高[143]，而 Dai 等发现与世界煤相比，中国煤除 Li、Zr、Nb、Ta、Hf、Th 和 REE 较高外，大多数元素含量正常，并给出了中国煤中微量元素的含量背景值。[144]

美国 Black Warrior 盆地 Warrior 煤田煤中局部富集 Hg、As、Mo、Se、Cu 和 Tl。[145]Texas 州 San Miguel 褐煤中 As、Be、Sb 和 U 含量高于美国煤均值。[146]Indiana 州 Springfield 和 Danville 含煤段煤中 As、Cd、Pb 和 Zn 受矿物和安置时间影响，水平和垂向上变化大[147]，Ga 均值分别为3.39 mg/kg和5.06 mg/kg，Ge 均值分别为9.40 mg/kg和 14.19 mg/kg。[148]Kentucky 煤田 Amos 煤层煤富集 B 和 Ge。[149]Appalachian 盆地石炭纪煤中黄铁矿富集 As、Se、Hg、Pb 和 Ni。[150]美国次烟煤中 As 含量范围为 0.5～17 mg/kg，几何和算术均值分别为 2.0 mg/kg和 3.2 mg/kg。[151]

葡萄牙 Rio Maior 褐煤中富集 Rb、Cs、Sc、V、U 和 Gd。[152]西班牙北 Terue 矿区高硫次烟煤稍富集 Be 和 U。[153]Puertollano 盆地石炭纪 Stephanian 煤富集 Si、Pb、Sb 和 Cs，且 As、Cd、Co、Cr、Cu、Ge、Li、Mn、Ni、W 和 Zn 含量也较高，与邻近硫化物矿沉积有关。[154]保加利亚 Dobrudza 盆地煤相对世界烟煤富集 Ba、Cl、Br、Mn、Ge、Pb、W、Mo、As、Zr、Li、Cs、Cu、Zn、Sb、Ti、V、Th、U、Ag、Be 和 Y。[155]Mariza-east 褐煤木镜煤和镜煤中 Be 含量较低，丝炭中 Be 含量较高，垂向剖面上 Be 分布与灰分一致，不在顶底板处富集，薄煤层一般较厚煤层富集微量元素。[156]Goze Delchev 煤极富集 W、Ge 和 Be，稍富集 As、Mn 和 Y。[157]保加利亚煤中 Ra 含量变化大，从 0.1～3.1 ng/kg 不等，Ra 的富集与分布取决于花岗岩和变质花岗岩源、邻近铀矿床、矿区水文条件和沉积构造，Ra 兼有有机和无机亲和性。[158]土耳其 Beypazari 盆地 Cayirhan 煤富集 As、B、Cr、Ni 和 Zr，可能源于火山灰。[159]始新世 Sorgun 高灰煤中大多数元素富集，低灰煤中 Ba、Br、Mn 和 W 相对富集。[160]中新世 Canakkale 地区 Can 煤矿煤中 V、As、B 和 U 较富集。[161]希腊北部 Amynteon 褐煤中微量元素含量接近或稍高于世界煤均值。[162]塞尔维亚 Soko 矿煤中 Mo、Ni、Se、U 和 W 含量稍高于世界褐煤均值。[163]伊朗 Mazandaran 省 Karmozd 和 Kiasar 煤矿除部分煤层 Mn、Co 和 Cr 富集外，其他元素均在世界煤范围内。[164]

巴西 Figueira 煤中 As、Tl 和 Pb，Candiota 煤中 Rb 富集。[165]尽管 Santa Catarina 煤灰分高，然而大多数元素含量正常。[166]马来西亚 Balingian 煤中 As、Cu、Pb、Sb、Th 和 Zn 含量较高，与煤田附近 Sb、As 和 Pb 矿床有关。[167]南非 Highveld 煤中富集 Cr 和 Mn，Cr 源于 Witwatersrand 盆地铬铁矿。[168]

煤中 Pt 含量一般低于 5 μg/kg，Pd 低于 1 μg/kg，Rh 低于 0.5 μg/kg。[169]世界硬煤和褐煤中 Cl 的丰度分别为(340 ± 40) mg/kg 和(120 ± 20) mg/kg，以无机盐、氯化物、含氯硅酸盐、碳酸盐、硫化物或孔隙水中溶解性氯化物形式存在。[170]Ketris 和 Yudovich 认为煤中微量元素分布服从对数正态分布，并给出了世界硬煤和褐煤元素的含量背景值。[171]

微量元素通常在煤层顶底部含量较高。[172]煤的围岩及附近是某些元素富集的部位，顶板对煤分层的影响大于底板。[173]煤中 Ge 在煤层边缘富集，包括夹矸边缘，夹矸上部一般较下部富集，其机理是泥炭聚积阶段的渗滤和成岩过程中的扩散。[174]

煤中微量元素以有机或无机结合态存在，大多元素在煤中以两个形态共存，由于泥炭环境和元素含量的差异，元素结合态因位置、煤层和煤田而异。[175]安徽淮南煤田朱集煤矿煤中 V、Sc、Y 和 REE 与黏土矿物，Li 与铝硅酸盐，Mn 与菱铁矿和铁白云石，Sn 和 Th 与高岭石和伊利石，Th 和 Pb 与方解石，Be 与伊利石，B 与有机质，Cd 与闪锌矿，As 与黄铁矿结合。[176]淮南煤中 Zn 和 Cu 赋存于闪锌矿，Cr、Pb 和 Cd 赋存于黏土矿物，Ba 赋存于铁白云石和方解石，Ni、Mo、Co 和 As 赋存于黄铁矿，Be 和 Se 赋存于有机质中。[177]潘集煤矿煤中 Br 的有机亲和性最大，而 Na、K、Rb、Th、Hf、Zr、Ta 和 REE 在煤层与顶底板接触带的碳质泥岩中富集，与细粒陆源碎屑物有更强的亲和性。[178]二叠纪龙潭组煤中 Pb 存在于方铅矿，As、Hg 和 Sb 存在于次生黄铁矿，Zn 和 Se 存在于闪锌矿中。[179]金山煤树皮体中富集 Li、Be、Si、Sc、Ti、V、Cr、Fe、Ga、Se、Y、Zr、Mo、REE、W、Hg、Tl、Pb、Th 和 U，其中 Li、Sc、Ti、Cr、Y、Zr、REE 和 Th 与硅酸盐，Be 和 W 与有机质，S、Mo、Hg、Tl 和 Pb 与黄铁矿，Ga 与硅酸盐，U 和 V 同时与有机质和硅酸盐矿物结合。[180]

内蒙古哈尔乌素露天矿煤中，Ga 赋存于勃姆石和有机质，Zn 赋存于闪锌矿，Be 赋存于有机质，Li 赋存于铝硅酸盐，F 赋存于勃姆石和有机质，Se 和 Pb 赋存于硒铅矿，Sr 赋存于磷铝钙石中。[102]鄂尔多斯盆地晚古生代煤中 U 主要以硅铝化合物和有机质结合态，Th 以硅铝化合物结合态存在[181]，准格尔煤田 6 煤中 Ga 和 Th 存在于勃姆石，Se、Pb 和 Hg 存在于含铅矿物，Zr 和 Nb 存在于锆石，Sr 存在于磷铝钙石，V 存在于金红石中[182]，渭北煤田 10 煤中 Ga 与铝氧化/氢氧化物矿物(诺三水铝石、勃姆石和水铝石)、高岭石和有机质，Hg 与同生黄铁矿结合。[183]乌达煤田 9 煤层煤中细菌成因黄铁矿相对富集 Cu、Zn 和 Ni，细菌对其富集有重要作用。大青山煤田阿刀亥煤矿 CP2 煤中 F 赋存于钡磷铝石和氟磷灰石，Ba 赋存于钡磷铝石和重晶石，Ga 赋存于水铝石和高岭石中，Hg 源于岩浆，同时与有机质和矿物结合。[103]乌兰图嘎 6 煤层 Ge 主要有机结合，源于邻近花岗岩体的热液流体，Be 与钙锰碳酸盐或黏土矿物，F 与黏土矿物，W 与有机质和自生石英结合[184]，高锗煤 Ge 主要与腐殖酸羟基，Al、K、Mg、Li、Sc、Ti、V、Cr、Cu、Rb、Nb、Cs、Pb、La、Ce 和 Th 与铝硅酸盐，Na、Mn、Sr 和 Ca 与碳酸盐，W、B 和 Ge 与有机质结合，含煤锗沉积 Ge 和 Mo 与有机质，Tl、Ga、Zn 和 Co 与闪锌矿，Rb、Cs、W、U、Cd、Y、Pb、Cu、Hf、Zr、Th、Sn、Nb、Ta、Sb、Ba、Sr 和 Be 与黏土矿物结合。[185]准格尔煤田官板乌素矿石炭纪太原组 6 煤中发现含 Ti 氯氧化物或羟基氯化物，P、Ga 和 Sr 赋存于磷铝钙石，Li 于绿泥石、高岭石和少量伊利石，F 于勃姆石，Th 于碎屑成因黏土矿物，稀土元素和 Y 于磷铝钙石矿物中。[107]

辽宁沈北褐煤中Co、Cr、Cu、Zn、V和Ni主要与富里酸或煤有机大分子结合。河北峰峰矿区煤中岩浆热液形成的方解石和黄铁矿脉是Zn、As、Mo、Cu、Ni和Co的主要载体，Cr、Pb和U与硅铝化合物，Co和Ni与硫化物和硅铝化合物，As、Cu和Zn与硫化物，Mo与碳酸盐，Se与硫化物和碳酸盐结合。[186]山东兖州矿区煤中Cu、Zn、Pb、As、Th和U与矿物结合，As、Cu、Pb和Zn赋存于黄铁矿中。山东西部煤中S、Fe、As、Cd、Co、Mo和Sn与硫化物，Al、K、Mg、Na、Ti、B、Ba、Cr、Li、Rb、Sr和Th与铝硅酸盐，Ca、Mn、Ge和Ni与有机质和碳酸盐矿物结合。[187]山西安太堡11煤中Br、Ca、W、Zn、U、Be、P和Sb主要或部分与有机质，Fe、As、Pb、Mn、Cs、Co和Ni与硫化物，Mo、V、Nb、Hf、REE和Ta与高岭石，Mg和Al与后生蒙脱石，Rb、Cr、Ba、Cu、K和Hg与后生伊利石结合。[66,188]阳泉煤中高含量的Hg、Se、Pb和Tl与黄铁矿，Pb和Tl与方铅矿，Th、Zr和Hf与锆石有关。[189]

新疆准东煤田五彩湾煤中Ca和Mn与碳酸盐，Fe和S与硫化物结合，西黑山煤中Fe、Mn和Mg与碳酸盐(菱铁矿)，B、Co、Ni和S与有机质结合。南和东准噶尔煤田侏罗纪煤Sr和Ba与磷灰石和纤磷钙铝石有关，K、Li、Ti、Sc、V、Cr、Ga、Rb、Zr、Pb和REE亲铝硅酸盐，Ca、Mg、Fe、Mn、Sr和Ba亲碳酸盐，Zn、Pb、Cu和As亲硫化物矿物。伊犁盆地ZK0161井煤中U以后生铀为主，分别以可溶态和有机吸附或结合态赋存在12号和11号煤顶部煤内在水和有机质中。[190]

四川盆地长河矿晚三叠纪煤中Nb赋存于高岭石、方解石和石英，Sb于方解石，W于石英，REE于独居石和高岭石中。华蓥山晚二叠纪低挥发烟煤中Al、Ti、Li、Ta、Th、Ga、U、Sn、Sc、Cr、Cu、Rb、Co和Se与铝硅酸盐，Zr、Nb、Hf、Y、REE和U与重矿物锆石，S、Fe、W和Rb与硫化物，Ca、Sr和Mn与碳酸盐矿物结合。[191]重庆煤中Fe、S、As、Cd、Co、Cu、Mn、Mo、Ni、Pb、Sb、Se和Zn与硫化物，B与有机质结合。[192]广西合山晚二叠高硫煤中Mo和U与有机质，Sc、Ge和Bi与铝铁硅酸盐，Cs、Be、Th、Pb、Ga和REE与铝硅酸盐，Zn、Rb和Zr与铁磷酸盐，As、Cd、Cr、Cu、Ni、Tl和V与铁硫化物，Sr、Mn和W与碳酸盐矿物结合，Cl、F和Sr存在于碳酸盐，La和Ce于磷酸盐，Pb、Sc、Ga、Th、Y和Sn于铝硅酸盐矿物中。合山超高有机硫煤中Ni和Zn存在于硫化物和铝硅酸盐，Hg于硫化物，Cr和Mn于硫化物和铁锰氧化物，V于铝硅酸盐和铁锰氧化物中。

贵州煤中Hg主要以固溶体形式赋存于黄铁矿中[193]，除黄铁矿和砷黄铁矿外，黏土和磷酸盐矿物也含As，As主要以$As^{5+}$存在。[194]贵州西晚二叠纪煤中Tm、Yb、Lu、Y、Er、Ho、Dy、Tb、Ce、La、Nd、Pr、Gd、Sm、As、Sr、K、Rb、Ba、F、Si、Sn、Ga、Hf、Al、Ta、Zr、Be、Th和Na无机结合，Cr和Cu兼与有机和无机结合，Ba、Be、Ga、Hf和Th赋存于铝硅酸盐，As于硫化物，Mn于碳酸盐中。黔西南晚二叠纪煤中黏土矿物富Ba、Be、Cs、F、Ga、Nb、Rb、Th、U和Zr，方解石中As、Mn和Sr含量高，黄铁矿中As、Cd、Hg、Mo、Sb、Se、Tl和Zn富集。[195]普安煤田2煤层煤中As、Cd、Hg、Mo、Ni、Pb和Zn存在于脉状黄铁矿，Cr、Cu和U于高岭石，Se于硫化物和有机质中。大方煤田晚二叠纪11煤中钙质低温热液成因脉状铁白云石是Mn、Cu、Ni、Pb和Zn的主要载体，脉状石英是铂族元素的主要载体。晴隆煤田6煤层发现火山成因的斑铜矿，为Cu、Fe和S的载体。[196]贵州煤中F以容易电离的离子型化合物形式存在。[197]六枝超高硫无烟煤有机相中观测到分子氯($Cl_2$)的团簇负离子，获得分子氯在原煤中存在的实验证据。[198]六盘水矿区煤中Be、Cr、Cu、Ga、Hf、Li、Mg、Na、Nb、Ni、Pb、Rb、Sc、Sn、Ta、Th、Ti、U、V、W、Y、Zr和REE与铝硅酸盐，Fe、As和Mo与硫化物，Mn与碳酸盐矿物结合。织金煤田30煤中硅质热液成因脉状石英是Fe、Cu、U、Pd、Pt和Ir的主要载体,Pd 和 Pt 存在于硅酸盐中,Be、Mo、Nb、Pb、Rb、Sc、Ta、Sn、V 和 Zn 有机结合。[199]

云南砚山煤田超高有机硫 M9 煤层煤中 V、Cr、Ni、Mo 和 U 同时赋存于硅酸盐矿物和有机质中。临沧高锗煤中 Ge、W、B、Nb 和 Sb 主要有机结合[200],矿化褐煤中有机锗主要通过与有机质的 O、C 和 H 等成键,可在煤大分子的侧链,也可在碳链骨架中,无机矿物中也含一定量的锗,锗可能进入硅酸盐矿物晶格或被无机矿物吸附。[201]华北煤中 Mo、Cr、Se、Th、Pb、Sb、V 和 Be 无机结合,Br 有机结合,As、Ni、Be、Mo 和 Fe 与黄铁矿结合,晚古生代煤黄铁矿中 Zr、Ba、Zn、Pb、Ni、Cr 和 Cu 含量高。[202]

高砷煤产于贵州省黔西南州,位于滇黔桂微细浸染型金矿区,砷主要以含砷磷酸盐和砷酸盐,少量以含砷硫化物如含砷黄铁矿、毒砂和雌黄形式存在,在砷含量最高的 H2(35000 mg/kg)样品中主要以有机砷存在。[203-204]高砷煤中含 As 矿物有黄铁矿、砷黄铁矿、雄黄、含砷硫酸盐、含砷黏土及磷酸盐等,主要以 $As^{5+}$ 和 $As^{3+}$ 存在,与有机质结合。高硫煤中 Se 主要与黄铁矿结合,而低硫煤中 Se 存在于有机质中。[205]高硫煤中 Hg 以固溶体形式赋存于黄铁矿中,而低硫煤中 Hg 以有机和硫化物结合为主。[206]煤中 F 与有机质结合,部分 F 与黏土矿物或铁铝氧化物结合。[48]齐庆杰等认为 F 属“中等无机型”元素,无机亲和力较强,有机亲和力较弱。[207]煤中 Be、Sr 和 Ge 主要有机结合,Ba、Ce、Co、La、Mn、Ni、Rb 和 Zr 无机结合。[208]煤中 As、Co 和 Ni 与黄铁矿硫密切相关,Be 有机结合,Sr 有较强的有机亲和性,Ba 存在于黏土矿物中。[209]中国煤中 Be 主要赋存于惰质组及伊利石黏土矿物中,镜质组及其他矿物中含量较低。[140]有机结合的微量元素在褐煤中含量较高,烟煤中降低,到无烟煤阶段则进一步降低,即随煤化程度增加,煤中有机态的微量元素含量降低。[210]低煤级煤中 Zn、Cd、Cu 和 Pb 等表现出一定的有机亲和性,而 Co、Ni、Cr、V 和 Sb 则表现出较强的有机亲和性。[211]

美国 Black Warrior 盆地 Warrior 煤田煤中 Hg、As、Mo、Se、Cu 和 Tl 主要赋存于黄铁矿中,Hg 有机结合。[145]Texas 州 Gibbons Creek 矿褐煤中 Pb 和 Sb 以无机结合为主,而 Be 和 Cd 有机结合。[212]Texas 州 San Miguel 褐煤中 Mn 有机结合,Pb 无机结合,Se 赋存于有机质和细粒分散矿物中,Hg、Cr、Co 和 Cd 与黄铁矿,Mn、As、Ni、Pb、Be、Sb、U 和 Th 与碎屑黏土矿物相关。[146]Kentucky 煤中 Ni、Cu、Zn、Se 和 Tl 富集在粗粒硫化物矿物中。[213]Indiana 州 Danville 和 Springfield 含煤段煤中 Cd 和 Zn 赋存于后生闪锌矿,As 于黄铁矿和有机质,Pb 于黄铁矿、方铅矿和硒铅矿中。[147]黄铁矿是 Pittsburgh、Elkhorn/Hazard 和 Illinois ♯6 烟煤中 As 的主要载体,而 Wyodak 煤中黄铁矿含量低,As 主要以 $As^{3+}$ 或砷酸盐与有机质结合。[214]Pittsburgh、Elkhorn/Hazard 和 Illinois ♯6 烟煤中 Cr 以 $Cr^{3+}$ 弱结晶羟基氧化物 CrO(OH)小颗粒相赋存于显微组分中,另与伊利石结合,Wyodak 煤中 Cr 以离子交换态(羧基)存在于有机质中。[215]Illinois 煤中 As、Co、Hg、Ni、Pb 和 Sb 与后生硫化物,Be 与后生硫化物和有机质,Th 与黏土矿物和磷酸盐,Cr 与碎屑黏土矿物,Mn 与方解石,Se 与同生黄铁矿、有机质和后生硒化物,Cd 与闪锌矿结合,Cl 以阴离子形式存在于微孔中。[216]Illinois 6 煤中 V 和 Cr 主要存在于伊利石中,5%～15%的 Cr 和 20%～30%的 V 有机结合,As 于黄铁矿,约 2/3 的 Zn 于闪锌矿,其余部分于伊利石中,Ge 有机结合,Mg、Mn 和 Sr 赋存于方解石,Ni 于黄铁矿和伊利石中。[217]Alabama 州 Black Warrior 盆地煤中 As 以固溶体形式赋存于后生热液流体成因的含砷黄铁矿中。[218]Washington 州 King 郡 John Henry No. 1 煤矿 Puget 组 Franklin 含煤区煤中磷灰石含有大量 F 和 P,长石含 Ba 和 Sr,锆石是主要含 Zr 矿物,Hg 与有机质和含汞矿物结合,在 No. 12 煤层煤中发现单质 As。Appalachian 盆地石炭纪煤中早成岩莓球状黄铁矿一般缺乏 As、Se 和 Hg，而富集 Pb 和 Ni，树枝状黄铁矿 As 含量从核部到边缘降低，而 Se 正相反，后生脉状黄铁矿生长边富 As。[150]美国次烟煤中 As 以 $As^{3+}$ 存在于氧配位体中，而大多烟煤中 As 替代黄铁矿中 S。[219]美国煤中 Se 以有机结合为主(替代有机硫)，还包括含硒黄铁矿、方铅矿和硒铅矿。[220]

加拿大一燃煤电厂低硫原煤中 As 与煤显微组分，高硫原煤 As 与黄铁矿结合，低硫煤中 Be 和 V 赋存于黏土矿物，Cd 和 Zn 于闪锌矿，Cr 于黏土矿物、黄铁矿和碳酸盐，Cu 和 Se 于黄铁矿，Pb 于方铅矿和黄铁矿，Hg 和 Mo 于黄铁矿，Ni 于硫化物和有机质，Ba 和 Co 于有机质和黏土矿物，Mn 于有机质、碳酸盐和黏土矿物中，煤中 As、Cr 和 Ni 的形态分别为 $As^{5+}$、$Cr^{3+}$ 和 $Ni^{2+}$。[221-222]某燃煤电厂原煤中 As 主要(84%)与黄铁矿结合或以砷酸盐 $As^{5+}$(>95%)形态存在，Cr 以 $Cr^{3+}$ 存在，80%～90%的 Ni 以氧化物或硅酸盐形式存在。[223]

英国煤中 Rb、Cr、Th、Ce、Zr、Y、Ga、La、Ta、Nb 和 V 存在于黏土矿物，As、Mo、Sb、Tl、Se、Bi 和 Pb 于黄铁矿，Sr 和 Ba 于磷酸盐矿物，Ge 于有机质中，Rb、Cr、Th、Zr、Ga、Ta、Nb 和 Hf 源于碎屑伊利石，Ce、Y、La 和 V 源于碎屑石英。[224] Yorkshire-Nottinghamshire 煤田 Parkgate 煤中几乎全部 Hg、As、Se、Tl 和 Pb 与大部分 Mo、Ni、Cd 和 Sb 赋存在黄铁矿，Rb、Cs、Li、Ga、U、Cr、V、Sc、Y、Bi、Cu、Nb、Sn、Te 和 Th 在黏土矿物中，V、Cu 和 U 显著有机结合，而 Ge 和 Be 主要有机结合。[225]

挪威 Kaffioyra 煤中 Li、Mn、Ni、Pb、V 和 Zn 无机结合，Cd、Cr 和 Co 有机结合，而 Longyearbyen 煤中 Be、Ni、Pb、Li 和 Zn 有机结合，Cr 无机结合。[226]西班牙煤中 Pb 存在于方铅矿、硒铅矿、含钡矿物、黄铁矿和其他硫化物中。[227]北 Terue 矿区高硫次烟煤中 Be 有机结合，Ba、Ce、Co、Cr、La、Mn、Ni、Rb 和 Zr 无机结合，其中 Ba、Ce、Cr 和 Rb 与黏土矿物有关，Co 和 Ni 存在于黄铁矿中。[153] Puertollano 盆地石炭纪 Stephanian 煤中 As、Co、Cd、Cu、Ni、Sb、Tl 和 Zn 与硫化物，K、Ti、B、Co、Cr、Cs、Cu、Ga、Hf、Li、Nb、Rb、Sn、Ta、Th、V、Zr 和 LREE 与铝硅酸盐，Ca、Mg、Mn 和 B 与碳酸盐，B 与有机质结合。[154] Penarroya 烟煤中 Li、Rb、Cs、Ba、Sc、Zr、V、Cr、Co、Ni、Pb、U、Se、Ce、Gd、Tb 和 Cu 有较高的铝硅酸盐亲和性，无烟煤中与铝硅酸盐结合的元素有 Rb、Cs、Ba、Sc、Cr、Mo、Ni、Cd、As、Sb、Sc、Ce、Gd、Tb 和 Cu，与碳酸盐结合的元素有 Ca、Mg、Fe、V、Mn 和 Sr。[152]葡萄牙 Rio Maior 褐煤中与铝硅酸盐结合的元素有 Li、Rb、Sc、Zr、V、Cr、Co、Ni、Se、Pb、Sb、Gd 和 Tb，亲硫的元素有 Mo 和 As，亲有机的元素有 Sr、Ca、Mn、Ba 和 U。[152]

澳大利亚煤中 Se 可替代噻吩和有机硫化物中的硫。[228]保加利亚低灰煤和富硼煤中 B 以有机结合为主，含硼的矿物有高岭石、伊利石、绿泥石和云母，高铍煤中 Be 主要有机结合，含量与背景值接近的煤中 Be 主要无机结合。[229] Mariza-east 褐煤中 Be 主要以类质同象形式存在于无机物或吸附在黏土矿物中，少量有机结合。[230] Dobrudza 盆地煤中 Ge、Cl、Br、Mo、Be 和 Au 有机结合，As 赋存于黄铁矿，Ba 于重晶石，Sr 和 Mn 于重晶石和方解石中，亲石元素主要存在于碎屑和黏土矿物中。[231] Pernik 煤中 Mo、Be、S、Zr、Y、Cl、Ba、Sc、Ga、Ag、V、P、Br、Ni、Co、Pb、Ca 和 Ti 有机结合，Sr、Ti、Mn、Ba、Pb、Cu、Zn、Co、Cr、Ni、As、Ag、Yb、Sn、Ga 和 Ge 存在于自生或伴生矿物，La、Ba、Cu、Ce、Sb、Bi、Zn、Pb、Cd 和 Nd 于分散矿物相中。[232] Goze Delchev 煤中 Ge、As、Be、Mn、Cl 和 Br 主要有机结合，地下矿煤中 K、Rb、Ti、Na、Pb、Zr、Hf 和 Ta 和露天矿煤中 Li、Rb 和 Zr 无机结合。[157] Sofia 盆地新近纪褐煤 Al、Si、K、REE、Bi、Zn、Ta、Tl、Sn、Sr、Cs、U、Th、Rb、Au 和 Hf 具有较强的无机亲和性，其中 K、Bi、Sn、Tl、Rb、Zn、Th、Sr、Cs 和 REE 与黏土矿物结合，Ca、Mg、Fe、S、Ge、As、Be、Ag、

Mo、W、In、Sb、Na、P、Sc、V、Cr、Ba、Pb、Ni、Co、Y 和 Zr 有较强的有机亲和性。[233]

土耳其 Beypazari 盆地 Cayirhan 煤中 Ba 和 Sr 与方沸石，Li、Cr、Ni、Cu、Zn、Co 和 Ga 与斜发沸石或片沸石，Mn、B、Be、Ge、Y、Zr、Nb、Hf、W 和 U 与有机质，Mn、U、Th、Sc、Ge 和 HREE 与磷酸盐，Co、Mo、Ta 和 Pb 与硫化物结合。始新世 Sorgun 煤中 Ga、Ce、La、Th、Nb、Rb、Zr、V、Cu、U、Pb、Sb、Cs、Sn、Cr、Se、Y 和 Zn 与黏土矿物，As、Zn、Se 和 Sb 与黄铁矿结合。[160]中新世 Çanakkale 地区 Çan 煤矿煤中 Ba、Mo、Se 和 U 有机结合，Be、Co、Th、F、Sn、Cu、Pb、Zn、Ni、As、Cd、Sb、Hg、B、Tl 和 V 无机结合，其中 As、Cu、Co 和 Hg 赋存于黄铁矿中。[161]印度 Assam 煤中 Mg、Ca 和 Mn 有机结合，Fe、Co、Ni、Cu 和 Zn 与矿物结合，Cd 等量与有机质和矿物结合。[234]早 Gondwana 煤中 Ge、V、Ga、Ni、Cr、Cu、Y、Co 和 Ca 形成稳定的有机螯合物，Ge、Cr、Y、Ni、Co、Ga、Zr、Cu 和 La 主要或部分以有机金属螯合物形式存在，Ni 和 Co 亦部分存在于黄铁矿，Ga 和 V 部分于铝硅酸盐矿物中。[235]新西兰 Waikato 煤矿 Taupiri 和 Kupakupa 煤层煤中 Ca、Mg、Na、Fe 和 B 有机结合。[236]

菲律宾 Panian 煤田 32/33 煤层煤中 Na、Mg、Ca、Ba、S 和 Cl 具有有机亲和性，Si、Al、K 和 Rb 具有无机亲和性，Fe、Sr 和 Mn 兼具有机和无机亲和性。[237]希腊北部 Amynteon 褐煤中 F 以有机结合为主，Al、Si、Ti、Fe、Mg、K、Na、Ni、Cu、Ba、Mo 和 Sr 主要无机结合，Ca、Cr、Mn、Zn、P、Cd、Sb、Pb、S、B、Co 和 W 兼具有机和无机亲和性。[162]塞尔维亚 Soko 矿煤中 Ba、Be、Bi、Cr、Cs、Cu、Ga、Ge、Hf、In、La、Li、Nb、Ni、Sb、Sc、Sn、Ta、Te、Tl、V、W、Y、Zn 和 Zr 赋存于铝硅酸盐（黏土矿物和长石），Ca、Mn 和 Sr 于碳酸盐矿物中，S 和 Mo 有机结合。[163]马来西亚 Mukah 煤中 V 和 Ba 与黏土矿物，Mn、Cr、Cu、Th 和 Ni 以不同比例与铝硅酸盐、硫化物和碳酸盐，As、Pb 和 Sb 与有机质结合。[238]巴西 Leao 煤中 As、Cd、Cr、Cu、Mo 和 Zn 与有机质和硫化物组分，Co、Mn、Ni 和 V 与无机组分结合。[239]伊朗 Mazandaran 省 Karmozd 和 Kiasar 煤中 Al、Na、K、Zn、Cu 和 Co 与硅酸盐，Pb 和 Cr 与有机质，Ca 和 Mg 与碳酸盐结合，Cd 存在于水溶和有机态中。[240]

络合实验表明 Cd 能与腐殖酸以 CdHA、$Cd_2HA$ 和 $Cd_3HA$ 几种形式结合，为低煤级煤中有机金属化合物存在提供了证据。[241]选择性提取表明煤中 Se 同时与硫化物和有机质结合，但以硫化物结合为主。[242]Klika 和 Kolomaznik 利用煤的浮沉试验分离实验数据计算元素的亲和性。[243]煤中微量元素与灰分正相关表明其与矿物结合，负相关表明其有机结合，烟煤中 B、Be、Ge、Ga、Sb、V、Ni 和 Ti 有机结合，低煤级煤中 Br、Cl 和 U 有机结合。[244]

XAFS 表明煤中 Cr 以三价氢氧化物、羟化物和铬铁矿存在，As 以三价砷黄铁矿存在，低煤级煤中 Mn 与羧基结合，而高煤级煤中 Mn 与碳酸盐结合，Br 和 Cl 以溴、氯化物阴离子形式被显微组分有机官能团吸附，三价 Sc、V、Y 和稀土元素，可能亦以氢氧化物和羟化物形式存在。[151]高挥发烟煤中亲石元素（Ti、V、Cr 和 Zr）常具显著的有机亲和性，亲石元素在不同煤化阶段随煤化脱羧作用从与羧基结合转变为小颗粒氧化物或氢氧化物，Ti 的 XANES 特征谱表明其易形成有机 $Ti^{4+}$ 化合物，Cr、Ti、V 和 Zr 与伊利石结合。[245]煤中 As 以黄铁矿（砷黄铁矿）、亚砷酸盐（$As^{3+}$：25%）和砷酸盐（$As^{5+}$：65%）的形式存在，Se 与有机质结合或以单质 Se 存在。[246]

LA-ICP-MS 发现煤孢子体中微量元素含量较低，惰质组中碎屑元素含量较高，镜质组中 V、Ge 和 Al 含量较高，Fe 与黄铁矿、黏土矿物和有机质，Zn、Cu 和 Ni 与黄铁矿和有机质，Ba 与磷酸盐结合。[247]褐煤中 Ga 和 Ge 与有机质结合，腐木质体和密屑体富集 Ga 和 Ge。[248]

矿物及微量元素的粒径分级研究发现煤中Ge、Br和V主要与有机质,Cr、Cu、Ni、Zn、Sr、Ba和Pb部分与有机质,Cr、Ga、Rb、Sr、Y、Zr、Nb、Ba、La、Ce、Sm、Th和U主要与硅酸盐,V、Ni和Zn部分与硅酸盐,Mo、Se、Ni、As、Pb、Sb、Cu和Zn主要与黄铁矿结合。[249]不同密度组分微量元素分布研究表明:As、Ba、Hg、Li、Mn、Ni、P、Pb、Se、Sn、Th、Zn、Ce、Ho、La、Nd、Pr、Sm、Eu和Tm主要无机结合,Be、Cr、Ge、Hf、Mo、Nb、Sb和V显著有机结合。[250]统计分析表明Li与铝硅酸盐,Be与铝硅酸盐和有机质,V与黏土矿物和有机质,Cr与黏土矿物(伊利石)和有机质,Mn与碳酸盐,Ni与硫化物和碳酸盐,Cu、Se和Pb与硫化物和铝硅酸盐,Zn和As与硫化物和有机质,Ga与黏土矿物(高岭石),Cd与硫化物,Hg与碳酸盐和有机质结合。[251]

煤中Hg主要赋存于黄铁矿和其他硫化物中,部分有机结合。[252]高砷煤中As以与硫化物结合为主,而低砷煤中As以有机结合为主。[253]As、Se和Sb替代黄铁矿中S,而Hg和Pb替代Fe。[254]煤中硫化物结合态Se类质同象存在于黄铁矿和其他硫化物中,或以硒化物(硒铅矿)形式存在,有机结合的Se以有机化合物或单质Se形式分散于有机质中。[255]B赋存于黏土矿物(伊利石)中,当煤中B含量高于40 mg/kg时,B以有机结合为主,含量较低时,有机和矿物结合比例相当或以与矿物结合为主。[256]低硫煤一般Hg含量低,且主要与有机质和硫化物结合,高硫煤中Hg主要与黄铁矿结合,常与亲硫元素As、Se、Pb、Cu和Zn伴生。[257]煤中Sb一般以固溶体形式存在于黄铁矿、微细伴生硫化物或有机质中,As主要与后生粗粒黄铁矿和有机质,Be与有机质和黏土矿物,Cr与有机质、黏土和含Cr矿物,Co与硫化物(黄铁矿)、黏土矿物和有机质(低煤级),Hg与后生粗粒黄铁矿,Cd与闪锌矿,Pb与方铅矿,Ni与有机质和硫化物结合,Mn在烟煤中与碳酸盐矿物(菱铁矿),在低煤级煤中与有机质结合,Se与有机质、黄铁矿、硒铅矿和方铅矿结合。[99]B、Be、Br、Ge和V与煤有机组分,As、Cd、Co、Cu、Dy、Hg、Lu、Mo、Ni、Pb、Se、W和Zn与硫化物矿物,Ba、Cr、Cs、Ga、Mn、Rb、Sb、Sn、Sr、Ta、U和Zr与非硫化物矿物结合。[258]Be赋存于有机质,Sb、Cd、Co、As、Pb、Hg、Ni和Se于黄铁矿中。[259]

煤中黄铁矿是Ni、Cu、Zn、As、Se、Mo、Ag、Tl和Pb的重要载体。[260]煤中矿物质包括孔隙水中溶解盐、与有机质结合的无机元素、分散的结晶和非结晶矿物颗粒,As、Cd、Se、Tl、Hg、Pb、Sb和Zn一般赋存于硫化物矿物,Rb、Ti、Cr、Zr和Hf于铝硅酸盐,Sr和Ba于碳酸盐或铝磷酸盐矿物中。[260]

煤中稀土元素具有以下两方面的研究意义:一是地质成因指示剂,提供物源信息;二是从煤及其副产物中综合利用。[261-264]煤中稀土元素能提供源岩演化、沉积环境、后生构造活动及岩浆侵入影响等信息。[265]稀土元素价态稳定性和离子半径随原子数增加系统减小,使其能示踪岩石成因和成岩过程,由于稀土元素的高荷径比,其在风化、侵蚀和沉积过程中难迁移,可示踪碎屑源。[266]Eu负异常继承于源岩,Eu负异常减弱是由于陆源控制减弱、海水影响增强。[267]贵州毕节晚二叠含煤岩系Eu负异常表明其源于峨眉山玄武岩源岩。[251]内蒙古乌兰图嘎煤中早期热液和陆源阶段稀土元素分配模式以中和轻稀土富集为特征,成岩阶段以重稀土富集为特征,轻稀土富集是盆地周围酸性岩浆岩发育的典型特征。[268]潮湿气候条件下,轻稀土一般在陆相环境中富集,而重稀土在海相环境中富集。[202]煤系稀土元素明显δEu亏损,主要受控于陆源碎屑供给,δCe/δEu低值反映氧化条件,高值则反映还原条件,δCe/δEu>1,指示酸性还原成煤环境。[269]δCe稍负异常,说明煤层受过海水影响。[188,267]朱集煤矿断层影响的钻孔煤中稀土元素含量高于未受影响的钻孔,且上部煤层表现最明显。[265]代世峰等认为岩浆接触变质可改变煤中稀土元素的分配模式[269]，然而 Zheng 等发现岩浆侵入导致淮北煤田 5 煤和 7 煤稀土元素富集，但对其分配模式无显著影响。[263]高 δEu 和低 δCe 是贵州织金煤田晚二叠纪 30 煤层脉状石英低温热液流体成因的补充证据。[199]

稀土元素在不同物质中分馏作用不同，轻稀土在有机质中分馏作用较强，而重稀土在煤层顶板表现出更强的有机亲和性。[264]煤相对富集重稀土，重稀土元素有较高的有机亲和性。[103,155,157,262,266]四川盆地长河煤矿晚三叠纪煤中 REE 赋存于独居石和高岭石中。[115]华北晚古生代煤中总的 REEs 的范围为 30～80 mg/kg，平均 56 mg/kg。[262]淮南矿区煤中稀土元素主要来源于陆源碎屑，赋存于高岭石中。[267]朱集煤矿煤中稀土元素含量均值为 118 mg/kg。[265]

含煤盆地 REE 和 Y 有 4 种富集成因类型：陆源型（地表水输入）、凝灰岩型（酸性或碱性火山灰沉降淋滤）、渗滤或降水驱动型、热液型（含矿热水或深热液上涌）。[270]内蒙古乌兰图嘎煤中稀土元素富集具多成因和多阶段性，包括两个同生阶段（早期热液和陆源）和一个成岩阶段（后生热液）。[268]

## 1.3.2 煤中微量元素的地球化学意义

B 和 S 是指示成煤环境古盐度的地化指标，海水影响越强，其含量越高，区分咸水和微咸水 B 的限值为 90 mg/kg。[271] Goodarzi 和 Swaine 认为煤中 B 含量小于 50 mg/kg 为淡水、50～110 mg/kg 为弱咸水、大于 110 mg/kg 为咸水影响的沉积环境。[256]然而，Eskenazy 等却认为由于有机质结合能力、矿物源、黏土矿物量、煤级演化再迁移和地质活动（古热水和火山）等因素很难界定一个准确的限值来区分世界所有含煤盆地的淡水、咸水或海相沉积环境，B 指示煤层海水影响值得探讨。[272]受海水影响的近海相煤比淡水煤中硫含量高 0.5～1 个数量级，硫含量高的煤（黄铁矿硫），一般形成于 pH 为中-弱碱性咸水强还原环境中。[173]

Ba、Ga、Zr、Ti、Th 和 Zn 为亲陆元素，Sr、B、Li、V、Ni、U 和 Cu 为亲海元素。[106,273]淡水到咸水环境，沉积物中 Sr/Ba、B/Ga、Rb/K、V/Zn 和 V/Zr 总体上增大，Ca/Sr 和 Al/Ti 总体上减小；微咸水 Al/Ti>20，半咸水 Al/Ti 为 20～6.5，咸水 Al/Ti<6.5。[273] Th/U>7 指示海相沉积环境。[66]海相沉积物中 Sr 含量较高而 Ba 较低。[106]广西合山煤田晚二叠纪煤中高 S、CaO、Sr 和 U 含量是海水影响的结果，Th/U 提供海水影响证据。[117] Ca/(Ca+Fe)、Th/U、Al/Ti、V/Zn、δEu 和 δCe 指示山西平朔 11 煤沉积水介质盐度，St,d 和 So,d/Sp,d 分别指示水介质氧化还原程度和酸碱度，Ad、V/I 和总的 REEs 指示水介质动力条件。[273]

沉积物中高 Ni 可能指示铁镁质和超铁镁质物质贡献。[169] V、Co、Ni 和 Cr 含量从基性、酸性到碱性岩浆降低，亲石元素 Li、Be、Nb、Ta、Zr、Hf、U、Th、W 和 REE 在碱性岩浆中富集。[274]云南东和贵州西煤系蚀变黏土岩地化特征为低 V、Ti、Sc、Cr、Co 和 Ni，高 Th/U 和显著负 δEu 异常，从铁镁质过渡到硅质岩浆中 Co、Cr 和 Nb/Ta 降低。[275]铁镁质蚀变黏土岩富 Sc、V、Cr、Co 和 Ni，碱性蚀变黏土岩 Nb、Ta、Zr、Hf、REE 和 Ga 含量高；碱性蚀变黏土岩或凝灰岩的 $TiO_2/Al_2O_3$ 为 0.02～0.08，硅质<0.02，铁镁质>0.10；铁镁质凝灰岩和碱性蚀变黏土岩富稀土元素，硅质蚀变黏土岩稀土元素含量最低；碱性蚀变黏土岩 $K_2O$ 和

$Na_2O$ 含量高，而硅质和铁镁质缺乏；铁镁质蚀变黏土岩 MgO 高于硅质和碱性。[276]煤中高 Mn 低 Mg 表明热液流体输入。[129]

### 1.3.3　煤中微量元素的富集因素

煤中微量元素的富集受多种因素和多期作用控制，根据富集的主导因素，划分出 5 种富集成因类型：陆源富集、沉积-生物作用富集、岩浆-热液作用富集、深大断裂-热液作用富集和地下水作用富集。在泥炭化作用阶段，陆源区母岩性质、沉积环境、成煤植物、微生物作用、气候和水文地质条件是主要因素；在煤化作用阶段，煤层顶板沉积成岩作用、微生物作用、构造作用、岩浆热液和地下水活动是主要因素。[143,277]Dai 等确定中国煤中微量元素的 5 种成因类型：源岩控制、海相环境控制、热液流体（岩浆热液、低温热液和海底喷流）控制、地下水控制和火山灰控制。[144]

贵州西煤中微量元素富集的 5 种成因类型：源岩、火山灰、低温热液、地下水和岩浆热液。[120]低温热液和陆源碎屑是贵州普安煤田 2 煤层煤中微量元素富集的主要因素[122]，其中 Rh、Pd、Ir、Pt、Au 和 Ag 与低温热液有关。贵州高砷煤与成煤早期火山和热液活动有关。[278]织金煤田 9 煤层 Fe、Cu、U、Mo、Zn 和 Zr 含量较高，同沉积火山灰导致其地球化学异常。[279]燕山期峨眉山地幔柱活动导致大量成矿元素（As、Au、Hg 和 Sb）被热液流体从峨眉山玄武岩中浸取并迁移进入煤层，导致贵州西南兴义、安龙、兴仁和贞丰等地煤中此类元素异常富集。[280]辽宁沈北褐煤中异常富集的 Co、Cr、Cu、Zn、V 和 Ni 可能来源于基底橄榄玄武岩。[108]云南砚山煤田超高有机硫 M9 煤层存在钠长石和片钠铝石及富集 F、S、V、Cr、Ni、Mo 和 U 是由于海底喷流随海水侵入泥炭沼泽厌氧环境，而 Nb、Y、Zr 和 Ti 源于盆地南缘越南高地。[130]云南宣威煤中 Mn 源于硅质热液流体，而 Ti、Co、Ni、Cu、Zn 和稀土元素来源于源区玄武岩。[129]峨眉山组源岩导致重庆晚二叠纪煤中 REE、Zr、Nb、Hf、Cu、P、Th、U、V 和 Y 含量高于晚三叠纪煤。[192]重庆松藻煤田晚二叠纪 12 煤显著富集 Sc、V、Cr、Co、Ni、Cu、Ga、Y、Zr、Nb 和 REE，多源于铁镁质凝灰岩，少量来自康滇古陆。[281]鄂尔多斯盆地渭北煤田火山灰物质对晚石炭纪 5、10 和 11 煤层煤中 Li、Be、Ga、Zr、Nb、Mo、Sn、W 和 U 的富集有显著贡献。[183]河北峰峰-邯郸煤田热变质煤富集的 B、F、Cl、Br、Hg、As、Co、Cu、Ni、Pb、Sr、Mg、Ca、Mn、Zn 和 U 源于岩浆。[282]

高砷煤离断层面较近，背斜、断层和同沉积地层等控制高砷煤的分布，还与岩石结构和 Au 矿化有关。[131]成煤环境、岩浆侵入的高温气液、成煤期盆地构造背景、成煤后盆地构造演化及后期岩浆热液对煤中砷富集有重要作用。[283]中国煤中氟含量与聚煤盆地构造、火山活动和岩浆侵入的时代、范围、程度及源有关，频繁的火山活动和岩浆侵入导致南秦岭山区煤中氟含量偏高。[284]铂族元素主要通过岩浆热液活动、低温热液流体、同沉积火山灰、陆源碎屑输入和海水诸途径进入煤层，前三种作用是造成铂族元素异常的主要原因，低含量的铂族元素主要源于硅质陆源区。[141,279]细菌对改变泥炭沼泽介质条件及黄铁矿化杆状细菌迁移、活化和富集 Cu 和 Zn 有重要作用。[285]煤中 S 与沉积环境密切相关，S 含量很大程度上受泥炭聚积期海水影响和后生成岩控制。[286]

世界煤中 As 有 4 种富集类型：中国热液富集型，有时类似卡林型含砷热液金矿沉积；Dakota 表生富集型，As 源于含砷凝灰岩围岩地下水；保加利亚型，硫化物沉积带中含砷水进入泥炭沼泽；土耳其型，As 以喷流、卤水和火山灰形式进入泥炭沼泽。[253]Se 富集分为“还原”和“氧化”两种类型，前者 Se 在高硫煤中富集于硫化物相，一般为同生富集，若有大量 Fe、Cu、As 和 Pb 的热液硫化物矿物亦可后生富集；后者 Se 在煤层氧化带（还原或吸附地球化学障）富集，一般与 U、Fe、Mo、V 和 Pb 伴生富集。[255]

美国 Black Warrior 盆地 Warrior 煤田煤中 Hg、As、Mo、Se、Cu 和 Tl 源于后生热液流体。[145] Texas 州 San Miguel 褐煤中 Ce、Nb、Ta、Th 和 Zr 与火山灰降尘有关。[146] 东 Kentucky 的 Fire Clay 煤层 Breathitt 组煤中辐射状和细胞壁置换的铁硫化物含 As，而块状铁硫化物中未检出 As，As 可能源于地下水和 Alleghanian 变质流体。[287] 东 Kentucky 的 Fire Clay 煤系蚀变黏土岩中镧系元素、Y 和 Zr 被地下水淋滤带入下伏煤层，导致其异常富集。西 Kentucky 煤田 Amos 煤中 Ge 与煤厚有关，在煤层顶底部富集，且底部较顶部富集，表明古基底富 Ge 地下水向上渗流进入煤层。[288] Washington 州 King 郡 John Henry No. 1 煤矿 Puget 组 Franklin 含煤区煤中高含量的 Ba、F、P、Sr 和 Zr 与泥炭沼泽中蚀变火山灰有关。

保加利亚 Dobrudza 盆地煤中元素富集的地质因素包括：早石炭纪火山活动导致蚀变黏土岩在煤层底部和煤层中广泛分布，其中元素多被淋滤进入煤层；橄榄玄武岩和安山玄武岩岩墙侵入；高矿化度地下水是 Cl、Br、B 和 Sr 的来源；区域断层为含矿溶液的流动提供通道；围岩淋滤的元素易被煤有机质固定。[155]

乌克兰 Donetsk 煤中热液成因晚后生黄铁矿富集微量元素，元素区域规模富集与地层控制无关，而与较大断层有关。[289]

西班牙 Penarroya 烟煤异常富集的 Li、Rb、Cs、Sc、V 和 Cr 与盆地东北寒武纪岩石碎屑输入有关，无烟煤中异常高的 Mn 和 V 与岩浆热液循环有关。[152] 西班牙煤中 Pb 的来源包括泥炭沼泽、地质因素和大气输入。[290]

澳大利亚 New South Wales 的 Gunnedah 盆地煤中 Ti、Zr、Nd 和 Y 的关系表明原始沉积物与酸性火山物质混合，Cr 和 V 相关，反映其岩浆源。[291]

巴西南 Candiota 煤中富集 Cs、Rb 和重稀土元素与高碎屑矿物含量有关。[292]

### 1.3.4 岩浆侵入对煤层及煤中元素的影响

岩浆侵入煤层引起煤热变质和地化特征改变，导致煤矿产生一系列经济和安全问题[293]，对含煤盆地煤层气的勘探和开采亦具重要意义。[294] 印度 Jharia 煤田岩浆侵入脱挥发作用形成约 1250 Mt 焦煤。[295] 美国 Colorado 中南和 New Mexico 东北 Raton 盆地第三纪铁镁质岩脉和岩床侵入，导致数百万吨煤变质成天然焦，且对煤层气的产生亦有贡献。[296] 岩浆侵入导致煤层煤级、有无机组成、孔隙特征和吸附能力改变。[297]

岩浆侵入导致变质煤和天然焦形成镶嵌和囊泡结构[294-295,298-300]，镜质组反射率增大，挥发分降低，灰分和元素碳含量增高，氢含量稍降低[297,299-300]，形成大量沉积碳或碳球晶[295,298,300]，有机质具各向异性。澳大利亚受热影响的煤均质镜质体和半丝质体中有机硫含量增加。镜质组和壳质组在 300～500 ℃开始塑性变化，高于 500 ℃镶嵌状结构形成。[297] 辽宁阜新煤受辉绿岩侵入影响形成天然焦，天然焦呈六边形柱状结构，硫含量增加。[109] 岩脉和岩床接触带的岩相学不同，其中热解碳形态和相对数量差异最明显，岩脉接触带的热解碳呈层状和各向同性，而岩床接触带热解碳呈各向异性，岩床接触带热解碳较焦煤多，而岩脉接触带则相反。[296]

从未变质区到侵入体接触带可分为正常煤、焦煤、天然焦和焦岩混合。[29] 土耳其 Soma

组 k1 煤层上部橄榄玄武岩接触变质带分为正常煤区、过渡区和天然焦区。澳大利亚 Upper Hunter Valley 岩脉侵入晚二叠 Upper Wynn 烟煤的热变质晕分为未变质煤、变质煤和高变质焦煤 3 个变质区,变质晕有 9.5～56 m 不等。

热源侵入煤层导致已存在流体再迁移或同生矿物再分配,引起金属硫化物的沉积和富集。[301]岩浆侵入煤层,异常热导致煤化学分解,理化特征改变,煤与围岩交代反应,外部矿物和元素进入煤中。[297]未变质煤、天然焦和岩脉以碳酸盐矿物为主,菱铁矿和铁白云石指示热变质。[300]紧邻侵入体狭窄范围内伊利石/绿泥石(200 ℃)和柯绿泥石/浊沸石(100～250 ℃)是热变质的典型矿物组合。[302]后生矿物主要源于侵入源热液蚀变,钠长石表明热液流体含有大量 $HCO_3^-$ 和 $CO_3^{2-}$。[294]辽宁阜新煤田辉绿岩侵入富 Mn、Fe、$CO_2$—CO 和 $H_2S$ 热液变质导致裂隙和囊泡后生碳酸盐和硫化物矿物结晶。[109]内蒙古大青山煤田阿刀亥煤矿晚侏罗和早白垩间岩浆侵入煤层导致三水铝石脱水形成水铝石,高岭石与煤有机质热变质释放的氮反应生成铵伊利石,后生裂隙充填方解石、菱铁矿和白云石。[103]澳大利亚 Upper Hunter Valley 岩脉侵入,未变质煤、变质煤和岩脉中以碳酸盐矿物为主(片钠铝石),铁白云石和菱铁矿主要存在于变质煤和岩脉中。[293]土耳其 Soma 组 k1 煤层天然焦孔和囊泡中充填碳酸盐矿物(白云石),过渡区和正常煤样裂隙见白云石。

岩浆侵入对煤中元素的影响包括煤物质结构改变和热液流体与煤物质交换。河北邯邢矿区康二城矿 As 异常可能与燕山期中性闪长岩侵入有关,峰矿区煤中较高的 As、Br、Co、Cu、Mo、Rb、Sn 和 W 与燕山期中性岩浆侵入有关[141],峰峰-邯郸煤田变质煤中 B、F、Cl、Br 和 Hg 源于岩浆热液。内蒙古大青山煤田阿刀亥煤矿变质煤中 Hg 含量较高。[103]山西大同煤田煌斑岩侵入导致中侏罗煤 As 含量增加。[113]岩浆侵入是大巴、大别山区和西南地区煤中氟含量高的主要原因。[284]岩浆侵入导致安徽淮北煤田烟煤中有机结合 Se 转变为硫化物结合 Se,5 煤层和 7 煤层 Hg 含量相对升高[303],Hg 变为以硅酸盐结合为主。[137-138]辽宁阜新煤田辉绿岩侵入影响的煤中 Mn 含量增加两倍,铝硅酸盐成为微量元素的主要载体,变质煤中 B 与 Ca 相关。[109]岩浆侵入导致 REE 增加并改变其分配模式,同时 U、W 和 As 含量增加[262],而淮南朱集煤矿岩浆侵入对煤中 REE 无明显影响。[265]

美国 Colorado 州 Pitkin 郡 Dutch Creek 烟煤离岩脉最近的天然焦中挥发性元素 F、Cl、Hg 和 Se 不亏损,与挥发后二次富集有关,天然焦中高 Ca、Mg、Fe、Mn 和 Sr 与煤焦化过程产生的 $CO_2$ 和岩浆热液反应沉积碳酸盐有关,硫化物沉积导致 Ag、Hg、Cu、Zn 和 Fe 富集,元素多在流态化天然焦与热变质煤接触带富集。[304]澳大利亚 Upper Hunter Valley 岩脉侵入 Upper Wynn 烟煤,在煤和侵入体接触带与铝硅酸盐结合的元素富集。[293]西班牙 Penarroya 无烟煤异常富集 Mn 和 V 与岩浆热液循环,碳酸盐矿物和部分高岭石与岩浆活动有关。[152]

淮北煤田卧龙湖矿岩床侵入的热晕为 60 m,分为三个区:距岩床 5 m 内为热演化一区,5～60 m 为热演化二区,更远为未变质区,热演化一区接触热变质作用导致微孔体积和比表面积显著减小,降低煤层气吸附,而热液演化二区微孔体积和比表面积增大,从而增加煤层气吸附。[299]岩浆侵入对变质煤吸附能力的影响与变质煤煤级有关,变质烟煤或半无烟煤(VRr＜2.1%)Langmuir 体积从 7.6 $m^3/t$ 增加到 17.5 $m^3/t$,变质半无烟煤和无烟煤(VRr:2.1%～3.4%)从 27.2 $m^3/t$ 减少到 19.3 $m^3/t$,变质无烟煤和高阶无烟煤(VRr＞3.4%)减少到小于 5 $m^3/t$。[297]

## 1.3.5 煤中微量元素的迁移、分配、排放和洗选脱除

Wang 等建立了煤灰微量元素淋溶强度数学模型，溶液 pH、淋溶时间、元素性质和赋存状态影响淋溶行为，pH 降低，元素 Sr、Zn、Pb、Ni 和 As 淋溶增加。[305]宁夏石嘴山电厂原煤中大多数元素较燃煤产物更易淋溶，煤灰中 As、Pb、Cd、Co、Ni、Mo 和 U 易淋出，最大淋出率为 1.0%～16.1%，Hg、Se、Cr 和 Th 难淋出，其淋出率低于 1.0%。[306]

酸性条件下元素的酸溶部分溶解，碱性条件下氧负离子解析，中性条件下金属离子与铁氧化物/氢氧化物吸附和共沉降等机理控制元素的释放。[307] B、Ca、S 和 Se 的淋溶量取决于其在飞灰中的含量，pH 增加，Se 淋溶增加，淋溶液中 Ca 影响 B 和 Se 的淋溶行为。[308]飞灰中 S、Cl 和 Mo 最易淋出，淋出率分别达 75%、60%和 50%。[309]富黄铁矿煤的飞灰中 95%的 As 以五价存在，两周后约 49%的 As 淋出，主要发生在最初 4 h 内。[310]土耳其 Yenikoy 煤飞灰中 CaO 通过改变淋滤介质 pH 影响微量元素的迁移性，淋滤液中 Cd、Co、Cu、Pb、Ni 和 Zn 浓度随飞灰粒径减小而增加[311]，元素可淋出率随飞灰粒径减小而增加是由于比表面积增大。[312]巴西 Santa Catarina 新鲜煤与水反应产生中性到弱酸性淋滤液，而氧化的含黄钾铁矾煤样产生强酸性淋滤液，其中 Cd、Co、Cu、Ni 和 Zn 浓度高。[313]美国 Illinois #6 煤尾矿动力学淋滤过程中 Na、Ca、Mg 和 Sr 大量淋出，与伊利石结合的 K、V、Cr、Al 和 Si 淋出率低，仅 Mn、Co、Ni 和 Se 淋出率大于 10%，20 周后与黄铁矿或其他硫化物结合的 Ni、Mn、Se 和 Zn 迁移性增加。[314]

燃煤过程中影响元素分配的主要因素有元素的赋存状态、矿物含量与分布、工艺条件（湍流、污染控制装置和温度特征）。[315]粉煤燃烧过程中 As 和 Se 的分配取决于飞灰表面反应 Ca 和 Fe 活性位的可用性，温度越高，活性位越多，S 抑制 As 和 Se 与活性位的结合，活性位不足时，As 和 Se 以气态释放。[316]据相对富集因子将元素分为不挥发元素（Al、Ca、Ce、Cs、Eu、Fe、Hf、K、La、Mg、Sc、Sm、Si、Sr、Th 和 Ti），燃烧器中挥发，在 ESP 中冷凝的元素（Ba、Cr、Mn、Na、Rb、Be、Co、Cu、Ni、P、U、V、W、As、Cd、Ge、Mo、Pb、Sb、Tl 和 Zn）和易挥发元素（B、Br、C、Cl、F、Hg、I、N、S 和 Se）。[317]大多毒性元素在细颗粒中富集。[318]巴西燃煤电厂飞灰中富集 As、B、Bi、Cd、Ga、Ge、Mo、Pb、S、Sb、Sn、TI 和 Zn，底灰中富集 Ca、Fe、Mn、P、Ti 和 Zr[319]，Figueira 电厂飞灰显著富集 As、B、Be、Cd、Co、Cr、Cu、Li、Mn、Mo、Ni、Pb、Sb、Tl 和 Zn，Candiota 煤飞灰富集 As、B、Cd、Ga、Ge、Mo、Pb 和 Tl。[292]中国某配置袋式除尘器的无烟煤燃煤电厂飞灰中 Hg、Se 和 Cr 随粒径减小而增加，在亚微米颗粒上富集，在粗粒上缺乏。[320]内蒙古准格尔电厂飞灰中 Si 和 Hg 随粒径减小而减少，而 Ca、Fe、Se、F、Co、V、Cu、Zn、As、Sr、Zr、Cd、Sn、Sb、Tl、Pb、Bi 和 REE 随粒径减小而增加，细粒飞灰比表面积较大，利于挥发元素表面沉降和吸附。[321]新疆两粉煤电厂 S、F、Cl、Hg 和 B 易挥发，Sn、As、Se、Cu 和 Zn 中等挥发，Fe 和 Mn 难挥发，元素挥发性与 ESP 温度及原煤中 Ca 和 Cl 含量有关。[114]

采用热动力学模型表征粉煤和流化床燃烧 As、Pb、Cd、Se 和 Hg 的排放，粉煤燃烧大多 As、Pb 和 Cd 进入飞灰相，Se 和 Hg 进入气相，流化床燃烧大多元素进入底灰。[322]煤燃烧、气化和热解过程中 Hg、Se、Sb 和 Zn 部分释放，燃烧 Se 释放高于热解和气化。[323]飞灰中 $As^{3+}$ 仅占总 As 的 10%，Se 主要以 $Se^{4+}$ 存在，2.7%的 Cr 以 $Cr^{6+}$ 存在，烟气中约 58%的 Hg 以元素态释放。[246]烟气中汞 55%～69%为 $Hg^{2+}$，31%～45%为 $Hg^0$。[324]澳大利亚煤飞灰中

$Cr^{6+}$ 含量为 1.38 mg/kg(0～1.5%),Cr 和 $Cr^{6+}$ 含量随粒径减小而增加,底灰中主要为 $Cr^{3+}$,Cr 蒸气压低,在大气中以液滴或颗粒形态存在。[325]

煤中 As、Hg 和 Se 最易挥发,分别约 24%、超过 99.8%和 90%以气态从烟囱排放。[326] 燃煤电厂元素排放高于燃油电厂,Hg 和 Se 烟气排放大于 As。[327] 加拿大某粉煤电厂 As、Cd、Hg、Pb 和 Ni 日烟气排放量分别为 0.20 kg、0.02 kg、0.31 kg、0.48 kg 和 0.36 kg[222],另一燃煤电厂 As、Cd、Cr、Hg、Ni 和 Pb 日烟气排放量分别为 0.16 kg、0.01 kg、0.40 kg、0.27 kg、0.15 kg 和 0.04 kg。[223] Dabrowski 等估算南非燃煤电厂汞年排放量为 9.7 t[328],而 Masekoameng 等计算南非燃煤电厂每年有 27.1～38.9 t 排放进入大气,5.8～7.4 t 进入固体废物。[329] 日本燃煤电厂汞年排放量为 0.63 t。[330] 韩国燃煤电厂 2007 年排放 3.33 t Hg。[331] 粉煤电厂 ESP、FF 和 ESP + FGD 汞去除率分别为 11.5%、52.3%和 13.7%,我国燃煤电厂以 ESP 为主,且煤低氯,$Hg^0$ 是主要排放形式。[332] 安徽淮南电厂 As、Hg 和 Se 年排放量分别为 0.46 t、0.04 t 和 2.27 t。[333] 我国燃煤大气汞排放地区分布不均衡,主要集中在中东部省区[334],燃煤汞排放从 1995 年 202 t 增加到 2003 年 257 t,年均增长 3.0%。[335] 我国燃煤电厂 2007 年 Hg、As 和 Se 排放量分别为 132 t、550 t 和 787 t。[336] Chen 等估算 2009 年我国燃煤电厂向大气排放 162161 t F、236 t As、637 t Se、172 t Hg 和 33 t Sb。[2]

煤灰经水下贮存处置后,即使短期处置,大多元素的迁移能力都较新鲜干物质降低。[337] 还原较氧化燃煤条件形成更多气态 As,钙基添加剂能有效控制 As 排放。[124] 中试规模流化床燃烧高灰褐煤表明石灰添加导致 Ba、Cr、Mo、Ni、Sn、V 和 Zn 从底灰向飞灰分配。[338] 汞形态和去除效率取决于操作条件(煤类、烟气温度及组成、污染控制装置),ESP 捕获颗粒汞去除约 34%的 Hg。[339]

煤物理洗选不仅能脱除灰分和硫分,而且能有效减少大多环境意义微量元素。[66,195,225] 洗煤去除 50%～70%的 As 和 20%～50%的 Hg[99],50%～60%的 Hg 残留在净煤中,其余进入尾矿、煤泥和中煤。[257] 传统洗煤减少超过 20%的 As、Cd、Co、Hg、Mn、Ni、Pb、Sb 和 Th[216],能去除 50%～80%的有害微量元素,粉碎原煤释放矿物质能改善其去除率。[259] Indiana煤洗选不明显影响 Ga 和 Ge 含量。[148] 伊朗 Zirab 选煤厂洗煤能有效去除矿物和黄铁矿硫,同时减少大部分无机元素。[164]

洗选产品净煤微量元素含量降低,而尾矿元素含量增加。[1] 稀土元素在煤泥中质量分数最高,尾煤次之,精煤最低,中煤变化不大。[340] 物理洗选只改变煤中稀土元素的含量,不改变其分配模式。[188]

矿物结合的元素具被物理洗选脱除的潜力,而有机结合的元素不能被有效脱除。[45,315] 洗选对煤中矿物脱除主要取决于地质特征,包括矿物性质和分布、煤岩特征、内部裂隙和节理形式。[313] 赋存于后生节理和裂隙充填相中的元素洗煤过程中易脱除,而细粒分散矿物中的元素难脱除。[147] 与粗粒黄铁矿结合的 As 和 Pb 易去除[341],浮沉洗煤不能完全脱除与细粒分散矿物颗粒结合的 As 和 Hg。

### 1.3.6 煤中微量元素的环境健康效应

与煤有关的环境和健康问题可追溯到 3000 年前煤开始在中国作为燃料。[342] 煤层燃烧释放大量酸性气体、颗粒物、有机化合物和微量元素。[343] 煤开采和燃烧过程中微量元素迁移污染农场、森林、土壤、地表和地下水,进而危害人体健康。[344]

尘肺病是由于黄铁矿颗粒在肺液中溶解，形成强酸和铁的硫酸盐，刺激肺组织，导致其纤维化，降低氧交换能力[345]，与煤级有关，还与稀土元素暴露有关，石英尘对地下矿工危害亦较大。[266]

煤矸石风化过程中，金属元素释放进入周边水体和土壤，随时间的增加，元素由惰性转变为活化态，生态风险增大。[346]安徽三个煤矿周边75%的土壤样品显著受到Sb污染，近矸石堆和选煤厂的样品Sb含量高，采煤和选煤导致表土Sb污染。[347]陕西平利县八道矿区石煤及煤灰是土壤和作物微量元素的主要地球化学源，石煤中元素通过基岩继承、煤灰添加和煤矿渗流水进入土壤，导致土壤Se、Mo、Cu、Zn、Cr、V和Ni富集。[348]

煤利用过程中的环境问题与黄铁矿氧化形成酸性废水有关[1]，酸性矿井水有较强的淋滤能力，能携带大量微量元素进入环境。[349]山西四台煤矿酸性矿井水溶解的$SO_4^{2-}$、Fe和重金属元素危害环境。[350]

煤干馏操作导致表层土壤Pb含量增加。[290]义马煤在热解过程中非金属元素、轻元素和少量重金属元素挥发，污染环境。[351]长春市区表土中Hg和As主要来源于燃煤。[352]煤飞灰改性土壤中飞灰添加量增大，As和Tl越易被作物吸附，As已超出Basil和Zucchini潜在毒性水平。[353]希腊北部Ptolemais-Amynteon废弃煤矿正常和复垦土壤种植的小麦元素含量接近，土壤中多数元素与矿物结合难被作物吸收。[354]

排放和沉积的煤灰，以颗粒形式污染大气、水体和土壤，大气降水和地表水体淋溶微量有毒组分。[355]家庭供暖和烹饪煤渣常与含大量有机质的生活垃圾混合，元素易淋出污染水体。煤灰以土地处置、利用或排放进入水体，其中富集的Cr、Cu、Pb、Ni、V、Zn和Se会造成危害。[356]pH = 4时，煤灰中Cu和Zn淋滤量超出美国环保局淡水水质标准。[357]巴西某燃煤电厂土地填埋和贮存于废矿井的底灰中元素易溶出，迁移进入水体。[165]宁夏石嘴山电厂煤灰淋滤液中Pb、Cd、Mo、Co、Ni和Cr超过地下水三级水质标准。[306]美国Ohio和New Mexico燃煤电厂的细粒飞灰有害元素淋滤最大，Ohio合成地下水淋滤液中As、Sb和Tl高于EPA饮用水标准，New Mexico合成地下水淋滤液中As、Sb和U超标。[312]煤灰中Br、Cl、Cu、Mn、Pb和Zn在水力运输过程中溶解，污染灰池和处置点周边地表和浅层地下水。[358]暴露于燃煤电厂排放物的静水生物组织中微量元素含量提高。[359]斯洛伐克Zemianske Kostolany贮灰池溃坝导致周边土壤As污染。[360]印度某热电厂处置灰池附近表土由于煤灰的输入而富集Mo、As、Cr、Mn、Cu、Ni、Co、Pb、Be、V和Zn。[361]

电厂燃煤是环境有害微量元素的重要人为源之一，尽管煤中元素含量低，但巨大的消费量导致元素累积排放，是世界最主要的人为汞排放源。我国拥有超过2000个燃煤电厂，是最大的大气汞污染源[362]，1999年约38%的汞排放源于燃煤，燃煤电厂排放68.0 t[363]，也是世界最大的大气汞排放源。[364]北京冬季高浓度的总气态汞与燃煤供暖有关。[365]2002年重庆人为排放8.85 t Hg，超过一半源于燃煤。

加拿大Manitoba某仅配置旋风除尘器的电厂并未对周边森林造成不良影响[366]，另一粉煤电厂日排放1.37 kg环境敏感性元素，对环境无影响[222]，某燃煤电厂向大气排放的As、Cd、Hg、Ni和Pb在对地表影响最大的范围内浓度仍低于加拿大大气污染监测的健康标准。澳大利亚Wallerawang电厂周边大多微量元素沉降量小，烟气排放对周边区域环境中Mo和Se的增加有较大贡献。[172]六价铬致癌，较三价易溶于水和被生物利用，澳大利亚某燃煤电厂烟气排放的细粒飞灰富集六价铬。[325]西班牙东北某1050 MW燃煤电厂向大气年排放超过10 t的As、Cr、Pb、V、Li和B。[367]斯洛伐克一燃煤电厂向周围环境年排放约5 t As，人均砷日排泄量为 12.75 μg,存在砷暴露风险。[368]

燃煤电厂周边妇女在怀孕期最初两个月较高和较长时间的 $SO_2$ 暴露导致妊娠期显著缩短,新生儿体重减轻。[369]细粒煤灰中水溶性 S、Zn 和 V 增加肺的渗透性。[370]重庆铜梁一季节性燃煤电厂是当地多环芳烃、Pb 和 Hg 的主要污染源,污染暴露影响胎儿生长和早期神经发育,脐带血铅水平与脑社会区发育减弱有关。[67]

室内敞炉燃煤,释放的有害物质被食物吸附,人食用烘干的食物,产生严重的健康问题,如地方性氟、砷、硒中毒和肺癌等。[371]我国西南地区约有 1500 万人燃煤地方性氟中毒、超过 3000 人砷中毒、477 人硒中毒。[45,48,345]

Lyth 在贵州最早发现地方性氟中毒,认为与煤矿水有关。[372]与煤利用有关的地方性氟中毒主要分布在贵州西部、四川南部、云南东北部、陕西南部、湖北西部和重庆东部。氟中毒的典型症状有牙釉质斑点和氟骨病,包括骨硬化、关节运动受限、膝外翻、弓形腿和脊柱侧弯。[45,345]燃煤地方性氟中毒可分为三种类型:高氟煤、拌煤黏土和石煤型。

高氟煤室内燃烧,通风不畅,导致地方性氟中毒。[373]高氟煤型地方性氟中毒主要发生在贵州、湖南西部和陕西南部。[284]四川彭水县燃用高氟煤取暖、烹饪和食物干燥导致过量氟化物排放,居民通过呼吸直接吸入(2%)和食用贮存的玉米、辣椒和土豆间接吸入(97%),人日均氟暴露量为(49.16±45.49) mg。[374]

燃煤氟中毒主要由拌煤黏土引起。[120,375-377]贵州燃煤地方性氟中毒地区煤中氟平均为 83.1 mg/kg,而拌煤黏土中氟平均达 1027.6 mg/kg。织金县煤、黏土、煤与黏土混合物、玉米和辣椒中氟含量分别为 237 mg/kg、2262 mg/kg、828 mg/kg、1419 mg/kg 和 110 mg/kg[375,378],拌煤黏土约 80%的氟被释放,通过呼吸和食物进入人体。

石煤燃烧释放大量气态和微尘态氟化物,室内降尘氟含量达 33580 mg/kg,污染玉米、辣椒和饮水。[379]

煤及伴烧黏土燃烧释放氟污染室内空气,进而污染粮食、蔬菜和饮水,导致居民氟中毒,在贵州织金县,人日均摄氟量为 9.7 mg,81.6%源于煤烟污染,90%来自粮食、蔬菜和辣椒。[380]氟中毒的主要途径是食用型煤烘干的玉米[45,345],煤火烘干的玉米,含氟量增加[381],未烘烤的新鲜玉米氟含量均低于 4 mg/kg,敞炉快速烘烤的玉米氟含量增加到 10～20 mg/kg,辣椒氟含量达 1274.39 mg/kg。[382]作物干燥和贮存方法比煤氟含量对氟中毒的影响大,型煤黏土氟含量越高,玉米和蔬菜中氟越高。[383-384]尿氟水平反映牙齿氟中毒的流行程度,控制区、中度和严重氟中毒区人均日氟化物暴露量分别为(2.99±1.64) mg、(14.4±6.2) mg 和(43.2±43.2) mg,其中直接吸入 1.9%～3.4%、食用污染食物 94.5%～97.3%、饮水 0.8%～2.1%。[385]

1977 年春,贵州开阳县栗山社石头田大队石头田寨,发生一起以神经炎为主要症状的砷中毒,主要临床表现为末梢神经受损,以下肢感障碍为主,继而出现消化系统功能紊乱,是煤中砷含量高,燃烧形成砷污染所致的。[386]与煤利用有关的地方性砷中毒主要分布在贵州西部、云南东北部和陕西南部,陕西 8 个县 1665 个村约 6 万人暴露于高砷煤污染。[387]燃煤型砷中毒的典型症状有着色过度(面红和雀斑)、角化过度(鳞状皮肤损伤,特别是手和脚),Bowen's 病(皮肤黑色、角质化、癌前损伤)和鳞状细胞癌[45,345],内脏器官的症状包括肺机能障碍、神经病和肾毒性。[388]地方性砷中毒主要是由于高砷煤室内燃烧,烘干作物,导致玉米和辣椒中砷富集,其含量分别达 5～20 mg/kg 和 100～800 mg/kg,主要途径是食用砷污染食物,尤其是辣椒,其严重性取决于生活方式、营养状况和个体健康情况。[389]云南昭通氟中毒区烘烤粮食中砷可能来源于煤和拌煤黏土。[390]仅我国发现燃煤地方性砷中毒，居民因食用富砷的玉米或辣椒和吸入污染的空气而中毒。[53]贵州砷中毒地区居民摄入的砷 50%～80%源于污染的食物，10%～20%源于污染的空气，1%～5%源于饮水，仅 1%源于矿工直接接触[365]，兴仁县村民尿砷水平和尿丙二醛高于控制组[115]，居民尿液中砷含量与头发中砷含量呈正相关，表明砷以消化内部暴露为主。

Li 等认为 1295 年 Marco Polo 在我国西部丝绸之路的肃州地区马匹脱毛和蹄损伤为硒中毒[392]，而 Shao 和 Zheng 认为是棘豆属毒草导致牲畜中毒。[393]湖北人硒中毒可追溯到 1923 年，至 1987 年共发现 477 例，70%集中于 1959～1963 年，双河镇渔塘坝最为严重。[394]杨光圻等最早报道湖北恩施原因不明脱发脱甲症为硒中毒，石煤硒含量高达 84000 mg/kg，通过源于土壤的高硒主副食品进入人体，人日均摄入量为 4.99 mg。[395]与煤利用有关的地方性硒中毒主要分布在湖北西部和陕西南部。硒中毒的典型症状包括头发和指甲脱落。[45,345]湖北恩施地方性硒中毒与高硒碳质硅质岩（石煤）有关，渔塘坝的微地形和淋溶条件利于硒迁移[396]，与自然因素（强降雨）、土地利用干扰（森林砍伐）、石煤开采和利用、煤灰肥料添加[397-399]、耕作方式和生活习惯有关，硒中毒与玉米中高硒有关，土壤和作物中硒主要源于二叠纪茅口组和吴家坪组富硒石煤。硒中毒地区土壤中硒的生物可利用性与硒总量和 pH 有关，石煤地层相关的土壤高硒和 pH，存在大量水溶性硒，易被玉米吸收。[400]

贵州部分居民视力损伤可能与煤中存在大量汞矿物有关。煤中有机结合的 Be 燃烧中以颗粒或气溶胶形式释放，是大气 Be 的主要污染源，Be 吸入造成肺损伤，Be 和 F 的协同效应会产生更大的危害。

云南宣威和富源室内烟煤燃烧导致当地农民高肺癌发病率。宣威肺癌死亡率与室内烟煤燃烧关系密切，燃煤排放大量含致癌有机物的亚微米颗粒，严重污染室内空气[401]，室内不通风燃用烟煤烹饪时间与肺癌发生率显著正相关，有烟囱的室内空气污染水平比无烟囱的低 35%，烟囱能减少室内空气污染暴露和肺癌发生风险[402]，高肺癌发病率还与富石英煤的分布存在某种联系[129]，燃煤细颗粒石英的释放可能是高肺癌的主要原因。

中国已成功推广改灶计划，儿童哮喘和成人呼吸疾病与煤利用正相关，与改灶和良好炉灶维护负相关。[403]改灶降氟炉的推广，不能根治滇黔“燃煤污染型”氟中毒症，当地潮湿多雨，气候阴冷，而降氟炉的火力太小，无法在短期内快速烘烤干粮食，无论降氟炉使用区或非使用区，全部敞炉烘烤粮食，氟污染途径没有隔断，仅改灶降氟不能有效降低氟和砷污染。[404]2009 年我国贵州、云南、重庆和陕西有近 3000 万人受燃煤氟中毒，贵州和陕西约 120 万人受砷中毒威胁。

## 1.3.7　煤系共伴生稀有元素资源

煤是一种具高度还原障和吸附障性能的有机岩矿产，在特定地质条件下，可富集一些有益金属元素，达到成矿规模。[405]煤是重要的 Ge 源，世界一半以上 Ge 消费量由煤提供，发现煤伴生 Al 和 Ga 矿并展开中试规模提取对煤中贵金属生产和发展传统和替代资源具有重要意义。[406]

1998 年内蒙古煤炭地质勘查院于内蒙古锡林郭勒盟乌兰图嘎煤矿Ⅱ采区发现一处大型锗矿，面积约 0.72 km$^2$，与 6-1 煤层同体共生，煤层是锗矿的载体[407]，其储量达 1600 余吨[407-408]，是我国最主要的含煤锗矿床之一[268]，也是世界第三大含煤锗沉积。然而，黄文辉等评估乌兰图嘎煤-锗矿床资源面积为 1.0975 $km^2$，资源量为 1805 t。[409]

中国石炭-二叠纪煤中 Ga 均值为 15.49 mg/kg，煤中 Ga 的工业品位为 30 mg/kg，内蒙古准格尔煤田 6 煤和河北邢台煤田 5 煤为煤伴生镓矿床。[410]黑岱沟煤矿 6 煤为一超大型 Ga 矿床沉积，碱性弱氧化环境利于 Ga 富集[411]，哈尔乌素露天矿 6 煤富集 Al 和 Ga，能作为金属资源从煤飞灰中提取。

中国煤中 Li 丰度为 30.72 mg/kg，安太堡矿煤中 Li 含量达到煤伴生矿床工业品位，同兴矿煤层底板 Li 含量达到独立锂矿床工业品位。[412]Sun 等将 80 mg/kg 和 120 mg/kg 分别作为中国煤伴生锂沉积的最低采矿品位和工业品位。[413]内蒙古官板乌素矿 6 煤 Li 平均为 264 mg/kg，为一煤伴生 Li 沉积，储量达 24288 t，主要被高岭石、勃姆石和绿泥石吸附。[414]

重庆松藻矿区 11 煤中 Nb 和 Ga 已超过伴生矿床工业品位。云南东晚二叠含煤地层发现火山源 Nb(Ta)-Zr(Hf)-REE-Ga 多金属沉积，富集$(Nb, Ta)_2O_5$、$(Zr, Hf)O_2$、REE 和 Ga，其中$(Nb, Ta)_2O_5$ 远高于风化壳和河床沉积矿的边界和工业品位，$(Zr, Hf)O_2$、REO 和 Ga 也达到矿化和工业利用品位。

含煤沉积应视为可从燃煤或采矿副产物回收提取 REE 和 Y 的目标，若煤厚大于 5 m，REE 回收的工业品位可为 800～900 mg/kg，煤灰中稀土元素氧化物含量高于 1000 mg/kg，适合选择性采矿。[270]

许多含煤盆地存在产金属煤，泥炭聚积、成岩或后生过程均可发生成矿作用，其煤灰应作为可经济回收的副产物，元素含量高于世界煤丰度 10 倍的煤便可视为产金属煤，俄罗斯、乌兹别克斯坦和中国目前正利用煤中锗。[415]天然放射性是确定碱性火山灰层和稀有多金属矿床沉积的重要标志。蚀变黏土岩在勘探稀有金属(Nb、REE 和 Ga)矿产中极具价值。[416]

# 第2章 研究区域及样品采集

## 2.1 两淮煤田

### 2.1.1 淮南煤田

淮南煤田位于华北聚煤盆地南缘，安徽中北部，以淮南市为主体，呈长椭圆状，长约100 km，宽为20～30 km，面积约为2500 km$^2$。

煤田主要构造格架为一近东西向展布的“对冲式断-褶构造带”，即分为三个次级构造带：南部“八公山-舜耕山构造带”、北部“明龙山-上窑构造带”、中间“淮南扇形复向斜带”，构成淮南煤田的主体。

煤田内除缺失上奥陶统及中、上三叠统至中侏罗统外，从下元古界至第四系地层均有不同程度的发育，绝大部分被第四系覆盖。地层沉积特征属典型的华北地台型，其地层层序及岩性特征见表2.1。

**表2.1 淮南煤田地层简表**

| 界 | 系 | | 统 | 组 | 厚度(m) | 主要岩性 |
|---|---|---|---|---|---|---|
| 新生界 | 第四系 | | 全新统 | | 40～700 | 浅黄、灰黄色黏土夹砂层 |
| | | | 更新统 | | | |
| | 第三系 | 上 | 上新统 | | 0～1528 | 灰绿色、浅棕黄色，固结黏土夹砂层 |
| | | | 中新统 | | | |
| | | 下 | 渐新统 | | 0～2000 | 浅灰色、棕褐色砂泥岩及其互层，夹砂砾岩 |
| | | | 始新统 | | | |
| 中生界 | 白垩系 | | 上统 | | >647 | 紫红色粉、细砂岩，砂砾岩 |
| | | | 下统 | | 1844 | 棕红色泥岩、粉砂岩，细-中粒砂岩 |
| | 侏罗系 | | 上统 | | >637 | 凝灰质砂砾岩，凝灰岩和安山岩 |
| | 三叠系 | | 下统 | | 316～446 | 紫红色砂、泥岩 |

续表

| 界 | 系 | 统 | 组 | 厚度(m) | 主 要 岩 性 |
|---|---|---|---|---|---|
| 古生界 | 二叠系 | 上统 | 石千峰组 | 114～400 | 泥岩,细-粗砂岩,夹石英砂岩、砂砾岩 |
| | | | 上石盒子组 | 316～566 | 泥岩,灰绿色、浅灰色砂岩,含煤层 |
| | | 下统 | 下石盒子组 | 106～265 | 灰色砂泥岩及其互层,底含粗砂岩,含煤层 |
| | | | 山西组 | 47～119 | 上部细至粗砂岩,下部深灰色泥岩,含煤层 |
| | 石炭系 | 上统 | 太原组 | 102～148 | 灰岩为主,夹泥岩和砂岩,含薄煤层 |
| | | 中统 | 本溪组 | 0～10 | 主要为浅灰绿色铝铁质泥岩及泥岩,含黄铁矿 |
| | 奥陶系 | 中下统 | | 400 | 中厚层白云岩,白云质灰岩,夹灰岩 |
| | 寒武系 | 上统 | 土坝组 | 170～220 | 白云岩,硅质结核白云岩 |
| | | | 固山组 | 9～78 | 白云岩,竹叶状灰岩,鲕状灰岩 |
| | | 中统 | 张夏组 | 146 | 鲕状灰岩,白云岩 |
| | | | 徐庄组 | 190 | 棕黄色砂岩,夹页岩及石灰岩 |
| | | | 毛庄组 | 152 | 砾状灰岩,鲕状灰岩,页岩 |
| | | | 馒头组 | 215 | 紫色页岩夹灰岩 |
| | | 下统 | 猴家山组 | 100～150 | 鲕状灰岩、白云岩、砂灰岩、孔洞灰岩 |
| | | | 凤台组 | 10～100 | 页岩、砾岩 |

煤田含煤岩系为华北型石炭-二叠纪煤系,包括晚石炭纪本溪组和太原组、早二叠纪山西组及下石盒子组和晚二叠纪上石盒子组,主要含煤地层为二叠纪上石盒子组、下石盒子组和山西组。

煤田主要成煤环境为滨海三角洲,其中上石盒子组上部的沉积环境为海湾环境,上石盒子组下部、下石盒子组和山西组属三角洲环境,太原组为离陆源区较近,坡度较缓的滨海潮坪环境。晚石炭太原组属滨海沉积,为陆表海和碎屑海岸环境;早二叠山西组为水下三角洲平原沉积或泻湖海湾环境,下石盒子组属湾充填的下三角洲平原;晚二叠上石盒子组3和4含煤段属分流河道废弃的下三角洲平原,5、6和7含煤段属河口湾或泻湖海湾。1煤形成于水下三角洲环境,4和5煤于泥炭坪环境,6和8煤属湾充填的下三角洲平原环境,11-2和13-1则分别为树枝状分流河道及网状分流河道废弃充填的三角洲平原沉积。

燕山期岩浆活动多以小型细晶岩、煌斑岩岩脉、岩床侵入煤系,对煤层局部有影响。

#### 2.1.1.1　潘三煤矿

潘三煤矿位于淮南市西北部,紧邻丁集、潘一和潘北煤矿,设计利用可采储量542.074×$10^6$ t,设计能力为3×$10^6$ t/年。

煤矿位于淮南复向斜中潘集背斜的南翼西部,总体形态为一单斜构造,地层走向为NWW-SEE,地层倾角一般为5°～10°,断层走向以NWW或NW为主,NE次之,主要断层走向与褶曲轴走向基本一致,展布形式呈断续状。

煤矿侵入岩岩性主要为灰白色细晶岩,侵入方式基本为顺层侵入,呈小型岩床产出,冲开煤层,使煤层结构复杂,间距增大,局部煤层被吞蚀,使煤的变质程度增高,直接接触岩浆岩的煤层则变为天然焦。

主要可采煤层(除1煤外)均为黑色，沥青-弱玻璃-玻璃光泽，条带状结构，内生裂隙比较发育，断口一般为不平整状，局部为贝壳状，裂隙中充填黄铁矿及方解石等矿物。

潘三煤矿1煤位于第一含煤段下部，为大部可采的不稳定煤层，厚为0.28～8.00 m，平均为2.92 m。

煤层结构较简单，部分含一层夹矸，岩性为碳质泥岩，顶板为砂质泥岩，少量粉细砂岩，底板为砂泥岩互层及泥岩。

煤为黑色或钢灰色，粉末状和块状，油脂、丝绢或金刚光泽，以亮煤和暗煤为主，夹镜煤条带，宏观煤岩类型为半暗-半亮型。

灰分产率范围为9.53%～36.67%，平均为18.36%，属中灰煤。

岩浆岩一般侵入煤层中或煤层顶部，煤局部变质为天然焦。

#### 2.1.1.2 朱集煤矿

朱集井田处于黄淮平原的南部，煤系地层全部被第三、四系松散层所覆盖，其自下而上划分为7个含煤段。山西组和下石盒子组各为1个含煤段，上石盒子组有5个含煤段。其中下部4个含煤段为矿井主要开采对象。区内含煤地层系钻探揭露及利用邻区资料主要如下：

**1. 朱集矿井含煤地层**

(1) 石炭系上统太原组(C3t)

假整合于奥陶系之上，底部为4～6 m厚的铝质泥岩，为浅灰色微带青灰色，具紫红及锈黄色花斑，局部具鲕状结构。鲕粒分布不均，其余岩层为灰色，深灰色灰岩、黏土岩，灰岩10～13层，总厚度为49.5 m。其中12灰分布稳定且较厚，一般为9.51～19 m，由砂质黏土岩和中细砂岩组成。局部有岩浆岩侵入的达34 m。灰岩含丰富的海百合茎及纺锤虫、珊瑚等动物化石。在砂质泥岩中含有较多的腕足类及形体较小的瓣鳃类化石。太原组含不可采薄煤层7～9层，为本区含煤地层之一。其岩相以浅海相沉积为主，亦具过渡相及泥炭沼泽相。

(2) 二叠系(P)

二叠系平均总厚为964.44 m，底部以灰岩与太原组分界，二叠系整合于太原组之上。分为下统山西组、下统下石盒子组、上统上石盒子组和上统石千峰组，其中山西组、上、下石盒子组为含煤地层，石千峰组为非含煤地层。石千峰组不是本次研究对象，山西组和上、下石盒子组为主要勘探煤层，揭露厚度为649.95～799.1 m，平均厚为730.83 m，含煤28层，总厚为28.58 m，含煤系数为3.91%。

① 叠系下统山西组(P1s)。

第一含煤段：揭露厚度为52.64～82.30 m，平均厚为67.46 m，含1、3二层局部可采煤层，一般合并为1层，平均厚为2.46 m，含煤系数为3.65%。底部为灰黑色海相泥岩，富含动物化石，系海湾沉积；3煤下以粉砂岩为主，互层状，常见腕足、瓣鳃类化石及虫迹，多含椭球状菱铁结核，常见水平层理，缓波状层理、斜纹层理及小角度交错层理。3煤层上部以泥岩为主，夹薄层砂质泥岩及细砂岩条带，局部相变为粉、细砂岩。砂岩为灰白色，成分以石英为主，长石次之，少量杂色矿物，局部含砾及泥质包体，层理面含大量白云母碎片，硅、泥质胶结，水平层理为主，大量植物化石产于层理面上，时而冲刷煤层。

② 二叠系下统下石盒子组(P1xs)。

第二含煤段:揭露厚度为116.73～162.11 m,平均厚为145.63 m,含煤5-12层(4-9煤组),平均厚为11.09 m,含煤系数7.61%。其中4-1、4-2、5-1、5-2、6、7-2、8煤为可采煤层或局部可采煤层。底部为灰白色中粗砂岩或中砂岩,胶结物为泥钙质,粒度分选及磨圆度一般较差。局部含砾及泥质包体,其长轴方向与层面一致,见冲刷现象。此层砂岩为与第一含煤段的分界,其上为铝质泥岩或花斑状泥岩,全区普遍发育,呈乳灰色、银灰色,致密,具滑感及贝壳状断口,含鲕粒,直接覆盖于底部砂岩之上,为本区标志层,是煤层对比的主要标志层;再往上为泥岩夹粉、细砂岩。据研究花斑的形成与较强的氧化作用有关,与铝土岩共生,可能是一种不完善的古土壤。中部含煤8层。4-2与5-1煤层间主要为粉细砂岩互层及砂泥岩互层,见扰动层理及底栖动物通道;5煤层顶底多薄层状砂泥岩互层,具有浑浊层理和虫迹;6-8煤层间沉积物粒度较细,以泥岩、砂质泥岩为主,局部夹粉、细砂岩或薄煤层,砂岩厚的变化可能是造成煤层间距特变的原因之一。6煤顶部泥岩中偶见舌形贝化石。上部8-9煤间,以泥岩为主,常相变为粉、细砂岩,具楔形交错层理,砂岩中含泥质包体,煤层附近见串珠状菱铁矿结核。泥岩、粉砂岩中含丰富的植物化石,尤其8煤顶板最富。

③ 二叠系上统上石盒子组(P2ss)。

揭露厚度为480.58～554.69 m,地层平均厚为517.74 m,分5个含煤段:

第三含煤段:揭露厚度为77.8～107.5 m,平均厚为93.62 m,含煤0-7层(11煤组),平均厚为2.10 m,含煤系数为2.24%。其中11-1、11-2煤为可采煤层或局部可采煤层。底部9煤顶砂岩是上、下石盒子组的分界,厚度变化较大,局部相变为粉砂岩或砂质泥岩,砂岩中成分为石英、长石、云母及菱铁矿物,呈灰白色;下部为泥岩、砂质泥岩,少有花斑;中部以泥岩、砂质泥岩为主,夹粉、细砂岩,颜色为灰至深灰色,常见含菱铁鲕粒及椭球状菱铁结核并有花斑状泥岩;中上部含煤3层,其中11-2煤较厚而稳定,煤层附近可见有小的椭球状菱铁结核。上部主要为泥岩,夹中、细砂岩、砂质泥岩及砂泥岩互层。煤层顶板含丰富的植物化石。

第四含煤段:揭露厚度为67～101.5 m,平均厚为82.09 m,含煤1-6层(12-15煤组),平均厚为5.17 m,含煤系数6.3%。其中13-1煤是主要可采煤层。底部为灰白色石英砂岩或中砂岩,作为与第三含煤段的分界。砂岩较硬、成分以石英为主、长石次之,分选性及磨圆度中等,胶结物为硅质及钙质;下部含鲕花斑状泥岩,分布稳定,为本区主要标志层之一,其成因可能是炎热潮湿的气候条件下,在三角洲准平原化地形上发育起来的网状河流体系中天然堤、河漫滩及湿沼地沉积。中部为煤组层位,由泥岩和煤层组成,夹薄层的粉、细砂岩及菱铁矿层,并发育有稳定的13-1煤层及不可采的12、14、15煤层,煤层附近可见少量姜状及菱铁结核,并含丰富植物化石。上部以泥岩类为主,夹砂岩,紫红色、内有2～3层泥岩具紫红、黄绿色花斑。

第五含煤段:揭露厚度为61～97.5 m,平均厚为79.44 m,含煤0-6层(16、17煤组),平均厚为3.12 m,含煤系数为3.93%。其中16-2、17-1为局部可采煤层。本段多呈青灰色、灰绿色,以泥岩、砂质泥岩为主,夹粉、细砂岩或砂泥岩互层。底部为灰白色石英砂岩或细砂岩与第四含煤段分界。其上有1-4层紫红-棕黄色花斑泥岩,称“小花斑”。中、下部以灰白色、青灰色、灰绿色粉、细砂岩同泥岩类,构成一套明显的互层沉积,含16-17煤组。上部以灰-深灰色泥岩和深灰-灰绿色粉砂岩为主,偶夹薄层花斑泥岩。由下而上砂岩中长石含量增加,矿物成分除石英、长石外,还见燧石、绿泥石及黑云母,并含重矿物锆英石及石榴子石。胶结物为硅质、钙质、泥质。层理类型见波状、交错、透镜状等。16、17煤层顶部常见有舌形贝化石。

第六含煤段：揭露厚度为77.4～109 m，平均厚为92.31 m，含煤0-7层(18-21煤组)，平均厚为2.51 m，含煤系数2.99%。18、20煤层发育较好，煤层厚度可形成可采区，但由于大部分煤芯样灰分超过40%，使煤层成为不可采，其他均为不稳定薄煤层。此含煤段以青灰色泥岩、砂质泥岩为主，夹粉、细砂岩，砂岩成分以石英为主，含长石及绿色矿物，层面分布云母片，风化后呈球状碎块为特征。底部以18煤下发育的粉、细砂岩为与第五含煤段的分界。下部通常为泥岩、砂质泥岩夹薄层粉、细砂岩，18煤组底部具鲕状铝质泥岩；在18煤附近夹1-3层硅质海绵岩，含大量的海绵骨针化石。上部以砂质泥岩、粉砂岩为主，夹薄层砂岩。由下而上岩层变化快，成分较复杂。

第七含煤层：揭露厚度为131.5～195.5 m，平均厚为170.28 m，含煤0-9层(22-26煤组)，平均厚为2.13 m，含煤系数为1.25%，均属不稳定不可采煤层。本段岩层颜色以灰色为主，深灰色次之，个别为青灰色，由深灰色泥岩、砂质泥岩夹砂岩、粉砂岩及组成。下部夹灰绿色砂岩或粉砂岩，中部为煤层组，上部以深灰色泥岩、砂质泥岩为主，夹薄层状砂岩、粉砂岩。岩性复杂且变化快，砂岩成分为石英、长石、暗色矿物等，以钙质胶结为主，分选及磨圆度中等-差，具缓波状层理，泥质包体沿层面分布，所含煤层常相变为炭质泥岩。中下部含少量椭球状菱铁结核及少量植物化石。

以上含煤地层具体的岩性特征如图2.1所示。

**2. 朱集矿井构造**

朱集井田位于淮南煤田东北部，淮南复向斜的次级褶皱朱集-唐集背斜及尚塘-耿村集向斜的东段，井田总体构造形态为背、向斜，北部为朱集-唐集背斜，其南翼与潘集背斜北翼构成较宽缓向斜，沿轴向有所起伏。背、向斜构造在井田西段表现明显，背斜较为紧密，背、向斜轴向为北西西向，地层倾角较陡，背斜轴向东倾伏，井田中段和东段地层倾角比较平缓，形成比较宽缓的背斜构造。区内已发现断层30条，其中正断层17条、逆断层13条。断层展布方向以北西西及北西向为主导，少数为北东向(图2.2)。

#### 2.1.1.3 丁集煤矿

丁集煤矿隶属于淮南煤田，位于淮南市西北部，距淮南市洞山约50 km，行政区划隶属淮南市潘集区和凤台县丁集乡，由煤炭工业部济南设计研究院设计，矿井建设规模为500万吨/年。地理坐标为东经116°33′16″～116°42′37″，北纬32°47′26″～32°54′31″。煤矿范围：东起十五线与潘三、潘四(潘北)煤矿相邻，西至11-2煤层露头线；北起F27、F81-1断层，南至F87断层及13-1煤层－1000 m等高线地面投影线。东西走向长12～15 km，南北倾向宽4～11 km，具体范围由20个拐点坐标圈定，面积为100.534 $km^2$。

### 2.1.2 淮北煤田

#### 2.1.2.1 卧龙湖煤矿地质概况

**1. 井田煤系地层**

卧龙湖煤矿井田范围内二叠系山西组、下石盒子组、上石盒子组为主要，石炭系暂未作为勘探对象，由老至新分别叙述如下：

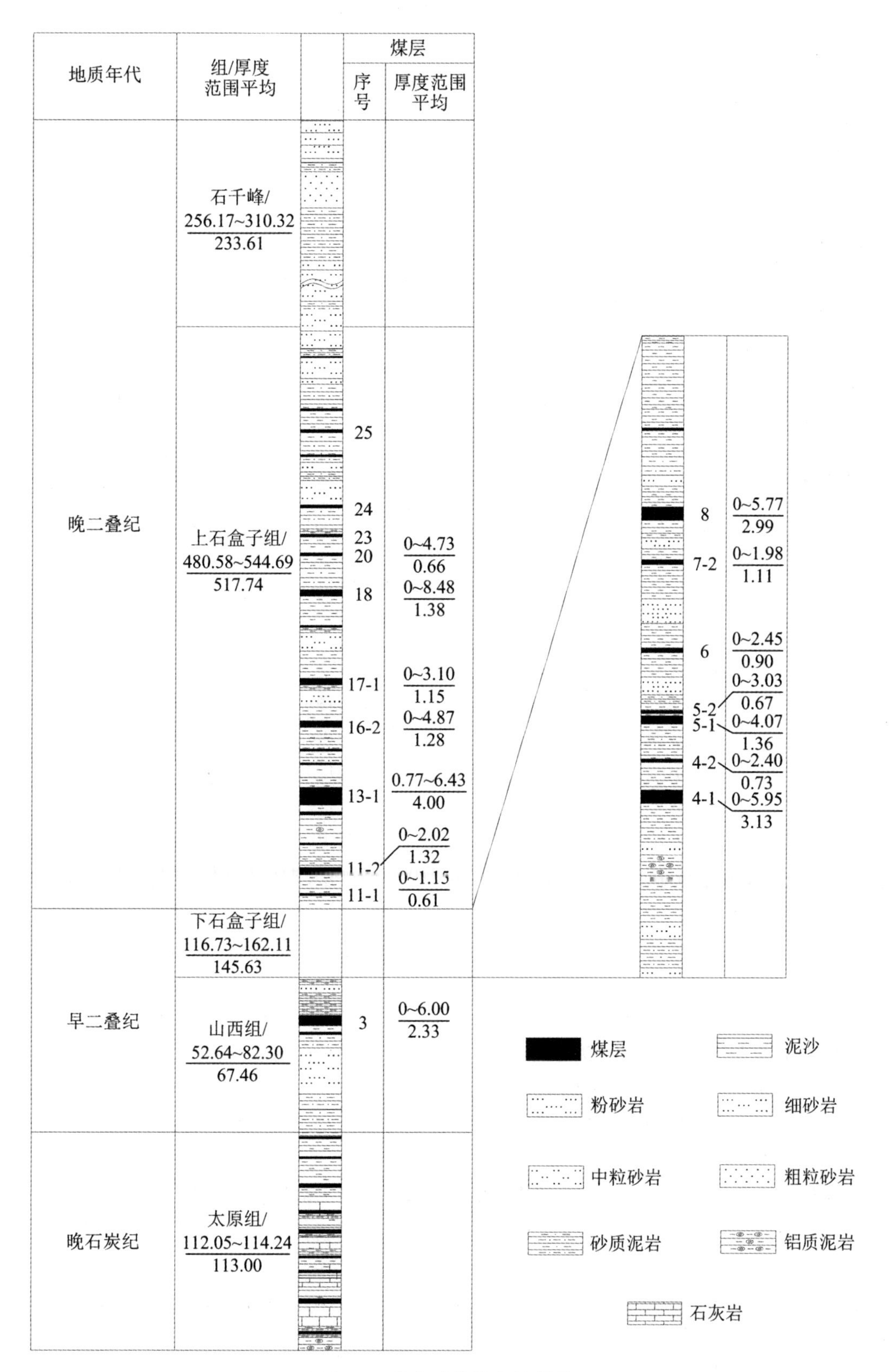


**图 2.1　朱集矿井综合柱状图**

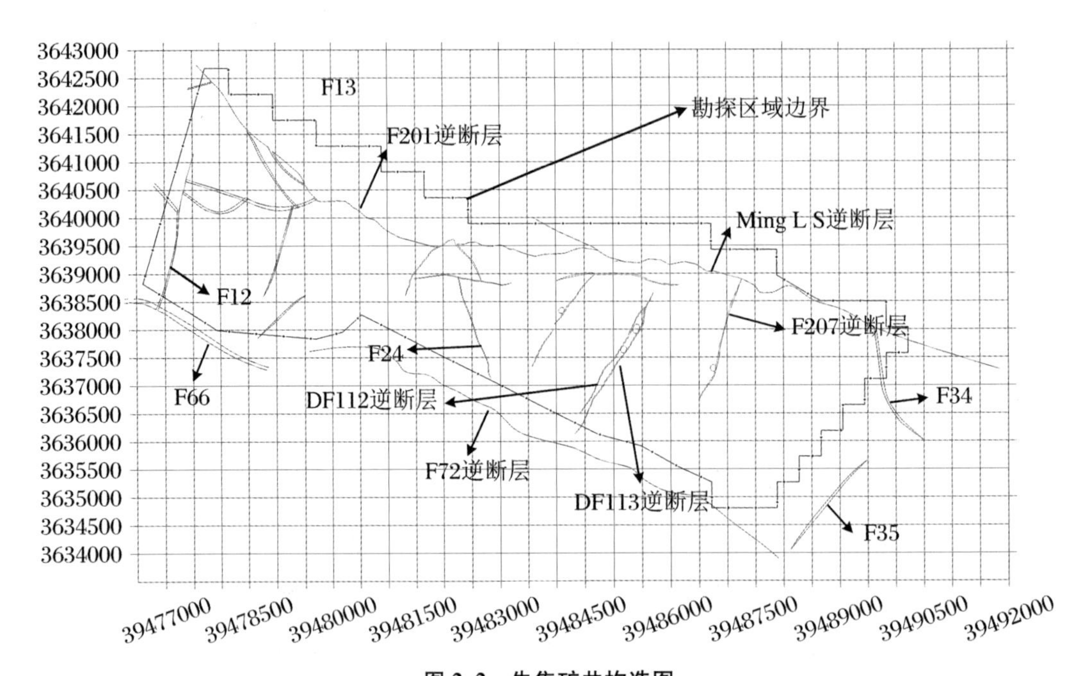


**图 2.2　朱集矿井构造图**

两线之间的距离为 0.5 km；$X$，$Y$ 轴为地理坐标；黑色表示断层

(1) 下统山西组(P1s)

矿井主要含煤地层，平均厚度为 110 m。岩性主要为碎屑岩、砂岩和煤层，碎屑岩碎屑分选程度较差。底部夹少量砂岩，偶见菱铁质结核。根据其特征，可将本组分为上、下两部分。

① 上段：下界为 10 煤层，上界为一层铝质泥岩，平均厚度为 58 m。岩性主要为泥岩、粉砂岩和砂岩。

② 下段：下界为太原组一灰，上界为 10 煤层，平均厚度为 52 m。岩性主要为泥岩和粉砂岩，颜色为深灰色至灰黑色。向上层理现象较为发育，层理构造岩性主要为砂岩，含白云母片。

本组含 10 煤层和 11 煤层，其中 10 煤层可采，下部含 11 煤层不可采。与太原组地层整合接触。

(2) 下统下石盒子组(P1xs)

矿井主要含煤地层。厚度为 167～245 m，平均厚度为 215 m。岩性以粉砂岩、泥岩和煤层为主。水动力条件较强，层理构造十分发育。

五个煤层(组)中 6、7、8 煤层可采，4、5 煤层不可采。与下伏山西组整合接触。

(3) 上统上石盒子组(P2ss)

厚度约为 380 m。岩性主要为泥岩、粉砂岩和煤层。下部岩性以砂岩、粉砂岩、泥岩和煤层为主。下部岩性为杂色泥岩、粉砂岩及砂岩和煤层，砂岩由下而上石英含量逐渐减少，长石含量相应增加。

本组含 1、2、3 三层不可采煤层(组)。与下伏下石盒子组整合接触；与上覆地层不整合接触。

**2. 主采煤层特征**

本矿井主采煤层主要特征叙述如下：

(1) 6煤层

本矿井主要可采煤层。煤层厚0～4.41 m,平均为0.70 m。顶板岩性主要为砂岩和粉砂岩。

(2) 7煤层

位于6煤下约13 m。煤层厚0～3.58 m,平均为1.02 m。顶板岩性主要为砂岩和粉砂岩,含少量泥岩。

(3) 8煤层

7煤下部约12 m处。煤层厚0～7.07 m,平均为2.07 m。顶板岩性多为砂岩和泥岩。

(4) 10煤层

距太原组一灰约50 m。煤层厚0～3.96 m,平均为1.72 m。顶板岩性主要为砂岩和泥岩。

#### 2.1.2.2 祁东煤矿地质概况

**1. 井田煤系地层**

石炭和二叠系为本矿井主要含煤地层,目前勘探对象为二叠系地层。二叠系含煤地层由下到上分别为山西组、下石盒子组和上石盒子组,先将煤层岩性特征分别叙述如下:

(1) 二叠系下统山西组(P1s)

本组下部与石炭系太原组一灰整合接触,上界为一层砂岩标志层。地层厚度为100～135 m,平均厚度为124 m。主要由砂岩、粉砂岩和煤层构成。其中,下部以粉砂岩为主;中部以砂泥岩互层为主;上部以泥岩为主。含两层煤,分别为11、10煤层,10煤局部可采。

(2) 二叠系下统下石盒子组(P1x)

本组下界为一层砂岩标志层,整合接触,上界为$K_3$砂岩。地层厚度为205～245 m,平均厚度为234 m。主要由泥岩、粉砂岩、砂岩和煤层组成。上部岩性主要为砂岩;下部以泥岩和粉砂岩为主,富含铝土。含7、8、9主要可采煤层,4、6为不可采煤层。

(3) 二叠系上统上石盒子组(P2s)

下界为$K_3$砂岩之底,整合接触,地层厚度大于400 m。泥岩、砂岩、粉砂岩和煤层为其主要岩性组成。砂岩中石英含量高达90%以上,为典型的石英砂岩,细至中颗粒;泥岩为灰色富含铝土质。3煤层为主要可采煤层,另含有1、2煤层均不可采。

**2. 主采煤层特征**

本区含煤岩系主要可采煤层特征叙述如下:

(1) 3煤层

该煤层位于2煤层下平均110 m左右,煤层厚度变化较小。平均煤层厚度为1.73 m。结构较为复杂,常见1～3层夹矸。顶底板岩性以泥岩、粉砂岩为主。

(2) 7煤层

该煤层位于6煤层下30 m左右,煤层厚度变化较大,平均煤层厚度为1.75 m。大部分含有一层夹矸,岩泥岩为主,局部可见2～3层夹矸。底板岩性以泥岩和细砂岩为主。

(3) 8煤层

该煤层位于7煤层下7～18 m,平均为11 m左右,煤层厚度变化范围较小,平均煤层厚度为1.65 m。煤层厚度较为稳定,结构较为复杂,普遍具一层泥岩夹矸。煤层顶板岩性大部分为砂岩,含少量的粉砂岩和泥岩分布,底板岩性主要为泥岩和粉砂岩。

(4) 9 煤层

位于 8 煤层下 10～21 m,平均为 15 m 左右。煤层厚度为 0～5.78 m,平均煤层厚度为 2.65 m。煤层结构简单,煤层顶板岩性多为砂岩,底板岩性则以泥岩为主。

### 2.1.2.3　任楼煤矿地质概况

**1. 井田煤系地层**

本矿井含煤地层主要有石炭系上统太原组、二叠系的山西组和上、下石盒子组,由下至上分述如下:

(1) 石炭系上统太原组(C3t)

本组下界为本溪组,相互之间整合接触。厚度为 128.87～130.46 m。主要岩性为石灰岩、碎屑岩、泥岩和薄煤层。含薄煤 6～9 层,编号为 12 煤～18 煤。

(2) 二叠系山西组(P1s)

本组下界为一灰地层,上界为一砂岩标志层。厚度为 110～150 m,平均为 130 m。主要岩性为砂岩、粉砂岩、泥岩、煤层。含 11 煤层和 10 煤层,两层均可采。

(3) 下石盒子组(P1xs)

本组下界为一层砂岩标志层,上界为 $K_3$ 砂岩,与下伏山西组地层之间呈现整合接触关系。地层厚度为 215～280 m,平均为 236 m。主要岩石类型为粉砂岩、砂岩、泥岩、煤层。本组含 8、7、5 这三层可采煤层,6、4 两层为不可采煤层。

(4) 上石盒子组(P2ss)

本组下界为 $K_3$ 砂岩,两者之间呈整合接触,地层厚度大于 670 m。主要岩性为粉砂岩、泥岩和砂岩、煤层。含煤层三层(组),其中 3 煤层为本区主可采煤层。

**2. 主采煤层特征**

本矿井含 17 个煤层(组),编号 1～17,煤层平均总厚为 18.88 m。其中 11、10、8、7、5、3 为主采煤层,现分述如下:

(1) 3 煤层

煤层厚度为 0.20～3.21 m。顶板岩性主要为泥岩,其次含有少量的砂岩。

(2) 5 煤层

位于 3 煤层下部,煤层厚度为 0～4.50 m,平均为 2.30 m。顶板岩性主要为泥岩,含极少量粉砂岩。

(3) 7 煤层

位于 5 煤层下部,煤层厚度为 0.83～13.85 m,平均为 4.93 m,顶板岩性以泥岩及粉砂岩为主,砂岩其次。

(4) 8 煤层

煤层厚度为 0～4.85 m,平均为 2.02 m。煤层顶板岩性主要为砂岩,泥岩次之。

(5) 10 煤层

平均厚度为 0.77 m。顶板以砂岩为主,其次为粉砂岩。

(6) 11 煤层

煤层厚度 0～2.44 m 为局部可采煤层。煤层顶板岩性主要为泥岩及粉岩。

# 2.2 样品采集

## 2.2.1 淮南煤田

为查明淮南煤田二叠纪煤中微量元素的含量水平，从朱集、丁集和潘三矿 3 个煤矿采样，煤层见表 2.2。

**表 2.2　淮南煤田煤样采集汇总表**

| 年代地层 | 岩石地层 | 标志煤层 | 采样矿区及煤层 | | |
|---|---|---|---|---|---|
| | | | 朱集 | 丁集 | 潘三 |
| 二叠纪上统 P3 | 上石盒子组 | 11-2、13-1、16、17、18、20、22、23、24、25 | 11-1、11-2、13-1、16-2、17-1 | 11-2、13-1 | |
| 二叠纪中统 P2 | 下石盒子组 | 4-1、4-2、5、6-1、6-2、7-1、7-2、8、9 | 4-1、4-2、5-1、5-2、6、7-2、8、9 | | |
| 二叠纪下统 P1 | 山西组 | 1、3 | 3 | | 1 |
| | 太原组 | | | | |

### 2.2.1.1 潘三矿

为探究岩浆侵入煤层对煤质、煤中矿物和元素的影响机理，选择潘三煤矿 13 西 27 钻孔 1 煤典型剖面，系统采取顶板砂岩、天然焦、侵入岩和砂质泥岩夹矸样品，样品剖面分布见图 2.3，样品编号、采样深度及岩性描述详见表 2.3。

**表 2.3　潘三煤矿 1 煤样品信息**

| 样品编号 | 深度(m) | 岩性描述 | 样品编号 | 深度(m) | 岩性描述 |
|---|---|---|---|---|---|
| 1327-27 | 816.54 | 砂岩 | 1327-13 | 846.05 | 天然焦与岩浆岩混合 |
| 1327-26 | 817.04 | 天然焦与砂岩接触带 | 1327-12 | 846.35 | 天然焦 |
| 1327-25 | 817.09 | 天然焦 | 1327-11 | 846.65 | 天然焦 |
| 1327-24 | 817.59 | 天然焦 | 1327-10 | 846.90 | 砂质泥岩 |
| 1327-23 | 818.03 | 岩浆岩 | 1327-9 | 847.10 | 砂质泥岩 |
| 1327-22 | 818.23 | 天然焦与岩浆岩接触带 | 1327-8 | 847.30 | 砂质泥岩 |
| 1327-21 | 818.33 | 天然焦 | 1327-7 | 848.05 | 天然焦与泥岩混合 |
| 1327-20 | 818.58 | 天然焦与岩浆岩接触带 | 1327-6 | 848.15 | 天然焦 |

续表

| 样品编号 | 深度(m) | 岩性描述 | 样品编号 | 深度(m) | 岩性描述 |
|---|---|---|---|---|---|
| 1327-19 | 818.88 | 岩浆岩 | 1327-5 | 848.45 | 天然焦 |
| 1327-18 | 819.18 | 岩浆岩 | 1327-4 | 848.70 | 天然焦 |
| 1327-17 | 837.80 | 岩浆岩 | 1327-3 | 848.85 | 天然焦 |
| 1327-16 | 844.05 | 岩浆岩 | 1327-2 | 849.05 | 天然焦 |
| 1327-15 | 845.05 | 岩浆岩 | 1327-1 | 849.34 | 天然焦 |
| 1327-14 | 845.55 | 岩浆岩 | 1571 | | 煤 |

潘三煤矿 13 西 27 孔岩浆从 1 煤中部侵入，在上部形成一分叉，厚度为 0.34 m，其岩性最初被定为砂岩，而地化特征表明实为侵入岩，采集 2 个样品，下分叉侵入岩厚 27.42 m，采集 7 个样品(图 2.3)。

为对比分析岩浆侵入的影响，在潘三煤矿与 13 西 27 孔毗邻的 15 东 7 孔 1 煤采取未受岩浆侵入影响的煤样品。

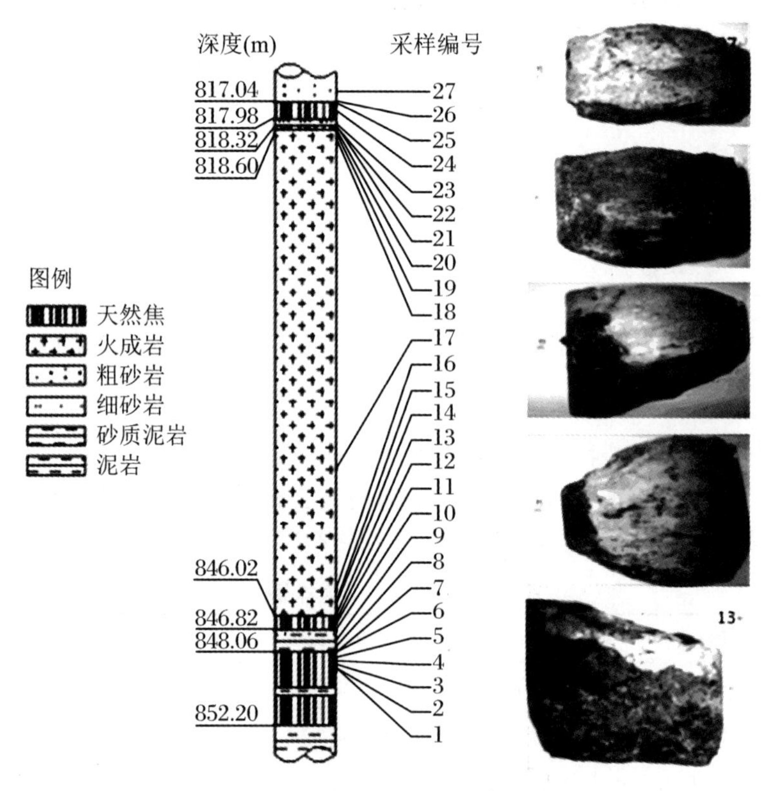


**图 2.3　潘三煤矿 13 西 27 孔 1 煤采样剖面**

### 2.2.1.2　丁集矿

采样工作于 2008 年 3 月进行，采集丁集煤矿主采煤层 11-2 和 13-1 煤层样品，均为二叠系上统上石盒子组煤，采样方法为全层刻槽采样。每个样品采集重量约 1 kg，采集后保存在密封样品袋中，以避免水分散失和污染。样品编号示意图如图 2.4 所示。其中 DJ11-0 和 DJ13-0

为顶板,DJ11-8 和 DJ13-9 为底板,岩性均为炭质泥岩,其余均为原煤样品。

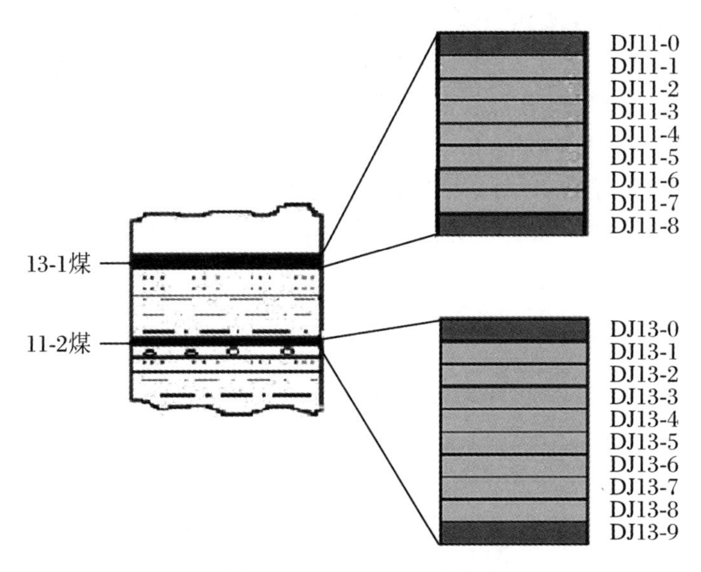


**图 2.4　丁集煤矿 11 层煤和 13 层煤样品编号示意图**

### 2.2.1.3　朱集矿

本研究的样品主要来自于两个阶段:前勘探阶段和补充勘探阶段。

前勘探阶段:主要包括 2004—2007 年朱集矿区普查和勘探阶段,研究了勘探单位在该矿井采集的 88 个钻孔中采集的 614 个煤样品(图 2.5)。其中每个煤样的长度都大于所采煤层总长的 75%。这些样品来自于分布在二叠纪的山西组、下石盒组和上石盒子组的 13 个可采煤层中(17-1、16-2、13-1、11-2、11-1、8、7-2、6、5-2、5-1、4-2、4-1 和 3 煤)。

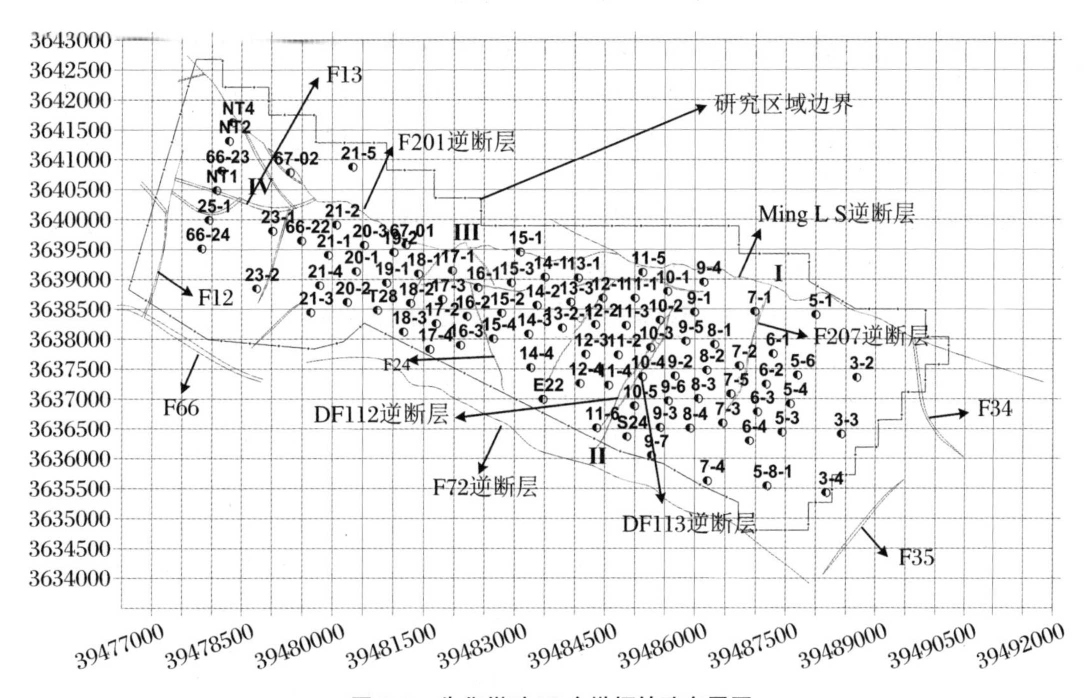


**图 2.5　朱集煤矿 88 个勘探钻孔布置图**

补充勘探阶段：基于前期勘探资料的基础，在2008年7月到2009年2月，本研究又采集29个补勘钻孔的10个主要可采煤层(3、4-1、4-2、5-1、5-2、6、7-2、8、11-1、11-2)的508个煤样品以及12个1煤样品(图2.2、图2.5和图2.6)。每个煤层厚度变化较大，但一般都采其上、中和下部三个分层样。其中11-2煤样品66个；11-1煤样品29个；8煤样品75个；7-2煤49个；6煤样品46个；5-2煤样品48个；5-1煤样品48个；4-2煤样品56个；4-1煤样品61个；3煤样品30个；1煤样品12个。另外，为了对比煤岩层中微量元素的差异，对特定几个煤层的岩浆岩、天然焦、夹矸和顶底板也进行采样，共采取11个钻孔15个岩浆

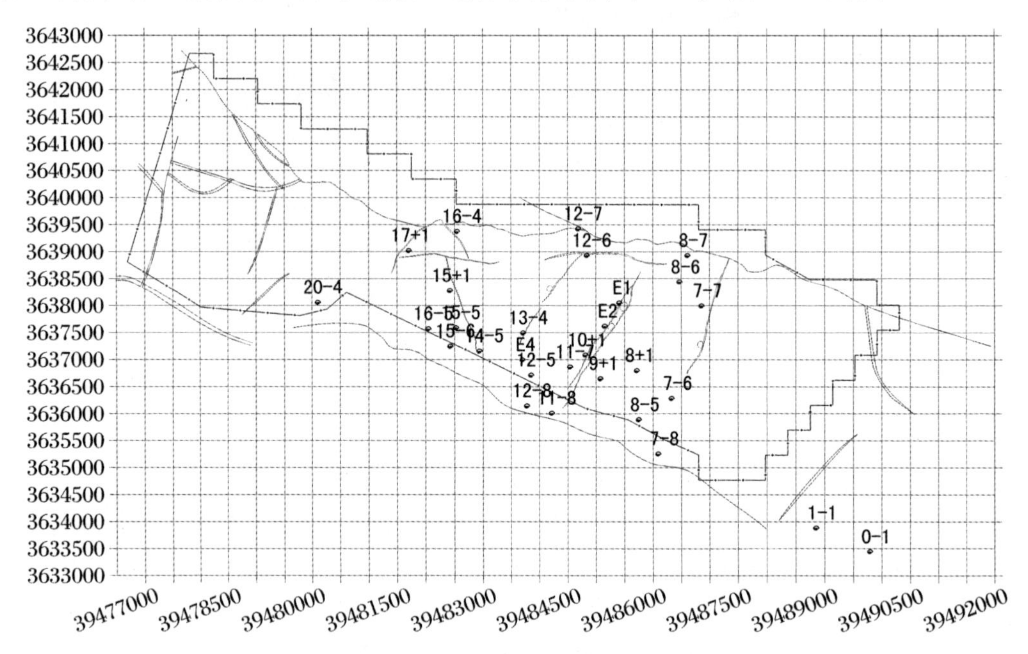


图2.6　朱集煤矿29个补勘钻孔布置图

岩样品(E1、E2、7-7、8-6、8-7、12-6、13-4、15+1、17+1)、1个夹矸样和1个顶板样。煤样与岩石样都不低于250 g，不能有其他污染(如钻探的泥浆、其他物质)。样品采取后，用袋子装上防止风化，并贴上标签，标签内容为：XX矿区、XX钻孔(XX工作面位置)、XX煤层、深度、采样日期、采样人或单位。

从淮南煤田朱集煤矿中选择了8-5和9+1两个钻孔的6个样品，作为对典型岩浆侵入煤层中Sn的赋存状态的探讨。样品清单见表2.4。

表2.4　逐级提取煤中Sn化学形态的样品列表

| 名　称 | 性　质 | 产　地 |
|---|---|---|
| SARM 20 | 烟煤，国际标准煤样 | 南非 |
| 8-5-1 | 钻孔8-5，1煤 | 中国淮南煤田 |
| 8-5-4 | 钻孔8-5，4煤 | 中国淮南煤田 |
| 8-5-5 | 钻孔8-5，5煤 | 中国淮南煤田 |
| 8-5-6 | 钻孔8-5，6煤 | 中国淮南煤田 |
| 8-5-8 | 钻孔8-5，8煤 | 中国淮南煤田 |
| 9+1-1 | 钻孔9+1，1煤 | 中国淮南煤田 |
| 9+1-3 | 钻孔9+1，3煤 | 中国淮南煤田 |

## 2.2.2 淮北煤田

淮南和淮北煤矿煤层划分排序有较大差别(表 2.5)。卧龙湖煤矿煤样品采集自 8 煤层和 10 煤层,共采集煤样品 21 个,其中 8 煤层 12 个,10 煤层 9 个;祁东煤矿煤样品采集自 8 煤层和 9 煤层,共采集煤样品 35 个,其中 8 煤层 12 个,9 煤层 23 个;任楼煤矿煤样品采集自 7 煤层和 8 煤层,共采集煤样品 9 个,其中 7 煤层 5 个,8 煤层 4 个(表 2.6)。

**表 2.5　两淮煤田主要含煤地层划分及煤层对比表**

<table>
<tr><th colspan="2">岩石地层</th><th colspan="2">岩石地层</th><th rowspan="2">淮南煤田</th><th rowspan="2">淮北煤田</th></tr>
<tr><th>组</th><th>含煤段</th><th>组</th><th>含煤段</th></tr>
<tr><td rowspan="18">上石盒子组</td><td>八煤段</td><td rowspan="4">上石盒子组</td><td rowspan="4">四煤段</td><td>11-3</td><td rowspan="4">4</td></tr>
<tr><td rowspan="4">七煤段</td><td>11-2</td></tr>
<tr><td>11-1</td></tr>
<tr><td>10</td></tr>
<tr><td rowspan="11">下石盒子组</td><td rowspan="11">三煤段</td><td>9-2</td><td>5-1</td></tr>
<tr><td rowspan="7">六煤段</td><td>9-1</td><td>5-2</td></tr>
<tr><td>8</td><td>6-1</td></tr>
<tr><td>7-2</td><td>6-2</td></tr>
<tr><td>7-1</td><td>7-1</td></tr>
<tr><td>6-2</td><td>7-2</td></tr>
<tr><td>6-1</td><td></td></tr>
<tr><td>5 2</td><td>8-1</td></tr>
<tr><td rowspan="6">五煤段</td><td>5-1</td><td>8-2</td></tr>
<tr><td>4-2</td><td>9-1</td></tr>
<tr><td>4-1</td><td>9-2</td></tr>
<tr><td rowspan="3">山西组</td><td rowspan="3">二煤段</td><td>3</td><td rowspan="3">10</td></tr>
<tr><td>2</td></tr>
<tr><td>1</td></tr>
</table>

**表 2.6　淮北矿区采样矿区及煤层汇总表**

| 卧龙湖煤矿 | 祁东煤矿 | 任楼煤矿 |
| --- | --- | --- |
| 8,10 | 8,9 | 7,8 |

为了研究煤中硒的地球化学行为,主要选择了淮北煤田中的 7 个典型煤矿,即祁东矿(Qi Dong Coal Mine)、桃园矿(Tao Yuan Coal Mine)、任楼矿(Ren Lou Coal Mine)、海孜矿(Hai Zi Coal Mine)、刘店矿(Liu Dian Coal Mine)、百善矿(BaiShan Coal Mine)以及刘

二矿(LiuEr Coal Mine)的主采煤层进行井底刻槽采样。

依据《煤层煤样采取方法》(GB 482—1995)全煤层系统刻槽采样,每个样品重量约1 kg,采集后的样品以封口塑料样品袋收集标记后带回。刻槽样品总计123个,其中围岩样品19个,样品信息见表2.7。另外,为了研究对比的需要,本次由美国煤地质学家Chou Chen-Lin博士提供了美国伊利诺伊州煤2个(高硫煤IBC-105和高氯煤C22650)。

**表2.7 样品信息**

| 煤矿 | 祁东 | 桃园 | 任楼 | 海孜 | 刘店 | 白善 | 刘二 |
|---|---|---|---|---|---|---|---|
| 煤层 | $3_2$ 6 $7_2$ | $7_1$ $7_2$ 10 | $7_2$ $7_3$ $8_2$ | 4 $7_1$ 8 10 | $7_1$ 10 | 6 | 3 4 6 |
| 样品数 | 6 7 10 | 9 7 6 | 8 4 10 | 5 6 8 6 | 3 4 | 10 | 4 5 5 |
| 顶板 | 1 1 - | 1 - - | - 1 - | 1 - - - | 1 - | 1 | - 1 1 |
| 夹矸 | - - 1 | 1 1 - | - - - | - - - - | - - | - | - - 1 |
| 底板 | 1 1 - | - - - | 1 - - | - - - - | - - | - | 1 1 1 |
| 合计 | 29(5) | 27(3) | 21(2) | 26(1) | 9(1) | 10(1) | 20(6) |

本表中:"-"代表无样品。小括号中的数字为各煤矿采集的夹矸样品数。

### 2.2.3 其他区域煤田

按照《煤岩样品采取方法》(GB/T 19222—2003)[417],从中国11个省区(新疆、辽宁、内蒙古、河北、山东、山西、湖北、重庆、云南、贵州和四川)采集了90个煤样和1个石煤样,全部样品做煤中Pb的逐级提取分析,选择其中79个煤样做煤中Cd的逐级提取分析。选择其中21个煤样和1个石煤样做煤中Cr和V的逐级提取分析。这些样本包括8个煤层刻槽样品(表2.8中标注为DZ16-6、NT6-3、NT6-8、TP18-2、TP18-3、TP18-10、TP18-11和TP18-13),13个煤层样品和一个露天石煤样(ES)。每个煤样的基本信息(煤矿、煤层、成煤时期)见表2.8。每个样本采集约1 kg。所有样品都储存在密封的聚乙烯袋中以避免潜在的污染和风化。然后将样品风干、粉碎,并过200目筛,最后储存在棕色瓶中用于进一步分析。

**表2.8 煤样的基本信息**

| 取样点 | 样本ID | 煤矿 | 煤层 | 名称 | 成煤时代 |
|---|---|---|---|---|---|
| A | TF | Tiefa | 1 | 褐煤 | 侏罗纪 |
| B | KL-7 | Kailuan | 7 | 高挥发性烟煤 | 早二叠纪 |
| C | DT-11 | Datong | 11 | 褐煤 | 侏罗纪 |
| D | HY-4 | Hunyuan | 4 | 烟煤 | 石炭-二叠纪 |
|  | HY-5 | Hunyuan | 5 | 烟煤 | 石炭-二叠纪 |
| E | LA-3 | Luan | 3 | 中挥发性烟煤 | 二叠纪 |
| F | DZ16-6 | Daizhuang | 16 | 高挥发性烟煤 | 晚石炭世 |

续表

| 取样点 | 样本 ID | 煤矿 | 煤层 | 名称 | 成煤时代 |
|---|---|---|---|---|---|
| G | ES | Yutangba | 露天 | 石煤 | 二叠纪 |
| | ES-4 | Tianba | 4 | 中挥发性烟煤 | 二叠纪 |
| H | NT6-3 | Nantong | 6 | 低挥发性烟煤 | 晚二叠纪 |
| | NT6-8 | Nantong | 6 | 低挥发性烟煤 | 晚二叠纪 |
| I | ZJ | Zhijin | 16 | 中挥发性烟煤 | 二叠纪 |
| J | TP18-2 | Taiping | 18 | 低挥发性烟煤 | 晚期三叠纪 |
| | TP18-3 | Taiping | 18 | 半无烟煤 | 晚期三叠纪 |
| | TP18-10 | Taiping | 18 | 低挥发性烟煤 | 晚期三叠纪 |
| | TB18-11 | Taiping | 18 | 半无烟煤 | 晚期三叠纪 |
| | TP18-13 | Taiping | 18 | 低挥发性烟煤 | 晚期三叠纪 |
| K | MEG-M4 | Maoergou | M4 | 半无烟煤 | 晚期三叠纪 |
| | XJY-C5 | Xujiayuan | C5 | 无烟煤 | 石炭纪 |
| | CS-C5 | Changsheng | C5 | 无烟煤 | 石炭纪 |
| L | XD-M8 | Kelang | M8 | 褐煤 | 石炭纪 |
| M | QJ-C16 | Gongqing | C16 | 无烟煤 | 二叠纪 |

为了研究煤中铀的地球化学，以云南省东部煤为研究对象，采样时充分考虑矿区覆盖由北至南以及一个矿区或一个成煤时代的不同煤层，同时还考虑到不同煤种，从云南省东部的不同煤田采集了16个原煤样品，采样点包括昭通市5个煤矿原煤，昆明市1个钻孔样，曲靖市6个煤矿原煤以及弥勒市和红河州各1个煤矿原煤，昭通市镇雄县石桩煤矿采集的是2个煤层样，具体样品编号及煤样信息见表2.9。

表2.9　采样统计表

| 所属地州 | 煤矿名称 | 编号 | 采样煤层 | 所采煤层地层时代 | 据以往资料定名的煤种 |
|---|---|---|---|---|---|
| 昭通市昭阳区 | 猫儿沟煤矿 | ZT-1 | M4 | 石炭系万寿山组 | 无烟煤 |
| | 富康路煤矿 | ZT-2 | M1 | 石炭系万寿山组 | 无烟煤 |
| 昭通市彝良县 | 昌盛煤矿 | ZT-3 | C5 | 石炭系万寿山组 | 无烟煤 |
| | 许家院煤矿 | ZT-4 | C5 | 石炭系万寿山组 | 无烟煤 |
| 昆明市寻甸县 | 可郎煤矿 | KMKM-2 | M8 | 新近纪 | 褐煤 |
| 曲靖市师宗县 | 朝阳煤矿2号井 | QJ-1 | C9 | 二叠系宣威组 | 焦煤 |
| | 煤炭冲煤矿 | QJ-2 | C9 | 二叠系龙潭组 | 焦煤 |
| | 兴营煤矿 | QJ-3 | C9 | 二叠系龙潭组 | 焦煤 |
| 弥勒市 | 小冲冲煤矿 | ML-1 | C3 | 二叠系龙潭组 | 焦煤 |

续表

| 所属地州 | 煤矿名称 | 编号 | 采样煤层 | 所采煤层地层时代 | 据以往资料定名的煤种 |
|---|---|---|---|---|---|
| 红河州 | 拖白煤矿 | HH-1 | C10 | 二叠系龙潭组 | 焦煤 |
| 曲靖市麒麟区 | 小黑箐煤矿 | QJ-4 | C21 | 二叠系龙潭组 | 焦煤 |
| | 小狮山煤矿 | QJ-5 | C15 | 二叠系龙潭组 | 焦煤 |
| | 工庆煤矿 | QJ-6 | C16 | 二叠系龙潭组 | 焦煤 |
| | | QJ-7 | C18 | 二叠系龙潭组 | 焦煤 |
| 昭通市镇雄县 | 石桩煤矿 | ZT-5 | 混合煤 | 二叠系龙潭组 | 无烟煤 |

本次煤样采集在严格按照《商品煤样人工采取方法》(GB 475—2008)并结合本次研究范围,采用刻槽取样,在煤层上以 40 mm×40 mm×40 mm 规格大小刻槽,最后每样取 1 kg 左右。其中石桩煤矿采集的是井口混合煤,可郎煤矿采集的是钻孔样(2 个深度)。采集后的煤样用聚乙烯样品袋密封携带,防止在运输过程中被污染、风化及流失。最后确保在 7 天内送到实验室进行样品前处理。

# 第 3 章　煤中元素的分析方法

## 3.1　样品前处理

把取来的煤、天然焦、砂质泥岩、砂岩和侵入岩岩芯样品进行筛选、分样、研磨，以达到测试分析所需要的样品粒度。由于煤中的大多数微量元素的浓度在 $n\times10^{-6}$数量级，甚至更低，样品稍有污染必定影响分析结果，所以应严格控制实验室条件。

具体的物理处理步骤如下：

(1) 把室外取来的煤样置于通风柜中滤纸上，使其自然干燥。

(2) 原煤样均匀的一分为二，一份作为备用样品，一份用作制样。

(3) 制样的样品在研磨机上粉碎至 60 目以下：每次破碎后，都要用纯酒精把研磨机内部擦拭干净，待其自然晾干后，再进行下一个样品的处理。

(4) 破碎后的样品用玛瑙研钵和研杆磨至 160～200 目。每次研磨后，都要用纯酒精把玛瑙研钵和研杆擦拭干净，待其自然晾干后，再进行下一个样品的研磨处理。

(5) 研磨后的样品采用四分法进行细分，选取 100 g 左右的样品密闭于棕色玻璃瓶中，其余样品留作备用，以备检验。

(6) 研磨后的样品，标注样品编号、制样日期、制作人以及简单的样品描述，以备多种分析使用。

## 3.2　煤中元素含量检测方法

采用微波消解法来消解煤及岩石样品。微波消解法在高温高压下进行，虽然消解的样品受数量的限制，但是样品和试剂用量少且消解周期较短、空白值低、对易挥发物质回收率高、微量元素溶解比较充分、元素损失小、对环境污染小、稳定性高。本次微波消解仪器是美国 PE 公司生产的 Multiwave 3000 消解仪，其消解的主要步骤如下：

(1) 称量样品：重量 0.1 g 左右，电子分析天平称量，精确到 0.0001 g。

(2) 混合酸比例：$HNO_3$ 6 mL、HF 1 mL（所用酸均为优级纯），微波消解仪程序设定见表3.1。

(3) 样品经过酸化学消解处理后，得到透明的澄清液，消解完全后放置冷却，然后用2%稀释 $HNO_3$ 定容至25 mL。

主量元素（Na、Mg、Al、Si、K、Ca、Fe、Ti）、稀土元素（La、Ce、Pr、Nd、Sm、Eu、Gd、Tb、Dy、Ho、Er、Tm、Yb、Lu）和特定的微量元素（Be、B、P、Sc、Mn、Ni、Zn）由电感耦合等离子体-发射光谱仪（ICP-OES）测定；其他的微量元素（V、Cr、Co、Cu、Sr、Y、Sn、Cd、Mo、Ba、Pb、Bi、Th）由电感耦合等离子体质谱（ICP-MS）测定；Hg、As、Se和Sb元素由原子荧光光谱（AFS）测定（消解温度最高不超过120 ℃）。

**表3.1　微波消解仪程序**

| 步骤 | 温度(℃) | 压强(atm) | 时间(min) |
|---|---|---|---|
| 第一步 | 150 | 13 | 4 |
| 第二步 | 170 | 17 | 4 |
| 第三步 | 190 | 22 | 4 |
| 第四步 | 210 | 28 | 7 |

仪器的测试工作条件分别如下：

(1) ICP-MS。

系统：Elan DRCⅡ。

条件：射频功率1100 W；等离子体气16 L/min，辅助气1.2 L/min，雾化气1.0 L/min；试样流量1.5 mL/min；积分时间0.5 s；读数延迟30 s。

(2) ICP-OES。

系统：Optima 2100。

条件：射频功率1300 W；等离子气15 L/min，辅助气0.2 L/min，雾化气0.8 L/min；试样流量1.5 mL/min；积分时间1～5 s；读数延迟50 s。

(3) AFS。

系统：北京吉天9230。

条件：负高压270 V；载气流量400 mL/min，屏蔽气流量800 mL/min；读数时间9 s，读数延时3 s。

部分样品使用石墨炉原子吸收光谱法（Analytik Jena AG-ZEEnit 650）测定待测液中的镉含量，待测液中其他元素含量则通过电感耦合等离子体原子发射光谱仪（Perkin-Optima 2100DV）测定。所有元素含量以毫克每千克（mg/kg）的形式表示。

所有样品在化学前处理和测试分析过程中均参照美国环保局（US-EPA）和中国环保局规定的环境样品分析及测试标准，严格控制测试质量。样品在测试过程中，平行带入美国国际煤标样USA-1632b和中国土壤标样GBW07406（GSS-6），同时加入空白样品。本次研究的测试结果达到国际标准ASTM（1992，2002）要求，大部分元素的测试精度（相对偏差）在±5%以内。测试数据经转化后，微量元素以毫克每千克（mg/kg）的形式表示，常量元素用质量分数wt%表示。

## 3.3　煤中元素含量加权统计方法

国内外诸多学者在计算全国或者某个地区某种元素含量的均值时，往往是统计所有能收到的数据的算术均值，以样品数作为求取全国均值的基础，这样的统计方法具有如下缺点[418]：

(1) 煤中的微量元素的赋存状态复杂，使得微量元素在煤中分布不均。采自不同矿区或同一矿区的不同煤层的样品存在差异，同一煤层的不同分层的样品以及同一块样品的不同测点的测试结果都有可能不同。

(2) 各矿区(煤田)不同样品的储量代表性有时差异性很大。有时，不同煤层的厚度亦相差一倍以上，而薄煤层煤中微量元素的丰度往往偏高。

(3) 全国煤样分布不均匀，不同聚煤期内的煤样数占全国总样品的百分比并不一定能和该聚煤期储量在全国总储量中所占百分比相匹配，而统计时并未以煤样所代表的储量作为"储量权重"因子计算全国算术均值。例如，大多数学者都是研究储量少、煤质差且含有害元素较多的我国西南地区的样品的元素值，而对于储量巨大的西北、东北等煤田的研究较少。

因此，为查明煤里(煤层、煤矿、矿区、煤田、含煤盆地)微量元素的含量，必须分析数量足够多的样品，而且要求采样点合理分布，否则结果没有代表性。在进行全国汇总时，也须按每个聚煤期保有储量在全国总储量中所占比例，求出元素在该聚煤期煤中的分值，最终获得全国煤中元素的评价含量，这样较为接近实际值。为此，本书在计算煤中平均含量时也引入"储量权值"的概念[418]，以样品所在煤层的保有储量作为权值依据，计算煤中元素的平均含量。

加权平均值的计算由于权重值的赋值，能消除由采样不均匀造成的样本与地质现状之间的差异。煤中元素平均值的计算方法，引进储量权重系数，其计算公式为

$$\begin{aligned}\mathrm{RA}= & C_{11-2}\times R_{11-2}/R_{总}+C_{11-1}\times R_{11-1}/R_{总}+C_{8}\times R_{8}/R_{总}+C_{7-2}\times R_{7-2}/R_{总}\\ & +C_{6}\times R_{6}/R_{总}+C_{5-2}\times R_{5-2}/R_{总}+C_{5-1}\times R_{5-1}/R_{总}+C_{4-2}\times R_{4-2}/R_{总}\\ & +C_{4-1}\times R_{4-1}/R_{总}+C_{3}\times R_{3}/R_{总}\end{aligned}$$

其中，$R$ 为储量，$C$ 为元素浓度。

## 3.4　煤中元素赋存状态的研究方法

化学形态是影响元素在煤利用过程中的迁移行为的重要因素之一。现有的研究微量元素的赋存状态的方法包括直接和间接方法。直接方法包括穆斯堡尔谱[203]、显微镜扫描法和光谱法。[151]但这些方法通常都适用于分析煤中含量较高的元素。例如 XAFS，虽然其被认

为是鉴定煤中许多微量元素最有效的方法，但是它要求待测元素的浓度大于 5 mg/kg。[419] 间接方法包括浮沉实验、逐级提取法、低温灰化-X 射线衍射法和数理统计分析等方法。

### 3.4.1 逐级提取实验

本书中我们运用了逐级提取实验来研究元素的赋存状态，其原理是基于元素的不同结合态在各浸出阶段所使用的不同试剂中的溶解度不同，再通过逐级测定加以定量。[419] 如表 3.2 所示，我们使用了 6 步连续提取法来研究代表性煤样品中元素的赋存状态。

**表 3.2 煤中元素形态分析的提取方案**

| 步骤 | 提取方法 | 结合形式 |
|---|---|---|
| 1 | 5 g 样品用 30 mL 去离子水处理，不间断摇晃 24 h，3500 r/min 离心 20 min，稀释至 50 mL，残渣在 40 ℃下干燥 | 可滤水 |
| 2 | 残基用 1N $NH_4C_2H_3O_2$(30 mL)处理，摇动 24 h 后，以 3500 r/min 离心 20 min。将溶液稀释至 50 mL，残渣在 40 ℃下干燥 | 离子交换 |
| 3 | 残留物使用 $CHCl_3$(1.47 g/cm$^3$，20 mL)处理，摇动 24 h 后，以 3500 r/min 向心 20 min 进行浮子-水槽分离。将 1.47 g/cm$^3$ 的浮子馏分在 40 ℃干燥，消化稀释至 50 mL | 有机态 |
| 4 | 洗涤槽馏分(>1.47 g/cm$^3$)在 40 ℃下干燥，用 20 mL HCl(0.5%)处理，摇动 24 h 充分摇匀，在 3500 r/min 下离心 20 min，稀释至 50 mL。残渣在 40 ℃下干燥 | 碳酸盐结合 |
| 5 | 残基用 $CHBr_3$(2.89 g/cm$^3$，20 L)处理，摇动 24 h 后，以 5000 r/min 离心 20 min 进行浮沉分离。将浮子分数(<2.89 g/cm$^3$)在 40 ℃下干燥，消化稀释至 50 mL | 硅酸盐结合 |
| 6 | 洗涤槽馏分(>2.89 g/cm$^3$)在 40 ℃下干燥，消化稀释至 50 mL | 硫化物结合 |

### 3.4.2 优化后的煤中锡的逐级提取方法

为了得到 Sn 在煤中精确的赋存状态，我们分别用不同的试剂对上述煤进行逐步提取。该化学提取方法是针对 Sn 元素进行改良后的方法。通过本实验，可以从煤中提取出离子态 Sn、碳酸盐结合态 Sn、含硫矿物结合态 Sn、SnS 和 $SnS_2$、有机质结合态 Sn、硅酸盐结合态 Sn，以及最后剩下的残渣——锡石态。通过该实验方法可以有效确定 Sn 在自然界中常见的集中状态在煤介质中存在的百分比。每个提取部分的 Sn 测试由 ICP-MS 完成。

本实验从淮南煤田朱集煤矿中选择了 8-5 和 9+1 两个钻孔的 6 个样品，作为对典型岩浆侵入煤层中 Sn 的赋存状态的探讨。使用国际标准煤 SARM 20 用于本次化学逐级提取实验。此外，该实验所用到的硝酸($HNO_3$，质量分数 70%)、盐酸(HCl，质量分数 35%)、氢氟酸(HF，质量分数 40%)、高氯酸($HClO_4$，质量分数 65%)和过氧化氢($H_2O_2$，质量分数 40%)均采用自 Merck 公司生产的最高纯度酸。

本实验中 Sn 含量测试方法优化与应用是在中国科学技术大学理化结构中心完成的。锡含量测试所用的 ICP-MS 的仪器型号是 Thermo Fisher Scientific 公司生产的 X Series 2 型感应耦合等离子质谱仪。该仪器测试的元素含量背景值<0.5/(S・mg・kg)，测试的质

量范围为 2～255 amu。样品中的残渣则送交场发射扫描电子显微镜及能谱仪实验室(SEM-EDX)检测。测试仪器型号为 FEI 公司的 Sirion 200 型场发射扫描电子显微镜。

具体提取步骤如下：

(1) 逐级提取

① 精确称取 0.500 g 标样，向标准样品中加入 15 mL 去离子水，振荡 12 h 后使用高速离心机将溶液离心(4000 r/min，10 min)，用移液枪移出取上层清液后，转移至 20 mL 比色管中，向溶液中加入 0.4 mL 浓硝酸，定容至 20 mL 待测。

② 向剩余固体中加入 15 mL 质量体积分数 3% HCl，振荡 12 h，待样品充分混合后使用高速离心机将溶液离心(4000 r/min，10 min)，使溶液与固体样品分离。此后，通过真空抽滤将离心后的上层溶液抽滤。将所得溶液放在电热板上低温蒸干(70 ℃)，再使用 2% $HNO_3$ 定容至 10 mL 待测。

③ 向剩余固体中加入 15 mL 5% $HNO_3$，低温加热 2 h(70 ℃)，再放入旋转振荡器中振荡 12 h，将充分混合的样品使用高速离心机将溶液离心(4000 r/min，10 min)分离，使用真空抽滤法将上层溶液抽滤。将所得溶液转移至 20 mL 比色管，再使用 2% $HNO_3$ 定容至 10 mL待测。

④ 向剩余固体中加入 0.1 mol/L 的 NaOH 溶液，将 pH 调至 8.0，此后向溶液中加入 15 mL质量体积分数 10% $Na_2S$，样品管敞口放置 2 h 后封闭，放入旋转振荡器振荡 12 h 后，将充分混合的样品使用高速离心机将溶液离心(4000 r/min，10 min)分离，使用真空抽滤机将上层溶液抽滤。将所得溶液转移至 30 mL 特氟龙烧杯中，加入 10 mL 浓硝酸，加热至 120 ℃并保持 2 h，待溶液变为透明澄清后，将温度降至 70 ℃使溶液低温蒸干。向容器中加入 2% $HNO_3$ 并转移至比色管中定容。

⑤ 将剩余固体从聚乙烯离心管中转移至 30 mL 特氟龙烧杯中，向烧杯中加入 10 mL $HNO_3$ 和 4 mL $HClO_4$，将样品放在电加热板加热至 130 ℃并保持 6 h；此后升温至 210 ℃，在保持 6 h 后，冷却至常温，使用移液枪将溶液转移至另一干净的 30 mL 特氟龙烧杯中。原样品使用超纯水清洗后，将洗液一并转移到新的烧杯中。将所得溶液在电热板上蒸干(180 ℃)，并使用 2% $HNO_3$ 溶液定容至 10 mL。

⑥ 向残余固体中加入 10 mL HCl 和 5 mL HF，并将样品溶液在电热板上加热 2 h。待样品冷却后，使用移液枪将消解溶液移入新的干净烧杯中。向消解液中加入 0.5 mL 浓的 $HClO_4$，180 ℃蒸干，再向其中加入 2% $HNO_3$，用比色管定容至 10 mL。

⑦ 将上一步收集的不溶物烘干保存，并送交 SEM-EDX 测试。

(2) 标准煤样品中锡的赋存状态

标样 SARM 20 中 Sn 的 7 种赋存状态的含量及占总锡的百分比如表 3.3 所示，其中锡石态 Sn 由于含量过低，无法进行定量测试，仅在图 3.1 中用能谱峰定性表示。

在本实验提取出的 7 种 Sn 的赋存状态中，硅酸盐结合态 Sn 是煤中 Sn 的最主要赋存状态，约占总 Sn 的 40%；其次为硫锡矿、有机质结合态、含硫矿物结合态、碳酸盐态，最后为离子交换态和锡石态。图 3.1 中为 EDX 检测到逐级提取过程残渣态中 Sn 的能谱峰。在图 3.1 所测试的样品残渣中的 Sn 由于分别经历了高浓度的 $HNO_3$、$HClO_4$、HF、$HNO_3$ 的加热和提取但仍未溶解，符合锡石不溶于酸的特性，因此将上述残渣态定为煤中 Sn 的锡石态。

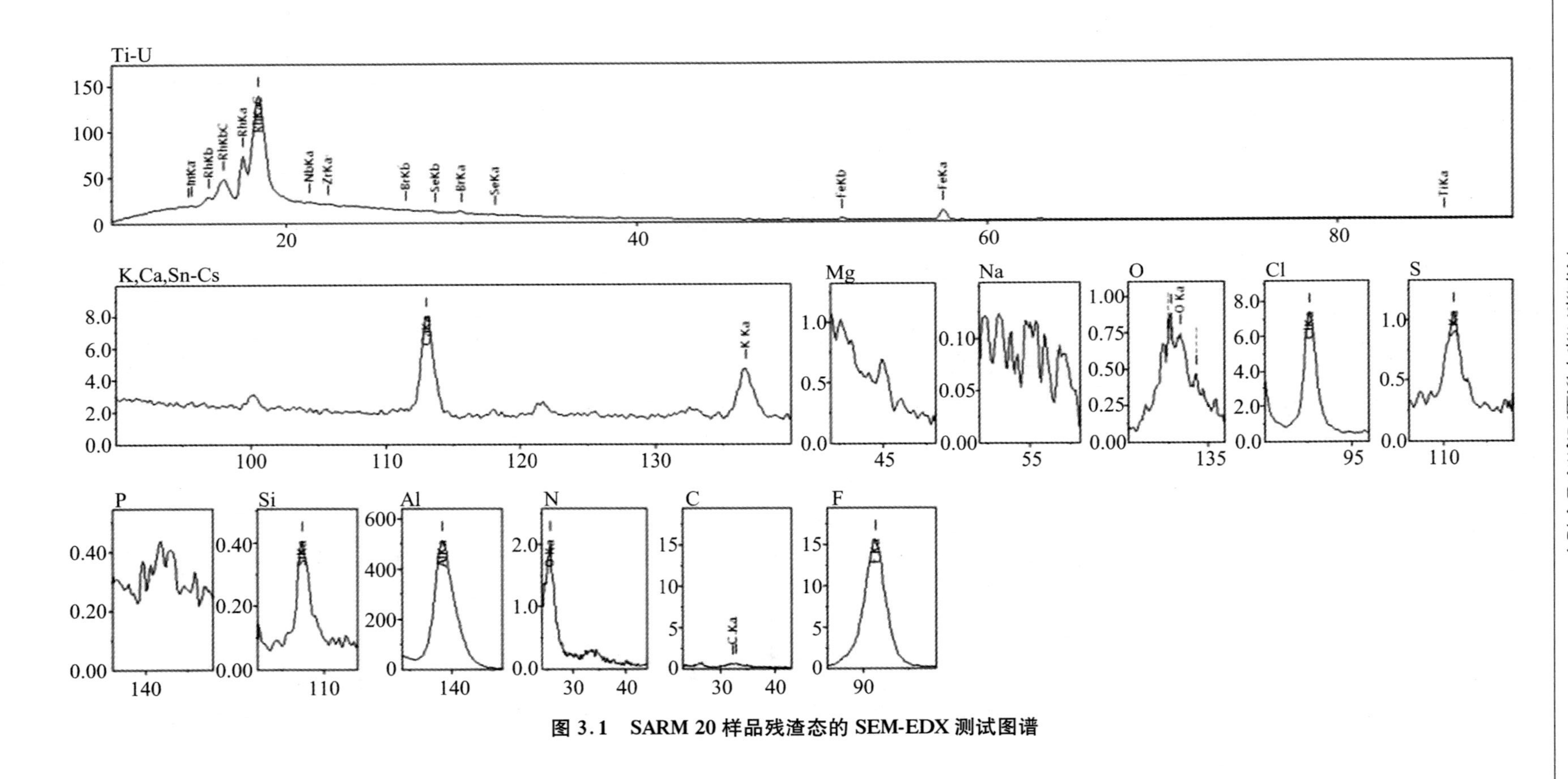


图 3.1 SARM 20 样品残渣态的 SEM-EDX 测试图谱

表3.3　SARM 20中各提取态中Sn的含量与其占总Sn的百分比

| 煤中Sn的赋存状态 | 锡含量*(ng) | 目标形态Sn占总Sn的百分比 |
|---|---|---|
| 离子交换态Sn | −0.79±0.68 ($n=3$) | 0 |
| 碳酸盐结合态Sn | 157.44±28.28 ($n=3$) | 7.17% |
| 含硫结合态Sn | 345.00 ($n=2$) | 15.70% |
| SnS和$SnS_2$ | 490.33±102.56 ($n=3$) | 22.32% |
| 有机质结合态Sn | 406.45±76.60 ($n=3$) | 18.50% |
| 硅酸盐结合态Sn | 798.43±181.78 ($n=3$) | 36.34% |
| 锡石态Sn | n.d. | n.d. |
| 总Sn含量 | 2196.86±300.05 ($n=3$) | |
| 回收率 | 119.84% | |

*锡含量的标准偏差为1s.d.；n.d.表示无数据。

## 3.5　工业和元素分析

据《煤的工业分析方法》(GB/T212—2008)、《煤的元素分析方法》(GB/T476—2001)和《煤中全硫的测定方法》(GB/T214—2007)分析煤和天然焦样品的Mad、Aad、Vdaf、Cad、Had、Nad和St,d。

## 3.6　烧失量测定

据《铝土矿石化学分析方法：重量法测定烧失量》(GB/T3257.21—1999)在马弗炉中于1075℃测定侵入岩及天然焦低温(550℃)灰化灰的烧失量。

## 3.7　薄片光学鉴定

侵入岩、砂岩、砂质泥岩、天然焦和煤的光学薄片在中国科学技术大学壳幔物质与环境重点实验室采用 Nikon DS Ri1 光学显微镜通过反射光、透射光和正交偏光 3 种模式观察。

## 3.8 XRD 矿物鉴定

在中国科学技术大学理化科学实验中心采用 X 射线衍射鉴定煤样品中的矿物。

仪器名称：18 kW 转靶 X 射线衍射仪。

工作条件：18 kW，400 mA X 射线发生器，铜靶，水平测角器，波长 $1.54056\times10^{-10}$ m，加速电压 30.0 kV，电流 160.0 mA，角度范围为 3.02°～60.00°，步进角度为 0.02°。

## 3.9 扫描电镜能谱

煤典型样品镀碳切片在中国科学技术大学理化科学实验中心采用扫描电镜观察矿物微观形态，并用 X 射线能谱定性分析其中赋存的元素。

仪器名称：JSM-6700F 冷场场发射扫描电子显微镜。

工作条件：场发射扫描电镜主机分辨率为 1.0 nm(15 kV)和 2.2 nm(1 kV)，放大倍数为 25～$6.5\times10^5$；电子光学系统加速电压为 0.5～30 kV，探针电流为 $10^{-9}$～$10^{-13}$ A，冷阴极场发射型电子枪，强激励圆锥透镜物镜；共中心测角自动驱动试样台，*X*-*Y* 方向移动范围为 70×50 mm；INCA 能谱仪，Si(Li)探测器，超 ATW 窗口，10 $mm^2$ 活区，分辨率(MnKa)为 133 eV，分析元素包括 $^{4}Be$—$^{92}U$。

## 3.10 质量保证和控制

为了保证实验结果的可靠性，我们在分析过程中分别加入煤标样(ZMB1121)进行质量控制。在测定过程中，所有样品均由空白样、二次平行样和加标回收进行质量控制。

# 第 4 章　煤中微量元素的含量与分布

## 4.1　世界煤、中国煤中微量元素

### 4.1.1　世界煤中微量元素

#### 4.1.1.1　砷

世界范围内煤中砷的含量范围很广，从 0.1～2000 mg/kg 及以上（见表 4.1）。世界范围内煤中砷含量的平均值高于上地壳砷丰度。1985 年，Yudovich 等曾对煤中砷的平均含量（克拉克丰度值）进行了估算，认为在褐煤和烟煤中砷的丰度分别为（14 ± 4）mg/kg 和（20 ± 3）mg/kg，二者灰分中砷含量分别为（60 ± 35）mg/kg 和（90 ± 74）mg/kg。[420]对于该学者的研究结果，砷表现为在灰分中富集的倾向。该学者随后根据约 43600 个数据的统计结果重新计算，将褐煤和烟煤中砷丰度更新为（7.4 ± 1.4）mg/kg 和（9.0 ± 0.8）mg/kg。

大区域范围内煤中砷的均值含量与其地壳丰度值接近。如澳大利亚煤中砷的含量小于 2 mg/kg[100,421]，而俄罗斯的煤中砷统计值为 25 mg/kg。[422]根据 Koller 发布的数据，美国煤中砷的平均含量为 24 mg/kg，但砷的含量在不同的煤田中有很大差异，但在位于科罗拉多和新墨西哥 Raton Mesa 盆地煤田中，砷的平均含量只有 1.4 mg/kg；而在南部的 Appalachian 盆地煤田中，砷的平均含量却高达 71 mg/kg。

#### 4.1.1.2　汞

研究者们对美国煤中汞的含量分析较多。如 Zubovic 认为美国煤中汞的含量范围为 0.01～1.8 mg/kg[423]；Finkelman 对美国 7649 个煤样品中汞的含量进行了统计，范围为0～10.0 mg/kg，算术平均含量为 0.17 mg/kg[424]；任德贻等[418]根据美国联邦地质调查局煤质数据库和 Chou[425]的伊利诺伊州资料统计的 7577 个美国煤中汞的含量范围为 0.003～63 mg/kg，含量算术平均值为 0.18 mg/kg[425]。

表 4.1　世界不同地区范围内砷的统计均值及其他信息　　(单位:mg/kg)

| | 均值 | 含量范围 | 样本量 | 数据来源 |
|---|---|---|---|---|
| 上地壳 | 2 | | | [426] |
| 世界范围[a] | 7.4/9.0 | | | [253] |
| 冈瓦纳古陆[b] | | 1.5～4 | | [100] |
| 澳大利亚 | 2 | | | [421] |
| 澳大利亚 | 1.5 | | | [100] |
| 英国 | 18.1 | | | [224] |
| 马来西亚 | 102.1 | <0.1～181.0 | | [167] |
| 美国 | 24<br>(GM[c]=6.5) | | 7676 | [424] |
| 美国 | GM[c]=6.1 | | 8823 | [427] |
| 美国 | 24 | | 6878 | [428] |
| 美国和欧洲地区 | | 11～15 | | [100] |
| 俄罗斯 | 25 | | | [100] |

[a]分别指褐煤/烟煤中砷的含量;[b]冈瓦纳古陆的范围包括了现代的南美洲、非洲、南极洲、澳大利亚以及印度半岛和阿拉伯半岛;[c]本表内统计的均值为算术平均值,GM代表原文献统计得出的几何平均值。

Swaine[100,429]对世界主要产煤国家如德国、英国、澳大利亚等国家煤中的汞进行过分析统计,认为德国烟煤中汞的含量范围为0.1～1.4 mg/kg,英国烟煤中的汞含量范围为0.03～2.0 mg/kg,而澳大利亚煤中汞的含量偏低,范围为0.01～0.14 mg/kg,平均含量仅为0.06 mg/kg。

一些学者收集了世界主要产煤国家煤中汞的资料,并对世界煤中汞的平均含量进行了统计和分析,结果存在一定的差异。最初的统计认为,世界煤中汞的克拉克值为0.2 mg/kg;Swaine认为世界大部分煤中汞的含量范围为0.02～1.0 mg/kg[100];Bouška和Pešek对世界2171个褐煤样品中汞的算术平均含量统计结果为0.14 mg/kg,几何平均值为0.08 mg/kg[430];特别是Yudovich等曾在1985年和2005年两次对世界范围内煤中汞的克拉克值进行了统计分析[253,420],在1985年的统计分析中,他们认为世界煤中汞的克拉克值为(0.30±0.16) mg/kg,但随着对煤中汞数据地不断更新增加,Yudovich在2005年重新做了大量统计分析工作,并更新了自己的统计分析结果,认为世界煤中汞的克拉克值应该为(0.10±0.01) mg/kg。

#### 4.1.1.3　铅

表4.2列出了世界不同产煤国家煤中铅含量的相关报道。Клер[431]报道了苏联煤中铅的含量范围为5～20 mg/kg。Dale和Lavrencic[432]报道了澳大利亚煤中平均铅含量为6 mg/kg,变化范围为2～14 mg/kg。Goodarzi和Swaine[433]发现澳大利亚西部煤中铅的含量变化范围为1.9～22 mg/kg。Swaine[100]总结世界煤中铅含量变化范围为2～80 mg/kg。Finkelman[424]通过对7469个煤样的计算得出美国煤中的平均铅含量为11 mg/kg。

表4.2　世界煤和大陆地壳中的铅含量　(单位:mg/kg)

| | 样本量 | 算术平均值 | 范围 | 参考文献 |
|---|---|---|---|---|
| 中国 | 3638 | 22.77 | | 本研究 |
| 中国 | 26 | 24.77 | | [277] |
| 中国 | 1393 | 16.91 | | [418] |
| 中国 | 1369 | 14 | 3～60 | [435] |
| 中国 | 119 | 18.07 | | [436] |
| 中国 | 1446 | 15.1 | | [103] |
| 美国 | 7469 | 11 | | [424] |
| 美国 | 7604 | 11.72 | 0.06～1900 | [418] |
| 澳大利亚 | | 6 | 2～14 | [432] |
| 加拿大 | | | 6～22 | [433] |
| 苏联 | | | 5～20 | [431] |
| 世界 | | | 2～80 | [100] |
| 大陆上地壳 | | 17 | | [434] |

上地壳中铅的丰度为17 mg/kg。[434]中国煤中铅的平均含量高于上地壳中铅的丰度。此外,中国煤中铅含量高于世界煤中铅含量均值。

#### 4.1.1.4　锑

表4.3列出某些国家煤中锑的数据。Swaine提出世界多数煤中Sb的含量处于$0.05\times10^{-6}\sim10\times10^{-6}$的范围内[100],并且和Valkovic均计算得到世界煤中锑的平均含量为3.0 mg/kg。Finkelman于1993年统计了7473个煤样数据,得出美国煤中锑的平均值为1.2 mg/kg,任德贻[418]根据美国联邦地质调查局煤质资源数据库和Chou的伊利诺伊州的资料统计了7599个美国煤中的锑的含量范围为0.007～70 mg/kg,平均值为1.23 mg/kg;Swaine[100]与Dale和Lavrencic[432]分别得出澳大利亚煤中锑的平均值为0.5 mg/kg和0.54 mg/kg;而苏联煤中锑的最高浓度达到17000 mg/kg。[431]刘英俊提出锑在地壳中的丰度为0.2 mg/kg[435],Rudnick和Gao在2004年给出新的锑地壳丰度为0.4 mg/kg[434],相比之下锑在世界煤中的平均含量与其地壳丰度之间存在一定的差异,在煤利用过程中应该引起注意。

#### 4.1.1.5　硒

Goldschmidt和Hefter在Yorkshire的无烟煤中发现了硒元素以后,国外对煤中硒的研究开始兴起。[438]Goodarzi分析加拿大烟煤中硒的含量范围为0.1～8 mg/kg[439];Finkelman对美国7563个煤样品中的硒元素含量进行了统计,算数平均值和几何平均值分别为2.8 mg/kg和1.8 mg/kg。特殊高硒煤亦在国际各地煤田产出,如美国内陆煤田的个别煤样中硒含量可达75～150 mg/kg,苏联检测到煤中硒的含量甚至高达20000 mg/kg。[437]

表 4.3 世界煤中锑的含量 (单位:mg/kg)

| | 样品数 | 平均值 | 范围 | 数据来源 |
|---|---|---|---|---|
| 中国 | 674 | 2.01 | | [436] |
| | 133 | 2.56 | | [277] |
| | 446 | 2 | | [142] |
| | 652 | 1.3 | | [437] |
| 美国 | 7473 | 1.2 | 0～35 | [424] |
| | 7599 | 1.23 | 0.007～70 | [418] |
| 澳大利亚 | | 0.54 | 0.05～1.5 | [432] |
| | | 0.5 | 0.01～1.2 | [100] |
| 苏联 | | | 0～17000 | [431] |
| 世界 | | 3 | 0.05～10 | [100] |
| 上地壳丰度 | | 0.2 | | [435] |
| | | 0.4 | | [434] |

前人对世界煤中硒的平均含量做过一些统计:PECH 提出,世界煤中硒的平均值为 3 mg/kg。[440] Swaine 列举一些国家煤中硒主要处于 0.2～4.0 mg/kg 范围内。[100] 近期 Yudovich和 Ketris 认为褐煤中硒的含量均值为(1.0 ± 0.15) mg/kg,而无烟煤和烟煤中为(1.6 ± 0.1) mg/kg。[170]

#### 4.1.1.6 钒

钒是一种地球上广泛分布的微量金属。与上地壳中钒的丰度(97 mg/kg)相比,煤中的钒较为缺乏,世界煤中钒的算术平均值为 25 mg/kg。[171] Seredin 和 Finkelman 报道钒是煤中的稀有金属。[415] 然而,富钒煤在很多煤盆地被发现,煤被认为是未来潜在的钒的来源。例如,一些中国西南煤盆地中的钒含量超过 500 mg/kg。[120,441-444] 作为低挥发性的元素,在燃煤过程中钒也会在煤灰中富集。煤灰因富集高的钒含量,具有提取钒的经济价值。此外,主要分布在中国南部省份的低碳石煤中也富集钒。[445-447] 安徽石煤中的钒的含量可高达 8000 mg/kg[448],然而世界黑色页岩和炭质页岩中的钒含量仅达到(205 ± 15) mg/kg 和(99 ± 23) mg/kg。[171]

早在 20 世纪中叶就有美国学者发现煤中存在钒。[449-451] 后来有更多的研究者测试到煤中的钒及其他元素。[452] 大多数世界煤炭中的钒含量在 2～100 mg/kg 的范围内。[100] 基于 7924 个美国煤样,美国煤炭中钒的平均值被计算为 22 mg/kg(0.1～5100 mg/kg)。澳大利亚煤中钒的平均值为 25 mg/kg。[100] 世界煤中钒的均值亦被计算为 25 mg/kg。[171]

### 4.1.2 中国煤中微量元素

#### 4.1.2.1 砷

崔凤海等[453]、陈萍等[283]、王明仕等[454]、郑刘根等[455]分别对中国煤中砷的含量进行了测定和计算,得出相似的结果,认为中国煤中砷含量大约为5 mg/kg。He等通过测定和计算东部主要产煤地区煤中砷含量后得出这些煤中砷含量均值为97.67 mg/kg。[132]而任德贻等由于计算中带入了西南地区超高砷煤样本,得出276.6 mg/kg的高算术平均值,远远大于几何平均值(4.2 mg/kg)。[277,456]以往研究中统计结果见表4.4。

**表4.4　中国煤中砷的含量统计**　(单位:mg/kg)

| | 均值 | 样本量 | 数据来源 |
|---|---|---|---|
| 全国 | 9.7 | 4805 | 本研究 |
| 西南、西北和华北 | 5 | 1915 | [283] |
| 东部部分煤田 | 97.67 | 33 | [132] |
| 全国 | 4.7 | 1018 | [453] |
| 全国 | 276.6<br>GM* =4.2 | 132 | [177]<br>[456] |
| 全国 | 6.4<br>GM* =4.0 | 297 | [454] |
| 全国 | 5 | | [455] |

* 几何平均值。

本研究通过对文献搜集的4805个数据进行综合计算,在此基础上得出中国煤中砷的平均含量为9.70 mg/kg。中国煤中砷的加权平均含量为3.18 mg/kg,远小于基于样品数量的平均值9.70 mg/kg。本次计算得出的加权平均结果与任德贻等[277]、王明仕等[454]的几何平均值结果相似(表4.4)。尽管算术平均值比加权平均值高出两倍,但与美国煤中砷含量24 mg/kg[424]和俄罗斯煤中砷含量25 mg/kg [100]相比,仍处于较低水平。

#### 4.1.2.2　镉

本研究充分收集了国内外文献中公开发表和报道的关于中国煤中镉的源数据。我们结合了实验室采集的来自10个不同省份的煤样品测试分析结果,基于共收集到的3110个中国煤样数据,较全面地更新了中国煤中镉的平均含量。除了算术平均值,我们还运用了加权平均值来校正计算过程中由于样本的不均匀分布所带来的影响。权重因子分别为不同成煤时代和各省份的煤炭储量。[50,418]

之前已经有一些关于中国煤中镉的丰度和分布的研究。[268,418,437,457-458]如Tang和Huang [437]与Tian等[458]计算得出中国煤中镉含量的算术平均值分别为0.3 mg/kg和0.67 mg/kg。Ren和Dai均将不同成煤时代的煤炭储量作为权重因子,计算得出了较低的加权平均值 (0.25 mg/kg)。而Bai等[457]从26个省份的504个煤矿区采集的1123个样品中得到了较高的加权平均值 (0.81 mg/kg)。

基于我们的3110个样本的数据,中国煤中镉含量的范围为0～14.6 mg/kg,其算术平均值为0.35 mg/kg(表4.5)。此结果高于Tang和Huang[437]所计算的算术平均值(0.3 mg/kg),但是低于Tian等[458]所报道的0.61 mg/kg。中国煤中镉的平均含量为大陆地壳中镉含量 (0.038 mg/kg)的4.38倍[434],低于美国 (0.47 mg/kg)[424]、苏联(0.50 mg/kg)[431]和朝鲜 (0.50 mg/kg)煤中镉的平均含量,但高于世界范围内煤中镉的平

均含量 (0.20 mg/kg)。[459]

表 4.5 中国煤炭和世界煤中镉的丰度 (单位:mg/kg)

| | $n$ | 算术平均值 | 加权平均数 | 范围 | 参考文献 |
|---|---|---|---|---|---|
| 中国 | 3110 | 0.35 | 0.25 | 0～14.60 | 本研究 |
| 中国[a] | 2362 | 0.44 | 0.42 | 0～14.60 | 本研究 |
| 中国 | 1307 | 0.3 | | 0.1～3 | [437] |
| 中国 | 1123 | | 0.81 | n.d. | [460] |
| 中国 | 1384 | | 0.25 | n.d. | [268] |
| 中国 | 616 | 0.67 | | bdl～10.2 | [458] |
| 大陆地壳 | n.d. | 0.08 | | n.d. | [461] |
| 美国 | 6150 | 0.47 | | 0.1～3.0 | [424] |
| 苏联 | n.d. | 0.5 | | n.d. | [431] |
| 世界 | n.d. | 0.2 | | n.d. | [459] |

[a] 不包括 748 个没有省份信息的样品；n.d.无数据。

图 4.1 表明 83.76%($n=2605$)的样品中镉的含量位于 0～0.5 mg/kg 的范围之间,仅有 1.28%($n=40$)的样品中镉的含量高于 3.00 mg/kg。当以各省份的煤炭储量作为加权因子时,中国煤中镉的含量的加权平均值为 0.42 mg/kg(排除了 748 个不含省份信息的样本数据)。当以成煤时代的煤炭储量作为加权因子时,其加权平均值较低,为 0.25 mg/kg。此加权平均值(0.25 mg/kg)与 Ren 和 Dai[268] 所得的结果一致,但是远低于 Bai[457] 所计算的加权平均值(0.81 mg/kg)。

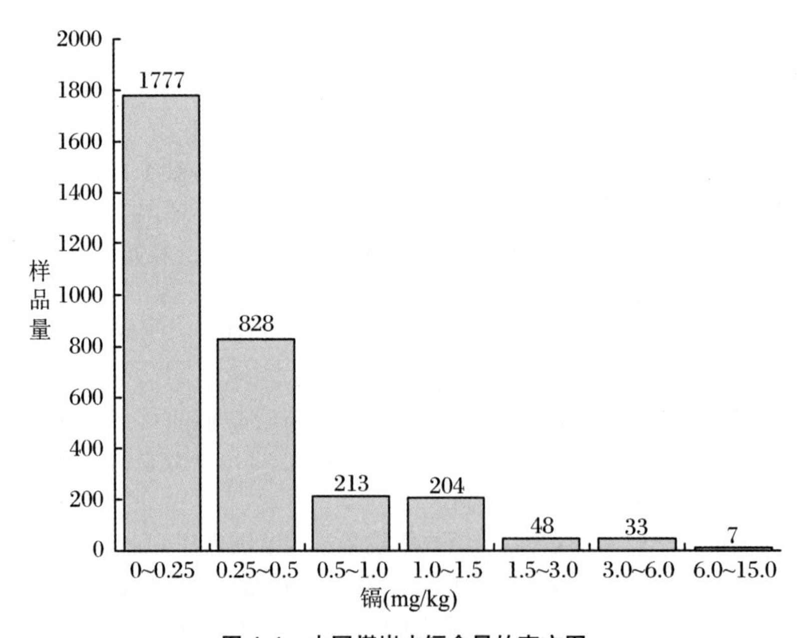


图 4.1 中国煤炭中镉含量的直方图

#### 4.1.2.3 汞

中国对煤中汞的研究相对于国外而言起步较晚，真正重视煤中汞的研究始于20世纪80年代中期。[461]特别是20世纪90年代，随着众多的研究者对中国不同地区、不同煤田煤中汞的数据报道，一些学者对中国煤中汞的平均含量、范围等进行了统计分析[143,437,462-463]，并取得了一定的认识。

在我们的研究中，样品统计分析来源主要分为两个方面：一方面为研究者自己所采样品的测试分析数据；另一方面为调研收集整理的数据。主要样品统计方法如下：采集了中国安徽、山东、内蒙古、山西、辽宁、河南和云南7个省区不同煤田的75个原煤样品，对所采集煤样品中汞的浓度进行了测试，测试结果如表4.6所示。

**表4.6　中国7个省区75个煤样品中汞的含量测试结果**　（单位：mg/kg）

| | 范围 | 算术平均值 | 几何平均值 | 标准方差 | 样品数量 |
|---|---|---|---|---|---|
| 安徽 | 0.06～0.79 | 0.22 | 0.21 | 0.17 | 42 |
| 山东 | 0.16～1.76 | 0.37 | 0.32 | 0.25 | 22 |
| 内蒙古 | 0.08～0.40 | 0.19 | 0.16 | 0.12 | 4 |
| 山西 | 0.04～0.28 | 0.17 | 0.13 | 0.09 | 4 |
| 辽宁 | n.d. | 0.23 | n.d. | n.d. | 1 |
| 河南 | n.d. | 0.57 | n.d. | n.d. | 1 |
| 云南 | n.d. | 0.3 | n.d. | n.d. | 1 |

n.d.表示无数据。

在调研过程中，充分收集了国内外文献中公开发表和报道的数据。针对一些研究者在国内、外文献和论文集中发表的数据有重复的现象，我们对所收集到的煤中汞的数据进行了核实，并对数据进行了对比、选择和筛选，去除了收集过程中的重复数据。同时对于没有说明测试方法和样品来源不清楚的数据也不包括在收集的行列。综合调研收集到的1637个中国煤中汞的数据[464-472]，结合研究者对不同煤田的75个煤样品中汞的测试结果[133,137-138,473-474]，利用加权平均法对1712个中国煤中汞的数据进行了算术平均含量统计分析。

从所统计分析的1712个煤样品中汞的数据来看，有1480个煤样品中汞的含量范围为0～0.3 mg/kg，占所研究分析的1712个样品的86.4%；38个样品中汞的浓度高于1.0 mg/kg，仅占1712个样品的2.2%；其余样品中汞的浓度均为0.3～1.0 mg/kg(图4.2)。样品统计过程中，对所有样品分布特征通过计算机软件进行了分析，分析结果显示，样品基本服从正态分布(图4.3)。1712个煤样品中汞的含量范围为0～45.0 mg/kg，算术平均含量为0.19 mg/kg(表4.7)。

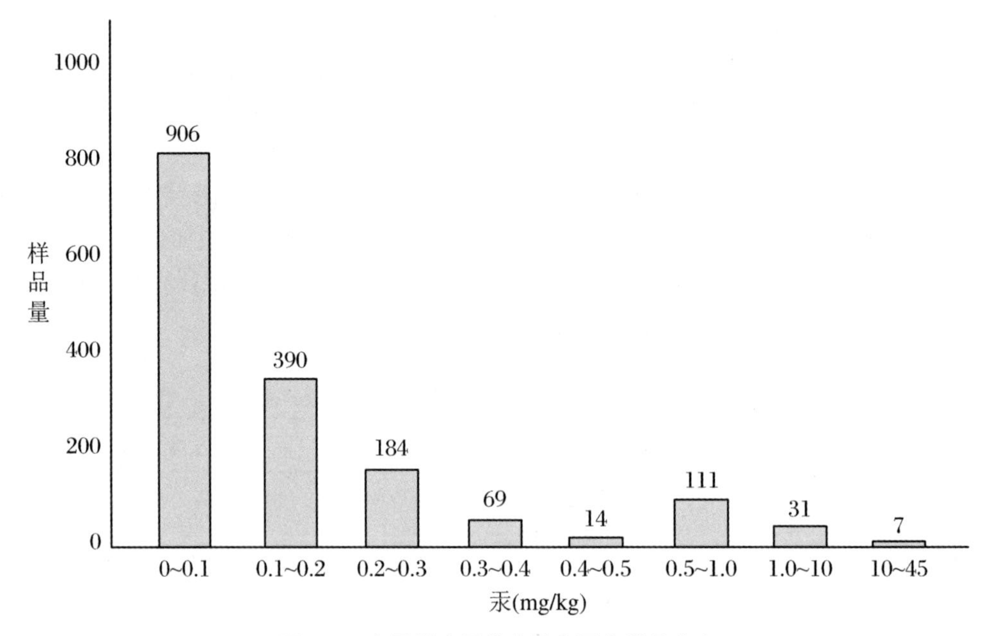


图 4.2　中国煤中汞的含量范围中样品分布

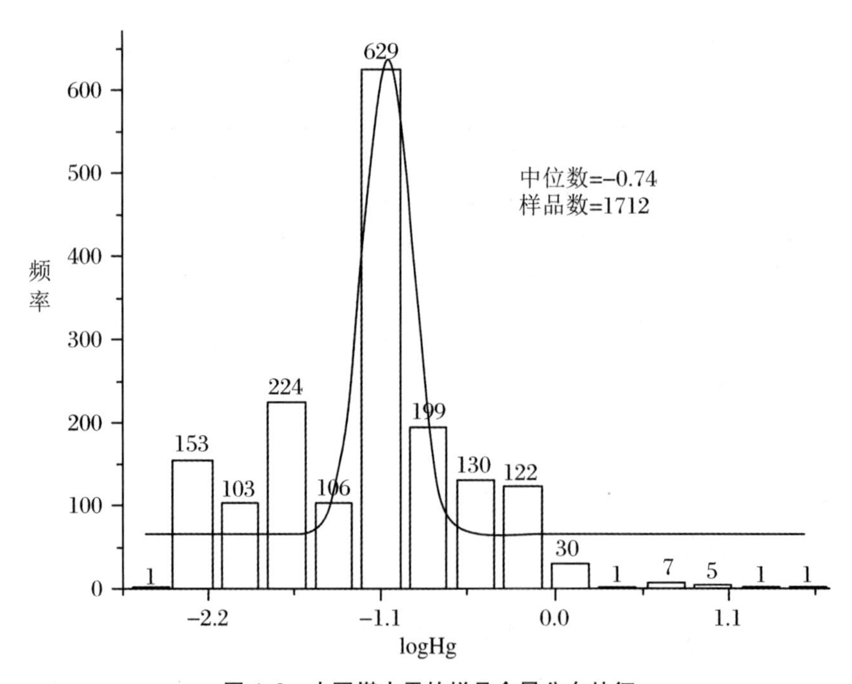


图 4.3　中国煤中汞的样品含量分布特征

表4.7 中国以及世界部分国家煤中汞的含量 (单位:mg/kg)

| | 范围 | 算术平均值 | 样品数量 | 资料来源 |
|---|---|---|---|---|
| 中国 | 0～45.0 | 0.19±1.22 | 1712 | 本次研究 |
| 中国 | 0.01～0.5 | 0.1 | 1458 | [437] |
| 中国 | 0.003～10.5 | 0.158 | 990 | [463] |
| 上部地壳 | n.d. | 0.05 | n.d. | [434] |
| 美国 | 0～10.0 | 0.17 | 7649 | [424] |
| 澳大利亚 | 0.01～0.14 | 0.06 | n.d. | [421] |
| 世界克拉克值 | 0.02～1.0 | 0.1±0.01 | n.d. | [253] |

n.d.表示无数据。

本次研究的中国煤中汞的算术平均含量与上部地壳中汞的平均含量0.05 mg/kg相比[434],是上部地壳中汞的平均含量的3.8倍。Ren[143]曾首次对中国煤中汞的平均含量进行过报道,认为中国煤中汞的含量范围为0.046～4.8 mg/kg,算术平均值高达1.372 mg/kg,几何平均值为0.578 mg/kg,但任德贻等[418]重新统计过1413个中国煤中汞的数据,认为算术平均含量为0.195 mg/kg,与本次作者研究结果接近。唐修义和黄文辉[437]对1458个中国煤样品中汞的数据进行过统计分析,认为绝大多数煤中汞的含量为0.01～0.5 mg/kg,与唐修义和黄文辉[437]统计的算术平均含量0.1 mg/kg相比,本次研究的结果是其统计结果的1.9倍。另外,张军营等[463]、王起超等[462]从不同的目的出发对中国煤中汞的算术平均含量进行过统计,统计结果分别为0.158 mg/kg和0.22 mg/kg。

本次统计的中国煤中汞的算术平均含量0.19 mg/kg与其他一些国家煤中汞的平均含量相比,略高于Finkelman[424]统计的美国煤中汞的算术平均含量0.17 mg/kg和任德贻等[418]统计的0.18 mg/kg,但远高于Swaine和Goodarzi[421]对澳大利亚煤中汞算术平均含量的统计结果0.06 mg/kg;与Yudovich和Ketris[253]报道的世界煤中汞的克拉克值(0.10±0.01) mg/kg相比,中国煤中汞的算术平均含量是世界煤中汞的克拉克值的1.9倍。

从本次对所统计样品特征分析和算术平均含量的计算结果,结合其他研究者对中国煤中汞算术平均含量的计算值,笔者认为中国煤中汞算术平均含量的实际范围应该为(0.1～0.3) mg/kg。但煤中汞的算术平均含量的统计工作始终是一个新的课题,煤中汞的算术平均含量也是一个不断更新的数值,随着更多的煤炭资源的开采利用和更多的煤中汞数据的报道,中国煤中汞算术平均含量的评估也会更接近实际,从而对正确评价中国燃煤过程中汞的排放更具有客观的意义。

#### 4.1.2.4 铅

中国煤中铅的丰度和分布直到19世纪90年代才引起广泛关注。唐修义和黄文辉等[437]统计了中国1369个煤样,多数样品中铅的含量为3～60 mg/kg,算术均值为14 mg/kg。白向飞[460]统计了中国1018个样品,铅含量范围为0～93.5 mg/kg,储量加权均值为17.68 mg/kg。任德贻等[418]引入储量均值,计算出中国1393个样品中铅含量的算术均值为16.91 mg/kg,含量范围为0.2～790 mg/kg。在本次研究中,我们共收集整理了国内外文献中报道的4304个煤样品数据,包括已经报道的和我们正在进行的煤样品测试结果,以储量为加权因子，计算得出中国煤中铅的储量均值为 12.96 mg/kg。本次计算得出的储量均值低于前人学者计算得出的算术均值等，说明储量因子消除了部分由于煤炭分布不均对计算结果的影响。实际上，约 87%的煤炭储量集中在我国的 15 个省区，其中的铅含量是低于20 mg/kg的。

#### 4.1.2.5 锑

国内对煤中锑的研究相比国外较晚，但到目前为止也受到了一定程度的关注。如任德贻[277]于 1999 年首次给出中国煤中锑的平均含量为 2.56 mg/kg，但是样品数量非常有限，仅 133 个，很难代表储量丰富的中国煤；随后赵继尧[142]、唐修义[437]、唐书恒[436]也相继统计了中国煤中的锑含量，分别为 2 mg/kg、1.3 mg/kg、2.01 mg/kg，见表 4.3。从这些数据来看，中国煤中含有的锑低于已统计的世界煤中锑的含量（3 mg/kg）；略高于美国煤中锑的浓度。本次研究在前人的分析基础上，充分收集了国内外文献中公开发表和报道的关于中国煤中锑的源数据，并对数据进行了对比、选择和筛选。结合实验室采集的样品测试分析结果，基于共收集到的 1458 个中国煤样数据较全面地更新了中国煤中锑的平均含量。

本次研究收集到的煤样涵盖了全国 23 个省市自治区。从 1458 个样品统计的结果来看（图 4.4），有 1001 个样品的锑含量为 0～2 mg/kg，占所研究分析的样品总数的68.7%，且其中的绝大部分（804 个样品）浓度在 1 mg/kg 以下；含量大于 5 mg/kg 的样品为 355 个，占样品总数的 24.3%，其中含量超过 50 mg/kg 的高富锑煤样有 42 个。

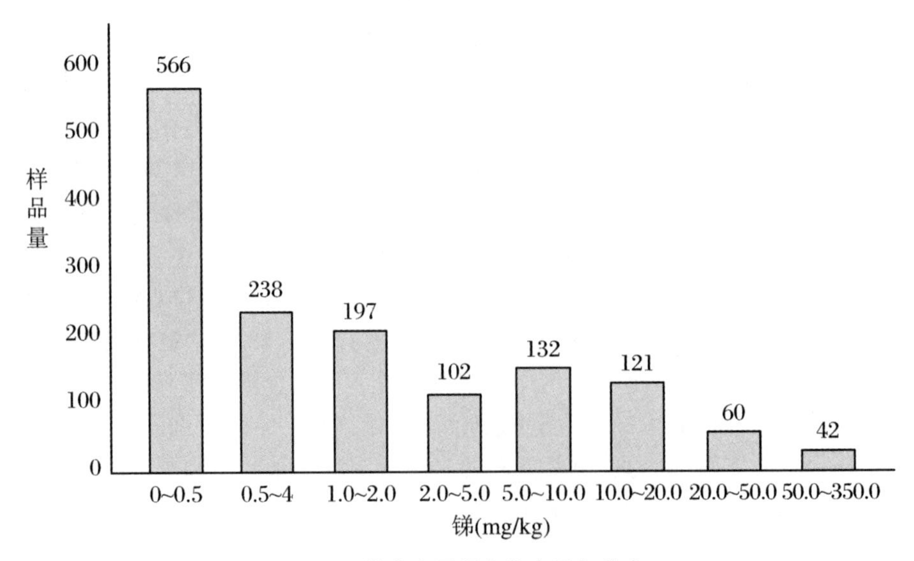


**图 4.4 锑在中国煤中的含量与分布**

1458 个煤样中锑的浓度范围为 0.02～348.0 mg/kg，平均值为 6.89 mg/kg，排除其中不具代表性的集中异常高煤区，从 1188 个数据中得出中国煤中锑的合理平均含量应为 3.68 mg/kg，含量范围为 0.02～159.05 mg/kg。这一结论与之前学者对中国煤的统计结果相比有比较大的差异。任德贻于 1999 年首次给出中国煤中锑的平均含量为 2.56 mg/kg，随后赵继尧、唐修义[437]、唐书恒也相继统计了中国煤中的锑含量，分别为2 mg/kg、1.3 mg/kg、2.01 mg/kg。本次研究的结果均高于前人的统计结果，是唐修义[437]的 2.8 倍，且高于美国煤中锑的平均值为 1.2 mg/kg，与 Rudnick 和 Gao[434]报道的上地壳克拉克值相比，中国煤中锑的平均含量几乎高出地壳丰度一个数量级。

#### 4.1.2.6　硒

我国煤中硒元素的研究和报道相对于美国等国家起步较晚，1991 年开始虽然研究者对我国煤中硒的研究逐渐增多，但是我国赋煤地区分布广泛，成煤周期长，聚煤环境相对复杂，至今仍缺乏有关我国煤中硒含量分布的系统数据。为了更好地研究硒在煤中的含量与分布，我们综合统计了已发表著作中煤中硒的数据，其中分不同地区的煤样 2288 个，不同成煤时代的样品 2308 个，再结合本实验室内部的数据，对中国煤中硒的含量和分布进行了分析和探讨，分别探讨了不同省份地区煤中硒的分布特征、不同成煤时代煤中硒的分布特征以及不同煤化程度煤中硒的分布特征。一些学者曾对中国煤中硒的含量分布做过初步的统计，陈萍等[283]综合计算了国内 1315 个样品中硒的含量，得出煤中硒的平均含量为 2.0 mg/kg。白向飞等分析了 1018 个样品，得到均值为 4.01 mg/kg。任德贻等[418]通过 1536 个煤样计算出平均含量为 2.47 mg/kg。本次在前人研究的基础上，从发表的 2288 个数据中得出煤中硒的平均含量为 3.91 mg/kg(特别高硒的恩施石煤样品未统计在内)。

#### 4.1.2.7　锡

通过对 2016 年前发表的文献中涉及中国煤中锡含量的统计，在对 1625 个样品的统计计算下，得到锡的算术平均值为 3.38 mg/kg，而在赋予了各主要煤田的权重后，得到中国煤中锡的统计含量为 3.06 mg/kg。如表 4.8 所示，除本研究外，胡军[475]，Dai 等以及唐修义和黄文辉[437]都曾报道过中国煤中锡的含量。与 Dai 等以及唐修义和黄文辉[437]的统计结果相比，本研究得到的中国煤中锡含量略偏高，但与胡军[475]所发表结果接近。此外，本研究所得到的中国煤中锡含量明显高于世界煤中锡含量。

**表 4.8　中国煤中锡的平均值统计**　(单位：mg/kg)

| | 算术平均 | 几何平均 | 煤储量权重后锡含量 | 统计样品数 | 参考文献 |
|---|---|---|---|---|---|
| 中国煤 | 3.38 | 2.58 | 3.06 | 1625 | 本研究 |
| 中国煤 | 3.61 | 2.61 | | 292 | [475] |
| 中国煤 | 2 | | | 105 | [437] |
| 美国煤 | 1.3 | 0.001 | | 3004 | [424] |
| 澳大利亚煤 | 1.9 | | | | [432] |
| 世界煤 | 2 | | | | [421] |
| 世界煤(褐煤) | 1.9 | 1.11 | | 1879 | [459] |
| 世界煤 | 1.1 | | | | [171] |
| 上地壳平均丰度 | 2.5 | | | | [476] |

#### 4.1.2.8　钒

为了全面调查中国煤中的钒，我们从已发表文献中收集到 2900 多个煤中钒含量的数据。其中有部分数据来自我们实验室已发表的研究成果[477-478]，包括安徽省淮南、淮北煤田 1079 个数据及山东济宁煤田 6 个数据。[477,479-481]在这个过程中，我们首先分辨出数据是基于全煤基还是灰基，保证本研究引用的所有地球化学数据都是以全煤基为基础分析得到的，以避免无效统计。[482-483]然后记录数据样本的采样地点、成煤时期、成煤环境、煤级等信息。最后，将数据按省份、成煤时期和煤级分组并进行统计分析。

除计算中国煤中钒的算术平均值外，为了校正样本的不均匀分布，我们使用中国不同省份的煤炭储量[484]作为加权因子来计算中国煤炭中钒的加权平均浓度。从不同省份采集到的样本数量通常与煤炭储量不成比例。例如，安徽、湖南、广西、贵州、云南和重庆的煤炭样本占全国样本总量的比例为 54.86%，而相应的煤炭储量比例仅为 11.04%。因此，加权平均值而非算术平均值，可以更好地表示全国煤炭中钒的平均浓度。

中国煤中钒的加权平均浓度被计算为 35.81 mg/kg（$n=2940$），范围为 0.65～1405 mg/kg。表 4.9 列出了中国和其他重要产煤国的煤中钒的浓度以及页岩、大陆地壳中钒的浓度。其他研究者也统计过中国煤中钒的均值，结果如下：通过统计 1257 份煤样，得出中国煤中钒的算术平均值为 25 mg/kg，大多数煤样品为 2～100 mg/kg[437]；通过统计 1000 多个数据，得出中国煤中钒的平均值约为 35.05 mg/kg[103,418]，这个研究结果与本研究的结果相近；通过统计 1123 个数据，得出中国煤中钒的平均值约为 51.18 mg/kg[457]，高于本研究的研究结果。

**表 4.9　世界各地煤和大陆地壳中钒的丰度**　（单位：mg/kg）

| | $n$ | 平均值 | 最小值 | 最大值 | 参考文献 |
|---|---|---|---|---|---|
| 中国[a] | 2940 | 35.81 | 0.65 | 1405 | 本研究 |
| 中国[b] | 1266 | 35.05 | 0.1 | 1405 | [418] |
| 中国[c] | 1257 | 25 | 2 | 100 | [437] |
| 中国[d] | 1123 | 51.18 | n.d. | n.d. | [457] |
| 中国[e] | 1324 | 35.1 | n.d. | n.d. | [103] |
| 世界 | n.d. | 25 | n.d. | n.d. | [171] |
| 上地壳 | n.d. | 97 | n.d. | n.d. | [485] |
| 黑色页岩 | n.d. | 205±15 | n.d. | n.d. | [171] |
| 碳酸盐页岩 | n.d. | 99±23 | n.d. | n.d. | [171] |
| 美国 | 7924 | 22 | 0.1 | 5100 | [424] |
| 澳大利亚 | n.d. | 25 | n.d. | n.d. | [100] |

n.d.：无数据。

从中国 9 个省份采集的 21 个煤样中钒的浓度范围为 2.74～61.45 mg/kg，平均值为（25.09±17.06）mg/kg，与世界煤中钒的平均值 25 mg/kg 相近似。[171]低于本研究中国煤中钒的加权平均值 35.81 mg/kg。值得注意的是，石煤样品（ES）中钒的浓度比煤中钒的浓度高两个数量级，达到 2997 mg/kg。

### 4.1.3　中国不同省份煤中微量元素

#### 4.1.3.1　砷

本研究在调查统计了来自 29 个省区（香港、澳门、上海和天津等地数据暂缺）一共 4805 个煤中砷含量数据的基础上，详细计算了中国煤中砷的平均含量。[117,118,132,277,283,418,453,471,486-494] 4805个数据中包含本实验室早期34个砷的含量数据，资料来源经仔细查找验证以避免重复统计，统计结果见表4.10。根据统计结果，煤中砷平均含量超过10 mg/kg以上的有河北、辽宁、福建、浙江、广西、西藏、云南、台湾8个省份；砷平均含量超过20 mg/kg的省份仅有3个，分别为西藏、云南和台湾。台湾省的平均砷含量最高(25.38 mg/kg)。

虽然 Ding[131] 和任德贻等[277] 曾报道过贵州燃煤型地方砷中毒地区的超高砷含量(>30000 mg/kg)，但是贵州省的平均砷含量相对并不高(9.07 mg/kg)。该值与 Yudovich 和 Ketris[253] 发布的砷的地壳丰度值含量相当。因此，可验证贵州省的高砷煤分布具有十分局限的区域性，极有可能是岩浆岩的沿裂隙和断层侵入等后生地质成因造成的。地方性砷中毒在贵州省以及陕西省也并非普遍发生。根据中国煤中砷含量分级标准(MT/T 803T999)，可将煤中的砷分为4个等级，分别为0～4 mg/kg，4～8 mg/kg，8～25 mg/kg，25 mg/kg以上。全国各省份砷的分布有以下几个特点：① 砷在煤中的含量由中国北部到南部逐渐上升，北部地区大部分省份砷的平均含量低于4 mg/kg，而南部地区大部分省份含量大于8 mg/kg，中部地区为过渡地区。② 因为南部地区煤炭资源量远远小于北部地区，因而由煤炭开采释放进入表生环境的砷总量较小，因而对环境的影响可因储量而降低。例如，砷在中国最大煤炭资源省份新疆和内蒙古两省的平均含量仅有2.21 mg/kg 和2.14 mg/kg。③ 西南等省份部分煤田中砷含量最高，每千克煤中可达数百毫克砷。据前人研究，砷在西南地区煤中平均含量为18.20 mg/kg。[495-497] Ding[131] 测定32个煤样品中砷的含量，得出12个样品中砷含量大于1000 mg/kg，其中一个样品中砷含量高达35000 mg/kg。任德贻等也对该地区高砷煤进行过相似报道。

**表4.10　全国各省、自治区、直辖市砷含量和煤炭预计资源量**

| | 均值(mg/kg) | 预测资源量(100 Mt) | 样品量 |
|---|---|---|---|
| 内蒙古 | 2.14 | 12250.4 | 795 |
| 宁夏 | 2.17 | 1721.11 | 34 |
| 新疆 | 2.21 | 18037.3 | 71 |
| 青海 | 2.82 | 380.42 | 5 |
| 山东 | 2.9 | 405.13 | 143 |
| 江苏 | 2.98 | 50.49 | 25 |
| 北京 | 3.08 | 86.72 | 17 |
| 山西 | 3.66 | 3899.18 | 268 |
| 陕西 | 3.69 | 2031.1 | 19 |
| 河北 | 4.9 | 601.39 | 67 |
| 安徽 | 4.91 | 611.59 | 112 |
| 甘肃 | 5.15 | 1428.87 | 20 |
| 河南 | 5.19 | 919.71 | 56 |
| 黑龙江 | 5.67 | 176.13 | 41 |

续表

| | 均值(mg/kg) | 预测资源量(100 Mt) | 样品量 |
|---|---|---|---|
| 湖南 | 6.14 | 45.35 | 36 |
| 四川[a] | 7.38 | 303.79 | 1157 |
| 吉林 | 7.57 | 30.03 | 65 |
| 广东 | 8.03 | 9.11 | 4 |
| 海南 | 8.07 | 0.01 | 1 |
| 江西 | 8.47 | 40.84 | 383 |
| 贵州 | 9.07 | 1896.9 | 201 |
| 河北 | 10.03 | 2.04 | 8 |
| 辽宁 | 10.05 | 59.27 | 35 |
| 福建 | 12 | 25.57 | 6 |
| 浙江 | 13 | 0.44 | 8 |
| 广西 | 17.62 | 17.64 | 22 |
| 西藏 | 20.1 | 8.09 | 30 |
| 云南 | 21.78 | 437.87 | 1172 |
| 台湾 | 25.38 | 1.8 | 4 |
| 全国总体 | 9.70[b]<br>3.183 | 45470.2 | 4763 |

[a] 包含重庆；[b] 以煤炭资源量为权重的加权平均值。煤炭资源量数据来源于王永等(2009)。

算术平均值与加权平均值之间的差异性由样本的不均一性导致，其中一个重要原因即为已发表数据集中在高砷煤以及超高砷煤的研究。计算算术平均值的不同来源的样品数量与当地煤炭储量不同步，例如，内蒙古具有全国最高的煤炭储量，而煤中砷平均含量仅为2.14 mg/kg。全国87.47%的煤炭储量集中在9个省及直辖市，分别为北京、内蒙古、宁夏、新疆、青海、山东、江苏、陕西和山西。这些省市的煤中砷含量普遍小于4.0 mg/kg。其中煤炭平均含量小于3.0 mg/kg的6个省份占全国72.42%的煤炭储量。

#### 4.1.3.2 镉

来自26个省区的2362个煤样品中镉的平均含量列于表4.11中。根据镉的平均含量，所有产煤省区可被分为3组，第一组为低镉区(小于0.3 mg/kg)，包括江苏、新疆、甘肃、黑龙江、福建、青海、内蒙古、吉林、广东、陕西、辽宁、山东和安徽在内的13个省份；第二组为中镉区(0.3～0.7 mg/kg)，包括西藏、河北、宁夏、贵州、河南、山西和重庆；第三组为高镉区(大于0.7 mg/kg)，包括江西、广西、云南、四川、湖北和湖南。总体而言，北方地区煤中镉的含量要普遍低于南方地区，这一结果与其他有毒微量元素如汞(Hg)、锑(Sb)、硒(Se)、砷(As)、铅(Pb)和钒(V)等的含量分布规律一致。[50,136,137,498-500]

表 4.11　各省区煤中镉的丰度　（单位：mg/kg）

| | $n$ | 平均数 | 范围 | 煤储量(100 Mt) |
|---|---|---|---|---|
| 江苏 | 5 | 0.03 | bdl～0.11 | 10.39 |
| 新疆 | 26 | 0.06 | 0.02～0.32 | 162.31 |
| 甘肃 | 1 | 0.08 | 0.08 | 27.32 |
| 黑龙江 | 3 | 0.08 | 0.02～0.15 | 62.28 |
| 福建 | 4 | 0.15 | 0.08～0.3 | 3.98 |
| 青海 | 68 | 0.17 | 0.01～0.04 | 12.39 |
| 内蒙古 | 268 | 0.17 | 0.01～1.67 | 510.27 |
| 吉林 | 56 | 0.18 | 0.17～0.18 | 9.71 |
| 广东 | 2 | 0.20 | 0.15～0.25 | 0.23 |
| 陕西 | 134 | 0.21 | 0.02～2.36 | 162.93 |
| 辽宁 | 4 | 0.24 | 0.12～0.58 | 26.73 |
| 山东 | 43 | 0.25 | bdl～1.8 | 75.67 |
| 安徽 | 567 | 0.26 | bdl～1.36 | 82.37 |
| 西藏 | 50 | 0.37 | 0.05～1.33 | 0.12 |
| 河北 | 68 | 0.45 | 0.09～2.03 | 43.27 |
| 宁夏 | 31 | 0.45 | 0.01～2.3 | 37.45 |
| 贵州 | 285 | 0.49 | 0.1～8.2 | 110.93 |
| 河南 | 4 | 0.60 | 0.05～1.13 | 85.58 |
| 山西 | 257 | 0.61 | bdl～3.2 | 916.19 |
| 重庆 | 102 | 0.62 | bdl～5.4 | 18.03 |
| 江西 | 76 | 0.71 | 0.03～1.4 | 3.36 |
| 广西 | 31 | 0.76 | bdl～2.25 | 0.90 |
| 云南 | 166 | 0.79 | 0.1～10.6 | 59.58 |
| 四川 | 94 | 1.23 | bdl～14.6 | 53.21 |
| 湖北 | 7 | 1.34 | 0.08～6.81 | 3.20 |
| 湖南 | 10 | 3.46 | 0.38～10 | 6.62 |
| 共计 | 2362 | 0.42 | bdl～14.6 | 2485.02 |

#### 4.1.3.3　汞

由于中国聚煤面积大，不同地区的聚煤作用、聚煤强度以及聚煤环境都存在明显差异。对不同地区煤中汞的平均含量的统计分析工作，对探索该地区煤中汞的地球化学特征以及正确评价这一地区煤炭利用过程中汞的环境行为，控制我国煤炭资源利用过程中汞的排放具有重要的理论和现实意义。

本次研究根据样品的来源，统计分析了中国 19 个不同省(市、自治区)煤田煤中汞的算术平均含量。汞在中国不同地区煤中分布极不均匀，总体来看，西北、北部以及中部部分省

(市、自治区)煤田煤中汞的含量相对较低,而东北部分煤田煤中汞的含量相对较高,西南地区的一些煤田煤中的汞明显富集,出现罕见的高值。本次研究将中国不同地区煤中的汞按含量高低初步划分为低含量汞区、中等含量汞区以及典型富汞区。具体特征如下:

**1. 低含量汞区**

煤中汞的含量极低,一般在0.2 mg/kg以下。这些汞含量低的含煤区域主要分布在中国西北、北部以及中部的大部分煤田,如江西省、四川省、新疆维吾尔自治区、内蒙古自治区、黑龙江省、湖南省、江苏省、河南省、山西省以及辽宁省等。

**2. 中等含量汞区**

煤中汞的含量范围为0.2~0.5 mg/kg。煤中汞含量中等的这些煤田主要分布在中国华东以及华北的部分区域,如安徽省、山东省、河北省、吉林省、北京市和陕西省。

**3. 典型富汞区**

煤中汞的含量大于0.5 mg/kg,甚至出现罕见的高值。典型富汞区主要分布在我国西南地区的一些煤田,如贵州省、云南省和重庆市等。西南地区一些煤田煤中汞的高度富集的主要原因是该区煤中低温热液流体的侵入,如贵州省煤中汞的平均含量高达1.14 mg/kg,是中国煤中汞的平均含量的6倍。

贵州省的部分地区由于室内燃煤引起的氟、砷等中毒事件已经被众多的研究者所报道。[46,48,120,131,284,378]在前期的研究中,Zheng[48]、Finkelman[46]以及Dai[199]等均认为,导致贵州省部分地区砷和氟中毒的主要原因是该区的高砷煤和高砷煤的利用方式,但近期代世峰等[120, 378]的研究结果发现,引起贵州省部分地区燃煤过程中氟中毒的氟源主要来自拌煤的黏土,而不是来自于该地区煤中的氟。

虽然没有直接证据表明煤中的汞是否对该地区人体健康造成了重要影响,但大量研究资料表明,由于低温热液流体侵入的影响,贵州西南的一些煤田煤中汞明显富集。[113,120,181,193,501-502]如Feng和Hong[193]从贵州盆地19个煤田采集了48个煤样品,发现煤中汞的平均值为0.53 mg/kg,在个别的煤样品中,汞的含量高达2.67 mg/kg,在后期的研究中,Feng[501]发现由于这种富汞煤的利用,贵州省贵阳市大气中汞的含量达到了显著水平。Zhang[113]从贵州西南的黔西断层中采集的煤样品中汞的最高值达到10.5 mg/kg。Dai[134]也报道了贵州省兴仁地区一个二叠世煤层煤中汞的含量高达12.1 mg/kg,并在煤中首次发现了硫砷锑矿,它是汞的主要载体。在本次研究中,根据对前人所报道的276个贵州省不同煤田煤样品中汞的数据的统计分析,贵州省煤田煤中汞的算术平均含量高达1.14 mg/kg,但Dai[134]在所发表的文献中提出,贵州省不同煤田煤中汞的含量存在很大差异,罕见的高汞含量的煤可能只出现在部分的煤田,如对该区晚二叠世煤中汞的平均含量进行统计时,如果统计的样品中不包含汞的异常值时,该区晚二叠世煤中汞的均含量仅为0.09 mg/kg。国外一些研究者也认为,煤中汞的含量如果高达1.0 mg/kg以上,则主要是由于成煤后期的矿化作用等多种因素影响。[145,508]

从上述的研究可知,对西南地区,特别是贵州省一些煤田煤中汞的评价应该是一个长期的内容,应该在全面采样的基础上正确客观评价该区煤中汞的实际平均含量。但由于该区一些煤田煤中罕见的高含量汞的存在,并且这些高汞含量的煤炭一直在长期的利用,尤其在贵州省一些相对贫穷的山区,由于潮湿的气候因素、经济的落后和生活方式的习惯,我们在对贵州省一些地区燃煤过程中汞的危害性进行调查时[455]发现,利用敞口炉烘烤食物和取暖是该区居民的习惯,这种习惯造成燃煤过程中汞的危害已经非常严重。[46,48]因此对该地区煤中的汞在煤炭资源利用过程中引起的环境和人体健康问题，也必将是环境工作者今后研究的一个重要内容。

#### 4.1.3.4　铅

来自全国各省区的煤样品中铅的平均含量列于表 4.12 中。根据煤中的铅含量水平，可将中国煤分为高铅煤、中铅煤、低铅煤。根据这一分级标准，我们也将中国的含煤区域进行了划分。其中，西藏和广西被划定为高铅区。从全国范围来看，华南煤和华东煤中铅含量高于华北煤。就煤炭储量而言，内蒙古和新疆是我国两大重要煤炭基地，它们所生产的煤中铅含量较低。

**表 4.12　中国各省区煤中铅含量**

| | 平均值(mg/kg) | 预测资源(100 Mt) | 样本数 |
|---|---|---|---|
| 山东 | 30.92 | 405.13 | 506 |
| 江苏 | 17.62 | 50.49 | 8 |
| 安徽 | 14.39 | 611.59 | 947 |
| 浙江 | 17.1 | 0.44 | 2 |
| 福建 | 32.28 | 25.27 | 5 |
| 广东 | 22.95 | 9.11 | 2 |
| 广西 | 80.09 | 17.64 | 55 |
| 湖北 | 37.65 | 2.04 | 34 |
| 湖南 | 27.62 | 45.35 | 14 |
| 河南 | 16.84 | 919.71 | 10 |
| 江西 | 16.81 | 40.84 | 65 |
| 北京 | 17.2 | 86.72 | 1 |
| 河北 | 20.85 | 601.39 | 67 |
| 山西 | 17.75 | 3899.18 | 400 |
| 内蒙古 | 13.64 | 12250.4 | 194 |
| 宁夏 | 9.82 | 1721.11 | 30 |
| 新疆 | 6.26 | 18037.3 | 275 |
| 青海 | 4.7 | 380.42 | 4 |
| 山西 | 37.01 | 2031.1 | 796 |
| 甘肃 | 8.35 | 1428.87 | 3 |
| 四川[a] | 29.51 | 303.79 | 234 |
| 云南 | 25.54 | 437.87 | 84 |
| 贵州 | 27.37 | 1896.9 | 392 |

续表

| | 平均值(mg/kg) | 预测资源(100 Mt) | 样本数 |
|---|---|---|---|
| 西藏 | 128.94 | 8.09 | 30 |
| 辽宁 | 18.11 | 59.27 | 83 |
| 吉林 | 33.05 | 30.03 | 58 |
| 黑龙江 | 17.66 | 176.13 | 4 |
| 台湾 | 10.0 | 1.8 | 1 |
| 中国 | 26.43[b] | 45469.89 | 4304 |
| | 12.96[c] | | |

[a]包含重庆;[b]算数平均值;[c]加权平均值。

#### 4.1.3.5 锑

按不同地区来源统计了锑在全国23个省市及自治区的分布,见表4.13。探索不同地区煤中锑的地球化学特征及评价预测不同地区煤炭开采利用过程中锑的环境行为,对针对性地控制煤使用中锑的排放具有重要的理论意义。

**表4.13 中国各省区煤中锑含量** (单位:mg/kg)

| | 最小值 | 最大值 | 算术平均值 | 样品数 |
|---|---|---|---|---|
| 山西 | 0.05 | 11.56 | 0.82 | 167 |
| 河南 | 0.04 | 0.81 | 0.26 | 19 |
| 山东 | 0.08 | 2.6 | 0.53 | 25 |
| 江苏 | 0.2 | 1.1 | 0.39 | 8 |
| 浙江 | 0.67 | 1 | 0.82 | 3 |
| 新疆 | 0.06 | 4.47 | 0.78 | 62 |
| 陕西 | 0.31 | 1.28 | 0.69 | 3 |
| 福建 | 0.16 | 2.3 | 0.38 | 4 |
| 青海 | 0.35 | 0.35 | 0.35 | 4 |
| 甘肃 | 0.04 | 1.8 | 0.7 | 3 |
| 黑龙江 | 0.5 | 2.08 | 0.9 | 11 |
| 河北 | 0.09 | 20.1 | 1.2 | 42 |
| 江西 | 0.32 | 5.1 | 1.79 | 62 |
| 云南 | 0.07 | 5.78 | 1.06 | 93 |
| 四川 | 0.2 | 5.2 | 1.25 | 22 |
| 湖北 | 0.61 | 1.8 | 1.17 | 3 |
| 吉林 | 0.78 | 1.18 | 1.02 | 3 |
| 安徽 | 0.1 | 159.05 | 6.5 | 511 |

续表

| | 最小值 | 最大值 | 算术平均值 | 样品数 |
|---|---|---|---|---|
| 湖南 | 0.08 | 28.6 | 5.23 | 16 |
| 广西 | 0.05 | 43.8 | 3.67 | 39 |
| 辽宁 | 0.19 | 8.59 | 4.44 | 59 |
| 贵州 | 0.06 | 209 | 10.67 | 228 |
| 内蒙古 | 0.02 | 348 | 50.2 | 65 |
| 中国 | 0.02 | 348 | 6.89 | 1458 |
| 中国[a] | 0.02 | 159.05 | 3.68 | 1188 |

中国[a]：不包括贵州和内蒙古自治区异常高值。

从表4.13中给出的各省市煤中锑的平均值和范围可以看出，锑在中国不同地区的分布很不均匀，有比较明显的低锑区和高锑区。总体来看，西北、北部及中部地区煤中锑的含量相对较低，东北部煤田中锑的含量相对较高，而西南部煤中的锑明显富集，包括一些异常高锑的煤。值得注意的是，锑在中国煤中的富集特征与郑刘根在2008年对中国煤中汞的分析结果相似。[503]

本次研究根据煤中锑的含量将中国不同地区划分为低含量区、中等含量区和高含量区。具体分布如下：

**1. 低含量区**

煤中锑的含量在全国煤中处于较低水平，含量在1 mg/kg以下。主要分布在中国西北、北部及中部，包括山西、河南、山东、江苏、浙江、新疆、陕西、福建、青海、甘肃、黑龙江。以下对其中比较重要且样品数据较多的含煤地区山西省和新疆做简要介绍和分析。

山西煤炭资源丰富，全省煤炭资源总量为$6652.02\times10^8$ t，占全国煤炭资源总量的11.9%，仅次于新疆和内蒙古。截至2004年底，全省累计查明煤炭资源储量为$2828.65\times10^8$ t，保有查明煤炭资源储量为$2660.46\times10^8$ t，占全国保有查明煤田资源储量的26%，居全国之首。山西煤炭具有“三低、两高、一强”的特点，即低硫、低灰、低磷，高发热量、高挥发分，黏结性强。山西省的煤以烟煤和无烟煤为主，其中焦煤、肥煤、气煤、瘦煤占58%，无烟煤占25%。大同煤动力煤以硫分和灰分含量低、发热量高而享誉中外。山西煤炭无论是煤炭种类，还是煤质都在全国占有举足轻重的地位。本次研究统计了167个山西煤样品，山西煤中锑的含量范围为0.05～11.56 mg/kg，算术平均值为0.82 mg/kg，其中有142个煤样的锑含量低于1 mg/kg，分布比较均匀和集中，未见异常高锑煤，属于典型的低锑区。因此预测在山西煤的利用中对环境可能造成的锑的污染较小。

新疆作为国家重要的能源基地，煤炭预测资源量达$2.19\times10^{12}$ t，占全国预测资源总量的40%以上，位居全国首位。新疆煤炭资源具有储量大、热值高、开采方便的特点，其大规模的储量和煤质完全可以建设国家特大型煤电基地。但长期以来，由于受煤炭外运和煤电外输的瓶颈制约，新疆煤炭资源优势难以发挥。从本次收集到的67份样品来看，新疆煤中的锑含量较低，范围为0.06～4.47 mg/kg，算术均值为0.78 mg/kg，且在境内众多煤田中的分布大都很均匀，因此新疆地区也是典型的低锑区。

由于不同省市煤炭资源的不均匀性及煤炭在开采利用等方面的制约性，部分省市的煤中锑的含量报道尚较少或缺少代表性，因此目前对部分省市中煤中锑的统计分析有一定的局限性。如浙江、陕西、甘肃等城市煤中的锑，需要在今后的相关工作继续加以更新和完善。

**2. 中等含量区**

中等含量区指煤中锑的含量在 1～3 mg/kg 之间，尚未超过世界煤中锑的平均值的地区，主要分布在华南和东北部，包括河北、江西、云南、四川、湖北、吉林。该 6 省煤中锑的含量均低于 2 mg/kg，其中吉林省最低为 1.02 mg/kg，江西省最高为 1.79 mg/kg。仅河北出现一个较高锑的样品，锑的含量为 20.1 mg/kg。总体样品数据差别不大，在煤的利用中要注意结合相关洗选或除尘工艺减少锑向环境中的释放。

**3. 高含量区**

本次研究将煤中锑的均值超过 3 mg/kg 的地区划分为高锑区，分别为安徽、湖南、广西、贵州、辽宁和内蒙古自治区。煤中锑在该 6 个地区的含量范围为 0.02～348.0 mg/kg，分布十分不均，低锑煤和高锑煤同时存在。其中贵州和内蒙古自治区煤中锑的平均含量高达 10.67 mg/kg和 50 mg/kg，为特殊高富集区，下面将进行详细讨论。

除贵州和内蒙古自治区的超高富集锑煤，安徽省内煤田锑的平均含量最高，为典型的高锑区。结合本实验室的大量研究分析，在 511 份样品的统计分析上得出安徽省煤中锑的含量范围为 0.1～159.0 mg/kg，平均含量为 6.5 mg/kg。安徽省位于我国东南部，全省煤炭资源主要分布在淮北煤田和淮南煤田，为华北型石炭、二叠系含煤地层；其次为皖南煤田，分布在沿江江南一带，为华南型上二叠统龙潭组、下二叠统梁山组及下侏罗统昆山组的含煤地层。截至 1992 年底，全省煤炭保有储量为 $2735856.56\times10^4$ t，其中生产井和在建井储量为 $874662.89\times10^4$ t，供进一步勘探的储量为 $1158919.87\times10^4$ t。预测储量为 $6115551\times10^4$ t，其中可靠预测为 $3218962\times10^4$ t。本省煤类齐全，各矿区及不同时代煤的煤质特征，均具明显的差异性。煤类从低变质的气煤到高变质的无烟煤均有，是华东地区非常重要的能源供给省份。在煤的加工利用中要加以区别对待，尽量控制锑向环境中释放；对高锑煤地区环境中锑的污染和迁移要加强监测和科学调查。

研究发现全国有这些特殊高锑煤区：

(1) 贵州。含煤地层在贵州省内分布广泛，面积约 70000 $km^2$，占全省面积的 40%左右，划分为 20 个煤田。截至 1993 年底全省保有储量为 $4983017\times10^4$ t；预测储量（可靠级）为 $864\times10^8$ t。贵州作为特殊的异常高锑煤矿分布区受到一些学者的关注。包括贵州在内的中国煤中锑的含量是不包括其在内的中国煤中 Sb 平均值的几乎两倍，可见贵州地区煤中锑的含量在全国范围内占有很大的权重。唐书恒统计得出华南晚三叠世煤中的锑平均含量居全国之首，为 22.48 mg/kg；锑含量大于 200 mg/kg 的煤层分布在贵州盘县兴仁矿区上三叠统中。冯新斌[471]综合贵州主要矿区水城、盘县、贵阳、六枝煤中锑的研究数据得到锑的平均值为13.8 mg/kg。本书统计 228 个数据得出的贵州煤中锑的算术平均值排在全国的第二位，为 10.67 mg/kg，最大值位于安龙县海子乡二叠纪龙潭组煤，高达 209.00 mg/kg，另一方面，贵州煤中锑的含量并不均匀，也存在大量低锑煤，最低仅为 0.06 mg/kg；锑在各煤田中的分布也不均匀，如在西南区的含量范围为 0.2～120 mg/kg，但各煤区的平均值都普遍偏高。因此在统计全国煤中锑的平均含量时，贵州省的样品均未包括在内。贵州煤中锑含量明显高于全国其他地区煤中含量，除了当地的锑矿带来的影响，还可能与贵州部分地区的低温热液活动有关。

(2) 内蒙古自治区。内蒙古自治区煤炭储量居全国第二位，仅次于煤炭第一大省——

山西。内蒙古自治区地域辽阔，煤炭资源丰富、煤种齐全、煤质优良。已查明含煤面积为120000 km²，约占全区国土面积的十分之一，累计探明储量为2460×$10^8$ t，保有储量约2232×$10^8$ t，预测远景储量为12250×$10^8$ t。在探明储量中亿吨以上的整装煤田31处，其中，百亿吨以上的特大型煤田8处，百亿吨以下十亿吨以上的大型煤田11处，十亿吨以下一亿吨以上的煤田12处。一半以上的煤田尚未开发。多数煤田埋藏浅、煤层厚、赋存稳定、构造简单、易于开采、伴生矿产资源也比较丰富。本次研究从统计的69个样品中发现锑在内蒙古的准格尔、乌达、东胜、伊敏、元宝山、大雁、扎赉诺尔煤中的含量很低，平均含量均在1 mg/kg以下；霍林河、鄂尔多斯盆地的均值略高，分别为3.99 mg/kg和4.5 mg/kg；而在胜利煤田中某处可能与乌兰图嘎矿相共生的42个褐煤样品中高度富集，含量范围为1.81～348 mg/kg，算术均值为77.2 mg/kg，标准偏差为86.9 mg/kg。因此在统计全国煤中锑的平均含量中，内蒙古自治区的42个异常高样未包括在内，没有排除其他煤田的23个样品。

#### 4.1.3.6　硒

中国不同省区煤中硒的含量总结在表4.14中。

**表4.14　中国不同省区煤中硒的含量分布**　（单位：mg/kg）

| | 最小值 | 最大值 | 平均值 | 标准偏差 | 样品数量 |
|---|---|---|---|---|---|
| 新疆 | 0.02 | 0.69 | 0.17 | 0.11 | 54 |
| 内蒙古 | 0.062 | | 0.89 | 2.35 | 217 |
| 辽宁 | 0.35 | 1.8 | 0.98 | 0.42 | 28 |
| 陕西 | 0.27 | 8.41 | 2.81 | 2.28 | 48 |
| 神府 | 0.02 | 13.2 | 0.26 | 0.84 | 717 |
| 山东 | 1.00 | 5.20 | 3.06 | 1.32 | 13 |
| 湖南 | 0.7 | 11.2 | 3.2 | | 10 |
| 四川 | | | 3.29 | 1.25 | 88 |
| 云南 | 0.04 | 8.6 | 3.34 | 2.07 | 55 |
| 贵州 | 0.10 | 19.60 | 3.77 | 1.89 | 208 |
| 吉林 | 0.31 | 8.56 | 4.22 | 2.37 | 56 |
| 山西 | 0.12 | 12.2 | 4.34 | 1.23 | 93 |
| 河南 | 0.37 | 12.2 | 5.06 | 1.78 | 20 |
| 重庆 | 0.10 | 88.30 | 5.73 | 12.22 | 56 |
| 江苏 | 4.10 | 12.2 | 8.30 | 2.71 | 10 |
| 安徽 | 1.60 | 22.2 | 9.11 | 2.92 | 66 |
| 湖北 | 0.11 | 347 | 9.71 | 3.27 | 549 |
| 平均 | | | 3.91 | 2.88 | 2288 |

在全部的2288个样品当中，991个样品煤中硒的含量低于1.0 mg/kg，564个样品硒的

含量高于7.0 mg/kg。由表4.14可以看出,中国不同地区煤中硒的含量呈现差异性分布,本次研究以2 mg/kg和5 mg/kg作为分界点,将不同地区煤按照硒含量分为3个等级:高硒地区(煤中硒平均值高于5 mg/kg),包括湖北、安徽、江苏、河南以及重庆;中硒地区(煤中硒平均值范围为2～5 mg/kg),包括贵州、吉林、陕西、四川、云南、山东、山西和湖南等地区;低硒地区(煤中硒平均值低于2 mg/kg),包括内蒙古、辽宁和新疆等地。高硒地区集中在华中偏东部,中硒地区分布在高硒区的四周,而低硒地区分布在华北边缘省份。

硒在煤的利用尤其是燃烧过程中极易释放到环境当中,煤中硒含量较高的区域应引起足够的重视。

湖北省549个煤样中硒的算术均值达到9.71 mg/kg,在所有地区之中最高。湖北省地处我国中部,长江中游,东临安徽,西靠重庆,南邻江西,北接河南。2008年年底,湖北省煤矿数量达456座,分布在全省8个主要的产煤市。主要煤田有大冶含煤区、蒲圻(赤壁)含煤区、松(滋)宜(都)煤田、拂归煤田以及长阳含煤区等。本省沉积地层完备,地质构造较为复杂,岩浆活动非常频繁。湖北省已探明煤炭储量约$12\times10^8$ t,属于煤田资源较为贫乏的省份。煤质一般高硫,主要为二叠、三叠和侏罗纪三个时代的煤层。石煤是本区内的特殊煤种,灰分一般在60%～80%,发热量在2500 cal/g以下,主要分布寒武系下统以及志留纪。由于石煤中富硒,其曾成为众多学者研究的热点。杨光圻[395]人曾测得本省恩施地区石煤样品中硒含量甚至高达84123 mg/kg。本实验组测试了129个恩施石煤样品,硒含量范围从5.9～1213.3 mg/kg不等,算数均值为103.2 mg/kg。[504]本次所统计的湖北省549份样品中,硒含量的范围为0.11～347 mg/kg,存在低硒的煤样,而高硒样品硒含量之高在全国均属罕见。

安徽省地处我国东南,湖北省东侧,全省面积约139000 $km^2$,其中含煤面积达18000 $km^2$,主要赋煤地层为晚古生代二叠纪。现已探明1000 m以上煤炭资源储量约$481\times10^8$ t,其中98%集中在淮南、淮北两大赋煤区域。煤炭资源较丰富,煤类齐全,两淮已在2008年建成国家级亿吨煤炭基地。截至2011年底,全省有各类煤矿147座,设计能力为$1.5836\times10^8$ t。

晚古生代至中生代期间的印支运动与燕山早期运动均表现为较强烈的褶皱、逆冲和逆掩断裂以及岩浆活动,对成煤期后煤系的空间赋存状态改造明显,破坏了煤盆地的完整性。[505]主控断裂决定煤田构造特征上的分区分带性与煤系空间赋存状态的差异性。由于本地区煤炭储量大,加之煤中硒的含量较高,算术均值达到9.11 mg/kg,而且主要输送到国家各地用于火力发电以及工业用煤,相对湖北煤田,更应引起足够的重视。

江苏省地处黄淮平原和长江三角洲,全省占地面积约109000 $km^2$,其中含煤地层占2540 $km^2$,煤炭资源集中分布在西北部的徐州煤田,南部较少,中部没有分布。徐州煤田由贾汪、九里山两处赋煤盆地组成,有十几个大型煤矿和数十个中小型煤矿。徐州煤田属华北晚古生代聚煤凹陷的一部分,在大地构造上位于华北地台的东南缘,主要含煤地层为太原组、山西组和下石河子组,共含煤12～30层,常见为24层。[506]1991年探明储量为$47788.6\times10^4$ t,预测储量$50\times10^8$ t以上。

#### 4.1.3.7 锡

表4.15以中国各省级行政区划为单位,对国内外已发表的文献中关于中国主要煤矿中锡含量做出了统计。如表4.15所示,其中广西煤中锡含量要远远高于其他省的煤,为

10.46 mg/kg；而与此相对，新疆和甘肃煤中锡含量仅为 0.49 mg/kg 和 0.40 mg/kg，是全国各省中最贫锡的煤。按照煤中锡含量的高低，中国各省由高到低排序依次为广西、安徽、贵州、江西、河北、山西、四川（包括重庆）、内蒙古、云南、陕西、山东、湖北、辽宁、新疆、甘肃。根据上述结果可知，锡在我国煤田的空间分布表现为南部高，逐渐向东北部递减，西北部极低的特点。

**表 4.15　中国煤中锡含量分省统计结果**

| | 煤中锡含量(mg/kg) | 样品数量 | 煤储量（万吨） | 参考文献 |
|---|---|---|---|---|
| 广西 | 10.46 | 31 | 2.08 | [507] |
| 安徽 | 6.01 | 539 | 80.38 | [176] |
| 贵州 | 4.66 | 297 | 69.39 | [120,122,126,128,134,182,489,492,493] |
| 江西 | 4.38 | 45 | 4.11 | [250,493] |
| 河北 | 3.64 | 48 | 39.51 | [491,492] |
| 山西 | 3.39 | 53 | 908.42 | [491,492] |
| 四川（包括重庆） | 3.35 | 41 | 74.38 | [116,191,437,508] |
| 内蒙古 | 2.71 | 162 | 401.66 | [102,103,105,134,509,510] |
| 云南 | 2.69 | 29 | 59.09 | [437] |
| 陕西 | 2.42 | 31 | 108.99 | [183,509] |
| 山东 | 2.40 | 148 | 79.73 | [299,510] |
| 湖北 | 2.10 | 31 | 3.25 | [444] |
| 辽宁 | 1.64 | 42 | 31.92 | [109,143] |
| 新疆 | 0.49 | 125 | 152.47 | [511,512] |
| 甘肃 | 0.40 | 11 | 34.08 | [513] |

#### 4.1.3.8　铀

中国不同地区煤中铀的分布差异很大。云南、广西和湖南煤中的铀富集程度最高。其次是四川、重庆、贵州、湖北、湖南、浙江等省份。总体上呈现南高北低的分布趋势。

#### 4.1.3.9　钒

中国不同地区煤中钒含量差异很大。来自不同省份的煤样品中钒的平均含量列于表 4.16 中。宁夏、新疆、北京煤中的钒贫乏，湖南、广西、贵州、江西、重庆、云南和湖北煤中的钒丰富。在宏观方面，中国南部的煤比中国北部的煤中钒含量多。

**表 4.16　中国各省区煤中钒的丰度**

| | 样本数 | 最小值 (mg/kg) | 最大值 (mg/kg) | 算术平均数 (mg/kg) | 煤炭储量 (100 Mt) | 参考文献 |
|---|---|---|---|---|---|---|
| 河北 | 63 | 4.22 | 333.2 | 43.73 | 40.97 | [514,492] |
| 山西 | 183 | 3.18 | 107 | 21.8 | 920.9 | [515, 516, 176, 514, 517,518,491,113] |
| 山东 | 58 | 2.53 | 284 | 53.58 | 77.22 | [299,480,187,514] |
| 江苏 | 10 | 23 | 46 | 30.05 | 10.71 | [418,514,519] |
| 安徽 | 1098 | 0.65 | 340 | 25.2 | 83.96 | [520, 448, 521, 180, 481,514] |
| 浙江 | 2 | 34.5 | 70 | 52.25 | 0.43 | [522,418] |
| 江西 | 84 | 4 | 117 | 76.23 | 3.43 | [250,514] |
| 湖南 | 31 | 3.6 | 751 | 167.9 | 6.68 | [442,514,462] |
| 广西 | 64 | 11 | 1405 | 161.7 | 2.27 | [117,118,514,524] |
| 贵州 | 307 | 13 | 574 | 109.9 | 93.98 | [2, 113, 120, 122, 126, 141,489,514,523,525] |
| 陕西 | 76 | 4.9 | 223 | 63.4 | 95.48 | [514,352] |
| 内蒙古 | 169 | 1 | 267 | 29.21 | 490 | [103,104,105,514,526] |
| 辽宁 | 54 | 14.3 | 153 | 38.04 | 27.57 | [108,159,514,527] |
| 宁夏 | 12 | 1.35 | 28 | 11.53 | 38.04 | [516,514] |
| 吉林 | 61 | 18.27 | 150.7 | 65.21 | 9.71 | [514,377] |
| 云南 | 58 | 11 | 621 | 170.3 | 59.47 | [104,129,514,265,443] |
| 重庆 | 55 | 13 | 552 | 95.86 | 18.03 | [409,508,514,528] |
| 四川 | 47 | 16.9 | 195 | 76.01 | 54.1 | [191,441,514] |
| 新疆 | 363 | 1 | 147 | 15.21 | 158 | [114,352,512,514] |
| 湖北 | 34 | 24 | 301 | 84 | 3.19 | [444,448,514] |
| 广东 | 3 | 13 | 37.6 | 13 | 0.23 | [418,514] |
| 福建 | 6 | 19.1 | 54.8 | 30.8 | 4.22 | [418,514] |
| 北京 | 2 | 11 | 11 | 11 | 3.75 | [418,514] |
| 甘肃 | 8 | 13.8 | 34 | 26.75 | 32.86 | [418,514] |
| 黑龙江 | 22 | 13 | 181 | 50.64 | 62.12 | [418,514] |
| 西藏 | 32 | 6.81 | 107.9 | 43.79 | 0.12 | Fu et al. (2013) |
| 河南 | 37 | 7 | 148 | 65.51 | 86.49 | [418,514] |
| 青海 | 1 | 19.9 | 19.9 | 19.9 | 11.82 | [514] |
| 中国 | 2940 | 0.65 | 1405 | 46.81[a]<br>35.81[b]<br>45±5.28[c] | 2396 | |

[a]算术平均值；[b]储备加权平均数；[c]Me±δMe(Me，中位数)；$\delta Me=(Q_3-Q_1)/2\sqrt{n}$，$n$ 为样本数，$Q_1$ 和 $Q_3$ 为频率分布的第一和第三四分位数[171]。

## 4.1.4　成煤时代与煤中微量元素

早石炭世、晚石炭世、早二叠世、晚二叠世、晚三叠世、早中侏罗世、早白垩世及第三纪是我国8个主要聚煤期，这8个聚煤期与全球主要聚煤期具有较好的一致性。根据现代煤地质学的研究，中国的主要煤田主要形成于5个地质历史时期。

首先为石炭纪-早二叠纪，该时代煤在我国北方有相当广泛的分布，遍布华北、西北，以及中南、华东区北部。其主要产煤地层为本溪组和太原组以及早二叠世广泛沉积的下石盒子组和上石盒子组。

其次为晚二叠纪成煤时期，这一时期形成的煤层主要在我国秦岭-大别山一线以南，这一时期形成的煤具有最高的经济价值，其重要性可以与华北的石炭-二叠纪煤层相媲美。主要煤田分布在福建、湖南、广西、重庆、四川和贵州地区。这一时期，我国南方地壳层缓慢下降，陆地面积缩小，最终在晚二叠世晚期成为统一海盆从而接受沉积。

晚三叠纪含煤建造分布广泛，但大多数建造中的煤层不十分发育，仅在局部地区富集，如今天的川滇交界以及湖南、江西、福建、广东的含煤区。

侏罗纪-白垩纪是我国最主要的一个成煤期。这一时期的含煤建造以我国西北地区最为重要。这一时期的主要含煤地层有延安组、西山窑组以及新疆准格尔的八道湾组。这一时期的沉积主要以内陆湖泊盆地沉积为主，由于在该古地形下，煤层主要在盆地边缘区，形成巨厚煤层，因此成就了现在西北地区丰富的煤炭资源。

第三纪是我国最后一个比较集中的成煤期，这一时期含煤地层出露比较零散，但分布范围广泛。主要形成于云南，其次在两广、东北和山东的胶东地区也有一些煤田形成。

据全国第三次煤田预测成果[529]，全国已经发现的煤炭资源(已经查证资源和找煤资源量)总量为10176×$10^8$ t，但各主要聚煤期形成的煤炭资源量差别较大，石炭纪-二叠纪煤炭资源占总量的38%，晚二叠世煤炭资源占总量的7.5%，晚三叠世煤炭资源占总量的0.5%，侏罗纪煤炭资源占总量的39.6%，白垩纪煤炭资源占总量的12.1%，第三纪煤炭资源占总量的2.3%。

### 4.1.4.1　砷

我国煤中砷的分布具有较强的成煤时代特征[453]，在不同的地质时期生成的煤中砷含量具有较大的差异。表4.17统计了中国主要产煤地质时期的煤中砷含量和分布，由该表可知三叠纪煤中砷含量最高，平均含量达11.07 mg/kg，之后分别是第三纪(7.24 mg/kg)和侏罗纪(6.3 mg/kg)(图4.5)。石炭纪和二叠纪煤中砷平均含量均低于5 mg/kg。[453-454,494]除了侏罗纪晚期煤中砷含量较早期和中期含量较大以外，在各地质时期早中晚期形成的煤中砷含量的差异性不大。郑刘根等[455]也发现了相似的规律，即砷在不同成煤时代生成的煤中含量顺序为三叠纪(11.1 mg/kg)＞第三纪(10.5 mg/kg)＞侏罗纪、石炭纪、二叠纪(小于5 mg/kg)。因此，在开采和利用煤炭尤其是三叠纪和第三纪煤炭的过程中，应对煤炭和飞灰等的砷释放应加以特别的关注。

**表 4.17 不同成煤时代的煤中砷的含量** (单位:mg/kg)

| 成煤时代 | 王明仕等,2006 | | 崔凤海等,1998 | | Fu et al.,2013 | | 本研究 | |
|---|---|---|---|---|---|---|---|---|
| | 平均含量 | 样本量 | 平均含量 | 样本量 | 平均含量 | 样本量 | 平均含量 | 样本量 |
| 石炭纪 | | | | | | | 3.47 | 148 |
| 早石炭纪 | 5.83 | 2 | 4.2 | 33 | | | 4.29 | 35 |
| 中石炭纪 | | 1 | | | | | 5.68 | 1 |
| 晚石炭纪 | 5.39 | 57 | 1.3 | 65 | | | 3.21 | 122 |
| 二叠纪 | | | | | | | 3.04 | 509 |
| 早二叠纪 | 4.2 | 85 | 2.1 | 249 | | | 2.63 | 334 |
| 晚二叠纪 | 6.5 | 58 | 2.5 | 117 | | | 3.83 | 175 |
| 三叠纪 | | | | | | | 11.07 | 195 |
| 早三叠纪 | | | 12.5 | 42 | | | 12.5 | 42 |
| 晚三叠纪 | 8.6 | 11 | 8.4 | 112 | 20.1 | 30 | 10.68 | 153 |
| 侏罗纪 | | | | | | | 6.3 | 453 |
| 早侏罗纪 | 11 | 13 | 1.3 | 58 | | | 3.08 | 71 |
| 中侏罗纪 | 6.9 | 34 | 2.83 | 86 | | | 3.98 | 120 |
| 晚侏罗纪 | 8.6 | 22 | 8.2 | 240 | | | 8.23 | 262 |
| 第三纪 | 13 | 14 | 2.2 | 16 | | | 7.24 | 30 |

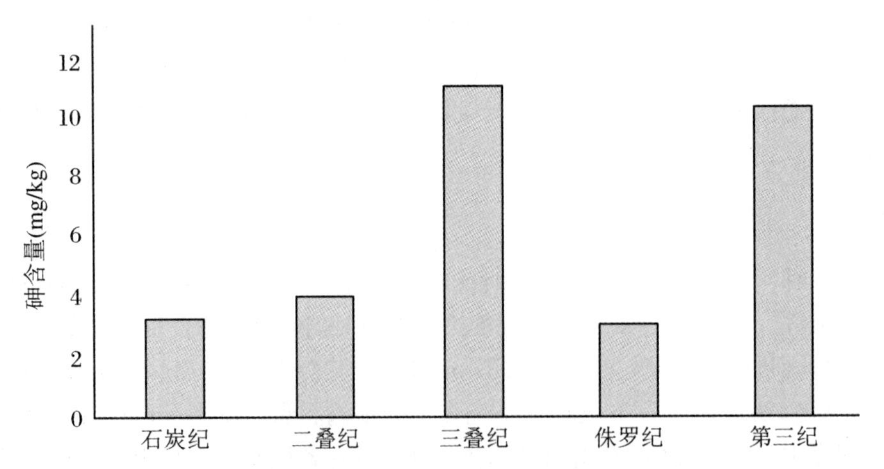


**图 4.5 中国不同成煤时期煤中砷的含量**

西南地区的高砷煤一直是人们关注的重点。因此将西南地区(贵州、四川、云南三省)不同成煤地质时期的煤中砷的含量单独列出统计,统计结果如图 4.6 所示。由结果可见,该地区不同成煤时代的煤中砷的含量均高于全国范围内的平均含量,以第三纪煤最为明显。第三纪、寒武纪和志留纪煤层中砷的含量普遍高于煤中砷含量分级标准中的四级标准

25 mg/kg，因而需要加以特别地注意以保证环境洁净和人体健康。砷在这些地质时期煤层中平均含量顺序为第三纪＞寒武纪＞志留纪＞晚三叠纪＞晚二叠纪＞早二叠纪＞早侏罗纪＞早石炭纪。该顺序与全国煤中整体含量趋势一致。

Zhang[127]曾提出，黔西南地区三叠系煤层中砷的含量要高于晚二叠纪。也有报道称中国中生代和新生代煤通常比晚古生代煤中砷含量更高，其中早三叠纪生成的煤具有最高的平均含量(12.5 mg/kg)。[453]李大华等[530]曾报道砷在早古生代石煤中砷的含量要远高于晚二叠纪和晚三叠纪。

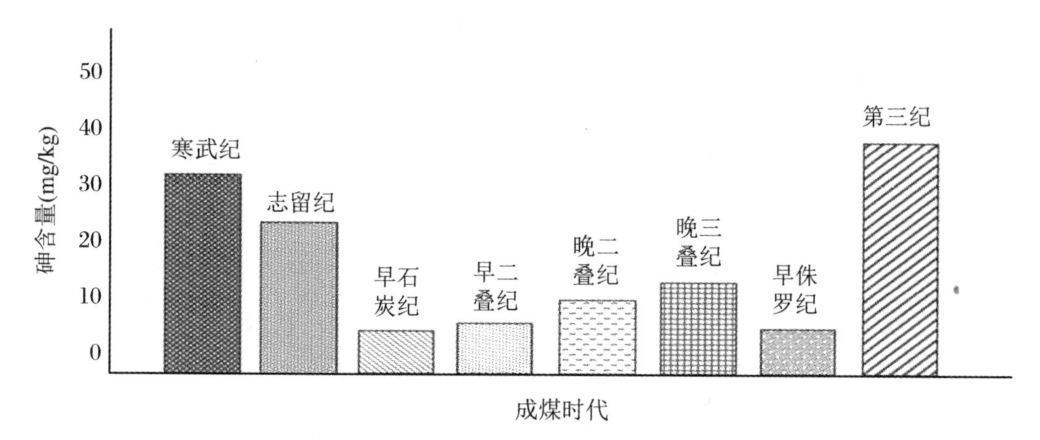


**图 4.6　我国西南地区不同成煤时代的煤中砷含量**

**表 4.18　不同省区中二叠纪煤中砷的含量**　（单位：mg/kg）

| | 算术平均值 | 含量范围 | 样本量 |
|---|---|---|---|
| 山西 | 1.50 | 0.1.3.2 | 60 |
| 陕西 | 1.19 | 0.60～2.21 | 23 |
| 山东 | 1.53 | 0.40～3.50 | 9 |
| 河南 | 0.99 | 0.34～1.94 | 11 |
| 安徽 | 3.41 | 0.80～19.40 | 45 |
| 江苏 | 1.00 | 0.40～5.20 | 6 |
| 湖南 | 7.77 | 0.8～47.9 | 28 |
| 广西 | 3.36 | n.d. | 1 |
| 四川 | 20.60 | 810～25.00 | 6 |
| 重庆 | 3.07 | 0.77～12.25 | 8 |
| 贵州 | 326.09 | 0.15～35037.00 | 273 |

数据参考来源于[195,283,513]。n.d.表示无数据。

除了由煤化作用、成岩作用等成因导致的砷含量不同，最主要的原因应该是在这些地质时期的成煤植物不同。一个最简单的例子即是早古生代的煤炭是海相成因，煤炭的主要来源由海藻和其他低等海洋植物组成，而晚二叠纪和三叠纪的成煤植物则是高等陆生植物。海洋植物和藻类具有较强的富集微量元素的功能[530]，而海相沉积环境下生成的煤本身就有

利于砷的富集。[277,456,532]

为了对同一期煤的横向分布做比较，本次研究将11个省份的二叠纪煤炭中砷的含量进行统计，如表4.18所示。砷在同一地质时期的煤中含量也不尽相同。在南部省份（湖南、广西、四川、重庆和贵州）二叠系煤中砷的含量明显高于北部省份（山西、陕西、山东和河南，多数小于4 mg/kg）中砷的含量。因此，在成煤的长期地质历史过程中，成煤植物等不是仅有的决定砷含量的条件。任德贻[277,456]和Dai[276]曾指出，西南地区的聚煤盆地由广泛发育的断层控制。热液活动很可能是该地区煤中砷显著升高的原因，并且可能影响到该地区所有成煤时期的煤中砷含量。而陈萍等[283]认为，该地区煤中砷的含量由大型地质构造断层控制，高砷煤主要沿背斜轴向平行分布。另外，值得注意的是虽然西南地区煤中砷含量相对于全国范围内砷含量普遍偏高，但是含量范围跨度很大。总之，西南地区高砷煤的形成由一系列地质过程，如地质构造断层和热液等共同作用而成。

#### 4.1.4.2 锑

各时代煤中锑含量的算术平均值差别很大。据赵峰华研究，锑在新生代煤中含量最高，为1.37 mg/kg；在中生代和晚古生代煤中含量相近，约为0.60 mg/kg；就新生代而言，晚第三纪煤中锑高于早第三纪煤；就中生代而言，晚三叠世煤中锑较高；就晚古生代而言，晚二叠世煤中锑较高。王运泉[533-534]从华南二叠纪煤和中生代煤里检测到锑含量为11.6 mg/kg和13.6 mg/kg；唐书恒[436]统计得到，华南晚三叠世的锑平均含量居全国之首，为22.48 mg/kg。据任德贻统计，中国晚三叠世煤中锑含量为3.62 mg/kg，晚二叠世煤中锑含量为1.67 mg/kg，晚侏罗世-早白垩世煤中锑含量为1.38 mg/kg高于全国均值0.95 mg/kg，古近纪-新近纪煤中锑含量（1.03 mg/kg）接近全国均值，而石炭二叠世锑含量0.68 mg/kg以及早、中侏罗世煤中锑含量（0.61 mg/kg）低于全国均值。

根据成煤时代的特点和不同研究者在文献中发表的样品的年代特征，将我们收集的899个样品主要分为石炭纪（C）、石炭纪-二叠纪（C-P）、晚二叠纪（$P_2$）、晚三叠纪（$T_3$）、早中侏罗纪（$J_{1-2}$）、晚侏罗纪-早白垩纪（$J_3$-$K_1$）以及新生纪（E-N）7个时期，以分析不同成煤时代煤中锑的变化规律。分析结果见表4.19和图4.7。统计得出晚古生代中的晚二叠纪煤中锑的平均含量最高，为7.64 mg/kg，其次为中生代的早中侏罗纪，为4.39 mg/kg，两者均高于本次统计的锑在全国煤中的均值（3.68 mg/kg）；其余均低于全国煤均值。早古生代的石炭纪煤中锑含量最低，其次为晚中生代的晚侏罗纪-早白垩纪，新生代煤中锑的含量处于中间水平。整体呈现出煤层由老到新，煤中锑含量先增大再减小的趋势，锑在古生代的后期与中生代的早中期煤中的平均含量最高。

**表4.19 不同成煤时代煤中锑的平均含量** （单位：mg/kg）

| 成煤时代 | 样品数 | 最小值 | 最大值 | 平均值 |
|---|---|---|---|---|
| 石炭纪 C($C_3C_5C_6$) | 13 | 0.1 | 1.1 | 0.36 |
| 石炭纪-二叠纪 C-P(C-P，P，$P_1$) | 341 | 0.04 | 95.7 | 1.44 |
| 晚二叠纪($P_2$) | 348 | 0.06 | 209 | 7.64 |
| 晚三叠纪($T_3$) | 59 | 0.23 | 28.6 | 2.58 |
| 早中侏罗纪 $J_{1-2}$($J_{1-2}J_1J_2$) | 79 | 0.02 | 8.59 | 4.39 |

**续表**

| 成煤时代 | 样品数 | 最小值 | 最大值 | 平均值 |
| --- | --- | --- | --- | --- |
| 晚侏罗纪-早白垩纪 $J_3$-$K_1$ | 27 | 0.1 | 5 | 0.81 |
| 新生纪 E-N(EN) | 32 | 0.07 | 21.6 | 1.84 |

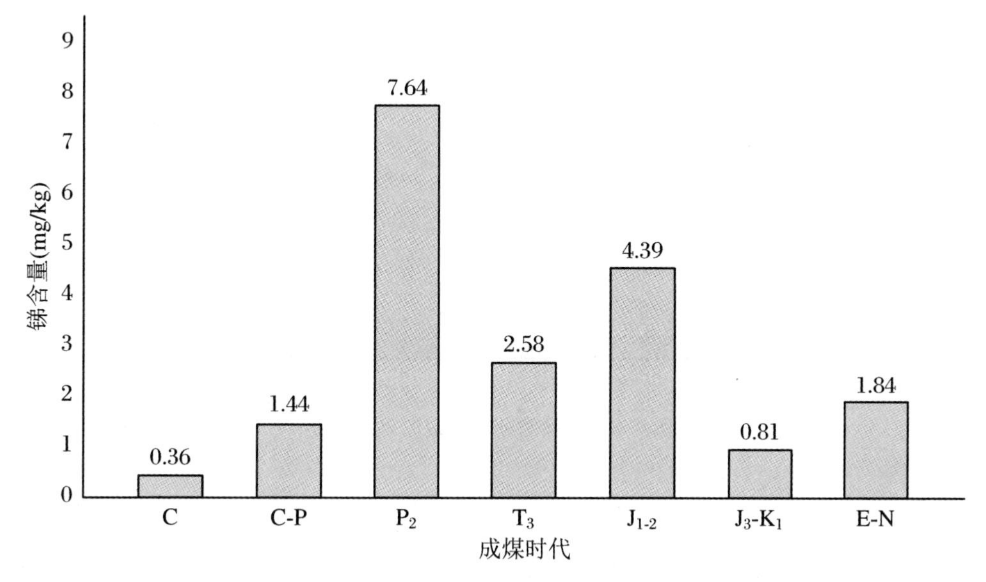


**图4.7　不同成煤时代煤中锑的含量**

### 4.1.4.3　镉

如表4.20以及图4.8所示，煤中镉的含量和成煤时代密切相关。不同成煤时代煤中镉的平均含量为晚三叠纪(0.75 mg/kg)＞晚二叠纪(0.72 mg/kg)＞古近纪-新近纪(0.39 mg/kg)＞石炭纪(0.32 mg/kg)＞晚侏罗纪-早白垩纪(0.15 mg/kg)＞早中侏罗纪(0.11 mg/kg)，此结论与Ren[418]的结论一致。根据中国第三次全国煤炭资源预测的数据，可采煤炭总量的组成结构为：晚三叠纪占0.4%，晚二叠纪占7.5%，古近纪-新近纪占2.3%，石炭纪占38.1%，早中侏罗纪占39.6%，晚侏罗纪-早白垩纪占12.1%。[535]尽管前3个成煤时代形成的煤中镉的含量较高，但是这3个成煤时代的煤炭储量很小。因此，在煤的燃烧和利用过程中，因中国煤炭资源的主要组成部分中含镉量较少所以环境镉污染的危害相对较小。

**表4.20　不同年代煤中镉的丰度**　(单位：mg/kg)

| 成煤时代 | 样本数 | 范围 | 平均值 |
| --- | --- | --- | --- |
| C-P | 1196 | bdl～6.81 | 0.32 |
| $P_2$ | 598 | bdl～14.60 | 0.72 |
| $T_3$ | 166 | bdl～3.9 | 0.75 |
| $J_{1-2}$ | 1017 | bdl～2.36 | 0.11 |
| $J_3$-$K_1$ | 59 | bdl～1.67 | 0.15 |
| E-N | 74 | 0.02～1.67 | 0.39 |

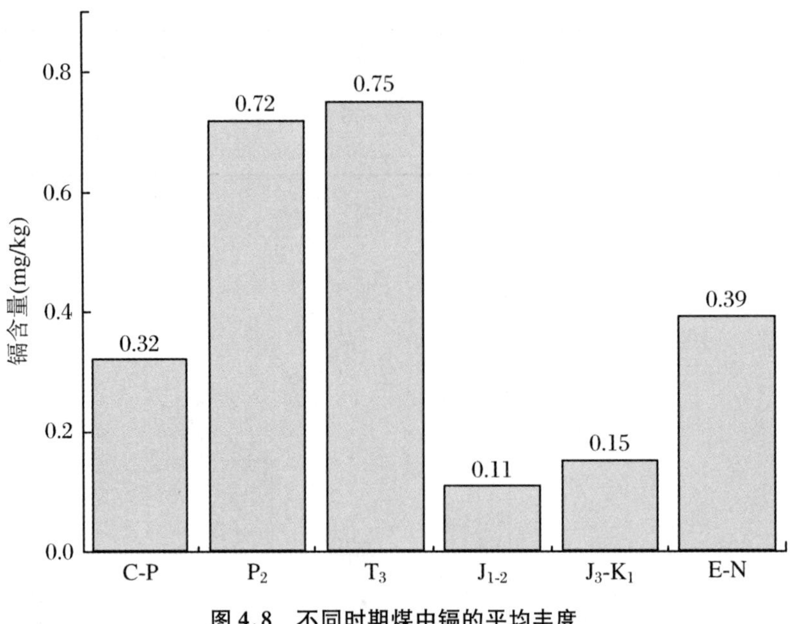


图 4.8　不同时期煤中镉的平均丰度

### 4.1.4.4　汞

根据成煤时代的特点和不同研究者在文献中发表的样品的年代特征，将本次收集的1712个样品主要分为晚泥盆纪($D_3$)、石炭-二叠纪($C\text{-}P_1$)、早二叠纪($P_1$)、晚二叠纪($P_2$)、晚三叠纪($T_3$)、早侏罗纪($J_1$)、中侏罗纪($J_2$)以及古近纪-新近纪(E-N)8个时期，以分析不同成煤时代煤中汞的变化规律。

表4.21是本次对不同成煤时代煤样品中汞的算术平均含量的统计结果。从表4.21可知：晚三叠纪($T_3$)煤中汞的平均值最高，达到1.61 mg/kg，其次为晚二叠纪($P_2$)0.67 mg/kg，这两个时期的煤大多分布在中国西南的部分地区；平均含量最低的出现在中侏罗纪($J_2$)和古近代-新近纪(E-N)煤中，平均值均为0.06 mg/kg。由于不同成煤时期沉积环境的不同，不同成煤时代煤中汞的分布存在较大的差异，其算术平均含量有以下变化趋势：中侏罗世($J_2$)=古近纪-新近纪(E-N)<早侏罗纪($J_1$)<晚泥盆纪($D_3$)<早二叠纪($P_1$)<石炭-二叠纪($C\text{-}P_1$)<晚二叠纪($P_2$)<晚三叠纪($T_3$)。

表 4.21　中国不同成煤时代煤中汞的分布　　(单位：mg/kg)

| 地质时期 | 范　围 | 算术平均值 | 标准差 | 样本数 |
|---|---|---|---|---|
| 晚泥盆纪 ($D_3$) | 0.08～0.23 | 0.17 | 0.06 | 8 |
| 石炭-二叠纪($C\text{-}P_1$) | 0.00～7.12 | 0.36 | 0.38 | 70 |
| 早二叠纪($P_1$) | 0.01～2.20 | 0.24 | 0.39 | 243 |
| 晚二叠纪 ($P_2$) | 0.01～45.0 | 0.67 | 3.49 | 402 |
| 晚三叠纪 ($T_3$) | 0.34～10.5 | 1.61 | 0.27 | 14 |
| 早侏罗纪 ($J_1$) | 0.03～0.69 | 0.16 | 0.18 | 240 |
| 中侏罗纪 ($J_2$) | 0.01～1.0 | 0.06 | 0.04 | 726 |
| 古近纪-新近纪(E-N) | 0.03～0.109 | 0.06 | 0.03 | 9 |

### 4.1.4.5 铅

本次研究中也比较了不同成煤时代煤中的铅含量。根据比较结果，铅在不同成煤时代煤中的丰度是有较大差异的。比较结果如下：$T_3$(36.07 mg/kg)＞$P_2$(27.85 mg/kg)＞C-P(24.22 mg/kg)＞E-N(22.20 mg/kg)＞$C_{1-2}$(20.91 mg/kg)＞$J_{1-2}$(13.47 mg/kg)＞$J_3$-$K_1$(10.11 mg/kg)(表4.22，图4.9)。晚三叠纪煤中的铅含量较高，而晚侏罗-早白垩纪煤中的铅含量较低。

**表4.22　不同成煤时期煤的平均铅含量**　　（单位：mg/kg）

| 成煤时代 | 本次研究 | | Bai，2003 | | Ren 等，2006 | |
|---|---|---|---|---|---|---|
| | 平均数 | 样品数 | 平均数 | 样品数 | 平均数 | 样品数 |
| 石炭纪($C_{1-2}$) | 20.91 | 81 | 21.49 | 14 | | |
| 石炭-二叠纪(C-P，P，$P_1$) | 24.22 | 2008 | 23.39 | 370 | 20.70 | 389 |
| 晚二叠纪($P_2$) | 27.85 | 576 | 19.34 | 246 | 26.95 | 169 |
| 晚三叠纪($T_3$) | 36.07 | 120 | 21.88 | 67 | 20.38 | 28 |
| 早中侏罗纪($J_1$，$J_2$，$J_{1-2}$) | 13.47 | 1135 | 11.34 | 146 | 8.76 | 769 |
| 晚侏罗纪-早白垩纪($J_3$-$K_1$) | 10.11 | 108 | 14.99 | 118 | 12.29 | 10 |
| 新生纪(E-N) | 22.20 | 41 | 18.80 | 49 | 26.21 | 28 |

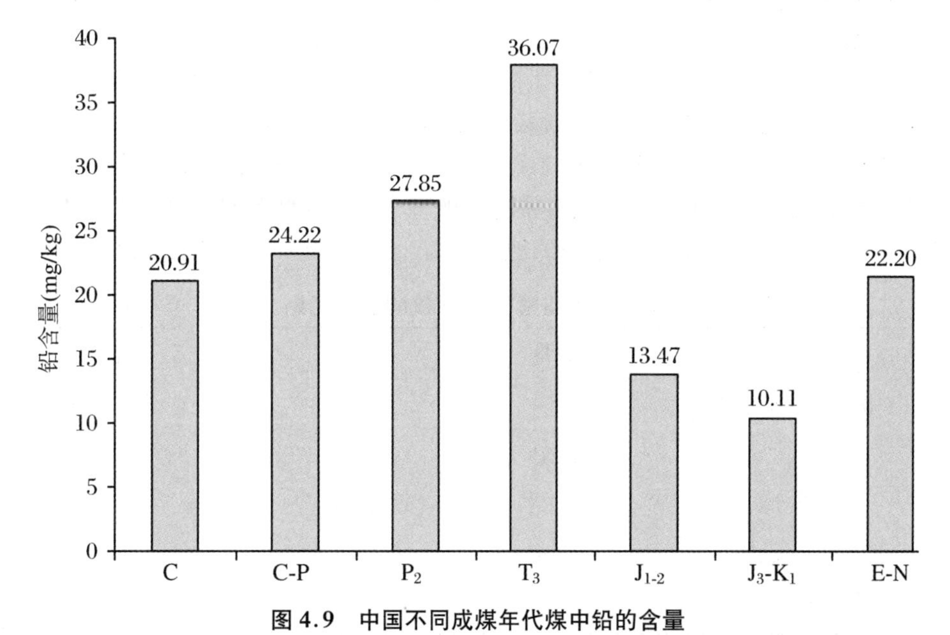


**图4.9　中国不同成煤年代煤中铅的含量**

C：石炭纪；C-P：石炭-二叠纪；$P_2$：晚二叠纪；$T_3$：晚三叠纪；$J_{1-2}$：早中侏罗纪；$J_3$-$K_1$：晚侏罗纪；E-N：新生纪。

不同成煤时代的成煤植物不同，因而对煤中的铅含量有一定影响。海洋藻类中的铅含量为2.9～40 mg/kg，木贼属植物中的平均铅含量为2.4 mg/kg，蕨类植物为2.3 mg/kg，裸子植物为0.9～13 mg/kg，被子植物为1～8 mg/kg。海洋植物对微量元素的吸收比陆地植物强。在早古生代，成煤植物主要是水生细菌海藻类，因此这个时期形成的煤具有高灰分、低热值、高铅的特点。在接下来的古生代，成煤植物主要为孢子植物，中生代成煤植物主要为裸子植物，新生代成煤植物主要为被子植物。

#### 4.1.4.6　硒

根据本次调查的2337个样品中硒元素的含量按照不同的成煤时代进行了统计，不同成煤时代煤中硒的含量分布具体如表4.23所示。

**表4.23　中国不同成煤时代煤中的硒**　（单位：mg/kg）

| 成煤时代 | 样品数 | 范围 | 算术均值 | 标准偏差 |
|---|---|---|---|---|
| 石炭纪和二叠纪(C-P) | 103 | 0.47～11.20 | 3.09 | 2.19 |
| 石炭纪(C) | 163 | 0～19.60 | 5.11 | 2.41 |
| 二叠纪(P) | 794 | 0.1～52.90 | 5.48 | 5.93 |
| 三叠纪(T) | 142 | 0～15.30 | 2.45 | 1.32 |
| 侏罗纪(J) | 927 | 0.02～13.20 | 0.31 | 1.13 |
| 侏罗纪和白垩纪(J-K) | 118 | 0～5.7 | 0.7 | 0.84 |
| 古近纪(E) | 76 | 0～12.60 | 1.57 | 2.09 |
| 新近纪(N) | 14 | 0.04～3.7 | 1.96 | 1.32 |

由统计数据可知，从总体上看，古生代煤中硒含量较中、新生代煤层要高，有较古老的煤层煤中硒含量高于较年轻煤层的规律存在。石炭纪和二叠纪煤中硒含量最高，均值达到5 mg/kg以上；侏罗纪和白垩纪煤中硒含量较低，均值低于1 mg/kg。对比美国联邦地质调查局和Chou Chen-lin[536]的资料中不同成煤时代煤中硒的分布（表4.24）可发现，美国煤同样存在石炭纪和二叠纪煤中硒含量相对较高的规律。推测这种世界范围内的一致性可能是由于石炭-二叠时期发生的某种大范围的地质活动（如火山及岩浆活动）造成的。

**表4.24　美国不同成煤时代煤中的硒**　（单位：mg/kg）

| 时期 | 数量 | 范围 | 算术均值 |
|---|---|---|---|
| 石炭纪和二叠纪(C-P) | 35 | 0.5～5.5 | 2.8 |
| 石炭纪(C) | 5254 | 0.03～150 | 3.5 |
| 盘泥纪(P) | 2 | 8.1～9.4 | 8.8 |
| 白垩纪(K) | 919 | 0.1～7.9 | 1.4 |
| 早第三纪、新近纪(E-N) | 1327 | 0.01～43 | 1.5 |

#### 4.1.4.7　锡

我们对各个成煤时期煤中锡的含量做了统计。由表4.25所示，在中国5个主要成煤时期中，以晚二叠时期煤中所含锡最多，为4.13 mg/kg，而侏罗-白垩纪时期煤中所含锡最少，仅为0.98 mg/kg。将各个成煤时期按照其煤中含锡量由高到低排列，依次为石炭-早二叠纪＞晚二叠纪＞第三纪＞晚三叠纪＞侏罗-白垩纪。

**表4.25　不同成煤时期煤中锡的含量**　（单位：mg/kg）

| 中国主要成煤时期 | 煤中锡含量 | 统计样品数 |
|---|---|---|
| 石炭-早二叠纪($C$-$P_1$) | 3.94 | 259 |
| 晚二叠纪($P_2$) | 4.13 | 986 |
| 晚三叠纪($T_3$) | 1.94 | 20 |
| 侏罗-白垩纪(J-K) | 0.98 | 263 |
| 第三纪($E_1$) | 2.46 | 35 |

### 4.1.4.8　钒

煤中钒的浓度随着成煤时期的变化而变化(图4.10，表4.26)，煤中钒算术平均值从大到小依次为晚二叠纪(115.59 mg/kg)＞古新生纪(80.38 mg/kg)＞晚三叠纪(60.78 mg/kg)＞石炭纪(31.65 mg/kg)＞石炭-二叠纪(27.93 mg/kg)＞晚侏罗-白垩纪(26.17mg/kg)＞早中侏罗纪(17.71 mg/kg)，这与煤中钒的空间分布相对应。不同时期煤中钒浓度的分布差异是由古环境、古植物、古气候、古地理和大地构造等因素在不同时期的差异性造成的。[421,458]

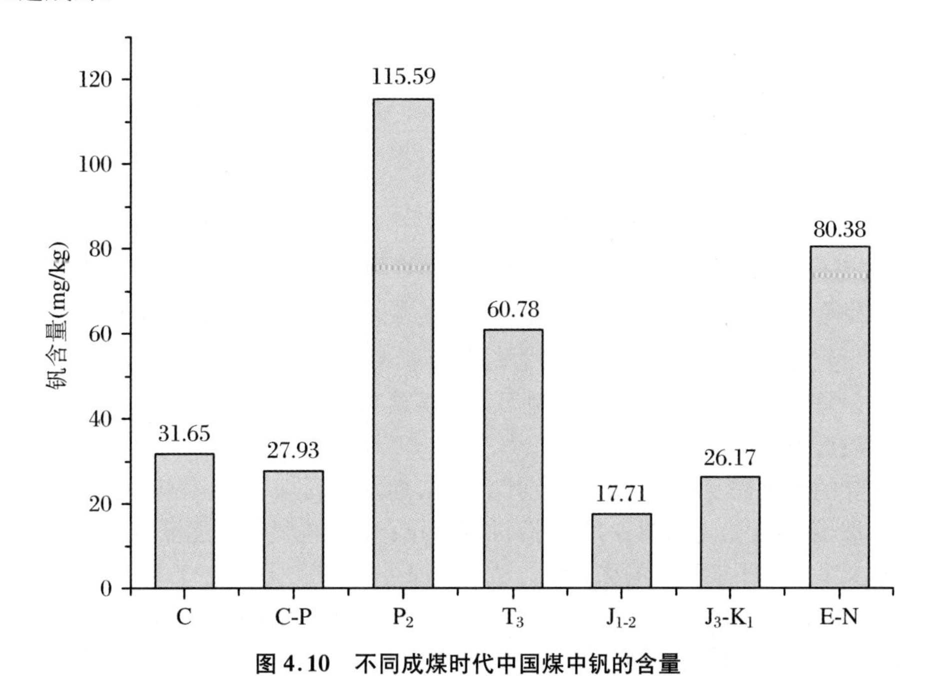


**图4.10　不同成煤时代中国煤中钒的含量**

C：石炭纪，C-P：石炭-二叠纪，$P_2$：晚二叠纪，$T_3$：晚三叠纪，$J_{1-2}$：早中侏罗纪，$J_3$-$K_1$：晚侏罗-白垩纪，E-N：新生纪。

西南煤盆地煤以高矿物含量和高微量元素含量为特征，主要是由于海侵影响了古地理环境和沉积时丰富的碎屑来源。[117,191,441]侏罗纪煤主要分布在中国北方，钒浓度最低，这是由成煤地区的古环境造成的。Li[394]报道新疆准格尔侏罗纪煤中钒含量低(18.14 mg/kg)，是由于在泥炭堆积期间，浅海沉积相的碎屑供应非常少。

表 4.26 不同年代煤中钒的丰度 (单位:mg/kg)

| 成煤时代 | 样品数 | 平均数 |
|---|---|---|
| 石炭纪($C_{1-2}$) | 113 | 31.65 |
| 石炭-二叠纪(C-P,P,$P_1$) | 1247 | 27.93 |
| 晚二叠纪($P_2$) | 557 | 115.59 |
| 晚三叠纪($T_3$) | 95 | 60.78 |
| 早中侏罗纪($J_{1-2}$,$J_1$,$J_2$) | 452 | 17.71 |
| 晚侏罗-白垩纪($J_3$-$K_1$) | 49 | 26.17 |
| 新生纪(E-N) | 31 | 80.38 |

#### 4.1.4.9 铀

云南研究区煤样的地层时代分别有石炭系万寿山组、二叠系宣威组、二叠系龙潭组与新近纪。其均值大小为石炭系万寿山组<二叠系宣威组<新生纪<二叠系龙潭组,其中新生纪铀的均值(3.82 mg/kg)接近于二叠系龙潭组(3.85 mg/kg),也有原因在于新生纪采集的煤样为一个钻孔不同深度煤样,含量相差极大,也影响了最终的均值。

在同一矿区中不同煤层中铀的分布在曲靖麒麟矿区表现为:小狮山、工庆煤矿与小黑箐煤样采自二叠系龙潭组的C15、C16、C18、C21煤层,从上至下铀的含量依次减少。而在昭通昭阳矿区,猫儿沟与复康路煤矿煤样采自石炭系万寿山组的M4与M1煤层,铀含量为上层小下层大。可见不同成煤时代的不同煤层在分布趋势上也不一样,这应该也与煤质有很大关系。

### 4.1.5 煤阶与煤中微量元素

煤级是煤变质程度的指标,工业上以镜质体最大反射率区分不同的煤级。煤的变质在化学过程上是相对低温的长期缓慢的芳香烃聚合反应。[42]根据时间累积效应,越老的煤变质程度越高。除时间影响外,其主要控制因素是煤层顶底板和岩浆热液活动等[283],属于后生区域性地质成因根据变质程度的不同。

煤级按煤的熟化程度从低到高可以分为褐煤、烟煤和无烟煤,从褐煤到无烟煤,煤的含碳量不断增加,灰分含量逐渐减少,煤中有机质大分子的结构复杂度逐渐增加。石煤和天然焦从严格意义上来说不能真正的称为煤。从不同煤类的特征来看,烟煤的最大特点是低灰、低硫,呈灰黑至黑色,粉末从棕色到黑色。光泽较强,沥青、油脂、玻璃、金属、金刚等光泽均有,具明显的条带状、凸镜状构造。不含游离的腐殖酸;大多数具有黏结性;发热量较高。燃烧时火焰较长而有烟。无烟煤为煤化程度最深的煤,含碳量最多,灰分不多,水分较少,发热量很高,可达25000~32500 kJ/kg,挥发分释出温度较高,其焦炭没有黏着性,着火和燃尽均比较困难,燃烧时无烟,火焰呈青蓝色。天然焦呈致密块状,灰黑色至钢灰色,光泽暗淡,坚硬,比重大。常具六方柱状节理。裂隙和气孔中充填较多矿物,主要为碳酸盐。天然焦有独特的显微特征。当煤受热温度达300~500 ℃时,气体大量析出而形成气孔,生成中间相小球体。

从分子结构模型来看，低煤级的褐煤、亚烟煤的大分子结构由很少的环和较多的侧链与官能团组成。进入烟煤后环数缓慢增多，芳核增大，侧链与官能团减少，尤其是含氧官能团。高煤级无烟煤芳核逐渐增大，结构逐渐有序化，趋于石墨结构。

#### 4.1.5.1　砷

不同煤级煤中砷的含量也很不均衡(表 4.27，图 4.11)，据统计[283]，石煤含有最高的砷含量(15～2820 mg/kg)，其次是褐煤(0.3～670 mg/kg)、烟煤(0.5～176 mg/kg)和无烟煤(0.7～31 mg/kg)，大多数无烟煤中砷含量小于 10 mg/kg。西南地区的褐煤和石煤中砷的含量要远高于烟煤中砷的含量(图 4.11)。李大华等[530]也得出类似的研究结果。

**表 4.27　不同煤级煤中砷的含量**　(单位：mg/kg)

| 煤级 | 泥煤 | 褐煤 | 烟煤 | 无烟煤 | 石煤 |
| --- | --- | --- | --- | --- | --- |
| 砷含量 | 3～32.3 | 0.3～670 | 0.5～176 | 0.7～31 | 15～2820 |

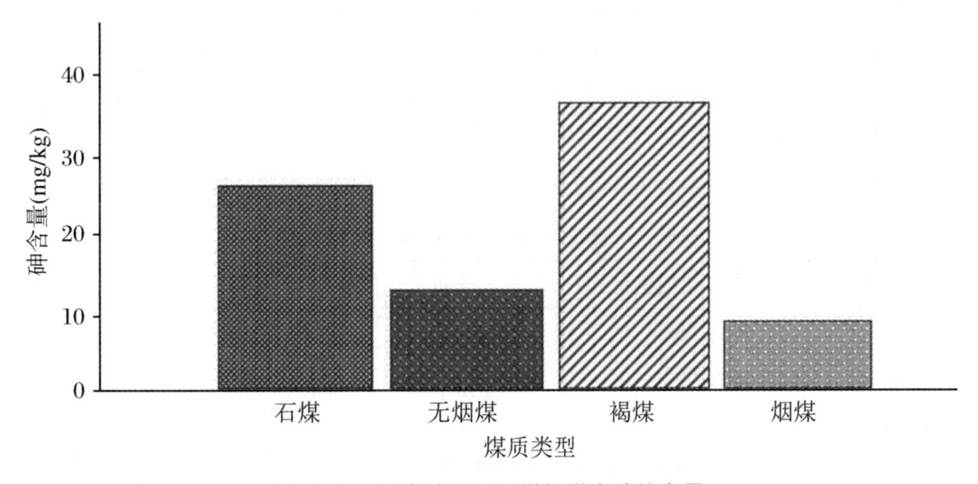


**图 4.11　西南地区不同煤级煤中砷的含量**

因为煤化作用是长期的多环芳烃聚合过程，而低阶煤中的有机质可以很容易与微量元素结合。在烟煤后期煤化作用中，由于芳香烃的聚合作用，煤中有机质结合微量元素离子的能力逐渐减弱。所以在一系列变质作用的影响下，砷可以很容易地赋存在低阶煤中。[454]但由于中国地质构造条件相对复杂，在多种变质作用叠加的影响下，煤级变化更加复杂，因此讨论煤级与砷的关系时应密切注意其他变质作用类型。

#### 4.1.5.2　镉

煤中镉的平均含量也会随着煤级的不同而变化。比如世界范围内的烟煤和无烟煤中镉的平均含量分别为(0.30±0.20) mg/kg 和(0.60±0.30) mg/kg。[537] Bouska[430]通过在全球尺度上对 2370 个褐煤样品的分析计算得出褐煤中镉的平均值为 0.20 mg/kg。本研究通过对 2434 个样品(排除 676 个来自没有煤级信息的样本数据；表 4.28)的分析显示，不同煤级中的镉的含量分布各不相同：褐煤为 0.40 mg/kg($n=75$)，烟煤为 0.31 mg/kg($n=2240$)，无烟煤为 0.63 mg/kg($n=119$)。褐煤和无烟煤中镉的含量均高于世界煤中镉的含量，可归因于云南、贵州、江西和山西的煤中镉的高度富集。

表 4.28 不同煤级煤中镉的丰度 (单位:mg/kg)

| 煤级 | $n$ | 范围 | 平均值 |
|---|---|---|---|
| 褐煤 | 75 | 0.01～2.5 | 0.40 |
| 烟煤 | 2240 | bdl～14.60 | 0.31 |
| 无烟煤 | 119 | bdl～10.2 | 0.63 |

### 4.1.5.3 汞

本次调研收集的1637个煤中汞的数据中,仅有1191个煤样品作者在报道中说明了其煤类,而其余的446个样品的煤类在报道中没有明确给出,故本次的统计分析过程中仅采用了给出煤级的1191个煤样品中汞的数据,同时结合研究者本人采集的75个不同煤类煤样品中汞的测试结果,对能够确定煤类的1266煤样品进行了分类,并对不同煤类煤中汞的含范围和算术平均值含量进行了计算,计算结果如表4.29所示。

从表4.29的计算结果可知:褐煤(0.09 mg/kg)<烟煤(0.3 mg/kg)<焦煤(0.54 mg/kg),随着煤变质程度的增高,煤中汞的含量有增加的趋势。在上述结果中,无烟煤中平均值高达0.84 mg/kg,可能是随着煤变质程度的增高,其微裂隙发育,挥发性的汞会吸附在其中,造成含量较高。当然,煤中汞的富集受多种因素影响,煤化程度只是其中影响因素之一,煤形成过程中以及成煤后期的沉积环境、构造因素等也决定着煤中汞浓度的高低。[456,538-541]

表 4.29 中国不同种类煤中汞的含量分布 (单位:mg/kg)

| 地质时期 | 范围 | 算术平均值 | 标准差 | 样本数 |
|---|---|---|---|---|
| 石煤 | 0.08～0.23 | 0.17 | 0.06 | 8 |
| 褐煤 | 0.02～2.42 | 0.09 | 0.36 | 903 |
| 烟煤 | 0.05～1.76 | 0.3 | 0.31 | 138 |
| 无烟煤 | 0.07～45.0 | 0.84 | 4.26 | 217 |
| 焦煤 | 0.14～0.79 | 0.54 | 0.20 | 17 |

### 4.1.5.4 铅

Юдович 和 Кетрис[542] 统计了世界烟煤和无烟煤中铅含量的算术均值为(9.0±0.9) mg/kg。Bouška 和 Pešek[459] 统计了世界 4621 个褐煤样品,铅的算术均值为11.18 mg/kg。Dai[134]研究了中国云南省的中泥盆纪煤,铅含量较高,均值高达162 mg/kg。在本次研究中,不同煤级中的铅含量随着煤级的升高而增高(表4.30):褐煤<烟煤<无烟煤。此研究结果与Xu的研究结果一致,煤中铅含量与镜质组反射率呈明显正相关。

表 4.30 不同煤级煤中铅的平均含量 (单位:mg/kg)

| 煤级 | 算术平均值 | 样本数 |
|---|---|---|
| 褐煤 | 17.77 | 59 |
| 烟煤 | 21.47 | 2657 |
| 无烟煤 | 23.80 | 132 |

### 4.1.5.5　锑

目前为止，关于不同煤中锑的含量研究和报道较少。Bouska 和 Pesek[430]统计世界 2294 个褐煤样品中锑的算术均值为 0.80 mg/kg，中间值为 0.15～1.46 mg/kg，极大值为 21.6 mg/kg。[542]世界烟煤和无烟煤中锑含量平均值为(1.0±0.11) mg/kg。冯新斌等[471]研究发现贵州煤田不同煤种原煤中锑的含量整体水平排序为无烟煤＞气煤＞瘦煤＞焦煤＞肥煤＞贫煤。将本次调研统计的所有 1458 个样品数据中的 314 个样品明确归为褐煤、烟煤和无烟煤，统计资料见表 4.31。如结果显示锑在不同煤种煤中的含量为无烟煤＞褐煤＞烟煤，其中无烟煤和褐煤分别包含了来自贵州和内蒙古的异常高锑煤。中国烟煤中锑的含量普遍较低。煤中锑的富集受多种因素影响，煤化程度只是其中影响因素之一，成煤植物及成煤后期的沉积环境、构造因素等也会影响煤中锑的含量高低。

**表 4.31　中国不同煤中锡的含量资料统计**　(单位：mg/kg)

| 煤种 | 样品数 | 平均值(范围) | 来源 |
|---|---|---|---|
| 褐煤 | 3 | 0.46(0.39～0.59) | [529] |
| | 7 | 0.28(0.19～0.41) | [277] |
| | 1 | 5.78 | [437] |
| | 3 | 0.28(0.07～0.52) | |
| | 42 | 2.31～348 | [207] |
| | 共计：56 | 58.10(0.19～348) | |
| 烟煤 | 2 | 4.4(1.7～7.10) | [437] |
| | 9 | 0.3(0.1～07) | |
| | 5 | 1.1(0.7～1.7) | |
| | 6 | 07(0.3～1.6) | |
| | 8 | 0.57(0.14～1.5) | [529] |
| | 4 | 0.36(0.09～0.75) | [437] |
| | 8 | 1.11(0～7.84) | [492] |
| | 8 | 0.47，11.56，0.16，1.75，0.78，4.25，0.11，5.56 | |
| | 1 | 0.52 | |
| | 7 | 0.11(0.06～0.17) | |
| | 1 | 1.18 | |
| | 4 | 0.12(0.04～0.20) | [437] |
| | 4 | 0.12(0.04～0.23) | |
| | 7 | 0.34(0.08～0.53) | |
| | 1 | 0.3 | |
| | 1 | 0.7 | |

续表

| 煤种 | 样品数 | 平均值(范围) | 来源 |
| --- | --- | --- | --- |
| | 2 | 0.28(0.27～0.29) | |
| | 10 | 0.4(0.08～2.6) | |
| | 1 | 0.3 | |
| | 1 | 0.6 | |
| | 5 | 0.2(0.2～03) | |
| | 3 | 0.82(0.67～1.0) | [543,418] |
| | 13 | 1.4 | |
| | 1 | 0.47 | [543] |
| | 1 | 0.49 | |
| | 3 | 0.36,0.37,0.47 | |
| | 14 | 2.2,2.2.75,40,42.5,25,30,12.5,<br>15.3,6.3,7,6.8,13.3,21 | [471] |
| | 8 | 0.3,14.5,19.5,14,2.5,1.5,<br>22.0,23.8 | |
| | 1 | 17.3 | |
| | 3 | 0.68,0.06,1.45 | [489] |
| | 29 | 8.59 | [544] |
| 烟煤 | 6 | 0.4(0.3～0.5) | [109] |
| | 1 | 0.2 | [437] |
| | 1 | 4.5 | [545] |
| | 5 | 0.22(0.02～0.95) | [437] |
| | 4 | 0.5(0.2～0.6) | |
| | 4 | 2.2(0.69～4.47) | |
| | 2 | 0.11(0.07～0.14) | |
| | 4 | 0.23(0.12～0.4) | |
| | 5 | 0.25(0.06～0.56) | |
| | 2 | 0.36(0.24～0.47) | |
| | 4 | 0.31(0.16～0.67) | |
| | 1 | 1.22 | |
| | 4 | 0.37(0.09～0.94) | |
| | 5 | 0.61(0.3～1.06) | |
| | 10 | 0.36(0.16～0.71) | |
| | 9 | 1.89(0.34～3.45) | |
| | 1 | 0.29～3.45(0～75.0) | [498] |
| | 共计：239 | | |

续表

| 煤种 | 样品数 | 平均值(范围) | 来源 |
|---|---|---|---|
| 无烟煤 | 6 | 82.3(28.7～165.00) | [44] |
| | 7 | 86.9(8.0～209.00) | |
| | 4 | 0.8(0.4～1.6) | |
| | 1 | 9.5 | |
| | 1 | 0.43 | [471] |
| | 共计:19 | 62.52(0.4～209.00) | [498] |

#### 4.1.5.6　锡

在数据搜集的基础上,以煤的变质程度为变量,对不同变质程度煤中锡的含量进行统计计算。

表4.32结果显示锡元素在烟煤与无烟煤中的含量相当,而在褐煤中的含量明显降低。即煤炭在成岩过程中锡的含量是存在一定增加的,而在煤的成熟变质阶段,煤中锡反而保持一个相对稳定的含量,不再变化。

**表4.32　锡在不同变质程度煤中的分布统计**　(单位:mg/kg)

| 煤的变质程度 | 煤中锡含量 | 样品数 |
|---|---|---|
| 褐煤 | $1.46 \pm 1.18$ | 89 |
| 烟煤 | $3.64 \pm 3.34$ | 1174 |
| 无烟煤 | $3.50 \pm 2.99$ | 382 |

#### 4.1.5.7　硒

随着变质程度的逐渐升高,煤依次呈现褐煤、烟煤、无烟煤三大类。褐煤是一种介于泥炭与沥青煤之间煤化程度最低的矿产煤,因呈现无光泽的棕黑色而得名。具有较强的化学反应性,由于易在空气风化而不易储存和远运。褐煤的含碳量范围为60%～77%,密度为1.1～1.2 g/cm$^3$,挥发分大于40%,恒湿无灰基高位发热量为23.0～27.2 MJ/kg。大部分的烟煤具有黏结性,燃烧时火焰高而有烟,因此命名为烟煤。烟煤的煤化程度高于褐煤而低于无烟煤,按照性质不同又可划分为多种煤种,如长焰煤、气煤、肥煤、焦煤、瘦煤、贫煤等。呈灰黑至黑色,不含原生腐殖酸。挥发分一般随煤化程度增高而降低,范围为10%～40%,碳含量为76%～92%,发热量为27.1～37.2 kJ/kg。我国烟煤储量丰富且用途广泛,可作为炼焦、动力、气化用煤。无烟煤为煤化程度最深的煤,灰分和水分均较少,含碳量最多,发热量可达25000～32500 kJ/kg。天然焦是煤化程度最高的无烟煤,呈致密块状,灰黑色至钢灰色,光泽较暗淡,坚硬且比重大,常具六方柱状节理。其裂隙和气孔中充填较多矿物,常见为碳酸盐矿物。

#### 4.1.5.8　铀

从煤质分析可以看出,云南研究区采集的煤样包括三种变质类型煤种:褐煤、无烟煤和焦煤，其中褐煤为一个钻孔不同深度的两个煤样 KM 与 KM-2。从元素含量结果我们用焦煤与无烟煤做了箱式分析图(图 4.12)。从图上可以看出，两种煤中，无烟煤的铀含量变化范围小于焦煤中铀的含量跨度，但两者的中位值相近，无烟煤均值(3.02 mg/kg)低于焦煤(3.78 mg/kg)。由于褐煤较少且两个煤样虽为一个钻孔不同深度采集但是含量相差巨大，其中一煤样 KM 含量为 7.32 mg/kg，接近所有煤样中的最大值，而另一煤样却为所有煤样中的最小值，可能为钻孔时打到岩石矿物所致，所以用于对比时特征不明显，但总体分布上依然符合褐煤>焦煤>无烟煤。1951 年萨莱和程汝楠[546]曾发现，褐煤粉末与泥炭能从很稀的溶液中获取 $UO_2^{2+}$。因为泥炭、褐煤及次生烟煤等是由古植物岩屑变质而来的，这些生物岩含有大量的腐殖酸，腐殖酸能够固定铀酰离子，当然在后面的地质年代中，已富集的铀离子与其他阳离子的转化取决于局部环境的次生矿物。由于煤化作用是一种在较低温度的环境下进行的多环芳烃聚合的长期过程，而低变质程度煤中的有机质与微量元素结合相对容易。而在后期煤变质过程中，煤中有机质与微量元素的结合在芳香烃的聚合作用逐渐减弱。因此在煤化作用的影响下，铀可以较轻易地富集于低阶煤中。

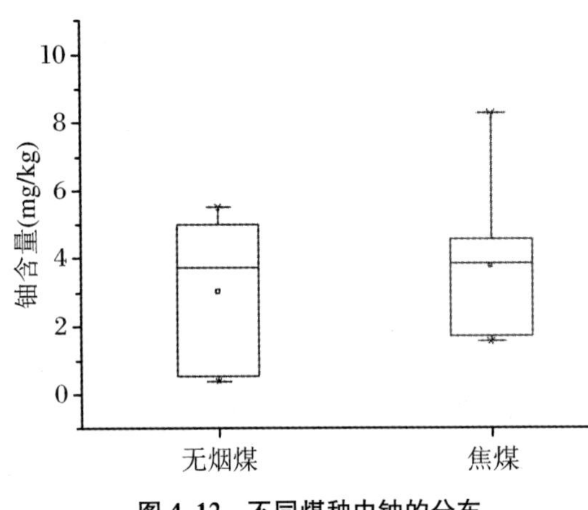


**图 4.12 不同煤种中铀的分布**

## 4.1.5.9 钒

不同煤级煤中的钒含量(算术平均值)存在显著差异(图 4.13，表 4.33)：褐煤(54.58 mg/kg，$n = 34$)，烟煤(39.34 mg/kg，$n = 1790$)和无烟煤(58.29 mg/kg，$n = 99$)。然而，钒浓度与煤级之间没有明确的关系模式(图 4.13)。

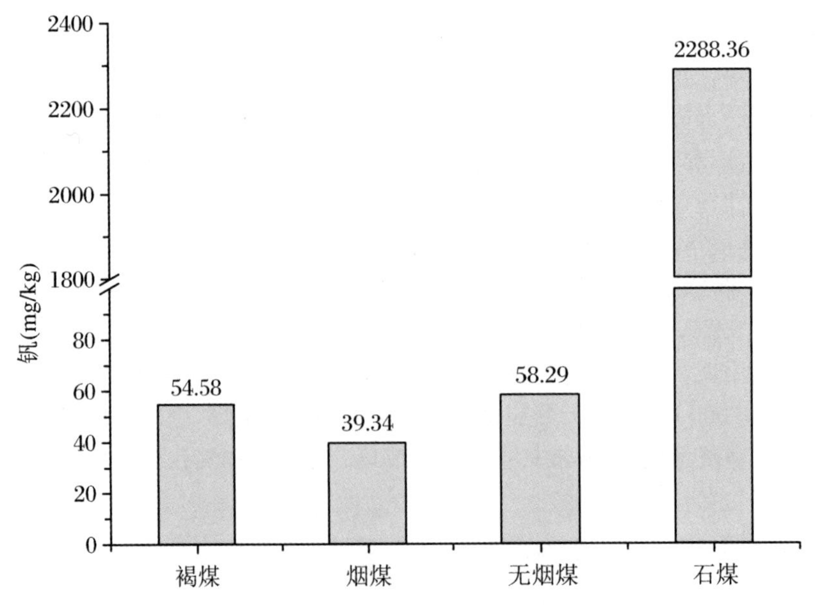


**图 4.13 不同变质程度煤以及石煤中钒的平均含量**

表4.33　不同变质程度煤中钒的含量　（单位:mg/kg）

| 煤炭等级 | $n$ | 算术平均值 |
|---|---|---|
| 褐煤 | 34 | 54.58 |
| 烟煤 | 1790 | 39.34 |
| 无烟煤 | 99 | 58.29 |

# 4.2　淮南煤田煤中微量元素的含量与分布

## 4.2.1　淮南煤田二叠纪煤中微量元素含量特征

淮南煤田朱集、张集、丁集和谢桥四个煤矿二叠纪主要可采煤层13、11、9、8、7、6、5、4、3和1煤层主微量元素含量范围及均值见表4.34，统计结果见表4.35。从表4.35可看出：煤中元素含量偏度系数较大，呈偏态分布，因此采用几何均值作为淮南煤田二叠纪煤中元素的含量背景值。

### 4.2.1.1　主量元素的含量特征

与Dai等[116,282]给出的中国煤中主量元素含量范围相比，淮南煤田二叠纪煤中除Mg和Fe外，所有主量元素均有更大的变化范围，其中Na、Si、K、Ca和Ti有更高的上限，而Al和Si有更低的下限（表4.34）。

淮南煤田二叠纪煤中Na(1.5×)、K(2.5×)和Ti(1.6×)高于中国煤均值。[144]

### 4.2.1.2　微量元素的含量特征

就微量元素含量范围而言，淮南煤田二叠纪煤除Co(高上限)、B、Zn和Ba(低下限)外，其他元素都在中国煤中微量元素含量范围内（表4.34）。

与Dai等[144]给出的中国煤中微量元素含量背景值比较，淮南煤田二叠纪煤中Cr(2.0×)、Co(1.1×)、Ni(1.4×)和Se(1.4×)含量较高；与世界煤背景值[171]相比，淮南煤中Cr(1.8×)、Co(1.3×)、Ni(1.1×)、Se(2.2×)、Pb(1.5×)和Th(1.4×)较高，若以中国煤和世界煤元素背景值的1.2倍为限，淮南煤田二叠纪煤中Cr、Co、Ni和Se较富集。

淮南24个煤样中As、Sb、Ba、Co、Br、Mo、Th、Ta、Sr、Zn、Ag、Zr、Cs、Cr和Se 15种元素与华北煤和中国煤背景值对比含量正常。[548]黄文辉等[531]亦发现淮南11个煤样中大多微量元素含量正常，Se和As较克拉克值高，其他元素不富集。华北克拉通为一稳定的聚煤盆地，与我国其他晚古生代大型聚煤盆地相比，其基底稳定程度最高，同沉积断裂构造不发育，无岩浆热液侵入的通道，因此该区煤中伴生元素不富集[282,547]，而Dai和Ren[282]报道华北岩浆侵入影响的峰峰和邯郸煤中B、F、Cl、Br、Hg、As、Co、Cu、Ni、Pb、Sr、Mg、Ca、Mn和Zn含量高。

**表 4.34　淮南煤田二叠纪煤中主微量元素含量范围及均值**

| 元素[a] | | 煤层 13 | 11 | 9 | 8 | 7 | 6 | 5 | 4 | 3 | 1 | 淮南煤 | 中国煤[b,c] | 世界煤[d,e] |
|---|---|---|---|---|---|---|---|---|---|---|---|---|---|---|
| Na | R | 0.027～0.65 | 0.026～0.56 | 0.038～0.06 | 0.033～0.46 | 0.035～0.58 | 0.041～0.58 | 0.086～0.52 | 0.029～0.96 | 0.101～0.47 | 0.041～0.49 | 0.026～0.96 | 0.015～0.94 | n.d. |
| | M | 0.196(28) | 0.203(61) | 0.051(5) | 0.215(45) | 0.250(37) | 0.237(31) | 0.258(44) | 0.241(54) | 0.276(12) | 0.115(11) | 0.224 | 0.12 | n.d. |
| Mg | R | 0.024～0.55 | 0.035～0.70 | 0.041～0.07 | 0.036～0.48 | 0.013～0.64 | 0.035～0.55 | 0.024～0.53 | 0.013～0.52 | 0.022～0.31 | 0.036～0.16 | 0.013～0.70 | 0.001～1.45 | n.d. |
| | M | 0.145(30) | 0.159(61) | 0.054(5) | 0.140(45) | 0.145(38) | 0.177(32) | 0.139(44) | 0.131(55) | 0.172(14) | 0.061(11) | 0.144 | 0.13 | n.d. |
| Al | R | 1.21～9.60 | 1.08～7.78 | 1.15～3.34 | 0.34～7.40 | 0.34～6.68 | 0.80～7.34 | 0.71～9.21 | 0.73～7.99 | 0.84～7.41 | 1.33～10.43 | 0.34～10.43 | 0.55～15.58 | n.d. |
| | M | 3.56(23) | 4.54(33) | 2.36(5) | 3.47(27) | 3.43(22) | 3.60(19) | 3.91(20) | 3.02(29) | 3.14(5) | 4.40(11) | 3.67 | 3.16 | n.d. |
| Si | R | 0.64～9.84 | 0.278～19.0 | 3.97～6.90 | 0.33～10.07 | 0.33～10.07 | 0.45～7.61 | 0.21～8.10 | 0.13～8.80 | 0.24～5.42 | 2.70～6.91 | 0.13～19.0 | 0.54～16.69 | n.d. |
| | M | 5.26(30) | 3.87(61) | 5.52(5) | 3.42(45) | 2.85(38) | 3.15(33) | 2.92(44) | 3.20(55) | 1.56(14) | 4.36(11) | 3.46 | 3.95 | n.d. |
| K | R | 0.06～1.47 | 0.083～1.91 | 0.13～0.16 | 0.072～1.62 | 0.079～1.62 | 0.038～2.23 | 0.07～1.73 | 0.082～2.77 | 0.079～2.43 | 0.130～0.33 | 0.038～2.77 | 0.008～1.56 | n.d. |
| | M | 0.369(30) | 0.592(61) | 0.146(5) | 0.447(45) | 0.486(37) | 0.657(32) | 0.658(43) | 0.663(55) | 0.826(14) | 0.186(11) | 0.557 | 0.16 | n.d. |
| Ca | R | 0.14～1.30 | 0.021～10.7 | 0.26～0.99 | 0.028～4.12 | 0.028～4.12 | 0.063～2.03 | 0.035～3.91 | 0.034～3.44 | 0.154～3.59 | 0.252～0.99 | 0.021～10.7 | 0.014～8.57 | n.d. |
| | M | 0.473(30) | 0.765(61) | 0.484(5) | 0.750(44) | 0.813(37) | 0.552(32) | 0.755(44) | 0.653(54) | 0.860(14) | 0.475(11) | 0.692 | 0.88 | n.d. |
| Fe | R | 0.39～5.96 | 0.42～8.30 | 0.59～0.73 | 0.31～4.35 | 0.14～3.84 | 0.29～5.62 | 0.22～7.15 | 0.14～5.15 | 0.42～6.70 | 0.49～6.83 | 0.14～8.30 | 0.014～14.29 | n.d. |
| | M | 1.48(30) | 1.94(61) | 0.64(5) | 1.54(45) | 1.72(38) | 2.36(32) | 2.57(44) | 1.81(55) | 2.21(14) | 4.60(11) | 2.00 | 3.39 | n.d. |

续表

| 元素[a] | | 煤层 | | | | | | | | | | 淮南煤 | 中国煤[b,c] | 世界煤[d,e] |
|---|---|---|---|---|---|---|---|---|---|---|---|---|---|---|
| | | 13 | 11 | 9 | 8 | 7 | 6 | 5 | 4 | 3 | 1 | | | |
| Ti | R | 0.08～0.61 | 0.12～0.73 | 0.14～0.22 | 0.13～0.72 | 0.09～0.72 | 0.09～0.65 | 0.14～0.71 | 0.13～1.03 | 0.10～0.53 | 0.12～0.27 | 0.08～1.03 | 0.009～0.95 | n.d. |
| | M | 0.280(30) | 0.408(61) | 0.185(5) | 0.399(45) | 0.443(38) | 0.359(33) | 0.410(44) | 0.350(55) | 0.259(14) | 0.185(11) | 0.368 | 0.20 | n.d. |
| B | R | 25.7～329.4 | 1.21～130.9 | 12.46～136 | 1.77～263.9 | 1.77～169.5 | 5.84～249.9 | 3.99～232.9 | 1.11～483.9 | 19.6～192.2 | 68.3～255 | 1.11～483.9 | 2.67～997 | 5～400 |
| | M | 83.94(27) | 35.74(59) | 97.50(5) | 87.56(42) | 56.85(35) | 96.49(31) | 46.34(43) | 86.20(52) | 120.4(14) | 187.8(11) | 74.44 | 53 | 47 |
| V | R | 9.08～68.97 | 2.54～64.53 | 32.0～66.47 | 29.1～71.38 | 2.91～64.43 | 2.19～76.1 | 1.86～52.11 | 2.54～63.6 | 0.65～10.49 | 24.9～75.49 | 0.65～76.10 | 0.2～1405 | 2～100 |
| | M | 37.29(30) | 17.36(61) | 49.72(5) | 19.11(45) | 16.77(38) | 22.96(32) | 9.80(44) | 13.45(55) | 4.65(13) | 43.55(11) | 19.07 | 35.1 | 28 |
| Cr | R | 3.66～53.89 | 2.86～137.2 | 47.3～52.9 | 7.88～127.5 | 5.10～127.5 | 8.17～68.41 | 7.23～111.5 | 4.36～101.5 | 7.29～97.34 | 11.52～51.6 | 2.86～137.2 | 0.1～942.7 | 0.5～60 |
| | M | 27.52(30) | 34.47(61) | 50.31(5) | 36.16(45) | 36.20(38) | 34.51(32) | 35.27(44) | 33.08(55) | 32.50(14) | 39.49(11) | 34.47 | 15.4 | 17 |
| Co | R | 1.19～26.11 | 2.32～182.8 | 3.80～6.94 | 0.74～37.21 | 0.97～37.21 | 0.42～25.69 | 1.44～68.46 | 0.97～60.65 | 0.17～47.64 | 3.55～24.23 | 0.17～182.8 | 0.1～59.3 | 0.5～30 |
| | M | 6.53(29) | 17.99(61) | 4.94(5) | 11.42(44) | 12.77(37) | 9.50(31) | 10.28(43) | 8.97(53) | 10.10(13) | 7.97(11) | 11.37 | 7.08 | 6 |
| Ni | R | 5.86～52.51 | 9.87～55.54 | 27.2～39.57 | 6.78～32.32 | 9.15～35.89 | 5.01～77.62 | 4.24～46.09 | 1.43～123.9 | 1.15～40.84 | 9.87～39.56 | 1.15～123.9 | 0.5～186 | 0.5～50 |
| | M | 22.39(30) | 22.33(61) | 33.30(5) | 20.34(45) | 19.42(38) | 23.95(32) | 14.70(44) | 20.60(55) | 16.08(13) | 27.56(11) | 20.7 | 13.7 | 17 |
| Cu | R | 6.80～55.34 | 7.52～57.77 | 19.8～29.02 | 5.37～40.53 | 3.41～29.57 | 5.43～43.49 | 4.91～61.48 | 3.33～74.4 | 2.91～37.70 | 13.6～28.85 | 2.91～74.44 | 0.9～420 | 0.5～50 |
| | M | 23.18(30) | 19.93(61) | 23.16(5) | 16.47(44) | 14.34(37) | 18.23(31) | 13.93(43) | 17.16(54) | 13.90(14) | 22.54(11) | 17.62 | 17.5 | 16 |

续表

| 元素[a] | | 煤层 13 | 11 | 9 | 8 | 7 | 6 | 5 | 4 | 3 | 1 | 淮南煤 | 中国煤[b,c] | 世界煤[d,e] |
|---|---|---|---|---|---|---|---|---|---|---|---|---|---|---|
| Zn | R | 5.19～52.30 | 1.16～82.91 | 18.1～43.12 | 0.06～67.58 | 0.06～67.58 | 1.53～89.92 | 0.78～51.75 | 0.36～118.3 | 4.84～39.21 | 8.3～53.1 | 0.06～118.4 | 0.3～982 | 5～300 |
| | M | 25.35(23) | 21.11(49) | 30.97(5) | 18.60(35) | 17.78(29) | 25.82(25) | 12.37(36) | 17.02(47) | 17.73(9) | 28.83(10) | 19.69 | 41.4 | 28 |
| As | R | 1.28～23.0 | 0.01～15.82 | 6.88～16.36 | 0.04～36.54 | 0.04～15.79 | 0.01～19.0 | 0.01～22.61 | 0.01～33.99 | 0.35～49.85 | 4.91～20.17 | 0.01～49.85 | 0～478.4 | 0.5～80 |
| | M | 9.20(30) | 4.54(51) | 11.75(5) | 5.38(41) | 3.54(33) | 4.68(29) | 4.21(37) | 5.03(47) | 6.70(12) | 11.28(11) | 5.53 | 3.79 | 9 |
| Se | R | 3.14～3.64 | 0.82～26.18 | 3.18～3.60 | 0.98～13.99 | 0.98～13.99 | 0.38～15.55 | 0.15～13.12 | 0.48～21.7 | 0.51～15.81 | 3.24～3.50 | 0.15～26.18 | 0.02～82.2 | 0.2～10 |
| | M | 3.44(10) | 6.93(42) | 3.32(5) | 5.35(34) | 5.54(30) | 5.71(18) | 4.68(33) | 5.56(39) | 6.89(10) | 3.36(8) | 5.5 | 2.47 | 1.6 |
| Ba | R | 6.71～625.3 | 40.52～995 | 40.79～70.0 | 45.1～2203 | 15.1～2203 | 3.15～584 | 38.07～845 | 29.31～481 | 43.49～607 | 26.8～172.7 | 3.15～2203 | 4.1～1540 | 20～1000 |
| | M | 122.6(30) | 196.7(61) | 54.98(5) | 245.6(45) | 276.5(38) | 150.0(33) | 171.9(44) | 167.6(55) | 186.9(14) | 62.60(11) | 186.2 | 159 | 150 |
| Pb | R | 2.05～37.76 | 5.0～52.91 | n.d. | 2.63～44.92 | 2.63～28.58 | 5.57～72.69 | 1.71～27.62 | 4.28～42.8 | 2.18～33.62 | 13.06～55.3 | 1.71～72.69 | 0.2～790 | 2～80 |
| | M | 12.89(18) | 16.21(54) | n.d. | 13.03(36) | 12.83(32) | 27.05(30) | 13.49(42) | 14.62(46) | 14.59(12) | 34.60(3) | 15.81 | 15.1 | 9 |
| Th | R | 1.19～4.25 | 1.22～11.01 | n.d. | 1.13～11.01 | 2.01～11.01 | 1.63～16.02 | 1.69～14.82 | 1.15～15.36 | 1.30～8.72 | 0.31～5.31 | 0.31～16.02 | 0.09～55.8 | 0.5～10 |
| | M | 2.37(11) | 5.24(42) | n.d. | 4.48(28) | 4.68(26) | 5.89(18) | 5.20(39) | 4.66(44) | 4.62(14) | 2.21(3) | 4.8 | 5.84 | 3.2 |

n.d.:没有数据;R:范围;M:算术均值;[a]:主量元素 Na 到 Ti 的单位为 wt%,微量元素 B 到 Th 的单位为 mg/kg;[b]:中国煤中主量。元素含量范围引自 Dai 等[116],均值引自 Dai 等[144];[c]:中国煤中微量元素含量范围引自任德贻等[418],均值引自 Dai 等(2012a);[d]:世界煤中微量元素含量范围引自 Swaine[172];[e]:世界煤中微量元素含量均值引自 Ketris[171];括号中为样品数量。

**表 4.35　淮南煤田二叠纪煤中元素含量统计结果**

| 元素[a] | Num | Min | Max | SD | AM | GM | M | IQRs | S |
|---|---|---|---|---|---|---|---|---|---|
| Na | 328 | 0.026 | 0.958 | 0.14 | 0.224 | 0.178 | 0.206 | 0.175 | 0.913 |
| Mg | 335 | 0.013 | 0.697 | 0.12 | 0.144 | 0.109 | 0.108 | 0.132 | 1.947 |
| Al | 194 | 0.344 | 10.433 | 2.2 | 3.668 | 2.95 | 3.21 | 3.544 | 0.595 |
| Si | 336 | 0.127 | 19.004 | 2.66 | 3.46 | 2.429 | 3.293 | 3.828 | 1.455 |
| K | 333 | 0.038 | 2.773 | 0.47 | 0.557 | 0.399 | 0.41 | 0.54 | 1.627 |
| Ca | 332 | 0.021 | 10.672 | 0.89 | 0.692 | 0.442 | 0.478 | 0.496 | 5.533 |
| Fe | 335 | 0.141 | 8.295 | 1.52 | 2 | 1.49 | 1.613 | 2.173 | 1.254 |
| Ti | 336 | 0.083 | 1.032 | 0.17 | 0.368 | 0.329 | 0.356 | 0.287 | 0.378 |
| B | 319 | 1.11 | 483.94 | 74.76 | 74.44 | 40.1 | 39.8 | 100.29 | 1.354 |
| V | 334 | 0.65 | 76.1 | 17.92 | 19.07 | 11.98 | 10.08 | 25 | 1.159 |
| Cr | 335 | 2.86 | 137.2 | 22.53 | 34.47 | 28.04 | 31.05 | 30.11 | 1.605 |
| Co | 327 | 0.17 | 182.75 | 13.89 | 11.37 | 7.76 | 7.65 | 9.51 | 6.855 |
| Ni | 334 | 1.15 | 123.88 | 12.53 | 20.7 | 17.65 | 18.62 | 13.67 | 2.823 |
| Cu | 330 | 2.91 | 74.44 | 10.56 | 17.62 | 15.01 | 14.78 | 13.46 | 1.593 |
| Zn | 268 | 0.06 | 118.35 | 18.18 | 19.69 | 12.14 | 13.61 | 21.83 | 1.783 |
| As | 296 | 0.01 | 49.85 | 6.09 | 5.53 | 2.96 | 3.19 | 6.86 | 2.685 |
| Se | 229 | 0.15 | 26.18 | 4.52 | 5.5 | 4.0 | 3.54 | 5.28 | 1.656 |
| Ba | 336 | 3.15 | 2203.3 | 233.81 | 186.2 | 124.36 | 133.84 | 128.66 | 5.163 |
| Pb | 273 | 1.71 | 72.69 | 10.43 | 15.81 | 13.42 | 13.36 | 8.54 | 2.538 |
| Th | 225 | 0.31 | 16.02 | 2.46 | 4.8 | 4.24 | 4.34 | 2.62 | 1.648 |

[a]:主量元素 Na 到 Ti 的单位为 wt%，微量元素 B 到 Th 的单位为 mg/kg；Num：样品数量；Min：最小值；Max：最大值；SD：标准差；AM：算术均值；GM：几何均值；M：中位数；IQRs：分位间距；S：偏度系数；统计分析不包括含量低于检测限的样品。

为何本研究结论，即淮南二叠纪煤中 Cr、Co、Ni 和 Se 较富集，与前人成果不一致？可能有以下三个原因：其一，童柳华等[548]和黄文辉等[531]所分析的样品数量有限，不能反映整个淮南煤田二叠纪煤的元素地球化学特征；其二，早二叠纪，华北陆块北部边缘抬升和向南倾斜度增加，北部大量陆源物随向南海退进入陆缘盆地[549]，尽管淮南煤田离北部陆源较远，但陆源供应对其影响仍然较强，淮南煤较富集的 Cr、Co 和 Ni 与潘三煤矿 15 东 7 孔 1 煤近顶板煤样品中这三种元素的含量接近（表 4.36）；其三，淮南煤田地处华北聚煤盆地南缘，盆地基地的稳定性不如华北地台中部，煤田北部潘三和朱集煤矿岩浆岩广泛发育便是例证，岩浆作用可能导致煤中部分元素富集或缺乏。

表 4.36　潘三煤矿 1 煤和天然焦中元素含量与其他煤的对比

| 元素 | 1571 | 淮南 1 煤 | 淮南煤 | 中国煤[a] | 世界硬煤[b] |
|---|---|---|---|---|---|
| $Fe_2O_3$ | 1.0532 | 6.5714 | 2.1286 | 4.85 | n.d. |
| $TiO_2$ | 0.5363 | 0.3087 | 0.5489 | 0.33 | 0.1485 |
| CaO | 0.074 | 0.665 | 0.6188 | 1.23 | n.d. |
| $K_2O$ | 0.6604 | 0.2241 | 0.4808 | 0.19 | n.d. |
| $P_2O_5$ | 0.0404 | n.d. | n.d. | 0.092 | 0.0573 |
| $SiO_2$ | 31.6346 | 9.3428 | 5.205 | 8.47 | n.d. |
| $Al_2O_3$ | 20.3573 | 8.3111 | 5.5722 | 5.98 | n.d. |
| $Na_2O$ | 0.3131 | 0.155 | 0.2399 | 0.16 | n.d. |
| MgO | 0.2619 | 0.1017 | 0.1817 | 0.22 | n.d. |
| B | 28.54 | 187.8 | 40.1 | 53 | 47 |
| Sc | 6.71 | n.d. | n.d. | 4.38 | 3.7 |
| V | 73.9 | 43.55 | 11.98 | 35.1 | 28 |
| Cr | 27.65 | 39.49 | 28.04 | 15.4 | 17 |
| Mn | 6.68 | n.d. | n.d. | 94.83 | 71 |
| Co | 6.12 | 7.97 | 7.76 | 7.08 | 6 |
| Ni | 15.7 | 27.56 | 17.65 | 13.7 | 17 |
| Cu | 11.8 | 22.54 | 15.01 | 17.5 | 16 |
| Zn | 101.85 | 28.83 | 12.14 | 41.4 | 28 |
| Ga | 5.02 | n.d. | n.d. | 6.55 | 6 |
| Ge | 0.68 | n.d. | n.d. | 2.78 | 2.4 |
| Sr | 66.72 | n.d. | n.d. | 140 | 100 |
| Y | 25.3 | n.d. | n.d. | 18.2 | 8.2 |
| Zr | 127.24 | n.d. | n.d. | 89.5 | 36 |
| Nb | 8.62 | n.d. | n.d. | 9.44 | 4 |
| Cd | 0.27 | n.d. | n.d. | 0.25 | 0.2 |
| Ba | 160.71 | 62.6 | 124.36 | 159 | 150 |
| La | 85.34 | n.d. | n.d. | 22.5 | 11 |
| Ce | 32.33 | n.d. | n.d. | 46.7 | 23 |
| Pr | 19.06 | n.d. | n.d. | 6.42 | 3.4 |
| Nd | 72.07 | n.d. | n.d. | 22.3 | 12 |

续表

| 元素 | 1571 | 淮南1煤 | 淮南煤 | 中国煤[a] | 世界硬煤[b] |
|---|---|---|---|---|---|
| Sm | 11.8 | n.d. | n.d. | 4.07 | 2.2 |
| Eu | 0.63 | n.d. | n.d. | 0.84 | 0.43 |
| Gd | 8.08 | n.d. | n.d. | 4.65 | 2.7 |
| Tb | 1.1 | n.d. | n.d. | 0.62 | 0.31 |
| Dy | 8.2 | n.d. | n.d. | 3.74 | 2.1 |
| Ho | 1.54 | n.d. | n.d. | 0.96 | 0.57 |
| Er | 4.71 | n.d. | n.d. | 1.79 | 1 |
| Tm | 0.65 | n.d. | n.d. | 0.64 | 0.3 |
| Yb | 3.27 | n.d. | n.d. | 2.08 | 1 |
| Lu | 0.39 | n.d. | n.d. | 0.38 | 0.2 |
| Pb | 51.01 | 34.6 | 13.42 | 15.1 | 9 |

n.d.:没有数据;主量元素的单位为wt%,微量元素的单位为mg/kg;[a]:引自[371];[b]:引自[171]。

## 4.2.2　潘三矿煤中微量元素的含量与分布特征

潘三煤矿1煤正常煤中主量及微量元素与潘三煤矿1煤天然焦、淮南煤田1煤、淮南二叠纪煤、中国煤和世界硬煤的含量对比见表4.36和图4.14和图4.15,可看出潘三煤矿1煤正常煤样1571中Sc、Ba、Zr、V、Zn、Pb、Y、La、Pr、Nd、Sm、Gd、Tb、Dy、Ho、Er和Yb含量较天然焦和其他煤高,与其高灰分、富陆源碎屑黏土矿物有关。

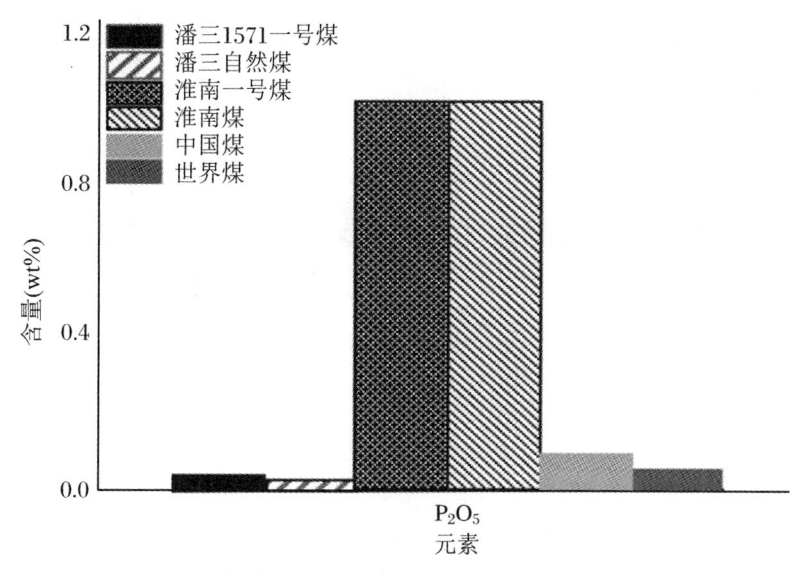


**图4.14　潘三煤矿1煤煤和天然焦中主量元素含量与其他煤对比**

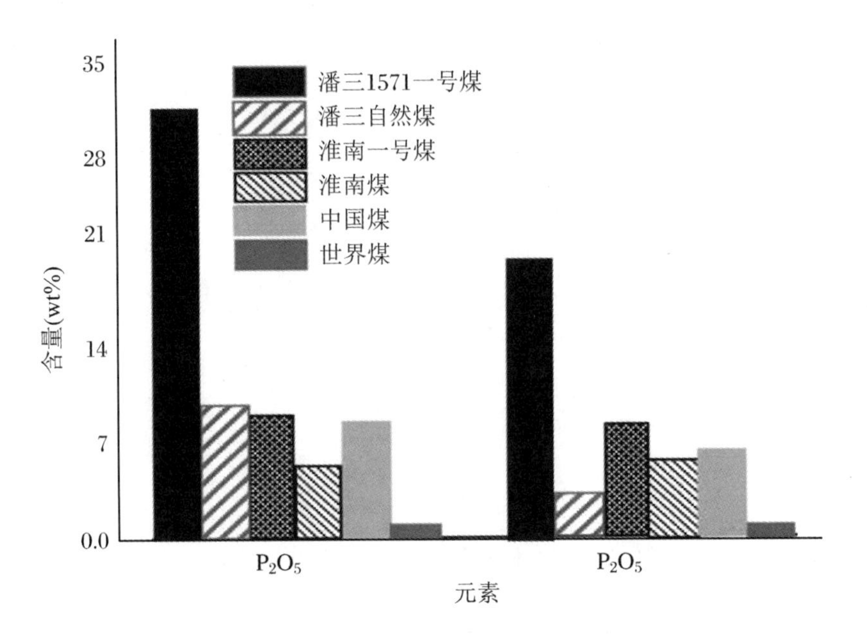


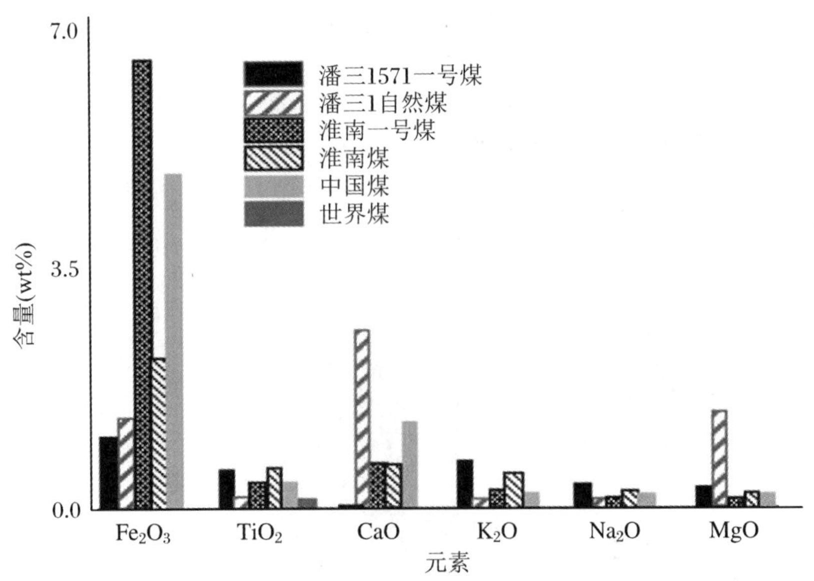


**续图 4.14　潘三煤矿 1 煤煤和天然焦中主量元素含量与其他煤对比**

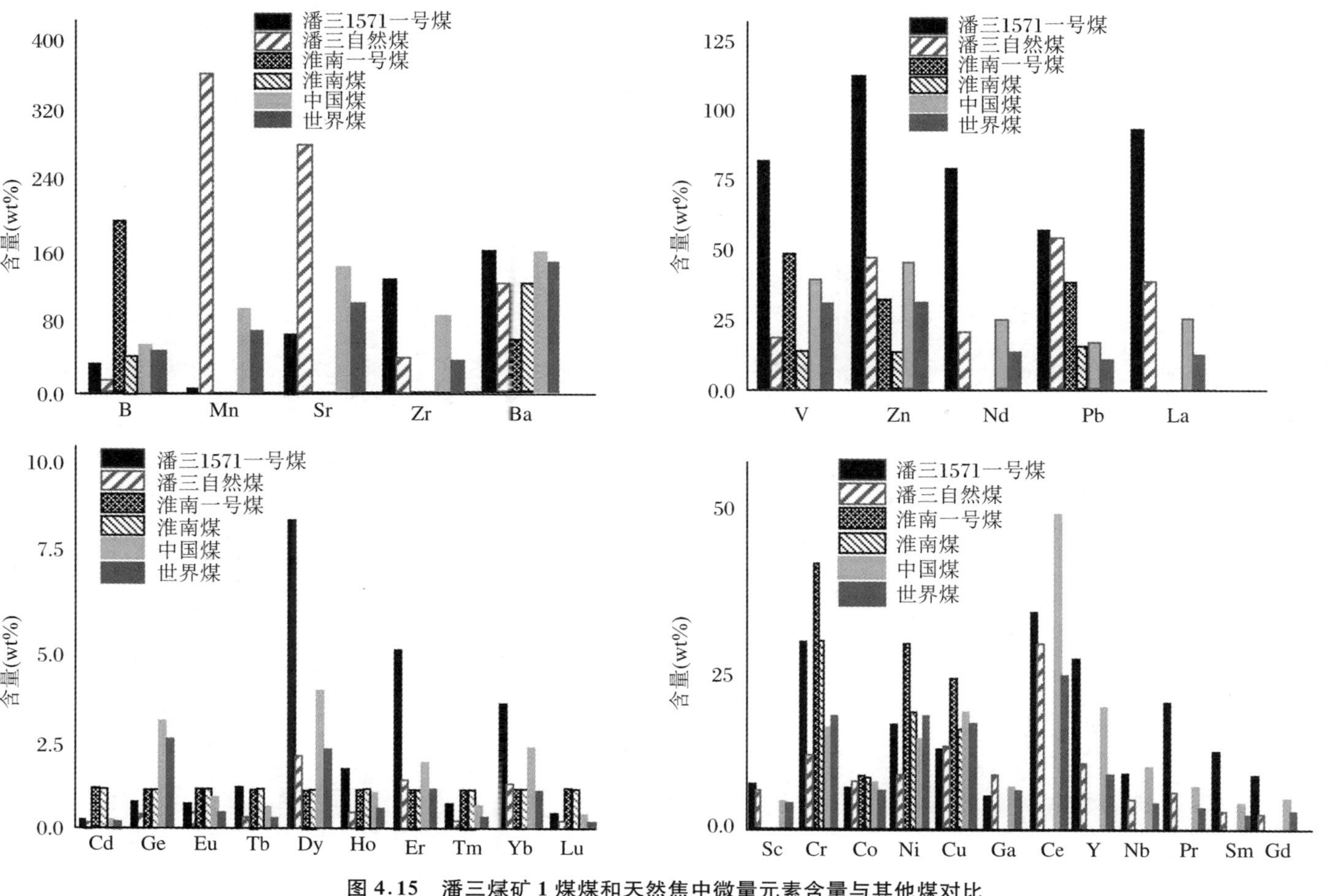


图 4.15　潘三煤矿 1 煤煤和天然焦中微量元素含量与其他煤对比

## 4.2.3 朱集矿煤中微量元素的含量与分布特征

### 4.2.3.1 朱集煤中元素平均含量

煤中微量元素的平均含量、变化范围的统计分析在地质及环境化学方面有着重要的意义。研究一个国家或一个地区(煤田、矿区或勘探区)煤中微量元素的较为准确的含量范围和均值,是评价煤中有害和潜在有害微量元素的环境效应的重要依据,同时也对煤中可利用的伴生微量元素的资源评估以及地质地球化学研究有着重要的意义。因此,地球化学工作者都非常关注煤中某些元素含量的数学统计工作。

### 4.2.3.2 朱集矿伴生元素平均含量

**1. 样品加权平均值**

10个可采煤层(11-2、11-1、8、7、6、5-2、5-1、4-2、4-1、3)47个元素的平均含量见表4.37。其样品加权平均值计算公式如下:

$$\mathrm{SA}=\frac{C_{11-2}\times N_{11-2}}{N_{总}}+\frac{C_{11-1}\times N_{11-1}}{N_{总}}+\frac{C_{8}\times N_{8}}{N_{总}}+\frac{C_{7-2}\times N_{7-2}}{N_{总}}+\frac{C_{6}\times N_{6}}{N_{总}}$$
$$+\frac{C_{5-2}\times N_{5-2}}{N_{总}}+\frac{C_{5-1}\times N_{5-1}}{N_{总}}+\frac{C_{4-2}\times N_{4-2}}{N_{总}}+\frac{C_{4-1}\times N_{4-1}}{N_{总}}+\frac{C_{3}\times N_{3}}{N_{总}}$$

其中,$N$为样品数,$C$为元素浓度,计算结果见表4.37中SA项。

**2. 储量加权平均值**

利用各个煤层的储量计算的47个元素的加权平均含量见表4.37的RA项。其计算公式如下:

$$\mathrm{RA}=\frac{C_{11-2}\times R_{11-2}}{R_{总}}+\frac{C_{11-1}\times R_{11-1}}{R_{总}}+\frac{C_{8}\times R_{8}}{R_{总}}+\frac{C_{7-2}\times R_{7-2}}{R_{总}}+\frac{C_{6}\times R_{6}}{R_{总}}$$
$$+\frac{C_{5-2}\times R_{5-2}}{R_{总}}+\frac{C_{5-1}\times R_{5-1}}{R_{总}}+\frac{C_{4-2}\times R_{4-2}}{R_{总}}+\frac{C_{4-1}\times R_{4-1}}{R_{总}}+\frac{C_{3}\times R_{3}}{R_{总}}$$

其中,$R$为储量,$C$为元素浓度。

每个煤层所统计样品的数量与其储量的比值的范围为0.42～1.87,二者的相关性为0.72,不存在显著的正相关,因此两种方法计算的结果存在着差异。每个煤层算术平均值与加权平均值之间的差异可由公式RD(相对偏差)=(SA－RA)/AM计算。当$|\mathrm{RD}|>10\%$,说明SA和RA的差别较大,此时如果用SA来表示样品中元素平均含量,就会与实际含量相差较大。因为样品量和储量之间存在着正相关性,计算结果表明除了元素S、Ca、P和Cd以外,大部分元素都的RD范围都在10%以内。储量加权平均值能够消除采样不均匀(空间或地质时代)造成的误差,因此在本研究中采用RA作为朱集矿井煤中元素的平均含量。

### 4.2.3.3 朱集煤中元素的含量评价

朱集矿煤中元素的含量范围、平均值如表4.38所示。此表同时也列出了华北晚古生代、中国、美国和世界煤中元素的平均含量用以比较。[100,171,418,421,424]结果显示:① 与Dai等[116]和任德贻等[418]报道的华北晚古生代煤中的元素相比,主量元素Na、K、Fe以及微量元素P、Be、B、Co、Ni、Cr、Se、Sb、Ba、Bi含量较高,而剩余的其他元素都接近或低于华北煤的平均含量。② 与 Dai 等[116]和任德贻等[418]统计的中国煤中元素相比，大部分元素都比较接近其平均含量，而 Na、K、Be、B、Cr、Co、Se、Sn、Sb 和 Bi 相对较高，Ti、P、Li、V 和 Zn 相对较低。③ 与 Finkelman[424]、Ketris 和 Yudovich[171] 计算的美国和世界硬煤中的元素含量相比，除了元素 P、V、Zn、Mn 和 As 外，大部分元素都高于或接近其平均含量。

由于样品分布的广泛性以及煤中微量元素的非均一性(元素在侧向和地层方向上的差异)[421]，朱集煤中的微量元素的变化范围较大，但其平均含量值仍然处于正常的范围内，并没有比较明显的富集或者亏损。毒性较大的元素如 As、Se、Sb、Pb 和 Cr 等在特定煤层的富集可能在煤炭的利用过程中对环境产生危害。例如：5-1 煤层 As(18 mg/kg)和 Cr(44 mg/kg)的含量比较高，而 11-2 煤层中 Pb(19.4 mg/kg)、Se(7.8 mg/kg)和 Sb(2.75 mg/kg)的含量较高。

#### 4.2.3.4　影响煤中元素分布差异因素

**1. 不同组中元素含量**

二叠系含煤 28 层，总厚为 28.58 m，含煤系数为 3.91%，分为含煤地层二叠系下统山西组、二叠系下统下石盒子组、二叠系上统上石盒子组和非含煤地层石千峰组。本次研究的 10 个可采煤层(11-2、11-1、8、7、6、5-2、5-1、4-2、4-1、3)中 3 煤属于第一含煤段山西组，8、7、6、5-2、5-1、4-2、4-1 属于第二含煤段下石盒子组，11-2、11-1 属于第三含煤段上石盒子组。

表 4.39 列出 3 个不同组(山西组、下石盒子组和上石盒子组)中 47 个元素的平均值。各个组的计算公式如下：

$$\text{RA(山西组)} = C_3$$

$$\text{RA(下石盒子组)} = \frac{(C_8 \times R_8 + C_{7\text{-}2} \times R_{7\text{-}2} + C_6 \times R_6 + C_{5\text{-}2} \times R_{5\text{-}2} + C_{5\text{-}1} \times R_{5\text{-}1} + C_{4\text{-}2} \times R_{4\text{-}2} + C_{4\text{-}1} \times R_{4\text{-}1})}{(R_8 + R_{7\text{-}2} + R_6 + R_{5\text{-}2} + R_{5\text{-}1} + R_{4\text{-}2} + R_{4\text{-}1})}$$

$$\text{RA(上石盒子组)} = \frac{(C_{11\text{-}2} \times R_{11\text{-}2} + C_{11\text{-}1} \times R_{11\text{-}1})}{R_{11\text{-}2} + R_{11\text{-}1}}$$

由表 4.39 可以看出：山西组富集的元素有 K、Ca、P、B、As、Sr 和 Bi，而 Al、Si、Li、Be、Sc、V、Co、Ni、Cu、Y、Mo、Pb、Th 和 REE 在上石盒子组中富集；仅有 Cd 和 S 在下石盒子组中富集；Na、Mg 和 Se 在 3 个组中没有明显的变化。由煤层形成的古沉积环境可知，淮南煤田上石盒子组中的 11 煤层形成于下三角洲向上三角洲过渡阶段，其陆源碎屑的输入比其他两组的煤层丰富，所以典型陆源元素 Al、Si、V 和 REE 等含量较高；而 3 煤层形成于海相环境，亲咸水元素 Ca、Sr、B 和 K 的含量比较高。

表 4.37 10 个可采煤层 47 个元素平均含量

| 煤层 | 11-2 | 11-1 | 8 | 7-2 | 6 | 5-2 | 5-1 | 4-2 | 4-1 | 3 | SA | RA | RD |
|---|---|---|---|---|---|---|---|---|---|---|---|---|---|
| 样品量 | 66 | 29 | 75 | 49 | 46 | 48 | 48 | 56 | 61 | 30 | | | |
| 储量 | 68.13 | 15.49 | 154.28 | 59.08 | 31.55 | 26.88 | 58.87 | 30.88 | 145.57 | 50.77 | | | |
| Ash(%) | 25.5 | 27.4 | 24.8 | 26.5 | 27.5 | 26.3 | 25.4 | 22.4 | 24.7 | 24.9 | 25.4 | 25.2 | 0.79% |
| Na(%) | 0.11～0.46 | 0.08～0.56 | 0.06～0.46 | 0.11～0.49 | 0.13～0.47 | 0.11～0.52 | 0.09～0.52 | 0.06～0.34 | 0.07～0.51 | 0.10～0.47 | 0.25 | 0.25 | 0.00% |
| | 0.22 | 0.23 | 0.25 | 0.25 | 0.28 | 0.26 | 0.26 | 0.21 | 0.27 | 0.29 | | | |
| Mg(%) | 0.05～0.39 | 0.03～0.21 | 0.04～0.34 | 0.03～0.59 | 0.03～0.51 | 0.04～0.35 | 0.02～0.53 | 0.01～0.40 | 0.02～0.32 | 0.02～0.31 | 0.13 | 0.13 | 0.00% |
| | 0.13 | 0.1 | 0.14 | 0.13 | 0.18 | 0.11 | 0.13 | 0.11 | 0.12 | 0.18 | | | |
| Al(%) | 2.36～7.78 | 2.64～6.09 | 0.34～6.29 | 3.93～4.48 | 0.82～7.03 | 0.72～9.21 | 0.85～8.58 | 0.73～4.73 | 0.79～4.03 | 0.84～7.41 | 3.55 | 3.43 | 3.38% |
| | 4.84 | 4.48 | 3.47 | 4.19 | 3.6 | 4.18 | 2.87 | 2.37 | 2.89 | 2.61 | | | |
| Si(%) | 0.28～8.33 | 0.34～9.90 | 0.33～10.07 | 0.27～11.91 | 0.45～7.61 | 0.21～7.50 | 0.35～7.17 | 0.14～6.42 | 0.13～8.80 | 0.24～2.37 | 2.3 | 2.27 | 1.30% |
| | 2.49 | 2.58 | 2.26 | 2.31 | 2.37 | 2.84 | 2.22 | 1.96 | 2.44 | 1.26 | | | |
| S(%) | 0.13～1.60 | 0.25～0.92 | 0.09～0.43 | 0.11～0.46 | 0.08～0.59 | 0.16～1.50 | 0.15～4.90 | 0.29～5.90 | 0.14～1.21 | 0.08～0.86 | 0.5 | 0.44 | 12.00% |
| | 0.34 | 0.52 | 0.21 | 0.26 | 0.33 | 0.51 | 1 | 1.1 | 0.43 | 0.41 | | | |
| K(%) | 0.08～1.17 | 0.21～1.91 | 0.10～1.62 | 0.09～1.71 | 0.04～2.23 | 0.23～1.46 | 0.13～1.73 | 0.04～2.77 | 0.08～1.87 | 0.08～2.43 | 0.74 | 0.72 | 2.70% |
| | 0.64 | 0.83 | 0.6 | 0.63 | 0.98 | 0.83 | 0.61 | 0.74 | 0.8 | 0.93 | | | |
| Ca(%) | 0.04～10.7 | 0.02～2.79 | 0.03～4.12 | 0.02～4.17 | 0.06～2.03 | 0.03～3.67 | 0.04～3.19 | 0.05～2.37 | 0.03～7.84 | 0.15～7.35 | 0.89 | 0.98 | -10.11% |
| | 1.1 | 0.47 | 0.9 | 0.9 | 0.59 | 0.78 | 0.79 | 0.59 | 1.1 | 1.79 | | | |
| Fe(%) | 0.42～8.30 | 0.79～4.83 | 0.31～3.65 | 0.36～7.65 | 0.29～5.62 | 0.40～4.93 | 0.43～7.15 | 0.80～4.94 | 0.29～5.16 | 0.42～6.70 | 2.17 | 2.08 | 4.15% |
| | 2.15 | 1.97 | 1.68 | 2.19 | 2.55 | 2.54 | 2.47 | 2.07 | 1.99 | 2.44 | | | |
| Ti(%) | 0.03～0.14 | 0.04～0.12 | 0.04～0.14 | 0.04～0.12 | 0.04～0.12 | 0.04～0.12 | 0.04～0.13 | 0.04～0.11 | 0.04～0.21 | 0.02～0.11 | 0.08 | 0.08 | 0.00% |
| | 0.09 | 0.08 | 0.1 | 0.08 | 0.08 | 0.08 | 0.08 | 0.07 | 0.07 | 0.05 | | | |

续表

| 煤层 | 11-2 | 11-1 | 8 | 7-2 | 6 | 5-2 | 5-1 | 4-2 | 4-1 | 3 | SA | RA | RD |
|---|---|---|---|---|---|---|---|---|---|---|---|---|---|
| 样品量 | 66 | 29 | 75 | 49 | 46 | 48 | 48 | 56 | 61 | 30 | | | |
| 储量 | 68.13 | 15.49 | 154.28 | 59.08 | 31.55 | 26.88 | 58.87 | 30.88 | 145.57 | 50.77 | | | |
| P(μg/g) | 46～583 | 37～749 | 46～974 | 9～1464 | 33～363 | 26～691 | 21～3514 | 32～650 | 3～1089 | 32～635 | 155 | 172 | -10.97% |
| | 146 | 164 | 195 | 158 | 127 | 130 | 90 | 116 | 221 | 194 | | | |
| Li(μg/g) | 11～105 | 15～90 | 9～50 | 11～58 | 4～76 | 9～48 | 7～52 | 6～79 | 10～51 | 8～64 | 28 | 27 | 3.57% |
| | 34 | 38 | 25 | 26 | 47 | 23 | 22 | 26 | 21 | 29 | | | |
| Be(μg/g) | 1.6～11.3 | 3.9～16.1 | bdl～8.2 | 1.6～10.9 | 1.6～6.4 | 1.3～6.7 | 0.3～6.4 | 1.6～11.4 | 0.5～12.6 | 0.6～12.5 | 4.5 | 4.2 | 6.67% |
| | 5.2 | 9.6 | 3.6 | 4.6 | 4.1 | 3.5 | 3.5 | 4.3 | 3.7 | 5.1 | | | |
| B(μg/g) | 12～316 | 6～25 | 9～586 | 15～424 | 29～586 | 20～389 | 32～200 | 42～841 | 6～729 | 24～641 | 140 | 151 | -7.86% |
| | 62 | 59 | 172 | 109 | 147 | 172 | 87 | 168 | 179 | 259 | | | |
| Sc(μg/g) | 4.2～18.4 | 6.7～16.2 | 4.5～15.4 | 4.7～18.3 | 4.7～14.0 | 3.2～10.2 | 5.2～12.7 | 4.0～11.0 | 4.2～13.0 | 2.2～9.6 | 8.2 | 8.1 | 1.22% |
| | 9.1 | 10 | 8.6 | 9.4 | 9.1 | 7.1 | 7.5 | 7.5 | 7.7 | 5.8 | | | |
| V(μg/g) | 2.5～46.4 | 4.4～34.5 | 2.9～27.2 | 3.6～20.3 | 2.2～22.2 | 1.9～17.9 | 2.5～35.0 | 2.2～11.9 | 2.6～12.8 | 0.7～9.4 | 7.5 | 7.2 | 4.00% |
| | 8.5 | 13 | 7.9 | 7.2 | 9.9 | 7.1 | 6.9 | 5.4 | 6 | 4.2 | | | |
| Cr(μg/g) | 3～131 | 10～137 | 13～128 | 13～111 | 11～68 | 12～80 | 10～112 | 6～89 | 10～101 | 8～97 | 38 | 38 | 0.00% |
| | 40 | 41 | 42 | 37 | 36 | 32 | 44 | 37 | 33 | 36 | | | |
| Mn(μg/g) | 8～414 | 4～117 | 14～219 | 5～204 | 3～174 | 10～128 | 7～135 | 8～216 | 11～131 | 2～167 | 48 | 47 | 2.08% |
| | 58 | 31 | 46 | 54 | 54 | 43 | 50 | 49 | 36 | 62 | | | |
| Co(μg/g) | 5.6～39.5 | 7.2～182.7 | 2.8～37.2 | 5.3～49.8 | 0.4～25.7 | 2.8～30.6 | 1.4～68.5 | 1.3～60.7 | 1.0～13.9 | 0.2～47.6 | 14.4 | 13.2 | 8.33% |
| | 15.4 | 37.1 | 16.4 | 18.2 | 13.1 | 11.4 | 10.7 | 13.5 | 6.4 | 10.5 | | | |

续表

| 煤层 | 11-2 | 11-1 | 8 | 7-2 | 6 | 5-2 | 5-1 | 4-2 | 4-1 | 3 | SA | RA | RD |
|---|---|---|---|---|---|---|---|---|---|---|---|---|---|
| 样品量 | 66 | 29 | 75 | 49 | 46 | 48 | 48 | 56 | 61 | 30 | | | |
| 储量 | 68.13 | 15.49 | 154.28 | 59.08 | 31.55 | 26.88 | 58.87 | 30.88 | 145.57 | 50.77 | | | |
| Ni(μg/g) | 10.7～55.6<br>22.8 | 14.3～30.4<br>22.3 | 9.2～32.3<br>19.1 | 10.8～36.2<br>21.7 | 5.0～77.6<br>23.7 | 5.0～25.2<br>13.8 | 4.2～46.1<br>15.6 | 3.4～123.9<br>25.6 | 4.7～90.9<br>15 | 1.2～40.8<br>16.2 | 19.6 | 18.7 | 4.59% |
| Cu(μg/g) | 7.5～50.9<br>17.5 | 10.1～57.8<br>24.4 | 5.4～29.6<br>14.3 | 6.8～39<br>17.9 | 5.4～43.5<br>16.8 | 5.7～61.5<br>12.6 | 4.9～39.5<br>13.4 | 4.9～48<br>13.3 | 5.1～74.4<br>16.6 | 2.9～37.7<br>13.6 | 15.7 | 15.6 | 0.64% |
| Zn(μg/g) | bdl～69.4<br>16.6 | 1.8～82.9<br>24.7 | bdl～67.6<br>14.4 | bdl～51.9<br>14.7 | bdl～89.9<br>22.4 | bdl～25.3<br>9.28 | bdl～51.8<br>15.2 | bdl～118<br>14.6 | bdl～21<br>6.2 | bdl～39.2<br>17.2 | 14.8 | 13.5 | 8.78% |
| As(μg/g) | bdl～15.1<br>2.2 | bdl～13.2<br>2.6 | bdl～5.8<br>1.8 | bdl～12.7<br>2.6 | bdl～2.9<br>1.3 | bdl～4.2<br>1.8 | bdl～226<br>18 | bdl～34.0<br>5.2 | bdl～6.0<br>1.7 | bdl～49.9<br>6.8 | 4.1 | 3.9 | 4.88% |
| Se(μg/g) | 1.7～26.2<br>7.8 | bdl～24.3<br>7.1 | 1.0～14.0<br>6 | bdl～20.4<br>6 | 0.4～15.6<br>5.7 | bdl～11.1<br>5 | bdl～13.1<br>4.1 | bdl～21.7<br>6 | bdl～13.0<br>4.8 | bdl～15.8<br>6.9 | 5.9 | 5.8 | 1.69% |
| Sr(μg/g) | 36～159<br>73 | 32～395<br>110 | 49～334<br>131 | 63～208<br>106 | 82～525<br>146 | 63～237<br>141 | 45～629<br>154 | 81～1542<br>245 | 45～1303<br>255 | 101～780<br>440 | 169 | 183 | －8.28% |
| Y(μg/g) | 5.1～25.2<br>13.8 | 10.2～28.0<br>15.1 | 6.8～21.4<br>10.9 | 7.4～28.2<br>14.9 | 6.2～18.2<br>11.5 | 6.8～15.3<br>10.2 | 6.2～14.5<br>9.7 | 5.1～18.2<br>11.1 | 6.4～23.1<br>10.9 | 4.1～18.1<br>8 | 11.6 | 11.4 | 1.72% |
| Mo(μg/g) | bdl～14.6<br>4.2 | bdl～13.9<br>7 | bdl～12.9<br>3 | bdl～30.2<br>5.4 | bdl～25.2<br>4.6 | bdl～37.7<br>5.2 | bdl～18.3<br>5 | bdl～14.2<br>4.6 | bdl～13.3<br>3.1 | bdl～16.7<br>4 | 4.4 | 4 | 9.09% |
| Cd(μg/g) | bdl～0.90<br>0.18 | bdl～0.95<br>0.62 | bdl～0.93<br>0.29 | bdl～0.92<br>0.21 | bdl～0.92<br>0.18 | bdl～0.93<br>0.46 | bdl～0.91<br>0.23 | bdl～0.89<br>0.45 | bdl～0.93<br>0.29 | bdl～0.49<br>0.17 | 0.3 | 0.27 | 10.00% |

续表

| 煤层 | 11-2 | 11-1 | 8 | 7-2 | 6 | 5-2 | 5-1 | 4-2 | 4-1 | 3 | SA | RA | RD |
|---|---|---|---|---|---|---|---|---|---|---|---|---|---|
| 样品量 | 66 | 29 | 75 | 49 | 46 | 48 | 48 | 56 | 61 | 30 | | | |
| 储量 | 68.13 | 15.49 | 154.28 | 59.08 | 31.55 | 26.88 | 58.87 | 30.88 | 145.57 | 50.77 | | | |
| Sn(μg/g) | 1.3～27 | 1.7～27.8 | 1.6～19.2 | 1.5～25.3 | 0.9～18.4 | 1.4～29.9 | 0.8～36.4 | 2.0～27.5 | 0.4～30.2 | 2.6～29.6 | 6.9 | 7.1 | -2.90% |
| | 7.4 | 6.5 | 6.5 | 6.2 | 6.8 | 6.1 | 8.2 | 6.3 | 7.2 | 8.7 | | | |
| Sb(μg/g) | bdl～10.8 | bdl～3.24 | 0.47～5.58 | bdl～11.5 | bdl～3.75 | bdl～5.59 | bdl～2.90 | bdl～13.54 | bdl～4.48 | bdl～1.38 | 2 | 1.94 | 3.00% |
| | 2.75 | 1.53 | 2.01 | 2.75 | 1.49 | 2.07 | 1.35 | 2.45 | 1.77 | 0.93 | | | |
| Ba(μg/g) | 41～995 | 41～759 | 84～2203 | 54～363 | 75～584 | 38～846 | 44～273 | 29～469 | 64～397 | 80～608 | 211 | 225 | -6.64% |
| | 247 | 196 | 348 | 146 | 199 | 183 | 163 | 161 | 179 | 200 | | | |
| Pb(μg/g) | 6.2～52.9 | 7.0～26.2 | 2.6～28.6 | 3.5～25 | bdl～42.5 | 1.7～20.6 | bdl～27.6 | 2.7～35.5 | bdl～42.8 | bdl～33.6 | 14.8 | 14.4 | 2.70% |
| | 19.4 | 15.2 | 12.4 | 14.7 | 18.7 | 12 | 13.3 | 14.4 | 13.9 | 14.2 | | | |
| Bi(μg/g) | bdl～3.6 | bdl～3.4 | bdl～5.2 | bdl～3.1 | bdl～3.4 | bdl～3.5 | bdl～3.5 | bdl～3.7 | bdl～3.5 | bdl～3.9 | 1.6 | 1.5 | 6.25% |
| | 1.3 | 2 | 1.6 | 0.6 | 2 | 2 | 1.9 | 1.2 | 1.4 | 2.1 | | | |
| Th(μg/g) | 1.2～11.0 | 2.1～7.3 | 2.0～11.0 | 2.8～8.3 | 1.6～16.0 | 2.9～6.8 | 1.7～14.8 | 2.0～15.4 | 2.0～7.0 | 1.3～8.7 | 5.1 | 4.9 | 3.92% |
| | 5.8 | 4.6 | 4.7 | 5.1 | 5.9 | 4.4 | 6.1 | 5.2 | 4.2 | 4.7 | | | |
| La(μg/g) | 14～45 | 8～34 | 15～37 | 13～62 | 11～50 | 8～36 | 8～34 | 4～39 | 13～50 | 13～40 | 25 | 25 | 0.00% |
| | 28 | 24 | 24 | 31 | 26 | 22 | 21 | 22 | 25 | 24 | | | |
| Ce(μg/g) | 25～78 | 15～65 | 20～77 | 23～121 | 20～92 | 17～67 | 17～67 | 11～76 | 21～93 | 23～60 | 44 | 44 | 0.00% |
| | 50 | 44 | 43 | 54 | 49 | 38 | 38 | 40 | 44 | 38 | | | |
| Pr(μg/g) | 2.4～12.0 | 1.4～7.7 | 2.0～8.1 | 2.1～13.2 | 1.7～8.7 | 1.3～7.8 | 1.4～11.8 | 0.7～7.0 | 1.7～13.6 | 1.6～7.4 | 4.8 | 4.8 | 0.00% |
| | 5.8 | 4.6 | 4.3 | 6.1 | 5.3 | 3.6 | 4.7 | 4 | 4.9 | 4.2 | | | |

续表

| 煤层 | 11-2 | 11-1 | 8 | 7-2 | 6 | 5-2 | 5-1 | 4-2 | 4-1 | 3 | SA | RA | RD |
|---|---|---|---|---|---|---|---|---|---|---|---|---|---|
| 样品量 | 66 | 29 | 75 | 49 | 46 | 48 | 48 | 56 | 61 | 30 | | | |
| 储量 | 68.13 | 15.49 | 154.28 | 59.08 | 31.55 | 26.88 | 58.87 | 30.88 | 145.57 | 50.77 | | | |
| Nd(μg/g) | 11～40 | 9～34 | 11～35 | 11～59 | 9～40 | 7～30 | 9～30 | 5～34 | 11～40 | 8～27 | 21 | 20 | 4.76% |
| | 23 | 22 | 20 | 26 | 24 | 18 | 18 | 19 | 20 | 16 | | | |
| Sm(μg/g) | 1.9～11.7 | 1.5～8.7 | 2.9～7.6 | 2.6～14.9 | 2.2～9.5 | 1.5～6.8 | 1.3～6.1 | 1.9～9.2 | 2.2～10.0 | 1.4～4.9 | 4.8 | 4.8 | 0.00% |
| | 5.8 | 5.2 | 4.6 | 6.3 | 5.6 | 4.1 | 4 | 4.2 | 4.7 | 3.3 | | | |
| Eu(μg/g) | 0.11～3.57 | 0.17～2.86 | 0.22～1.33 | 0.03～5.47 | 0.07～1.63 | 0.10～1.71 | 0.12～1.74 | 0.39～2.99 | 0.16～4.08 | 0.25～0.93 | 0.88 | 0.85 | 3.41% |
| | 1.07 | 1.08 | 0.79 | 1.05 | 0.9 | 0.69 | 0.72 | 1.03 | 0.83 | 0.58 | | | |
| Gd(μg/g) | 1.8～8.1 | 1.7～9.0 | 1.9～6.5 | 2.5～12.5 | 1.8～9.7 | 0.8～5.0 | 1.1～4.6 | 0.8～6.8 | 2.3～9.0 | 0.8～8.0 | 4.2 | 4.1 | 2.38% |
| | 5 | 4.9 | 4 | 5.4 | 5 | 3.4 | 3.3 | 3.6 | 3.8 | 3.5 | | | |
| Tb(μg/g) | bdl～0.98 | bdl～0.37 | bdl～0.98 | bdl～0.47 | bdl～0.98 | 0.02～0.29 | bdl～0.54 | bdl～0.68 | bdl～0.31 | bdl～0.40 | 0.2 | 0.19 | 5.00% |
| | 0.24 | 0.24 | 0.21 | 0.24 | 0.23 | 0.16 | 0.18 | 0.22 | 0.14 | 0.17 | | | |
| Dy(μg/g) | 1.6～10.9 | 2.4～15.0 | 2.1～11.4 | 3.0～15.3 | 2.1～8.9 | 1.8～7.0 | 1.1～5.7 | 1.6～9.0 | 1.9～9.4 | 1.5～5.7 | 4.7 | 4.6 | 2.13% |
| | 5.7 | 6 | 4.4 | 6.3 | 5.3 | 4.1 | 3.5 | 4.3 | 4.3 | 3.2 | | | |
| Ho(μg/g) | bdl～2.74 | bdl～4.12 | bdl～3.04 | bdl～2.47 | bdl～2.04 | bdl～1.89 | bdl～1.48 | bdl～2.24 | bdl～1.68 | bdl～1.27 | 0.86 | 0.81 | 5.81% |
| | 0.92 | 1.35 | 0.84 | 0.85 | 0.99 | 0.96 | 0.58 | 0.95 | 0.67 | 0.7 | | | |
| Er(μg/g) | bdl～7.95 | 1.62～10.83 | bdl～6.93 | 1.16～5.10 | 0.96～7.30 | 0.97～5.24 | bdl～6.83 | 0.91～8.02 | 0.99～5.72 | 0.41～3.61 | 2.35 | 2.26 | 3.83% |
| | 2.56 | 3.15 | 2.1 | 2.79 | 2.37 | 2.12 | 2.29 | 2.49 | 2.2 | 1.49 | | | |
| Tm(μg/g) | bdl～0.47 | bdl～0.33 | bdl～0.59 | bdl～0.35 | bdl～0.39 | bdl～0.44 | bdl～0.31 | bdl～0.29 | bdl～0.39 | bdl～0.39 | 0.26 | 0.27 | -3.85% |
| | 0.2 | 0.19 | 0.35 | 0.18 | 0.25 | 0.36 | 0.21 | 0.26 | 0.27 | 0.26 | | | |

续表

| 煤层 | 11-2 | 11-1 | 8 | 7-2 | 6 | 5-2 | 5-1 | 4-2 | 4-1 | 3 | | | |
|---|---|---|---|---|---|---|---|---|---|---|---|---|---|
| 样品量 | 66 | 29 | 75 | 49 | 46 | 48 | 48 | 56 | 61 | 30 | SA | RA | RD |
| 储量 | 68.13 | 15.49 | 154.28 | 59.08 | 31.55 | 26.88 | 58.87 | 30.88 | 145.57 | 50.77 | | | |
| Yb(μg/g) | 0.9～4.0 | 1.5～6.0 | 0.8～4.5 | 0.8～6.9 | 0.6～3.5 | 0.7～3.1 | 0.8～3.0 | 0.9～4.1 | 0.5～5.6 | 0.5～2.3 | 2.1 | 2 | 4.76% |
| | 2.2 | 3 | 2 | 2.7 | 2 | 1.7 | 1.8 | 2.1 | 1.9 | 1.4 | | | |
| Lu(μg/g) | bdl～0.25 | bdl～0.23 | bdl～0.25 | bdl～0.26 | bdl～0.35 | bdl～0.15 | bdl～0.37 | bdl～0.46 | bdl～0.15 | bdl～0.17 | 0.12 | 0.11 | 8.33% |
| | 0.12 | 0.14 | 0.1 | 0.11 | 0.12 | 0.11 | 0.14 | 0.15 | 0.09 | 0.08 | | | |
| REE(μg/g) | 66～207 | 43～169 | 63～183 | 61～313 | 54～222 | 40～160 | 46～156 | 30～182 | 61～224 | 54～156 | 115 | 114 | 0.87% |
| | 131 | 120 | 111 | 143 | 127 | 99 | 98 | 104 | 113 | 97 | | | |

储量单位为Mt；SA：样品加权平均值；RA：储量加权平均值；RD＝(AM－WM)。

**表4.38　朱集以及中国、美国、世界煤中元素含量统计**

| | 本次研究 | | | 中国煤[a] | | | 中国华北[c] | | | 美国煤[d] | | | 世界煤 | |
|---|---|---|---|---|---|---|---|---|---|---|---|---|---|---|
| | 范围 | AM | WM | 范围 | AM | 样品 | 范围 | AM | 样品 | Max | AM | 样品 | 范围[e] | AM[g] |
| Ash(%) | 10.7～39.9 | 25.4 | 25.2 | n.d. | n.d. | n.d. | n.d. | n.d. | n.d. | n.d. | n.d. | n.d. | n.d. | n.d. |
| Na(%) | 0.06～0.56 | 0.25 | 0.25 | 0.015～0.94 | 0.13 | 1250 | 0.04～0.80 | 0.11 | 112 | 1.4 | 0.08 | n.d. | n.d. | n.d. |
| Mg(%) | 0.01～0.59 | 0.13 | 0.13 | 0.001～1.45 | 0.15 | 1250 | 0.001～1.38 | 0.17 | 112 | 1.5 | 0.11 | n.d. | n.d. | n.d. |
| Al(%) | 0.34～9.21 | 3.55 | 3.43 | 0.55～15.58 | 3.23 | 1250 | 0.63～10.11 | 3.59 | 112 | 10.6 | 1.5 | n.d. | n.d. | n.d. |
| Si(%) | 0.13～11.90 | 2.3 | 2.27 | 0.54～16.69 | 3.97 | 1250 | 0.64～12.97 | 3.81 | 112 | (13) | (2.4) | n.d. | n.d. | n.d. |
| S(%) | 0.08～5.90 | 0.5 | 0.44 | n.d. | n.d. | n.d. | n.d. | n.d. | n.d. | (3) | (2.17) | n.d. | n.d. | n.d. |
| K(%) | 0.04～2.77 | 0.74 | 0.72 | 0.008～1.56 | 0.17 | 1250 | 0.008～1.33 | 0.14 | 112 | 2 | 0.18 | n.d. | n.d. | n.d. |
| Ca(%) | 0.02～10.7 | 0.89 | 0.98 | 0.014～8.57 | 1 | 1250 | 0.11～3.76 | 0.86 | 112 | 72 | 0.46 | n.d. | n.d. | n.d. |

续表

| | 本次研究 | | | 中国煤[a] | | | 中国华北[c] | | | 美国煤[d] | | | 世界煤 | |
|---|---|---|---|---|---|---|---|---|---|---|---|---|---|---|
| | 范围 | AM | WM | 范围 | AM | 样品 | 范围 | AM | 样品 | Max | AM | 样品 | 范围[e] | AM[g] |
| Fe(%) | 0.29～8.30 | 2.17 | 2.08 | 0.014～14.29 | 4.04 | 1250 | 0.014～4.90 | 0.92 | 112 | 24 | 1.3 | n.d. | n.d. | n.d. |
| Ti(%) | 0.02～0.21 | 0.08 | 0.08 | 0.009～0.95 | 0.22 | 1250 | 0.018～0.56 | 0.23 | 112 | 0.74 | 0.08 | 7653 | 0.001～0.2 | 0.09 |
| P(mg/kg) | 3～1464 | 155 | 172 | bdl～4192 | 410 | 1250 | 4～362 | 57 | 112 | 58000 | 430 | 5079 | 10～3000 | 250 |
| Li(mg/kg) | 4～105 | 28 | 27 | 0.1～152 | 32 | 1274 | 5～97 | 44 | 96 | 370 | 16 | 7848 | 1～80 | 14 |
| Be(mg/kg) | bdl～16.1 | 4.5 | 4.2 | 0.1～72.8[b] | 2.1[b] | 1198[b] | 0.5～7.7[b] | 1.9[b] | 191[b] | 330 | 2.2 | 7484 | 0.1～15.0 | 2 |
| B(mg/kg) | 6～841 | 140 | 151 | 6～997 | 53 | 1048 | 26～348 | 67 | 96 | 1700 | 49 | 7874 | 5～400 | 47 |
| Sc(mg/kg) | 2.2～18.4 | 8.2 | 8.1 | 0.1～52.1 | 4.7 | 1847 | 0.1～20.1 | 6.3 | 198 | 100 | 4.2 | 7803 | 1～10 | 3.7 |
| V(mg/kg) | 0.7～46.4 | 7.5 | 7.2 | 0.2～1405[b] | 35.1[b] | 1266[b] | 3.4～333.7[b] | 39.8[b] | 310[b] | 370 | 22 | 7924 | 2～100 | 28 |
| Cr(mg/kg) | 3～137 | 38 | 38 | 0.1～943[b] | 15[b] | 1601[b] | 0.3～95[b] | 16[b] | 414[b] | 250 | 15 | 7847 | 0.5～60 | 17 |
| Mn(mg/kg) | 2～414 | 48 | 47 | 0.2～8619[b] | 125[b] | 1269[b] | 0.2～271[b] | 57[b] | 273[b] | 2500 | 43 | 7796 | 5～300 | 71 |
| Co(mg/kg) | 0.2～183 | 14.4 | 13.2 | 0.1～59.3[b] | 7.1[b] | 1488[b] | 0.1～38.5[b] | 4.2[b] | 374[b] | 500 | 6.1 | 7800 | 0.5～30 | 6 |
| Ni(mg/kg) | 1.2～124 | 19.6 | 18.7 | 0.5～186[b] | 13.7[b] | 1335[b] | 0.4～166[b] | 11.8[b] | 330[b] | 340 | 14 | 7900 | 0.5～50 | 17 |
| Cu(mg/kg) | 2.9～74.4 | 15.7 | 15.6 | 0.9～420[b] | 18.4[b] | 1296[b] | 1.1～98.7[b] | 22.0[b] | 323[b] | 280 | 16 | 7911 | 0.5～50 | 16 |
| Zn(mg/kg) | bdl～118 | 14.8 | 13.5 | 0.3～982[b] | 42.2[b] | 1400[b] | 0.3～346[b] | 49.0[b] | 314[b] | 19000 | 53 | 7908 | 5～300 | 28 |
| As(mg/kg) | bdl～226 | 4.1 | 3.9 | bdl～478.4[b] | 3.8[b] | 3453[b] | n.d.～61.4[b] | 2.6[b] | 530[b] | 2200 | 24 | 7676 | 0.5～80 | 9 |
| Se(mg/kg) | bdl～26.2 | 5.9 | 5.8 | 0.02～82.2[b] | 2.47[b] | 1526[b] | 0.1～65[b] | 4.8[b] | 364[b] | 150 | 2.8 | 7563 | 0.2～10[f] | 1.6 |
| Sr(mg/kg) | 32～1542 | 169 | 183 | 6～894 | 140 | 2075 | 6～894 | 193 | 196 | 2800 | 130 | 7842 | 15～500 | 100 |
| Y(mg/kg) | 4.1～28.2 | 11.6 | 11.4 | 1.2～79.1 | 18.2 | 884 | 4.3～63.7 | 19.2 | 96 | 170 | 8.5 | 7897 | 2～50 | 8.2 |
| Mo(mg/kg) | bdl～37.7 | 4.4 | 4 | 0.1～263[b] | 3.1[b] | 679[b] | 0.1～36.0[b] | 3.5[b] | 289[b] | 280 | 3.3 | 7107 | 0.1～10 | 2.1 |
| Cd(mg/kg) | bdl～0.95 | 0.3 | 0.27 | bdl～5.40[b] | 0.24[b] | 1317[b] | bdl～3.20[b] | 0.30[b] | 264[b] | 170 | 0.47 | 6150 | 0.10～3 | 0.2 |

续表

| | 本次研究 | | | 中国煤[a] | | | 中国华北[c] | | | 美国煤[d] | | | 世界煤 | |
|---|---|---|---|---|---|---|---|---|---|---|---|---|---|---|
| | 范围 | AM | WM | 范围 | AM | 样品 | 范围 | AM | 样品 | Max | AM | 样品 | 范围[e] | AM[g] |
| Sn(mg/kg) | 0.4～36.4 | 6.9 | 7.1 | 0.1～25.9 | 2.1 | 848 | 0.7～14.0 | 4.5 | 96 | 140 | 1.3 | 3004 | 1～10 | 1.4 |
| Sb(mg/kg) | bdl～13.54 | 2 | 1.94 | bdl～120[b] | 0.83[b] | 537[b] | 0.09～8.10[b] | 0.68[b] | 142[b] | 35 | 1.2 | 7473 | 0.05～10 | 1 |
| Ba(mg/kg) | 29～2203 | 211 | 225 | 9～1458 | 159 | 1205 | 2～560 | 122 | 198 | 22000 | 170 | 7836 | 20～1000 | 150 |
| Pb(mg/kg) | bdl～52.9 | 14.8 | 14.4 | 0.2～790[b] | 15.6[b] | 1393[b] | 0.2～69.7[b] | 20.7[b] | 389[b] | 1900 | 11 | 7469 | 2.0～80 | 9 |
| Bi(mg/kg) | bdl～5.2 | 1.6 | 1.5 | 0.1～3.6 | 0.8 | 812 | 0.1～1.4 | 0.5 | 96 | 14 | (<1.0) | 128 | <0.05 | 1.1 |
| Th(mg/kg) | 1.2～16.0 | 5.1 | 4.9 | 0.1～55.8[b] | 5.8[b] | 1011[b] | 0.1～26.5[b] | 8.7[b] | 463[b] | 79 | 3.2 | 6866 | 0.5～10 | 3.2 |
| La(mg/kg) | 4～63 | 25 | 25 | 2～350 | 26 | 327 | 1～112 | 26 | 198 | 300 | 12 | n.d. | 1～40 | 11 |
| Ce(mg/kg) | 11～121 | 44 | 44 | 3～459 | 49 | 327 | 1～230 | 48 | 198 | 700 | 21 | n.d. | 2～70 | 23 |
| Pr(mg/kg) | bdl～13.6 | 4.8 | 4.8 | 0.8～43.9 | 5.5 | 327 | n.d. | n.d. | n.d. | (65) | (4.8) | n.d. | 1～10 | 3.4 |
| Nd(mg/kg) | 5～59 | 21 | 20 | 2～169 | 22 | 327 | 0.06～42 | 15 | 198 | 230 | 10 | n.d. | 3～30 | 12 |
| Sm(mg/kg) | 0.7～14.9 | 4.8 | 4.8 | 0.8～27.4 | 4.3 | 327 | 0.2～20.6 | 4 | 198 | 18 | 1.7 | n.d. | 0.5～6 | 2.2 |
| Eu(mg/kg) | 0.03～5.47 | 0.88 | 0.85 | 0.09～51.22 | 0.87 | 327 | 0.05～3.00 | 0.72 | 198 | 4.8 | 0.4 | n.d. | 0.1～2 | 0.43 |
| Gd(mg/kg) | 0.8～12.5 | 4.2 | 4.1 | 0.8～20.3 | 3.7 | 327 | n.d. | n.d. | n.d. | (21) | (1.5) | n.d. | 0.4～4 | 2.7 |
| Tb(mg/kg) | bdl～0.98 | 0.2 | 0.19 | 0.12～3.70 | 0.67 | 327 | 0.03～2.57 | 0.63 | 198 | 3.9 | 0.3 | n.d. | 0.1～1 | 0.31 |
| Dy(mg/kg) | 1.1～15.3 | 4.7 | 4.6 | 0.7～12.8 | 3.1 | 327 | n.d. | n.d. | n.d. | (28) | (1.5) | n.d. | 0.5～4 | 2.1 |
| Ho(mg/kg) | bdl～4.12 | 0.86 | 0.81 | 0.14～2.57 | 0.65 | 327 | n.d. | n.d. | n.d. | (12) | (0.47) | n.d. | 0.1～2 | 0.57 |
| Er(mg/kg) | bdl～10.80 | 2.35 | 2.26 | 0.39～748 | 1.86 | 327 | n.d. | n.d. | n.d. | (11) | (0.63) | n.d. | 0.5～3 | 1 |
| Tm(mg/kg) | bdl～0.59 | 0.26 | 0.27 | 0.05～1.14 | 0.27 | 327 | n.d. | n.d. | n.d. | (5.1) | (0.28) | n.d. | n.d. | 0.3 |
| Yb(mg/kg) | 0.5～6.9 | 2.1 | 2 | 0.4～17.2 | 2.1 | 327 | 0.5～5.3 | 1.9 | 198 | 20 | 0.1 | n.d. | 0.3～3 | 1 |
| Lu(mg/kg) | bdl～0.46 | 0.12 | 0.11 | 0.03～30 | 0.3 | 327 | 0.02～0.82 | 0.28 | 198 | n.d. | n.d. | n.d. | 0.03～1 | 0.2 |

Max:最大值;AM:算术平均值;n.d.:没数据;bdl:低于检测限。[a]Dai 等[102,116];[b]任德贻等[418];[c]Dai 等[116];[d]Finkelman[424];()中的数据是根据 USGS CD-ROM(7430 个样品)计算所得;[e]Ketris 和 Yudovich 的硬煤(hard coal)元素数据。[171]

表 4.39　二叠系煤中山西组、下石盒子组、上石盒子组中元素含量

| | Ash(%) | Na(%) | Mg(%) | Al(%) | Si(%) | S(%) | K(%) | Ca(%) | Fe(%) |
|---|---|---|---|---|---|---|---|---|---|
| USF | 26.1 | 0.22 | 0.12 | 4.77 | 2.51 | 0.37 | 0.67 | 0.96 | 2.11 |
| LSF | 25.4 | 0.26 | 0.13 | 3.3 | 2.33 | 0.45 | 0.71 | 0.91 | 2.04 |
| SXF | 25 | 0.29 | 0.18 | 2.61 | 1.26 | 0.41 | 0.93 | 1.79 | 2.44 |

| | Ti(%) | P (mg/kg) | Li (mg/kg) | Be (mg/kg) | B (mg/kg) | Sc (mg/kg) | V (mg/kg) | Cr (mg/kg) | Mn (mg/kg) |
|---|---|---|---|---|---|---|---|---|---|
| USF | 0.08 | 148 | 35 | 6 | 62 | 9.3 | 9.3 | 40 | 53 |
| LSF | 0.08 | 174 | 25 | 3.8 | 155 | 8.2 | 7.1 | 38 | 45 |
| SXF | 0.05 | 194 | 29 | 5.1 | 258 | 5.8 | 4.2 | 36 | 62 |

| | Co (mg/kg) | Ni (mg/kg) | Cu (mg/kg) | Zn (mg/kg) | As (mg/kg) | Se (mg/kg) | Sr (mg/kg) | Y (mg/kg) | Mo (mg/kg) |
|---|---|---|---|---|---|---|---|---|---|
| USF | 19.4 | 22.7 | 18.8 | 18.1 | 2.3 | 7.7 | 80 | 14.1 | 4.7 |
| LSF | 12.4 | 18.3 | 15.3 | 12.4 | 3.9 | 5.3 | 175 | 11.2 | 3.8 |
| SXF | 10.5 | 16.2 | 13.6 | 17.2 | 6.8 | 6.9 | 440 | 8 | 4 |

| | Cd (mg/kg) | Sn (mg/kg) | Sb (mg/kg) | Ba (mg/kg) | Pb (mg/kg) | Bi (mg/kg) | Th (mg/kg) |
|---|---|---|---|---|---|---|---|
| USF | 0.27 | 7.2 | 2.53 | 237 | 18.6 | 1.4 | 5.6 |
| LSF | 0.29 | 6.9 | 1.95 | 225 | 13.7 | 1.5 | 4.9 |
| SXF | 0.17 | 8.7 | 0.93 | 200 | 14.2 | 2.1 | 4.7 |

| | La (mg/kg) | Ce (mg/kg) | Pr (mg/kg) | Nd (mg/kg) | Sm (mg/kg) | Eu (mg/kg) | Gd (mg/kg) | Tb (mg/kg) | Dy (mg/kg) |
|---|---|---|---|---|---|---|---|---|---|
| USF | 27 | 49 | 5.5 | 23 | 5.7 | 1.07 | 5 | 0.24 | 5.7 |
| LSF | 25 | 44 | 4.8 | 21 | 4.8 | 0.84 | 4 | 0.19 | 4.5 |
| SXF | 24 | 38 | 4.2 | 16 | 3.3 | 0.58 | 3.5 | 0.17 | 3.2 |

| | Ho (mg/kg) | Er (mg/kg) | Tm (mg/kg) | Yb (mg/kg) | Lu (mg/kg) | REE (mg/kg) |
|---|---|---|---|---|---|---|
| USF | 1 | 2.67 | 0.2 | 2.4 | 0.13 | 129 |
| LSF | 0.79 | 2.27 | 0.28 | 2 | 0.11 | 114 |
| SXF | 0.7 | 1.49 | 0.26 | 1.4 | 0.08 | 97 |

USF：上石盒子组；LSF：下石盒子组；SXF：山西组。

### 2. 不同厚度煤层中元素含量

由于沉积环境的不同，所形成的煤层的厚度也各异。即使是同一沉积环境形成的煤层，由于后期的地质活动（岩浆岩、地下水循环以及局域断层）也会使煤层的厚度产生差异。为此，我们选择了位于 E2、7-8 和 E4 的 4-1 煤层（E2 和 E4 属于地质异常孔，三者的厚度分别为 0.25 m、2.7 m 和 4.25 m）的元素的含量来探讨不同区域的同一煤层（相似沉积环境）元素之间的差异。三个钻孔的主量及微量元素的含量如表 4.40 所示。由表 4.40 可知：① 4-1 煤层中 Al、Si 和 Sc 的含量在 E2、7-8 和 E4 三个钻孔无明显差异，Na、Mg、K、Ca、Be 和 V 在煤层较厚的 7-8 和 E4 两个钻孔中无明显差异；② Mg、K、Ca、Mn、Sr、As、Se、Sb 和轻稀土元

素(LREE)有在较厚煤层富集的趋势；Fe、Ti、Be、V、Co、Ni、Y、Mo、Pb和重稀土元素(HREE)却在较薄的煤层中富集；③ 在厚煤层的富集的元素(As、Se、Sb、Mn)相对来说比薄煤层富集的元素(Ni、Co、Pb)对环境的危害性更大。[421]

**表4.40　煤在E2、7-8和E4三个钻孔中因煤层厚度不同而不同的元素差异**

| | Na(%) | Mg(%) | Al(%) | Si(%) | S(%) | K(%) | Ca(%) | Fe(%) | Ti(%) |
|---|---|---|---|---|---|---|---|---|---|
| E2 | 0.23 | 0.06 | 4 | 1.4 | 0.34 | 0.75 | 1.1 | 3.2 | 0.33 |
| 7-8 | 0.36 | 0.13 | 4 | 1.3 | 0.44 | 1.1 | 2.2 | 2.2 | 0.31 |
| E4 | 0.37 | 0.13 | 4 | 1.5 | 0.19 | 1.2 | 2.3 | 1.5 | 0.25 |

| | P (mg/kg) | Li (mg/kg) | Be (mg/kg) | B (mg/kg) | Sc (mg/kg) | V (mg/kg) | Cr (mg/kg) | Mn (mg/kg) | Co (mg/kg) |
|---|---|---|---|---|---|---|---|---|---|
| E2 | 120 | 30 | 6.9 | 110 | 7 | 12.8 | 37 | 11 | 13.9 |
| 7-8 | 73 | 14 | 2.9 | 146 | 8.5 | 5.5 | 29 | 26 | 7.2 |
| E4 | 104 | 26 | 2.7 | 87 | 7.9 | 5.2 | 42 | 41 | 6.3 |

| | Ni (mg/kg) | Cu (mg/kg) | Zn (mg/kg) | As (mg/kg) | Se (mg/kg) | Sr (mg/kg) | Y (mg/kg) | Mo (mg/kg) | Cd (mg/kg) |
|---|---|---|---|---|---|---|---|---|---|
| E2 | 20.1 | 7.4 | 4.6 | bdl | bdl | 112 | 23.1 | 4.3 | bdl |
| 7-8 | 8.3 | 8.8 | 4.5 | 1.6 | 7 | 162 | 10.3 | 0.1 | bdl |
| E4 | 5.3 | 5.2 | 1.6 | 1.2 | 5.5 | 231 | 8.4 | bdl | bdl |

| | Sn (mg/kg) | Sb (mg/kg) | Ba (mg/kg) | Pb (mg/kg) | Bi (mg/kg) | Th (mg/kg) |
|---|---|---|---|---|---|---|
| E2 | 4.1 | 1.61 | 148 | 16.4 | bdl | 4.1 |
| 7-8 | 8.4 | bdl | 193 | 14.9 | 3.5 | 5 |
| E4 | 2.6 | 3.49 | 264 | 9.6 | bdl | 4.5 |

| | La (mg/kg) | Ce (mg/kg) | Pr (mg/kg) | Nd (mg/kg) | Sm (mg/kg) | Eu (mg/kg) | Gd (mg/kg) | Tb (mg/kg) | Dy (mg/kg) |
|---|---|---|---|---|---|---|---|---|---|
| E2 | 26 | 37 | 11.9 | 3 | bdl | 2.7 | 4.1 | 5.91 | 6.2 |
| 7-8 | 22 | 41 | 3.8 | 5 | 0.8 | 0.61 | bdl | 2.9 | 0.5 |
| E4 | 50 | 41 | 21.2 | 17 | 3.9 | 3.97 | 0.2 | 0.19 | 1.3 |

| | Ho (mg/kg) | Er (mg/kg) | Tm (mg/kg) | Yb (mg/kg) | Lu (mg/kg) | REE (mg/kg) |
|---|---|---|---|---|---|---|
| E2 | 4 | bdl | 5.64 | 1.8 | 0.14 | 78 |
| 7-8 | 1.68 | 1.56 | bdl | 0.1 | 0.08 | 105 |
| E4 | 1.35 | bdl | 1.41 | 0.1 | 0.3 | 117 |

### 4.2.4　丁集矿煤中微量元素的含量与分布特征

表4.41和表4.42分别列出了丁集11煤、13煤中的微量元素，丁集煤矿煤中伴生元素的最大值、最小值、平均值与中国华北石炭二叠纪、中国、美国、澳大利亚以及世界范围煤中

伴生元素平均值的对比分析如表 4.43 所示。评价煤中元素的分散与富集程度常用富集系数(EF)来表示。现用 Gordon 和 Zoller 的富集公式：

$$EF = \frac{(C_x/C_{Al})_{煤}}{(C_x/C_{Al})_{地壳}}$$

本书采用 Wedepohl[426] 发表的上地壳元素丰度值进行计算。与上地壳及其他地区煤中伴生元素含量相比较，As、Se、Mo、Sb、W、Bi、Cd、Ni、B、Hg、Cu、Li 在丁集煤中明显富集，富集系均数大于 5。P、Ba、Mn、Be、Ho、Dy、Sm、Y、Gd、Eu、La、Sr、Fe、Si、Mg、Ca、Na、K 的富集系数小于 1，在丁集煤中表现为亏损。

**表 4.41　丁集 11 煤中元素分析测试结果**　　(单位：mg/kg)

| 元素 | DJ 11-0 | DJ 11-2 | DJ 11-3 | DJ 11-4 | DJ 11-5 | DJ 11-6 | DJ 11-7 | DJ 11-8 | 极大值 | 极小值 | 平均值 |
|---|---|---|---|---|---|---|---|---|---|---|---|
| P | 343 | 359 | 157 | 111 | 109 | 66.4 | 75.6 | 131 | 359 | 66.4 | 160.39 |
| Sn | 0.97 | 2.57 | 5.31 | 39.2 | 4.28 | 5.37 | 5.58 | 2.9 | 39.2 | 0.97 | 7.87 |
| As | 3.94 | 3.29 | 2.21 | N/A | N/A | 1.08 | 7.83 | 3.75 | 7.83 | N/A | 2.59 |
| Se | 2.12 | 3.55 | 5.51 | 6.49 | 7.17 | 5.8 | 4.91 | 0.991 | 7.17 | 0.991 | 4.41 |
| Re | 3.74 | 1.01 | 2.21 | 0.804 | 1.63 | 1.39 | 1.29 | 4.5 | 4.5 | 0.286 | 1.87 |
| Mo | 0.959 | 1.38 | 0.715 | 1.01 | 2.53 | 5.23 | 4.04 | 0.271 | 5.23 | 0.271 | 1.96 |
| Zn | 112 | 4.26 | 2.16 | 25.5 | 23.3 | 71.9 | 32.7 | 36.8 | 112 | 2.16 | 38.24 |
| Sb | 2.71 | 0.283 | 1.57 | 0.443 | 5.79 | 3.16 | 2.79 | 1.65 | 5.79 | 0.283 | 2.08 |
| W | 7.74 | 0.331 | 2.78 | 4.11 | 4.2 | 2.14 | 2.64 | 7.8 | 8.32 | 0.331 | 4.45 |
| Pb | 47.2 | 17.1 | 14.2 | 22.2 | 61.1 | 31.1 | 38.4 | 35.1 | 61.1 | 14.2 | 31.2 |
| Bi | 29 | 2.69 | 7.51 | 7.25 | 6.73 | 6.5 | 9.69 | 22.5 | 29 | 2.69 | 10.82 |
| Co | 33.6 | 13.4 | 9.73 | 17.3 | 15.6 | 28.5 | 16 | 16.2 | 33.6 | 9.73 | 18.39 |
| Cd | 1.16 | 0.0862 | 0.18 | 0.29 | 0.912 | 0.448 | 0.378 | 0.932 | 1.16 | 0.0862 | 0.52 |
| Ni | 36.4 | 11.7 | 17.2 | 14.2 | 19.8 | 28.9 | 25.3 | 22.3 | 36.4 | 11.7 | 21.08 |
| Ba | 112 | 178 | 146 | 168 | 143 | 97.3 | 91.3 | 214 | 214 | 91.3 | 141.51 |
| B | 51.3 | 32 | 23.2 | 33.4 | 38.6 | 23.7 | 5080 | 43.1 | 5080 | 23.2 | 595.32 |
| Hg | 7.45 | 0.914 | 2.6 | 2.17 | 2.59 | 3.41 | 1.52 | 6.04 | 7.45 | 0.914 | 3.13 |
| Mn | 65.3 | 9.18 | 7.67 | 18.3 | 22.2 | 35.3 | 30.5 | 29 | 65.3 | 7.67 | 26.46 |
| Lu | 0.551 | 0.337 | 0.229 | 0.39 | 0.358 | 0.396 | 0.288 | 0.518 | 0.551 | 0.229 | 0.38 |
| Cr | 73.8 | 12.5 | 9.23 | 19.9 | 32 | 21.3 | 17.3 | 72.2 | 73.8 | 9.23 | 30.77 |
| Th | 7.89 | 3.49 | 11.4 | 4.68 | 9.3 | 7.5 | 4.19 | 7.38 | 11.4 | 3.49 | 6.59 |
| V | 90.9 | 31.5 | 21.6 | 44.9 | 202 | 134 | 70.9 | 144 | 202 | 21.6 | 87.31 |
| Be | 1.27 | 1.31 | 1.02 | 1.32 | 1.65 | 2.23 | 3.65 | 0.948 | 3.65 | 0.923 | 1.59 |
| Tm | N/A | N/A | N/A | N/A | N/A | N/A | N/A | N/A | N/A | N/A | N/A |
| Cu | 40.7 | 25.2 | 18.2 | 120 | 125 | 140 | 121 | 22.1 | 140 | 18.2 | 81.69 |
| Yb | 0.269 | 1.59 | 0.565 | 1.9 | 1.16 | 1.49 | 0.837 | 0.418 | 1.9 | 0.269 | 1.07 |
| Pd | N/A | N/A | N/A | N/A | N/A | N/A | N/A | N/A | N/A | N/A | N/A |

续表

| 元素 | DJ 11-0 | DJ 11-2 | DJ 11-3 | DJ 11-4 | DJ 11-5 | DJ 11-6 | DJ 11-7 | DJ 11-8 | 极大值 | 极小值 | 平均值 |
|---|---|---|---|---|---|---|---|---|---|---|---|
| Ho | N/A | 0.111 | N/A | N/A | N/A | 0.0503 | N/A | N/A | 0.111 | N/A | 0.02 |
| Tb | 0.362 | 0.429 | 0.184 | 0.638 | 0.644 | 0.552 | N/A | 0.554 | 0.644 | N/A | 0.42 |
| Dy | N/A | 2.33 | 0.644 | 2.64 | 0.636 | 1.89 | 0.489 | N/A | 2.64 | N/A | 1.16 |
| Sm | 0.163 | 1.26 | 0.602 | 2.09 | 0.361 | 1.59 | 1.45 | 0.043 | 2.09 | 0.043 | 0.99 |
| Sc | 1.83 | 6.34 | 2.67 | 8.79 | 4.99 | 8.47 | 4.53 | 6.75 | 8.79 | 1.83 | 5.83 |
| Er | N/A | 1.04 | 0.338 | 1.42 | 0.573 | 1.03 | 6.84 | 0.0838 | 6.84 | N/A | 1.38 |
| Y | N/A | 9.65 | 2.33 | 10.5 | 3.5 | 10.1 | 3.34 | 0.303 | 12.4 | N/A | 5.79 |
| Gd | 0.0337 | 1.49 | 0.418 | 1.82 | N/A | 1.61 | N/A | N/A | 1.82 | N/A | 0.75 |
| Eu | N/A | 0.249 | 0.0628 | 0.32 | N/A | 0.274 | 0.0765 | N/A | 0.32 | N/A | 0.14 |
| Pr | 0.168 | 1.84 | 3.78 | 2.86 | 1.16 | N/A | 16.3 | 0.127 | 16.3 | N/A | 3.05 |
| La | 0.235 | 4.15 | 2.34 | 3.56 | 0.44 | 4.09 | 0.963 | 0.189 | 4.25 | 0.189 | 2.09 |
| Nd | 0.978 | 4.77 | 2.62 | 7.64 | 1.13 | 5.46 | 34.3 | 0.962 | 34.3 | 0.962 | 7.02 |
| Sr | 11.4 | 148 | 74.4 | 86.2 | 77.7 | 74.3 | 52.3 | 41.3 | 148 | 11.4 | 71.13 |
| Ce | 4.87 | 37 | 43.1 | 44.7 | 20.5 | 23.2 | 183 | 2.18 | 183 | 2.18 | 43.85 |
| Li | 68.2 | 36.9 | 141 | 37 | 46.1 | 30.4 | 202 | 61.6 | 202 | 27.8 | 72.33 |
| S | 416 | 3010 | 2020 | 2840 | 5970 | 5290 | 6270 | 320 | 6270 | 320 | 3205.11 |
| Fe | 16900 | 5860 | 8050 | 4440 | 12600 | 10200 | 5020 | 13100 | 16900 | 4440 | 9003.33 |
| Si | 70500 | 8240 | 18400 | 17500 | 20900 | 20100 | 26600 | 70800 | 70800 | 8240 | 30160 |
| Mg | 43.9 | 869 | 120 | 639 | 327 | 962 | 247 | 471 | 962 | 43.9 | 505.54 |
| Ca | 49 | 3090 | 1070 | 3000 | 2400 | 4330 | 2230 | 142 | 4330 | 49 | 2247.89 |
| Ti | 5280 | 1750 | 3020 | 3960 | 2550 | 1440 | 2160 | 5750 | 5750 | 1440 | 3144.44 |
| Al | 71900 | 31600 | 77700 | 38100 | 58400 | 34700 | 53800 | 100000 | 100000 | 26100 | 54700 |
| Na | 6050 | 959 | 1460 | 1320 | 2180 | 1330 | 7440 | 3770 | 7440 | 959 | 2862.11 |
| K | 14600 | 1050 | 1260 | 2000 | 6120 | 1940 | 2870 | 14700 | 14700 | 1050 | 5088.89 |

**表 4.42　丁集 13 煤中元素分析测试结果**　(单位:mg/kg)

| 元素 | DJ 13-0 | DJ 13-2 | DJ 13-3 | DJ 13-4 | DJ 13-5 | DJ 13-6 | DJ 13-7 | DJ 13-8 | DJ 13-9 | 最小值 | 最大值 | 平均值 |
|---|---|---|---|---|---|---|---|---|---|---|---|---|
| P | 209 | 148 | 35.9 | 65.3 | 144 | 90.1 | 63.6 | 55.3 | 91.1 | 35.9 | 209 | 104.23 |
| Sn | 2.2 | 3.71 | 4.6 | 3.24 | 8.15 | 5.84 | 4.67 | 2.49 | 2.4 | 2.2 | 8.15 | 3.97 |
| As | N/A | 33.7 | 5.32 | 10.5 | 64.3 | 1.02 | N/A | 4.8 | 4.05 | N/A | 64.3 | 12.7 |
| Se | N/A | 9.14 | 3.04 | 0.533 | 6.15 | 6 | 3.3 | 2.4 | 2.49 | N/A | 9.14 | 3.53 |
| Re | 4.34 | 2.82 | 0.834 | N/A | 2.11 | 0.224 | 0.328 | 0.497 | 2.79 | N/A | 4.34 | 1.52 |
| Mo | 0.521 | 3.53 | 2.97 | 10.5 | 6.71 | 3.05 | 2.24 | 3.16 | 2.67 | 0.521 | 580 | 61.54 |
| Zn | 38.6 | 68.9 | 4.83 | 7.6 | 51.2 | 50.3 | 23.9 | 5.6 | 11 | 4.83 | 68.9 | 31.75 |
| Sb | 3.58 | 11.1 | N/A | 0.979 | 21.1 | N/A | 4.73 | N/A | 2.96 | N/A | 21.1 | 4.44 |

续表

| 元素 | DJ 13-0 | DJ 13-2 | DJ 13-3 | DJ 13-4 | DJ 13-5 | DJ 13-6 | DJ 13-7 | DJ 13-8 | DJ 13-9 | 最小值 | 最大值 | 平均值 |
|---|---|---|---|---|---|---|---|---|---|---|---|---|
| W | 7.58 | 8.49 | 0.717 | 2.68 | 10.1 | 5.63 | 2.99 | 0.723 | 3.17 | 0.717 | 140 | 18.21 |
| Pb | 36.4 | 106 | 12.6 | 10.7 | 143 | 13.7 | 12.1 | 10.5 | 21 | 10.5 | 143 | 38.56 |
| Bi | 20.8 | 26.2 | 1.48 | 2.51 | 29 | 5.04 | 3.6 | 3.14 | 12 | 1.48 | 29 | 11.76 |
| Co | 16.2 | 26.3 | 14.4 | 15.4 | 18.5 | 17.5 | 14.6 | 17.2 | 16.1 | 14.4 | 65.7 | 22.19 |
| Cd | 0.779 | 1.04 | N/A | 0.0564 | 1/36 | 0.263 | 0.417 | 0.104 | 0.411 | N/A | 1.36 | 0.51 |
| Ni | 26.8 | 31.9 | 13.5 | 42 | 29.4 | 14.5 | 9.3 | 11.9 | 20.1 | 9.3 | 1880 | 207.94 |
| Ba | 42.9 | 172 | 66 | 82 | 90.7 | 95.3 | 113 | 85.8 | 56.3 | 42.9 | 172 | 85.05 |
| B | 13.2 | 19300 | 19.8 | 37 | 37400 | 10.7 | 14.6 | 7.18 | 9.47 | 7.18 | 37400 | 5707 |
| Hg | 3.98 | 10.8 | 0.39 | 2.06 | 11.6 | 0.847 | 1.28 | 0.544 | 3.15 | 0.39 | 11.6 | 3.92 |
| Mn | 22.2 | 62.7 | 10.6 | 17.6 | 76.3 | 22 | 6.94 | 8.63 | 6.13 | 6.13 | 76.3 | 26.08 |
| Lu | 0.649 | 0.659 | 0.244 | 0.236 | 0.602 | 0.234 | 0.203 | 0.241 | 0.231 | 0.203 | 0.659 | 0.39 |
| Cr | 63.2 | 50 | 12.1 | 19.5 | 19.1 | 14.8 | 17.2 | 17 | 22.5 | 12.1 | 670 | 90.54 |
| Th | 13.3 | 12.2 | 3.65 | 4.5 | 6.34 | 4.17 | 3.14 | 2.86 | 3.1 | 2.86 | 13.3 | 6.4 |
| V | 123 | 105 | 28.2 | 37.7 | 34.8 | 29 | 28.9 | 35.6 | 84.2 | 28.2 | 136 | 64.24 |
| Be | 2.52 | 2.59 | 1.05 | 0.836 | 2.68 | 0.567 | 0.768 | 1.16 | 2.66 | 0.567 | 2.68 | 1.74 |
| Tm | N/A | N/A | N/A | N/A | N/A | N/A | N/A | N/A | N/A | N/A | N/A | N/A |
| Cu | 57.6 | 106 | 21.9 | 26.4 | 95.8 | 115 | 30.5 | 26.9 | 29.3 | 21.9 | 115 | 58.52 |
| Yb | 0.357 | 1.06 | 1.1 | 1.14 | 0.715 | 0.896 | 0.976 | 1.23 | 0.24 | 0.24 | 1.23 | 0.81 |
| Pd | N/A | N/A | N/A | N/A | N/A | N/A | N/A | N/A | N/A | N/A | N/A | N/A |
| Ho | N/A | N/A | 0.127 | 0.0781 | N/A | 0.0358 | N/A | N/A | N/A | N/A | 0.127 | 0.02 |
| Tb | 0.751 | N/A | 0.33 | 0.538 | N/A | 0.374 | 0.243 | 0.308 | 0.33 | N/A | 0.751 | 0.35 |
| Dy | N/A | 0.434 | 1.65 | 1.81 | 0.487 | 1.34 | 1.11 | 1.55 | 0.088 | N/A | 1.81 | 0.85 |
| Sm | 0.0695 | 3.76 | 1.31 | 1.97 | 4.05 | 1.72 | 1.12 | 1.48 | 0.103 | N/A | 4.05 | 1.56 |
| Sc | 3.11 | 10.2 | 4.6 | 5.51 | 4.8 | 4.95 | 7.25 | 6.81 | 1.93 | 0.557 | 10.2 | 4.97 |
| Er | 0.118 | 21.9 | 0.758 | 1.09 | 21 | 0.448 | 0.711 | 0.877 | N/A | N/A | 21.9 | 5.51 |
| Y | N/A | 3.74 | 8.63 | 9.97 | 4.48 | 6.63 | 4.42 | 7.67 | 0.441 | N/A | 9.97 | 4.6 |
| Gd | N/A | N/A | 1.26 | 1.58 | N/A | 1.3 | 0.231 | 0.799 | 0.0106 | N/A | 1.58 | 0.55 |
| Eu | N/A | 0.124 | 0.226 | 0.343 | 0.215 | 0.291 | 0.104 | 0.265 | N/A | N/A | 0.343 | 0.16 |
| Pr | 0.0924 | 44.9 | N/A | N/A | 40.6 | N/A | 2.13 | N/A | N/A | N/A | 44.9 | 8.77 |
| La | N/A | 3.19 | 3.03 | 7.17 | 3.99 | 5.38 | 1.4 | 4.8 | 0.416 | N/A | 7.17 | 2.94 |
| Nd | 1.22 | 93.4 | 5.06 | 8.1 | 101 | 7.04 | 2.8 | 4.96 | 0.717 | 0.717 | 101 | 22.53 |
| Sr | 3.91 | 71.9 | 52 | 60.8 | 52.6 | 61.3 | 69.5 | 50.4 | 7.84 | 3.91 | 71.9 | 43.61 |
| Ce | 0.252 | 430 | 29.4 | 22.4 | 395 | 32.1 | 41.1 | 35.8 | 1.2 | 0.252 | 430 | 98.79 |

续表

| 元素 | DJ 13-0 | DJ 13-2 | DJ 13-3 | DJ 13-4 | DJ 13-5 | DJ 13-6 | DJ 13-7 | DJ 13-8 | DJ 13-9 | 最小值 | 最大值 | 平均值 |
|---|---|---|---|---|---|---|---|---|---|---|---|---|
| Li | 78.9 | 647 | 20.6 | 17.6 | 1220 | 12.7 | 12.4 | 12.4 | 57.8 | 12.4 | 1220 | 214.52 |
| S | 536 | 1440 | 2180 | 1680 | 1500 | 1690 | 1300 | 1450 | 1600 | 536 | 2180 | 1472.6 |
| Fe | 30100 | 14200 | 5610 | 5080 | 3940 | 5180 | 3140 | 3410 | 5790 | 3140 | 30100 | 10015 |
| Si | 58600 | 85000 | 8470 | 8320 | 98700 | 17800 | 10100 | 11800 | 32300 | 8320 | 98700 | 37329 |
| Mg | 197 | 414 | 597 | 922 | 777 | 756 | 338 | 573 | 25.7 | 25.7 | 922 | 470.07 |
| Ca | N/A | 2320 | 4500 | 8610 | 3800 | 7520 | 2740 | 5560 | 127 | N/A | 8610 | 3526.97 |
| Ti | 4820 | 3920 | 1300 | 1670 | 1670 | 1420 | 2240 | 2290 | 2070 | 1300 | 4820 | 2462 |
| Al | 85700 | 93100 | 30100 | 29800 | 36800 | 24200 | 42600 | 42800 | 75400 | 24200 | 93100 | 53270 |
| Na | 3480 | 22100 | 411 | 385 | 3880 | 1140 | 902 | 666 | 1460 | 385 | 38800 | 7300.4 |
| K | 5160 | 5740 | 563 | 352 | 3130 | 559 | 697 | 566 | 1120 | 352 | 5740 | 2082.7 |

**表4.43　丁集煤矿煤中伴生元素与中国及世界其他国家对比**　(单位:mg/kg)

| 元素 | 丁集煤矿 | | | 上部地壳 | 富集系数(EF) | 华北(C-P) | 中国 | 美国 | 澳大利亚 | 世界褐煤 |
|---|---|---|---|---|---|---|---|---|---|---|
| | 平均值 | 最小值 | 最大值 | | | | | | | |
| P | 114.11 | 35.9 | 359 | 665 | 0.29 | 153 | 206 | 430 | n.d. | 338.5 |
| Sn | 6.81 | 2.44 | 39.2 | 2.5 | 4.57 | 3 | 2 | 1.3 | n.d. | 1.9 |
| As | 11.55 | 1.02 | 64.3 | 2 | 9.69 | 3 | 5 | 2.4 | 2 | 37.37 |
| Se | 4.62 | 0.533 | 9.14 | 0.083 | 93.44 | 5 | 2 | 2.8 | 1 | 1.72 |
| Re | 1.19 | 0.224 | 2.82 | n.d. | n.d. | n.d. | n.d. | n.d. | n.d. | n.d. |
| Mo | 41.9 | 0.715 | 580 | 1.4 | 50.24 | 4 | 4 | 3.3 | 1.6 | 6.18 |
| Zn | 30.88 | 2.16 | 71.9 | 52 | 1 | 30 | 35 | 53 | 19 | 75.54 |
| Sb | 4.75 | 0.283 | 21.1 | 0.31 | 25.72 | 0.6 | 2 | 1.2 | 0.54 | 0.8 |
| W | 13.06 | 0.331 | 140 | 1.4 | 15.66 | 2 | 2 | 1 | 0.5 | 3.46 |
| Pb | 35.11 | 10.5 | 143 | 17 | 3.47 | 21 | 13 | 11 | 7.5 | 11.1 |
| Bi | 8.71 | 1.48 | 29 | 0.123 | 118.87 | 0.8 | 0.8 | n.d. | n.d. | 1.13 |
| Co | 20.36 | 9.73 | 65.7 | 11.6 | 2.95 | 6 | 7 | 6.1 | 5.3 | 32.01 |
| Cd | 0.46 | 0.0564 | 1.36 | 0.102 | 7.57 | 0.5 | 0.2 | 0.47 | 0.09 | 5.58 |
| Ni | 144.23 | 9.3 | 1880 | 18.6 | 13.02 | 18 | 14 | 14 | 14 | 54.17 |
| Ba | 113.26 | 46.5 | 178 | 668 | 0.28 | 94 | 82 | 170 | 130 | 249.91 |
| B | 4154.05 | 7.18 | 37400 | 17 | 410.18 | 62 | 63 | 49 | 17 | 128.66 |
| Hg | 3.11 | 0.39 | 11.6 | 0.056 | 93.22 | 0.2 | 0.15 | 0.17 | 0.06 | 0.13 |
| Mn | 25.09 | 6.94 | 76.3 | 527 | 0.08 | 40 | 77 | 43 | 30 | 72.9 |
| Lu | 0.36 | 0.203 | 0.659 | 0.27 | 2.24 | 0.26 | 0.07 | n.d. | n.d. | n.d. |
| Cr | 63.38 | 9.23 | 670 | 35 | 3.04 | 15 | 12 | 15 | 12 | 54.53 |

续表

| 元素 | 丁集煤矿 | | | 上部地壳 | 富集系数(EF) | 华北(C-P) | 中国 | 美国 | 澳大利亚 | 世界褐煤 |
|---|---|---|---|---|---|---|---|---|---|---|
| | 平均值 | 最小值 | 最大值 | | | | | | | |
| Th | 6.11 | 2.86 | 12.2 | 10.3 | 1 | 7 | 6 | 3.2 | 3.5 | 3.3 |
| V | 65.74 | 21.6 | 202 | 53 | 2.08 | 38 | 21 | 22 | 26 | 37.28 |
| Be | 1.62 | 0.567 | 3.65 | 3.1 | 0.88 | 2 | 2 | 2.2 | 1.4 | 2.41 |
| Tm | N/A | 0 | 0 | n.d. | n.d. | n.d. | n.d. | n.d. | n.d. | n.d. |
| Cu | 78.05 | 18.2 | 140 | 14.3 | 9.16 | 18 | 13 | 16 | 12 | 35.32 |
| Yb | 1.09 | 0.353 | 1.9 | 1.5 | 1.22 | 1.49 | 1.47 | n.d. | n.d. | n.d. |
| Pd | N/A | 0 | 0 | n.d. | n.d. | n.d. | n.d. | n.d. | n.d. | n.d. |
| Ho | 0.08 | 0.0358 | 0.127 | 0.62 | 0.22 | n.d. | n.d. | n.d. | n.d. | n.d. |
| Tb | 0.44 | 0.184 | 0.644 | 0.5 | 1.48 | 0.54 | 0.3 | n.d. | n.d. | n.d. |
| Dy | 1.35 | 0.434 | 2.64 | 2.9 | 0.78 | n.d. | n.d. | n.d. | n.d. | n.d. |
| Sm | 1.72 | 0.361 | 4.05 | 4.7 | 0.61 | 3.85 | 3.8 | n.d. | n.d. | n.d. |
| Sc | 5.9 | 0.557 | 10.2 | 7 | 1.41 | 6 | 3 | 4.2 | 4.2 | 3.86 |
| Er | 4.49 | 0.338 | 21.9 | 2.1 | 3.59 | n.d. | n.d. | n.d. | n.d. | n.d. |
| Y | 6.95 | 2.33 | 12.4 | 20.7 | 0.56 | 9 | 8 | 8.5 | 13 | 8.93 |
| Gd | 1.12 | 0.231 | 1.82 | 2.8 | 0.67 | n.d. | n.d. | n.d. | n.d. | n.d. |
| Eu | 0.21 | 0.0628 | 0.343 | 0.95 | 0.37 | 0.74 | 0.72 | n.d. | n.d. | n.d. |
| Pr | 12.76 | 1.16 | 44.9 | 6.3 | 3.4 | n.d. | n.d. | n.d. | n.d. | n.d. |
| La | 3.38 | 0.44 | 7.17 | 32.3 | 0.18 | 26.07 | 24.06 | n.d. | n.d. | n.d. |
| Nd | 18.97 | 0.98 | 101 | 25.9 | 1.23 | 21.78 | 21.18 | n.d. | n.d. | n.d. |
| Sr | 67.46 | 5.85 | 148 | 316 | 0.36 | 150 | 136 | 130 | 74 | 206.82 |
| Ce | 91.6 | 0.631 | 430 | 65.7 | 2.34 | 48.4 | 44.96 | n.d. | n.d. | n.d. |
| Li | 168.65 | 12.4 | 1220 | 22 | 12.87 | 14 | 14 | 16 | 12 | 41.86 |
| S | 2713.33 | 1300 | 6270 | 953 | 4.78 | n.d. | n.d. | n.d. | n.d. | n.d. |
| Fe | 7686 | 3140 | 23700 | 30890 | 0.42 | 8099.28 | 11320 | n.d. | n.d. | n.d. |
| Si | 27502 | 8240 | 98700 | 303480 | 0.15 | n.d. | n.d. | n.d. | n.d. | n.d. |
| Mg | 567.53 | 101 | 962 | 13510 | 0.07 | n.d. | n.d. | n.d. | n.d. | n.d. |
| Ca | 3678.85 | 92.7 | 8610 | 29450 | 0.21 | n.d. | n.d. | n.d. | n.d. | n.d. |
| Ti | 2333.33 | 1300 | 3960 | 3117 | 1.26 | 917 | 528 | 800 | 1120 | n.d. |
| Al | 46133.33 | 24200 | 93100 | 77440 | 1 | n.d. | n.d. | n.d. | n.d. | n.d. |
| Na | 5600.2 | 385 | 38800 | 25670 | 0.37 | 868.21 | 828.12 | n.d. | n.d. | n.d. |
| K | 2069.8 | 352 | 6120 | 28650 | 0.12 | 2208.59 | 2960 | n.d. | n.d. | n.d. |

n.d.表示无数据。

煤层本身的不均一性导致煤中的微量元素浓度水平波动很大，但同一成因煤层具有相似的组合模式，可以利用少量的样品来区别不同成因的煤层，如有偏离轨迹较远的元素，可以认为是泥炭沼泽发育过程中微环境的控制和后期地质叠加作用的结果。从丁集煤矿11

煤和13煤层中微量元素分布模式来看,绝大多数微量元素的分布模式表现出一致性,说明丁集煤矿煤层中微量元素源的一致性,但后期叠加地质作用对一些元素的分布特征造成了一些影响,如在11煤层和13煤层中,As元素在同一煤层不同位置上分布表现出差异;11煤层中Sr元素在个别样品中分馏明显;而在13煤层中Mo、Sc、Ca等元素在DJ13-1样品中的分布和同一煤层中的其他样品明显不同,说明顶底板对煤中微量元素含量的影响。刘桂建等[538]和黄文辉等[178]曾分别对山东兖州矿区和淮南矿区煤层中微量元素进行过研究,也发现一些元素主要赋存在细粒陆源碎屑物中,并在顶底板泥岩中显示出较高含量。

# 4.3　淮北煤田煤中微量元素的含量与分布

## 4.3.1　卧龙湖矿煤中微量元素的含量与分布特征

### 4.3.1.1　不同层位煤中微量元素含量分布特征

卧龙湖煤矿煤中微量元素的具体含量见表4.44。由表可知,同种微量元素在不同煤层中含量呈现显著的差异,相差从几倍到几百倍,甚至在同一煤层中微量元素的含量也呈现较大的变化,有时甚至会出现数量级上的区别。不同煤层间微量元素在不同煤层间的变化幅度较大。

**表4.44　卧龙湖煤矿8煤层、10煤层微量元素的含量**　(单位:mg/kg)

| 元素 | 8煤 | | | 10煤 | | |
|---|---|---|---|---|---|---|
| | 最小值 | 最大值 | 平均值 | 最小值 | 最大值 | 平均值 |
| Al | 10115.69 | 37575.05 | 21798.95 | 367.68 | 31501.77 | 5859.86 |
| Fe | 2238.03 | 15867.23 | 5173.25 | 605.62 | 53815.65 | 6593.25 |
| Mg | 353.86 | 5755.56 | 1525.33 | 66.97 | 5353.30 | 618.13 |
| Ba | 102.78 | 255.53 | 187.38 | 17.73 | 621.99 | 152.06 |
| Sn | 152.09 | 166.55 | 153.20 | 0.86 | 55.35 | 19.09 |
| Mn | 1.50 | 575.95 | 125.63 | 10.77 | 191.53 | 27.85 |
| Sr | 0.16 | 181.95 | 123.71 | 20.67 | 261.65 | 102.65 |
| Li | 58.05 | 111.38 | 68.61 | 15.26 | 51.20 | 23.36 |
| Re | 65.15 | 66.86 | 66.11 | 0.23 | 12.55 | 5.27 |
| Pd | 52.85 | 70.28 | 61.59 | 0.65 | 13.92 | 7.05 |
| Mo | 59.63 | 66.15 | 60.18 | 0.02 | 68.25 | 7.75 |
| W | 53.98 | 63.08 | 52.26 | 0.79 | 57.53 | 19.01 |

续表

| 元素 | 8 煤 | | | 10 煤 | | |
|---|---|---|---|---|---|---|
| | 最小值 | 最大值 | 平均值 | 最小值 | 最大值 | 平均值 |
| Ti | 3.15 | 67.39 | 30.29 | 58.32 | 365.55 | 167.72 |
| Zn | 10.00 | 53.21 | 22.03 | 6.87 | 55.23 | 19.63 |
| Cu | 5.85 | 51.15 | 20.86 | 12.98 | 595.92 | 69.15 |
| Pb | 3.56 | 57.39 | 16.10 | 19.35 | 101.57 | 53.12 |
| As | 25.61 | 5.55 | 15.01 | 0.58 | 51.66 | 19.21 |
| Cr | 5.11 | 18.85 | 9.29 | 12.16 | 103.93 | 29.52 |
| Ni | 0.79 | 15.79 | 9.10 | 8.90 | 97.35 | 25.95 |
| B | 2.26 | 15.50 | 8.56 | 9.55 | 110.52 | 53.52 |
| Ga | 5.56 | 10.71 | 7.65 | 11.89 | 55.25 | 20.27 |
| V | 8.20 | 13.08 | 6.51 | 25.69 | 383.69 | 82.67 |
| Co | 0.55 | 10.35 | 6.00 | 15.55 | 77.18 | 22.88 |
| Bi | 7.00 | 5.00 | 5.55 | 0.69 | 16.62 | 7.15 |
| Cd | 5.39 | 3.18 | 3.56 | 6.98 | 8.39 | 7.73 |
| Th | 0.31 | 6.58 | 3.15 | 0.23 | 5.35 | 2.25 |
| Sb | 0.39 | 5.95 | 2.33 | 0.06 | 25.15 | 8.06 |
| Be | 1.00 | 1.86 | 1.36 | 3.68 | 9.63 | 5.25 |
| La | 1.06 | 15.33 | 8.02 | 0.05 | 22.66 | 5.83 |
| Ce | 0.86 | 29.29 | 16.19 | 0.55 | 105.31 | 25.16 |
| Pr | 1.55 | 5.85 | 3.18 | 0.30 | 31.11 | 7.06 |
| Nd | 0.55 | 8.25 | 5.16 | 0.01 | 65.65 | 10.53 |
| Sm | 0.10 | 1.73 | 0.99 | 0.05 | 18.98 | 3.39 |
| Eu | 0.18 | 2.03 | 0.75 | 0.15 | 1.61 | 1.23 |
| Gd | 0.60 | 3.03 | 1.15 | 0.02 | 15.72 | 3.01 |
| Tb | 0.00 | 0.21 | 0.12 | 0.01 | 2.85 | 1.06 |
| Dy | 0.02 | 1.65 | 0.38 | 0.06 | 10.58 | 1.99 |
| Ho | 0.95 | 1.29 | 1.02 | 0.08 | 1.56 | 0.77 |
| Er | 0.13 | 0.55 | 0.29 | 0.08 | 5.89 | 1.62 |
| Tm | 0.13 | 0.53 | 0.28 | 1.50 | 13.85 | 5.73 |
| Yb | 28.56 | 28.90 | 28.72 | 0.11 | 3.72 | 0.98 |
| Lu | 1.60 | 1.68 | 1.62 | 0.15 | 1.10 | 0.83 |

图 4.16 显示了微量元素在卧龙湖煤矿 8 煤和 10 煤中的分布特点。根据图中显示出的特征，将其分为三类。其中，8 煤中的元素 Al、Mg、Li、Re、Pd、Mo 和 W 元素显著高于 10 煤中相应的元素含量；Fe、Ba、Sn、Mn、Sr、Zn、As、Bi 和 Th 元素与 10 煤中的相应元素含量相近；Ti、Cu、Pb、Cr、Ni、B、Ga、V、Co、Cd、Sb 和 Be 元素含量远小于 10 煤中相应元素的含量。

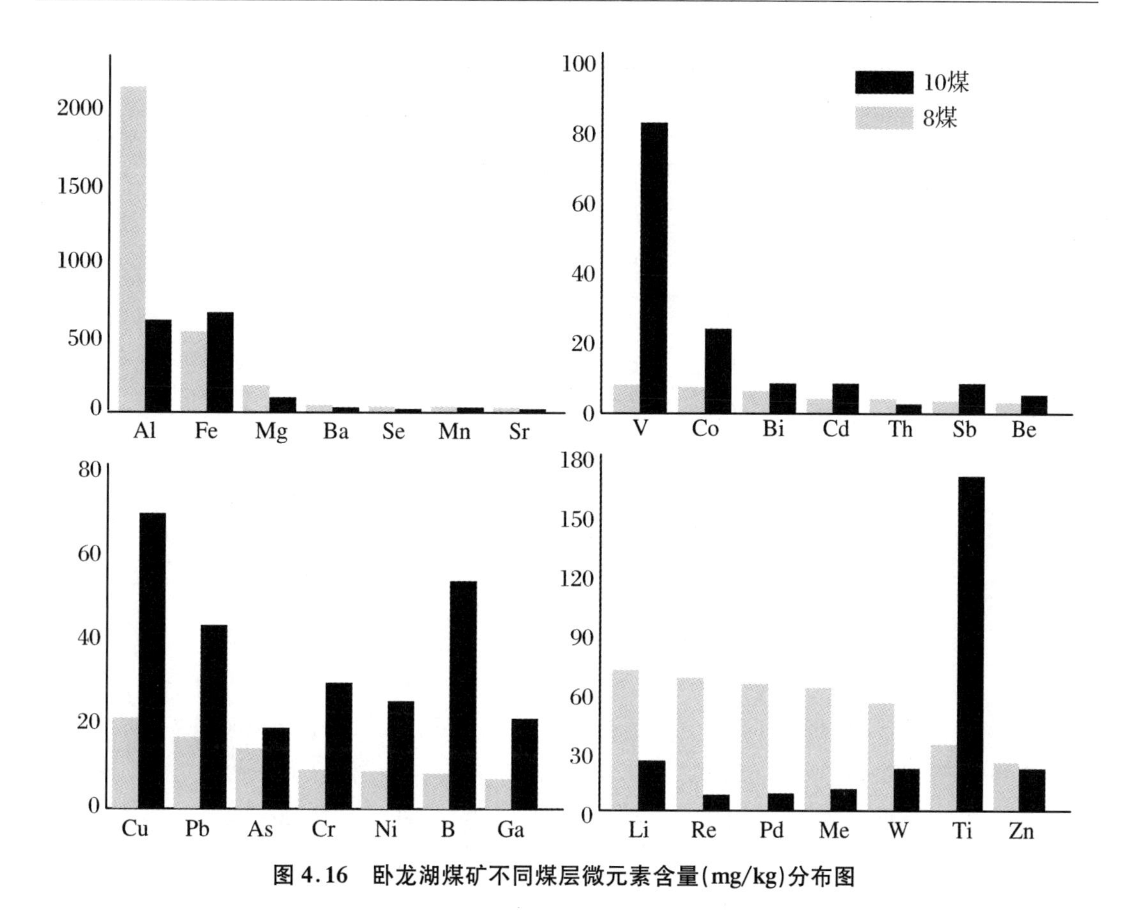


**图 4.16　卧龙湖煤矿不同煤层微元素含量(mg/kg)分布图**

#### 4.3.1.2　与国内煤中相应元素的对比情况

为进一步详细研究卧龙湖煤矿煤中微量元素的总体含量特征，统计分析了本次研究的卧龙湖煤中微量元素含量变化，与华北石炭二叠纪(C-P)以及中国煤中微量元素含量进行对比(表 4.45)。卧龙湖煤矿煤中微量元素含量的变化范围和平均值根据本次测试数据采用加权平均的方法计算得到。

**表 4.45　卧龙湖煤矿煤中微量元素与华北 C-P 和中国煤中元素含量对比**（单位：mg/kg）

| 元素 | 卧龙湖煤矿 | | 华北 C-P | | 中国 | |
|---|---|---|---|---|---|---|
| | 范围 | 平均值 | 范围 | 平均值 | 范围 | 平均值 |
| As | 0.58～51.66 | 16.81 | 0.4～10 | 3 | 0.4～10 | 5 |
| B | 2.26～110.52 | 27.83 | 3～327 | 67 | 6～327 | 65 |
| Ba | 17.73～621.99 | 172.24 | 16～250 | 94 | 13～400 | 82 |
| Bi | 0.69～16.62 | 6.24 | 0.7～4.8 | 1.6 | 0.3～4.8 | 0.9 |
| Cd | 3.18～8.39 | 5.35 | 0.1～3 | 0.5 | 0.1～3 | 0.3 |
| Co | 0.55～77.18 | 13.23 | 1～10 | 6 | 1～20 | 7 |
| Cr | 5.11～103.93 | 17.96 | 2～40 | 15 | 2～50 | 12 |
| Cu | 5.85～595.92 | 41.56 | 1～50 | 18 | 1～50 | 13 |

续表

| 元素 | 卧龙湖煤矿 | | 华北 C-P | | 中国 | |
|---|---|---|---|---|---|---|
| | 范围 | 平均值 | 范围 | 平均值 | 范围 | 平均值 |
| Li | 15.26～111.38 | 49.22 | 6～40 | 18 | 6～40 | 19 |
| Mn | 1.55～75.95 | 83.72 | 7～92 | 40 | 4～109 | 77 |
| Mo | 0.02～68.25 | 37.71 | 1～15 | 4 | 1～15 | 4 |
| Ni | 0.79～97.35 | 16.32 | 1～60 | 20 | 1～60 | 15 |
| Pb | 0.65～70.28 | 38.22 | 5～60 | 20 | 3～60 | 14 |
| Re | 0.23～66.86 | 40.04 | n.d. | n.d. | n.d. | n.d. |
| Sb | 0.06～25.15 | 4.79 | 0.1～3 | 0.6 | 0.1～10 | 2 |
| Sc | 0.13～15.62 | 7.52 | 1～12 | 6 | 0.5～12 | 3 |
| Sn | 0.86～166.55 | 95.72 | 1.0～4 | 2 | 1.0～5 | 2 |
| Se | 0.16～5.8 | 3.33 | 0.1～11 | 6 | 0.1～13 | 2 |
| Sr | 0.16～261.65 | 114.68 | 40～300 | 150 | 27～300 | 136 |
| Th | 0.23～6.58 | 2.76 | 0.5～15 | 7 | 0.5～15 | 6 |
| V | 6.51～383.89 | 39.15 | 10～98 | 38 | 2～100 | 21 |
| Y | 2.05～31.99 | 12.01 | 4～22 | 9 | 0.5～22 | 9 |
| Zn | 6.87～55.23 | 21.00 | 2～60 | 30 | 2～106 | 35 |
| La | 0.05～22.66 | 7.08 | 4.09～64.70 | 26.07 | 0.59～126.5 | 17.79 |
| Ce | 0.55～105.31 | 20.03 | 6.18～121.00 | 48.4 | 1.18～259.5 | 35.06 |
| Pr | 0.3～31.11 | 4.84 | n.d. | n.d. | 0.15～28.20 | 3.76 |
| Nd | 0.01～65.65 | 7.46 | 4.23～50.80 | 21.78 | 0.67～120.0 | 15.03 |
| Sm | 0.05～18.98 | 2.02 | 0.57～8.28 | 3.85 | 0.20～18.3 | 3.01 |
| Eu | 0.15～2.03 | 0.96 | 0.11～1.89 | 0.74 | 0.05～3.51 | 0.65 |
| Gd | 0.02～15.72 | 1.95 | n.d. | n.d. | 0.26～19.34 | 3.37 |
| Tb | 0～2.85 | 0.52 | 0.07～0.93 | 0.54 | 0.049～3.51 | 0.52 |
| Dy | 0.02～10.58 | 1.07 | n.d. | n.d. | 0.27～25.1 | 3.14 |
| Ho | 0.08～1.56 | 0.91 | n.d. | n.d. | 0.06～6.46 | 0.73 |
| Er | 0.08～5.89 | 0.86 | n.d. | n.d. | 0.13～19.47 | 2.08 |
| Tm | 0.13～13.85 | 2.62 | n.d. | n.d. | 0.02～3.65 | 0.34 |
| Yb | 0.11～28.9 | 16.83 | 0.18～3.02 | 1.49 | 0.10～22.08 | 1.98 |
| Lu | 0.15～1.68 | 1.28 | 0.04～0.50 | 0.26 | 0.02～3.53 | 0.32 |

n.d.表示无数据。

本次对比分析中，记

$$\mathrm{EF}=\frac{\text{卧龙湖煤矿煤中微量元素含量的算术平均值}}{\text{华北石炭二叠纪煤中微量元素的平均含量（或中国煤中微量元素含量的算术平均值）}}$$

计算结果的直观表现如图 4.18。从图 4.17 和图 4.18 中，可以直观地看出：

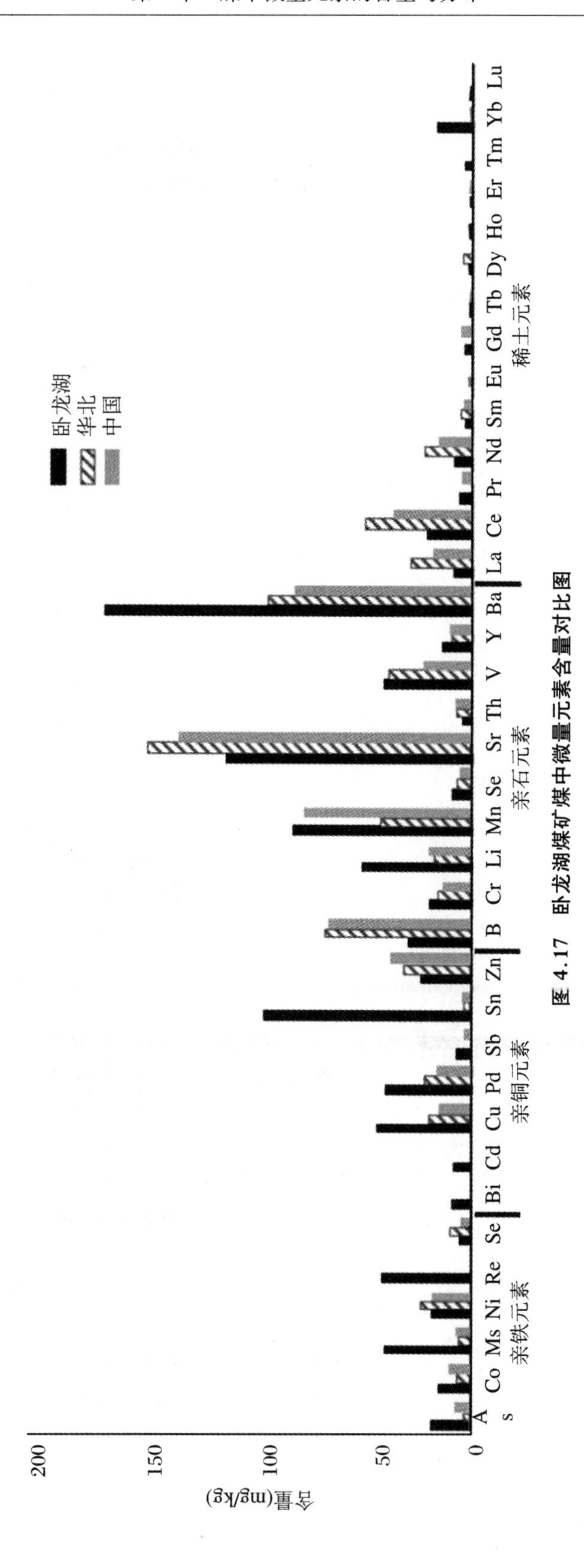


**图 4.17　卧龙湖煤矿煤中微量元素含量对比图**

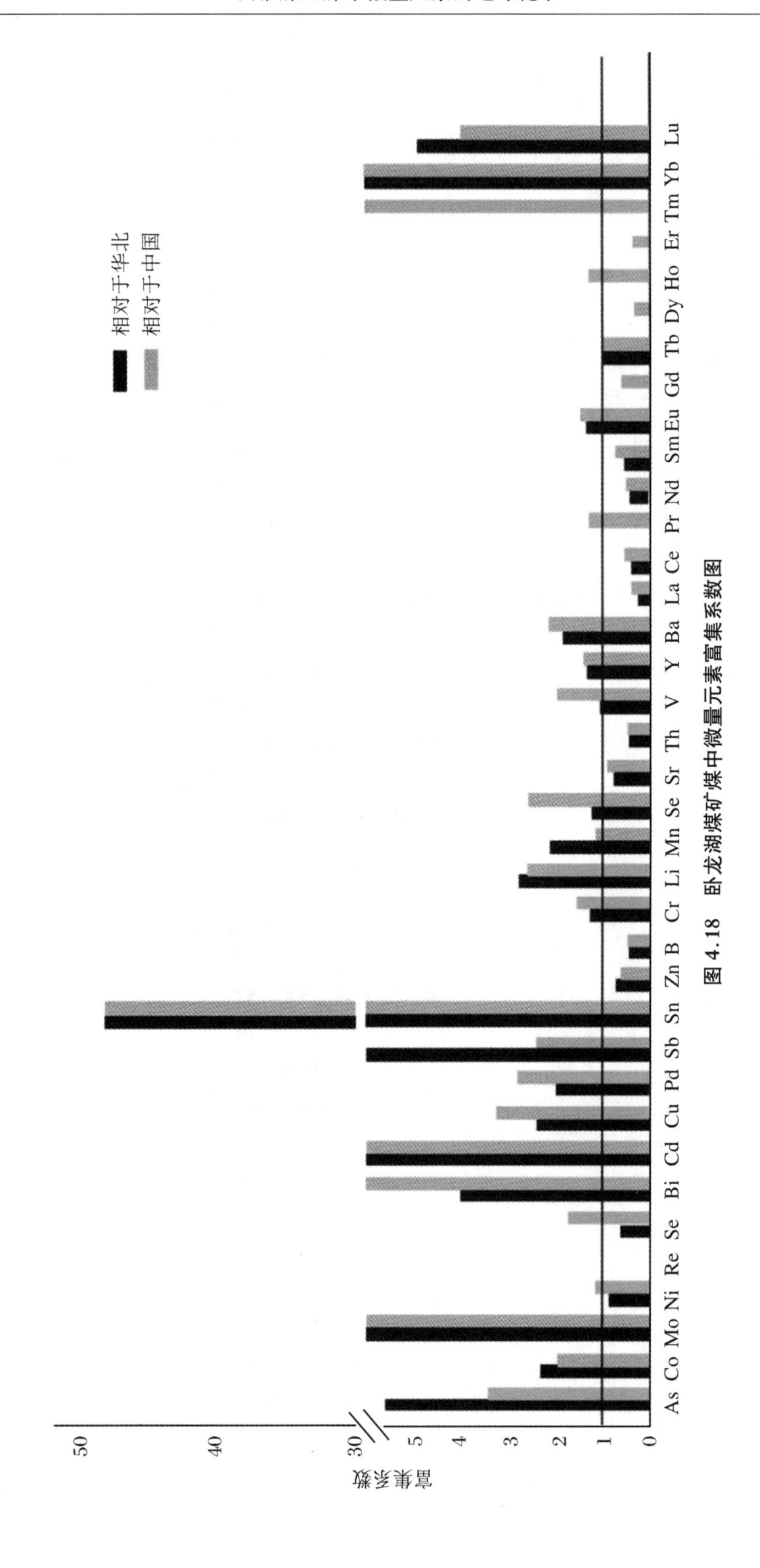


图4.18 卧龙湖煤矿煤中微量元素富集系数图

（1）与华北石炭二叠纪（C-P）煤中微量元素含量的算术平均值相比，卧龙湖煤矿煤中所测元素，As、Co、Mo、Bi、Cd、Cu、Pb、Sb、Sn、Cr、Li、Mn、Sc、Y、Ba、Eu、Yb和Lu元素含量较高，富集因子大于1；Ni、Se、Zn、B、Sr、Th、La、Ce、Nd和Sm元素含量较低，富集因子小于1；V和Tb元素含量等于华北煤中的含量，富集因子等于1，未查到华北煤中元素Re含量均值的文献。

（2）与中国煤中相应微量元素的含量算术均值相比，卧龙湖煤矿煤中所测元素，As、Co、Mo、Ni、Se、Bi、Cd、Cu、Pb、Sb、Sn、Cr、Li、Mn，Sc、V、Y、Ba、Pr、Eu、Ho、Tm、Yb和Lu元素含量较高，富集因子大于1；Zn、B、Sr、Th、La、Ce、Nd、Sm、Gd、Dy和Er元素含量较低，富集因子小于1；Tb元素含量和中国煤中含量相等，富集因子等于1。其中Mo、Bi、Cd、Sn、Tm和Yb元素的富集因子大于5，富集明显。

## 4.3.2　祁东矿煤中微量元素的含量与分布特征

### 4.3.2.1　不同层位煤中微量元素含量分布特征

祁东煤矿不同煤层中微量元素的具体含量见表4.46。根据图4.19，可得知祁东煤矿8煤和9煤中微量元素的分布特点。据此，将微量元素分为三类：8煤层中Al、Mg、Sn、Li、Re、Pd、Mo、W、Ti等元素远高于9煤中相应元素的含量；Cu、Pb、As、Cr、Ni、B、Ga、V、Co、Bi、Cd、Sb、Be等元素的含量远小于9煤层相应元素的含量；而Fe、Ba、Mn、Sr、Zn、Th等元素的含量与9煤中相应元素的含量相近。

**表4.46　祁东煤矿8煤层、9煤层微量元素的含量**　（单位：mg/kg）

| 元素 | 8煤 | | | 9煤 | | |
|---|---|---|---|---|---|---|
| | 最小值 | 最大值 | 平均值 | 最小值 | 最大值 | 平均值 |
| Al | 8092.66 | 29980.04 | 17439.16 | 490.24 | 41869.03 | 7813.14 |
| Fe | 1790.42 | 12693.78 | 4138.69 | 806.16 | 71764.18 | 8667.67 |
| Mg | 283.09 | 4604.46 | 1139.46 | 89.29 | 7124.4 | 824.17 |
| Ba | 82.22 | 203.64 | 149.9 | 23.64 | 829.32 | 202.76 |
| Sn | 113.67 | 133.24 | 122.66 | 1.14 | 60.47 | 26.46 |
| Mn | 1.12 | 469.96 | 100.6 | 14.36 | 266.37 | 37.13 |
| Sr | 0.13 | 146.66 | 98.97 | 27.66 | 348.87 | 136.87 |
| Li | 38.43 | 89.1 | 64.89 | 19.01 | 68.27 | 31.16 |
| Re | 62.11 | 63.49 | 62.89 | 0.3 | 16.73 | 6.69 |
| Pd | 34.27 | 66.22 | 49.19 | 0.87 | 18.66 | 9.38 |
| Mo | 39.7 | 62.91 | 48.14 | 0.03 | 90.98 | 10.32 |
| W | 36.18 | 60.46 | 41.81 | 1.06 | 63.24 | 26.34 |
| Ti | 2.62 | 63.91 | 24.23 | 77.76 | 487.39 | 223.63 |

**续表**

| 元素 | 8煤 | | | 9煤 | | |
|---|---|---|---|---|---|---|
| | 最小值 | 最大值 | 平均值 | 最小值 | 最大值 | 平均值 |
| Zn | 8 | 34.67 | 17.62 | 9.16 | 60.3 | 26.17 |
| Cu | 4.67 | 32.91 | 16.69 | 17.31 | 661.23 | 92.19 |
| Pb | 2.86 | 37.91 | 12.88 | 26.78 | 136.29 | 67.49 |
| As | 20.49 | 4.36 | 12.01 | 0.64 | 66.66 | 26.61 |
| Cr | 4.09 | 16.07 | 7.43 | 16.21 | 138.67 | 39.36 |
| Ni | 0.63 | 12.63 | 7.28 | 11.87 | 129.8 | 33.26 |
| B | 1.81 | 11.62 | 6.77 | 12.68 | 147.36 | 71.23 |
| Ga | 4.37 | 8.67 | 6.12 | 16.86 | 68.98 | 27.02 |
| V | 6.66 | 10.46 | 6.13 | 32.92 | 611.68 | 110.22 |
| Co | 0.36 | 8.27 | 4.8 | 19.27 | 102.9 | 30.61 |
| Bi | 6.6 | 3.2 | 4.36 | 0.92 | 22.16 | 9.62 |
| Cd | 3.61 | 2.64 | 2.77 | 9.3 | 11.19 | 10.3 |
| Th | 0.26 | 6.18 | 2.62 | 0.3 | 7.13 | 2.99 |
| Sb | 0.31 | 4.76 | 1.86 | 0.08 | 32.2 | 10.76 |
| Be | 0.8 | 1.49 | 1.09 | 4.91 | 12.84 | 7 |
| La | 1.04 | 16.03 | 7.86 | 0.04 | 23.12 | 4.93 |
| Ce | 0.84 | 28.72 | 16.87 | 0.66 | 106.44 | 24.66 |
| Pr | 1.41 | 6.73 | 3.12 | 0.31 | 31.74 | 7.20 |
| Nd | 0.63 | 8.09 | 6.06 | 0.01 | 66.98 | 10.64 |
| Sm | 0.10 | 1.70 | 0.97 | 0.04 | 19.37 | 3.46 |
| Eu | 0.18 | 1.99 | 0.73 | 0.14 | 1.64 | 1.26 |
| Gd | 0.69 | 2.97 | 1.12 | 0.02 | 16.02 | 3.07 |
| Tb | 0.00 | 0.21 | 0.12 | 0.01 | 2.90 | 1.08 |
| Dy | 0.02 | 1.62 | 0.37 | 0.06 | 10.69 | 2.03 |
| Ho | 0.92 | 1.26 | 1.00 | 0.08 | 1.49 | 0.79 |
| Er | 0.13 | 0.43 | 0.28 | 0.08 | 4.99 | 1.66 |
| Tm | 0.13 | 0.42 | 0.27 | 1.43 | 14.13 | 6.86 |
| Yb | 27.90 | 28.33 | 28.16 | 0.11 | 3.80 | 1.00 |
| Lu | 1.67 | 1.66 | 1.69 | 0.14 | 1.12 | 0.86 |

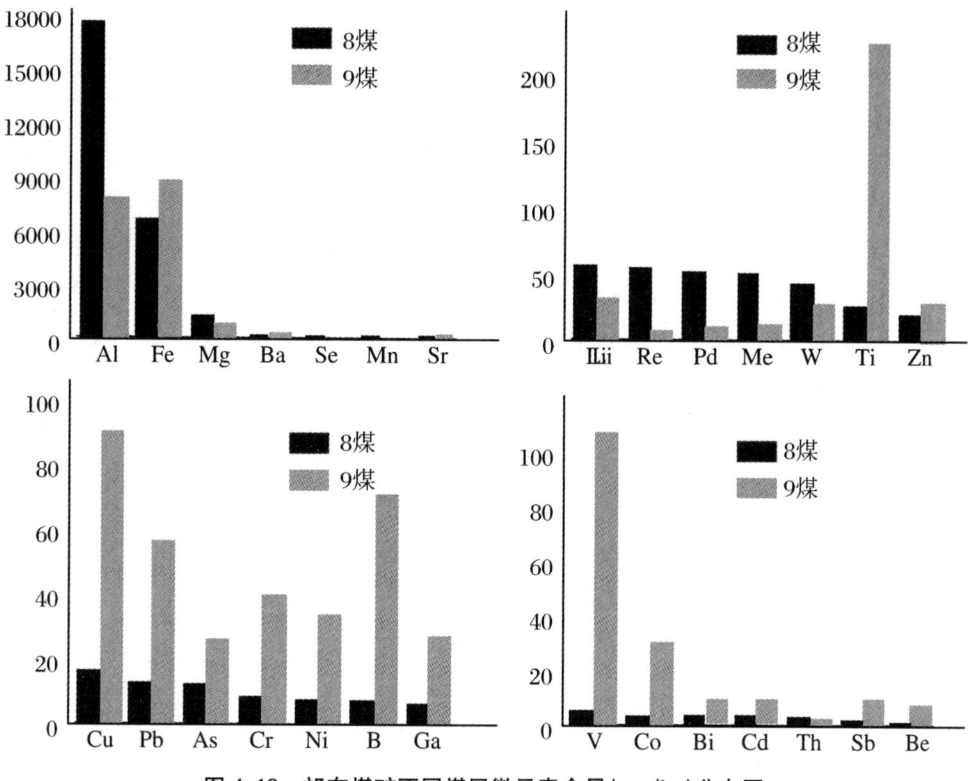


图 4.19　祁东煤矿不同煤层微元素含量(mg/kg)分布图

#### 4.3.2.2　与国内煤中相应元素的对比情况

为进一步详细研究祁东煤矿煤中微量元素的总体含量特征，统计分析了本次研究的祁东煤中微量元素含量变化，与华北石炭二叠纪(C-P)以及中国煤中微量元素含量进行对比(表 4.47)。祁东煤矿煤中微量元素含量的变化范围和平均值根据本次测试数据采用加权平均的方法计算得到。

表 4.47　祁东煤矿煤中微量元素与华北 C-P 和中国煤中元素含量对比　(单位:mg/kg)

| 元素 | 祁东煤矿 | | 华北 C-P | | 中国 | |
|---|---|---|---|---|---|---|
| | 范围 | 平均值 | 范围 | 平均值 | 范围 | 平均值 |
| As | 0.64～66.66 | 22.19 | 0.4～10 | 3 | 0.4～10 | 5 |
| B | 0.36～102.90 | 22.79 | 3～327 | 67 | 6～327 | 65 |
| Ba | 0.03～90.98 | 21.78 | 16～250 | 94 | 13～400 | 82 |
| Bi | 0.63～129.80 | 25.39 | 0.7～4.8 | 1.6 | 0.3～4.8 | 0.9 |
| Cd | 0.3～63.49 | 23.72 | 0.1～3 | 0.5 | 0.1～3 | 0.3 |
| Co | 0.56～6.78 | 3.86 | 1～10 | 6 | 1～20 | 7 |
| Cr | 0.92～22.16 | 8.03 | 2～40 | 15 | 2～50 | 12 |
| Cu | 2.64～11.19 | 8.02 | 1～50 | 18 | 1～50 | 13 |
| Li | 4.67～661.23 | 69.31 | 6～40 | 18 | 6～40 | 19 |

**续表**

| 元素 | 祁东煤矿 | | 华北 C-P | | 中国 | |
|---|---|---|---|---|---|---|
| | 范围 | 平均值 | 范围 | 平均值 | 范围 | 平均值 |
| Mn | 0.87～66.22 | 21.44 | 7～92 | 40 | 4～109 | 77 |
| Mo | 0.08～32.20 | 8.06 | 1～15 | 4 | 1～15 | 4 |
| Ni | 1.14～133.24 | 55.61 | 1～60 | 20 | 1～60 | 15 |
| Pb | 8～60.3 | 23.58 | 5～60 | 20 | 3～60 | 14 |
| Re | 1.81～147.36 | 51.70 | n.d. | n.d. | n.d. | n.d. |
| Sb | 4.09～138.67 | 29.68 | 0.1～3 | 0.6 | 0.1～10 | 2 |
| Sc | 19.01～89.10 | 41.38 | 1～12 | 6 | 0.5～12 | 3 |
| Sn | 1.12～469.96 | 56.36 | 1.0～4 | 2 | 1.0～5 | 2 |
| Se | 0.78～13.42 | 7.31 | 0.1～11 | 6 | 0.1～13 | 2 |
| Sr | 0.13～348.87 | 125.39 | 40～300 | 150 | 27～300 | 136 |
| Th | 0.26～7.13 | 2.88 | 0.5～15 | 7 | 0.5～15 | 6 |
| V | 6.13～611.68 | 78.68 | 10～98 | 38 | 2～100 | 21 |
| Y | 1.86～28.66 | 13.04 | 4～22 | 9 | 0.5～22 | 9 |
| Zn | 23.64～829.32 | 186.74 | 2～60 | 30 | 2～106 | 35 |
| La | 0.04～23.12 | 5.82 | 4.09～64.70 | 26.07 | 0.59～126.5 | 17.79 |
| Ce | 0.66～106.44 | 22.30 | 6.18～121.00 | 48.4 | 1.18～259.5 | 35.06 |
| Pr | 0.3～31.74 | 5.96 | n.d. | n.d. | 0.15～28.20 | 3.76 |
| Nd | 0.01～66.98 | 9.25 | 4.23～50.80 | 21.78 | 0.67～120.0 | 15.03 |
| Sm | 0.04～19.37 | 2.71 | 0.57～8.28 | 3.85 | 0.20～18.3 | 3.01 |
| Eu | 0.14～1.99 | 1.10 | 0.11～1.89 | 0.74 | 0.05～3.51 | 0.65 |
| Gd | 0.02～16.02 | 2.48 | n.d. | n.d. | 0.26～19.34 | 3.37 |
| Tb | 0～2.9 | 0.79 | 0.07～0.93 | 0.54 | 0.049～3.51 | 0.52 |
| Dy | 0.02～10.69 | 1.53 | n.d. | n.d. | 0.27～25.1 | 3.14 |
| Ho | 0.08～1.49 | 0.85 | n.d. | n.d. | 0.06～6.46 | 0.73 |
| Er | 0.08～4.99 | 1.24 | n.d. | n.d. | 0.13～19.47 | 2.08 |
| Tm | 0.13～14.13 | 4.86 | n.d. | n.d. | 0.02～3.65 | 0.34 |
| Yb | 0.11～28.33 | 9.23 | 0.18～3.02 | 1.49 | 0.10～22.08 | 1.98 |
| Lu | 0.14～1.69 | 1.11 | 0.04～0.50 | 0.26 | 0.02～3.53 | 0.32 |

n.d.表示无数据。

本次对比分析中，记

$$EF = \frac{\text{祁东煤矿煤中微量元素含量的算术平均值}}{\text{华北石炭二叠纪煤中微量元素的平均含量(或中国煤中微量元素含量的算术平均值)}}$$

计算结果的直观表现如图 4.21。

从图 4.20 和图 4.21，可以直观地看出：

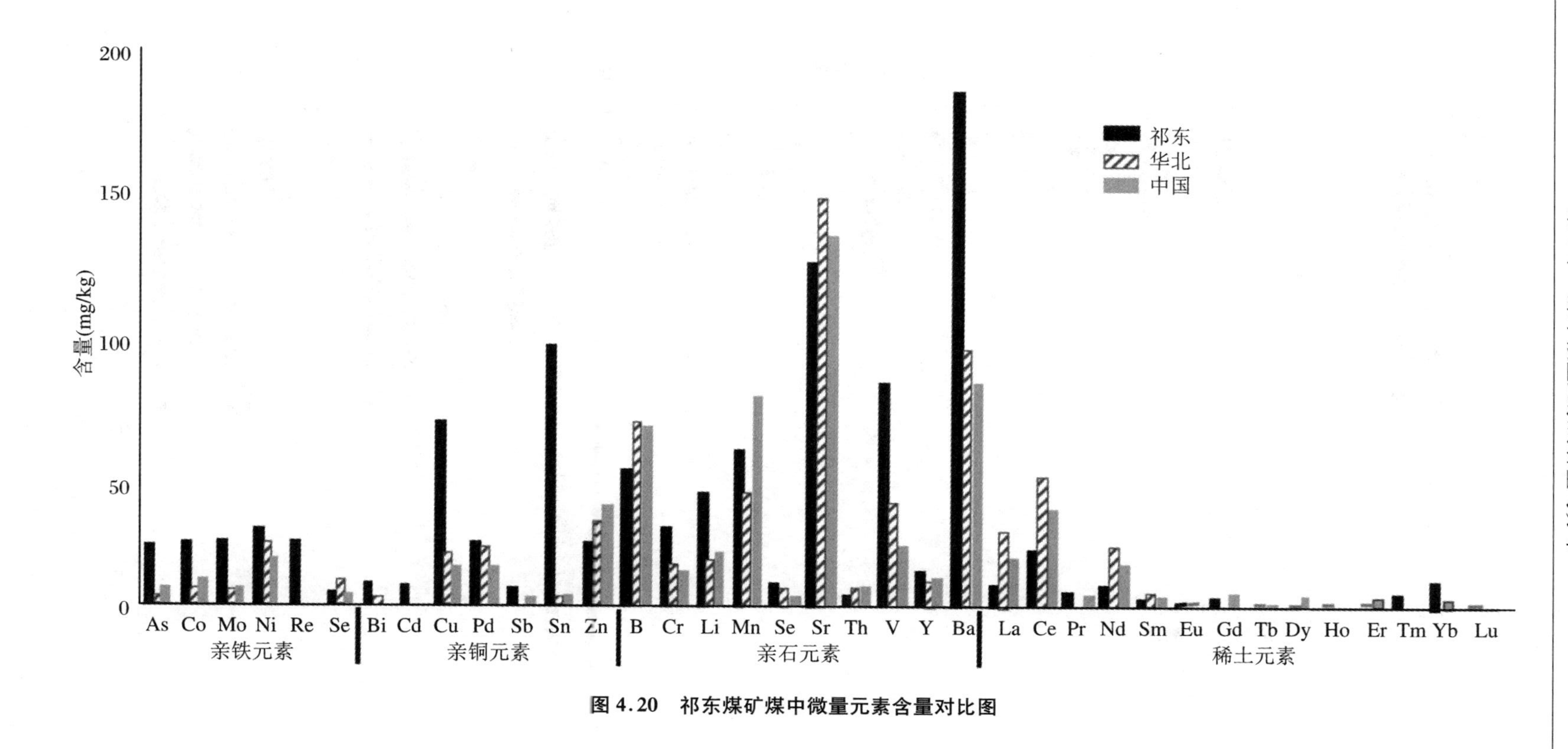


**图 4.20　祁东煤矿煤中微量元素含量对比图**

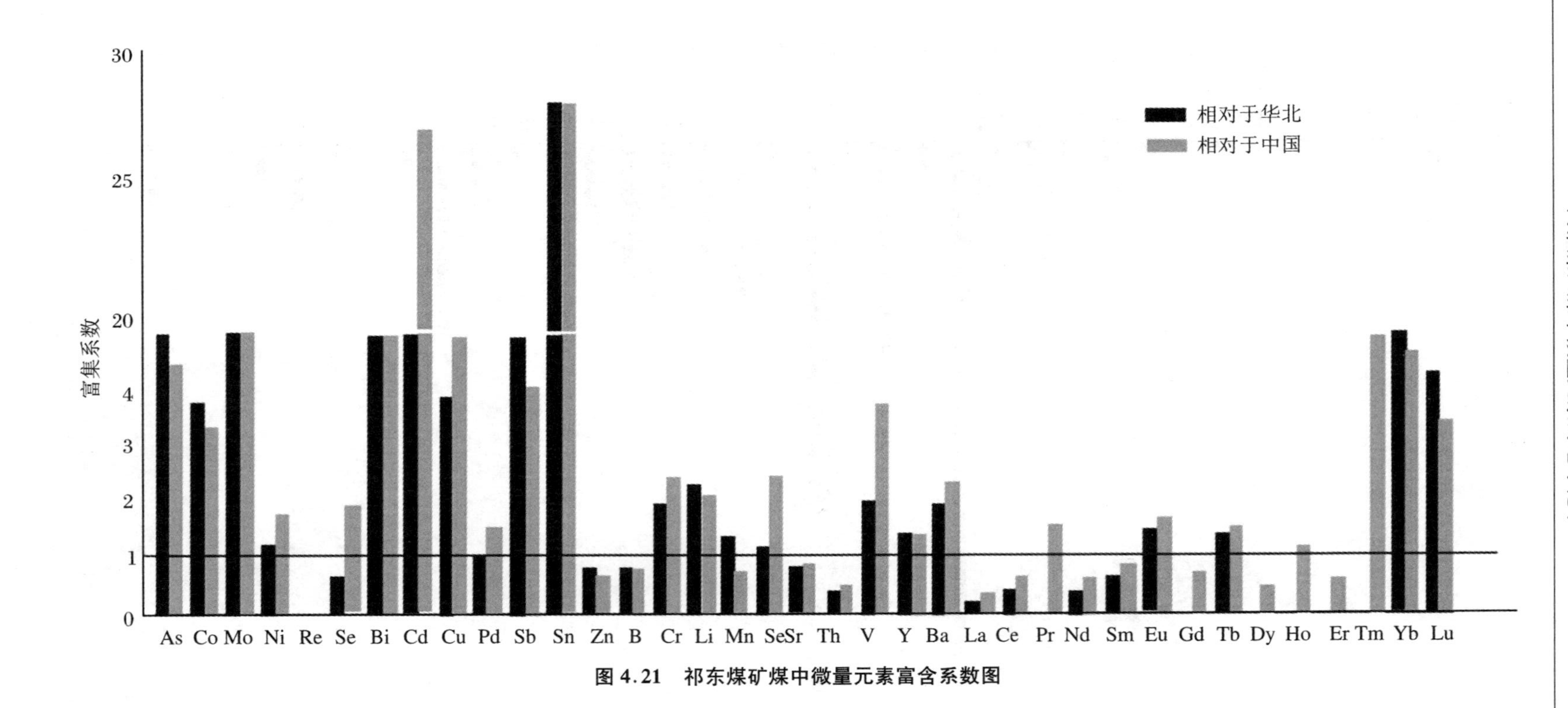


图4.21 祁东煤矿煤中微量元素富含系数图

（1）与华北石炭二叠纪（C-P）煤中微量元素含量的算术平均值相比，祁东煤矿煤中所测元素，As、Co、Mo、Ni、Bi、Cd、Cu、Sb、Sn、Cr、Cd、Mn、Sc、V、Y、Ba、Eu、Yb和Lu元素含量较高，富集因子大于1；Se、Zn、B、Sr、Th、La、Ce、Nd和Sm元素含量较低，富集因子小于1。

（2）与中国煤中相应微量元素的含量算术均值相比，祁东煤矿煤中所测元素，As、Co、Mo、Ni、Se、B、Cd、Cu、Pb、Sb、Sn、Cr、Li、Sc、V、Y、Ba、Pr、Eu、Tb、Ho、Tm、Yb和Lu元素含量较高，富集因子大于1；Zn、B、Mn、Sr、Th、La、Ce、Nd、Sm、Gd、Dy和Er元素含量较低，富集因子小于1；Tb元素含量和中国煤中含量相等，富集因子等于1。其中Mo、Bi、Cd、Sn和Tm元素的富集因子大于5，富集明显。

## 4.3.3　任楼矿煤中微量元素的含量与分布特征

### 4.3.3.1　不同层位煤中微量元素含量分布特征

任楼煤矿不同煤层煤中微量元素含量见表4.48。

**表4.48　任楼煤矿7煤、8煤层微量元素含量**　（单位：mg/kg）

| 元素 | 8煤 | | | 7煤 | | |
|---|---|---|---|---|---|---|
| | 最小值 | 最大值 | 平均值 | 最小值 | 最大值 | 平均值 |
| Al | 38032.58 | 5059.85 | 25133.85 | 38647.49 | 13407.90 | 24381.76 |
| As | 111.17 | 21.91 | 58.55 | 153.68 | 46.00 | 95.12 |
| B | 4043.77 | 18.37 | 840.87 | 104.07 | 4.36 | 45.92 |
| Ba | 563.63 | 58.60 | 313.95 | 405.75 | 212.07 | 337.09 |
| Bi | 90.22 | 24.66 | 56.37 | 60.96 | 48.21 | 60.40 |
| Co | 37.28 | 9.97 | 20.87 | 36.20 | 24.05 | 34.98 |
| Cr | 126.76 | 21.15 | 63.55 | 68.19 | 68.63 | 71.11 |
| Cu | 3421.38 | 23.41 | 727.93 | 54.71 | 47.44 | 55.38 |
| Fe | 18273.82 | 42.16 | 9573.33 | 12015.34 | 9145.06 | 11346.62 |
| Ga | 237.16 | 9.50 | 112.91 | 122.05 | 104.33 | 120.39 |
| Li | 576.03 | 71.69 | 220.48 | 119.31 | 114.57 | 121.21 |
| Mg | 3090.52 | 0.78 | 1637.99 | 2532.21 | 1432.73 | 2182.72 |
| Mn | 98.44 | 9.68 | 53.67 | 139.35 | 68.74 | 117.76 |
| Ni | 38.31 | 3.27 | 17.60 | 22.74 | 16.88 | 22.04 |
| Pb | 39.10 | 11.09 | 23.54 | 46.67 | 23.83 | 38.67 |
| Sr | 1013.92 | 73.27 | 287.29 | 198.53 | 75.37 | 137.73 |
| Ti | 8253.64 | 4.57 | 3858.65 | 4108.13 | 3486.81 | 4238.09 |

**续表**

| 元素 | 8煤 | | | 7煤 | | |
|---|---|---|---|---|---|---|
| | 最小值 | 最大值 | 平均值 | 最小值 | 最大值 | 平均值 |
| U | 559.25 | 8.62 | 283.13 | 303.66 | 41.37 | 210.07 |
| Mo | 66.17 | 28.01 | 40.28 | 35.18 | 33.60 | 36.05 |
| Si | 2398.77 | 30.72 | 1343.77 | 828.28 | 107.44 | 395.56 |
| Cd | 10.54 | 6.16 | 7.82 | 6.16 | 5.37 | 6.04 |
| Pd | 58.14 | 77.31 | 67.75 | 0.72 | 15.31 | 7.76 |
| W | 59.38 | 69.39 | 57.49 | 0.87 | 63.28 | 20.91 |
| Zn | 11.00 | 58.53 | 24.23 | 7.56 | 60.75 | 21.59 |
| V | 9.02 | 14.39 | 7.16 | 28.26 | 422.06 | 90.94 |
| Th | 0.34 | 7.24 | 3.47 | 0.25 | 5.89 | 2.48 |
| Sb | 0.43 | 6.55 | 2.56 | 0.07 | 27.67 | 8.87 |
| Be | 1.10 | 2.05 | 1.50 | 4.05 | 10.59 | 5.78 |
| La | 1.04 | 16.03 | 7.86 | 0.04 | 23.12 | 4.93 |
| Ce | 0.84 | 28.72 | 16.87 | 0.66 | 106.44 | 24.66 |
| Pr | 1.41 | 6.73 | 3.12 | 0.31 | 31.74 | 7.20 |
| Nd | 0.63 | 8.09 | 6.06 | 0.01 | 66.98 | 10.64 |
| Sm | 0.10 | 1.70 | 0.97 | 0.04 | 19.37 | 3.46 |
| Eu | 0.18 | 1.99 | 0.73 | 0.14 | 1.64 | 1.26 |
| Gd | 0.69 | 2.97 | 1.12 | 0.02 | 16.02 | 3.07 |
| Tb | 0.00 | 0.21 | 0.12 | 0.01 | 2.90 | 1.08 |
| Dy | 0.02 | 1.62 | 0.37 | 0.06 | 10.69 | 2.03 |
| Ho | 0.92 | 1.26 | 1.00 | 0.08 | 1.49 | 0.79 |
| Er | 0.13 | 0.43 | 0.28 | 0.08 | 4.99 | 1.66 |
| Tm | 0.13 | 0.42 | 0.27 | 1.43 | 14.13 | 6.86 |
| Yb | 27.90 | 28.33 | 28.16 | 0.11 | 3.80 | 1.00 |
| Lu | 1.67 | 1.66 | 1.69 | 0.14 | 1.12 | 0.86 |

由图4.22明显可知不同煤层中微量元素含量的差异，据此，将微量元素分为三类：8煤层中Si、B、Cu、Sr、U、Li等元素高于7煤中相应元素的含量；Al、Fe、Ti、Ba、As、Mn、Pb、Co、Ni等元素含量小于7煤层相应元素的含量。而Fe、Ba、Mn、Sr、Zn、Th等元素的含量与7煤中相应元素的含量相近，其中8煤中的B、Cu、Sr、U、Li元素含量远高于7煤中相应的元素含量；7煤中Ba、As、Mn、Co、Pb等元素远高于8煤中相应的元素含量。

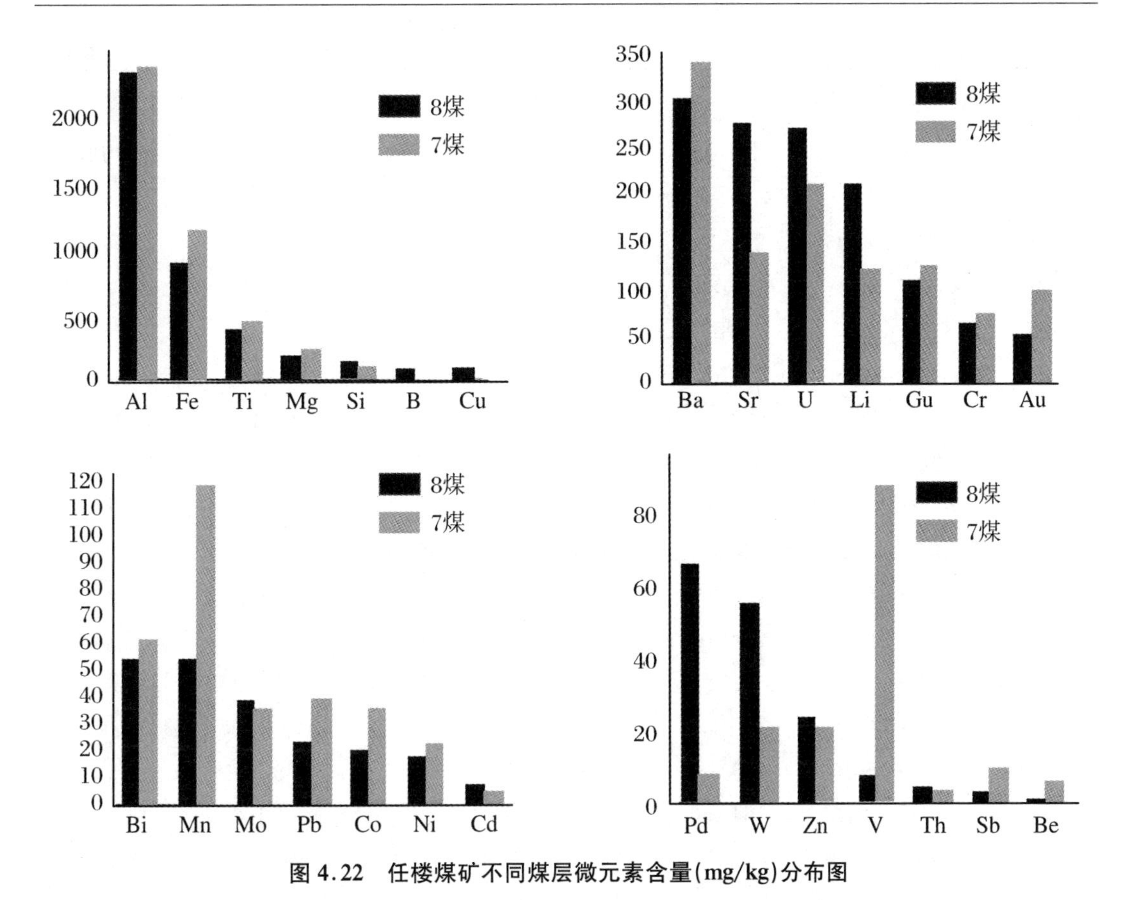


**图4.22　任楼煤矿不同煤层微元素含量(mg/kg)分布图**

### 4.3.3.2　与国内煤中相应元素的对比情况

为进一步详细研究祁东煤矿煤中微量元素的总体含量特征，统计分析了本次研究的祁东煤中微量元素含量的变化，与华北碳二叠纪(C-P)以及中国煤中微量元素含量进行对比(表4.49)。任楼煤矿煤中微量元素含量的变化范围和平均值根据本次测试数据采用加权平均的方法计算得到。

**表4.49　任楼煤矿煤中微量元素与华北C-P和中国煤中元素含量对比**　(单位:mg/kg)

| 元素 | 任楼煤矿 | | 华北C-P | | 中国 | |
|---|---|---|---|---|---|---|
| | 范围 | 平均值 | 范围 | 平均值 | 范围 | 平均值 |
| As | 21.91～153.68 | 76.835 | 0.4～10 | 3 | 0.4～10 | 5 |
| B | 4.36～4043.77 | 443.395 | 3～327 | 67 | 6～327 | 65 |
| Ba | 58.6～563.63 | 325.52 | 16～250 | 94 | 13～400 | 82 |
| Bi | 24.66～90.22 | 58.415 | 0.7～4.8 | 1.6 | 0.3～4.8 | 0.9 |
| Cd | 6.16～10.54 | 7.82 | 0.1～3 | 0.5 | 0.1～3 | 0.3 |
| Co | 9.97～37.28 | 27.925 | 1～10 | 6 | 1～20 | 7 |
| Cr | 21.15～126.76 | 67.33 | 2～40 | 15 | 2～50 | 12 |
| Cu | 23.41～3421.38 | 391.655 | 1～50 | 18 | 1～50 | 13 |

续表

| 元素 | 任楼煤矿 | | 华北 C-P | | 中国 | |
|---|---|---|---|---|---|---|
| | 范围 | 平均值 | 范围 | 平均值 | 范围 | 平均值 |
| Li | 71.69～576.93 | 170.845 | 6～40 | 18 | 6～40 | 19 |
| Mn | 9.68～139.35 | 85.715 | 7～92 | 40 | 4～109 | 77 |
| Mo | 28.01～66.17 | 38.165 | 1～15 | 4 | 1～15 | 4 |
| Ni | 3.27～38.21 | 19.82 | 1～60 | 20 | 1～60 | 15 |
| Pb | 11.09～46.67 | 31.105 | 5～60 | 20 | 3～60 | 14 |
| Re | 2.46～153.21 | 52.4 | n.d. | n.d. | n.d. | n.d. |
| Sb | 5.18～127.65 | 25.64 | 0.1～3 | 0.6 | 0.1～10 | 2 |
| Sc | 6.42～13.76 | 11.305 | 1～12 | 6 | 0.5～12 | 3 |
| Sn | 2.34～465.26 | 53.26 | 1.0～4 | 2 | 1.0～5 | 2 |
| Se | 1.24～15.43 | 6.98 | 0.1～11 | 6 | 0.1～13 | 2 |
| Sr | 73.27～1013.92 | 212.51 | 40～300 | 150 | 27～300 | 136 |
| Th | 0.56～4.82 | 3.12 | 0.5～15 | 7 | 0.5～15 | 6 |
| V | 6.23～111.23 | 69.86 | 10～98 | 38 | 2～100 | 21 |
| Y | 2.97～763.5 | 240.74 | 4～22 | 9 | 0.5～22 | 9 |
| Zn | 24.65～425.39 | 164.58 | 2～60 | 30 | 2～106 | 35 |
| La | 9.89～157.38 | 83.19 | 4.09～64.70 | 26.07 | 0.59～126.5 | 17.79 |
| Ce | 59.92～153.73 | 100.955 | 6.18～121.00 | 48.4 | 1.18～259.5 | 35.06 |
| Pr | 6.36～17.34 | 10.915 | n.d. | n.d. | 0.15～28.20 | 3.76 |
| Nd | 8.31～33.61 | 22.77 | 4.23～50.80 | 21.78 | 0.67～120.0 | 15.03 |
| Sm | 0.04～19.37 | 2.71 | 0.57～8.28 | 3.85 | 0.20～18.3 | 3.01 |
| Eu | 0.14～1.99 | 1.1 | 0.11～1.89 | 0.74 | 0.05～3.51 | 0.65 |
| Gd | 0.22～9.11 | 4.235 | n.d. | n.d. | 0.26～19.34 | 3.37 |
| Tb | 61.32～110.35 | 84.105 | 0.07～0.93 | 0.54 | 0.049～3.51 | 0.52 |
| Dy | 1.3～8.74 | 4.56 | n.d. | n.d. | 0.27～25.1 | 3.14 |
| Ho | 9.71～13.66 | 12.315 | n.d. | n.d. | 0.06～6.46 | 0.73 |
| Er | 6.04～14.65 | 9.71 | n.d. | n.d. | 0.13～19.47 | 2.08 |
| Tm | 1.38～127.44 | 77.46 | n.d. | n.d. | 0.02～3.65 | 0.34 |
| Yb | 0.89～10.75 | 3.5 | 0.18～3.02 | 1.49 | 0.10～22.08 | 1.98 |
| Lu | 0.14～1.69 | 13.15 | 0.04～0.50 | 0.26 | 0.02～3.53 | 0.32 |

n.d.表示无数据。

本次对比分析中，记

$$\mathrm{EF}=\frac{\text{任楼煤矿煤中微量元素含量的算术平均值}}{\text{华北石炭二叠纪煤中微量元素的平均含量(或中国煤中微量元素含量的算术平均值)}}$$

计算结果如图 4.24。

从图 4.23 和图 4.24 可以直观地看出：

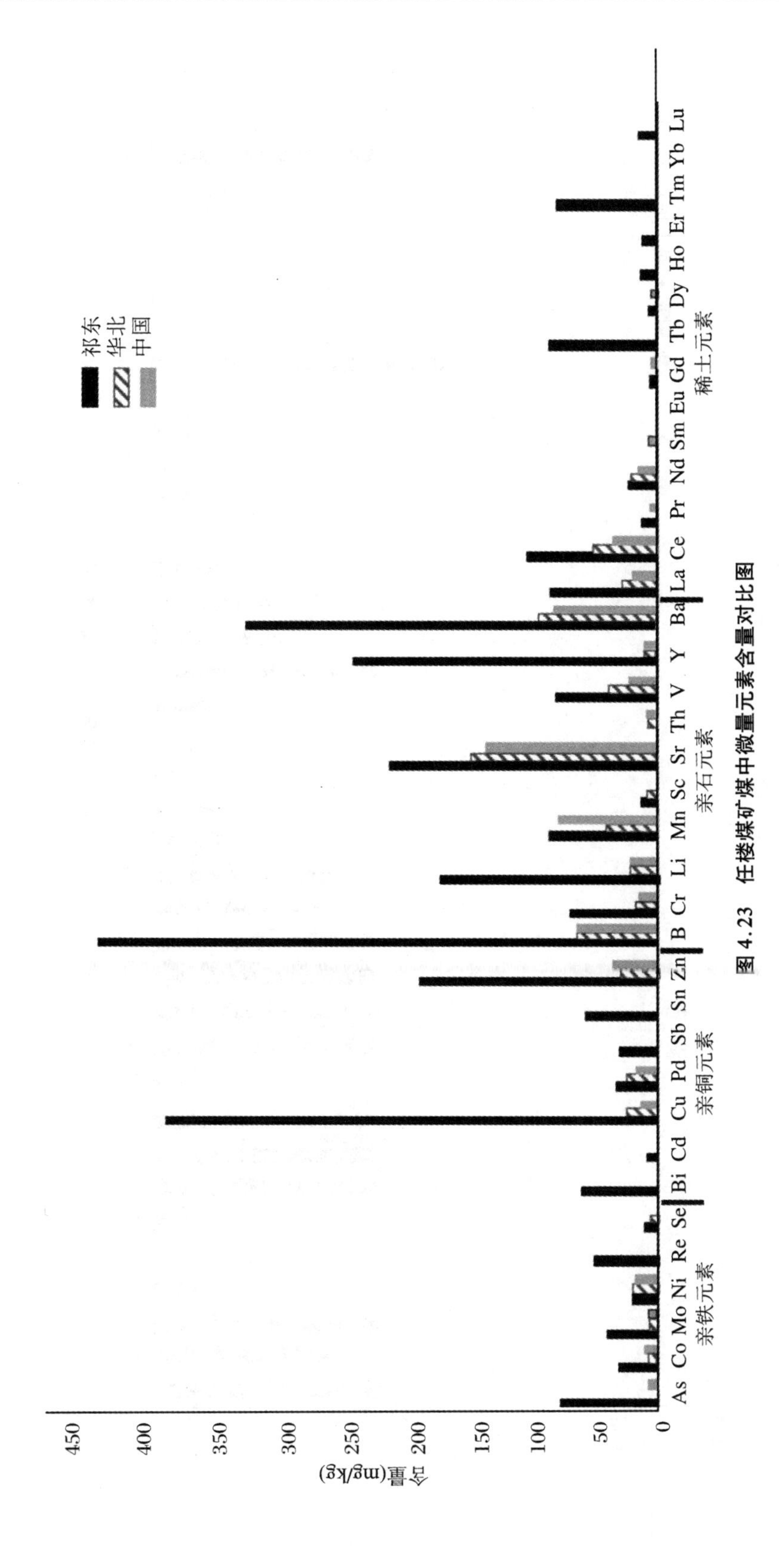


图 4.23　任楼煤矿煤中微量元素含量对比图

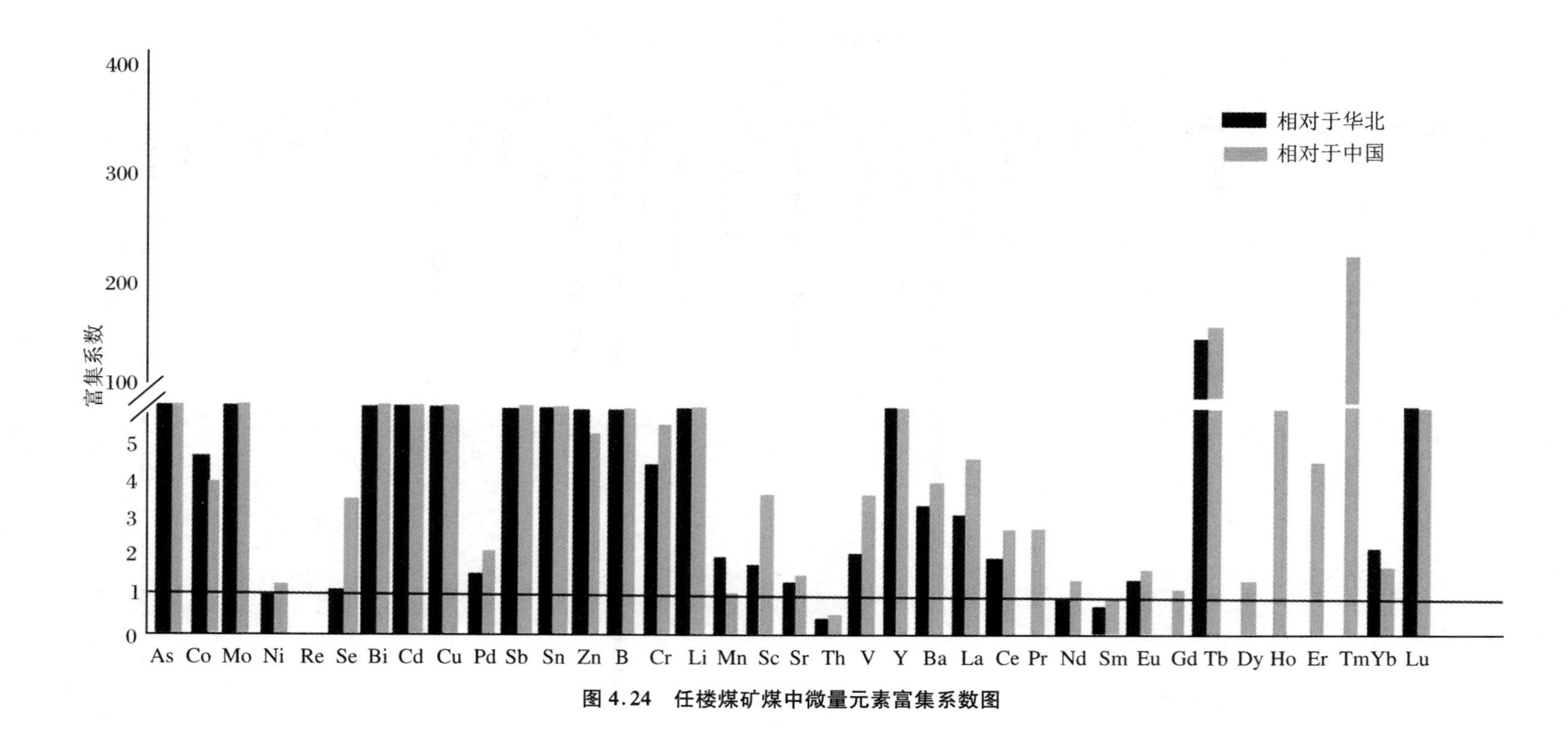


图 4.24 任楼煤矿煤中微量元素富集系数图

(1) 与华北石炭二叠纪(C-P)煤中微量元素含量的算术平均值相比,任楼煤矿煤中所测元素,As、Co、Mo、Bi、Cd、Cu、Pb、Sb、Sn、Cr、Li、Mn、Sc、Y、Ba、Eu、Yb 和 Lu 元素含量较高,富集因子大于 1;Ni、Se、Zn、B、Sr、Th、La、Ce、Nd 和 Sm 元素含量较低,富集因子小于 1;V 和 Tb 元素含量等于华北煤中的含量,富集因子等于 1,未查到华北煤中元素 Re 含量均值的文献。其中,任楼煤矿煤中 As、Mo、Cd、Sb、Sn 和 Yb 这 6 种元素相对于其在华北石炭二叠纪(C-P)煤中含量的算术平均值的富集因子大于 5。

(2) 与中国煤中相应微量元素的含量算术均值相比,任楼煤矿煤中所测元素,As、Co、Mo、Ni,Se、Bi,Cd,Cu,Pb,Sb、Sn、Cr、Li,Mn,Sc、V、Y、Ba、Pr、Eu、Ho、Tm、Yb 和 Lu 元素含量较高,富集因子大于 1;Zn、B、Sr、Th、La、Ce、Nd、Sm、Gd、Dy 和 Er 元素含量较低,富集因子小于 1;Tb 元素含量和中国煤中含量相等,富集因子等于 1。其中 Mo、Bi、Cd、Sn、Tm 和 Yb 元素的富集因子大于 5,富集明显。

# 第 5 章　煤中微量元素的赋存状态

## 5.1　中国煤中微量元素的赋存状态

### 5.1.1　煤中微量元素的赋存状态研究方法

煤中元素的赋存状态是指元素在煤中的结合形态,包括存在形式、化合方式和物理分布等。元素在煤中的赋存状态直接决定煤的开采、存放和利用等一些系列过程中迁移释放的难易程度并导致不同的健康效应。[343]煤中微量元素的存在形态一般为有机态或无机态,很多元素也是 2 种形态共同存在,因为其成煤环境的差异,元素的结合形态也会在不同煤田不同煤层甚至同一煤层不同位置存在差异。

Finkleman[99]提出了人们关注及学者们致力研究探讨的煤中 25 种环境敏感元素的赋存状态及其置信度,同时他认为没有一种元素的赋存方式是十分可信的,最好的元素赋存方式的置信度才到 8,最差的只有 2～3。煤中 25 种环境敏感元素的可能赋存方式见表 5.1。

**表 5.1　煤中 25 种环境敏感元素的可能赋存方式**

| 元素 | 赋存方式 | 元素 | 赋存方式 |
|---|---|---|---|
| Sb | 有机结合,黄铁矿,次要的硫化物 | Mn | 碳酸盐,菱铁矿和铁白云石 |
| As | 黄铁矿 | Mo | 次要的硫化物,有机质结合 |
| Ba | 重晶石和其他含 Ba 矿物 | Ni | 多种赋存方式 |
| Be | 有机质结合 | Se | 有机质结合,黄铁矿,次要的硒化物 |
| B | 有机质结合 | P | 磷酸盐矿物 |
| Cd | 闪锌矿 | Ag | 硫化物 |
| Cr | 有机质结合,伊利石,铬铁矿 | Tl | 黄铁矿 |
| Co | 多种赋存方式 | Sn | 氧化物和硫化物 |
| Cu | 黄铜矿,黄铁矿 | V | 黏土矿物 |
| Cl | 孔隙水或吸附到显微镜组分的氯化物离子 | Th | 独居石,磷钇矿,锆石,黏土矿物 |
| F | 多种矿物中 | U | 有机质结合,锆石,硅酸盐 |
| Pb | 方铅矿 | Zn | 闪锌矿 |
| Hg | 黄铁矿 | | |

## 5.1.2　煤中微量元素的赋存状态各论

### 5.1.2.1　煤中砷

**1. 硫化物结合态**

国内外许多研究表明砷和黄铁矿关系极为密切。[44,99,100,341,427] Huggins[550]又将该部分分为砷黄铁矿形态赋存的砷和与黄铁矿结合的砷。雄黄、雌黄、砷黄铁矿等矿物是砷的主要载体，但砷也可与含有Cu、Pb和Zn的硫化物矿物以及黄铜矿、闪锌矿等矿物伴生。[214,455]郭欣等[551]利用逐级提取的方式测定了无烟煤、褐煤和烟煤中的砷赋存状态，认为73%～83%的砷赋存于硫化物矿物中。黄文辉等[552-553]也发现了煤中砷的赋存与黄铁矿极为相关。但是也有研究表明，煤中砷的主要结合态也有可能与有机硫和黏土矿物有关。[554-555]

**2. 有机结合态**

大量研究表明，煤中的部分砷可与有机物结合，然而确切的有机形态并未确定。Finkelman[99]曾指出，当煤中砷含量低于5 mg/kg时，砷主要与有机物质相结合。刘桂建等[461]发现了煤中砷含量与煤的比重呈反相关关系，因此认为砷与比重较小的有机物质相结合。根据郭欣等[551]、赵峰华等[211,556]进行的煤中砷的逐级提取实验，结果分别表明煤中8%的砷以有机结合态赋存，以有机态赋存的砷比例在5种形态中占第二位。而以有机态结合的砷主要以砷酸盐和亚砷酸盐的形式存在，与砷的硫化物以及含砷矿物的关系不大。[557]有观点提出，当煤中砷含量较低(＜5.5 mg/kg)且灰分含量低于30%时，煤中砷主要以有机结合态赋存。[50,556]

**3. 砷酸盐结合态**

在我国贵州等省发现的高砷煤中砷含量可高达35037 mg/kg，以往的研究认为这种现象与煤中的砷黄铁矿及富砷黄铁矿有关。但Ren[143]则发现部分砷以砷酸盐的形式赋存于煤中。部分含砷黄铁矿氧化可形成砷酸盐态砷，这部分砷可以用30%的盐酸提取出来。[253]

国内外学者采用各种直接或者间接方法对煤中砷赋存状态进行了研究和总结，概括出如上规律。然而中国煤的成煤环境复杂、煤种复杂等原因造成煤中砷的富集规律有较大的差异，可进一步造成煤中砷的赋存状态的多元性和复杂性。以往研究中因为样品数量较少和技术方法不统一且具有局限性，因而并未对煤中砷赋存状态的规律进行明确的归纳总结，因此如何进行进一步地分析并对煤中砷赋存状态进行规律总结仍是当前研究的热点。

### 5.1.2.2　煤中镉

煤中的镉一般以无机形式存在，但有一些研究也显示出镉的有机亲和性。[558-559]例如，Sun[176]发现所研究的煤样中的镉和灰分没有明显的相关性，提出镉主要以有机结合态形式存在。云南燕山煤田的超高有机硫煤也表现出镉与灰分的负相关性。[560] Gao通过浮沉试验发现镉在各个密度级的组分中的含量没有显著变化，表明镉在煤中有机质和矿物质中均匀分布。Liang[561]发现镉在腐殖酸中富集，表明镉与煤中的腐殖酸形成了稳定的有机化合物。Bai[460]研究了来自中国10个不同煤田的煤样品，发现镉在其镜质组和惰质组中都占很大比例。Li[562-563]发现镉在来自新疆嘎顺煤矿的煤中表现出和壳质组的强相关性($r=0.66$)。

### 1. 煤中镉与灰分的相关性

煤灰是各种矿物的混合物,煤中镉含量与煤灰之间的相关性可以为镉的无机亲和性提供初步信息。[233]本次研究的煤样中灰分范围为4.71%~29.24%,平均值为16.12%(表5.2)。研究的煤样中镉含量与灰分高度相关($r=0.90$,图5.1),这有力地表明了镉与煤中矿物质的相关性。我们的研究结果进一步证实了以前的研究结论。[3,564]尽管如此,也有一些研究发现镉和灰分之间相关性很弱,表明镉也可能具有有机亲和性。[494,558]

**表5.2 典型煤样品的元素分析和工业分析**

| 样品编号 | 煤田 | 煤种 | 成煤时代 | Cdaf (%) | Hdaf (%) | Ndaf (%) | St,d (%) | Odaf (%) | Mad (%) | Ad (%) | Vdaf (%) | Cd (mg/kg) |
|---|---|---|---|---|---|---|---|---|---|---|---|---|
| WTLG-1 | 乌兰图噶 | 烟煤 | J3-K1 | 38.52 | 2.95 | 0.9 | 0.35 | 57.28 | 13.12 | 23.75 | 27.37 | 0.72 |
| KL-7 | 开滦 | 烟煤 | C-P | 65.61 | 3.57 | 0.99 | 0.48 | 29.35 | 0.45 | 21.49 | 30.54 | 0.03 |
| KL-12 | 开滦 | 烟煤 | C-P | 75.9 | 4.27 | 1.14 | 0.96 | 17.73 | 0.8 | 19.29 | 59.87 | 0.47 |
| HY | 浑源 | 褐煤 | C-P | 57.8 | 0.67 | 0.85 | 4.2 | 36.48 | 7.64 | 11.72 | 43.09 | 0.73 |
| DZ-2 | 岱庄 | 烟煤 | P2 | 67.66 | 4.79 | 1.59 | 11.43 | 14.53 | 5.7 | 20.15 | 48.9 | 0.18 |
| DZ-6 | 岱庄 | 烟煤 | P2 | 77.53 | 4.33 | 1.66 | 1.59 | 14.88 | 2.22 | 12.54 | 43.94 | 0.21 |
| ES-4 | 田坝 | 烟煤 | C-P | 73.6 | 2.48 | 0.86 | 1.69 | 21.37 | 1.32 | 16.78 | 23.73 | 0.3 |
| ES-5 | 田坝 | 烟煤 | C-P | 60.79 | 1.14 | 8.17 | 3.13 | 26.77 | 3.15 | 21.94 | 49.82 | 0.29 |
| NT-1 | 南桐 | 无烟煤 | P2 | 81.79 | 3.28 | 1.26 | 0.35 | 13.32 | 0.42 | 8.5 | 19.5 | 0.14 |
| ZJ | 织金 | 烟煤 | C-P | 76.64 | 2.55 | 0.75 | 2.17 | 17.89 | 2.14 | 10.65 | 24.03 | 0.32 |
| XD | 可郎 | 褐煤 | C-P | 68.89 | 5.16 | 1.59 | 4.05 | 20.31 | 9.97 | 15.46 | 56.34 | 0.23 |
| ZT-1 | 猫儿沟 | 无烟煤 | T3 | 88.39 | 3.75 | 0.92 | 4 | 2.94 | 1.2 | 29.24 | 12.66 | 0.13 |
| ZT-3 | 昌盛 | 无烟煤 | C-P | 94.09 | 3.04 | 0.77 | 0.83 | 1.27 | 0.61 | 4.71 | 5.67 | 0.21 |
| ZT-4 | 许家院 | 无烟煤 | C-P | 93.02 | 3.3 | 0.82 | 1.68 | 1.18 | 0.47 | 9.47 | 7 | 0.07 |

A:灰分(ash yield);d:干燥基(dry);M:水分(Moisture);ad:空气干燥基(air-dried);V:挥发份(volatile matter);daf:干燥无灰基(dry and ash-free);St:总硫(Total sulfur)。

### 2. 煤中镉与硫的相关性

作为亲硫元素,镉被认为与煤中的硫化物矿物密切相关。[128,187,565]以前的研究已经应用各种测试方法和技术,例如浮沉实验,人工剥离矿物技术和扫描电镜能谱来研究煤中的镉,结果表明镉主要与煤中的闪锌矿有关。[176,452,566-567]Zhou[568]和Li[569]发现煤中镉与总硫含量具有很高的相关性($r>0.3$),表明镉与黄铁矿高度相关。Yang[122]利用SEM-EDX在中国南方高硫煤的黄铁矿中检测到了镉。Jiang[570]分析了来自华南地区晚二叠世的高硫煤中的三种黄铁矿,发现黄铁矿中镉的含量与黄铁矿的形态相关。

本次研究的煤样中总硫含量范围为0.35%~11.43%,平均值为2.64%(表5.2)。根据《煤炭质量分级标准》(GB/T 15224.2—2010),将本次研究的煤样分为低硫煤(Enshi-3,KL-7,KL-12,NT-1,WTLG-1,ZT-3),中硫煤(DZ-6,Enshi-1,Enshi-4,ZT-4,ZJ)和高硫煤(DZ-2,Enshi-5,HY,XD,ZT-1)。然而,本研究发现镉与硫含量呈弱相关关系($R^2=$

0.04)，表明本次研究的煤样中的镉可能并不仅仅包含在黄铁矿中，也以其他化学形式存在。

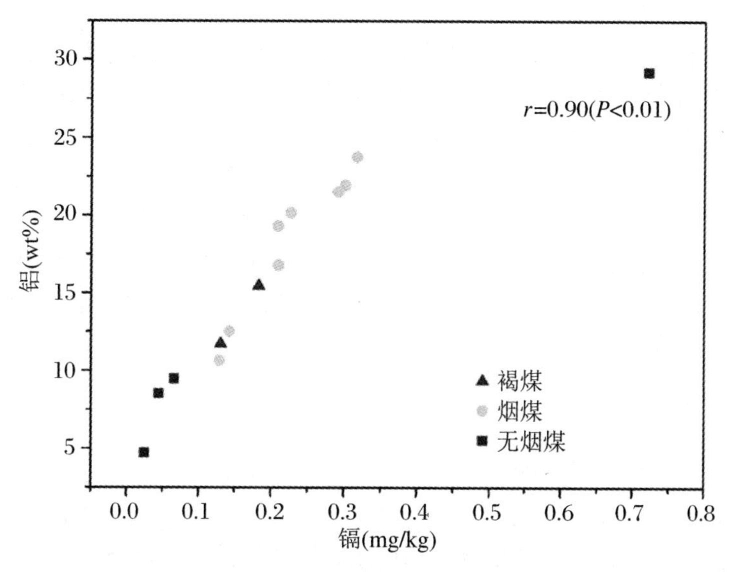


图5.1　煤中镉与灰分的相关性

**3. 煤中镉与其他元素的相关性**

本次研究的煤样中的镉也表现出与其他元素之间的高度相关性。亲硫元素锌、铅和镉的相关性系数分别为0.56和0.60(图5.2)。镉在煤中与这些重金属的相关性也体现在别的研究中。例如，Shi[571]从青海塔妥煤矿采集到的25个煤样品中的镉表现出了和锌的高度相关性($r>0.7$)。在内蒙古采集到的48个煤样品中发现了镉和铜的高相关性($r=0.71$)。[103]本次研究的煤样中的镉也表现出和镍的相关性($r=0.60$，Fig.4.2)，这一结果和Zheng[565]的研究结果一致。

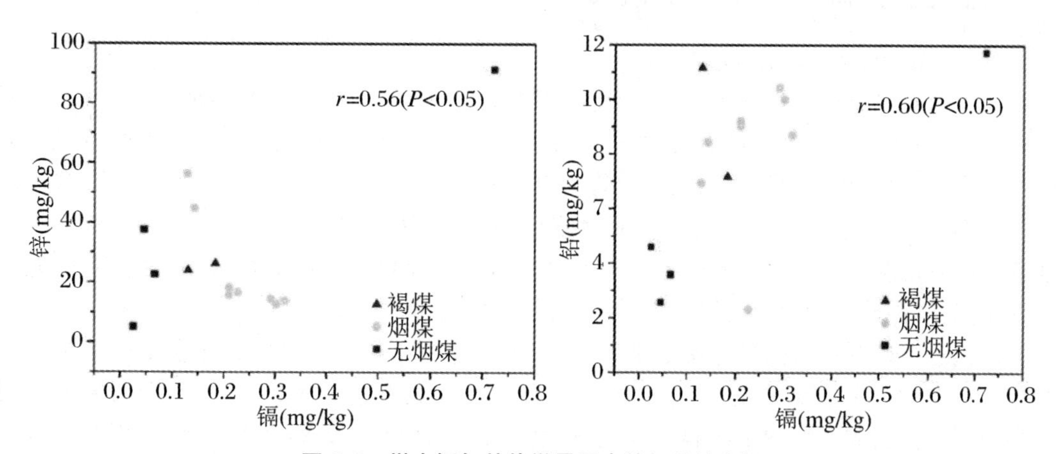


图5.2　煤中镉与其他微量元素的相关性分析

**4. 煤中镉的逐级提取分析**

煤中镉的赋存状态也可能受到煤级的影响。Ren[418]发现烟煤和无烟煤中的镉主要与硫化物结合，而褐煤中的镉主要是有机质结合态。Zhao[211]运用逐级提取实验对低煤级煤中镉的赋存状态的研究表明，大分子结合态镉(21%)>富里酸态镉(13%)>腐殖酸态镉(9%)。然而,Wang 和 Ren[572]通过研究山西晋城的无烟煤发现,镉主要与有机质结合(51.0%)。因此,煤中镉的赋存状态受多种因素影响,对具体煤样的分析应结合特定的地质和地球化学背景进行。

表 5.3 列出了 14 个研究煤样中的不同形态的镉的组分。结果表明,研究煤样中的镉主要与硅酸盐矿物(平均值为 55.04%,范围为 24.50%～69.57%)和碳酸盐化合物(平均值为 18.18%,范围为 7.63%～32.83%)结合。另外一个重要组分是硫化物结合态镉(平均值为 12.55%,范围为 5.35%～22.92%)。有机结合态镉占总镉的一小部分。水溶态镉也占有很小的比例(平均值为 5.36%,范围为 bdl～11.78%),这意味着在煤炭的开采和储存过程煤中的镉可能会滤出并积累在土壤和地下水中。离子交换态和硅酸盐结合态镉的含量随着煤级的升高而增加,而有机质结合态和硫结合态镉含量减少,说明煤中镉的形态可能受到煤化过程后期阶段的影响。

### 5.1.2.3　煤中汞

煤中的汞,一方面由于其浓度较低(一般低于 0.5 mg/kg)[452],另一方面汞元素具有较强的挥发性(150 ℃时几乎所有的汞都会释放出来),因此对煤中汞的赋存状态的研究虽然是热点,但也一直是研究的难点。国外对煤中汞赋存状态的研究起步较早,众多的研究结果表明,煤中的汞与硫关系密切,主要以固溶态的形式存在于煤中的黄铁矿中[99,145,428,573-580],另外也有研究显示[100,573,581-588],煤中的汞与有机质之间存在较好的亲和性。

相对于国外而言,中国对煤中汞的赋存状态的研究起步相对较晚,并且对煤中汞赋存特征的研究主要集中于高硫煤以及中国西南一些典型地区的富汞煤样品。本次研究采集了中国一些煤田的高硫煤、低硫煤以及典型煤(不同变质程度、高氯、风化以及非风化煤)样品,通过多种手段对这些煤中汞的赋存特征进行了探讨。特别是针对前人研究中没有涉及的低硫煤,从国内不同的煤田收集了低硫煤样品,并系统刻槽采集了安徽淮北煤田的低硫煤样品,全面深入探索了低硫煤中汞的分布、赋存和富集特征,为丰富煤中汞的环境地球化学理论、控制燃煤过程中汞的排放提供了科学依据。

**1. 中国高硫煤中汞的赋存特征**

煤中的硫受煤形成时沉积环境、煤化作用等的影响,在煤中有多种存在形式。从一些研究来看,煤中的硫与多数微量元素的赋存状态有着重要的关系,特别是一些有害微量元素如砷、硒、汞、铅等与煤中硫结合密切。在煤的利用过程中,这些有害微量元素的迁移、转化以及释放都受硫的形态影响。目前普遍认为煤中的硫主要以硫铁矿硫(Sp)、有机硫(So)、硫酸盐硫(Ss)和元素硫(Se)4 种形式存在[198,264,589-590],其中硫化铁硫和有机硫占主要部分,元素硫含量甚微,而硫铁矿硫主要以黄铁矿为主,故又称为黄铁矿硫。

前人对高硫煤中汞的赋存特征研究较多,主要是由于一方面煤中硫分含量的多少是煤利用过程中的一个主要关注点;另一方面,高硫煤中汞的含量相对较高,有利于研究者们对煤中汞测试分析和对煤中汞赋存特征的探讨。众多的研究结果表明[64,193,466,471-472,501,591],高硫煤中的汞与煤中硫结合方式主要是黄铁矿硫或其他硫化物。

表 5.3　逐级化学提取实验结果

（%）

| | | Ⅰ | Ⅱ | Ⅲ | Ⅳ | Ⅴ | Ⅵ | 提取率 |
|---|---|---|---|---|---|---|---|---|
| 褐煤 | 平均值 | 0.25±0.04 | 4.72±0.33 | 9.18±0.95 | 16.75±2.25 | 47.15±3.23 | 13.20±1.80 | 91.23±2.09 |
| | HY | 0.50±0.08 | 9.44±0.66 | 10.93±1.22 | 23.34±2.87 | 48.84±2.49 | 16.39±1.25 | 109.44±3.01 |
| | XD | bdl | bdl | 7.42±0.68 | 10.15±1.63 | 45.45±3.96 | 10.00±2.34 | 73.03±1.18 |
| 烟煤 | 平均值 | 2.70±0.26 | 5.42±0.68 | 6.56±0.85 | 21.20±2.18 | 51.15±4.29 | 13.11±1.53 | 100.15±5.19 |
| | WTLG-1 | bdl | bdl | 0.22±0.04 | 32.83±3.17 | 68.31±6.05 | 22.92±2.45 | 124.28±11.62 |
| | KL-7 | 2.17±0.22 | 2.23±0.12 | 8.36±0.45 | 11.87±1.51 | 56.71±2.87 | 10.99±2.05 | 92.32±3.43 |
| | KL-12 | 0.78±0.08 | 8.69±0.50 | 4.52±1.34 | 20.72±2.19 | 24.50±2.41 | 11.62±1.41 | 70.83±1.11 |
| | DZ-2 | 2.98±0.29 | 6.72±1.28 | 8.24±0.77 | 17.66±1.93 | 56.09±4.90 | 10.66±1.54 | 102.35±4.7 |
| | DZ-6 | 2.80±0.17 | 9.20±0.90 | 9.20±1.23 | 12.60±1.26 | 65.00±5.35 | 10.20±1.20 | 109.00±4.22 |
| | ES-4 | 2.20±0.48 | 2.67±0.73 | 7.23±0.59 | 23.27±3.29 | 51.89±5.04 | 13.21±1.11 | 100.47±4.13 |
| | ES-5 | 10.54±0.84 | 11.78±1.29 | 4.03±1.00 | 21.40±1.64 | 47.29±4.23 | 12.09±1.27 | 107.13±4.15 |
| | ZJ | 0.15±0.01 | 2.10±0.61 | 10.66±1.36 | 29.23±2.44 | 39.43±3.48 | 13.21±1.23 | 94.79±8.14 |
| 无烟煤 | 平均值 | 1.60±0.25 | 5.54±0.62 | 5.25±0.47 | 12.86±1.39 | 66.75±4.78 | 11.11±1.33 | 103.10±5.65 |
| | 121.56±3.82 | ZT-1 | bdl | 11.78±1.44 | 13.78±0.95 | 15.11±1.13 | 66.67±3.27 | 14.22±1.19 |
| | 103.68±9.44 | ZT-3 | 2.13±0.21 | 6.35±0.58 | 1.49±0.21 | 18.86±2.50 | 63.19±4.70 | 11.67±1.68 |
| | 98.78±6.90 | ZT-4 | 4.29±0.79 | 4.02±0.46 | 5.72±0.74 | 9.83±1.08 | 69.57±6.54 | 5.35±0.73 |
| | 88.40±2.42 | NT-1 | bdl | bdl | bdl | 7.63±1.25 | 67.56±4.62 | 13.21±1.70 |
| 所有样品 | 平均值 | 2.04±0.23 | 5.36±0.61 | 6.56±0.76 | 18.18±1.96 | 55.04±4.28 | 12.55±1.51 | 99.72±4.88 |

各赋存形态符号解释：Ⅰ：水溶态；Ⅱ：离子交换态；Ⅲ：有机结合态；Ⅳ：碳酸盐结合态；Ⅴ：硅酸盐结合态；Ⅵ：硫化物结合态。

山东兖州煤田二叠纪3煤样品M1、M13、M16和M17中硫的含量分别为2.31%、2.87%、3.26%和4.35%，平均含量高达3.20%。在所选择的4个高硫煤样品中，不同形态的硫的含量差别较大（表5.4），但黄铁矿硫（Sp）占绝大部分，分别是总硫（St）的73%、74%、83%和69%。

**表5.4　山东兖州高硫煤样品中不同形态硫的含量（%）和汞、砷、硒的浓度（mg/kg）**

| | St | Sp | Ss | So | Hg | As | Se |
|---|---|---|---|---|---|---|---|
| M1 | 2.31 | 1.69 | 0.09 | 0.53 | 0.58 | 3.78 | 6.72 |
| M13 | 2.87 | 2.11 | 0.05 | 0.71 | 0.71 | 3.21 | 7.36 |
| M16 | 3.26 | 2.71 | 0.08 | 0.47 | 0.9 | 3.86 | 5.33 |
| M17 | 4.35 | 3.02 | 0.06 | 1.27 | 0.97 | 2.97 | 9.84 |

4个高硫样品中汞的含量与不同形态的硫分含量之间的相关性如图5.3所示，从图5.3可以看出，高硫煤样品中汞的含量与总硫和黄铁矿硫含量之间存在极好的相关性，相关系数（$R^2$）分别高达0.86（$p<0.5$）和0.99（$p<0.5$），说明这些高硫煤中的汞与黄铁矿之间存在密切的联系；而汞的含量与硫酸盐硫和有机硫含量之间基本没有相关性，说明它们之间的关系不密切。相对于汞的含量与硫分含量之间的相关性而言，所研究的样品中砷和硒的含量与不同形态的硫分含量之间关系不是很密切。

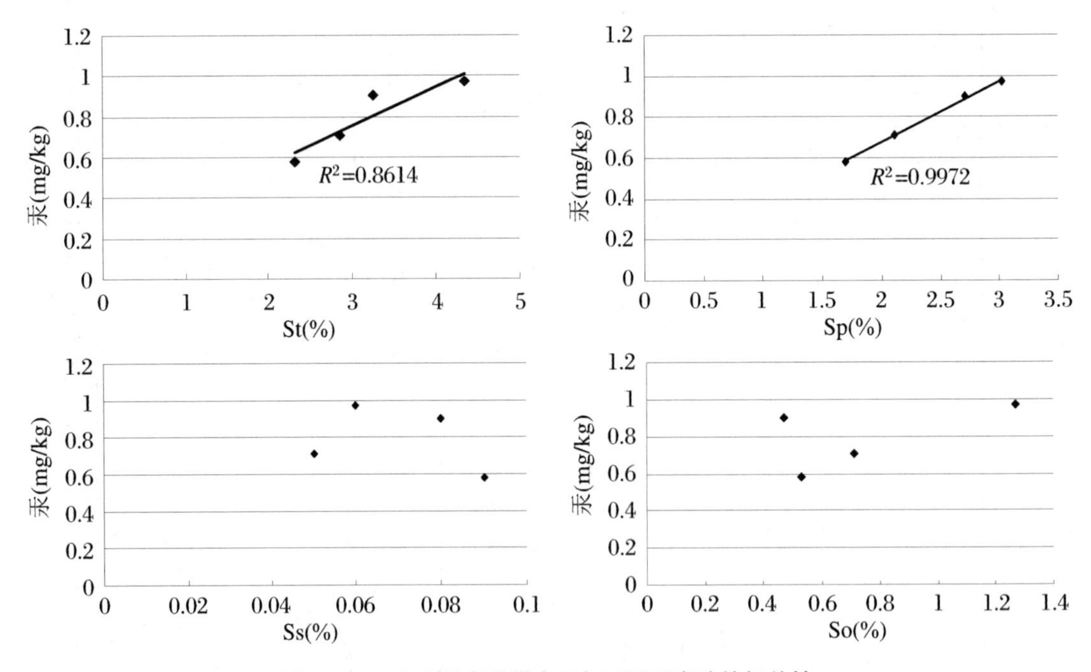


**图5.3　山东兖州高硫煤中汞与不同形态硫的相关性**

St：总硫；Sp：黄铁矿硫；Ss：硫酸盐硫；So：有机硫。

为了对比研究不同地区高硫煤中汞的赋存特征的差异性，本次研究中选择了美国伊利诺伊州地质调查局Chou Chen-Lin博士提供的美国伊利诺伊盆地西南部井下采取的Herrin Coal高硫煤样品（IBC-105）。该高硫煤样品中硫的含量高达4.5%，其中黄铁矿硫含量为2.3%，而有机硫的含量也高达 2.1%，样品中汞的丰度为 0.13 mg/kg。

本次研究对该高硫煤样品(IBC-105)采取了六步逐级化学提取实验，实验的提取率为 112%，图 5.4 为样品中不形态汞的提取结果。从图 5.4 的实验结果可以看出，伊利诺伊盆地的该高硫煤样品中汞的赋存状态与中国一些高硫煤中汞的赋存状态明显不同。样品(IBC-105)中硫化物结合态的汞的含量为 0.06 mg/kg，而有机结合态汞的含量高达 0.05 mg/kg，这两种结合态的汞共同占据支配地位，同时还有部分碳酸盐结合态的汞(0.02 mg/kg)和少量的水溶态的汞(0.01 mg/kg)存在，离子结合态的汞和硅酸盐结合态的汞低于检测限。

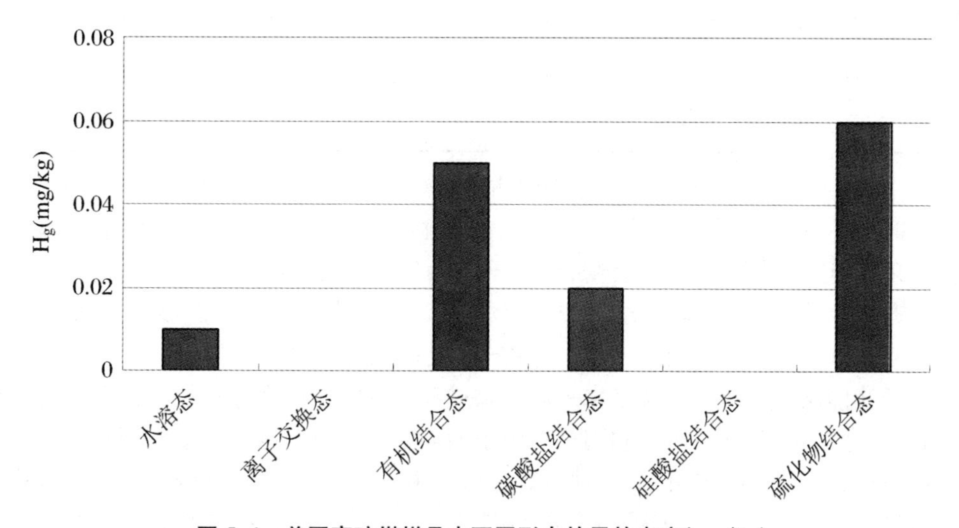


**图 5.4　美国高硫煤样品中不同形态的汞的丰度(mg/kg)**

我国山东兖州煤田高硫煤中汞的赋存方式和美国伊利诺伊盆地 Herrin Coal 高硫煤样品(IBC-105)中汞赋存特征的研究结果表明(图 5.3 和图 5.4)，即使在高硫煤中，汞的赋存方式也存在很大的差异。这种差异可能主要与煤中硫的形态密切相关，如山东兖州煤田的 4 个高硫煤样品 M1、M13、M16 和 M17 中，有机硫(So)的含量分别占总硫含量的 23%、25%、14%和 19%，而美国伊利诺伊盆地的高硫煤(IBC-105)中有机硫占总硫的比例高达 47%，正是这些有机硫捕获了煤中的汞，从而导致煤中有机结合态汞的含量明显升高。

**2. 中国低硫煤中汞的赋存特征**

中国煤炭资源分布广泛，硫的含量在不同区域以及不同成煤时代的煤中差别很大，范围为 0.2%～8%。[592]表 5.5 是实验室高连芬等[593]对中国煤中硫的含量的统计与调查结果。从表 5.5 可以看出，低硫煤和低-中硫煤约占全国煤炭资源总储量的 74%以上，是中国煤炭资源的主体，而中、高硫分以及特高硫分煤的储量仅占全国煤炭资源总储量的 12%；从中国区域分布上来看，煤中硫分含量有自北向南、自东向西增加的趋势，华北、东北和华东地区煤田煤中硫分的含量相对较低，而西南地区煤中硫分的含量相对较高，其平均硫分含量达到 2.43%。

**表 5.5　全国国有重点煤矿煤炭硫分分布**　　(%)

| | 硫分等级名称 St,d | 低硫分煤 <1.0 | 低中硫分煤 1.0~1.5 | 中硫分煤 1.5~2.0 | 中高硫分煤 2.0~3.0 | 特高硫分煤 >3.0 | 合计 |
|---|---|---|---|---|---|---|---|
| 全国 | 占总储量 | 58.71 | 15.97 | 13.27 | 4.25 | 7.8 | 100 |
| 华北 | 占总储量 | 18.46 | 11.05 | 7.53 | 1.04 | 0 | 38.08 |
| 东北 | 占总储量 | 11.7 | 1.4 | 0.07 | 0 | 0 | 13.17 |
| 华东 | 占总储量 | 10.28 | 2.44 | 1.71 | 1.64 | 0.2 | 16.27 |
| 中南 | 占总储量 | 8.17 | 1.05 | 1.98 | 0.27 | 0.64 | 12.11 |
| 西南 | 占总储量 | 2.62 | 0.03 | 1.4 | 0 | 5.08 | 9.13 |
| 西北 | 占总储量 | 7.49 | 0 | 0.58 | 1.3 | 1.88 | 11.24 |

综合中国煤炭资源的分布现状，低硫煤占中国煤炭储量的绝对优势，也是中国煤炭消耗的主体，如果不对低硫煤中汞的浓度、赋存状态等地球化学特征进行研究，将会对煤中汞的地球化学理论、环境意义等的正确评价带来不利因素。也就是说，一方面，低硫煤与高硫煤形成环境有一定的差异，其地球化学形成过程及形成理论有一定的区别，缺乏对低硫煤中汞的赋存和富集特征的探讨，不利于对煤中汞的形成理论进行总结；另一方面，也会影响客观正确地评价我国煤中汞的平均含量水平和燃煤过程中汞的排放通量；另外，高硫煤与低硫煤中汞的含量、存在状态不同，对其利用过程中汞的剔除与释放控制方法也有区别。如从高硫煤中汞的赋存状态研究结果可知，黄铁矿是高硫煤中汞的主要载体，在煤的洗选过程中这些赋存在黄铁矿中的汞，将会随着矸石等煤的副产品分离的不同程度从高硫煤中脱除[594]；而低硫煤中，由于煤中硫分的含量低不能引起人们的关注，则低硫煤中富集的汞也常常容易被忽视，在煤的利用过程中赋存在低硫煤中的汞容易释放到环境中，从而对环境造成潜在的污染。因此，对低硫煤中汞的赋存状态的研究不仅具有重要的地球化学理论意义，对环境保护也具有重要的理论和现实意义。

从中国 6 个省的不同煤田采集了 52 个低硫煤样品（表 5.6 和表 5.7），样品中总硫的含量范围为 0.22%~1.42%，平均含量为 0.67%[138]，对这些低硫煤样品中汞的浓度进行了测试分析。

**表 5.6　低硫煤中汞的浓度和灰分含量、挥发份含量以及不同形态硫的含量**

| 煤样 | Hg(mg/kg) | St,d(%) | Sp,d(%) | Ss,d(%) | So,d(%) | Ad(%) | Vdaf(%) |
|---|---|---|---|---|---|---|---|
| YN | 0.03 | 0.36 | 0.01 | 0.02 | 0.33 | 7.52 | 41.88 |
| LN | 0.08 | 0.36 | 0.2 | 0.01 | 0.15 | 40.12 | 23.18 |
| SX-1 | 0.28 | 0.56 | 0.43 | 0.01 | 0.12 | 20.36 | 29.63 |
| SX-2 | 0.04 | 0.28 | 0.05 | 0.01 | 0.22 | 14.64 | 12.46 |
| SX-3 | 0.14 | 0.36 | 0.12 | 0.01 | 0.23 | 21.25 | 7.27 |
| NM-1 | 0.08 | 0.65 | 0.04 | 0.02 | 0.59 | 7.63 | 7.45 |
| NM-2 | 0.13 | 0.54 | 0.02 | 0.01 | 0.51 | 24.16 | 31.75 |

续表

| 煤样 | Hg(mg/kg) | St,d(%) | Sp,d(%) | Ss,d(%) | So,d(%) | Ad(%) | Vdaf(%) |
|---|---|---|---|---|---|---|---|
| NM-3 | 0.4 | 0.47 | 0.18 | 0.03 | 0.26 | 21.98 | 35.99 |
| NM-4 | 0.15 | 0.15 | 0.07 | 0.02 | 0.06 | 12.59 | 28.29 |
| M2 | 0.24 | 1.02 | 0.71 | 0.07 | 0.24 | 123 | |
| M3 | 0.21 | 0.92 | 0.64 | 0.05 | 0.23 | 10.7 | |
| M4 | 0.17 | 0.88 | 0.55 | 0.02 | 0.31 | 13.7 | |
| M5 | 0.16 | 0.72 | 0.48 | 0.01 | 0.23 | 9.65 | |
| M6 | 0.22 | 0.95 | 0.65 | 0.02 | 0.28 | 8.73 | |
| M7 | 0.18 | 0.86 | 0.62 | 0.02 | 0.22 | 11.25 | |
| M8 | 0.21 | 0.93 | 0.63 | 0.04 | 0.26 | 10.05 | |
| M9 | 0.27 | 1.02 | 0.74 | 0.07 | 0.21 | 9.45 | |
| M10 | 0.38 | 132 | 0.95 | 0.04 | 0.33 | 12.31 | |
| M11 | 0.37 | 1.15 | 0.91 | 0.05 | 0.19 | 11.72 | |
| M12 | 0.52 | 1.42 | 1.03 | 0.03 | 0.36 | 14.7 | |
| M18 | 0.26 | 0.86 | 0.51 | 0.06 | 0.29 | 11.5 | |
| M19 | 0.2 | 0.91 | 0.59 | 0.08 | 0.24 | 12.3 | |
| M20 | 0.27 | 1.02 | 0.71 | 0.07 | 0.24 | 11.72 | |

Ad：灰分（干燥基），Vdaf：挥发分（干燥无灰基），St，d：全硫含量（干燥基），Sp，d：黄铁矿硫含量（干燥基），Ss，d：硫酸盐硫含量（干燥基），So，d：有机硫含量（干燥基）。

从表 5.6 和表 5.7 的测试结果可知，52 个低硫煤样品中汞的含量范围为 0.03～0.79 mg/kg，算术平均含量为 0.24 mg/kg，几何平均含量 0.20 mg/kg，与 Rudnick 和 Gao[434] 报道的上地壳中汞的平均含量 0.05 mg/kg 相比，所采集的低硫煤中汞的算术平均含量是上地壳汞平均含量的 4.8 倍。

表 5.8 是本次研究的 52 个低硫煤样品中汞的算术平均含量与中国、美国、澳大利亚以及世界煤中汞的算术平均含量的比较。

低硫煤中汞的算术平均含量为 0.24 mg/kg，是前面计算的中国煤中汞算术平均含量的 1.3 倍，说明在一些低硫煤中富集有较高浓度的汞，应该引起人们的重视，同时也说明对低硫煤中汞的研究具有重要的环境意义和理论价值。

与其他一些主要产煤国家以及世界煤中汞的平均含量相比（表 5.8），中国这些低硫煤中汞的含量是美国煤中汞的算术平均含量 0.17 mg/kg[424] 的 1.4 倍，是澳大利亚煤中汞的平均含量 0.06 mg/kg[421] 的 4 倍。Yudovich 和 Ketris[253] 最近报道了世界煤中汞的克拉克值为（0.10 ± 0.01） mg/kg，本次研究的中国低硫煤中汞的平均含量是世界煤中汞的克拉克值的 2.4 倍。

实际上，我国低硫煤中汞的富集有可能是受一些沉积环境或者后期地质因素的影响，并不是说明所有的低硫煤中都存在高浓度的汞。从本次所研究的 52 个低硫煤样品中汞的浓度测试结果来看（表 5.6 和表 5.7），云南省曲靖煤田、辽宁省铁法煤田、山西长治潞安煤田以及内蒙古汝箕沟煤田的煤样品中总的硫分含量分别为 0.36%、0.36%、0.28% 和 0.65%，其对应的样品中汞含量也较低，仅分别为 0.03 mg/kg、0.08 mg/kg、0.04 mg/kg 和 0.08 mg/kg，而在其他一些地区，虽然煤中硫的含量较低，但煤中汞的含量却一定程度的富集。

**表 5.7　煤中汞的浓度、总硫含量以及灰分特征**

| 样品 | HM3-1 | HM3-2 | HM3-3 | HM3-4 | HZ4-1 | HZ4-2 | HZ4-3 | HZ4-4 |
|---|---|---|---|---|---|---|---|---|
| 汞(mg/kg) | 0.07 | 0.07 | 0.21 | 0.14 | 0.1 | 0.24 | 0.15 | 0.06 |
| 总硫(%) | 0.22 | 0.34 | 0.81 | 0.55 | 0.49 | 0.85 | 0.23 | 0.5 |
| 灰分(%) | 10.08 | 11.34 | 14.33 | 14.63 | 8.75 | 11.68 | 27.74 | 18.33 |
| 挥发分(%) | 36.07 | 37.86 | 40.76 | 38.57 | 37.21 | 36.89 | 39.33 | 38.57 |
| 样品 | HZ4-5 | HZ4-6 | HZ4-7 | HZ4-9 | HZ4-10 | HZ5-1 | HZ5-2 | HZ5-3 |
| 汞(mg/kg) | 0.14 | 0.27 | 0.25 | 0.15 | 0.27 | 0.33 | 0.79 | 0.43 |
| 总硫(%) | 0.57 | 0.54 | 0.49 | 0.46 | 0.43 | 0.88 | 0.5 | 0.83 |
| 灰分(%) | 20.29 | 20.18 | 24.98 | 12.87 | 14.78 | 15.01 | 15.78 | 18.35 |
| 挥发分(%) | 41.24 | 39.13 | 40.22 | 39.27 | 38.98 | 43.67 | 42.58 | 44.43 |
| 样品 | HZ5-4 | HZ5-6 | HZ5-8 | HM7-1 | HM7-2 | HM10-2 | HM10-3 | HM10-4 |
| 汞(mg/kg) | 0.41 | 0.64 | 0.64 | 0.31 | 0.37 | 0.16 | 0.11 | 0.15 |
| 总硫(%) | 0.67 | 0.49 | 0.46 | 0.44 | 0.74 | 0.64 | 0.46 | 0.5 |
| 灰分(%) | 16.16 | 16.18 | 17.14 | 13.53 | 13.88 | 13.6 | 1.51 | 22.52 |
| 挥发分(%) | 40.32 | 44.26 | 43.18 | 38.28 | 41.93 | 39.72 | 40.97 | 47.2 |
| 样品 | HM10-5 | HM10-6 | HM10-7 | HM10-8 | HM10-9 | | | |
| 汞(mg/kg) | 0.27 | 0.12 | 0.19 | 0.29 | 0.21 | | | |
| 总硫(%) | 0.92 | 0.32 | 0.87 | 1.24 | 0.74 | | | |
| 灰分(%) | 13.82 | 13.21 | 10.93 | 13.65 | 23.14 | | | |
| 挥发分(%) | 43.29 | 41.24 | 45.32 | 42.17 | 39.83 | | | |

**表 5.8　低硫煤中汞的含量与中国、世界、美国以及澳大利亚煤中汞的含量**　(单位:mg/kg)

| | 范围 | 算术均值 | 几何均值 | 标准差 | 样品数 |
|---|---|---|---|---|---|
| 本研究 | 0.03～0.79 | 0.24 | 0.20 | 0.16 | 53 |
| 中国煤[a] | 0～45.0 | 0.19 | | | 1699 |
| 上地壳[b] | | 0.05 | | | |
| 美国煤[c] | 0～10.0 | 0.17 | | | 7649 |
| 澳大利亚煤[d] | 0.01～0.14 | 0.06 | | | |
| 世界煤[e] | | 0.10±0.01 | | | |

[a]Zheng 等[137]，[b] Rudnick 和 Gao[434]，[c] Finkelman[424]，[d] Swaine 和 Goodarzi[421]，[e] Yudovich[253]。

综上可知，低硫煤中汞的含量不一定低，从统计和本次测试结果来看，在一些地区，低硫煤中汞的含量还高于高硫煤中汞的浓度。鉴于低硫煤是我国煤炭资源储量的主要部分，低硫煤是我国煤炭资源消耗的主体，因此，对我国低硫煤中汞的浓度分布特征、赋存方式以及导致低硫煤中汞的富集机理的研究应该是长期的内容，这对正确评价中国煤中汞的释放通量以及其对环境的影响都具有积极的意义。

众多研究者[64,193,466,501]将研究目光关注在高硫煤中汞的赋存方式的研究上，主要是因为高硫煤中的硫是燃烧关注的焦点，在重点研究煤利用和燃烧过程中煤中的硫对环境作用的同时，认识到了与煤中硫关系密切的一些有害元素(如砷、硒、汞)的释放机理、控制技术与环境意义。[133,595]如对中国西南地区(四川、贵州、云南)煤中汞赋存特征和富集机理的研究，也是因为该区煤中较高的硫分和典型的地质作用造成煤中氟、砷和硒高度富集，并且这些有害元素的富集已经引起了环境和人体的健康问题。[46,48,131,284]而低硫煤中汞的赋存状态，长期以来一直因为硫分低而被研究者所忽视，本次研究正是在充分调研文献和前期统计分析、研究的基础上，提出了对低硫煤中汞赋存状态理论的重点研究，以完善和补充煤中汞的地球化学理论。

煤中的灰分含量与汞的浓度的相关性研究是探讨煤中汞的来源以及汞在煤中结合方式的理论基础之一。这主要是因为：① 通过煤中灰分和汞元素之间的相关性分析，可以初步分析煤中汞的来源，也就是分析煤中汞可能是来自于煤炭形成过程中外源物质的注入，还是来自于自生的沉积物环境中。譬如，Vassilev[596]的研究认为，如果煤中的元素含量与煤中的灰分含量之间存在较好的正相关性，则可以认为煤中的这些元素很可能在成煤过程中或者成煤后期由外部地质作用输入形成；如果煤中的元素含量和灰分含量之间存在较好的负相关性，则说明这些煤中的元素很可能来自于成煤过程中的沉积盆地内物质的自生作用。② 煤中汞与灰分含量之间的关系，可以帮助分析煤中汞的赋存状态。一些研究[233,596]结果表明，煤中微量元素的含量和灰分含量之间的相关性，可以初步判断这些煤中微量元素在煤中的无机结合性和有机亲和性。譬如，如果煤中元素与灰分含量之间存在较好的正相关性，说明该元素在煤中主要以无机结合态为主；反之，则可能存在较好的有机亲和性。

我们分析了煤样品中的汞的含量与灰分含量的相关性(如图5.5所示)。从图5.5中对二者之间的相关性分析结果可知，煤中的汞含量和灰分含量之间的相关系数($r$)仅为0.11($p<0.05$)，介于$-0.20$～0.20之间。一般来说，当相关系数大于0.20，则认为二者之间存在正相关；反之当相关系数小于$-0.20$，则认为二者之间存在负相关。由此可见，本次研究的低硫煤样品中，汞的含量与灰分含量之间的相关性不明显，这些低硫煤中的汞与灰分之间没有很强的联系，煤中的汞与无机结合并不紧密；从而也可以说明，本次研究的低硫煤中的汞，可能主要来自于沉积盆地内沉积环境的自生物质中。

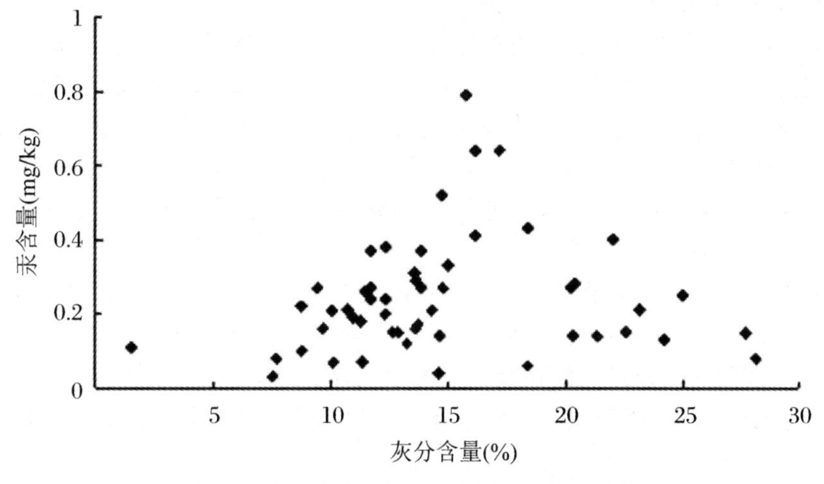


**图5.5　低硫煤中汞的含量与灰分含量之间的相关性($n=52$)**

煤中硫分含量的多少与成煤时期不同的沉积环境有关。[264,597]汞的含量与煤中不同形态的硫含量之间的相关性可以反映汞与硫的亲和程度，进一步揭示煤中汞的结合方式。譬如，与煤中的黄铁矿硫含量呈正相关的汞与煤中的硫化物特别是黄铁矿关系密切；而与煤中的黄铁矿硫含量之间关系不密切，与有机硫含量关系密切的汞有可能主要受有机硫控制，特别是和硫醇以及一些简单的有机硫关系密切。[583-584]

通过对采集的低硫煤样品中的23个煤样品进行了不同形态硫的测试分析（如表5.6），将这些煤样品中汞的含量与不同形态的硫含量以及总硫含量之间进行了相关性分析，相关性分析结果如图5.6所示。

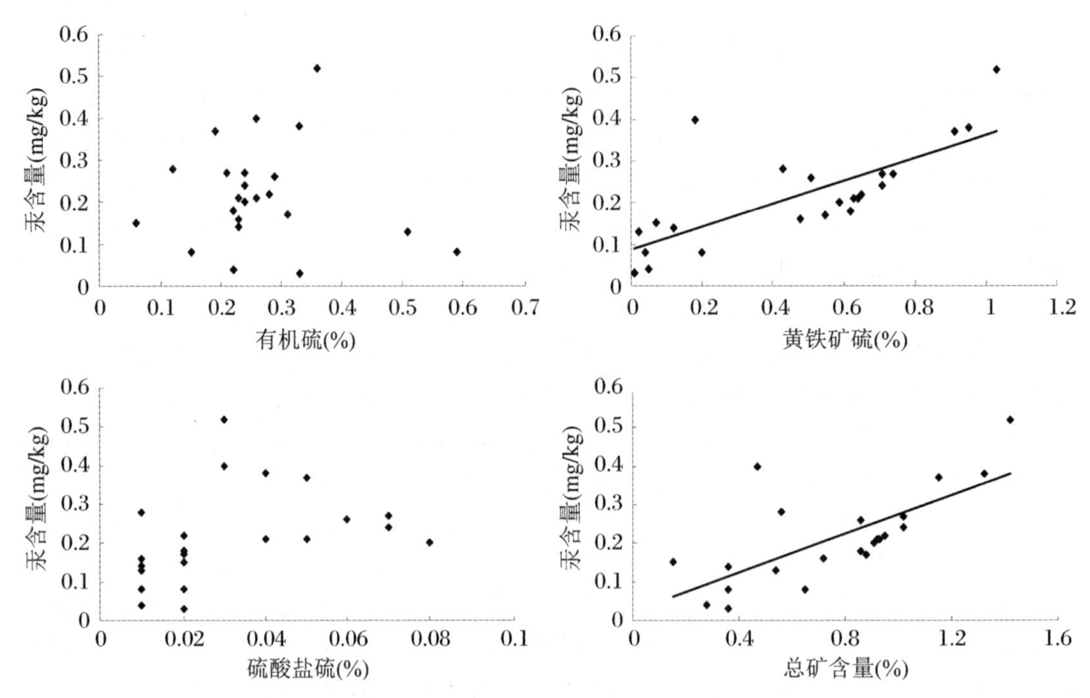


**图5.6　低硫煤中汞的含量和不同形态的硫分含量的相关性**

从图5.6的相关性分析结果可以看出，汞的含量与总硫含量之间的相关系数($r$)为0.70($p<0.05$)，与黄铁矿硫含量之间的相关系数($r$)为0.75($p<0.05$)，汞的含量和总硫含量、黄铁矿硫含量之间均存在较好的正相关性，说明这些低硫煤样品中的汞与黄铁矿硫关系比较密切，可能较大部分的汞赋存在煤中的黄铁矿之中。但与高硫煤中汞与黄铁矿硫之间的关系相比（图5.3），这些低硫煤中的汞与黄铁矿硫之间的相关性明显偏低，高硫煤中的汞与黄铁矿硫之间的相关系数($r$)为0.99，远高于低硫煤中汞与黄铁矿之间的相关系数(0.75)，说明低硫煤中的汞与黄铁矿之间的密切性低于高硫煤中的汞与黄铁矿，也进一步表明，在低硫煤中还存在着其他形态结合的汞。

雒昆利等[472]曾对中国渭北地区煤样品中的汞与硫的相关性进行过研究，通过研究，他们认为，煤中硫酸盐结合态的硫含量和煤中汞含量之间存在极强的相关性，但在本次研究的低硫煤样品中，硫酸盐结合态的硫和煤中的汞之间没有明显的相关性。可能主要是由于两个煤田形成的沉积环境差异较大，另外，在他们的研究中，没有对高硫煤与低硫煤样品进行分开探讨。

值得注意的是，在本次研究中还发现，样品中汞的含量与有机结合态的硫含量之间也存在一定的相关性。通过计算，二者之间的相关系数($r$)为0.3，说明这些低硫煤中的汞与煤中的有机硫之间存在一定的联系，这与Skyllberg[584]的研究结果一致。Skyllberg[584]的研究结果认为，煤中的一些有机硫化合物能够捕获煤中的汞，从而导致汞在煤中的富集。同时，Diehl[145]对美国阿拉巴马州西北的Black Warrior盆地煤样品的研究也发现，煤中汞含量和总硫含量之间相关性较好，而煤中铁的含量和硫分含量之间的相关性较差，所研究的煤样品中硫含量极高(>8000 mg/kg)，而铁的含量较低(<200 mg/kg)，说明煤中的硫主要以有机硫存在，煤中早期成因的有机硫在外部变质作用过程中捕获了大量的汞，导致煤中的汞在有机硫中富集，从而与有机硫关系密切。

总体来看，由低硫煤样品中汞的含量与不同形态的硫含量之间的相关性分析可知，其相关系数大小的排列顺序为黄铁矿硫>总硫>有机硫>硫酸盐。这与雒昆利[472]的研究结果有所不同，在他们的研究中，不同形态的硫与汞的相关性表现为黄铁矿硫>硫酸盐硫>总硫>有机硫，他们的结果认为渭北地区煤中的汞除一部分以HgS的形式存在于煤中外，硫酸盐结合态的汞在煤中也普遍存在，而与有机硫关系密切的汞在这些煤中很少见。

受成煤作用的泥炭化阶段、煤化阶段以及成煤后的风氧化阶段等多种沉积环境的影响，煤有多种变质程度，这些不同程度的煤的化学组成有不同的特征，不同变质程度的煤在不同的区域以及同一煤田中可能都有赋存。另外，由于后期的某种典型地质作用或者多种地质作用的叠加(火山活动、微生物作用、构造活动、岩浆热液活动、地下水活动等)，又可以改变煤的化学变质程度，形成一些具有典型特征的煤。这些典型的煤中汞的浓度分布和赋存特征可能是多因素、多期次以及多层次综合作用的结果，对研究煤中汞的地球化学具有特殊的意义。而从文献调研来看，前期的研究中很少关注典型煤中汞的赋存特征，本次研究将从不同类型的典型煤样出发，探讨典型煤中汞的赋存特征，补充煤中汞的环境地球化学理论。

我们选取了淮北煤田不同煤种的烟煤、无烟煤和天然焦，美国Chou Chen-Lin博士提供的美国伊利诺伊盆地的高氯煤，以及从美国采集的一个风化煤和一个未风化煤样品作为研究对象(表5.9)，通过六步逐级化学提取实验对这些典型煤中不同形态的汞进行了测试分析，结果如表5.10和图5.7所示。

**表5.9 典型煤样品的元素分析和工业分析**

| 煤样 | Cdof (%) | Hdaf (%) | W (%) | St,d (%) | Mad (%) | Vdaf (%) | Ad (%) | F-C (%) | Cl (mg/kg) |
|---|---|---|---|---|---|---|---|---|---|
| 烟煤 | 78.1 | 4.64 | 0.92 | 0.48 | 1.26 | 24.6 | 14.5 | 59.6 | n.d. |
| 无烟煤 | 81.3 | 3.52 | 0.95 | 0.25 | 2.15 | 12.1 | 13.1 | 72.7 | n.d. |
| 无焦 | 86.0 | 1.77 | 0.56 | 0.48 | 5.41 | 4.75 | 6.94 | 82.6 | n.d. |
| 高氯煤 | 71.1 | 4.63 | 1.56 | 1.33 | n.d. | 35.3 | 10.5 | 54.1 | 0.5 |
| 未风化煤 | 89.7 | 1.56 | 0.49 | 0.43 | 3.96 | 7.09 | 4.25 | 84.0 | n.d. |
| 风化煤 | 67.1 | 1.43 | 0.17 | 0.46 | 3.64 | 6.72 | 27.9 | 61.0 | n.d. |

A:灰分(ash yield);d:干燥基(dry);M:水分(moisture);ad:空气干燥基(air-dried);V:挥发份(volatile matter);daf:干燥无灰基(dry and ash-free);St:总硫(total sulfur);F-C:固定碳;n.d.:无数据。

表 5.10　典型煤样品中汞的逐级化学提取实验结果　(单位:mg/kg)

| 煤样 | Ⅰ | Ⅱ | Ⅲ | Ⅳ | Ⅴ | Ⅵ | $Hg_{Sum}$ | $Hg_{Tot}$ |
|---|---|---|---|---|---|---|---|---|
| 烟煤 | 0.04 | 0.02 | 0.06 | 0.02 | 0.06 | 0.08 | 0.28 | 0.29 |
| 无烟煤 | 0.02 | 0.03 | 0.09 | 0 | 0.03 | 0.11 | 0.28 | 0.32 |
| 天然焦 | 0.03 | 0 | 0.09 | 0.01 | 0.14 | 0.09 | 0.36 | 0.37 |
| 高氯煤 | 0.01 | 0.01 | 0.21 | 0.07 | 0.03 | 0.07 | 0.4 | 0.34 |
| 未风化煤 | 0.04 | 0.01 | 0.04 | 0.01 | 0.03 | 0.12 | 0.25 | 0.21 |
| 风化煤 | 0.02 | 0 | 0.08 | 0.04 | 0.05 | 0.05 | 0.24 | 0.34 |

Ⅰ:水溶态;Ⅱ:离子交换态;Ⅲ:有机结合态;Ⅳ:碳酸盐结合态;Ⅴ:硅酸盐结合态;Ⅵ:硫化物结合态。$Hg_{Sum}$代表各赋存状态结合的汞含量加和,$Hg_{Tot}$为原煤中汞的含量。

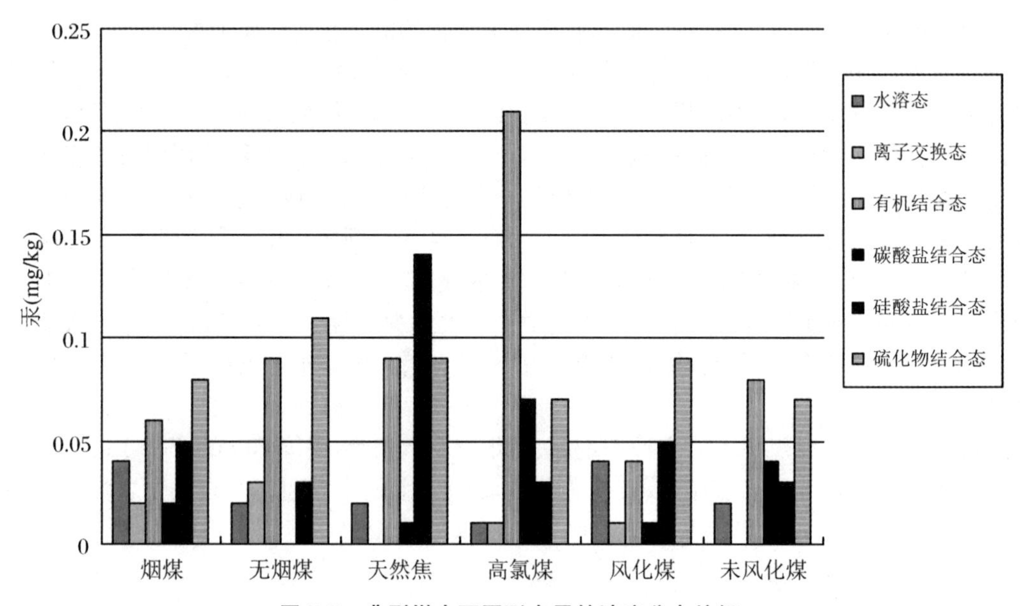


图 5.7　典型煤中不同形态汞的浓度分布特征

(1) 不同煤级煤中汞的赋存特征

我们重点研究的 3 种不同变质程度的煤(烟煤、无烟煤以及天然焦),其采自安徽省淮北煤田,3 个样品中硫的含量分别为 0.48%、0.25%和 0.48%,均属于低硫煤。样品中汞的浓度测试结果分别为 0.29 mg/kg、0.32 mg/kg 和 0.37 mg/kg,从烟煤、无烟煤到天然焦,随着煤变质程度的增高,样品中汞的浓度有升高的趋势。

图 5.8 是采自淮北煤田的烟煤、无烟煤以及天然焦中不同形态汞的逐级化学提取实验结果。从图中可以看出,不同煤级的煤中,水溶态的汞、离子交换态的汞以及碳酸盐结合态的汞的浓度相对较低,浓度均不超过 0.04 mg/kg。无烟煤和天然焦中有机结合态的汞的浓度均为 0.09 mg/kg,高于烟煤中有机结合态的汞(0.06 mg/kg)。硅酸盐结合态的汞的浓度在天然焦样品中有最高值,达到 0.14 mg/kg,其次为烟煤 0.06 mg/kg,而无烟煤中硅酸盐结合态的汞的浓度相对最低,为 0.03 mg/kg。在所选择的 3 种不同变质程度的煤中,硫化物结合态的汞的浓度都相对较高,烟煤、无烟煤和天然焦中硫化物结合态的汞的浓度分别

为0.08 mg/kg、0.11 mg/kg和0.09 mg/kg。Lwashita[597]和Tanamachi[598]的研究发现，由于不同煤种煤中汞的赋存状态的差异，不同煤种煤中的汞在300～400 ℃的热解过程中的释放程度明显不同，亲水性强的煤种在热解过程中释放汞的能力明显高于其他煤种。

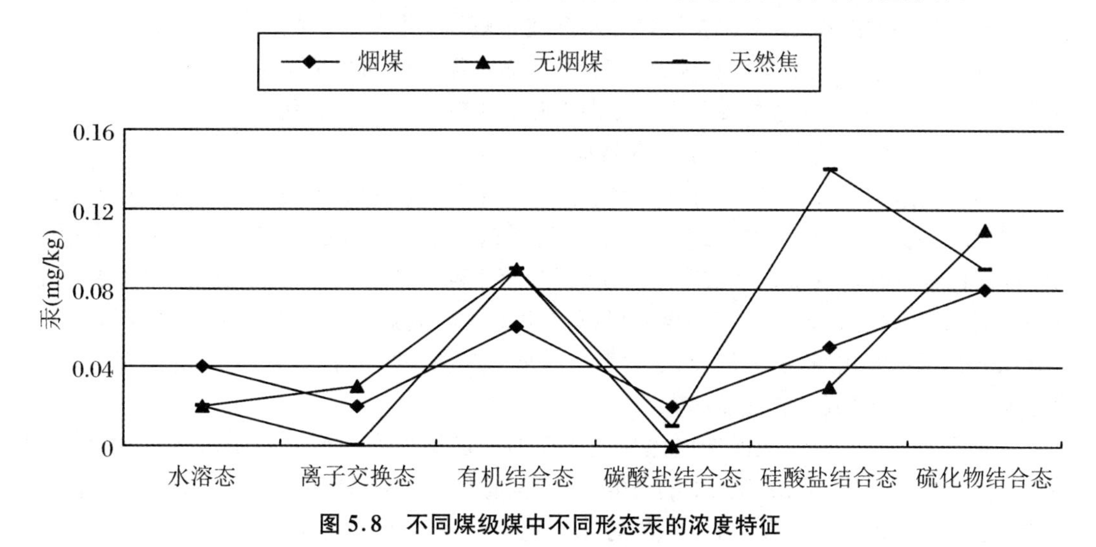


**图5.8　不同煤级煤中不同形态汞的浓度特征**

(2) 高氯煤中汞的赋存特征

众多的研究者对煤中氯的赋存状态进行过研究，结果表明，煤中的氯与有机质之间存在密切的联系。[215,599-602]从美国伊利诺伊盆地选择的高氯煤中硫的含量为1.33%，氯的含量高达0.5%，远高于我国大多数煤中氯的含量0.01%～0.05%。[529]实验测试结果显示，该高氯煤中汞的含量较高，达到0.34 mg/kg，远高于美国煤中汞的平均含量0.17 mg/kg。[424]

从逐级化学提取的结果来看(图5.9)，所研究的高氯煤中的汞主要以有机结合态存在，浓度为0.21 mg/kg，占煤中总汞含量的53%；其次为硫化物结合态和碳酸盐结合态的汞，浓度均为0.07 mg/kg，占总汞含量的18%；硅酸盐结合态的汞的浓度为0.03 mg/kg，占总汞含量的8%；而水溶态的汞和离子交换态的汞的浓度均较低，只有0.01 mg/kg，仅占煤中总汞含量的3%。

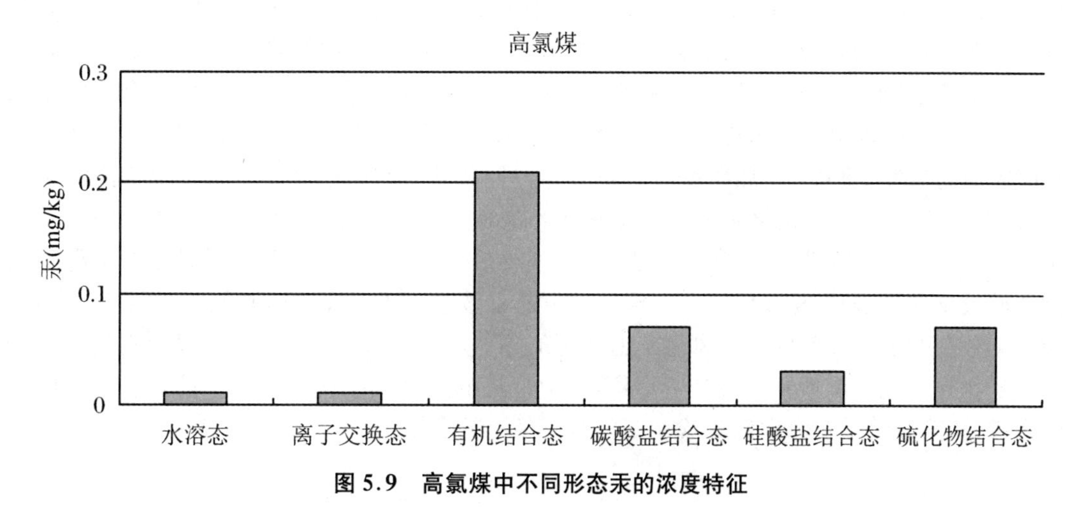


**图5.9　高氯煤中不同形态汞的浓度特征**

高氯煤中的汞在煤中明显的有机亲和性可能和煤中氯的赋存状态有关。众多的研究表明,煤中的氯和有机质关系密切[100,439,603-607],主要是由于氯离子半径与羟基(OH—)离子半径相近,可以取代羟基存在于羟基化合物的晶格中。Huggin 和 Gerald[601]利用 X 射线吸收精细结构光谱(XAFS)对美国伊利诺伊高氯煤的赋存状态进行研究时,也提出了煤中的大部分氯主要以与煤的有机质结构结合的形式存在于煤中,并在加热的时候以 HCl 的形式释放。高氯煤中富集的汞主要以有机结合态存在,而且煤中硫的含量不高,煤中氯的有机亲和性和汞的有机亲和性相一致,说明高氯煤中汞和煤中氯存在一定的联系。

(3) 风化煤和非风化煤中汞的赋存特征

煤的风化过程是煤在低温下的缓慢氧化过程,由于一些构造地质等作用的存在,煤中形成一些裂隙、溶洞等,风、水等通过溶洞、裂隙对煤进行不同程度的缓慢氧化。一般来说,煤的轻度氧化容易在煤的表面生成不溶于水,但能溶于碱液或者某些有机溶剂的再生腐殖酸;进一步的深度氧化后,再生腐殖类物质可以氧化分解成能溶于水的低分子有机酸和大量的二氧化碳。风化氧化后,煤中的碳、氢含量会降低,氧含量将会增加,活性官能团和酸性官能团增加,将会改变煤表面的性质(表 5.9)。

从表 5.10 可知,同一地区未风化和风化煤的测试结果有一定的差别,未风化的煤中汞的含量为 0.24 mg/kg,而风化煤样品中的汞的含量增加为 0.34 mg/kg,说明风化作用的过程导致了煤中汞的富集。Goodarzi[608]对比研究风化煤和未风化煤中微量元素的含量变化时发现,风化作用导致煤中与环境密切相关的 As、Ba、Co、Cr、Mn、Mo、Th、U 和 Zn 元素的含量都有所增加。张军营[609]也认为黔西南晴隆学官煤中铀含量普遍不高,而在个别样品中铀的含量高达 23.1 mg/kg,这种个别样品中铀的富集主要原因就是风化作用。代世峰[264]对贵州织金风氧化煤砾研究结果表明,大部分元素(除 K、Si 外),特别是 Cu、Fe、Al、Ti、Ca 和 S 等在煤砾中的含量明显大于在基质镜质体中的含量。

从未风化煤和风化煤中汞的逐级化学提取结果可以看出(图 5.10),风化前后煤中汞的赋存状态发生了明显的变化。未风化煤中,硫化物结合态的汞占有绝对的支配状态,其含量为 0.12 mg/kg,其次为水溶态的汞、有机结合态的汞和硅酸盐结合态的汞,含量分别为 0.04 mg/kg、0.04 mg/kg 和 0.03 mg/kg,而离子交换态的汞和碳酸盐结合态的汞的含量较低,仅均为 0.01 mg/kg。风化作用改变了煤中不同形态的汞分布,风化煤中占支配地位的是有机结合态的汞,含量为 0.08 mg/kg,其次分别为硅酸盐结合态的汞(0.05 mg/kg)、硫化物结合态的汞(0.05 mg/kg)、碳酸盐结合态的汞(0.04 mg/kg)和水溶态的汞(0.02 mg/kg),而本次实验中,水溶态的汞低于检测限。风化作用的结果导致:① 煤中有机结合态的汞的含量增加。这种现象可能与煤中的腐殖酸有关,在风化作用过程中,煤中的腐殖酸上的活性官能团内的氢发生游离,使腐殖酸成为负胶体,具有离子交换性,从而与带正电荷的汞离子结合,形成络合物。② 风化作用导致煤中硫化物结合态的汞的含量降低。煤中的汞与黄铁矿之间存在密切的联系,风化作用可能导致煤中的一些立方体、八面体等晶粒组成的莓球状黄铁矿氧化成针铁矿,从而使赋存在黄铁矿中的汞散逸出来在煤中以其他形式结合。③ 硅酸盐结合态的汞的含量增加。风化作用氧化条件下,$Al_2O_3$ 和 $SiO_2$ 的含量以及它们组成的黏土矿物等在煤中重新分配并易于富集,煤中富集的这些黏土矿物对煤中的汞有一定的吸附作用,从而导致汞在煤中以硅酸盐结合态赋存的量增加。

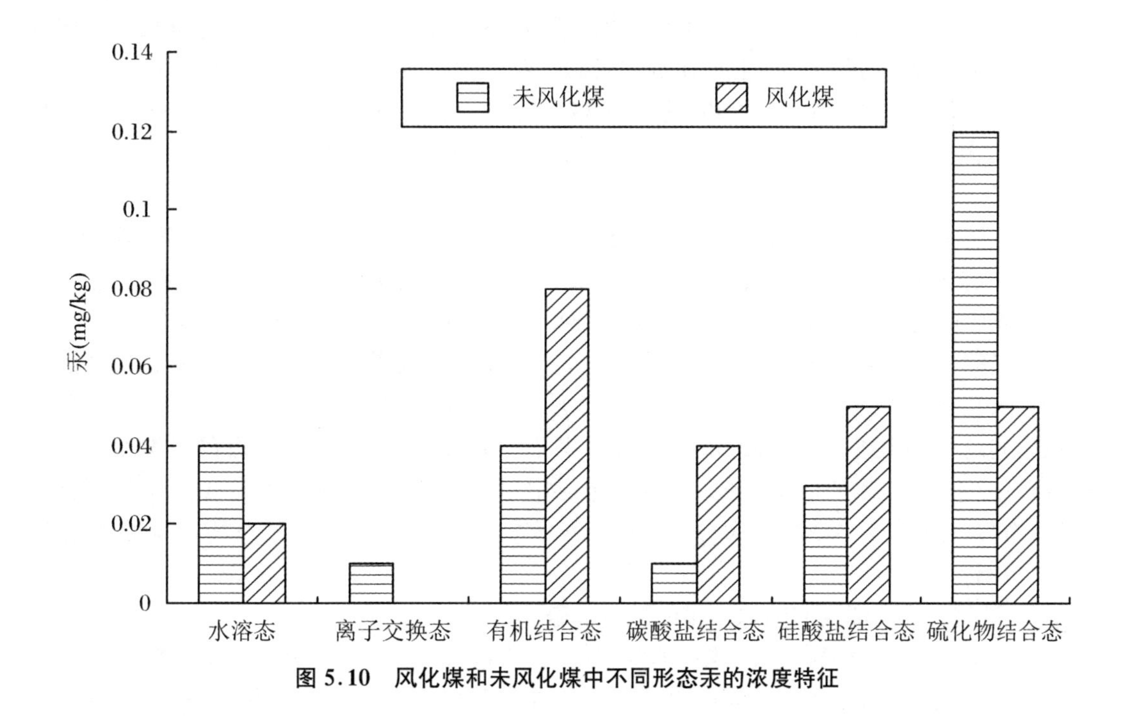


**图 5.10　风化煤和未风化煤中不同形态汞的浓度特征**

### 5.1.2.4　煤中铅

**1. 硫化物结合态**

铅被归类为亲硫元素之一，主要存在于黄铁矿或者少量硫化物矿物中。[210,610]方铅矿是铅在煤中最主要的赋存矿物。方铅矿在煤中主要以较大的后生矿物晶体赋存在裂隙中，也有以微小颗粒存在于黄铁矿中或者以微米级的颗粒分布在有机基质中。淮南煤矿8号煤中的铅主要与硫化物矿物相结合，而在准格尔6号煤中发现了硫化物矿物（$Pb_{1.71}Cu_{1.05}Fe_{0.87}S_2$）。此外，铅也与Cr和Cu等呈显著正相关，均被归组到As、Cr、Cu、Fe、Ni、Pb、Th和U组，与硫化物矿物相关。贵州海子煤中硫化物态铅占总铅的22.6%～30.5%，说明硫化物矿物是煤中铅的主要载体。[611]

通常情况下，煤中铅含量与灰分呈正相关[103,176,516]，但受到有机结合铅影响时也会呈现负相关。[494] Wang[612]报道了煤中的铅不仅与灰分正相关，而且与总硫和黄铁矿硫正相关，意味着煤中的铅主要以黄铁矿赋存。此外，山西安太堡矿11煤中的铅与黄铁矿硫有相似的垂直变化规律，意味着铅主要以黄铁矿赋存。[508]鄂尔多斯西南煤中的黄铁矿结核铅含量范围为40.9～129 mg/kg，算术均值为84.95 mg/kg，方铅矿被认为是夹杂在黄铁矿中。[613]

**2. 非硫化物结合态**

铅也可以与铝硅酸盐、硫酸盐和黏土矿物相结合。[107,192]安徽淮南11煤中铅与铝呈正相关，表明了铅对铝硅酸盐矿物的亲和性。[477]内蒙古乌兰图嘎的高锗煤铅与铝硅酸盐、碳酸盐、磷酸盐矿物呈显著正相关。如果煤中不存在含铅硫化物矿物，那么铅主要嵌入到煤的大分子结构和黏土矿物晶格中（类质同象取代K）。[610]铅也可被岩浆中的含K矿物捕获，在钾长石中富集。[614]

硒铅矿首次在Appalachia煤中被发现，硒铅矿被认为是煤中精细结构组成的。Hower

和 Robertson[615]也发现了硒铅矿是煤中铅的重要来源。SEM-EDX 结果表明准格尔煤田 6 号煤中的铅主要以方铅矿、硒铅矿和硒方铅矿赋存。内蒙古哈尔乌素煤中发现的填充在裂隙中的后生硒铅矿是煤中 Se 和 Pb 的主要载体。此外,在广西合山煤中,铅也与针铁矿和氧化铝呈显著正相关($r^2 = 0.58 \sim 0.86$)。[118]煤中也曾发现过赤铅矿($PbCrO_4$)的存在。[616-617]

**3. 有机结合态**

在浮沉实验中,铅通常富集在较轻的组分中,意味着铅的无机赋存。[134]然而,煤中的铅也可以与有机质相结合。Swaine 和 Goodarzi[618]认为在低煤级煤中铅的有机赋存是存在的。当煤中的含铅矿物较少时,认为铅是被煤中的有机质所吸附。[610]例如,贵州织金晚二叠世煤中铅的有机赋存占了较大部分(18.4%),这主要是由成煤物质导致的。西藏羌塘盆地煤中铅与总有机碳(TOC)相关($r = 0.63$),说明该煤中铅主要为有机赋存。根据 12 个不同煤级煤样的逐级提取结果,Zhang[210]认为煤中有机赋存的铅随着煤级的升高而减少。Zhao[211]采用逐级提取的方法研究了低煤级煤中铅的有机赋存,结果表明低煤级煤中铅的有机赋存是存在的,主要与煤大分子(16%~35%)、腐殖酸(9%~21%)和富里酸相结合(8%~18%)。

**4. 通过逐级提取得到的煤中铅的赋存状态**

表 5.11 中列出了逐级提取煤样的基本信息。图 5.11 展示了煤样逐级提取结果。煤中的硫是古环境的重要表征,可以说明成煤前物质所处的环境。[619]在选取的煤样中,NT-1、WLTG-1、TP-7、Enshi-1、LC-2、ZT-4、DZ-1 和 HY-4 是低硫煤,ZT-5、Enshi-4 和 WLTG-33 是中硫煤,DZ-8、ZJ-1、NT-3、TP-10、NT-7、Enshi-5 和 DZ-2 是高硫煤。相关性分析结果表明煤中的铅与硫的相关性较差($r^2 = 0.0143$,图 5.12)。高硫煤 DZ-2 铅含量较低,仅有 2.309 mg/kg,而低硫煤 LC-2 中铅含量较高(38.280 mg/kg),说明黄铁矿中不一定有高含量的铅,铅有可能赋存于其他形态之中。

从图 5.11 中看出,研究煤样中的铅主要与有机质(4.98%~94.04%,平均 39.39%)和碳酸盐矿物(n.d.~77.15%,平均 28.18%)相结合。部分铅(平均 19.12%)与硅酸盐矿物相结合。少量的铅为硫化物结合态和离子交换态。水溶态的铅在煤矿开采储存过程中极易从煤中释放出来进入周围的土壤和水体环境中,研究煤样中铅的水溶态含量(平均 0.32%)极低。

**表 5.11 逐级提取煤样的基本信息**

| 样品 | C(%) | H(%) | N(%) | S(%) | O(%) | Mad(%) | Ad(%) | Vdaf(%) | Pb (mg/kg) |
|---|---|---|---|---|---|---|---|---|---|
| NT-1 | 81.79 | 3.28 | 1.26 | 0.35 | 13.32 | 0.42 | 8.50 | 19.50 | 1.412 |
| WLTG-1 | 38.52 | 2.95 | 0.90 | 0.35 | 57.28 | | | | 8.691 |
| TP-7 | 84.34 | 4.71 | 1.61 | 0.46 | 8.89 | 0.57 | 5.36 | 18.92 | 0.077 |
| Enshi-1 | 77.59 | 2.38 | 0.76 | 0.67 | 18.60 | | | | 11.464 |
| LC-2 | 26.10 | 4.46 | 0.92 | 0.74 | 67.78 | 6.21 | 84.70 | 9.21 | 38.280 |
| ZT-4 | 94.09 | 3.04 | 0.77 | 0.83 | 1.27 | 0.61 | 4.71 | 5.67 | 3.589 |
| DZ-1 | 50.84 | 5.23 | 1.35 | 0.85 | 41.72 | | | | 5.787 |
| HY-4 | 57.8 | 4.2 | 0.67 | 0.85 | 36.48 | 7.64 | 11.72 | 43.09 | 11.176 |
| ZT-5 | 93.02 | 3.3 | 0.85 | 1.68 | 1.15 | 0.47 | 9.47 | 7 | 5.121 |

续表

| 样品 | C(%) | H(%) | N(%) | S(%) | O(%) | Mad(%) | Ad(%) | Vdaf(%) | Pb (mg/kg) |
|---|---|---|---|---|---|---|---|---|---|
| Enshi-4 | 73.6 | 2.48 | 0.86 | 1.69 | 21.37 | | | | 6.088 |
| WLTG-33 | 54.09 | 3.33 | 0.42 | 1.99 | 40.17 | | | | 1.729 |
| DZ-8 | 79.53 | 4.56 | 1.72 | 2.08 | 12.11 | | | | 6.650 |
| ZJ-1 | 76.64 | 2.55 | 0.75 | 2.17 | 17.89 | 2.14 | 10.65 | 24.03 | 6.937 |
| NT-3 | 76.83 | 3.63 | 1.23 | 2.21 | 16.10 | 0.41 | 9.13 | 19.86 | 0.858 |
| ZT-3 | 68.89 | 5.16 | 1.59 | 4.05 | 20.31 | 9.97 | 15.46 | 56.34 | 4.603 |
| TP-10 | 29.87 | 3.46 | 0.73 | 4.71 | 61.22 | 1.40 | 74.49 | 10.67 | 19.494 |
| NT-7 | 80.79 | 2.38 | 1.27 | 6.67 | 8.90 | 0.41 | 7.60 | 18.78 | 2.153 |
| Enshi-5 | 60.79 | 3.13 | 1.14 | 8.17 | 26.77 | | | | 10.004 |
| DZ-2 | 67.66 | 4.79 | 1.59 | 11.43 | 14.53 | | | | 2.309 |

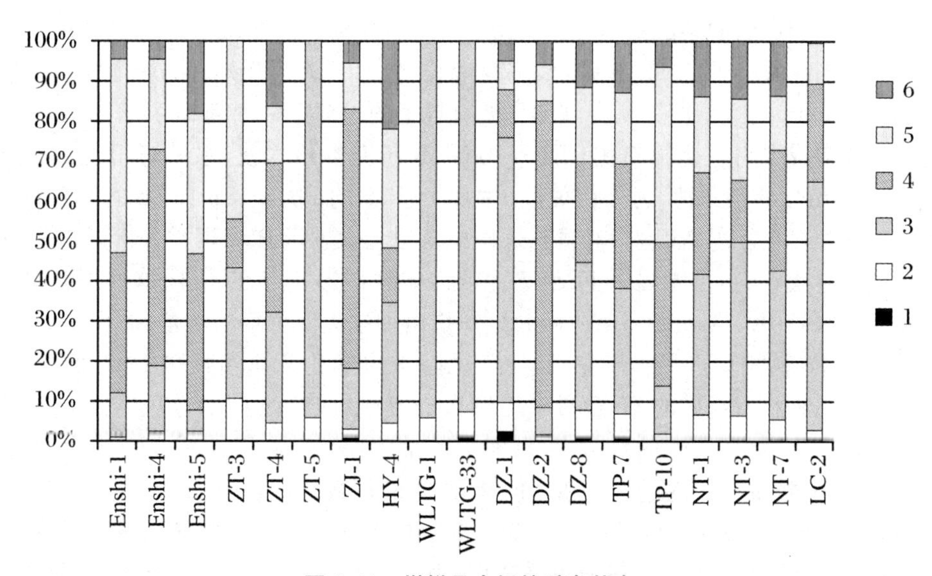


**图 5.11　煤样品中铅的赋存状态**

1:水溶态;2:离子交换态;3:有机结合态;4:碳酸盐结合态;5:硅酸盐结合态;6:硫化物结合态。

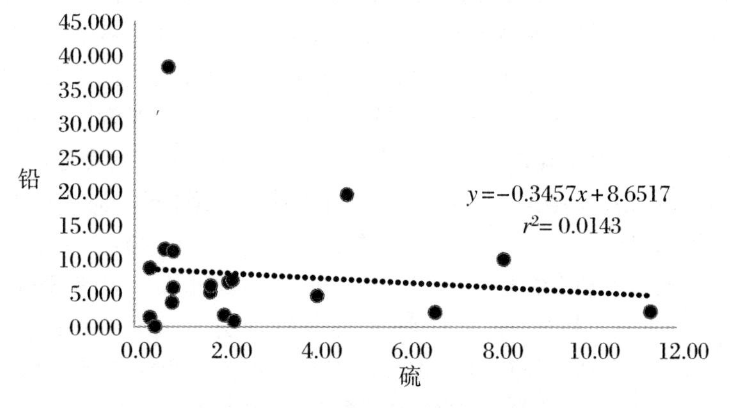


**图 5.12　煤中铅和硫的相关性分析**

#### 5.1.2.5 煤中锑

了解锑在煤中与其他元素和物质的结合方式,对发展洁净煤技术、评价锑作为副产品的可能性、开展地质研究、开展环境保护、环境监测与评估具有重要意义。然而,由于锑在煤中的含量甚微,加之环境效应不明显,目前仅具有潜在危害性,对其研究和重视不够深入和全面,同时受到分析方法和手段的限制,因此至今人们对其在煤中的存在状态了解不够明确,总体置信度较低。Finkelman[452]对前人的研究成果做了汇总,他指出:研究者们做的浮沉试验结果不一,有的结果表明 Sb 在煤中赋存在矿物里,有的表明 Sb 可能与有机质缔合,还有的表明两者都存在。

**1. 无机态结合的锑**

微量元素在煤中以无机形式存在时,既可形成独立的矿物,也可赋存在主要由其他元素组成的矿物中,同时还可存在于煤的内部水分中,其中以赋存在其他矿物中的方式为主,包括类质同象、吸附和机械混入。Sb 多数赋存在矿物中,该无机态主要分为两种:

国内外不少研究证明 Sb 在煤中赋存于矿物中,且与硫关系密切。早在 1910 年 Spencer[620]就在英国达勒姆的煤层的碳酸盐脉中发现锑硫镍矿(NiSbS)。Finkelman 也利用扫描电镜发现煤中有微米级大小的含 Sb 的矿物,多为硫化物。1973 年 Дворников 等提出黄铁矿含锑,1978 年 Minkin 用电子探针从美国弗里波特煤里的闪锌矿中测到 Sb。唐书恒认为 Sb 在煤中的存在或多或少与硫化物有关。庄新国[493]等研究贵州六枝、水城煤田晚二叠世煤中 Sb 具有部分的硫化物亲和性,另外相关性 $r = 0.4 \sim 0.6$ 的 Pb、Bi、Sn 和 Sb 的组合意味着一种常见的硫锑相存在。冯新斌[471]对贵州煤田中微量元素进行 R 型聚类分析得到 S、Fe、As、Sb、Hg 为同一亚类组合,由于煤中 Fe 和 S 主要以黄铁矿形式存在,表明这一组合可能主要存在于煤的黄铁矿中。Goodarzi 和 Swaine[433]指出加拿大温哥华岛的富 Sb 煤中 S 含量低,Sb 的赋存状态特殊,需要进一步研究。赵峰华测定贵州含煤岩系黄铁矿中 Sb 的含量表明,煤中成岩早期结核状黄铁矿的 Sb 含量平均为 0.68 mg/kg(2 个样品),煤层夹矸中成岩期黄铁矿中的 Sb 含量为 2.17 mg/kg,煤系泥岩中的细粒结晶黄铁矿的 Sb 含量平均为 6.21 mg/kg(2 个样品)。唐跃刚[621]和代世峰等[264]的资料统计表明,24 个黄铁矿样品中 Sb 的含量为 0.2~30.5 mg/kg,算术平均值为 6.39 mg/kg;其中 4 个自形晶黄铁矿样品中 Sb 的平均含量为 7.52 mg/kg,5 个热液黄铁矿中 Sb 的平均含量为 5.79 mg/kg。黔西南煤中热液方解石脉中 Sb 含量可达 76.2 mg/kg。

随着研究的深入,多数学者发现了 Sb 作为金属与其他无机成分例如矿物及同族或相邻重金属元素具有一定程度的亲和性和相关性。刘英俊等[435]早在 1984 年就发现 Sb 与 As 有着密切关系,如砷黝铜矿 $4CuS \cdot AsS_3$ 内 As 与 Sb 存在完全的类质同象关系。唐修义[437]等进一步发现贵州富 As 和 Hg 的煤中往往含较多 Sb,而这 3 个元素都属亲铜元素,都来源于低温热液,认为它们可能处于相同的赋存状态。As、Sb、Hg 和 Cd 主要是存在于煤的黄铁矿中,但当这些元素含量很低时,其亲硫性将表现得很弱。庄新国[622]研究山西平朔安太堡露天矿 9 号煤层中的 Sb 与重金属元素都有比较好的相关性,其中 Nb 与 Sb、W 的相关系数 $r > 0.9$;而 Sb 与煤灰分的含量相关性不明显。任德贻[277]对沈北煤田煤中 Sb 进行了相关性和聚类分析,相关性分析表明其与 Ca 正相关;聚类分析表明 Sb、Ba、Ca、Se 是同与碳酸盐矿物如方解石、白云石与菱铁矿等有关的元素。水城和六枝两个煤田的不同煤层中的 Sb 除了具有部分的硫化物亲和性还具有次要铝硅酸盐亲和性[623],[$r(Al) = 0.31 \sim 0.50$];并与一些具有部分铝硅盐亲和性的元素共生。[493]有学者研究贵州西部晚二叠世煤发现，Sb与灰分相关性很低，相关系数只有0.22，Sb与Bi有显著相关性，相关系数为0.86。研究区的低温热液流体和火山岩效应可能导致了原先散布于有机组分的微量元素的无机态富集。张军营[463]引用Solari等[624]和Pires等[292]的资料表明煤中Sb还可与黏土矿物联系在一起。

**2. 有机态结合的锑**

目前的研究仍不能够确定锑在煤中是否存在有机态结合形式，大部分停留在推测阶段。Finkelman等[625]所做的淋滤试验和燃烧试验也未得出明确结论。而Pareek等[626]的研究认为煤中多数锑具有有机亲和性。Swaine曾指出，散布于有机基质中的颗粒极细的含锑硫化物矿物(可能是辉锑矿)所含锑可能被误认为是与有机质缔合的锑。[100]加拿大西部大多数煤中锑的含量较低，其中主要与有机质缔合，但也有可能是呈微小的硫化物颗粒嵌在有机质中。[433]庄新国[622]研究山西平朔安太堡露天矿9号煤层中的锑认为其与煤中镜质组和惰质组的含量相关性均不明显。吴江平[627]分析淮南煤田锑的存在状态，结论是锑与灰分呈线性负相关，表明锑多数以有机态存在于煤中；但认为锑的赋存状态为黄铁矿、其他硫化物矿物，置信度仅为4，推测淮南谢一矿煤样中锑最可能的赋存状态是主要呈固溶体赋存在黄铁矿里；成为少量附属的散布在有机基质里的微小含锑硫化物矿物例如辉锑矿；有些也可能被有机质束缚，即多数是以黏土矿物或硫化物矿物散布于煤的有机质中，该结论与Finkelman[452]的意见基本一致。淮南新庄孜矿煤样中锑与Fe含量显示负的相关性，表明锑不可能主要以黄铁矿形式存在；与Na、K、Ti都显示明显的负相关，表明锑也不可能主要以其他硫化物形式存在。张军营[463]运用逐级化学提取实验对黔西南无烟煤中锑的赋存状态的研究表明，硅铝酸盐结合态锑(44%)＞硫化物结合态锑(33%)＞有机态结合锑(9%)和可交换态锑(8%)。许德伟(1999)对沈北褐煤中锑赋存状态的逐级化学提取实验表明，有机态锑(33%)＞铝硅酸盐态锑(21%)＞黄腐酸态锑(18%)＞腐殖酸态锑(13%)＞碳酸盐态锑(10%)，可见在沈北褐煤中锑以各种有机结合态为主，占64%。

综上所述，由于锑在煤中的含量低，很难对其赋存状态进行直接测定，只能通过与其他元素类比及相关性分析等间接方法加以推论；而微量元素的赋存方式往往十分复杂，在不同成煤环境、不同地区、不同煤种、煤阶煤中均存在较大差别，目前各学者关于煤中锑的赋存状态所达成的共识不多。初步认为锑作为强亲硫元素，其无机态与煤中硫的关系密切，也可能吸附于黏土矿物中。最可能呈固溶体赋存在黄铁矿里或以微小含锑硫化物散布在有机基质里，也可能被有机质束缚。应当结合仪器分析技术如低检测限的AFS、ICP-MS、SEM-EDX等探索实验室形态分析的新方法，煤中锑的赋存状态将是今后煤中锑的研究重点和难点之一。

**3. 不同煤级煤中锑的赋存形态**

为考察不同煤级中锑的赋存状态，本书选取淮北煤田的烟煤、无烟煤和天然焦作为实验煤样。

(1) 不同煤级煤中的锑的含量

本次实验中烟煤、无烟煤和天然焦的元素分析和工业分析见表5.12。3种煤中锑的含量见表5.13。

表 5.12　不同煤级煤的元素与工业分析结果

| | 元素分析 | | | | | 工业分析 | | | |
|---|---|---|---|---|---|---|---|---|---|
| | C(%) | H(%) | N(%) | S(%) | Cl(%) | 水分(%) | 挥发分(%) | 灰分(%) | 固定碳(%) |
| 烟煤 | 78.1 | 4.64 | 0.92 | 0.48 | 0 | 1.26 | 24.64 | 14.51 | 59.57 |
| 无烟煤 | 81.3 | 3.52 | 0.95 | 0.25 | 0 | 2.15 | 12.06 | 13.14 | 72.69 |
| 天然焦 | 86.0 | 1.77 | 0.56 | 0.48 | 0 | 5.41 | 4.75 | 6.94 | 82.58 |

表 5.13　不同煤级煤中锑的逐级化学提取实验分析结果

| | 烟煤 | | 无烟煤 | | 天然焦 | |
|---|---|---|---|---|---|---|
| | 含量(mg/kg) | 百分比(%) | 含量(mg/kg) | 百分比(%) | 含量(mg/kg) | 百分比(%) |
| 水溶态 | 0.0443 | 15.40 | 0.0787 | 19.77 | 0.026 | 17.92 |
| 离子可交换态 | 0.0255 | 8.87 | 0.0147 | 3.69 | 0.0319 | 21.98 |
| 有机态 | 0.0323 | 11.23 | 0.0158 | 3.97 | 0 | 0.00 |
| 碳酸盐态 | 0.0108 | 3.76 | 0.0221 | 5.55 | 0 | 0.00 |
| 硅铝化合物态 | 0.1734 | 60.29 | 0.1634 | 41.06 | 0.0504 | 34.73 |
| 硫化物态 | 0.0013 | 0.45 | 0.1033 | 25.95 | 0.0368 | 25.36 |
| 共计 | 0.2876 | 100 | 0.3980 | 100 | 0.1451 | 100 |
| 原煤 | 0.2944 | | 0.4287 | | 0.1074 | |
| 提取率(%) | 97.69 | | 92.84 | | 135.1 | |

如表 5.12 所示，在烟煤、无烟煤、天然焦中，随煤化程度依次升高，碳含量依次升高，水分依次升高，氢含量依次降低，挥发分和灰分也依次降低。从表 5.13 可以看出，锑在无烟煤中的含量较高，烟煤次之，但都分别低于全国无烟煤和烟煤的平均水平，天然焦最低。锑倾向于在无烟煤中富集，但与煤化程度不直接相关。Lyons[628]认为微量元素在煤中的含量与煤的等级、成煤年代和成煤植物成分关系不明显。Spears 和 Zheng[224]发现微量元素（如氯、溴、锗）与煤的变质程度（挥发分含量）的相关性可能与煤结构中孔隙水含量有关。又如锑在保加利亚不同等级煤中的分布为褐煤 0.5 mg/kg，亚烟煤 4.2 mg/kg，烟煤 1.1 mg/kg，将亚烟煤中某些地区的样品不统计在内，则亚烟煤的均值降低到 0.9 mg/kg，说明区域地质因素对煤中锑含量的影响大于煤种的等级。[629]本次研究的 3 个样品中锑的含量均低于全国煤中锑的平均值（3.68 mg/kg），也低于世界煤中的锑的平均水平（3 mg/kg），介于 Swaine[100]报道的世界煤中锑的含量范围之内（0.05～10 mg/kg），同上地壳中锑的丰度 0.4 mg/kg 相比较为接近。[434]

(2) 不同煤级煤中锑的逐级提取

① 不同煤级煤中锑的赋存状态分布。

本次实验 3 种煤级煤中不同形态锑的分布如表 5.13 所示。烟煤中硅铝化合物结合的锑含量最高，为 60.29%；其次为水溶态的锑，占总锑的 15.40%；有机态结合的锑较高，为 11.23%；再次为离子可交换态和碳酸盐态，分别占总锑的 8.87%和 3.76%；烟煤中硫化物态的锑含量最低，几乎低于仪器检测限，仅占总锑的 0.45%。无烟煤中硅铝化合物结合的锑含量最高，为总锑的41.06%；其次为硫化物态锑，占25.95%；随后依次是水溶态、碳酸盐态、有机态和离子交换态的锑，含量分别为19.77%、5.55%、3.97%、3.69%。而天然焦中含量最高的是硅铝化合物态的锑，占总锑的34.73%；其次为硫化物态的锑，占总锑的25.36%；随后为离子可交换态的锑和水溶态的锑，分别占总锑的21.98%和17.92%，而天然焦中碳酸盐结合态的锑和有机态的锑含量均低于检测限。可以看出：锑在淮北煤田的各变质程度煤中主要与硅铝化合物结合，随着煤等级的增大，煤中硫化物态结合的锑含量有所增高，而有机态结合的锑逐渐降低。

② 锑在不同煤级煤中的形态变化。

前人对煤中锑形态的逐级提取分析的报道非常少，本书首次将煤中锑分为6种赋存状态，并结合不同等级的煤加以讨论(图5.13)。逐级化学提取实验最初是用来分析土壤中微量元素的赋存状态[630]，后来逐渐被学者应用于煤中微量元素的赋存状态分析。[99,625]其原理是通过特定的溶液的不同密度或溶解度将煤分为不同组分，测定不同组分中锑的含量来讨论和确定锑在煤中的存在形态。例如，利用密度为1.47 g/L的三氯甲烷对煤做浮沉筛选，24 h后离心分离出上浮部分，该部分经消解分析后测得的锑即为有机态的锑。煤的形成过程包括成煤植物转化为显微组分的生物化学过程。煤的等级与煤的地球化学特征有关。[631]通常情况下，煤中赋存在有机组分中的元素易受到煤变质程度的影响。[421]

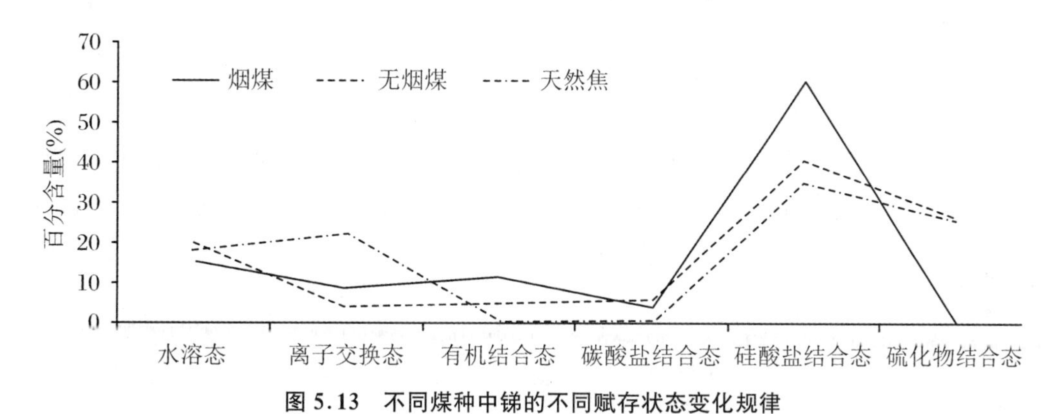


**图5.13　不同煤种中锑的不同赋存状态变化规律**

水溶态的锑是指在煤中自由存在的锑，溶解在煤的水分和孔隙水中。在本次实验过程中水溶态的锑是指通过两次去离子水室温下浸泡24 h溶解于水中的锑。在煤的开采、运输和利用过程中，水溶态的锑容易通过淋滤进入土壤和地下水中。水溶态锑在烟煤、无烟煤、天然焦中的含量分别为15.40%、19.77%、17.92%。离子交换态锑指的是煤中溶解在醋酸氨($NH_4C_2H_3O_2$)中锑的含量。离子交换态的锑在烟煤、无烟煤、天然焦中均存在，含量分别为8.87%、3.69%、21.98%，尚不清楚煤中该状态锑的地球化学来源和演变。该形态的锑在某些酸性环境中容易从煤的结构组分中释放出来，可能对环境造成一定的锑污染。碳酸盐结合态的锑指的是溶解于0.5%的HCl中的锑。该形态的锑占煤中总锑的比例较小，且不稳定。在烟煤和无烟煤中含量分别为3.76%、5.55%，在天然焦中的含量低于检测限。由于锑在煤中的含量低，很难对其赋存状态进行直接测定，只能通过与其他元素类比及相关性分析等间接方法加以推论。以往学者推测报道过煤中锑的有机结合态。许德伟[558]对沈北褐煤中锑赋存状态的逐级化学提取实验表明，沈北褐煤中锑以各种有机结合态为主，占64%：有机态锑(33%)＞铝硅酸盐态锑(21%)＞黄腐酸态锑(18%)＞腐殖酸态锑(13%)＞碳酸盐态锑(10%)。本实验中采用密度为1.47 g/L的三氯甲烷溶液($CHCl_3$)分离实验中得到的残渣,小于1.47 g/L的残渣中的总锑含量被视为有机结合态的锑。有机态的锑在淮北烟煤和无烟煤中存在,但含量不高,分别为11.23%和3.97%。煤中与硅酸盐矿物联系密切,也有可能是被硅酸盐矿物所吸附的锑,称之为硅酸盐结合态的锑。据张军营[463]报道,黔西南无烟煤中锑的赋存状态为硅铝酸盐结合态锑(44%)>硫化物结合态锑(33%)>有机态结合锑(9%)和可交换态锑(8%)。硅铝酸盐结合态的锑在本次所有煤样中均最高,在烟煤、无烟煤、天然焦中的含量分别为60.29%、41.06%、34.73%,是煤中锑的主要存在形态。采用密度为2.89 g/L的三溴甲烷($CHBr_3$)溶液,下沉的残余物中的锑即视为硫化物态结合的锑。该形态的锑在烟煤中含量较低,仅为0.45%,而在无烟煤和天然焦中为较重要的组分,含量仅次于硅铝酸盐结合态的锑。

总体来说,硅铝酸盐结合态的锑含量随煤的等级变化而变化,烟煤>无烟煤>天然焦,随着变质程度加深,硅铝酸盐结合态的锑虽然仍是煤中锑的最主要的存在形态,但是比例有减少的趋势。与此同时,有机结合态的锑随煤变质程度的增强在煤中的含量变化顺序也为烟煤(11.23%)>无烟煤(3.97%)>天然焦(低于检测限),含量随变质程度加深逐渐降低。天然焦中有机态和碳酸盐态结合的锑的含量均低于检测限。在天然焦形成过程中,有机态结合的锑在煤化作用下会转化为硅铝酸盐态和硫化物态的锑,而煤中碳酸盐在高温高压下则会分解。

**4. 特殊高硫煤和高锑煤中锑的赋存形态**

(1) 高硫煤与高氯煤中锑的含量

本次研究中选择了美国伊利诺伊州地质调查局Chou Chen-Lin博士提供的美国伊利诺伊盆地西南部井下采取的Herrin Coal高硫煤样品和高氯煤样品。由表5.14可以发现,高硫煤中硫的含量为4.5%,其中黄铁矿硫含量为2.3%,而有机硫的含量也高达2.1%;高氯煤中氯的含量为0.50%,高氯煤中碳、氢、氧、氮的含量均高于高硫煤,挥发分和灰分量低于高硫煤。表5.15给出的高硫煤与高氯煤中的锑在原煤中含量分别为0.1914 mg/kg和0.3277 mg/kg,高硫煤中锑含量明显低于高氯煤,锑在高硫煤中未见富集,原因可能是高硫煤中除黄铁矿硫之外,有机态硫也大量存在。

**表5.14 高硫煤与高氯煤的元素与工业分析结果**

| | 元素分析 | | | | | | 工业分析 | | |
|---|---|---|---|---|---|---|---|---|---|
| | C(%) | H(%) | N(%) | S(%) | Cl(%) | O(%) | 挥发分(%) | 灰分(%) | 固定碳(%) |
| 高硫煤 | 63.8 | 4.5 | 1.1 | 4.5 | 0.00 | 7.1 | 36.9 | 18.7 | 44.3 |
| 高氯煤 | 71.09 | 4.63 | 1.56 | 1.33 | 0.50 | 10.89 | 35.3 | 10.5 | 54.1 |

(2) 高硫煤与高氯煤中锑的逐级提取分析

高硫煤中占主要组成的锑形态为硅铝化合物态的锑(34.25%),如表5.15。硫化物态结合的锑其次,占总锑的29.94%;而高硫煤中硫化物态结合的锑的比例相比其他烟煤、无烟煤、天然焦和高氯煤最高。高硫煤中碳酸盐态结合的锑占总锑的百分比也高出其他4份煤样。由前述讨论可知,在煤化作用下,煤中锑的形态组成会发生变化。本实验的高硫煤采自美国伊利诺伊州的高挥发性烟煤,与淮北煤田的烟煤、无烟煤、天然焦相比变质程度较低。

**表 5.15　高硫煤与高氯煤的逐级化学提取实验结果**

| | 高硫煤 | | 高氯煤 | |
|---|---|---|---|---|
| | 含量(mg/kg) | 百分比(%) | 含量(mg/kg) | 百分比(%) |
| 水溶态 | 0.0373 | 21.44 | 0.016 | 6.39 |
| 可交换态 | 0 | 0 | 0.0109 | 4.35 |
| 有机态 | 0.0053 | 3.01 | 0.0831 | 32.47 |
| 碳酸盐态 | 0.0197 | 11.32 | 0.0121 | 4.83 |
| 硅铝化合物态 | 0.0596 | 34.25 | 0.0899 | 35.90 |
| 硫化物态 | 0.0521 | 29.94 | 0.0402 | 16.05 |
| 共计 | 0.174 | 100 | 0.2504 | 100 |
| 原煤 | 0.1914 | | 0.3277 | |
| 提取率(%) | 90.91 | | 76.41 | |

众多的研究者对煤中氯的赋存状态进行过研究，结果表明，煤中的氯与有机质之间存在密切的联系。[215,487,599-601]从美国伊利诺伊盆地选择的高氯煤中硫的含量为1.33%，氯的含量高达0.5%，远高于我国大多数煤中氯的含量(0.01%～0.05%)。Chou[632]报道了美国伊利诺伊盆地煤中的氯吸附在煤中有机组分的微小孔隙中。高氯煤中锑的存在形态的逐级提取结果见表5.15。高氯煤中的锑主要以硅铝酸盐结合态(35.90%)和有机物结合态存在(32.47%)，硫化物结合态的硫仅占16.05%。高氯煤中锑少量以碳酸盐结合态(4.83%)、离子可交换态(4.35%)和水溶态存在(6.39%)。

**5. 煤中锑的相关性分析**

(1) 煤中锑与硫的相关性

煤中硫的含量被认为是煤形成前期泥炭积累过程中古环境的环境指标之一。[425,619,633]煤中的硫受煤形成时沉积环境、煤化作用等的影响，在煤中有多种存在形式。从一些研究来看，煤中的硫与多数微量元素的赋存状态有着重要的关系，特别是一些有害微量元素如砷、硒、汞、锑、铅等与煤中硫结合密切。受海相环境影响的煤通常属于高硫煤，煤中硫主要以黄铁矿硫和有机硫存在；陆相沉积的煤通常为低硫煤，且煤中硫主要以有机硫形态存在。例如，成煤过程受海相环境影响形成黄铁矿，中国晚二叠世中等挥发性烟煤中硫的含量大于晚三叠世烟煤中的硫含量。[192] Dvronikov 和 Tikhonenkova[634]以及 Swaine[100]分别测定了煤中黄铁矿硫的含量。Dvronikov 和 Tikhonenkova[634]测定了乌克兰顿涅茨盆地煤中的后生黄铁矿和成岩黄铁矿。Zhuang 等[493]、Spears 和 Zheng [224]报道过煤中锑的含量受黄铁矿含量的影响。在海相成煤环境中，随海水的入侵，成煤沼泽中的水体盐分增大，非岩屑来源的元素被认为同沼泽水中的黄铁矿结合，这就使得煤中的元素含量与煤中的硫含量成正相关关系。

本次研究的5个煤样中锑的总含量与总硫的相关系数($r^2$)为0.12(图5.14)。高硫煤中总硫含量为4.5%，且主要为黄铁矿硫和有机态硫，但其中的锑仅有0.1914 mg/kg，仅高于天然焦中锑的含量，与本样品中的烟煤、无烟煤、高氯煤所含的锑值相比均偏低，说明煤中黄铁矿的含量高不一定相对应锑的含量也高。而本实验中烟煤的含硫量较低，为0.25%，属于低硫煤，但是其中锑的含量相对较高，为0.2944 mg/kg，说明锑在该煤中的存在形态可以是黄铁矿之外的其他形态。煤中硫含量高但总锑的含量不一定高;煤中总锑的含量高但伴随硫的含量也不一定高,锑与煤中黄铁矿的伴生关系不明显。

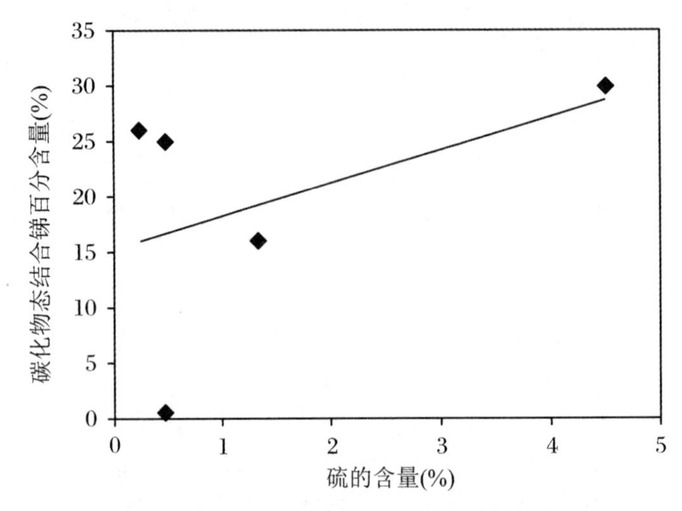


**图 5.14　煤中硫含量与硫化物态的相关性**

(2) 煤中锑与灰分的相关性

煤中微量元素与灰分的正相关表明煤中该元素的赋存状态与煤中的矿物成分有关。[421]不少学者报道了微量元素在煤中与矿物相结合。[137,635]煤中矿物组分主要受岩屑侵入影响,与灰分含量呈正相关的元素在煤中通常与矿物的主要成分如黏土矿物、黄铁矿结合。相反,微量元素与煤中的有机态结合时其含量会与灰分含量呈负相关。本次研究的 5 个煤样中灰分的含量范围为 6.94%(天然焦)~18.7%(高硫煤),5 份煤样中锑的含量与灰分的相关系数 $r^2=0.04$,表明锑在煤中与矿物成分的结合不明显。Zhuang 和 Dai 报道了煤中锑与灰分的相关性为 $r=0.22$。Solari[624]和 Pires[258]报道锑在煤中主要存在于黏土矿物中。元素砷、钼、锑均与煤中的灰分不呈负相关,这些元素在某些英国煤中赋存在矿物中。

(3) 煤中锑与砷、硒、锑、汞的相关性

元素之间的亲和性是地球科学中元素地球化学行为的基本属性。按元素的地球化学分类,元素包括 5 个地球化学族:亲石(Sifhophile)、亲铁(Siderophile)、亲硫(Chalcophile)、亲生物(Biophile)、亲气(Afmophile)。其中,亲石元素常形成硅酸盐矿物,大部分不易活动,铁、镁、钙的碳酸盐常有热液变化,形成变质热液矿床;亲硫元素大部分都易活动,形成变质热液矿床,砷、硒、锑、碲、汞和一部分金、银在低温时即可运移;亲铁元素大部分表现稳定。由于地球化学性质相近,同族元素在很多方面均有相似性。本节结合本实验室其他学者对淮北烟煤、无烟煤、天然焦及高硫煤和高氯煤中砷、汞、硒的分析结果,讨论了煤中锑与砷、硒、汞在含量及形态分布中的关系,进而研究锑与砷、硒、汞在煤中某些组分的共生现象和亲和性。

Helbe 等[636]研究煤气化过程中微量元素的迁移发现,当温度为 500~600 ℃时,砷、汞和硒同时存留在蒸气相中;Galbreath[637]研究了烟煤和亚烟煤中若干元素在燃烧过程中的不同行为,发现汞和硒是最易挥发的元素之一。不少学者同时关注过亲硫元素砷、硒、锑、汞在煤中的分布与形态。使用中子活化法(Instrumental Neutron Activation Analysis,INAA)和原子吸收法(Atomic Absorption Spectrometr,AAS)测定砷、硒、汞和锑在加拿大西部煤中的含量，发现其中各元素的含量范围分别为：锑，0.3～3.6 mg/kg；汞，＜0.1 mg/kg；硒，2～7 mg/kg；砷，0.2～3 mg/kg。在西班牙东北部 Teruel 矿区高硫亚烟煤中，砷和锑的有机存在形态与无机存在形态具有一定的亲和性。[153]在美国煤中，锑与硒的有机结合态和无机结合态含量均相关；而在英国煤中，无机态结合的锑与无机态结合的硒呈正相关。[638]土耳其西部的 Gokler 煤田中，锑与砷的相关系数为 0.39。[160]另外不少学者报道了煤中砷、锑和硒的含量受硫化物尤其是黄铁矿的影响。此外，煤中的砷和锑可以同时赋存在无水石膏和赤铁矿中。[639]

结合实验室其他学者对本次实验 5 个煤样中砷、硒、汞的逐级提取分析，煤中锑与砷、硒、汞在总含量与各自的形态组成(有机结合态、硅铝酸盐结合态、硫化物结合态)中的相关性见图 5.15。

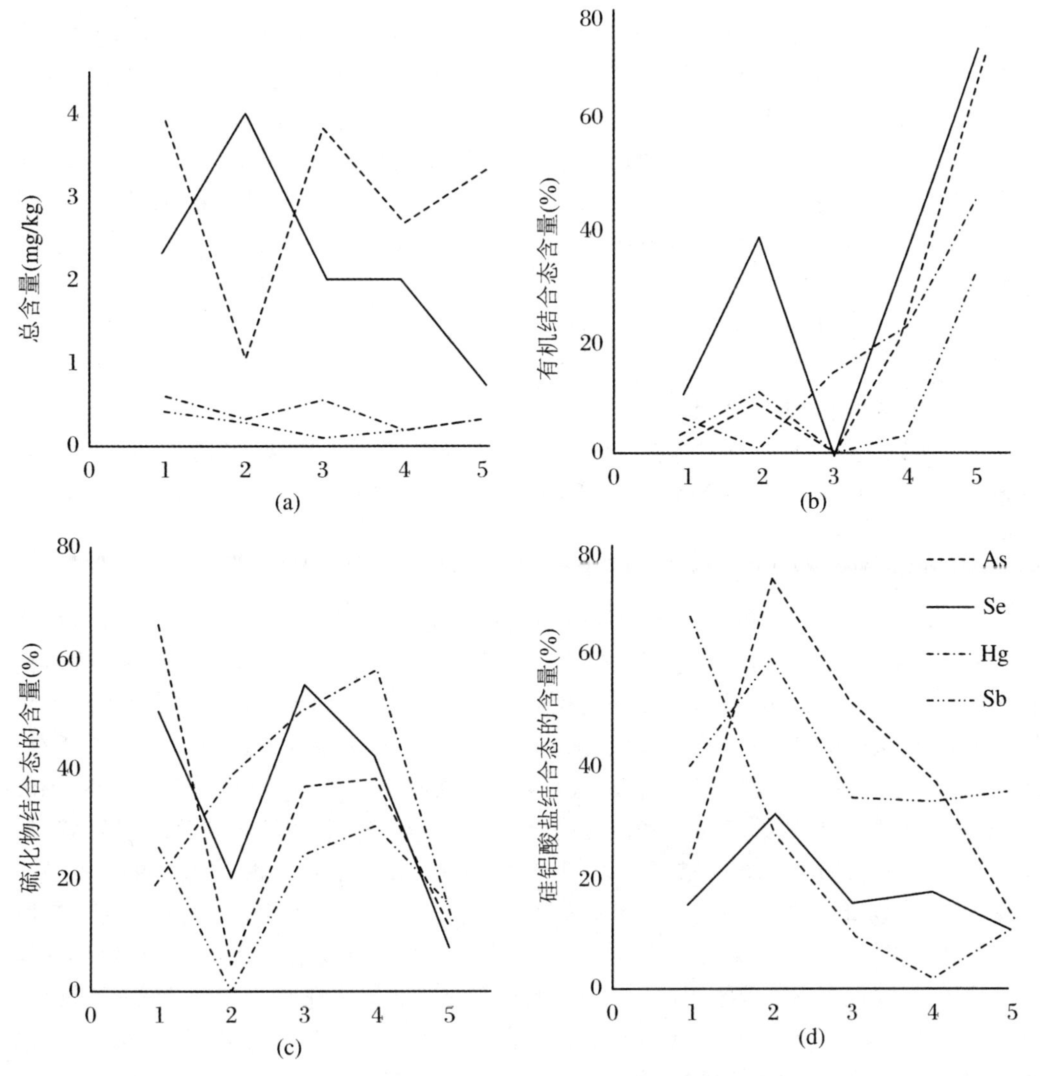


**图 5.15　煤中各形态锑与砷、硒、锑、汞的相关性**

1：无烟煤；2：烟煤；3：天然焦；4：高硫煤；5：高氯煤。

图 5.15(a)给出砷、硒、锑、汞在 5 煤样中的总含量变化，可以看出它们在煤中的含量变

化趋势无一致性，相关性较低，而元素在煤中的含量受多种因素和多期作用的控制，例如在成煤泥炭化作用阶段，煤中微量元素含量主要受陆源区母岩性质、沉积环境、成煤植物类型、微生物作用、气候和水文地质条件决定；在煤化阶段，煤层顶板沉积成岩作用、微生物作用、构造作用、岩浆热液活动和地下水活动则是煤中元素含量的主要控制因素；后期，煤层在表生环境中可能受到风氧化作用进一步使煤中元素含量改变。每个阶段的不同决定因素均会影响砷、硒、锑和汞在煤中含量的变化，从而造成它们在煤中含量的差异。

图 5.15(b)给出的是 5 种煤中以有机结合态存在的砷、硒、锑、汞的百分比含量变化。有机结合态的砷、硒、锑占元素总量的比例在 5 煤样中的变化趋势明显一致，而有机结合态的汞与有机结合态的砷、硒、锑在煤中的分布模式不同。砷、硒、锑的有机结合态在无烟煤和天然焦中的含量低于淮北烟煤和同为烟煤的高硫煤、高氯煤，在天然焦中最低，在高氯煤中最高。

图 5.15(c)是硫化物结合态的各元素在 5 煤样中的分布。砷、硒、锑的硫化物结合态比例有明显的一致性，在烟煤和高氯煤中降低，在无烟煤、天然焦、高硫煤中含量升高。而汞的硫化物结合态含量在烟煤中没有降低，煤中汞可能与低硫煤中的有机硫结合。

图 5.15(d)给出砷、硒、锑、汞的硅铝酸盐结合态在煤中的分布。其中砷、硒、锑在煤样中变化趋势仍有明显的相关性，它们的硅铝酸盐结合态含量均在烟煤中最高；该形态的汞含量最高出现在无烟煤中，最低出现在高硫煤中，高硫煤中的汞最多以硫化物结合态形式存在。

#### 5.1.2.6 煤中硒

**1. 无机结合形式存在的硒**

在煤中以无机结合态形式存在的硒包括多种方式，其中与黄铁矿相关被认为是煤中无机态硒最主要的存在形式。除此之外，煤中硒可存在于其他一些无机矿物的晶格当中，包括硒铅矿、铝硅酸盐矿物等。

(1) 其他无机结合形式的硒

Clark 对德克萨斯州的褐煤样品采取浮尘实验研究，发现一部分煤中硒呈分散矿物出现。硒可以微米级大小的硒化铅相存在于许多煤样当中。[640]硒曾被检测到赋存在以其他的硫化矿物(尤其是方铅矿)及多种不同无机矿物组分当中。[100] Finkelman[641] 发现阿巴拉契亚山脉 23 个煤样中有 13 个样品中的硒以硒铅矿(PbSe)或者闪锌矿(ZnSe)的形式存在。Hower 和 Robertson[615] 采用光学显微镜、X 射线能谱扫描电镜(EDX-SEM)对 Kentucky 州东部曼彻斯特组和西部未命名组煤层的一些样品进行分析，发现硒以硒铅矿形式存在。代世峰等[642]对贵州 11 煤进行矿物学和地球化学分析，发现附载着硒-方铅矿的脉石英。他们在鄂尔多斯东北部盆地 Jungar 6 煤中发现硒铅矿以及载硒的方铅矿。煤中的黏土矿物也被发现是一部分煤中硒的载体。[502,643-644]徐文东等[645]采用逐级化学提取法对燃烧后的煤中硒进行研究，发现有一部分的硒进入铝硅酸盐的晶格当中。朱建明等[646]在渔塘坝富硒黑色页岩的研究中发现，有多种成因、不同形态的自然硒、独立硒矿物(硒铜蓝、硒银矿、方硒铜矿)以及含硒矿物(含硒黄铁矿)存在。

(2) 与黄铁矿相关

由于硒元素和硫元素具有相近的共价半径和电负性，硒元素非常易于取代硫化矿物中的硫，形成广泛的类质同象关系，从而进入硫化矿物的晶体当中。黄铁矿是煤中硒富集的最主要的载体。Palmer[644]发现一些烟煤中黄铁矿中的硒含量明显高于高岭石、伊利石以及石英中的硒含量。张军营[463]对黔西南煤中的硒进行研究，发现不同成因的黄铁矿中硒含量亦显著高于方解石和黏土矿物。Spears 和 Zheng[224]采用相关性分析法对英国主要煤矿的 24 个煤样品进行分析，发现硒与硫的相关性较好，黄铁矿是煤中硒的主要载体。对顿巴斯东部地区 i3B 煤层中 3 个无烟煤样品进行分析，发现硒与硫具有显著相关性，同样显示出硒与煤中的黄铁矿相关。[647] Querol[579]对采自西班牙的次烟煤（灰分含量为 26.5%，主要用于欧洲大型火电厂的燃烧）样品进行矿物以及元素的分析，发现硒的浓度高达 16.7 μg/g，并且主要存在于硫化矿物当中。除此之外，还有许多研究认为，煤中硒与硫具有很高的相关性，并且主要存在于黄铁矿当中。[178,564,648]

**2. 有机结合态的硒**

有许多的学者均报道过煤中以有机形式存在的硒。[45,99,100,170,397,625,640-643,649-650] 例如，Finkelman[625]采用 5 种溶剂（水、醋酸铵、盐酸、氢氟酸和硝酸）进行淋滤实验，发现硒元素的淋滤和燃烧行为与有机结合态的硒较为一致。Dreher 和 Finkelman[643] 在对美国 Power River 盆地煤和表土中的硒进行了研究，结果表明该区域煤中硒含量达到每千克 1 毫克级，至少有 6 种赋存形式存在。其中 70%～80%的硒是以有机结合态存在。Finkelman 等曾对 25 个煤样中的不同赋存状态的硒进行了半定量的测试，实验方式包括选择性淋滤、微探针以及 SEM-EDS 分析，结果表明有机结合态的硒占总硒的一半以上，其余的硒主要与黄铁矿有关。[45,641] Troshin[649]认为煤中硒含量与有机碳强烈的相关性（29 个样品，相关系数达 +0.79）说明煤中硒主要与有机物质的结合。Xu[645]对煤燃烧产物的逐级提取结果显示，70%以上的硒为有机结合态。Zhu[646,651]采用能谱电子显微镜和电子探针对河北渔塘坝高硒黑色页岩的研究结果显示，硒主要是以残渣态和有机结合态存在。

Wen[650]采用多种技术手段对拉尔玛碳质硅岩和渔塘坝页岩中硒的赋存形式，同样发现有机结合态的硒为主要存在形式。Liu[652]所测试的 21 个山东兖州煤样中，硒含量与有机态硫的相关性明显高于硫铁矿硫，硒元素主要以有机结合态存在。

**3. 不同煤级中硒的赋存状态**

烟煤、无烟煤和天然焦样品采自安徽省淮北煤田，本次研究对其中硒元素的赋存状态采取了逐级提取实验进行研究。3 个样品的元素分析和工业分析结果如表 5.16 所示，逐级提取实验的数据见表 5.17。烟煤、无烟煤和天然焦中原硒含量分别约为 4.0 mg/kg、2.4 mg/kg 和 2.0 mg/kg。所提取的 6 种形态分别为水溶态、离子交换态、有机结合态、碳酸盐结合态、硅铝酸盐结合态以及硫化物结合态。烟煤、无烟煤和天然焦的提取率分别为 68.91%、79.51% 和 82.14%。

**表 5.16　淮北烟煤、无烟煤和天然焦的元素分析和工业分析结果**

| 样品 | Ad(%) | Mad(%) | VMdaf(%) | F-C(%) | St,d(%) | Cdaf(%) | Ndaf(%) | Hdaf(%) | Se(mg/kg) |
|---|---|---|---|---|---|---|---|---|---|
| 烟煤 | 14.51 | 1.26 | 24.6 | 14.51 | 0.48 | 78.1 | 0.92 | 4.64 | 3.998 |
| 无烟煤 | 13.14 | 2.15 | 12.06 | 72.69 | 0.25 | 81.3 | 0.95 | 3.52 | 2.433 |
| 天然焦 | 6.94 | 5.41 | 4.75 | 82.58 | 0.48 | 86.0 | 0.56 | 1.77 | 1.999 |

Ad：灰分（干燥基），Vdaf：挥发分（干燥无灰基），St,d：全硫含量（干燥基）。

表 5.17　淮北烟煤、无烟煤和天然焦的逐级提取实验结果　　(单位:mg/kg)

| | Ⅰ | Ⅱ | Ⅲ | Ⅳ | Ⅴ | Ⅵ | $Se_{sum}$ | $Se_{tot}$ | 提取率 |
|---|---|---|---|---|---|---|---|---|---|
| 烟煤 | 0 | 0.128 | 1.077 | 0.093 | 0.875 | 0.582 | 2.755 | 3.998 | 68.91% |
| 无烟煤 | 0.063 | 0.138 | 0.219 | 0.224 | 0.316 | 0.975 | 1.934 | 2.433 | 79.51% |
| 天然焦 | 0.057 | 0.186 | 0 | 0.245 | 0.259 | 0.895 | 1.642 | 1.999 | 82.14% |

Ⅰ:水溶态;Ⅱ:离子交换态;Ⅲ:有机结合态;Ⅳ:碳酸盐结合态;Ⅴ:硅酸盐结合态;Ⅵ:硫化物结合态。$Se_{sum}$代表各赋存状态结合的铀含量加和,$Se_{tot}$为原煤中铀的含量。

如图 5.16 所示,烟煤中有机结合态的硒最多(约为 39.1%),其次是硅酸盐结合态(31.8%)和硫化物结合态(21.1%),此 3 种结合态是烟煤中硒的主要赋存形式,三者约占总硒的 92%。由烟煤、无烟煤再到天然焦,随着煤级的上升,有机结合态的硒从 39.1%降低到 11.6%,最终降至 0%。这说明在煤的逐步变质过程中,有机结合态的硒有向其他结合形式转化的趋势。例如,硫化物结合态的硒所占比例由烟煤到天然焦呈现依次升高的趋势,由烟煤中的 21.1%,到无烟煤中的 50.4%,再到天然焦中的 54.5%。烟煤中的硅酸盐结合态占 31.8%,明显高于无烟煤(16.4%)和天然焦(15.8%),可能暗示在煤的变质过程中,一部分硅酸盐结合态的硒向硫化物结合态转化。

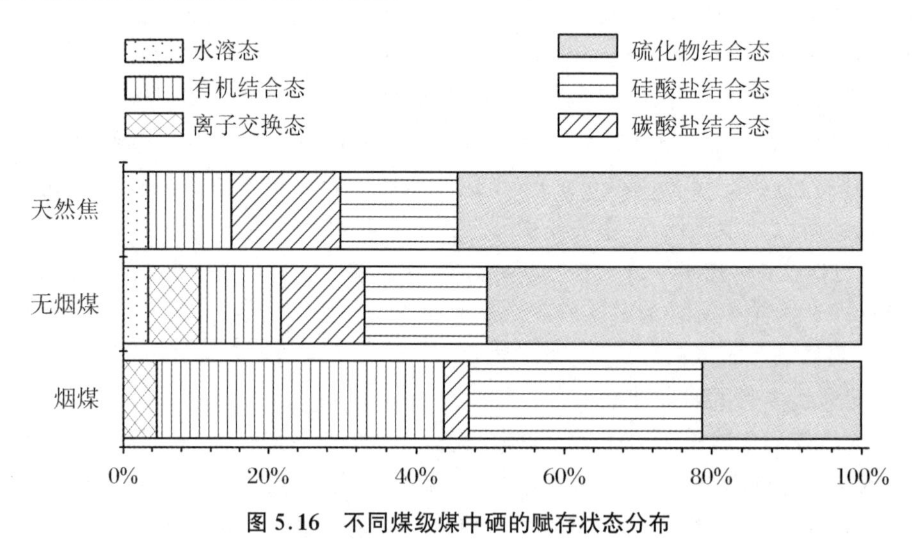


**图 5.16　不同煤级煤中硒的赋存状态分布**

### 5.1.2.7　煤中锡

从目前已发表的研究来看,煤中 Sn 的赋存状态分为两种,即煤中 Sn 的硫化物结合态与煤中 Sn 的硅酸盐结合态。

**1. 煤中锡的硫化物结合态**

尽管存在大量 Sn 以硫化物的形式成矿的例子,然而硫化物 Sn 在煤中则很少有报道。到目前为止,煤中 Sn 以硫化物状态存在的证据仅有 Finkelman 中通过 SEM-EDX 发现的两种含 Sn 硫化物,SnS 和 $Cu_2FeSnS_4$。除此之外,曾荣树和庄新国通过相关性分析认为煤中 Sn 的存在与硫化物存在正的相关性;Li[200]在煤中元素的逐级提取过程中,发现了在煤的高密度组分中,Sn 的含量与 S 的含量呈正的相关性,笔者据此提出煤中 Sn 的赋存状态可能与黄铁矿和硫酸盐有关。

**2. 煤中锡的硅酸盐矿物结合态**

煤中Sn以硅酸盐结合态形式存在于煤中的观点受到最多支持。对于中国贵州、广西、内蒙古、湖北和四川煤的研究均有相关性分析表明上述煤中所含的Sn与煤中的铝硅酸盐具有高度的相关性。[128,185,191]一项关于铝硅酸盐矿物的吸附实验表明，在蒙脱石存在的条件下，95%的溶液中$Sn^{2+}$将会被氧化为活动性较低的$Sn^{4+}$并随后水解析出于蒙脱石矿物表面。[653]该项研究随后被Petridis和Bakas[654]证实。

煤中Sn的其他赋存状态，如有机质结合态等，虽然曾经有学者提出，然而却缺少实验支持，煤中Sn的赋存状态需要进一步研究。此外，对煤中微量元素赋存状态较为直接和普遍的研究方法为化学逐级提取法。

### 5.1.2.8　煤中铀

**1. 煤中铀的元素组合特征分析**

(1) 铀与伴生微量元素相关分析

为初步明确研究区煤中铀是否与其他金属元素有关联以及相关性如何，本书采用了SPSS软件进行了所测微量元素之间的相关性分析，采用Pearson相关系数进行分析，数据检验采用双侧检验，结果见表5.18：U与Th($r=0.65$)在$p<0.01$的水平上显著相关，U与V($R=0.57$)、Sb(0.54)在$p<0.05$的水平上显著相关。

**表5.18　铀与其他微量元素的相关性分析**

| | U | Th | Cr | Cu | Zn | Ni | Co | V | Mo | Cd | Sn | Sb | Pb |
|---|---|---|---|---|---|---|---|---|---|---|---|---|---|
| U | R | 1.00 | | | | | | | | | | | |
| | P | | | | | | | | | | | | |
| Th | R | 0.65** | 1.00 | | | | | | | | | | |
| | P | 0.01 | | | | | | | | | | | |
| Cr | R | 0.08 | 0.27 | 1.00 | | | | | | | | | |
| | P | 0.78 | 0.31 | | | | | | | | | | |
| Cu | R | 0.36 | 0.60* | 0.47 | 1.00 | | | | | | | | |
| | P | 0.18 | 0.01 | 0.07 | | | | | | | | | |
| Zn | R | 0.45 | 0.54* | 0.21 | 0.78** | 1.00 | | | | | | | |
| | P | 0.08 | 0.03 | 0.44 | 0 | | | | | | | | |
| Ni | R | 0.08 | 0.26 | 0.99** | 0.49 | 0.2 | 1.00 | | | | | | |
| | P | 0.77 | 0.33 | 0 | 0.05 | 0.45 | | | | | | | |
| Co | R | 0.26 | 0.28 | 0.13 | 0.52* | 0.31 | 0.15 | 1.00 | | | | | |
| | P | 0.33 | 0.3 | 0.63 | 0.04 | 0.25 | 0.58 | | | | | | |
| V | R | 0.57* | 0.60* | 0.28 | 0.50* | 0.42 | 0.25 | 0.01 | 1.00 | | | | |
| | P | 0.02 | 0.01 | 0.3 | 0.05 | 0.1 | 0.36 | 0.98 | | | | | |
| Mo | R | −0.15 | −0.14 | 0.56* | 0.32 | 0.12 | 0.56* | 0.61* | −0.17 | 1.00 | | | |
| | P | 0.58 | 0.62 | 0.03 | 0.24 | 0.66 | 0.02 | 0.01 | 0.53 | | | | |

续表

| | | U | Th | Cr | Cu | Zn | Ni | Co | V | Mo | Cd | Sn | Sb | Pb |
|---|---|---|---|---|---|---|---|---|---|---|---|---|---|---|
| Cd | R | 0.3 | 0.63** | 0.52* | 0.64** | 0.48 | 0.48 | 0.44 | 0.45 | 0.31 | 1.00 | | | |
| | P | 0.26 | 0.01 | 0.04 | 0.01 | 0.06 | 0.06 | 0.09 | 0.08 | 0.24 | | | | |
| Sn | R | 0.09 | 0.31 | −0.26 | −0.28 | −0.1 | −0.31 | −0.12 | −0.14 | −0.3 | 0.14 | 1.00 | | |
| | P | 0.73 | 0.24 | 0.33 | 0.29 | 0.73 | 0.25 | 0.65 | 0.6 | 0.27 | 0.61 | | | |
| Sb | R | 0.54* | −0.03 | −0.02 | 0.03 | 0.19 | −0.02 | 0.02 | 0.09 | −0.04 | 0.02 | −0.1 | 1.00 | |
| | P | 0.03 | 0.9 | 0.94 | 0.9 | 0.49 | 0.95 | 0.94 | 0.74 | 0.87 | 0.93 | 0.7 | | |
| Pb | R | 0.44 | 0.80** | 0.39 | 0.49 | 0.32 | 0.39 | 0.29 | 0.17 | 0 | 0.60* | 0.4 | −0.01 | 1.00 |
| | P | 0.09 | 0 | 0.14 | 0.06 | 0.23 | 0.13 | 0.27 | 0.54 | 1 | 0.01 | 0.13 | 0.97 | |

** 指在 $p<0.01$ 水平(双侧)上显著相关；* 在 $p<0.05$ 水平(双侧)上显著相关。

U 与 Th 同为放射性元素，且关系密切，都具有长寿命的同位素，$^{238}$U 与 $^{232}$Th 的半衰期都与地球相近，因此能在自然界中长期存在。Finkelman[99]曾指出煤中 Th 主要赋存于矿物中，并以置信度为 8 和 7 的情况下指出 Th 与 U 的赋存状态都与锆石有关，代世峰等[181]在研究鄂尔多斯盆地煤中 U 与 Th 时发现两者都是在硅铝化合物中存在，本次研究中 U 与 Th 有显著相关性也可能是由于二者的赋存状态一致。

钒在很多学者的研究中，在煤中的赋存状态多与有机质和一些矿物有关，而煤中铀被高置信度认为是以有机质结合或锆石，当然还有学者认为煤中 U 的赋存状态较为复杂，不同煤中 U 的赋存状态都有不同，有硅铝酸盐结合态、硫化物结合态及有机结合态。[655-656]但大多数学者都认同有机质与煤中 U 的富集有极大关系[415,657]，因此研究区煤中 V 与 U 的显著相关应当与有机质有关。

齐翠翠研究 5 种不同煤中 Sb 的赋存状态时发现，Sb 是强亲硫元素，其无机态与硫密切相关，最可能是在黄铁矿中，也可能被吸附于黏土矿物或被有机质束缚。[101]煤中 Sb 的主要存在形态是硅铝酸盐，与灰分相关不明显，所以研究区 Sb 与 U 的显著相关应当说明了 U 也有上述这些可能的存在形态。

(2) 铀与伴生元素共生组合的聚类分析

采用 R 型聚类分析探讨煤中 U 与研究区其他微量元素之间的亲和性，进一步推测 U 的赋存状态，在相似距离为 20 的水平上，分组聚类如图 5.17 所示。

从图 5.17 中可以看出，研究区煤中微量元素主要分为 2 个族群：

① Cr、Ni、Co、Mo，这 4 种元素可能存在着部分共生，同时由于 Cr 与 Ni 在同一亚群，说明它们可能有着共同的载体，这几个元素都与灰分没有明显的相关性，说明这些元素可能并不来自于煤中的矿物，或者说并不是由外部陆源碎屑沉淀而来的，可能是内部盆地在成煤初期沉积而来的。同时 Cr、Co、Ni 是亲铁元素，Mo 属于亲硫元素说明这一族群可能是硫铁矿为载体的赋存形态。

② U、V、Cu、Zn、Th、Pb、Cd，这些元素中 U、V；Cu、Zn；Th、Pb 又同为一个亚群。U、V 亲和是由于其都与有机质相关，可能具有相同的赋存形态；Cu、Zn 同属于亲硫元素，在煤中形成硫化物，主要与中酸性岩浆岩及热液有关。Pb 和 Cd 都与灰分有相关性，Cd 还是在 $p<0.05$ 水平下显著相关，表明它们来自煤中的矿物，赋存形态在置信度为 8 的水平下被认

为是方铅矿和闪锌矿。

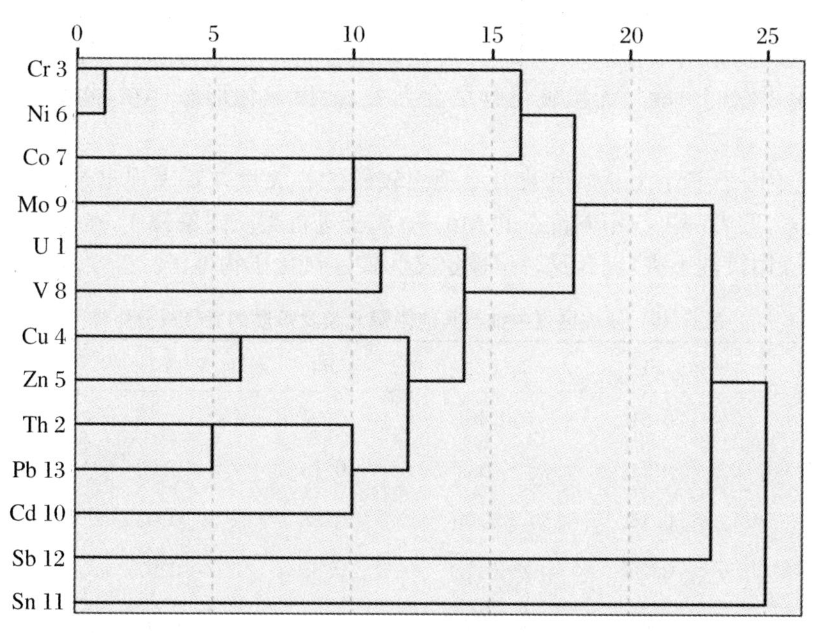


**图5.17　研究区煤中U与其他微量元素的聚类结构树状图**

③ Sb和Sn与其他元素相距较远，可能说明这两种元素与其他元素的赋存状态不同，Sn一般以氧化物、硫化物形式存在，但研究区中Sn与硫并没有直接的关系，说明研究区中Sn可能主要存在于氧化矿物中，与其他元素不同。由于前面已经分析过Sb与U之间存在着密切联系，同时Sb在本研究区内与水分（$r=0.69$，$p<0.01$）、挥发分（$r=0.74$，$p<0.01$）及固定碳（$r=-0.68$，$p<0.01$）之间有着显著的相关性，因此推测Sb在本研究区可能是以较微小的含Sb硫化物被束缚于有机质中。

（3）铀与伴生元素共生组合的因子分析

因子分析是将为多个相互有一定关联的信息进行综合合并，把原来的变量缩小成较少的综合变量，寻找规律，这种综合变量或指标就是因子。煤中伴生着多种元素，其相互之间的联系密切而复杂，同时它们也与煤质存在着相互的关联，反映着这些元素的来源、存在形态等，用之前的聚类分析只能得到模糊的元素之间的关联，所以本节采用SPSS18.0因子分析方法降低煤中铀与其他元素、煤质的变量维度，通过利用主成分分析方法计算，采用设定的方差极大法对因子再矩阵旋转，90%的累积方差可以用5个主因子分析解释（表5.19）：

① 第一主因子F1：荷载元素的贡献主要为U、Th、Cu、Zn、V、Cd、Ad，同时与总硫呈现一定相关性，表明这组元素主要赋存形态应为以硫化物为载体的矿物，因而这组可定义为硫化矿物因子。

② 第二主因子F2：Sb、Mad、Vdaf、St,d为这一组的主要贡献组分，同时与U又存在着正相关，说明Sb和U可能与有机硫结合形态存在于煤中，与水分的显著相关，表明Sb与U可能受控于陆源碎屑，原成煤环境中的沼泽水、地下水以及海侵海退这些沉积因素都影响了它们在煤中的富集，可将此组命名为沉积有机物因子。

③ 第三主因子F3：主要为Cr、Ni、Mo，这几种元素在前面聚类分析中也同属一个族群，可能存在着共生关系，有着共同载体，将此组定义为共生因子。

④ 第四主因子 F4：荷载元素的主要贡献为 Th、Pb、Sn，U 也在此组中表现出一定的贡献，Pb 的赋存状态一般认为是氧化物与硫化物[596]，而 Sn 在置信度为 8 的水平下被认为是以氧化锡、硫化锡的赋存形态存在，但是在此组分析中它们与水分、硫分表现出一定的负相关，指示了它们可能与无机硫化物结合无关，而以氧化形态存在，此组被命名为氧化物因子。

⑤ 第五主因子 F5：Co、Mo 和灰分呈现出较弱的相关性，Co 表现出亲铁亲硫特性，Mo 也是亲硫元素，两者都可与不同价态的 Mn、Fe 离子进行类质同象替代，在表生作用下，会被锰铁氧化物吸附沉淀下来，因此这一组被定义为铁锰氧化矿物因子。

**表 5.19 研究区煤中铀与其他微量元素及煤质的旋转成分矩阵**

| 元素 | F1 | F2 | F3 | F4 | F5 |
|---|---|---|---|---|---|
| U | 0.61 | 0.40 | 0.01 | 0.42 | -0.02 |
| Th | 0.71 | -0.17 | 0.14 | 0.63 | 0.01 |
| Cr | 0.16 | -0.05 | 0.98 | 0.03 | 0.07 |
| Cu | 0.70 | -0.13 | 0.35 | 0.07 | 0.44 |
| Zn | 0.81 | 0.04 | 0.05 | 0.01 | 0.27 |
| Ni | 0.14 | -0.05 | 0.98 | 0.01 | 0.10 |
| Co | 0.24 | -0.01 | 0.02 | 0.10 | 0.90 |
| V | 0.80 | -0.03 | 0.20 | 0.01 | -0.30 |
| Mo | -0.11 | -0.07 | 0.52 | -0.23 | 0.72 |
| Cd | 0.53 | -0.07 | 0.42 | 0.39 | 0.31 |
| Sn | -0.11 | -0.12 | -0.31 | 0.73 | -0.16 |
| Sb | 0.07 | 0.86 | 0.03 | 0.14 | 0.04 |
| Pb | 0.27 | -0.12 | 0.31 | 0.84 | 0.16 |
| Mad | -0.22 | 0.91 | -0.08 | -0.25 | -0.14 |
| Ad | 0.90 | 0.13 | 0.00 | 0.00 | 0.12 |
| Vdaf | -0.15 | 0.95 | -0.08 | -0.08 | 0.01 |
| FCa,d | -0.26 | -0.90 | 0.06 | 0.08 | -0.04 |
| St,d | 0.39 | 0.59 | 0.00 | -0.38 | -0.22 |

从表 5.19 中可以看出与铀相关的因子主要为 F1、F2 和 F4，即硫化矿物因子、沉积有机物因子和氧化物因子，其中与 F1 强相关，与 F2 和 F4 正相关，而与 F3 和 F5 几乎不相关。说明了研究区煤中铀的赋存状态较为复杂，主要赋存于硫化矿物、有机物与氧化物矿物中，其来源由于与第一组因子显著相关，可能主要为外部地质作用输入而成，同时铀的离子都是典型的亲氧元素，容易形成铀酰络合离子（$UO_2^{2+}$），所以与第四主因子的正相关性也很好地解释了这一点。而对于有机物结合，这是被很多学者都证实了的铀的赋存状态。同时 Finkleman 也指出了铀的有机物赋存形态的置信度为 7。

**2. 煤中铀与煤质的关系**

(1) 中、高硫煤中铀与煤质

从4.1节煤质特征分析与表4.1中可以看出，采集的煤样品中4个高硫煤分别为褐煤(KM)、无烟煤(ZT-1,ZT-5)、焦煤(ML-1)。中硫煤较少，有焦煤(QJ-4)和2个无烟煤(ZT-2,ZT-4)。从硫的形态上看来自昆明寻甸可郎煤矿的褐煤为高有机硫煤，有机硫形态占总硫的74%。其余的中、高硫煤主要硫形态为黄铁矿硫。

同时黄铁矿硫与灰分产率呈现显著的正相关($r=0.86$, $p<0.05$)，这表明黄铁矿是煤样中灰分的主要来源之一。

(2) 铀与灰分的关系

通过对煤中铀的含量与煤的灰分以及水分之间的相关分析，推测煤中铀可能的来源以及元素铀在煤中可能的存在形态。如果铀在煤中主要以无机结合态形式或者说是矿物形式存在，那么它在煤中的含量应与灰分含量之间存在较好正相关性；反之，则应以有机结合态为主。Vassilev[597]在研究煤中灰分和元素的相关性时指出，煤中元素的来源如果为外源输入，那么该元素含量与煤中的灰分含量之间会存在较好的正相关性；反之，就可能说明了该元素来自于成煤植物或者沉积盆地内部自生的作用。图5.18反映了研究区煤样中铀与灰分的相关系数$r=0.37$($p<0.05$)，有一定的正相关性，但相关性并不显著。这一方面表明铀在煤中有多种亲和性，铀并没有存在于煤中主要的成灰矿物中；另一方面表明煤中铀的可能同时来源于外部输入与沉积盆地内环境的自身物质中，而外部输入的比例大些。同时，煤中的铀与水分的相关性($r=0.47$)大于灰分，表明铀受陆源碎屑控制[658]，反映了成煤沼泽的原生水、后期的成岩水及地下水渗流等沉积地质作用及海水的侵入对铀的含量有较强的影响。

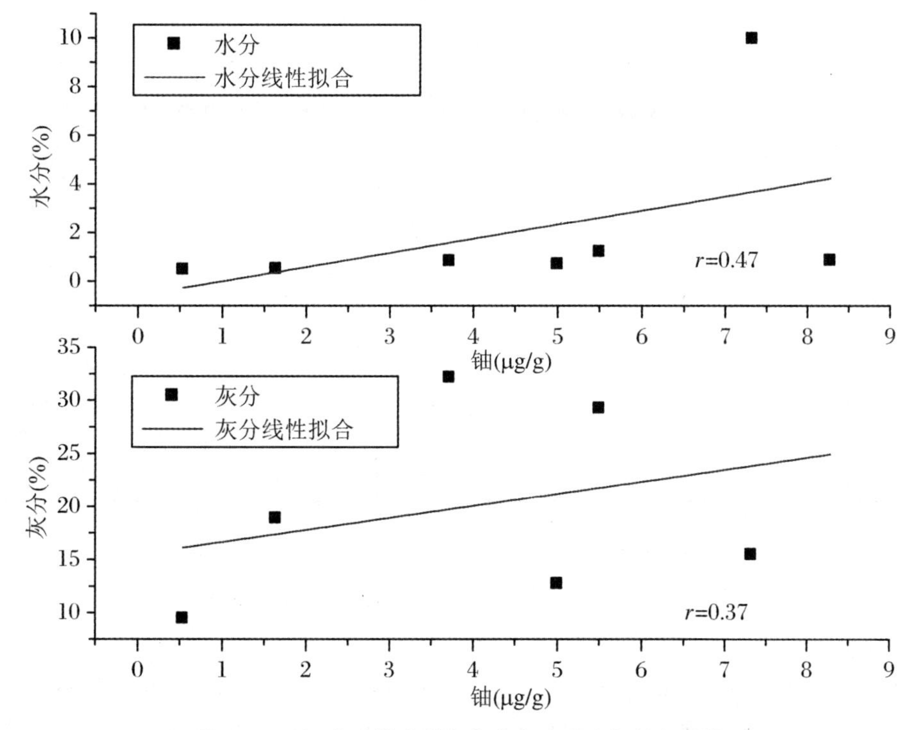


**图5.18 中、高硫煤中铀与灰分和水分之间的相关性**

(3) 铀与硫分的关系

硫在煤中的形态主要分为化合态形式存在的有机硫以及矿物的形式存在的无机硫。煤中的硫与大多数元素之间关系密切,现在普遍认为煤中硫的形态主要有硫铁矿硫即黄铁矿硫(Sp)、硫酸盐硫(Ss)、有机硫(So)和元素硫(Se),其中元素硫含量甚微。前人也对一些特殊高硫煤中的铀的赋存特征做了研究[441,659-660],还有一些学者也研究了不同成煤时代煤中铀的赋存状态。[181,656]

如图 5.19 所示的是中、高硫煤中铀的含量与各种形态硫的相关性。从中可以看出煤中铀的含量与黄铁矿硫和有机硫相关性并不明显($r=0.34$,$r=0.45$,$p<0.05$)。然而,铀与总硫和硫酸盐酸盐以矿物形式存在,而且趋向含硫量高的煤中集中,这在前面讨论铀的分布中也证明了这点。一般来说,煤中硫酸盐硫在煤中含量并不高,主要是石膏($CaSO_4 \cdot 2H_2O$)和绿矾($FeSO_4 \cdot 2H_2O$),而 $U^{4+}$ 与 $Fe^{2+}$、$Ca^{2+}$ 的离子半径相近($U^{4+}$ 为 0.097 nm;$Fe^{2+}$ 为 0.1 nm,$Ca^{2+}$ 为 0.099 nm),因而推测硫酸盐矿物中铀可能呈类质同象,置换晶格中的 $Fe^{2+}$ 和 $Ca^{2+}$,呈化合状态出现而不是呈原子状态存在。

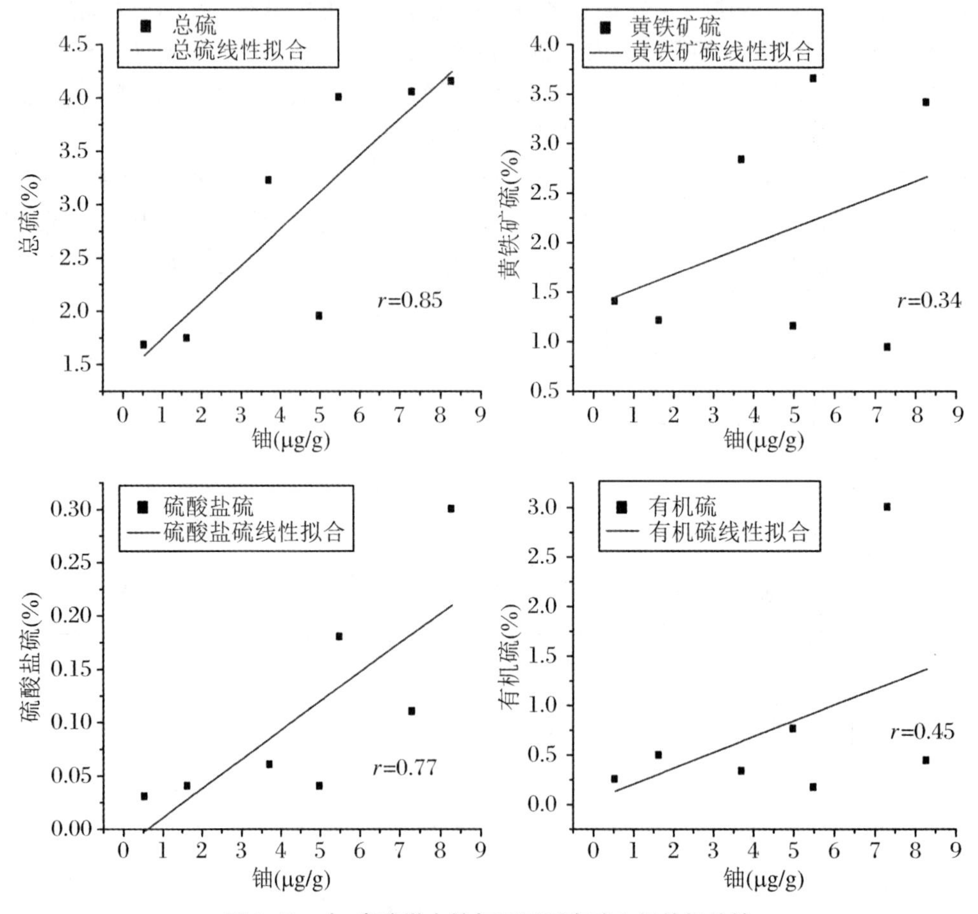


**图 5.19　中、高硫煤中铀与不同形态硫之间的相关性**

(4) 低硫煤中铀与煤质

研究区煤样中包括 8 个低硫煤 ZT-3、QJ-1、QJ-2、QJ-3、QJ-5、QJ-6、QJ-7 及 HH-1。任德贻[418]在研究鄂尔多斯侏罗纪时期的低灰低硫煤时指出,大多数元素的赋存状态多表现为多样性，这是由于煤结构的复杂性，其伴生元素的形成也体现出多元复杂性，其中铀的有机结合态在逐级提取实验下达到60%，但也有无机结合形态的占比。

图5.20就是研究区低硫煤与煤中灰分产率和水分的相关分析，可以看出低硫煤中铀与两者的相关性不高，$r$ 值的范围为 $-0.2$～0.2，说明它们并不存在着明显的相关性，也就说明了低硫煤中的铀与无机矿物结合不是其主要的赋存状态，其来源可能并不是外部输入，而是成煤时代早期沉积环境自身物质的积累。

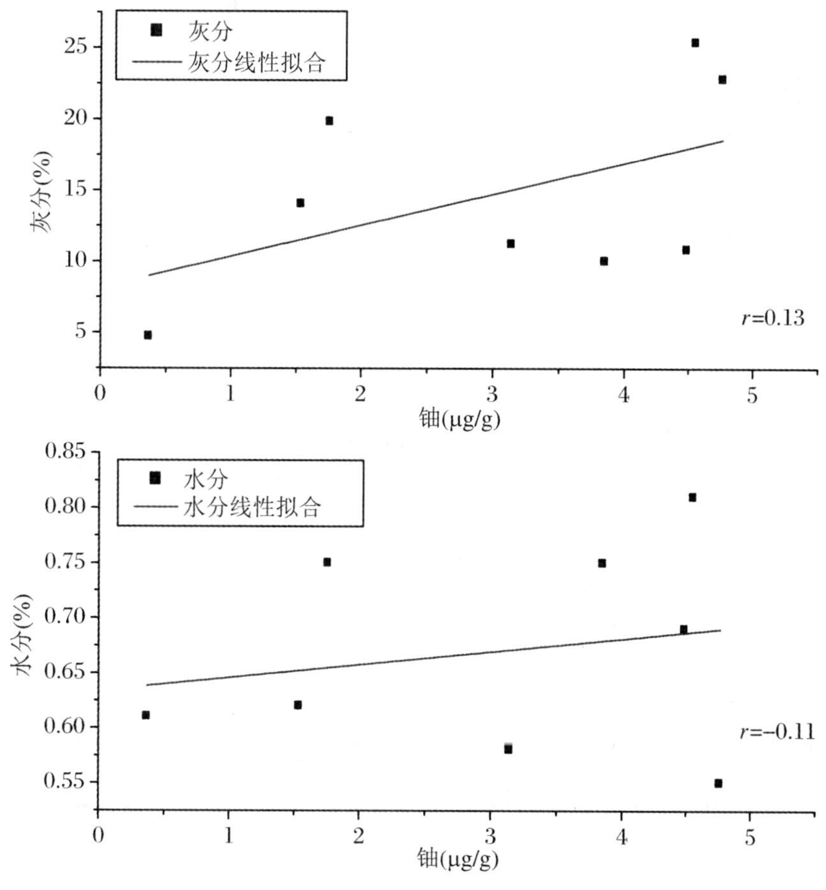


**图5.20　低硫煤中铀与灰分和水分之间的相关性**

与总硫的相关性分析可以表明低硫煤中铀与总硫有一定相关(图5.21)，而采样区中铀含量较高的煤样基本都是中、高硫煤，低硫煤中铀的含量大部分低于高硫煤，2个含铀量较突出的煤样KM与ML也均为高硫煤，可能也就说明了铀趋向于高硫煤中富集。

**3. 铀在煤有机质中的赋存特征**

一般认为煤中固定碳和挥发分可以近似代表煤中的有机质[190]，本次研究的中、高硫煤中铀和固定碳呈负相关($r=-0.69, p<0.05$)(图5.22～图5.23)，但与挥发分呈较好的正相关($r=0.59, p<0.05$)，所以并不能说明铀是以有机结合态存在的。铀是半挥发性的元素，因此它与挥发分的正相关性可能与矿物热解后释放出的一些流体相有关。[655]这正好也说明了研究区煤样中铀的多种结合性和复杂的赋存状态。而低硫煤中铀与煤中固定碳和挥发分均存在着相近的相关性($r=0.35$ 与 $r=0.36$)，表现出一定的正相关，结合与灰分的相关性可以推测低硫煤中U主要以有机结合态的形式赋存于煤中。

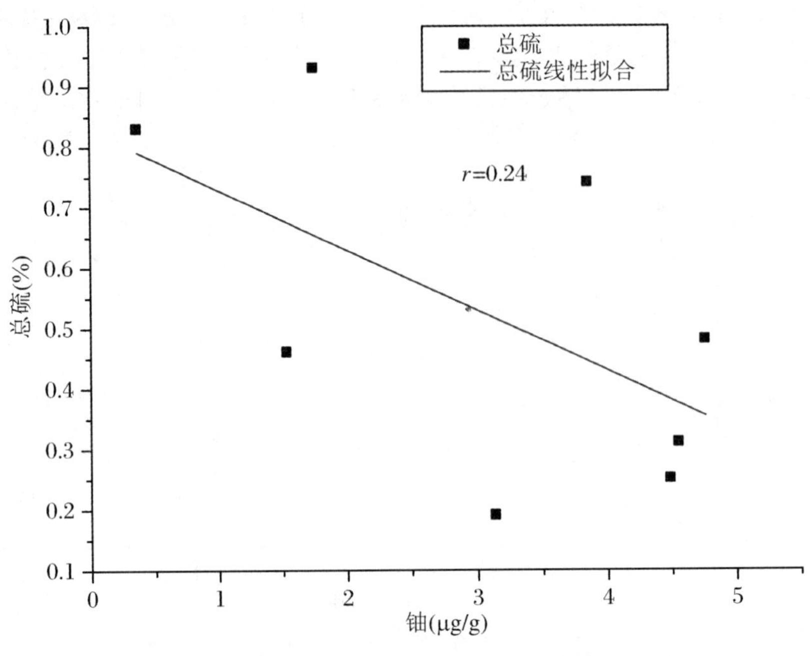


**图 5.21　低硫煤中铀与总硫的相关性**

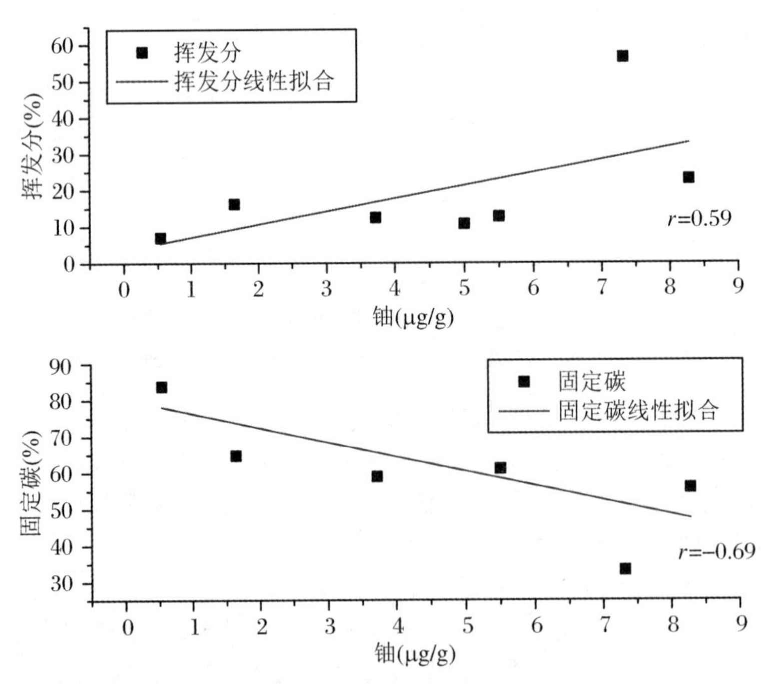


**图 5.22　中、高硫煤中铀与挥发分和固定碳之间的相关性**

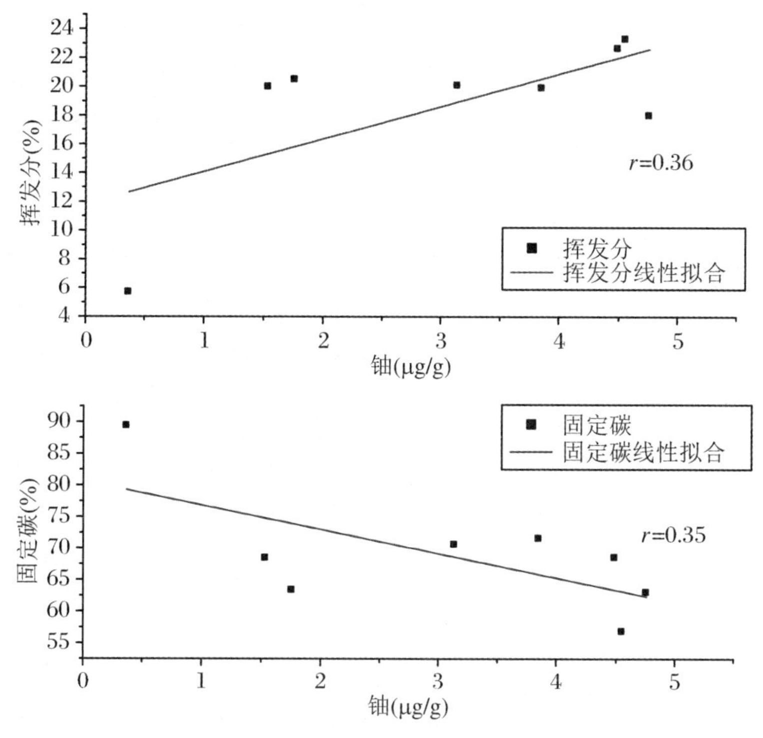


图 5.23　低硫煤中铀与挥发分和固定碳之间的相关性

### 5.1.2.9　煤中钒

煤中的钒可能与有机物和矿物质相结合。在矿物结合态中，钒主要存在于硅铝酸盐矿物中。在有机结合态方面，钒主要与富里酸和有机大分子组分相结合。Finkelman[99]得出的结论是，煤中钒的赋存状态的置信水平极低，在不同沉积环境中的煤之间几乎没有一致性。

钒和铬都是亲铁元素，主要在碱性和超基性岩中富集。[661]很多学者发现煤中的钒和铬与黏土矿物高度相关。[126,250,268,512,662]大量统计分析显示煤中铬和钒之间具有高度相关性。[268,662]然而，煤中钒和铬的赋存形态仍然是一个备受争论的问题。因此，需要进一步研究煤中钒和铬的形态。本研究通过采集中国几个煤盆地不同煤级的煤，采用逐级化学提取的方法研究了煤中钒和铬的化学形态。

**1. 钒和灰分的关系**

表 5.20 列出了 22 个煤样的工业分析结果。样本灰分产率变化范围为 4.71%～29.24%，平均值为 12.57%。根据《煤炭质量分级》(GB/T 15224.1—2010)[663]，所研究的样品被划分为极低灰分煤至中灰分煤。总硫浓度范围为 0.25%～6.67%，平均值为1.49%。根据《煤炭质量分级》(GB/T 15224.2—2010)[664]，所研究的煤被划分为极低硫煤至高硫煤。煤样挥发分含量的变化范围为 5.67%～56.34%，根据 ASTM 标准 D388—12(ASTM 2012)[665]和各种化学组分，表明所研究煤样的煤级不同。

表 5.20　样品的工业分析

| | Ad (wt%) | Mad (wt%) | Vdaf (wt%) | Sd (wt%) | Cdaf (wt%) | Hdaf (wt%) | Odaf (wt%) | Ndaf (wt%) |
|---|---|---|---|---|---|---|---|---|
| TF | 7.13 | 4.19 | 43.28 | 0.48 | 69.39 | 4.71 | 24.50 | 0.92 |
| KL-7 | 21.49 | 0.45 | 30.54 | 0.48 | 65.61 | 3.57 | 29.35 | 0.99 |
| DT-11 | 7.28 | 3.20 | 39.51 | 0.67 | 72.46 | 3.83 | 22.53 | 0.51 |
| HY-4 | 11.72 | 7.64 | 43.09 | 0.85 | 57.8 | 4.2 | 36.48 | 0.67 |
| HY-5 | 9.97 | 6.36 | 41.85 | 0.62 | 62.11 | 4.06 | 32.32 | 0.89 |
| LA-3 | 16.67 | 1.33 | 22.42 | 0.35 | 73.12 | 3.27 | 21.52 | 1.74 |
| DZ16-6 | 12.54 | 2.22 | 43.94 | 1.59 | 77.53 | 4.33 | 14.88 | 1.66 |
| ES | 76.85 | 2.40 | 18.15 | 0.35 | 15.93 | 0.63 | 82.91 | 0.18 |
| ES-4 | 16.78 | 1.32 | 23.73 | 1.69 | 73.6 | 2.48 | 21.37 | 0.86 |
| NT6-3 | 13.81 | 0.57 | 17.22 | 2.21 | 76.83 | 3.63 | 16.10 | 1.23 |
| NT6-8 | 9.72 | 0.6 | 16.52 | 6.67 | 80.79 | 2.38 | 8.90 | 1.27 |
| ZJ | 10.65 | 2.14 | 24.03 | 2.17 | 76.64 | 2.55 | 17.89 | 0.75 |
| TP18-2 | 23.78 | 0.85 | 23.61 | 0.42 | 69.01 | 3.26 | 26.01 | 1.30 |
| TP18-3 | 7.74 | 0.84 | 9.00 | 0.69 | 86.84 | 4.66 | 6.18 | 1.63 |
| TP8-10 | 5.36 | 0.57 | 18.92 | 0.46 | 84.34 | 4.71 | 8.89 | 1.61 |
| TP18-11 | 5.90 | 0.95 | 10.13 | 0.40 | 88.73 | 4.24 | 4.97 | 1.67 |
| TP18-13 | 13.76 | 0.97 | 14.75 | 0.66 | 80.74 | 4.16 | 12.84 | 1.59 |
| MEG-M4 | 29.24 | 1.20 | 12.66 | 4.00 | 88.39 | 3.75 | 2.94 | 0.92 |
| XJY | 9.47 | 0.47 | 7.00 | 1.68 | 93.02 | 3.3 | 1.18 | 0.82 |
| CS-C5 | 4.71 | 0.61 | 5.67 | 0.83 | 94.09 | 3.04 | 1.27 | 0.77 |
| XD-M8 | 15.46 | 9.97 | 56.34 | 4.05 | 68.89 | 5.16 | 20.31 | 1.59 |
| QJ-C16 | 10.85 | 0.69 | 22.64 | 0.25 | 89.9 | 4.77 | 3.40 | 1.68 |

A：灰分（ash yield）；d：干燥基（dry）；M：水分（Moisture）；ad：空气干燥基（air-dried）；V：挥发份（volatile matter）；daf：干燥无灰基（dry and ash-free）；St：总硫（Total sulfur）。

钒与灰分产率的相关系数通常被用于判断钒的有机或无机亲和性，钒与铝、硅、铁等主量元素的相关系数通常被用于识别钒的矿物亲和性。[109,192,233]本研究发现钒和灰分产率高度相关，表明钒和无机物之间存在很强的关联性。[481,516]

Swaine 和 Goodarzi[421]认为，煤中微量元素与灰分产量的正相关关系表明微量元素主要存在于矿物质中，而负相关性则表明其主要存在于有机质中。本研究中，在 21 个被研究的煤中发现了钒与灰分产率的高度相关性（$r_{V\text{-}ash}=0.66$），表明钒主要与矿物质相结合。这与其他研究者得到的结果一致。[516]但是，也有研究者发现钒与灰分产率的相关性不显著，这

表明钒的赋存形态是多元的。[233,268]

**2. 钒与主量元素的关系**

根据钒与铝的高相关系数推断，铝硅酸盐矿物被认为是许多煤样中钒的主要载体。[104,250] Dai[144] 和 Fu[494] 发现在低灰分和高灰分煤中，钒与煤灰分产率之间的皮尔森相关系数均大于0.90，且煤中的钒与 $Al_2O_3$ 和 $SiO_2$ 之间的皮尔森相关系数高于0.7，表明钒与硅铝酸盐矿物密切相关。Zhuang[623] 观察到钒与贵州晚二叠纪煤中的高岭石有密切联系。有研究者通过配备有能量色散X射线光谱仪的扫描电子显微镜(SEM-EDX)，从煤的黏土矿物中检测到钒。

本研究煤样中铝、铁、钒和铬的浓度结果见表5.21。痕量元素与主量元素(如铝、硅、铁和硫)的相关系数通常用于识别微量元素的矿物亲和力。许多研究人员的研究结果表明，煤中钒与铝高度相关，进一步揭示钒主要与铝硅酸盐(包括黏土矿物和长石)相结合。[163,224] Spears 和 Booth[249] 报道，钒与 $Al_2O_3$ 高度相关，相关系数大于0.95。然而，对于本研究中的煤样，钒和铝之间的相关系数仅为0.42，表明钒的硅铝酸盐亲和性不占优势。

**表5.21 煤样中铝、铁、铬和钒的含量** (单位:mg/kg)

| 样品数 | | | Al | Fe | Cr | V |
|---|---|---|---|---|---|---|
| 藻煤 | 2 | 范围 | 16358～22317 | 3221～3966 | 15.91～29.00 | 19.90～26.46 |
| | | 平均值 | 19338 | 3594 | 22.45 | 23.18 |
| 褐煤 | 3 | 范围 | 5943～13399 | 3865～7241 | 10.93～28.63 | 8.51～29.38 |
| | | 平均值 | 9788 | 5187 | 20.19 | 21.51 |
| 烟煤 | 10 | 范围 | 2499～31161 | 852.8～13039 | 1.65～51.86 | 3.75～61.45 |
| | | 平均值 | 13930 | 5981 | 22.66 | 28.30 |
| 半烟煤 | 4 | 范围 | 1617～21583 | 1562～34028 | 0.12～175.6 | 2.74～55.80 |
| | | 平均值 | 8163 | 10228 | 48.66 | 28.38 |
| 半无烟煤 | 2 | 范围 | 4421～4722 | 4417～8228 | 12.99～68.42 | 9.29～10.09 |
| | | 平均值 | 4572 | 6323 | 40.71 | 9.69 |
| 所有样品 | 21 | 范围 | 1617～31161 | 852.8～34028 | 0.12～175.6 | 2.74～61.45 |
| | | 平均值 | 11864 | 6482 | 28.96 | 25.09 |
| 石煤 | 1 | | 19056 | 9026 | 1738 | 2997 |

作为亲铁元素，钒在某些煤中显示出与铁强烈的相关性。[168] 对于本研究的煤样，钒与铁的相关系数为0.55(图5.24)。Wang [251] 发现，如果去除4个高硫铁矿煤的数据，则钒与铁的强相关性消失，这表明钒可能富集在煤中的黄铁矿中。然而，通过分析被研究煤样中钒与硫的相互关系，并未观察到显著的相关性($r_{V\text{-}S}=0.21$)，表明钒也可能受其他含铁矿物的影响。

**3. 通过逐级提取得到的煤中钒的赋存状态**

列出了11个选定样本中不同赋存状态的钒占总钒的百分比。6个组分中钒含量的总和与煤中钒总含量基本吻合，回收率为85.24%～109.09%。不同赋存状态的钒所占组分按顺序排列为：硅酸盐结合态钒(46.09%±0.80%)＞有机物结合态钒(37.64%±0.67%)＞硫化物结合态钒(13.63%±0.87%)＞碳酸盐结合态钒(1.82%±0.08%)＞离子交换态钒(1.95%±0.03%)＞水溶态钒(1.62%±0.07%)(表5.22)。

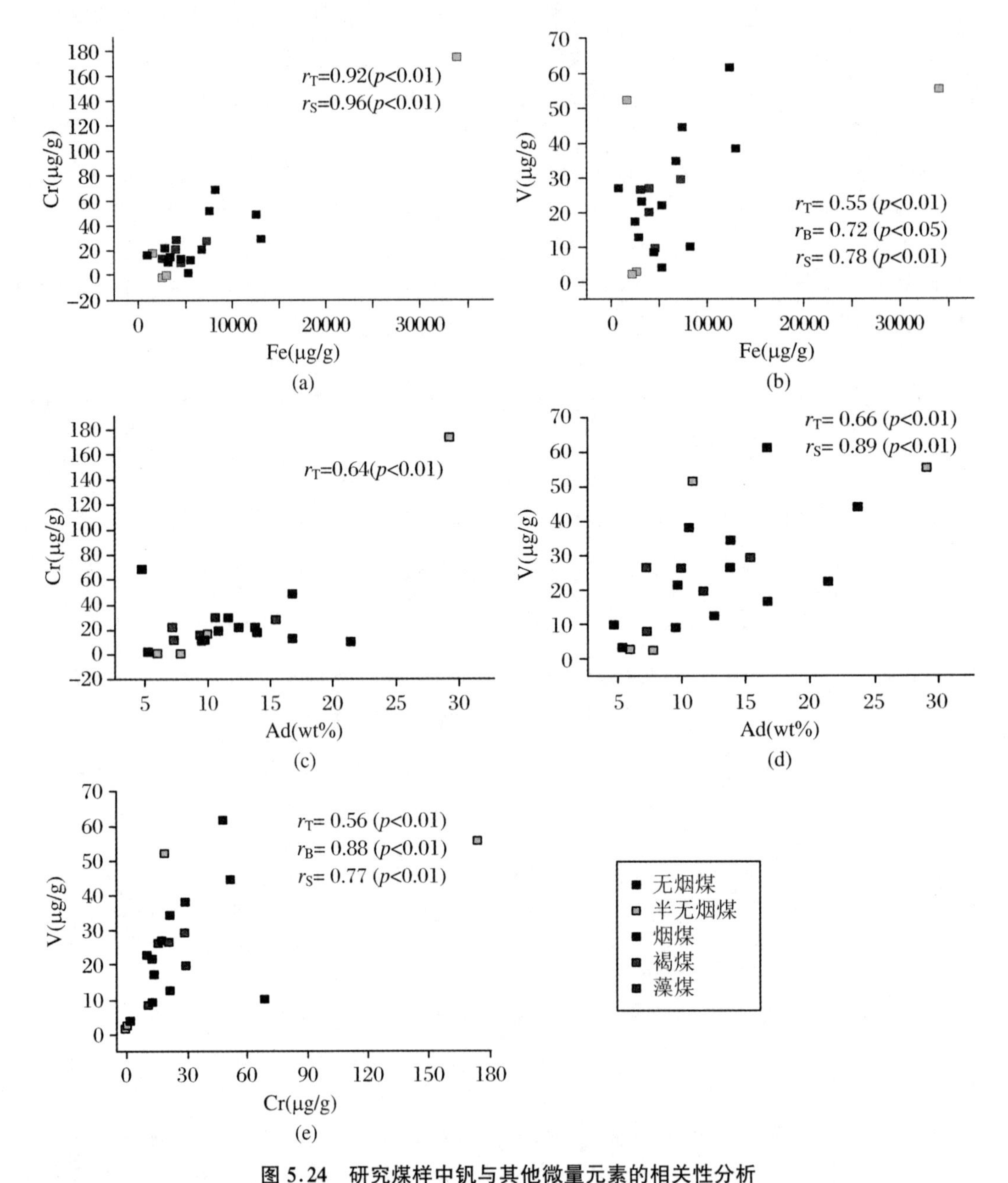


**图5.24　研究煤样中钒与其他微量元素的相关性分析**

$r_T$：21个煤样的相关性系数；$r_B$：10个烟煤的相关性系数；$r_S$：逐级提取实验的10个煤样的相关性系数。

**表 5.22　逐级化学提取实验结果**

（%）

| | | Ⅰ | Ⅱ | Ⅲ | Ⅳ | Ⅴ | Ⅵ | 提取率 |
|---|---|---|---|---|---|---|---|---|
| 褐煤 | 平均值 | 0.25±0.04 | 4.72±0.33 | 9.18±0.95 | 16.75±2.25 | 47.15±3.23 | 13.20±1.80 | 91.23±2.09 |
| | HY | 0.50±0.08 | 9.44±0.66 | 10.93±1.22 | 23.34±2.87 | 48.84±2.49 | 16.39±1.25 | 109.44±3.01 |
| | XD | bdl | bdl | 7.42±0.68 | 10.15±1.63 | 45.45±3.96 | 10.00±2.34 | 73.03±1.18 |
| 烟煤 | 平均值 | 2.70±0.26 | 5.42±0.68 | 6.56±0.85 | 21.20±2.18 | 51.15±4.29 | 13.11±1.53 | 100.15±5.19 |
| | WTLG-1 | bdl | bdl | 0.22±0.04 | 32.83±3.17 | 68.31±6.05 | 22.92±2.45 | 124.28±11.62 |
| | KL-7 | 2.17±0.22 | 2.23±0.12 | 8.36±0.45 | 11.87±1.51 | 56.71±2.87 | 10.99±2.05 | 92.32±3.43 |
| | KL-12 | 0.78±0.08 | 8.69±0.50 | 4.52±1.34 | 20.72±2.19 | 24.50±2.41 | 11.62±1.41 | 70.83±1.11 |
| | DZ-2 | 2.98±0.29 | 6.72±1.28 | 8.24±0.77 | 17.66±1.93 | 56.09±4.90 | 10.66±1.54 | 102.35±4.7 |
| | DZ-6 | 2.80±0.17 | 9.20±0.90 | 9.20±1.23 | 12.60±1.26 | 65.00±5.35 | 10.20±1.20 | 109.00±4.22 |
| | ES-4 | 2.20±0.48 | 2.67±0.73 | 7.23±0.59 | 23.27±3.29 | 51.89±5.04 | 13.21±1.11 | 100.47±4.13 |
| | ES-5 | 10.54±0.84 | 11.78±1.29 | 4.03±1.00 | 21.40±1.64 | 47.29±4.23 | 12.09±1.27 | 107.13±4.15 |
| | ZJ | 0.15±0.01 | 2.10±0.61 | 10.66±1.36 | 29.23±2.44 | 39.43±3.48 | 13.21±1.23 | 94.79±8.14 |
| 无烟煤 | 平均值 | 1.60±0.25 | 5.54±0.62 | 5.25±0.47 | 12.86±1.39 | 66.75±4.78 | 11.11±1.33 | 103.10±5.65 |
| | ZT-1 | bdl | 11.78±1.44 | 13.78±0.95 | 15.11±1.13 | 66.67±3.27 | 14.22±1.19 | 121.56±3.82 |
| | ZT-3 | 2.13±0.21 | 6.35±0.58 | 1.49±0.21 | 18.86±2.50 | 63.19±4.70 | 11.67±1.68 | 103.68±9.44 |
| | ZT-4 | 4.29±0.79 | 4.02±0.46 | 5.72±0.74 | 9.83±1.08 | 69.57±6.54 | 5.35±0.73 | 98.78±6.90 |
| | NT-1 | bdl | bdl | bdl | 7.63±1.25 | 67.56±4.62 | 13.21±1.70 | 88.40±2.42 |
| 所有样品 | 平均值 | 2.04±0.23 | 5.36±0.61 | 6.56±0.76 | 18.18±1.96 | 55.04±4.28 | 12.55±1.51 | 99.72±4.88 |

注：Ⅰ:水溶态；Ⅱ:离子交换态；Ⅲ:有机结合态；Ⅳ:碳酸盐结合态；Ⅴ:硅酸盐结合态；Ⅵ:硫化物结合态。bdl:低于检测限。

(1) 无机结合态的钒

本研究中,无机结合态的钒包括与硅酸盐结合的钒(46.09%±0.80%)、硫化物结合态的钒(13.63%±0.87%)和碳酸盐结合态的钒(1.82%±0.08%),约占所研究煤中总钒的60%。钒被发现与许多矿物质和重金属相关。有研究者发现阿道海矿48个煤中钒和铬之间具高度相关性,相关系数为0.67。[268] Wang等[666]报道,中、高硫煤中钒和稀土元素呈正相关关系,说明该煤中可能存在钇钒矿石和钒铅铈矿。在安太堡露天煤矿中,钒和铁之间也存在正相关关系($r=0.31$),表明部分钒与含铁矿物有关。Dai[268]报道,低挥发分烟煤中的钒与灰分产率相关性较弱,并且与微量硫化物矿物有关。滇西新德矿的煤层受多级热液流体作用,产生钒酸盐。Zhuang[192]通过研究重庆晚二叠纪煤炭中提取的密度分离组分之间的相互关系,认为钒受磷酸盐矿物的赋存状态影响。通过使用X射线吸收光谱,Maylotte[667]发现钒与肯塔基9号煤层中的氧气(而非氮和硫化物)环境相关。

(2) 有机结合态的钒

与有机质相结合的钒占本研究煤样中总钒的37.64%±0.67%。许多研究者也证明了煤中有机结合态钒的存在。Ren等报道,沈北褐煤样品中的钒是高度有机结合态的钒。通过逐级化学提取实验,发现钒主要与富里酸和有机大分子组分相结合。[108]煤中有机结合态的钒可能是由壳质组的富集形成的,壳质组可以引起泥炭积累过程中钒的富集。唐口煤中钒和镜质体高度相关($r=0.44$),这表明镜质体可能是钒的主要载体。[55] Dai[507]表明,在低挥发性烟煤中钒与灰分产率呈负相关,并且未发现含钒矿物质,表明钒在泥炭堆积时期或早期成岩阶段受到热液的影响。在保加利亚索菲亚盆地新近纪褐煤和美国古近纪褐煤中皆发现灰分产率和钒之间的负相关关系。[233,668]在一些富含金属的煤中,钒也被认为是有机结合态的。例如,Liu[669]发现高铀煤中的钒主要分布在有机组分中(58.2%~68.3%),其次是硅酸盐组分(22.5%~36.3%)。Seredin[670]通过对高锗煤进行重力分离,发现中度和重度馏分中存在钒的双峰,并且提出钒与有机和无机物质均相关。

# 5.2 淮南煤田煤中微量元素的赋存状态

## 5.2.1 淮南煤田煤中砷的赋存状态

煤中砷的主要赋存状态分为3类:水溶态和可交换态砷,即吸附在矿物和煤有机质表面和空隙中的砷;矿物态砷,即砷的独立矿物、赋存于矿物晶格或者包裹体中的砷;有机态砷,即与煤中大分子有机质结合的砷。[211,461]

本研究根据砷在煤中的赋存特征选取化学提取与浮沉实验相结合的逐级提取方法,将煤中砷分为水溶态、离子交换态、有机结合态、碳酸盐结合态、硅酸盐结合态和硫化物结合态6种形态进行研究,本次实验6种赋存状态的提取率范围为85.23%~102.39%,折算后的以各种形态赋存的砷含量结果见表5.23。

**表 5.23　淮南矿区部分煤层中砷的逐级提取实验结果**　（单位：mg/kg）

| 煤层编号 | 不同赋存形态砷含量 | | | | | | $As_{suin}$ | $As_{tot}$ | 提取率²（%） | $W_{sum}^{3}$ | $W_{tot}$ | 回收率⁴（%） |
|---|---|---|---|---|---|---|---|---|---|---|---|---|
| | $As_{w}$ | $As_{ie}$ | $As_{org}$ | $As_{car}$ | $As_{sil}$ | $As_{sul}$ | | | | | | |
| 1 | 0.03 | 0.01 | 0 | 0.04 | 0.31 | 0.39 | 0.77 | 0.85 | 90.66 | 4.87 | 4.98 | 97.79 |
| 3 | 0.02 | 0.01 | 0.16 | 0.01 | 0.18 | 0.08 | 0.46 | 0.6 | 76.38 | 5.14 | 5.02 | 102.39 |
| 7 | 0.05 | 0.01 | 0.13 | 0.04 | 0.55 | 0.92 | 1.68 | 2.49 | 67.47 | 4.27 | 5.01 | 85.23 |
| 8 | 0.01 | 0.01 | 0.7 | 0.07 | 0.28 | 0.31 | 1.38 | 1.66 | 83.1 | 4.9 | 5 | 98 |
| 11 | 0.02 | 0.01 | 0.32 | 0.05 | 0.16 | 0.56 | 1.H | 1.18 | 93.54 | 4.82 | 5 | 96.4 |
| 比例（%） | 1.17～5.88 | 0.40～1.17 | 0～42.17 | 1.60～4.71 | 13.56～36.47 | 13.33～47.45 | | | 67.47～93.54 | | | 85.23～102.39 |
| 比例均值 | 3.06 | 0.94 | 20.23 | 3.29 | 23.8 | 32.46 | | | | | | |

1. 各赋存形态符号解释。$As_{w}$：水溶态；$As_{ie}$：离子交换态；$As_{org}$：有机结合态；$As_{car}$：碳酸盐结合态；$As_{sil}$：硅酸盐结合态；$As_{su}$：硫化物结合态。$As_{sum}$代表各赋存状态结合的砷含量加和，$As_{tot}$为原煤中砷的含量。以各赋存状态结合的珅含量均已换算为原煤中含量。

2. 通过逐级提取实验得到砷的提取率。

3. $W_{sum}$为提取出的固态样品干重总和，即有机结合态、碳酸盐结合态和硅酸盐结合态样品的重量之和；$W_{tot}$为逐级提取实验开始前原煤样品重量。

4. 样品重量回收率。前人许多研究表明煤中无机形态的砷主要与硫化物结合[44,99,671]。本实验同样表明煤中砷的硫化物结合态是主要赋存形态，1 煤、7 煤和 11 煤以硫化物结合态为主，含量分别占总含量的 45.88%、36.95%和 47.46%。

本次实验使用的原煤样品均为从淮南矿区不同煤层刻槽采样获得的低砷煤,砷的含量范围为 0.60~2.49 mg/kg。煤中以 6 种赋存状态结合的砷均被提取出,不同形态砷的含量分布如图 5.25 所示。在这些煤层煤样品以离子交换态赋存的砷含量最少,以有机态、硅酸盐结合态和硫化物结合态结合的砷含量较多。

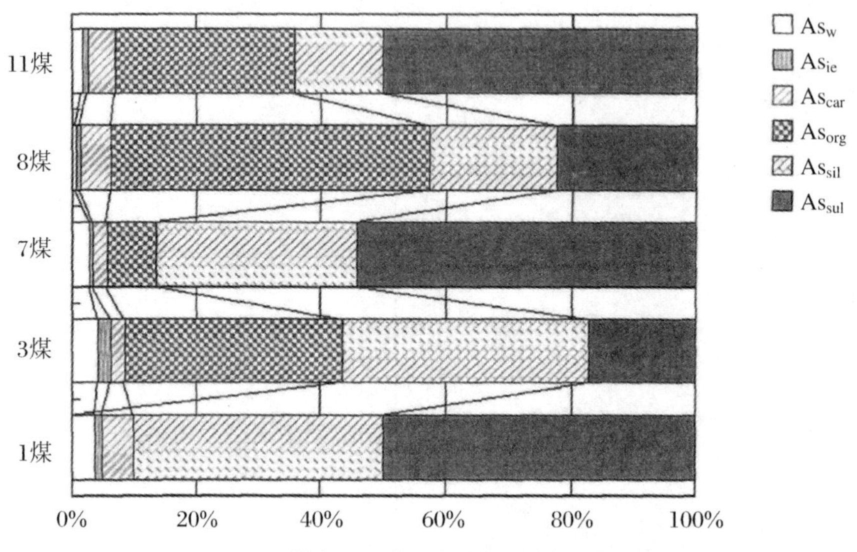


**图 5.25 煤中以 6 种形态赋存的砷的分布状态**

从实验结果可知在这些煤层的煤样品中的砷的赋存状态以有机态、硅酸盐结合态和硫化物结合态为主。其中以硫化物结合态赋存的砷含量最多,平均约占总砷含量的 32.46%。以水溶态、离子交换态和碳酸盐结合态赋存的砷含量较少,其中以离子交换态赋存的砷含量最少,平均仅占总砷含量的 0.94%。在各样品中以有机态结合的砷和以硫化物态结合的砷含量范围差异很大。结果表明,砷在淮南煤中的赋存状态主要是以硫化物结合态为主,其次是有机态和硅酸盐结合态。其中以硅酸盐结合态赋存的砷比例较为固定,而有机态含量差别较大。

图 5.25 是煤中砷各种赋存状态的堆积百分比柱状图。根据显示结果,有机态和硫化物结合态这两种赋存状态是砷在样品中最主要的结合状态。3 煤层和 8 煤层的砷以有机态赋存为主,有机赋存态砷含量分别占总含量的 26.67%和 42.17%,该结论与刘桂建等[461]的研究结果一致,认为砷在低硫状况下主要赋存于密度较小的有机质中。

以水溶态和离子交换态赋存的砷可指示煤中砷在水环境条件下溶解的能力,对环境变化敏感,易于迁移转化,对环境有着直接的影响。本次研究中二者含量比例之和为 1.78%~6.28%,说明煤中砷有一定的溶出能力,可随着雨水的淋溶迁移释放进入地表环境。硫化物结合态的砷含量较高,根据样品中以硫化物结合态结合的砷含量以及各煤层对煤中硫化物的对应关系(图 5.25),证明煤中砷含量与煤中硫化物的关系极为密切。硫化物与矿山淋溶行为和燃烧行为密切相关,可随着酸性矿山废水和燃煤电厂废气分解而将砷释放进入环境,因此在煤炭开采和燃烧利用过程中需要加以特别的关注。硅酸盐结合态结合的砷含量在所选煤层样品中的分布含量稳定,其物理和化学性质在表生环境中较为稳定,对环境影响较小。

## 5.2.2　淮南煤田煤中硒的赋存状态

煤中硒主要是以有机态和无机态两种状态存在。煤中无机组分的硒元素主要存在黄铁矿和亚硝酸盐中，或进入硅铝酸盐矿物晶格。另外，硒元素也可以从属态的形式存在于微小铅硒矿化合物中。[640]关于煤中有机硒的研究已经有很多，Riley[228]认为煤的前体物质中的硒蛋白可能是煤中有机硒的最初来源。

对煤中硒元素的赋存模式进行研究的方法已经总结了很多，目前对于样品数量巨大的研究，主要采用的是相关性分析法、主因子与聚类分析方法。[161,163,242,481,672]在中高阶煤中，微量元素与Ca、Al显著相关，说明是以碳酸盐和硅铝酸盐矿物结合态为主；而在高硫煤中与Fe较好相关的微量元素，可主要通过与硫铁矿的结合而存在；在低硫煤中，微量元素与Fe良好相关，主要体现其与含Fe的碳酸盐和黏土矿物有关。

淮南煤田区域内煤层矿物组分变化不大，属于$SiO_2$-$Al_2O_3$-$Fe_2O_3$-CaO类型，富含硅铝酸盐、氧化物和碳酸盐矿物。Se元素和Fe、Al等元素存在明显相关性，其之间的泊松相关系数见表5.24。为了确定出煤中硫化矿物的含量水平，需要先确定出铁和硫的泊松相关性系数。在分析时认为此泊松系数达到0.5，且置信水平为0.01时认为二者显著相关。对此煤矿中各煤层硒元素的分布情况讨论所得结果见表5.24。

**表5.24　淮南煤田各区域煤层中Se与Al、Ca等元素的泊松相关性系数**

| 煤层组 | 与Fe相关系数 | 与Al相关系数 | 与Ca相关系数 |
|---|---|---|---|
| 11($n=95$) | $r_{Se\text{-}Fe}=0.482^{**}$<br>$r_{S\text{-}Fe}=0.418$ | $r_{Se\text{-}Al}=0.334^{**}$ | $r_{Se\text{-}Ca}=0.109$ |
| 8($n=75$) | $r_{Se\text{-}Fe}=0.386^{**}$<br>$r_{S\text{-}Fe}=0.341$ | $r_{Se\text{-}Al}=0.316^{**}$ | $r_{Se\text{-}Ca}=0.046$ |
| 7($n=49$) | $r_{Se\text{-}Fe}=0.478^{**}$<br>$r_{s\text{-}Fe}=0.353$ | $r_{Se\text{-}Al}=0.512^{**}$ | $r_{Se\text{-}Ca}=0.185$ |
| 6($n=46$) | $r_{Se\text{-}Fe}=0.320^{**}$<br>$r_{S\text{-}Fe}=0.264$ | $r_{Se\text{-}Al}=0386^{**}$ | $r_{Se\text{-}Ca}=0.257^{*}$ |
| 5($n=96$) | $r_{Se\text{-}Fe}=0.548^{**}$<br>$r_{S\text{-}Fe}=0.599$ | $r_{Se\text{-}Al}=0.114$ | $r_{Se\text{-}Ca}=0.132$ |
| 4($n=117$) | $r_{Se\text{-}Fe}=0.418^{**}$<br>$r_{S\text{-}Fe}=0.682$ | $r_{Se\text{-}Al}=0.226$ | $r_{Se\text{-}Ca}=0.042$ |
| 3($n=30$) | $r_{Se\text{-}Fe}=0.310^{**}$<br>$r_{S\text{-}Fe}=0.414$ | $r_{Se\text{-}Al}=-0.322$ | $r_{Se\text{-}Ca}=-0.365^{**}$ |

** 表示置信水平为0.01；* 表示置信水平为0.05。

从表5.24中可以看出11煤层中硒和铁之间的相关系数为0.482，硒和铝的为0.334，铁和总S含量相关系数为0.418，而较低的硫分说明此煤层中Se主要赋存与含铁的黏土矿物(主要为硅铝酸盐矿物)，主要来源于陆源物质输入。硒元素赋存方式与此煤层类似的煤层还包括8煤和7煤,7煤中Se元素与Al元素的相关系数为0.512,高于与Se元素与Fe元素相关系数的0.478,说明在此煤层硒元素与硅铝酸盐的亲密度更高。6煤层硒元素含量与Fe、Al、Ca均呈现相关,说明了此煤层中硒的赋存与多种矿物有关。

5煤和4煤硫含量相对较高,S与Fe的相关性也较为强烈,5煤和4煤硫化矿物含量较高,尤其是硫化物含量较高的4-2和5-1煤层硒含量分别高于同组的4-1和5-2煤层,加之Se与Fe的正相关联系显示此两煤层的硒元素主要与硫化矿物有关。

3煤中硒元素与Fe具有很好的相关性,煤层中总硫的含量相对较低,含铁的黏土矿物有关的硒是硒元素的赋存形式之一。低阶煤中Ca有一部分为有机态存在,Se与Ca两种元素的负相关性说明3煤中硒元素的另一主要存在形式是以有机结合态赋存,由此可判断出本层煤中硒含量和赋存方式主要与煤层形成过程中受到的海水侵蚀有关。

### 5.2.3 淮南煤田煤中锡的赋存特征

目前针对Sn元素在煤中的赋存状态主要是统计分析,即通过对煤中锡的含量与煤中锡的相关性进行分析,从而对煤中锡的赋存状态有大方向的结论,如煤中锡主要以硅酸盐、硫化物结合态形式存在。由于锡在煤中含量微少,在微区分析过程中经常低于检出限,仅有Finkelman报道过煤中锡的具体矿物结合态。考虑到上述两种方法对煤中锡的赋存状态具有较大的限制性,因而本研究主要考查化学逐级提取法对了解煤中Sn赋存状态的可行性。目前常用的化学提取法主要两种:第一种是基于BCR的化学消解法,通过加入不同的试剂,将煤中某一特定的部分消化,从而释放赋存于提纯物质的目标元素[673-675];另一种是基于浮沉实验,通过加入不同密度的试剂,按照密度将煤中有机质与矿物质分离,再将该分离部分消解,从而获得目标元素在不同密度组分的含量。由于浮沉实验对于煤中有机质和矿物质的分离并不完全,因此在本节中选择BCR方法,并在此基础上对原有的煤中微量元素化学逐级提取方法针对锡元素进行优化,从而获得Sn在煤中的赋存状态。

在对煤中Sn的化学逐级提取法进行优化后,本书将优化后的方法运用于7个样品中,7个样品煤的主要组成成分见表5.25。

表5.25 逐级提取实验煤样品组成成分

| 样品名称 | 灰分(%) | 硫份(%) | 水分(%) | 挥发分(%) |
|---|---|---|---|---|
| 9+1-1 | 65.25 | 1.03 | — | 31.96 |
| 9+1-3 | 24.93 | 0.81 | 1.34 | 19.75 |
| 8-5-1 | 59.10 | 0.90 | — | 30.81 |
| 8-5-4 | 23.50 | 0.87 | 1.30 | 23.50 |
| 8-5-5 | 25.81 | 0.78 | 1.35 | 26.00 |
| 8-5-6 | 10.83 | 1.31 | 1.30 | 29.22 |
| 8-5-8 | 24.77 | 1.10 | 1.46 | 24.77 |

表5.25的7个煤样品在优化后的化学逐级提取法分离提取后,除锡石态Sn外各提取态中的Sn占煤中总Sn的比例如图5.26所示。

（1）离子交换态 Sn

与标样 SARM 20 一致，所有淮南煤样品中的离子交换态 Sn 均小于总 Sn 的 1%，基本可以忽略不计。这说明相对于其他活动性强的离子，Sn 离子的活动性弱，不易迁移，难以被土壤中的动植物直接利用。

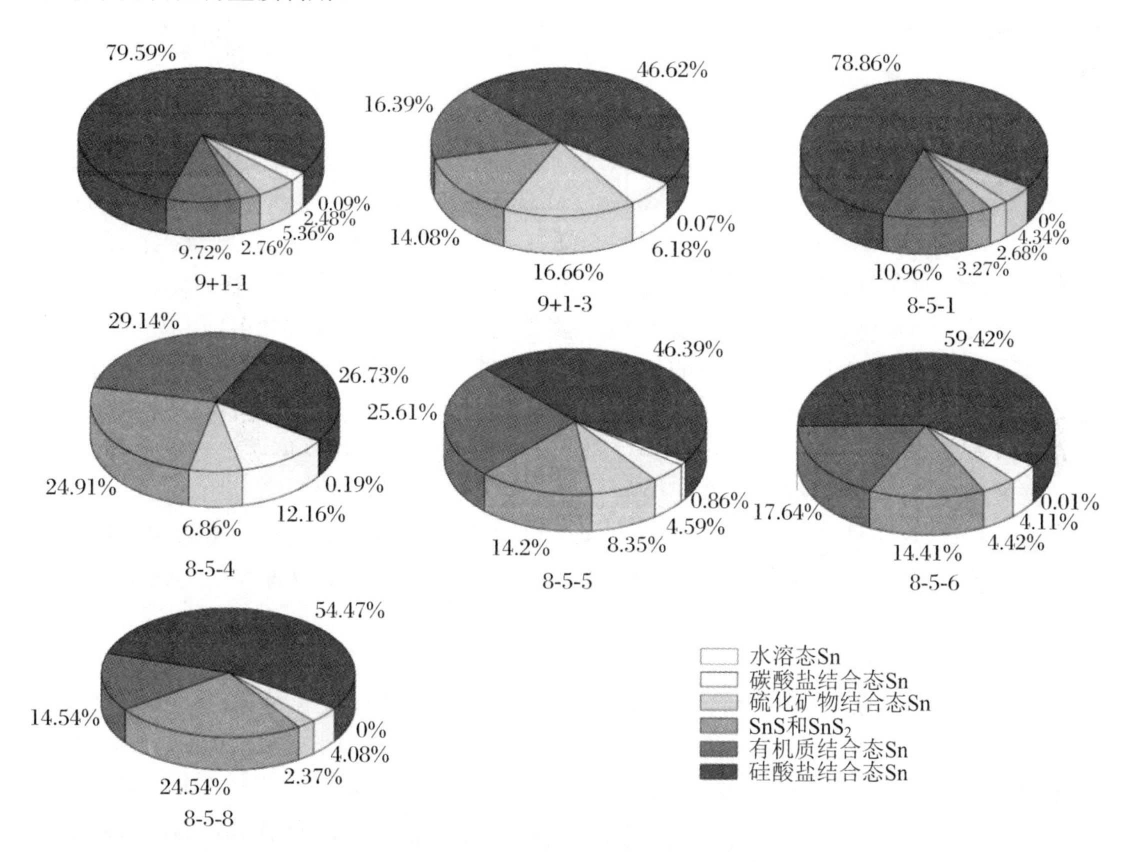


**图 5.26　煤样品经过逐级化学提取后各赋存状态的百分比**

（2）碳酸盐结合态 Sn

同离子交换态 Sn 相比，煤中碳酸盐结合态 Sn 占总 Sn 的比例要高得多，其范围为 2.49%～12.16%。淮南煤样品中碳酸盐结合态 Sn 的平均值为 5.22%，除 8-5-6 样品中碳酸盐结合态 Sn 高达 12.16%，其他样品中的碳酸盐结合态 Sn 的比例均为 4%～6%，与 SARM 20 中碳酸盐结合态 Sn 水平相当。

煤中碳酸盐矿物的形成可以分为同生期和后生期。同生期碳酸盐的形成主要存在于海相地层，一般含有丰富的生物遗体。后生碳酸盐的形成又可以分为两类：一类为大气降水下渗过程中煤系地层的断裂或断层处形成碳酸盐岩；另一类为成煤盆地在淹水环境下，盆地内 $CO_2$ 趋于饱和，盆地内的厌氧细菌将一部分有机质分解，并形成新的碳酸盐岩，这种碳酸盐岩表现为微晶颗粒，称为有机碳酸盐。[676-677] 由于 8-5-6 样品中有机质含量极其丰富，因此 8-5-6 的碳酸盐结合态 Sn 含量异常，可能是由于在淹水条件下部分的有机质被厌氧菌分解，而其中被有机质吸附的 Sn 则被转移进入了后来形成的微晶碳酸盐中。

（3）有机质结合态 Sn

煤中有机质极其丰富，一般而言，煤中的有机质含量要远远高于矿物质含量。此外，由于煤中的有机质大分子可以若干种方式与煤中金属离子相结合：一是与 Sn 形成共价键，使 Sn 作为有机质大分子结构上的官能团；二是与有机质阴离子基团形成络合物或更加复杂的结构；还有一种是通过有机质本身较大的比表面积，可以吸附一部分 Sn 在其表面。在本次淮南样品中，煤中有机质结合态 Sn 占总 Sn 的 10%～30%。仅次于硅酸盐结合态 Sn。根据 Sn 的亲硫性可知，Sn 可能与存在于硫醇或以支链和官能团的形式存在于煤中大分子有机质中。

(4) 硅酸盐结合态 Sn 与锡石 Sn

淮南煤样品中 Sn 主要以硅酸盐结合态形式存在。在测试的 7 个淮南煤样品中硅酸盐结合态 Sn 占煤中总 Sn 的比例范围为 26%～80%，样品 9＋1-1 和 8-5-1 中硅酸盐结合态 Sn 的比例最高，接近 80%，远高于其他样品中 Sn 的比例，这可能与样品来自受岩浆侵入的 1 煤层有关。据淮南煤田朱集煤矿地质勘探报告显示，该煤矿 1-13 层煤都存在岩浆侵入现象。其中 1 煤层由于受到了岩浆的广泛侵入，煤层多处变薄、不稳定，因而被放弃开采。此外，由表 5.25 可知，样品 9＋1-1 和 8-5-1 的灰分含量均超过了 60%，暗示了样品受岩浆影响可能性大。此外，样品 9＋1-1 的残渣态中检测到了 Sn 的成分(图 5.27(b))，即部分 Sn 以锡石态存在。由于煤的沉积以还原环境为主，锡石态的出现表明上述煤层一度层出现氧化环境，而导致该氧化环境最可能的条件即为煤中的岩浆侵入，印证了上述猜想。

综上所述，煤中硅酸盐结合态是 Sn 在煤中最主要的赋存状态，其在正常煤中的比例应该为 40%～60%。如果该比例高于 60%，则表明煤样品可能在形成过程中受到了外来干扰，如岩浆侵入。

(5) 含硫矿物 Sn

本实验中得到的含硫矿物结合态 Sn 的比例为 2.37%～16.66%。在煤中，最常见的含硫矿物为黄铁矿(FeS)，因此这里的含硫矿物 Sn 可以简单地认为是黄铁矿 Sn。通常，黄铁矿的形成主要有以下几种途径：有机硫在硫化细菌的作用下将硫还原，形成 $HS^-$，其与成煤植物腐烂分解后游离出来的 $Fe^{2+}$ 进一步反应，形成黄铁矿的中间产物[$FeS_{0.9}$]；此后经过一系列中间产物得到了 FeS。也有报道发现在低 pH 的情况下，从成煤沼泽的泥或流体中的硫酸盐直接沉淀为硫铁矿；此外，在岩浆侵入的作用下，由入侵岩浆带来 S，从而在 Fe、S 都充裕的情况下，生成硫铁矿。[286]而本研究中，除了两个 1 煤层的样品由于受到了岩浆的直接侵蚀，从而导致黄铁矿 Sn 与有机质结合态 Sn 同时减少，3 煤层可能受到了岩浆侵入的 S 的影响外，其余 4 个样品中的有机质结合态与黄铁矿 Sn 呈现了明显的正相关性(图 5.28(a))。这暗示了化学提取中得到的 Sn 是来源于 FeS，Sn 离子通过置换其中的 $Fe^{2+}$ 或 $Fe^{3+}$，进而进入其矿物晶格。

(6) SnS 和 $SnS_2$

SnS 和 $SnS_2$ 是首次从煤中分离出来的含硫 Sn 矿物，目前对于该种 Sn 的赋存状态仅停留在猜想阶段。从 SnS 和 $SnS_2$ 与其他煤中 Sn 的赋存状态的数值关系来看，其与硅酸盐结合态 Sn 呈现强烈负相关(图 5.28(b))，而与碳酸盐岩结合态和有机结合态 S 都呈现弱的正相关(图 5.28(c)(d))，含硫矿物 Sn 无明显相关性。上述结果表明，SnS 与 $SnS_2$ 的形成可能不在硅酸盐大量进入成煤盆地的煤炭成岩时期，而是在之后的煤炭成熟期；SnS 和 $SnS_2$ 很可能来自于有机质的分解，并随着煤的熟化过程逐渐增加。其具体过程可能如下：在煤成岩后，随着压力的增加，煤中有机质中部分支链逐渐断裂，部分的 Sn 从煤中释放出来，并与 S 结合形成了 SnS 和 $SnS_2$。

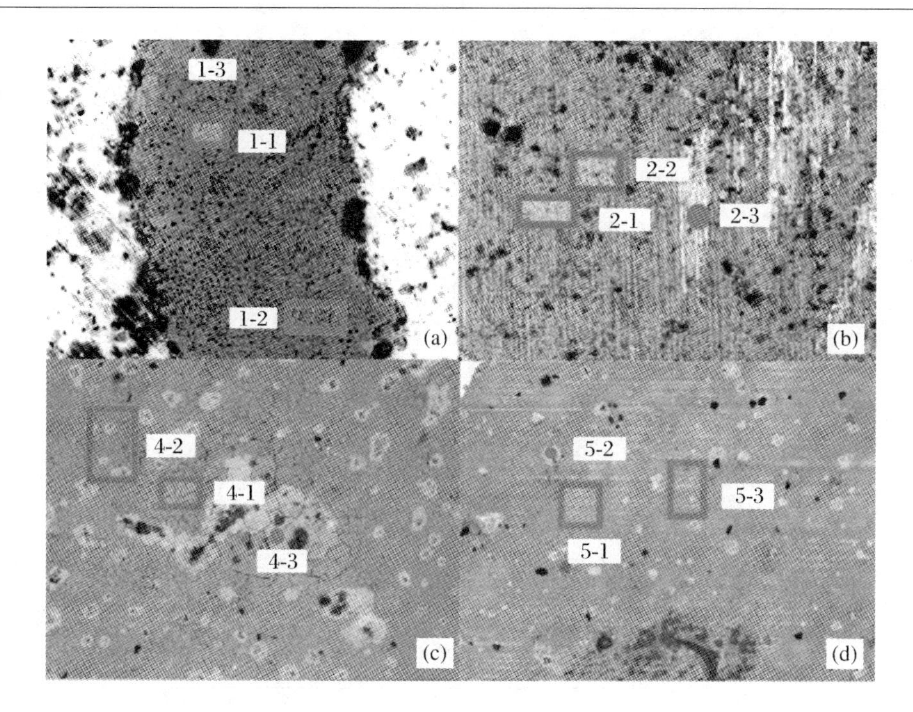


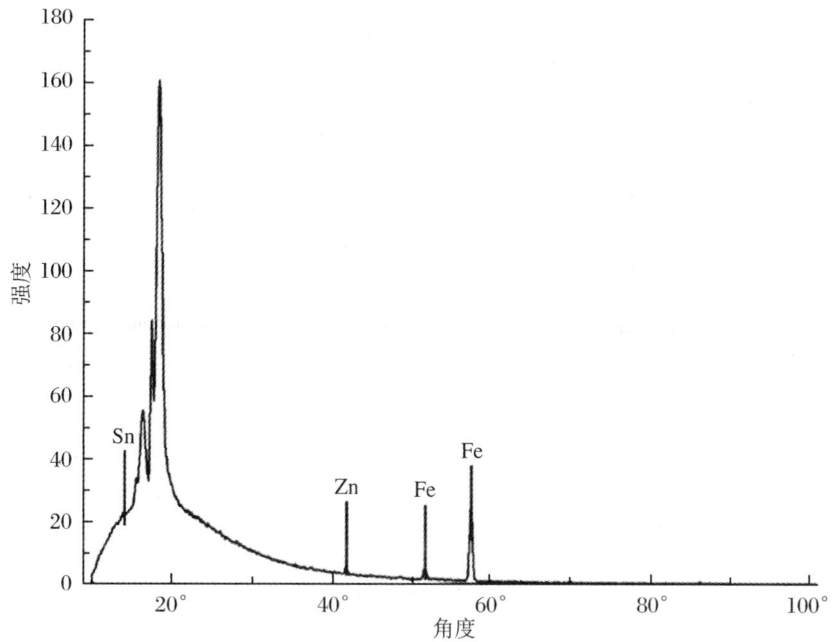


**图5.27　样品SEM-EDX微区分析位置与能谱成分分析**

SEM-EDX微区分析位置；b：样品9+1-1的图谱成分分析。

综上所述，经过优化后的Sn的化学逐级提取法可以对煤中Sn获得接近100%的回收率。其次，在对淮南煤的逐级提取过程中，发现Sn在煤中主要以硅酸盐结合态、有机质结合态和硫化物结合态形式以及碳酸盐形式存在。煤田中的地质活动，如岩浆侵入会强烈影响煤中Sn的赋存形态，如出现锡石态，硅酸盐结合态Sn增加，有机质结合态Sn迅速减少。锡元素在黄铁矿、有机质和SnS与$SnS_2$之间的转化反映了煤中Sn在有机质与矿物质之间的迁移。在淮南煤中，部分样品中的SnS与$SnS_2$就是由有机质结合态Sn转化过来的。但这种转化方式与硫铁矿结合态的 Sn 不一致。在有机质特别丰富的煤层，也可能出现碳酸盐结合态 Sn 特别丰富的情况，如淮南煤样品的 8-5-6。在该样品中，由于有机质组分占到样品的 80%以上，煤中矿物质含量极少，基本不存在成型的碳酸盐矿物。因此煤中的碳酸盐矿物在此种情形下也是来源于有机质中的碳酸盐化。因此，煤中 Sn 的主要来源分为硅酸盐结合态与有机质结合态，其他结合态如硫化物结合态与碳酸盐结合态都存在由有机质结合态转变的迁移转化过程；而锡石态的一个重要来源是煤中的岩浆侵入。煤中 Sn 一般不以离子交换态形式存在，这说明 Sn 的生物可利用性较弱。

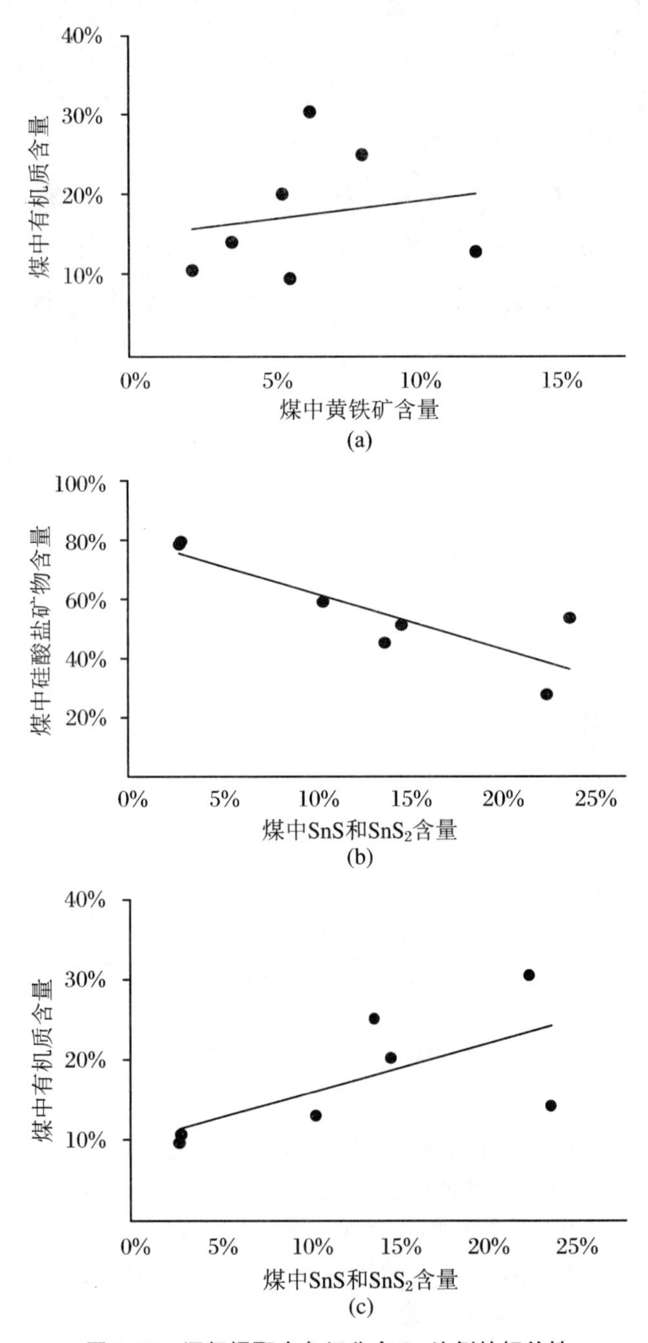


**图 5.28　逐级提取中各组分含 Sn 比例的相关性**

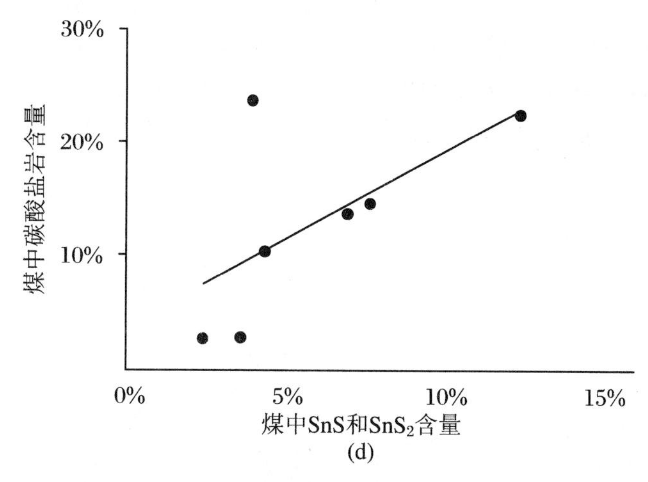


**续图 5.28　逐级提取中各组分含 Sn 比例的相关性**

(a) 煤中有机质含量与黄铁矿含量的相关性；(b) 煤中硅酸盐含量与 SnS 和 $SnS_2$ 含量的相关性；(c) 煤中有机质含量与 SnS 和 $SnS_2$ 含量的相关性；(d) 煤中碳酸盐岩含量与 SnS 和 $SnS_2$ 含量的相关。

# 5.3　淮北煤田煤中微量元素的赋存状态

## 5.3.1　淮北煤田低硫煤中汞的赋存状态

### 5.3.1.1　煤中汞和灰分的相关性

淮北煤田 29 个原煤样品中汞的含量与灰分含量之间的相关性如图5.29所示。从图 5.29 可知，煤中汞的含量和灰分含量之间的相关性较差，其相关系数($r$)仅为 0.15($p<0.05$)，介于标准的统计意义值 ±0.20 区间之内[123]，说明淮北煤田煤中的汞可能为有机结合态和无机结合态并存的状态。另外，煤中的汞含量与灰分含量之间相关性不明显，也说明这些煤中的汞可能来自于自生作用。

### 5.3.1.2　煤中汞含量和硫分含量的相关性

煤中硫的含量和汞的含量之间的关系是探讨煤中汞结合方式的一个重要因素。淮北煤田二叠纪煤属于典型的低硫煤，29 个原煤样品中硫的平均含量仅为 0.59%。煤中的灰产率和硫分含量之间的相关性较差(图 5.30)，相关系数($r$)仅为 −0.008($p<0.05$)，说明淮北煤田二叠纪煤中的硫以无机硫和有机硫并存，而不同于兖州煤田高硫煤中的硫主要以无机硫(黄铁矿硫)为主。陈萍[678]的研究认为，在中国的低硫煤中，当煤中硫的含量小于 0.5% 的

时候主要是以有机硫支配为主，这些有机硫主要来自成煤植物；课题组成员高连芬等[679]对淮北煤田的 29 个低硫煤样品研究时发现，煤中总硫含量小于 0.5%的样品中有机硫占绝大部分；对内蒙古准格尔煤田的低硫煤中硫的研究也有类似的结论。Skyllberg[584]的研究结果认为，正是煤中的这些有机硫捕获了汞，从而在一定程度上导致这些低硫煤中汞的富集。

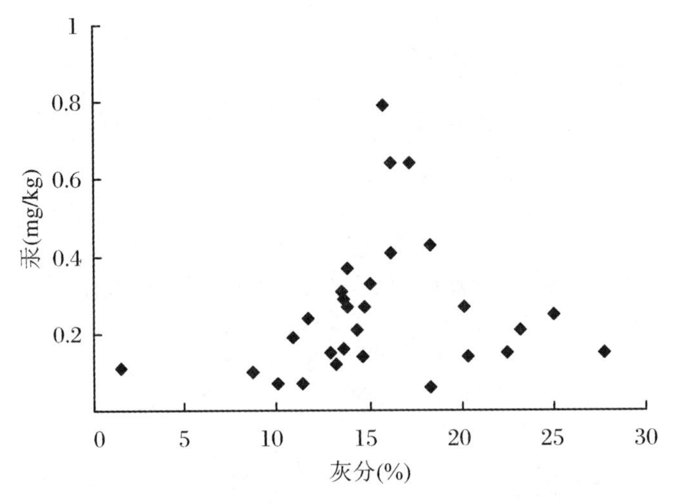


**图 5.29 淮北煤田煤中汞和灰分相关性($n=29$)**

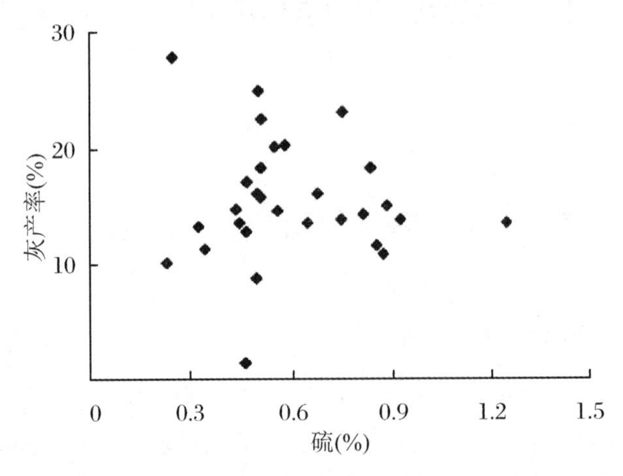


**图 5.30 淮北煤田煤中灰产率和硫之间的相关性($n=29$)**

图 5.31 是淮北煤田 29 个原煤样品中汞的含量和总硫含量之间的相关性分析，从图中可以看出，煤中汞的含量和总硫含量之间的相关性较差，相关系数($r$)仅为 0.17($n=29$)。很有趣的是，如果不包括淮北煤田受岩浆侵入影响的 5 煤层和 7 煤层的 8 个原煤样品，而仅对该区不受岩浆侵入影响的 3 煤层、4 煤层和 10 煤层中的汞的含量和总硫的含量进行相关性分析时，如图 5.32 所示，它们之间存在较好的正相关，相关系数($r$)为 0.64($p<0.05$, $n=21$)。

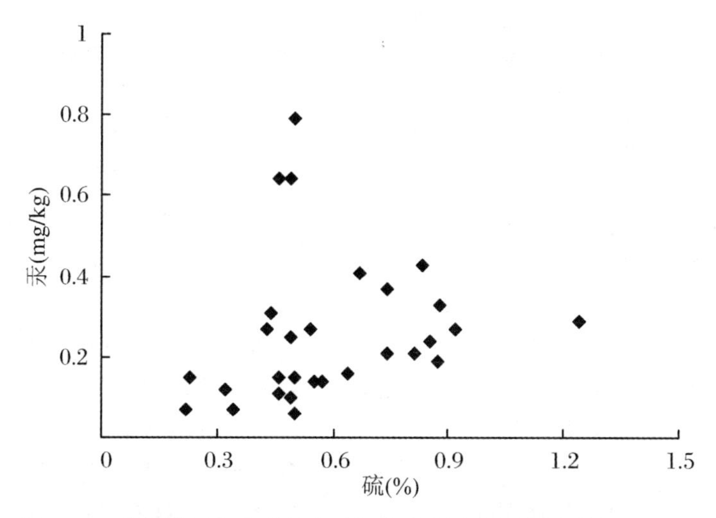


**图 5.31　淮北煤田煤中汞的含量与总硫含量之间的相关性($n=29$)**

这种相关性分析结果表明,岩浆岩对煤层的入侵不仅导致煤中的汞在 5 煤层和 7 煤层的富集,而且很可能部分改变了煤中汞的赋存方式。淮北煤田煤中的硫以无机硫和有机硫并存,同时 3 煤层、4 煤层和 10 煤层中的汞的含量和硫的含量之间又存在明显的正相关,可以说明在 3 煤层、4 煤层和 10 煤层中,既有硫化物结合态存在的无机汞,又有相当一部分的与有机硫有关的汞。实际上,从图 5.32 也可以看出,即使是在这些低硫煤中,煤中汞的含量也是随着硫的含量升高而升高。从课题组高连芬等[679]的研究结果可以看出,淮北煤田的 3 煤层、4 煤层和 10 煤层中的硫首先部分是黄铁矿硫,其次是有机硫,尽管众多的研究表明黄铁矿硫是煤中和汞结合的主要载体[680-682],但有机硫和汞的结合应该也是这些低硫煤中汞的主要特征。譬如,Ruch[573]的研究认为,在美国的一些煤中,汞除 50%以上和煤中的黄铁矿硫结合以外,剩下的汞在煤中明显和有机物(特别是有机硫)结合。

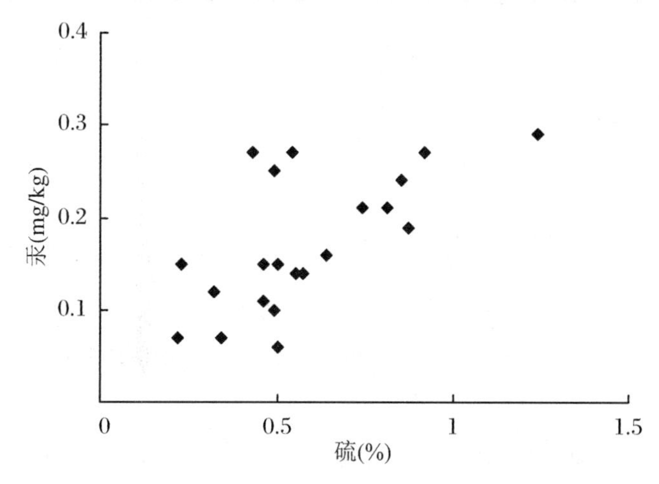


**图 5.32　淮北煤田 3 煤层、4 煤层和 10 煤层煤中汞的含量与硫含量之间的相关性($n=21$)**

### 5.3.2.3　煤中汞的含量与稀土元素含量之间的相关性探讨

稀土元素是煤中微量元素的重要组成部分。保存在煤岩层中的稀土元素具有化学性质稳定、均一化程度高、不易受变质作用影响等特殊的地球化学性能，许多学者用煤中的稀土元素的分布特征、赋存状态以及地球化学参数等来作为研究煤地质成因的地球化学指示剂和揭示成煤物质的来源。[267,635,676,683-691]

本次对淮北煤田煤中稀土元素的研究发现[263]：① 淮北煤田煤中稀土元素的 Ce 出现正异常，说明淮北煤田二叠纪时的成煤环境基本不受海水影响，没有造成 Ce 亏损；Eu 出现负异常，Eu 值的异常基本是由源岩继承下来的，通常陆源岩具有 Eu 负异常现象，也表明淮北煤田二叠纪煤中的稀土元素与陆源岩关系密切。② 淮北煤田二叠纪煤中稀土元素含量与灰分的相关分析表明，稀土元素含量随灰分增加而增加，呈明显的正相关，相关系数 $r = +0.62$，在 $\alpha = 0.01$ 水平上显著(图 5.33)。稀土元素含量与伴生元素的相关分析显示，在∑REE 除与灰分的主要成分 P、Si、Al、Ti、K、Na 等具有较好的正相关外($r$ 分别为 0.91、0.80、0.79、0.74、0.64、0.52)，与典型陆源灰分的微量元素 Ga、Th、Ta、Sc、Hf、Zr、Nb 等也存在较好的正相关，而与反映海相的低灰组分 Sr、Ca 相关性较差，与 Ca 的相关系数为 −0.3；同时，稀土元素含量与伴生元素的聚类分析也表明，∑REE 与 P、Al、Si、Ga、Hf、Th、Nb、Ta、Zr、Ti 等聚类在一起，而与 Ca、Mn、Co、Zn、Sr 等相关性较差，这说明淮北煤田二叠纪煤中稀土元素与无机组分密切。③ 淮北煤田二叠纪煤中稀土元素与灰分和 Si、Al 呈正相关，稀土元素赋存于以高岭石和伊利石为主的黏土矿物中，同时也有部分的稀土与有机存在较好的亲和性。④ 岩浆侵入导致煤中稀土元素的分配模式和稀土元素含量发生了改变，受岩浆侵入影响的煤层中稀土的含量明显富集。

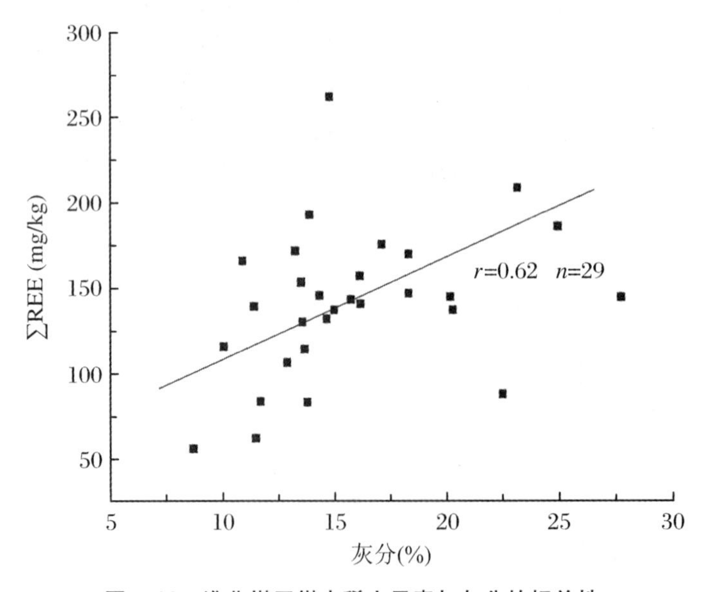


图 5.33 淮北煤田煤中稀土元素与灰分的相关性

## 5.3.2 淮北煤田煤中硒的赋存状态

在煤的形成过程中，煤中硒的富集受到复杂的地质成因控制。对于硒的分布模式的研究有利于更好地阐述微量元素的地球化学过程和煤的洁净性利用。

众所周知，与硒相关的非有机组分主要存在于黄铁矿、亚硝酸盐中，或者进入硅铝酸盐矿物的晶格中。[224,452,579]硒元素也会以从属态的形式出现在微小铅硒矿化合物中。[640]

煤中硒的有机形式也在前人的研究中被报道过。[99-100,641,643,649-650]Riley[228]认为煤的前体物质中的硒蛋白(细菌、藻类或者更高等的植物)可能是煤中有机态硒的最初来源。许多数据统计方法对探究煤中硒元素的赋存模式都很有帮助,例如相关性分析、主因子分析和聚类分析。[152,161,163,216,242,481,672]在中阶煤或者更高阶煤中,微量元素与钙、铝显著相关反映了它以碳酸盐矿物态和硅铝酸盐矿物结合态存在;而高硫煤中,与铁相关性较好的微量元素主要与硫铁矿结合存在,在低硫煤中,微量元素与铁的高相关性,主要说明其与含铁的碳酸盐和黏土矿物有关。根据淮北煤田地质报告,黏土矿物、碳酸盐矿物和硫化矿物是淮北煤中主要的矿物形式。Se和Fe、Al、Ca的Pearson相关系数如表5.26所示。因为淮北煤以低硫煤为主,Fe和S的Pearson相关系数的计算是为了估算煤中的硫化矿物的含量水平。将以上讨论作为参考,选择Pearson相关系数在0.01水平上达0.5为显著性相关,对淮北煤中不同煤层(组)中硒元素的分布模式进行分析和讨论,具体结论如下:

3煤层中Se元素与Fe元素相关系数达到0.590,同时Fe元素与总S含量具有很好的相关性(相关系数为0.847),之前的矿物分析数据表明淮北煤田3煤层富含硫化矿物(表5.26);说明此煤层中Se主要与硫化矿物相关,其中硫铁矿是主要的载体。

**表5.26　淮北煤田煤中Se与Al,Ca,和Fe的Pearson相关系数**

| 煤层组 | 与Fe相关系数 | 与Al相关系数 | 与Ca相关系数 |
|---|---|---|---|
| 3($n=10$) | $r_{\text{Se-Fe}}=0.590^{**}$<br>$r_{\text{S-Fe}}=0.847$ | $r_{\text{Se-Al}}=-0.337$ | $r_{\text{Se-Ca}}=0.059$ |
| 4($n=10$) | $r_{\text{Se-Fe}}=0.386^{**}$<br>$r_{\text{S-Fe}}=0.143$ | $r_{\text{Se-Al}}=-0.119$ | $r_{\text{Se-Ca}}=0.416^{**}$ |
| 6($n=17$) | $r_{\text{Se-Fe}}=0.424^{**}$<br>$r_{\text{S-Fe}}=0.382$ | $r_{\text{Se-Al}}=0.541^{**}$ | $r_{\text{Se-Ca}}=0.117$ |
| 7($n=47$) | $r_{\text{Se-Fe}}=0.490^{**}$<br>$r_{\text{S-Fe}}=0.275$ | $r_{\text{Se-Al}}=0.386^{**}$ | $r_{\text{Se-Ca}}=0.216^{*}$ |
| 8($n=18$) | $r_{\text{Se-Fe}}=0.608^{**}$<br>$r_{\text{S-Fe}}=0.332$ | $r_{\text{Se-Al}}=0.426^{**}$ | $r_{\text{Se-Ca}}=0.102$ |
| 10($n=16$) | $r_{\text{Se-Fe}}=0.510^{**}$<br>$r_{\text{S-Fe}}=0.498$ | $r_{\text{Se-Al}}=-0.220$ | $r_{\text{Se-Ca}}=-0.310$ |

$n$:各煤层组煤样品数量;** 在0.01水平上显著相关(2-tailed);* 在0.05水平上显著相关(2-tailed)。

在4煤层中,Se元素与Ca元素之间的具有较为显著相关性(相关性系数为0.416),表明煤中Se元素是与碳酸盐矿物的关系密切。此外,铁含量与硒元素的相关性表明4煤层中赋铁碳酸盐可能是硒元素的主要载体之一。4煤层围岩中Se元素的含量更高,暗示陆源物质的输入可能是此煤层中硒的主要来源。

在6、7、8煤层中,Se与Fe和Al元素均具有很好的相关性,加之这些煤层中的总硫含量较低,推测硒主要以含铁黏土矿物(主要为硅铝酸盐矿物)的结合方式存在于这些煤层中。另外,7煤层中硒元素与碳酸盐矿物也稍有相关,说明了此煤层中硒的赋存与多种矿物有关。

10煤中硒元素与Fe具有很好的相关性，同时10煤层中总硫的含量相对较高，与硫铁矿有关的硒可能是硒元素的主要赋存形式。然而10煤层中硫化矿物的含量并不是十分高，约为0.45%，可推测有一部分的硒元素可与有机硫有关。低阶煤中Ca可以有机形式存在[436]，Se与Ca的负相关性暗示了以有机形式存在可能是10煤中硒元素的另一主要存在形式。10煤中硒的存在状态显示出本层煤中硒的含量和赋存与煤层受海水的影响有关。

总体来说，淮北煤田石盒子组煤中硒元素主要和陆源物质相关，这一点可以从大部分顶板中较高的硒含量来说明。该煤田中的山西组煤，受海水影响导致的较高硫含量可能补偿了陆源物质的短缺，促进了煤中硒的富集。

淮北煤田位于中国北部平原边缘，成煤盆地的稳定性较弱，断层的发育贯穿于整个赋煤区域，岩浆活动后期的热液可能通过构造裂隙进入煤层当中，从而硒元素可通过热液进入堆积的矿床。热液中携带丰富的微量元素，能够穿透煤层附近的渗水岩层进入煤层与亲硒元素的矿物结合。煤中的一些化合物组分和硒含量有很好的相关性(例如硫化物)，推测热液作用可能是此地区煤中硒的另一个主要来源。此外，围岩对煤中微量元素的含量也有一定的影响，考虑围岩和毗邻的煤层可通过热液作用发生微量元素的交换[515]，当附近有较好的断层发育，这种交换作用更加明显。

淮北煤田石盒子组煤中硒元素主要与陆源物质相关，这一点可以从大部分顶板中较高的硒含量来说明。该煤田中的山西组煤，受海水影响导致的较高硫含量可能补偿了陆源物质的短缺，促进了煤中硒的富集。

# 第6章 煤中微量元素富集的地质因素

## 6.1 中国煤中微量元素的富集成因

煤中元素的富集取决于多种因素，Ren[143]总结了中国煤中元素富集的5种主要成因类型：源岩控制型、沉积控制型、热液控制型、断层控制型和地下水控制型。近年，另外2种类型——海洋控制型和火山灰控制型被添加。[103]

陆源母岩的性质决定成煤区域填充物的矿物成分和化学成分。[455]不同类型的母岩所含元素的组成和含量具有很大的差异，因而可影响沉积背景。成煤植物在煤炭形成过程中提供必需的有机物质，是元素富集的重要因素。因不同成煤植物的元素含量和元素耐受性不同，从而可导致煤中元素含量的差异。大多数情况下，海洋植物相比陆生植物含元素量较高，低等植物如藻类和草本植物相比高等植物含元素量较高，因而藻类参与形成的煤炭（腐泥煤、腐殖腐泥煤）中可能会具有较高的微量元素含量。成煤环境是影响煤中元素含量的主要因素。沉积环境（如海相/陆相沉积）可造成成煤环境中水介质化学条件不同，因而元素的沉积或富集程度不同。元素含量对海水进退环境也较为敏感，主要是因为海水中元素含量相对淡水较高，并且海水可改变成煤时氧化还原条件、酸碱度和硫化物含量，从而影响煤中元素的含量。煤化作用需要经过相当漫长的时期。在泥炭化和煤化作用过程中，多种地质因素如地下水、温度、压力变化等，均可导致元素的迁移、流失或者替代，也有可能造成矿物的重结晶使元素的赋存和分布方式改变。构造裂隙中的热液作用是元素含量变化的重要后生因素。一方面，富含元素的中低温热液可沿构造活动带与煤层发生接触从而产生交代或吸附作用；另一方面高温热液中含元素的挥发成分也可侵入煤层造成元素富集。

### 6.1.1 物源输入

陆源区母岩性质是泥炭聚积时的主要无机质供给区，陆源区母岩性质在一定程度上决定了聚煤盆地充填物的矿物成分、化学成分、化学性质、成煤古土壤、古植物以及沼泽水介质中微量元素的种类和含量，因此在相当程度上也决定了成煤植物和泥炭沼泽介质中微量元素的含量以及煤中微量元素的丰度。

一般来说，陆源区母岩的性质对于一些小型的断裂聚煤盆地以及分布于聚煤盆地边缘煤层中的元素控制十分明显，特别是对于一些溶解度小的微量元素以及重矿物重富集的微量元素，而相对于一些大型的坳陷聚煤盆地来说，由于距离陆源区较远，除一些易迁移的元素的贡献较大，难迁移的元素对煤中微量元素的贡献较小。譬如，Brownfield[692]对华盛顿第三纪褐煤的物质组成进行研究时认为，煤中高含量的Cr(120 mg/kg)主要是由物源区母岩为蛇纹岩岩体导致的。任德贻等[277]对沈北第三纪煤田的物源区橄榄玄武岩进行研究时发现，一些元素如Cr、Ni、Co、V、Cu、Pb、Zn和Zr的含量很高，分别达到406.2 mg/kg、254.8 mg/kg、62.78 mg/kg、187.6 mg/kg、62.93 mg/kg、58.58 mg/kg、351.9 mg/kg以及68.70 mg/kg，物源区造成煤中Cr和Ni的明显富集，平均值分别达到85.80 mg/kg和80.60 mg/kg；而物源区橄榄玄武岩中的Hg、Sb和F的含量很低，相对应的煤中的Hg、Sb和F的含量也明显偏低。代世峰[264]的统计研究结果发现，由于拉斑玄武岩分布区是黔西南晚二叠世聚煤盆地的主要陆源母质供给区，而这些玄武岩中的一些微量元素如Cr、Co、Ni、Cu、Zn和Pb的含量不高，分别为56 mg/kg、39 mg/kg、56 mg/kg、162 mg/kg、83 mg/kg和5 mg/kg，由于物源区的母质效应作用，导致黔西南煤中的Cr、Co、Ni、Cu、Zn和Pb等微量元素的含量也不高。

碎屑来源的量(受煤盆地沉降速率及物源区与煤盆地之间的距离的影响)是煤中钒富集的重要因素。西黑山和五彩湾是准噶尔盆地准东煤田的两个聚煤地区。钒的含量在西黑山(23 mg/kg)高于五彩湾，是由于西黑山的煤盆地沉降速率较高。Cheng[693]报道，贵州省毕节煤盆地东部、南部和西北部的平均钒浓度分别为82.15 mg/kg、108.6 mg/kg和152.1 mg/kg，这归结于毕节西北部离玄武岩源区更近并接受了更多的陆源碎屑物质。

除沉积物来源的量之外，沉积物源的岩性是另一个影响因素。不同的岩体有不同的钒含量，按递减顺序依次为：基性岩(250 mg/kg)，黏土(80～130 mg/kg)，长英质岩(40 mg/kg)，超基性岩(40 mg/kg)，中性岩石(30 mg/kg)，砂岩(10～60 mg/kg)和碳酸盐岩(10～45 mg/kg)。[661,694]康滇古陆为中国西南煤提供了大多数的陆源碎屑，这些碎屑由峨眉山玄武岩组成，富集钒。许多研究者将钒富集归因于其陆源碎屑来源于康滇古陆。[195,418]贵州毕节和重庆地区煤中的钒分别是101.83 mg/kg和132 mg/kg，属于轻微富集，这与峨眉山玄武岩密切相关。此外，据报道在面积为400 km$^2$的沈北煤田中，第三纪褐煤中钒含量为88 mg/kg，这是由于风化的组分主要来自于橄榄石玄武岩。Dai[695]报道四川华蓥山煤中钒平均含量为70.82 mg/kg，这是由于主要的沉积源来自于临近的大巴山隆起、汉南古陆和乐山-龙女寺隆起，它们由碳酸盐岩、砂岩、泥岩组成。[695,697]富水高铁煤中正常的钒含量(27.91 mg/kg)主要是由于其碎屑来自云开古陆(由长英质石炭二叠纪岩石组成)，亏损钒。

铅在各火成岩中的含量变化为超镁铁岩(0.1 mg/kg)<基性岩(8 mg/kg)<中性岩石(15 mg/kg)<酸性岩石(20 mg/kg)。山东兖州矿区的含煤岩系主要为石炭-二叠纪，成煤物质主要为中性和酸性岩(花岗岩和花岗片麻岩)，因此兖州煤中的铅含量较高。[698]脉状铁白云石具有超高铅含量(1700 mg/kg)[126]，因此贵州大方无烟煤中铅含量高达185 mg/kg，主要来源于成煤的铁白云石。早古生代地层富含铅(平均210.2 mg/kg)，因而导致了四川长河煤中铅的富集(20.8～48.2 mg/kg)。[115]

### 6.1.2 沉积环境

沉积环境是影响煤中微量元素分布差异的主要因素之一。沉积环境的影响主要表现在以下几个方面：

（1）成煤沉积环境是海相还是陆相明显影响着煤中微量元素的丰度。一方面海洋浮游生物能富集一些微量元素，提供比较丰富的物质来源，导致与海相沉积密切的煤中微量元素的含量较高；另一方面，海水改变了泥炭沼泽的pH、Eh值以及$H_2S$的含量等，从而产生特定的地球化学条件，结果更有利于微量元素的富集。

（2）沼泽中水介质的酸性、碱性以及盐度等也影响着沼泽中微量元素的溶解、沉淀、络合以及吸附等。沼泽中，矿物质的水解和微生物作用下植物遗体的降解所产生的各种有机酸和无机酸，使沼泽水介质呈酸性，大多数的金属氧化物、氢氧化物、碳酸盐甚至硫化物在pH较低的情况下，其溶解度和迁移能力将会大大提高。而氧化还原条件对植物遗体转变为腐殖质以及对腐殖质中微量元素的析出过程、络合和沉淀也起着重要的作用，如在氧化环境中，泥炭沼泽中氧化物的存在有利于微生物的活动，使有机物最终分解为$CO_2$和$H_2O$，一些元素将会处于高氧化态形成难溶的化合物，导致迁移能力降低。沉积环境水介质的盐度导致水中微量元素的直接结果为淡水（河水和少量的湖水）< 半咸水（湖水）< 咸水（海水）。

（3）泥炭沼泽时期气候的变化是煤中微量元素迁移、富集的一个重要的原生因素。气候的变化不仅影响古土壤中微量元素的迁移富集，也影响有机生物体的种类、繁盛程度以及植物遗体分解速率，进而影响沼泽生物体中有害微量元素的迁移与富集。湿润条件下，水系是非饱和溶液，对于一些元素来说，沼泽中水、植物遗体、岩石或泥土处于不平衡状态，沼泽中的水化学成分相对复杂，一部分要继续从植物遗体中进行元素的交换，并从其他环境中（大气、周围土壤等）带来微量元素；另一方面，水也会把一部分微量元素带走。而干燥气候条件下，蒸发作用导致沼泽中水量减少，水中微量元素容易沉淀富集。

海水中铀含量较淡水高，并且酸碱度、氧化还原性质、硫等元素及化合物的含量都与淡水有所区别，白向飞和代世峰研究受海水影响的太原组和山西组煤时发现，铀等元素在太原组煤中的含量明显高于山西组。聚煤区所处的大地构造及盆地类型也对煤中元素的地球化学分布特征产生极大的影响。庄新国在研究阜新海州煤和大同峪口煤时发现，U、Mo、V、Th、Cr等元素在阜新海州煤中的含量要高于大同峪口煤中的含量，这是由于阜新海州组是由潮湿型扇体沉积而成的，而大同煤田是内陆盆地，由河流三角洲沉积而成。

山东兖州煤田山西组3煤层属于泻湖相沉积和河流沉积交互相，成煤环境部分受海水影响，煤中汞的分布与煤中硫的含量之间存在密切的关系，从山东兖州煤田煤中汞的含量与煤中的总硫分含量之间的相关性分析来看，煤中的汞和硫分含量呈明显的正相关[133]，特别是煤中硫化物结合态的硫（图6.1），正相关性更明显。该区煤中汞的富集以及和硫分含量之间的正相关可能主要与当时的成煤环境在一定程度上受到海水影响有关，导致泥炭沼泽呈一定的还原环境，海水携带的硫酸根可能部分地被还原成硫化氢，与铁结合形成黄铁矿，从而成为煤中汞的载体，煤中的汞可能主要赋存在这些黄铁矿中。刘桂建等[487,538-539,541]在前期对山东兖州煤炭煤中的微量元素进行研究时发现，太原组上部的6煤层中的一些元素的含量，如砷等高于3煤层。Gayer[589]也曾对英国南威尔士石炭系维斯发阶两个煤层中的其他一些微量元素（如As、Mo、Ni、Cu和U等）进行过对比研究，虽然发现Amman Rider和Bute这两个煤层都形成于近海平原环境，但Amman Rider煤层被海相深灰色泥质岩所覆盖，煤中总硫的含量为4.19%，煤层中As、Mo、Ni、Cu和U的含量分别为112.8 mg/kg、10.1 mg/kg、68.6 mg/kg、25.7 mg/kg和5.35 mg/kg；而Bute煤层被有少量植物化石的非海相灰色泥质岩所覆盖，煤中硫的含量为1.09%，对应的煤层中As、Mo、Ni、Cu和U的含量仅分别为 7.7 mg/kg、1.2 mg/kg、42.8 mg/kg、18.0 mg/kg 和 0.3 mg/kg。而且这两个煤层中的 As、Mo、Ni、Cu 和 U 等元素的含量和煤层中总硫的含量呈明显的正相关。

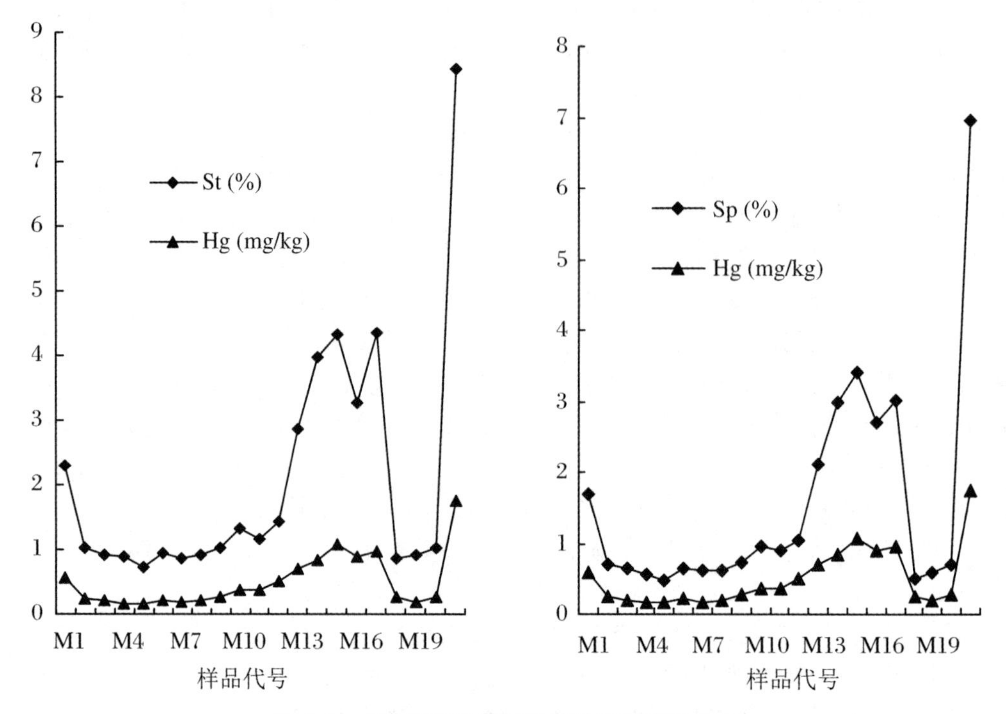


**图 6.1 煤中汞和总硫以及黄铁矿硫的相关性**

许多研究者对中国西南部高有机硫煤进行了研究，这些煤是在局限碳酸盐台地的潮坪环境中形成的，具有较高的钒浓度。例如，来自合山的煤轻微富集钒或富集钒，平均钒值为 126～294 mg/kg。[117-118] Li[442] 报道辰溪高有机硫煤中钒含量较高，平均值为 296.3 mg/kg。钒的浓度与煤惰质组浓度负相关，但与镜质组和惰质组的比值呈正相关，表明还原环境有利于钒的富集。强的还原环境有利于藻类生存，藻类对局限碳酸盐台地钒的富集有重要作用。[103] 黑色页岩富集钒的机理也可以为研究某些煤中钒富集的原因提供一些启示。Quinbyhunt 和 Wilde[699] 报道，黑色页岩的不同沉积环境导致不同的钒浓度。含高有机物黑色页岩中平均钒浓度为 1500 mg/kg，远高于报道的含氧页岩复合物中钒的平均浓度 130～150 mg/kg。[700] Cheng[701] 指出早古生代石煤中的钒矿形成于海相环境（浅海或大陆边缘），该钒矿是由原生生物（菌藻类）在静态环境下发育而来的。

泥炭层的发育程度会直接影响泥炭中微量元素的分布富集及组成，主要影响因素包括：① 泥炭沼泽周边岩石类型，因为岩石中元素的组成不同会使沼泽区的元素供给在水岩接触的过程中有所差异。② 气候条件与水文地质条件，岩石的风化、生物质积累与降解的速率会受到周围区域气候变化及水文地质变化的影响。③ 泥炭沼泽的地球化学特点，其有机质降解转化的程度水中 pH 及物质组成也会影响元素的富集。④ 区域构造会影响微量元素从陆源向其他地方的迁移。Raymond 研究了美国 12 个不同类型和不同沉积环境的泥炭，发现形成于温寒地带的高位沼泽泥炭中的 U、As、Th、V 等微量元素含量是较低的。而由海水浸没红树林形成的泥炭层中 U 的含量就达到了所有样品中的最高，Raymond 认为其中高含量的 U 来自于佛罗里达半岛中的富 U 的磷灰岩矿床的风化。另外一个平原森林沼泽发育的泥炭中的U含量就相当低，也是由于营养成分不足最终发展形成了高位沼泽。

### 6.1.3 热液流体

岩浆热液活动是构造运动中的一种特殊形式。岩浆热液作用对煤中一些微量元素的影响主要表现在以下几个方面：其一，岩浆热液的高温作用下，煤将会经受热解过程，从而造成煤中一些与有机质结合的元素发生散逸；其二，岩浆热液高温流动过程中，一些被高温活化的元素将会随着挥发分进入煤层中，一方面造成这些元素在煤层中的含量增加，另一方面造成这些元素在煤层的不同部位重新分配；其三，岩浆作用晚期，热液活动造成许多热液脉侵入煤系地层，从而使热液活动有关的元素增加。

煤的区域岩浆热液变质作用和由岩浆侵入导致的接触变质作用在我国不同地区的煤中影响较为广泛，由岩浆热液作用形成的中级、高级煤中一些有害微量元素的富集被众多的研究者所报道。[463,610,703]湖南梅田矿区是受区域岩浆热液作用影响的一个典型矿区，王运泉等[703]曾对该区岩浆热液作用过的煤中的微量元素进行研究，发现主采煤层(龙潭组12煤)主要受矿区北部骑田岭花岗岩体侵入影响，形成典型的岩浆热液变质无烟煤，煤的变质程度的深浅随着离侵入的花岗岩岩体距离的远近分为不同的变质带，距离越近变质程度越深。煤中的Ce、Cr、Eu、Hf、K、La、Lu、Na、Nb、Rb、Sc、Th、U、W和Yb这些高温成矿元素随着距离岩体距离的增加，元素的含量逐渐减少，两者之间存在负相关，且与镜质组反射率呈正相关；而煤中的As、Cd、Pb、Hg、Sb和Se等在煤中明显富集，其含量随着岩体距离的增加呈正相关，与镜质组反射率呈负相关，煤中微量元素在该区的这种分布特征显然与该区岩浆热液作用有关。

岩浆活动对煤中硒的富集有两方面的原因：首先是通过改变煤的理化特征进而影响微量元素的分布和赋存；其次是通过热液与煤层进行直接的物质交换。岩浆活动带来的高温可令煤的变质程度增加，在煤的高温热解过程中，与有机质相关的易挥发元素可发生逸散；Wang[173]发现，随着煤级的升高，煤中硒的含量逐渐增加，尤其是山西组煤中这种规律更为明显。山西古交西部煤中较高的硒含量就是由于受到燕山期岩浆活动碱性热液流体的影响。[269]

热液流体可以使煤中钒浓度显著富集。但是，它的影响仅限于局地的一些煤层。根据热液流体的来源和特征，煤盆地中观察到的热液流体有不同的种类(比如低温热液流体、岩浆流体、海底喷流流体)。滇西新德煤中，含钒铅矿的煤层中钒的含量高达545 mg/kg，这被认为是多期热液作用的结果。Dai[704]发现伊犁盆地煤层上部受到富含U-Se-Mo-Re热液的影响，富含钒(745 mg/kg)。海底喷流流体的影响是黑色页岩(包括石煤)中钒富集的主要原因之一。[705]Dai[129]观察到云南东南部燕山煤田M9煤中的钒显著富集(567 mg/kg)，并伴有钠长石和片钠铝石共存，这是海底喷流热液随着海水侵入缺氧的泥炭沼泽后的结果。但并不是所有的热液流体都会导致钒的富集。例如，乌兰图嘎(内蒙古)和临沧(云南)富锗煤被热液侵入，而煤中钒的浓度仅为9.31 mg/kg和14.17 mg/kg。[144,706]相近的钒浓度(7.14 mg/kg)在非热液流体影响的胜利煤田低锗煤中也被观察到，表明热液对煤中钒富集的影响可能与热液流体流经的地层有关。[707]

内蒙古准格尔煤田ZG-2和ZG-3煤中高含量的含铅矿物(PbS、PbSe、PbSeS)，推测是热液成因。[642]羌塘煤层中铅的富集推测是与岩浆热液相关。山西古交、阳泉、晋城煤中发现了热液脉岩，推测岩浆侵入与隐状岩体导致了煤中铅含量的升高(10.65～69.70 mg/kg)。普安煤田2号煤层中的矿物组成主要为低温热液流体来源的后生黄铁矿和陆源碎屑的高岭石。2号煤层中的铅含量极高(184.6 mg/kg)，铅主要以脉状黄铁矿存在，说明低温热液流体和陆源碎屑是2号煤层中铅富集的主要因素。内蒙古准格尔煤田哈尔乌素矿煤中富含勃姆石，铅含量较高(30 mg/kg)。该煤中的铅主要和硒赋存于后生的硒铅矿中。黑代沟煤矿的6煤富含铅，在该煤的丝质体中发现了填充的硒铅矿。[642]哈尔乌素和黑代沟煤中的硒铅矿均为热液成因。Cheng 等[693]研究了贵州毕节晚二叠世煤，得出煤中富集的铅(100.8 mg/kg)是构造活动和岩浆热液作用的结果。河北峰峰-邯郸煤中铅含量的升高是火成岩侵入的结果。[269]贵州西南部煤中铅的富集是深部断层和衍生断裂控制的结果，因此多阶段的低温热液黄铁矿和方解石岩脉是煤中铅的主要载体。除此之外，湖北矿区松平无烟煤中的铅含量较高(143 mg/kg)，推测可能是后生岩浆输入。[444]

### 6.1.4 火山作用

火山喷发过程中，一些微量元素，尤其是一些挥发性元素如汞等，可能会随着火山喷发沉积物落入含煤岩系，从而导致煤层中一些微量元素的富集。虽然含煤岩层中火山灰夹层是否会富集汞并且会随着淋滤作用迁入到煤层中，从而导致煤中汞的富集，仍是煤地球化学研究者探讨的内容之一。但 Goodarzi 和 Gentzis[608]对加拿大艾伯塔省雷德迪尔河谷晚白垩世煤中灰分含量和煤中汞的含量之间存在明显的正相关，而且在一个94.5 cm厚的煤层中发现了3.5 cm厚的斑脱土(火山灰分解成的一种黏土)的夹矸中异常的汞含量。煤中的汞含量仅为0.014 mg/kg，而斑脱土中的汞含量高达1.270 mg/kg，另外，煤中的一些其他元素如Mo、Th、Sr和Ba的含量也富集，分别达到240 mg/kg、64 mg/kg、2800 mg/kg和2800 mg/kg，很显然，汞和这些微量元素与火山灰作用之间存在密切的联系。Crowley[708]也认为同生火山灰作用对美国 Power River 盆地煤中汞的分布特征有一定的贡献。

火山灰在煤层中会蚀变成黏土岩夹层，前人报道的文献中将这种经过火山灰蚀变后的黏土岩夹层称为“Tonsteins”，这种“Tonsteins”在中国西南晚二叠世的含煤岩系中较为常见。虽然众多的研究者如冯宝华[709]、张玉成[710]、贾炳文和张俊计[711]、周义平[712]、桑树勋等[713]、张慧等[714]以及代世峰等[264]对中国煤系中火山灰蚀变的黏土岩夹层(Tonsteins)进行过较多报道，对这些地区的陆源区、岩浆、低温热液以及构造热液与煤中有害微量元素的富集也曾进行过有益的探讨，但仅有周义平[712]和代世峰[264]对西南部分地区煤中微量元素的地球化学特征和火山灰蚀变黏土岩夹层的关系进行过研究。中国西南晚二叠世聚煤时期较多的火山活动导致部分煤中Cu、Mo、V、U等都比中国煤高出10倍以上。代世峰对于贵州织金煤矿中高含量的微量元素的赋存状态进行了研究，在高分辨率扫描电镜下发现煤中有一种沉炭质火山灰胶凝体，由火山灰、有机质和陆源碎屑组成，这是在泥炭发育期火山灰沉积到沼泽中发生水解絮凝形成细分散体系再与植物的有机质和陆源碎屑形成复杂沉积，是煤中微量元素异常富集的来源。

重庆松藻矿区11煤层中的铅含量较高(28.1 mg/kg)。11煤主要为高硫无烟煤，硫的主要形态为黄铁矿硫。11煤的矿物和地球化学异常主要归因于共沉积的碱性火山灰。

同沉积火山灰，通常存在于煤层序列中的凝灰岩层，被认为是煤盆地中重要的钒来源。[715]Premović认为，美国西肯塔基州煤矿蕴藏的丰富的钒(＞1000 mg/kg)可能来源于火山灰沉积物。在中国松藻煤田，不受火山灰影响的6-11号煤层中的钒含量约为65 mg/kg，而直接沉积在镁铁质凝灰岩（该凝灰岩中钒浓度为490 mg/kg）层上的第12号煤层中的平均钒浓度高达121 mg/kg（Dai等2010a）。Dai[276]观察到镁铁质白土石和凝灰岩中钒（400～600 mg/kg）的含量高于硅质和碱性岩（<50 mg/kg）。Zhou[275]还指出，来自硅质岩浆的白土岩中的钒含量低于20 mg/kg。

来自火山活动的硫化矿物可能是煤中硒的一个重要来源，这可以对岩浆活动较为频繁的中国东南部地区煤中往往高硒的情况做出合理的解释。这种成因的硒富集较为常见，因为在中生代和新生代的岩浆活动在中国非常普遍。在岩浆活动后期产生的热液可通过构造断层穿过煤田，而热液中携带的丰富硒元素则可被煤中一些矿物吸收而得到富集。

## 6.1.5　其他作用

### 6.1.5.1　断裂-热液作用

如果按阶段性划分，断裂-热液作用是影响煤中微量元素的分布和富集的主要后生因素之一，构造演化造成的断裂带控制着含煤岩系的变形和含煤盆地的变化，构造运动造成的裂隙是热液和挥发物质运移的良好通道。中、低温热液中富含的微量元素将会沿着构造活动带运移进入煤层，或者长期和煤层接触，在与煤层发生交换的同时，热液中含有的微生物也会使煤中微量元素与煤层中的物质发生生物化学作用。[716]

我国西南地区断裂带陷区二叠世含煤岩系以及部分新近纪含煤岩系发育、二叠世等聚煤作用以及后期的变化受多种断裂带控制，如三江断裂带控制其距离较近的新近纪褐煤盆地，红河-元江断裂控制其以东的滇东和滇中地区盆地，水城-紫云大断裂、师宗-贵阳大断裂、盘县大断裂和南盘江大断裂控制着黔西南断陷区的晚二叠世含煤岩系，这些断裂-热液作用导致的煤中的有害微量元素的富集已经被众多的研究者报道。[609,717-719]如张军营[609]对黔西南断层附近煤中汞的研究时发现，低温热液成因的煤中的黄铁矿中的汞含量比煤中同生结核状的黄铁矿中的汞含量高很多，煤中黄铁矿中的汞分布极不均匀，局部含量甚至大于150 mg/kg。任德贻等[418]的报道认为，在黔西南断陷区内有卡林型金矿、锑矿、砷矿、汞矿以及铊矿等多种矿床、矿点分布，多数矿床成矿温度低于200 ℃，断陷区的煤层中低温热液黄铁矿、方解石和石英脉发育，包体测温确定这些矿物形成温度为160～200 ℃，低温热液流体的侵入导致断陷区煤层中汞的平均含量达到1.65 mg/kg，另外砷、钼和锌的平均含量也分别达到21.78 mg/kg、18.93 mg/kg和120 mg/kg，分析结果还显示，低温热液成因的脉状黄铁矿中汞的平均含量高达4.66 mg/kg。张军营[609]认为，汞和其他一些微量元素在黔西南煤中的富集，主要是由多期次的低温热液流体成为汞的主要载体，通过断裂进入煤层中导致的。

断层的存在是影响煤中微量元素富集的另一个重要因素，当聚煤盆地附近存在断层时，热液的影响会更明显。Liu[515]认为断层的存在可以使地下水的流动性更强，从而与煤层发生更加充分的元素交换；断层构造产生的高温可对毗邻煤层的变质程度以及煤中微量元素产生影响；来自深部断层中的岩浆也可对煤层产生变质影响，进而影响微量元素的丰度和赋存。热液中存在丰富的微量元素，包括Mn、Ca、Cu、Zn、As、Se、I和Cl，可透过断层和渗水岩层进入煤层。地下水对煤中微量元素的影响与其自身的化学特征有关，地下水的丰富程度以及周边围岩的化学组成均有重要影响作用。[143]地下水作为一种介质,对围岩和煤层中的微量元素进行运输和交换,因此围岩的矿物构成可影响煤层微量元素分布并不难理解。另外,煤的风化过程中,与有机物质结合的硒则会随着有机物质被破坏而逐渐损失。[515]

#### 6.1.5.2 地下水作用

地下水中含有丰富的微量元素,譬如 Mn、Ca、Cu、As、Se、I、Cl、Zn 以及 Hg 等,并且存在一些微生物作用。[716]这些微量元素可以通过裂隙、溶隙以及断裂构造带进入煤层,并与煤层中的物质发生物理和化学作用,从而导致煤中微量元素的富集或者迁移。

唐书恒等[436]对鄂尔多斯北缘——晋北地区的安太堡 11 煤层和马家塔 2-2 煤层中的微量元素进行研究时发现,这些煤层裂隙中都有方解石脉发育。对测试数据的回归分析结果显示,煤中的汞和水分之间呈显著的正相关,说明研究区煤中大部分的汞主要是通过地下水在后期进入煤层。另外,煤中的 Mn、Ca 和 Fe 之间显著或临界正相关,这些元素和碳酸盐矿物之间存在联系,而且,通过聚类分析发现,Ba、Br、Ca 和 Hg 聚在一起,同为一群,这也说明煤中部分的碳酸盐矿物是通过地下水进入煤层的。

地下水的作用导致国外一些煤田煤中的一些微量元素富集,被众多的研究者所报道。如 Mukhopadhyay 等[720]对加拿大悉尼煤田烟煤中的 Cl 进行研究时发现,煤中 Cl 的含量较高,为 0.3%~1.0%,主要由于晚石炭世含煤岩系沉积时,河水、地下水从下伏的 Windor 蒸发岩中带出了溶解的 Cl、Pb、Zn、Cu 和 As 等微量元素,注入泥炭沼泽,从而导致这些微量元素的富集。美国伊利诺伊盆地石炭纪煤中 Cl 的平均含量高达 0.22%,Chou[425,632]的研究结果显示,该区煤中 Cl 的高度富集也与当地的地下水有关。

铅倾向于在薄煤层中富集。[481]地下水的化学性质和水位以及与周边围岩的相互作用会影响煤中微量元素的富集。山西晋城煤中的铅含量,3 煤(18.39 mg/kg)、9 煤(30.83 mg/kg)和 15 煤(69.70 mg/kg)是周围环境、顶底板等共同作用的结果。[721]西山窑组的煤层通常是在高水位的低洼沼泽环境,因此在较低煤层中铅较为富集,从底部往上部逐渐降低。四川盆地长河煤矿 K8 煤中铅含量的升高(48.2 mg/kg)主要是上层白土石(K8R)淋溶的结果。

#### 6.1.5.3 成煤植物类型的影响

成煤植物提供形成煤炭的主要物质来源,一切能够影响成煤植物元素构成的因素均会进而影响成煤后的元素物质的构成。不同植物类型对生长区土壤中的微量元素具有不同的富集能力,在不同的生长环境下,植物对微量元素的吸收能力亦有不同。

藻类植物可能拥有更高的吸收硒元素的能力,一般藻类植物形成的腐泥煤中的硒含量高于高等植物形成的腐殖煤。植物中汞的丰度控制着煤中汞的含量。成煤植物的种类、植物中含有汞的多少、植物生长环境等都会影响煤中汞的富集和迁移。一般来说,成煤植物对煤中汞的富集的影响主要体现在生物的新陈代谢过程中,此时不同的成煤植物和同种成煤植物的不同器官对汞吸附的程度存在差异,而且不同生物体死亡后形成的有机质对汞的吸附和络合能力不同,这些过程必然影响煤中的汞富集程度。

不同成煤时期的成煤植物大不相同。泥盆纪时期的主要成煤植物为裸蕨类、原始石松类、裸子植物。石炭-二叠纪的主要成煤植物为菌藻类、石松类、节厥和科达类植物。中生代的主要成煤植物为裸子植物,而新生代的主要成煤植物为松柏类。由于对铅的吸收能力不同,植物或者器官的含铅量不同。低等植物的含铅量通常比高等植物高。[50]此外,水生植物对铅的富集能力高于陆生植物。藻类可以富集大量的微量元素，也会改变 pH 和 Eh。

成煤植物在成煤过程中形成有机质，而这些有机质对煤中铀的富集有很大影响。由于各植物生长周期、发育情况、所处环境不同，造成了铀在煤中含量有所差别。菌藻类是腐质泥煤、腐殖腐泥煤主要的有机组成，细菌和海洋藻类中铀的含量都高于陆地植物，如楔叶类和蕨类植物，虽然一些成煤植物本身并不富集铀，但是它们死亡后会被降解为能够吸附络合铀等微量元素的黑棕腐酸和黄腐酸，其中黑棕腐酸的吸附络合能力要弱于黄腐酸，但是其形成的金属盐不易溶解于水中，会以沉淀物或悬浮胶体的形式被泥炭、褐煤这样低变质程度煤吸附，而黄腐酸与金属元素形成的盐易溶于水，随水迁移转化进入煤中。

不同的植物类型或者同一类型植物的不同器官对汞的吸收程度存在差异，导致它们富集汞的浓度不同。譬如，海洋植物和陆地植物由于所处的生态环境不同，其本身富集汞的能力也有较大的差异。大部分的汞在低等生物藻类和草本植物中的含量要高于高等植物，针叶植物吸收、累积汞的能力远远大于落叶植物。如统计发现，陆生植物中汞的含量范围为 0.0002～0.086 mg/kg，水生和湿地植物总汞的含量范围为 0.01～2.2 mg/kg，浮游生物中汞的含量范围为 0.01～3.8 mg/kg，淡水藻中汞的含量范围为 0.53～25 mg/kg，海洋藻类中汞的含量范围为 0.003～20 mg/kg，苔藓植物中汞的含量范围为 0.06～13500 mg/kg，因此不同的成煤植物形成的煤中汞的含量必然存在较大的差别。Bowen[722] 的研究认为，大部分有害微量元素在低等生物藻类和草本植物中的含量一般高于高等植物，如海洋浮游生物中汞的含量一般为 0.2 mg/kg，裸子植物木质中汞的含量范围为 0.005～0.15 mg/kg，而草本植物中汞的含量范围一般为 0.013～17 mg/kg，从而导致腐泥煤中大部分有害微量元素的含量往往高于腐殖煤。

## 6.2　两淮煤田煤中微量元素富集的地质成因

### 6.2.1　沉积环境

淮南煤田二叠系含煤地层总体上为三角洲平原沉积，其自下而上分为山西组、下石盒子组和上石盒子组，为一套水下三角洲-下三角洲-上三角洲的沉积序列。自下而上，其成煤沼泽受海水影响逐渐减弱。[723-726] 杨守山和兰昌益[725] 用微量元素 B、Ga 以及主量元素 Ca 和 Fe 解释了淮南煤田颍凤区山西组的沉积环境，结果表明：泥岩中的 B 含量为 97 mg/kg，B/Ga的平均值为 3.15，Ca/(Fe + Ca)的值为 0.9，且从山西组到上石盒子组有递减的趋势。据此，他们推断山西组的煤层可能沉积在微咸水-半咸水的环境中。兰昌益[723] 和董宇等[726] 的工作也表明山西组煤层在河道入海口是沉积在水下三角洲环境中，而在河流之间是沉积在泻湖环境中；下石盒子组中的煤层沉积在海湾填充的下三角洲平原且时常受海水的影响；上石盒子组的 11 煤层沉积在下三角洲和上三角洲过渡阶段。朱善金[724] 通过对淮南煤田新集煤矿的研究持有不同的观点，他认为：山西组的煤层发育在前积三角洲到下三角洲环境，而下石盒子煤层是在下三角洲到上三角洲过渡的环境中形成的，但主要是上三角洲环境；沼泽、泥炭以及植物群的类型、位置的变化，使得下石盒子中煤层的岩性和煤质在纵向和侧向有着很大的差异，因此常形成薄而多的煤层。

用微量元素来示踪煤层的沉积环境，早已引起了学者的广泛关注。但由于样品的地域性和局限性，所得到的指标很难有广泛的适用性。一般认为，用来示踪沉积环境比较敏感的元素主要是B、Ga、Sr、Ba、U、Th、S，其次是Ni、Ge、V、Zn、K、Na、Ca和Cl等。[572]本研究利用B、Sr/Ca及REE的含量来推测朱集煤层的沉积环境。

安徽淮北煤田属于华北聚煤盆地，华北石炭-二叠纪聚煤区是一个面积达1200000 $km^2$的巨型聚煤区，该区的陆源区主要是北缘的内蒙古地轴和燕山台褶带。古陆是由中、新太古代和古元古代的变质岩及中、新元古代至奥陶纪的沉积岩组成的，聚煤区内不同煤田煤中微量元素的含量与相邻的陆源区母岩组成密切相关。从淮北煤田物源区来看，主要以花岗岩、花岗片麻岩等中、酸性岩为主，只有少量的变质岩类和沉积岩，这些母岩主要来自胶东古陆作用。从淮北煤田煤中汞的分布来看，虽然在顶、底板样品以及煤层中的夹矸样品中汞的浓度相对较高，但煤层中的其他部分样品中汞的浓度分布没有规律性，没有出现煤中汞的含量在煤层中部最低的现象，因此说明煤层顶、底板对煤中汞的分布富集没有明显的影响。

淮北煤田3煤层、4煤层和10煤层中的硫的含量和汞的含量之间存在较好的正相关，但这些煤层中汞的丰度不高，而5煤层和7煤层中汞的含量和硫的含量之间没有明显的相关性，主要是由于其他因素的影响。从整个淮北煤田二叠纪的5个煤层以及几个煤层的顶、底板中的稀土元素的球粒陨石标准化曲线的变化规律来看[263]，采集的原煤样品以及顶、底板碳质泥岩样品的分配模式存在一致性，说明研究区陆源母岩性质对煤中的稀土元素等存在一定的影响。

淮北煤田到中石炭世陆地状态结束，地壳开始下沉，海水逐渐侵入发育为陆表海，在早二叠世早期，源区上升，陆源碎屑供应加强，内源沉积物除植物残体堆积物外均终止，自然环境过渡为河控三角洲。随着三角洲向南迁移，海水逐渐退出本区形成滨海冲积平原，二叠纪时，该区气候温暖湿润，高等植物生长茂盛，泥岩沼泽得以形成发展，形成了二叠纪良好的煤层。实际上，该区整个二叠纪煤系地层的岩相组成比较复杂，包括前三角洲、三角洲前缘和三角洲平原亚相以及远砂坝、河口坝、分流河道、天然堤、决口扇、分流间湾、泛滥盆地、泥炭沼泽等微相，从而总称为三角洲相。从淮北煤田的沉积环境来看，海水对沉积环境的影响极小，除了山西组的10煤层轻微受海水影响外，其他煤层的沉积环境都不受海水影响，受海水影响的10煤中硫分的含量（平均值0.71%）略高于上部的石盒子组4煤层（平均值0.51%）和3煤层（平均值0.48%）中硫分含量，相对应的煤层中汞的平均含量为10煤层（Hg为0.19 mg/kg）>4煤层（Hg为0.18 mg/kg）>3煤层（Hg为0.12 mg/kg）。

#### 6.2.1.1 硼与古盐度

硼含量被认为是指示沉积环境的古盐度的重要指标。[149,256,437,608,727] Goodarzi[608]认为B可以作为煤层受海水影响的标志，但同时存在影响煤中B含量的其他因素（如富B地下水与煤层的交换以及煤变质时有机B的释放），因此应该谨慎应用此指标。Goodarzi和Swaine[256]以及Goodarzi[437]对加拿大和美国的煤炭沉积盆地的研究表明，煤层中B的含量与沉积环境古盐度有着很好的相关性，并把50 mg/kg和110 mg/kg作为淡水/半咸水和半咸水/咸水的分界线。

朱集井田11个煤层520个样品(12个样品来自1煤层)的B含量有一个较大的变化区间(6～841 mg/kg),其平均值为151 mg/kg(图6.2(a)),此结果表明该井田的煤层沉积在以咸水为主导的多变环境下。另外,B含量的平面分布显示(图6.2(b)),该井田中部的煤层中B的含量明显低于井田边缘煤层中B的含量。由图6.2(c)可知,10个煤层各自的B平均含量虽然都落在半咸水-咸水的范围内,但其值沿地层方向呈上升趋势。本次研究与前人得出的成果[723-726]是符合的,即从1煤层到11-2煤层的沉积序列是由水下三角洲到上三角洲的过渡,其煤层受海水影响逐渐减弱。但值得注意的是:虽然海水入侵沿地层向上总体逐渐递减,但海进海退依旧非常频繁,特别是在下石盒子组中的煤层。由B含量指示的沉积环境表明:大部分煤层都沉积在半咸水-咸水的环境中,而三角洲沉积一般是在半咸水-淡水的环境。因此其他因素可能导致B含量的升高,如富B咸水将其所携带的B带入煤层(B与Na的含量变化呈正相关)。

钻孔中煤岩层的沉积学和古生物学的证据表明:下石盒子组中的煤层含煤5-12层,其煤层较薄且间距较小,很可能因为受到多变的环境(频繁的海进海退)致使煤炭沼泽没有足够的时间去沉积成稳定的厚煤层。3煤底部有灰黑色海相泥岩,富含动物化石,系海湾沉积;6煤层顶部可见舌形贝 Lingula Bruguire 化石;8煤层上部有(上下石盒子交界处)散落分布着白色的云母片。由图6.2(c)可知,这些煤层都对应着B含量的高突变值。因此,B含量指示的沉积环境与实际证据是比较符合的。

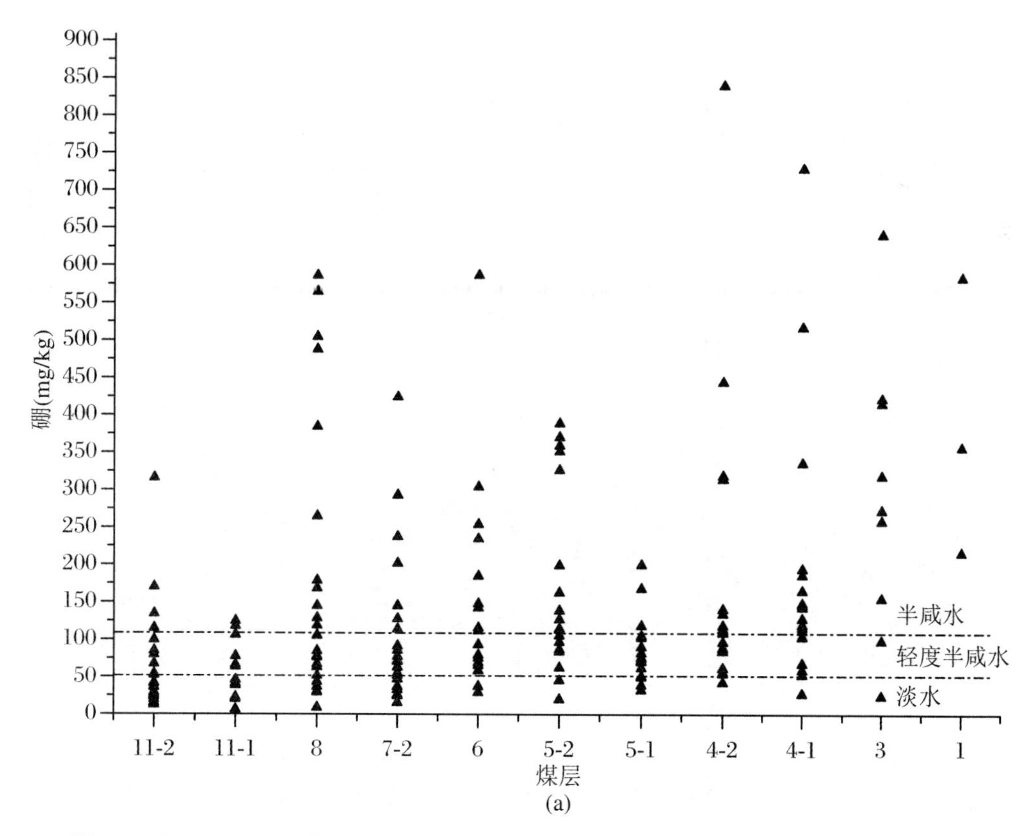


**图6.2　(a) 10层可采煤层中和1煤层的520个样品B含量分布图及其指示的沉积环境;(b) 朱集井田B含量分布等值线图;(c) B元素在11个煤层的垂向变化及其指示的沉积环境**

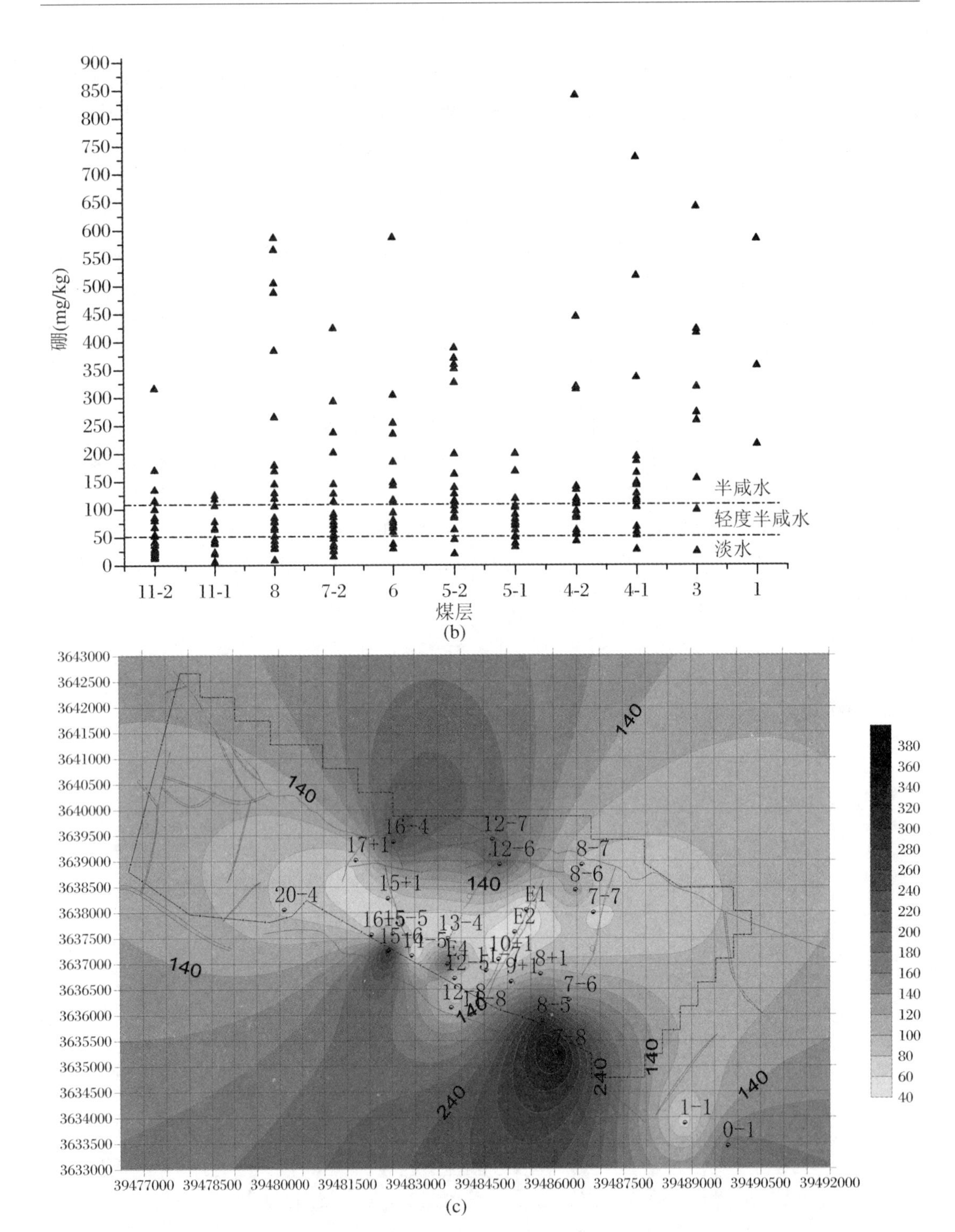


续图 6.2 (a) 10 层可采煤层中和 1 煤层的 520 个样品 B 含量分布图及其指示的沉积环境；(b) 朱集井田 B 含量分布等值线图；(c) B 元素在 11 个煤层的垂向变化及其指示的沉积环境

### 6.2.1.2 锶钡比与海陆相

由于锶和钡在表生环境中的地球化学差异性，一般在海相沉积物中锶的含量高而钡的含量低,因此用 Sr/Ba 能够判断煤层沉积时的环境。

朱集井田的 11 个煤层中 Sr/Ba 值如图 6.3 所示。从 4-2 到 11-2 煤层随着海水影响的逐渐减弱,Sr/Ba 值沿地层方向向上呈递减趋势。Sr/Ba 比值法在反应沉积环境的总趋势上与 B 指示的结果相近,但却反映不出海进海退。

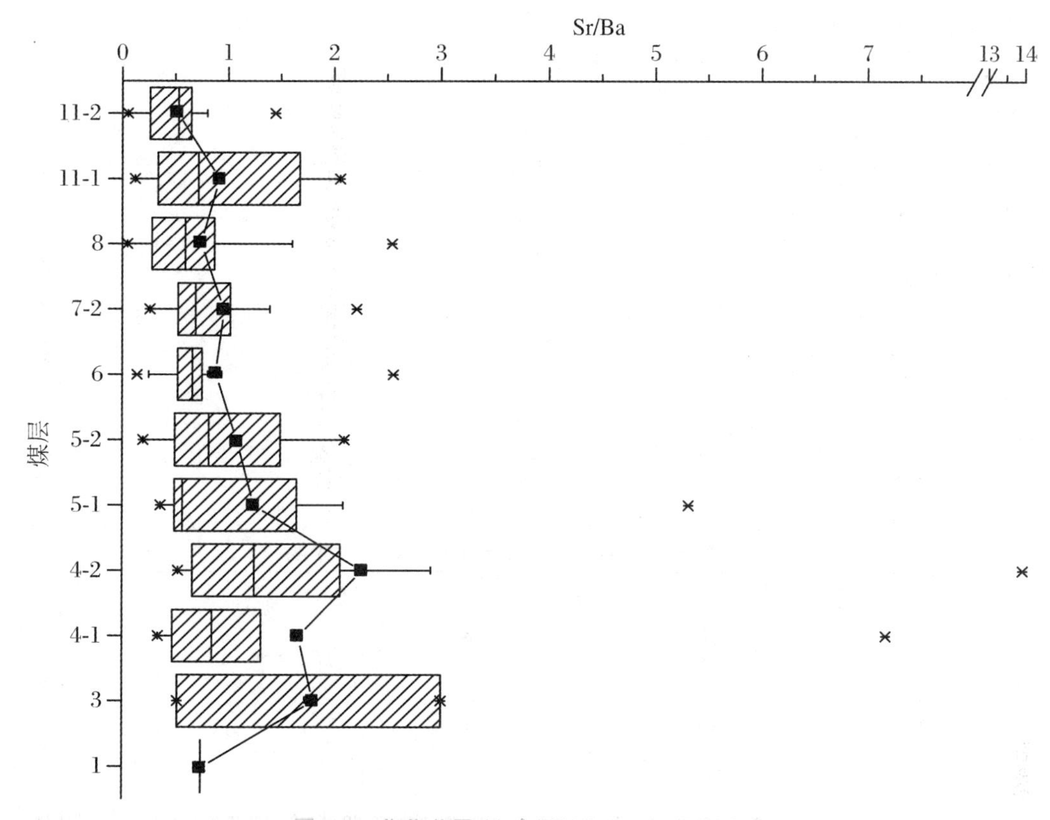


图 6.3　朱集井田 11 个煤层中 Sr/Ba 值的变化

### 6.2.1.3　稀土元素与源区供给

源区供给是控制煤中稀土元素含量与分布的主要因素之一。通过煤中稀土元素的总量,球粒陨石标准化曲线以及地球化学参数能够有效地区分不同的陆源环境。由于成煤植物对稀土元素的特征影响十分有限,因而煤中稀土元素含量与分布模式主要受河水、陆源碎屑供给以及海水、海中的生物碎屑供给两个因素的影响。

稀土元素的地球化学参数能够很好地反映稀土元素的富集和来源。根据 ICP-AES 的测试结果,各个煤层的样品数及稀土元素的平均含量如表 6.1 所示。把表 6.1 经过数据处理,可以得到稀土元素的地球化学参数,如表 6.2 所示。

表 6.1　10 个可采煤层中稀土元素的含量　(单位:mg/kg)

| 煤层 | 11-2 | 11-1 | 8 | 7-2 | 6 | 5-2 | 5-1 | 4-2 | 4-1 | 3 |
|---|---|---|---|---|---|---|---|---|---|---|
| La | 28 | 24 | 24 | 31 | 26 | 22 | 21 | 22 | 25 | 24 |
| Ce | 50 | 44 | 43 | 54 | 49 | 38 | 38 | 40 | 44 | 38 |

续表

| 煤层 | 11-2 | 11-1 | 8 | 7-2 | 6 | 5-2 | 5-1 | 4-2 | 4-1 | 3 |
|---|---|---|---|---|---|---|---|---|---|---|
| Pr | 5.8 | 4.6 | 4.3 | 6.1 | 5.3 | 3.6 | 4.7 | 4.0 | 4.9 | 4.2 |
| Nd | 23 | 22 | 20 | 26 | 24 | 18 | 18 | 19 | 20 | 16 |
| Sm | 5.8 | 5.2 | 4.6 | 6.3 | 5.6 | 4.1 | 4.0 | 4.2 | 4.7 | 3.3 |
| Eu | 1.07 | 1.08 | 0.79 | 1.05 | 0.90 | 0.69 | 0.72 | 1.03 | 0.83 | 0.58 |
| Gd | 5.0 | 4.9 | 4.0 | 5.4 | 5.0 | 3.4 | 3.3 | 3.6 | 3.8 | 3.5 |
| Tb | 0.24 | 0.24 | 0.21 | 0.24 | 0.23 | 0.16 | 0.18 | 0.22 | 0.14 | 0.17 |
| Dy | 5.7 | 6.0 | 4.4 | 6.3 | 5.3 | 4.1 | 3.5 | 4.3 | 4.3 | 3.2 |
| Ho | 0.92 | 1.35 | 0.84 | 0.85 | 0.99 | 0.96 | 0.58 | 0.95 | 0.67 | 0.70 |
| Er | 2.56 | 3.15 | 2.10 | 2.79 | 2.37 | 2.12 | 2.29 | 2.49 | 2.20 | 1.49 |
| Tm | 0.20 | 0.19 | 0.35 | 0.18 | 0.25 | 0.36 | 0.21 | 0.26 | 0.27 | 0.26 |
| Yb | 2.2 | 3.0 | 2.0 | 2.7 | 2.0 | 1.7 | 1.8 | 2.1 | 1.9 | 1.4 |
| Lu | 0.12 | 0.14 | 0.10 | 0.11 | 0.12 | 0.11 | 0.14 | 0.15 | 0.09 | 0.08 |

**表 6.2　朱集煤矿煤中稀土元素的地球化学参数**

| | 煤层 | LREE (mg/kg) | HREE (mg/kg) | ∑REE (mg/kg) | LREE (HREE) | $(La/Yb)_n$ | Eu | Ce |
|---|---|---|---|---|---|---|---|---|
| 上石盒子组 | 11-2 | 114 | 17.5 | 131 | 6.52 | 8.43 | 0.62 | 0.91 |
| | 11-1 | 101 | 18.9 | 120 | 5.35 | 5.28 | 0.66 | 0.98 |
| 下石盒子组 | 8 | 97 | 14 | 111 | 6.93 | 8.18 | 0.57 | 0.98 |
| | 7-2 | 125 | 18.5 | 143 | 6.73 | 7.47 | 0.56 | 0.93 |
| | 6 | 111 | 16.3 | 127 | 6.8 | 8.77 | 0.52 | 0.97 |
| | 5-2 | 86 | 12.9 | 99 | 6.67 | 8.3 | 0.57 | 1.01 |
| | 5-1 | 86 | 12 | 98 | 7.15 | 7.49 | 0.61 | 0.9 |
| | 4-2 | 90 | 14 | 104 | 6.45 | 7.01 | 0.82 | 1 |
| | 4-1 | 99 | 13 | 113 | 7.42 | 8.77 | 0.61 | 0.92 |
| 山西组 | 3 | 86 | 10.8 | 97 | 7.99 | 11.51 | 0.53 | 0.9 |
| | 1 | 75 | 9.8 | 85 | 7.72 | 10.6 | 0.53 | 1.03 |

∑REE：稀土元素总含量。∑REE = La + Ce + Pr + Nd + Sm + Eu + Gd + Tb + Dy + Ho + Er + Tm + Yb + Lu。
LREE：轻稀土元素含量。LREE = La + Ce + Pr + Nd + Sm + Eu。
HREE：重稀土元素含量。HREE = Gd + Tb + Dy + Ho + Er + Tm + Yb + Lu。
LREE/HREE：轻稀土含量与重稀土含量之比。
$(La/Yb)_n$：La 和 Yb 经球粒陨石标准化的比值。

### 1. 含量特征

从表 6.2 可知：朱集 10 个煤层平均 LREE 含量的范围为 75～125 mg/kg；HREE 范围为 9.8～18.9 mg/kg；∑REE 范围为 85～143 mg/kg。山西组（陆表海-水下三角洲沉积）煤

样中的 $\sum$REE 较低，为 75～86 mg/kg；下石盒子组（下三角洲平原）煤样 $\sum$REE 的范围为 86～125 mg/kg(6 煤和 7-2 含量较高，对应 B 含量的低值)。上石盒子组（下三角洲平原-上三角洲平原沉积）煤样的 $\sum$REE 含量较山西组和下石盒子组煤样的 $\sum$REE 含量高，其值均在 100 mg/kg 以上。就各个煤层 $\sum$REE 平均含量沿地层向上方向的变化来看，总体表现出：从下到上，山西组-下石盒子组-上石盒子组中煤样的 $\sum$REE 含量增加（图 6.4）。

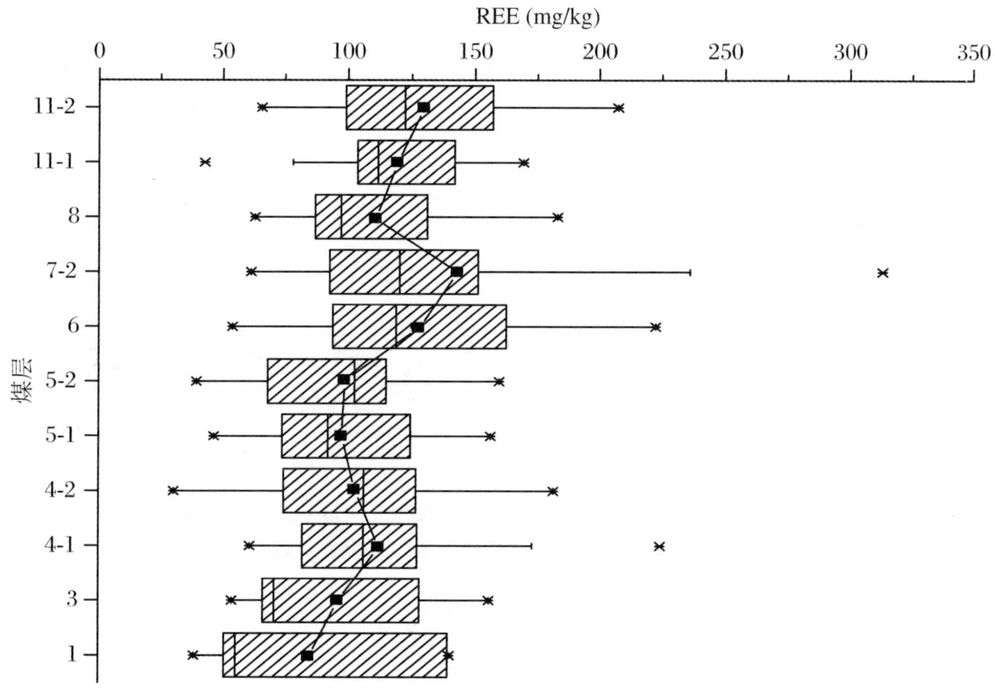


**图 6.4　稀土元素总量($\sum$REE)沿地层向上方向的变化**

## 2. 分布模式

从稀土元素的分布模式图可以直观地反映稀土元素的地球化学特征，朱集 10 个煤层、6 煤夹矸及 11-2 煤顶板（碳质泥岩）的稀土元素分布模式如图 6.5 所示：

(1) 朱集煤矿各煤层中稀土元素分布模式十分相似，均整体朝右倾斜，为左高右低 Eu 负异常的宽缓"V"形曲线。La-Sm 段曲线较陡，斜率较大；Gd-Lu 段曲线较缓，斜率较小。表明不同煤层中的稀土元素继承了母岩的特征，具有相同的来源，陆源物质供应相对稳定。

(2) 煤的 Eu 负异常是从源区继承下来的，海水的影响减少了其异常的程度，山西组的 Eu 具有最小值 0.53；海水对沼泽的影响并未造成严重 Ce 亏损；山西组 1 和 3 煤 $(La/Yb)_n$ 较大，表明 HREE 较其他组亏损。

(3) 除了含量存在差别外，夹矸和顶板的稀土元素球粒陨石标准化曲线与煤层十分相似，表明煤层聚煤盆地源区元素输入的相似性，稀土元素在煤岩层形成的过程中几乎没有重新分配。

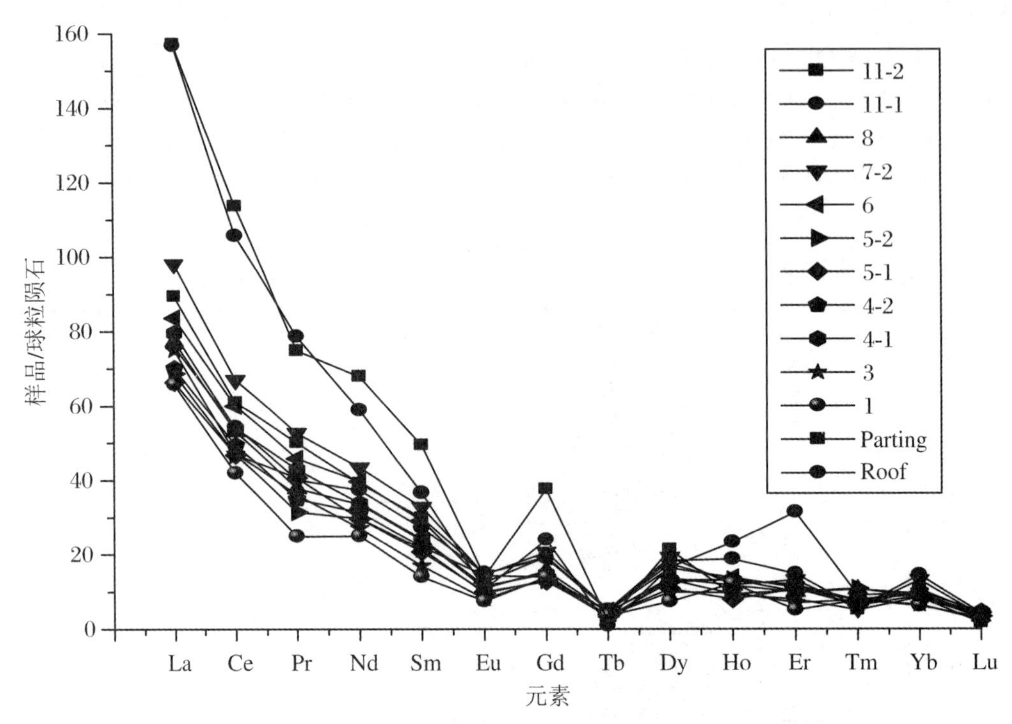


**图 6.5　朱集煤矿 10 个主采煤层和 1 煤层稀土元素球粒陨石标准化曲线**
**(包括 6 煤的夹矸和 11-2 煤上的碳质泥岩顶板)**

### 6.2.1.4　成煤植物体内汞的转化

淮北煤田在二叠纪早期,源区上升,陆源碎屑供应逐渐加强,自然环境过渡为河控三角洲,且在整个二叠纪期间,由于温暖湿润的气候和生长茂盛的高等植物,泥炭沼泽得以形成和发展,从而形成了良好的煤层。[728]泥炭沼泽是一个极为复杂的生态系统,有动植物的生长、繁殖与死亡。这些成煤植物在泥炭沼泽中,一方面要从沼泽介质中吸取一定数量的汞等微量元素,同时也要把自身的一些微量元素释放到沼泽中,通过生物作用、生物化学作用等来实现生物体与沼泽环境之间的元素交换。

成煤植物在其整个生命活动过程中,主要依靠根系从周围环境中吸收、积累和富集汞微量元素,对成煤植物来说,根部和植物体的下部含有某些微量元素的浓度相对比植物体枝节或枝叶部分要高,由于植物的根和植物的下部多形成煤的底板或底板附近的煤层,从而导致煤的底板中的微量元素含量较高。

从本次研究的安徽淮北煤田二叠纪 10 煤层中系统刻槽采集的样品来看(表 6.3),底板碳质泥岩样品 HM10-1 中汞的浓度高达 0.39 mg/kg,远高于本煤层中其他部位样品中汞的浓度。

成煤植物死亡以后,植物在微生物作用下将会发生降解,在沼泽中,氧化分解作用的不充分很快会使分解作用转化为合成腐殖质作用。植物遗体转变为腐殖质的过程中,其中的汞等微量元素一部分将释放出来并被沼泽中的植物重复利用,另一部分将残留在植物的遗体中并使之转化到腐殖质中,还有一部分将形成无机化合物沉淀或者随沼泽水排出沼泽。在泥潭沼泽结束阶段,汞等微量元素地不断输入以及环境条件的变化使沼泽不利于植物的生长，使得汞等微量元素的循环过程受到控制，此时的汞等微量元素将会沉淀下来，从而形成一定的富集，导致塚层顶板附近汞等微量元素浓度偏高。安徽淮北煤田5煤层顶板中的汞(1.82 mg/kg)的浓度偏高就是最好的例证(见表6.3)。

**表6.3　煤层顶板和底板样品中汞的浓度特征**

| 地点 | 位置 | 样品号 | 岩性 | 灰分(%) | Hg(mg/kg) |
|---|---|---|---|---|---|
| 安徽淮北煤田 | 5煤层顶板 | HZ5-9 | 碳质泥岩 | 87.02 | 1.82 |
| 安徽淮北煤田 | 10煤层底板 | HM10-I | 碳质泥岩 | 65.01 | 0.39 |

从植物体本身的组成来看，自然界的植物体中含有蛋白质、碳水化合物、脂类化合物和木质素等，在泥炭化作用过程中，植物遗体发生氧化，绝大部分的植物体将会分解成$CO_2$、$NH_3$、$CH_4$和$H_2O$等而消失，而残余物将会在生物化学作用和物理化学作用下转化为腐殖质。腐殖质中的主要组分为腐殖酸，腐殖酸是泥炭有机质中的主要组分，是由一组相似的，但分子量大小不同的、结构不一致的羟基芳香羟基酸所组成的复杂化合物。腐殖酸每个结构端元由核、桥键核活性基团组成，核上带有的活性基团决定了腐殖酸的一些重要理化性质。常见的活性基团有禯基、醇羟基、磺酸基、甲氧基以及游离的醌基等，尤以梭基、酚羟基和醌基为主。这些活性基团可以与Hg、Fe、Cu、Zn等多种金属形成螯合物，从而使许多元素在煤中以及富含有机质的岩石中相对富集。安徽淮北煤田煤中汞的含量与灰分含量之间的相关性不明显，说明淮北煤田二叠纪煤中的汞赋存在煤成分中，除了由岩浆侵入影响导致煤中汞的含量和赋存方式重新分配之外，该区煤中的汞与有机质之间联系密切，可能与当时的泥炭沼泽环境和成煤植物有较好的关联。

## 6.2.2　岩浆侵入

研究区安徽淮北煤田来的岩浆岩主要为燕山期，闪长岩、石英斑岩和辉绿岩大多以岩床、岩株和岩脉状产出。从所研究的淮北煤田的几个煤层来看，5煤层和7煤层部分受岩浆热液侵入，造成煤的变质程度较高，其中又以5煤层影响为主。从侵入的岩浆岩的全化学成分分析来看，$SiO_2$、$TiO_2$、$Al_2O_3$、$Fe_2O_3$、CaO、MgO、MnO、$Na_2O$、$K_2O$和$P_2O_5$的含量分别为52.3%、0.712%、13.27%、8.03%、8.28%、6.84%、0.137%、2.74%、0.633%和0.166%[263]，侵入的岩浆岩为辉绿岩。虽然5煤层和7煤层中硫的含量不高，平均含量仅分别为0.64%和0.59%，但煤中汞的平均含量分别高达0.54 mg/kg和0.34 mg/kg，远高于淮北煤田10煤层、4煤层和3煤层中汞的平均含量，显然岩浆热液的侵入不仅没有导致煤层中挥发性的汞的损失，反而造成汞在5煤层和7煤层中的富集。但从同一煤层中不同部位汞的分布规律来看，岩浆热液侵入的影响，煤层中的汞的分布并没有明显的规律性。Finkelman[304]也曾报道过，在美国科罗多拉州Pitkin次烟煤中，岩浆侵入的影响使得煤中热液方解石脉富集，Ca、Mg、Fe、Sr和Mn等元素的含量增加，但高温热液作用和次生富集作用的共同影响，并没有使挥发性元素Hg、Se、Cl和Br含量降低，岩浆热液侵入的影响对煤中微量元素既有破坏的一面，又存在建设的一面。代世峰[264]的研究结果也表明，由于岩浆热液黄铁矿利方解石脉的渗入，接触变质煤的Mo、As和Zn的含量明显在煤中富集，分别达到15.4 mg/kg、7.2 mg/kg和81 mg/kg，而煤中F的含量由于岩浆热液侵入的作用竟高达2600 mg/kg。

#### 6.2.2.1 淮南煤田岩浆岩概况

朱集勘探钻孔共研究117个,包括前勘探阶段的88个和补堪阶段的29个钻孔。其中见岩浆岩侵蚀点57个(占48.72%),包括见岩床侵蚀煤层的53个和仅见天然焦的4个钻孔(16-2、16-4、8+1、17-1);未受侵蚀的有60个钻孔(占51.28%)。岩浆岩最厚为32.78 m,出现在15-1孔(表6.4)。前期88个钻孔中共见46个岩浆侵蚀点,44个钻孔见岩床侵蚀煤层,2个孔仅见天然焦(16-2、17-1);补堪29个钻孔中共见11个岩浆侵蚀点,9个钻孔见岩床侵蚀煤层,2个孔仅见天然焦(16-4、8+1)。其中8煤在13-4、16-2孔仅见天然焦;7-2煤在16-2孔仅见天然焦;6煤在16-4孔仅见天然焦;5-1煤在17-1孔仅见天然焦;3煤在8+1孔仅见天然焦。

**表6.4 朱集主采煤层岩浆岩侵蚀点**

| 煤层名称 | 侵蚀点数目 | 孔号 |
|---|---|---|
| 17-1 | 1 | 11-5 |
| 16-2 | 3 | 10-1、11-1、*12-6* |
| 13-1 | 2 | 11-5、北十二2 |
| 8 | 8 | 12-3、12-4、*13-4*、14-3、14-4、15-1、15-3、16-2 |
| 7-2 | 6 | 11-2、12-4、14-2、15-1、15-3、16-2 |
| 6 | 5 | 6-4、15-1、16-1、*16-4*、*17+1* |
| 5-2 | 1 | 16-1 |
| 5-1 | 7 | 11-3、11-4、12-2、13-2-1、13-3、16-1、17-1 |
| 4-2 | 8 | 8-2、9-5、10-4、13-1、*13-4*、*15+1*、16-1、18-1 |
| 4-1 | 20 | 8-3、9-1、9-2、9-5、9-6、10-3、11-1、11-3、12-1、12-2、12-3、13-1、13-2-1、13-3、*13-4*、14-1、14-2、15-3、*E1*、*E2* |
| 3 | 30 | 5-3、5-4、5-8-1、6-1、6-2、6-3、6-4、7-1、7-3、7-5、7-7、8-1、8-2、8-3、8-4、*8+1*、*8-6*、*8-7*、9-2、9-4、9-5、9-6、10-1、10-2、10-3、*12-6*、14-1、20-1、*E1*、*E2* |

斜体为补堪钻孔。

浆岩的侵入范围主要集中在本区中、东部6-17勘查线之间的中、北部地段,在18勘查线及以西地段有零星分布(18-1、20-1、北十二2)。5-10勘查线之间岩浆岩侵入层位主要集中在3、4-1、4-2煤层附近;11-17勘查线之间侵入层位主要集中在4-8煤层附近,断层附近可向上侵入到13-1煤层甚至16、17煤组。岩浆岩侵入煤层点,有由下向上变少的趋势,3煤层有30个侵蚀点,4-1煤层有20个侵蚀点,4-2煤层有8个侵蚀点,5-1煤层有7个侵蚀点,5-2煤层有1个侵蚀点,6煤层有5个侵蚀点,7-2煤层有6个侵蚀点,8煤层有8个侵蚀点,13-1煤层有2个侵蚀点,16-2煤层有3个侵蚀点,17-1煤层有1个侵蚀点(表6.4)。3、4-1、4-2煤层侵蚀点成片出现,上部煤层侵蚀点零星分布。

岩浆岩可能以岩床和岩脉形式产出,岩性为酸性闪长岩、闪长斑岩、细晶岩、基性辉绿岩。岩浆岩同位素年龄测定绝对年龄为1.1亿年,推测其侵入时代应属燕山期。岩浆岩顺煤层侵入,主要表现为拱开、吞蚀地层和煤层,使煤层缺失、变薄或为天然焦。

### 6.2.2.2　朱集煤层中微量元素对岩浆侵入响应

本研究的 11 个钻孔特定煤层受到后生岩浆的影响，使得煤层的厚度和物理化学特性发生变化。3 煤和 4 煤受到岩浆侵入的煤层较多，这些煤层煤的平均镜质组最大反射率（$R_{O,max}$）高于其他煤层 0.1%左右。岩浆热液中含有大量的微量元素，当其流经煤层时，与煤层中微量元素进行交换，使得一些元素缺失或富集。为了研究受岩浆热液影响的煤层与正常沉积的煤层间微量元素含量存在的差异，本书分析了 3、4-1、4-2 和 8 煤层的元素含量状况。

**1. 3 煤层**

3 煤层受岩浆侵蚀的范围如图 6.6 所示，主要集中在 5 线到 10 线的范围之内，包括勘探阶段的 23 个以及补堪阶段的 7 个钻孔（表 6.4）。

**图 6.6　3 煤层岩浆岩分布图**

3 煤层附近的岩浆岩样品中微量元素含量如表 6.5 所示。与 3 煤层的平均值相比较，V 和 Co 在岩浆岩中含量分别高于 2 倍和 0.8 倍；而 As 和 Mo 的含量分别低于 0.8 倍和 0.7 倍；其他元素在岩浆岩与煤层中的含量相近（图 6.7）。朱集矿井 8-10 线附近的钻孔煤层中，一些元素的含量较高，并把这些元素分为 5 类：Pb、Ba、Be、Sn 在受岩浆侵蚀的 8 + 1 钻孔煤层中明显富集，含量分别为 33.6 mg/kg、608 mg/kg、12.5 mg/kg 和 29.6 mg/kg，高出其他钻孔平均值 1.7～3.4 倍（图 6.8（a））；Ni、Sc、REE 同时在 8 + 1 和 9 + 1 钻孔煤层富集，As 只有在 9 + 1 钻孔煤层有明显的高值 49.9 mg/kg（图 6.8（b））。Th 和 V 在 10 + 1 和 15-6 钻孔中达到最高值，而 Cr 只在 10 + 1 高达 97 mg/kg（图 6.8（c））；除了 15-6 钻孔外，Mn、Zn、Li、B 在各个钻孔的煤层间分布趋势不太明显，含量变化不稳定（图 6.8（d））；Cu、Y、Se、Co 元素在受岩浆侵蚀钻孔中的平均含量分别为 9.6 mg/kg、6.2 mg/kg、1.4 mg/kg、3.6 mg/kg（图 6.8（e）），明显低于非侵蚀钻孔 3 煤层的平均含量 17.5 mg/kg、8.9 mg/kg、10.5 mg/kg、17.4 mg/kg。

表 6.5 岩浆岩样品微量元素测试值

| | E1(3) | E2(3) | 7-7(3) | 8-6(3) | 8-7(3) | 8+1(3) | 12-6(3) | E1(4-1) | E2(4-1) | 13-4(4-1) | 15+1(4-2) | 13-4(4-2) | 16-4(6) | 17+1(6) | 13-4(8) |
|---|---|---|---|---|---|---|---|---|---|---|---|---|---|---|---|
| Li | bdl | 8 | 30 | 20 | 12 | 27 | 20 | 7 | 24 | 38 | 18 | 13 | 58 | bdl | 8 |
| Be | 3.4 | 1 | 4.8 | 2.6 | 2.4 | 7.8 | 2.9 | 1.3 | 0.6 | 4.5 | 12.2 | 2.9 | 5.3 | 16.3 | 1.4 |
| B | 149 | 90 | 831 | 276 | 20 | 439 | 31 | 94 | 8 | 233 | 279 | 423 | 688 | 1567 | 272 |
| Sc | 2.7 | 2.1 | 6.8 | 4.4 | 5.5 | 4.3 | 4.2 | 1.8 | 2.3 | 7.6 | 3.6 | 2.8 | 2.1 | 1.4 | 2.3 |
| V | 12.8 | 9.9 | 20.1 | 23.3 | 5.2 | 13.3 | 3 | 8.4 | 0.9 | 47.6 | 31.3 | 25.7 | 9.2 | 7.3 | 16.3 |
| Cr | 22 | 61 | bdl | 36 | 8 | 47 | 34 | 36 | 10 | 39 | 28 | 36 | 14 | 5 | 28 |
| Mn | 67 | 68 | 45 | 50 | 12 | 142 | 92 | 51 | 2 | 116 | 200 | 80 | 26 | 17 | 79 |
| Co | 0.3 | bdl | 26.3 | 5.4 | 0.2 | 54.7 | 6.6 | bdl | 1 | 9.2 | 62 | 8.2 | bdl | 0.8 | 2.4 |
| Ni | 8.2 | 20 | 8.6 | 7.8 | 1.2 | 18.4 | 14.3 | 9.2 | 5.3 | 19.6 | 34.3 | 10 | 17.2 | 11.9 | 13.4 |
| Cu | 35.4 | 23.7 | 26.1 | 24.8 | 7.9 | 19 | 5.3 | 24.5 | 13.6 | 24.5 | 10.3 | 10.6 | 9.8 | 14.6 | 12.8 |
| Zn | 21.7 | 17.2 | bdl | 8.1 | bdl | bdl | 26.4 | 20.8 | bdl | 69.1 | bdl | 4 | bdl | 1.6 | 6.2 |
| As | bdl | 0.4 | 3.8 | bdl | 1.4 | 1 | 0.7 | bdl | bdl | 0.8 | bdl | 0.7 | bdl | bdl | bdl |
| Se | bdl | bdl | 17.2 | 0.5 | 1 | 11.1 | 0.5 | bdl | bdl | bdl | 8.2 | 0.5 | bdl | bdl | bdl |
| Y | 12.1 | 7.5 | 12 | 11.3 | 7.6 | 11.4 | 5.8 | 7.5 | 5.7 | 18.1 | 10.3 | 9 | 9.5 | 8.7 | 7.6 |
| Mo | 1.8 | 1.7 | bdl | 1.2 | bdl | bdl | 1.5 | 1.5 | 1 | bdl | bdl | 1.1 | 1.8 | 0.8 | 1.8 |
| Cd | bdl | bdl | bdl | bdl | bdl | bdl | bdl | bdl | bdl | bdl | bdl | bdl | bdl | bdl | bdl |
| Sn | 2.6 | 3 | 9.2 | 4.7 | 7.6 | 6.2 | 2.9 | 2.3 | 4.3 | 4.2 | 6.1 | 2.4 | 3.3 | 3.5 | 2.1 |
| Sb | 3.28 | 5.13 | bdl | 0.22 | bdl | bdl | bdl | 6.71 | 1.38 | bdl | bdl | bdl | 5.37 | 5.84 | bdl |
| Ba | 212 | 124 | 300 | 181 | 114 | 187 | 91 | 152 | 137 | 130 | 145 | 96 | 159 | 291 | 48 |
| Pb | 15.2 | 11.7 | 18.9 | 16.4 | 3.7 | 6.2 | 7.5 | 15.9 | 2.2 | 12.8 | 6.5 | 7.4 | 15.8 | 14.1 | 2.2 |
| Th | 5.1 | 3.1 | 7.5 | 4.9 | 2.8 | 3 | 3.4 | 3.3 | 1.3 | 5.4 | 2.7 | 2.8 | 1.9 | 4 | 1.9 |
| REE | 109 | 42 | 106 | 59 | 77 | 58 | 68 | 47 | 66 | 117 | 45 | 50 | 13 | 100 | 36 |

E1(3)-E1 钻孔 3 煤附近岩浆岩样品。

从分析可知,特定微量元素的含量无论是在受岩浆热液影响的还是正常沉积的3煤层中,并没有呈现出一致的增加或减少,只是在特定的几个钻孔中富集。这可能与这些钻孔的特殊地质背景有关,如8+1钻孔中3煤仅见天然焦,岩浆侵蚀比较严重,使得其特定的微量元素出现富集。另外,岩浆岩与其侵蚀的煤层中微量元素含量并不存在一致性,一些在岩浆岩中富集的元素,并没有继承到其影响的煤层中。例如:V和Co在8+1煤附近岩浆岩的含量分别为13.3 mg/kg和54.7 mg/kg,是未受影响的3煤层平均值的2.5倍和3.12倍;而在受岩浆岩影响的8+1钻孔的3煤层中它们的含量分别为6.4 mg/kg和10.2 mg/kg,是未受影响的3煤层平均值的1.2倍和0.6倍。

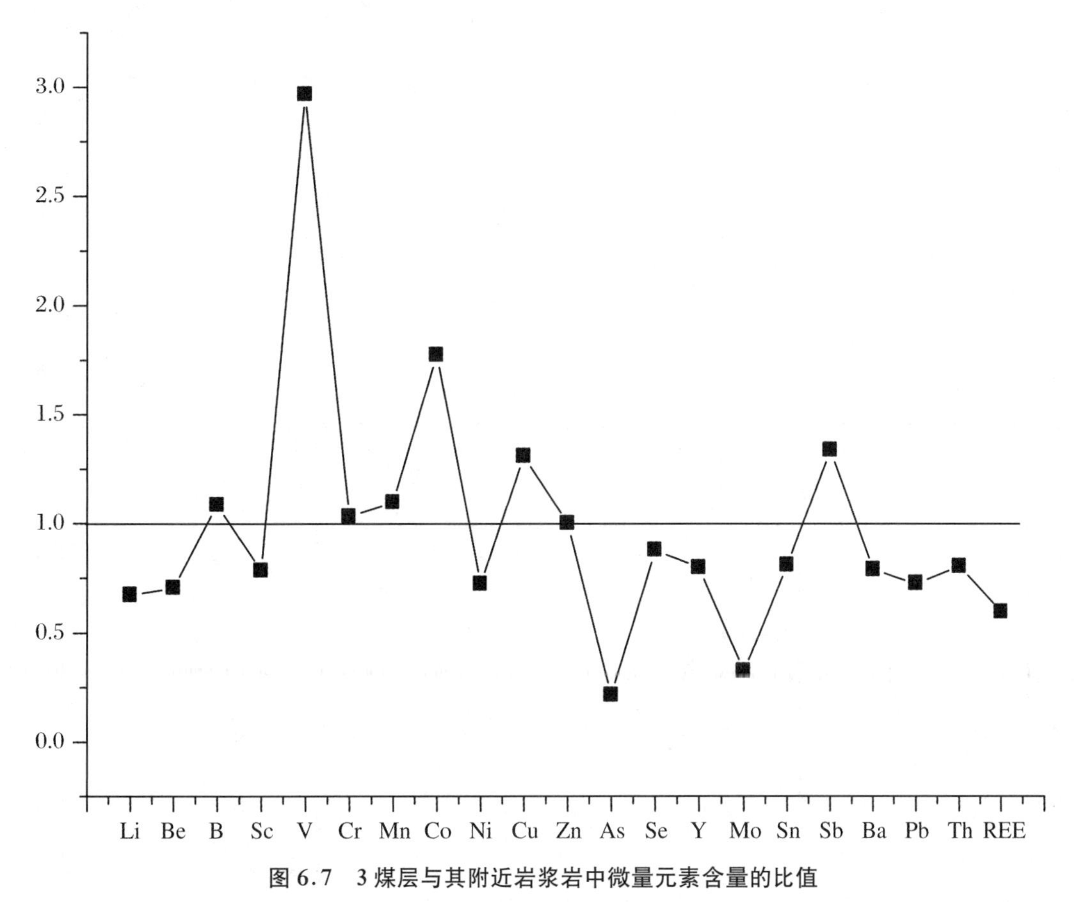


**图6.7　3煤层与其附近岩浆岩中微量元素含量的比值**

**2. 4-1煤层**

4-1煤层受岩浆岩侵蚀的范围如图6.9所示,主要集中在8-15勘探线,包括17个勘探钻孔和3个补堪钻孔(表6.4)。

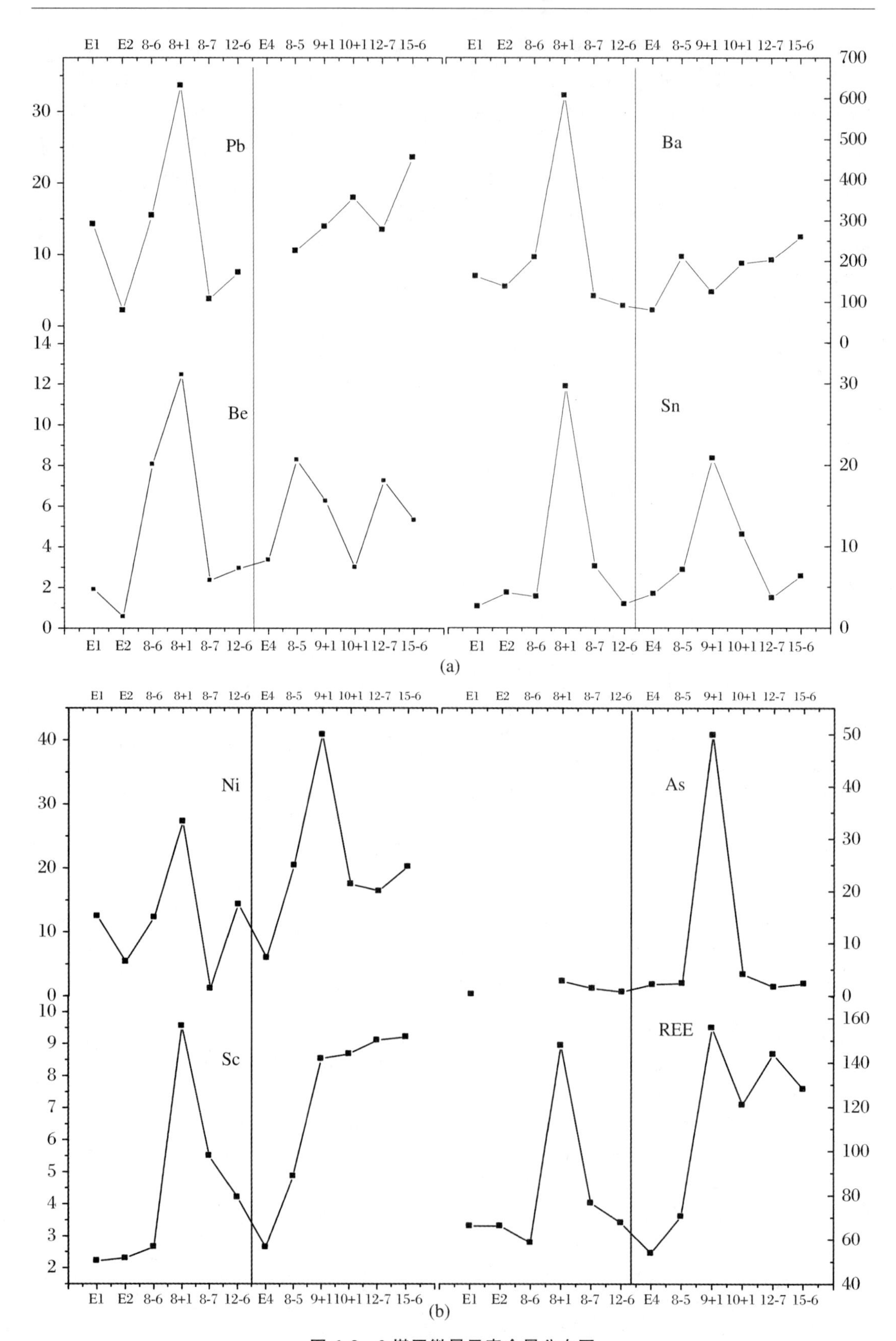


图 6.8 3 煤层微量元素含量分布图

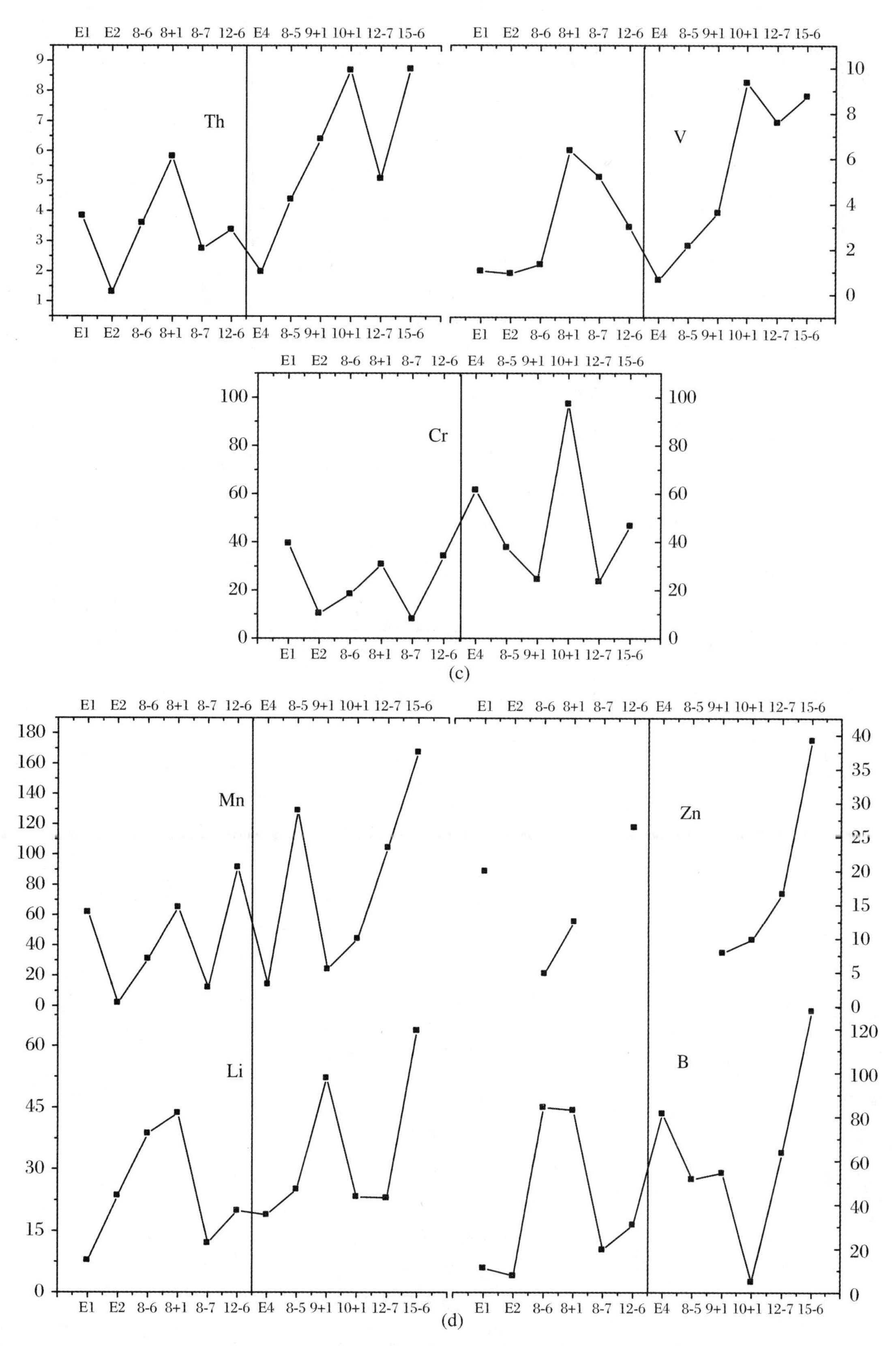


续图6.8　3煤层微量元素含量分布图

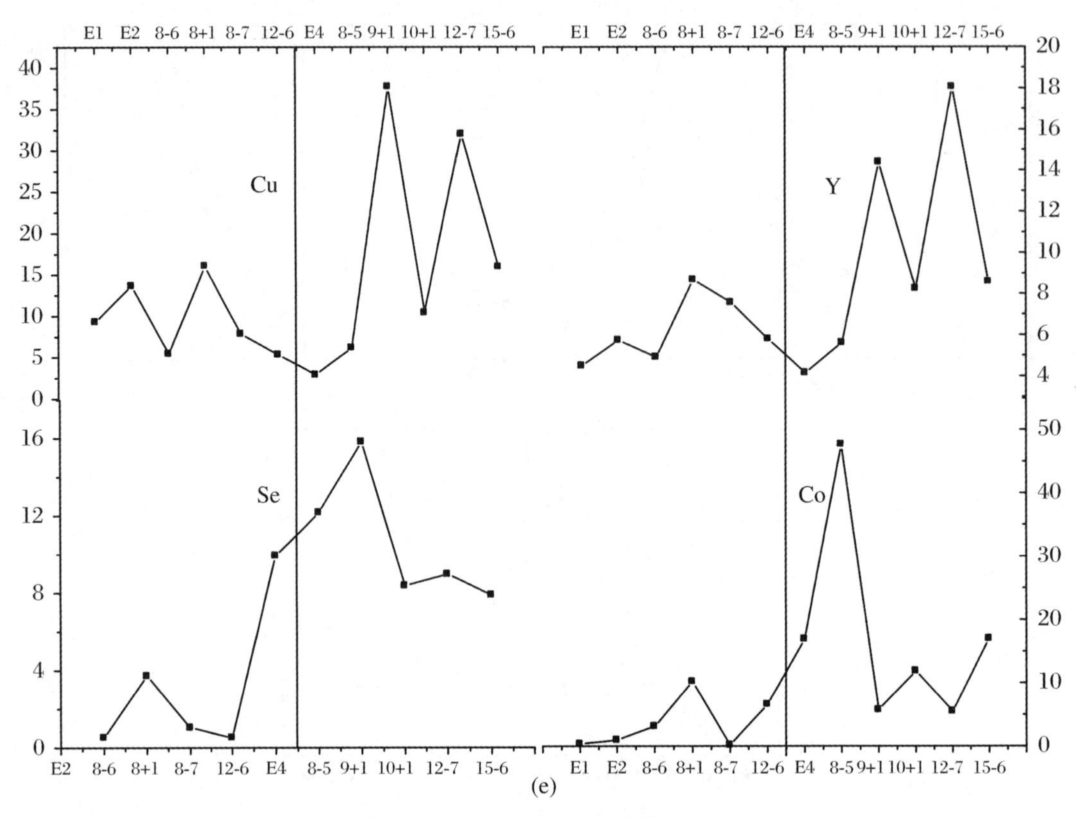


续图 6.8　3 煤层微量元素含量分布图

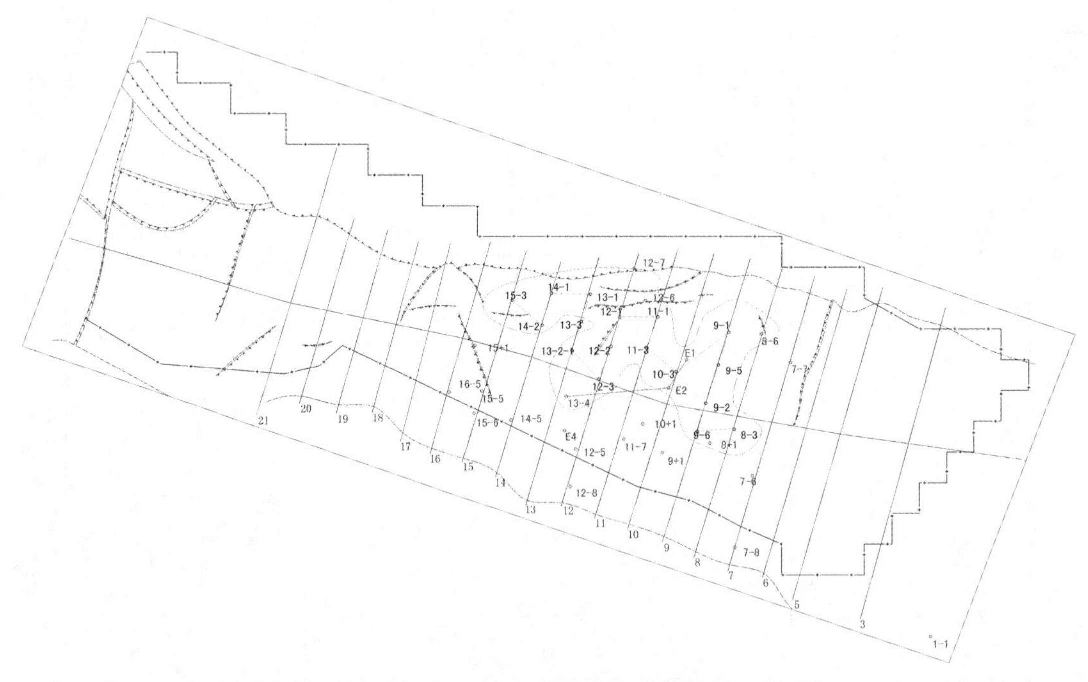

图 6.9　4-1 煤层岩浆岩分布图

3个4-1煤附近的岩浆岩样品中V、Zn、Sb含量分别高于4-1煤层平均含量的2.2倍、6.3倍和1.3倍；但在受岩浆影响的4-1煤样品中的含量却是4-1煤层均值的1.2倍、0.6倍和0.9倍，并未发现这些元素存在高值。本研究利用Sufur9.0绘制了20个微量元素平面分布等值线图(图6.10～图6.29)。Ni、Y、Se、Be、Sc、Cr、Pb、REE元素的高含量主要富集在岩浆侵蚀范围的中上部的12-7钻孔中，含量分别为91 mg/kg、21 mg/kg、13.0 mg/kg、12.6 mg/kg、13.0 mg/kg、101 mg/kg、43 mg/kg和173 mg/kg，基本上都处于最高值；而受岩浆影响的钻孔煤层中这些元素的平均含量分别为17.3 mg/kg、14.9 mg/kg、9.4 mg/kg、3.6 mg/kg、5.7 mg/kg、34 mg/kg、14.3 mg/kg和104 mg/kg，处于中低值。Li、Th、Zn元素的高含量主要集中在岩浆侵蚀范围的右上部8-6钻孔，含量分别为41.4 mg/kg、21.0 mg/kg和7.0 mg/kg，高于4-1煤均值的1.0倍、2.4倍和0.7倍；而岩浆侵蚀范围内的煤层中微量元素的平均含量中等，分别为20 mg/kg、9.8 mg/kg和3.9 mg/kg，为4-1煤均值的0.9倍、1.6倍和0.9倍；Sb、Co、V元素在侵蚀范围的左上部钻孔15+1钻孔具有一致的高值，含量分别为4.48 mg/kg、13.1 mg/kg和8.3 mg/kg；而在侵蚀范围之内的值处于中高含量的水平，平均含量分别为1.52 mg/kg、9.2 mg/kg和7.0 mg/kg。Ba、As、Cu元素在侵蚀范围内钻孔的煤层中具有较高的含量，平均分别为198 mg/kg、42.0 mg/kg和3.46 mg/kg，是非侵蚀煤层元素平均含量的1.1倍、3.3倍和2.3倍。B、Sn元素高含量主要在侵蚀范围线的下部，3个岩浆侵蚀钻孔(E1、E2和13-4)的平均值低于其他钻孔平均值的4.8倍和0.9倍。锰元素在E1钻孔中含量最高为131 mg/kg。

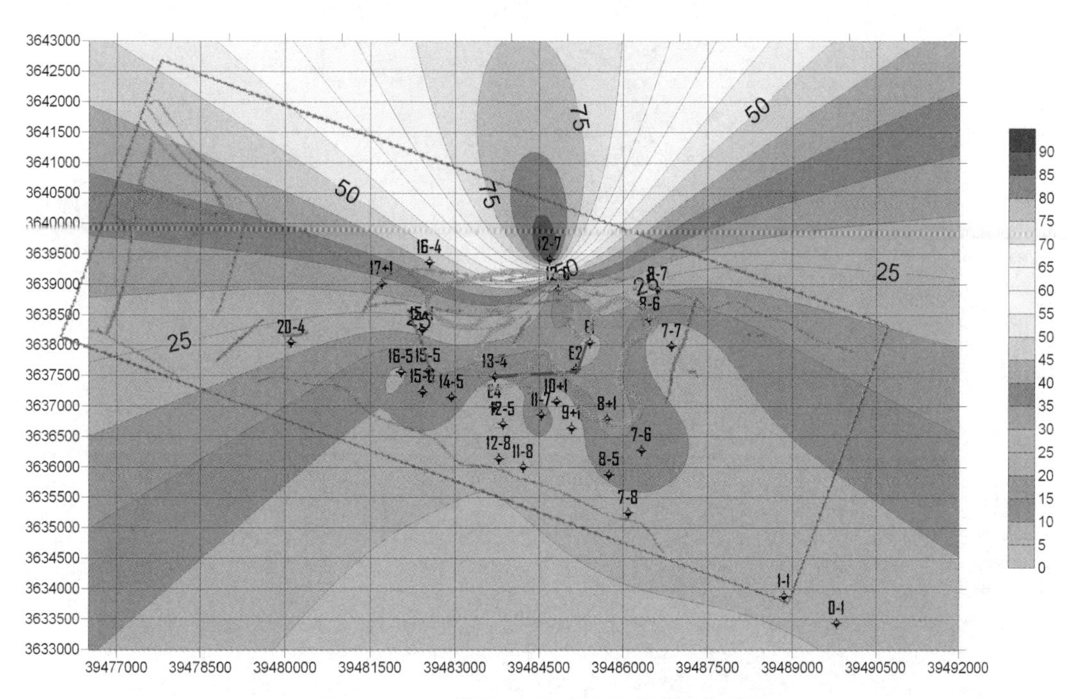


图6.10　4-1煤层Ni元素平面分布等值线图

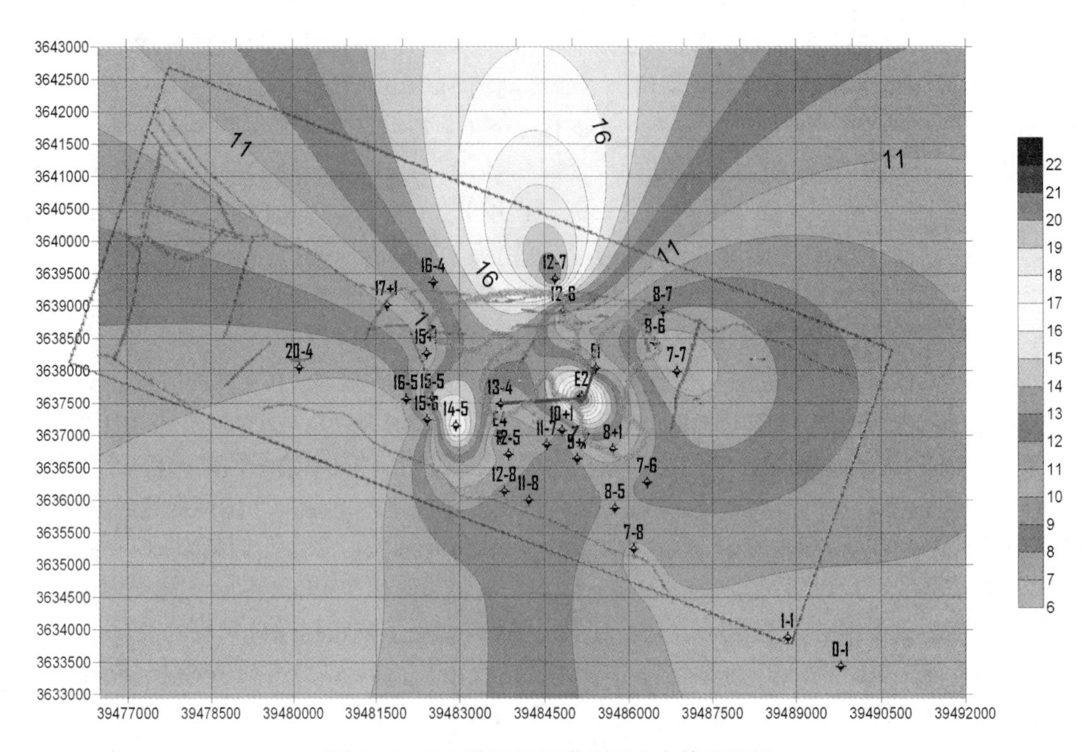


图 6.11 4-1 煤层 Y 元素平面分布等值线图

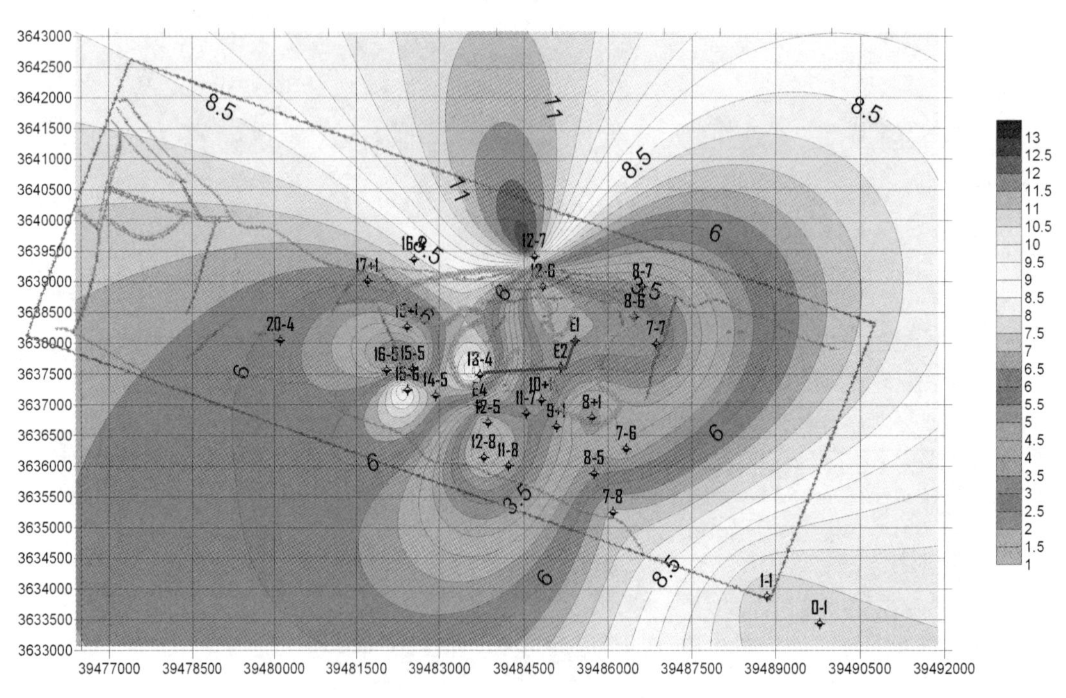


图 6.12 4-1 煤层 Se 元素平面分布等值线图

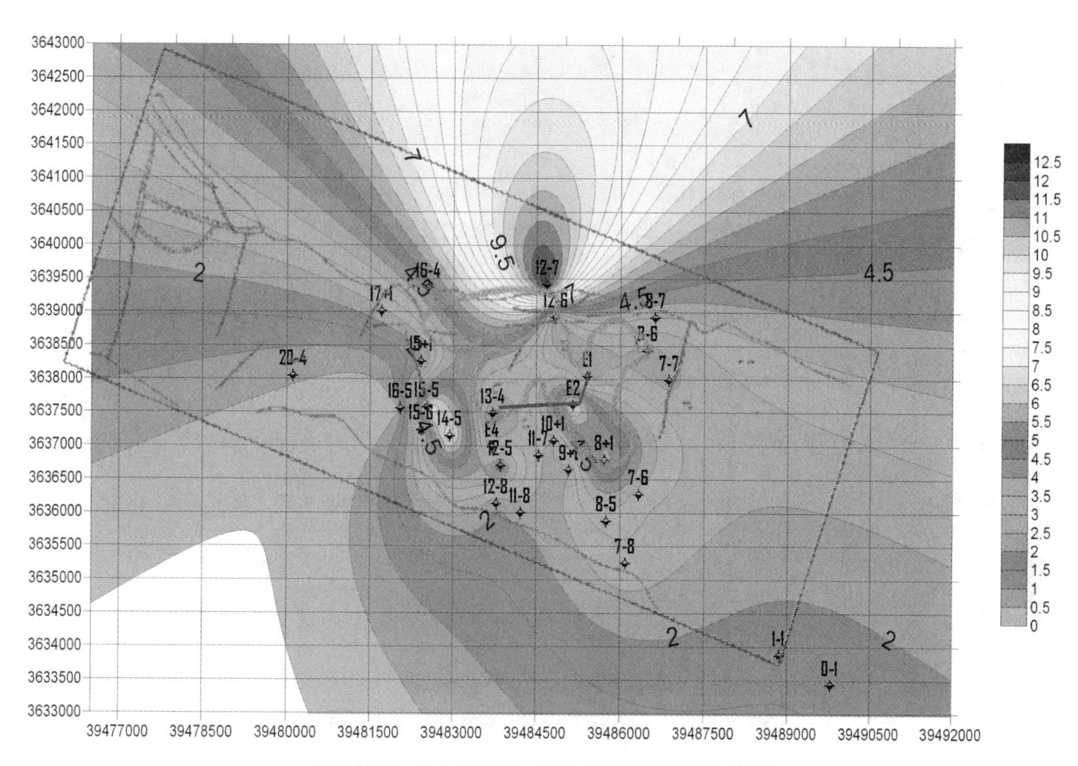

图 6.13　4-1 煤层 Be 元素平面分布等值线图

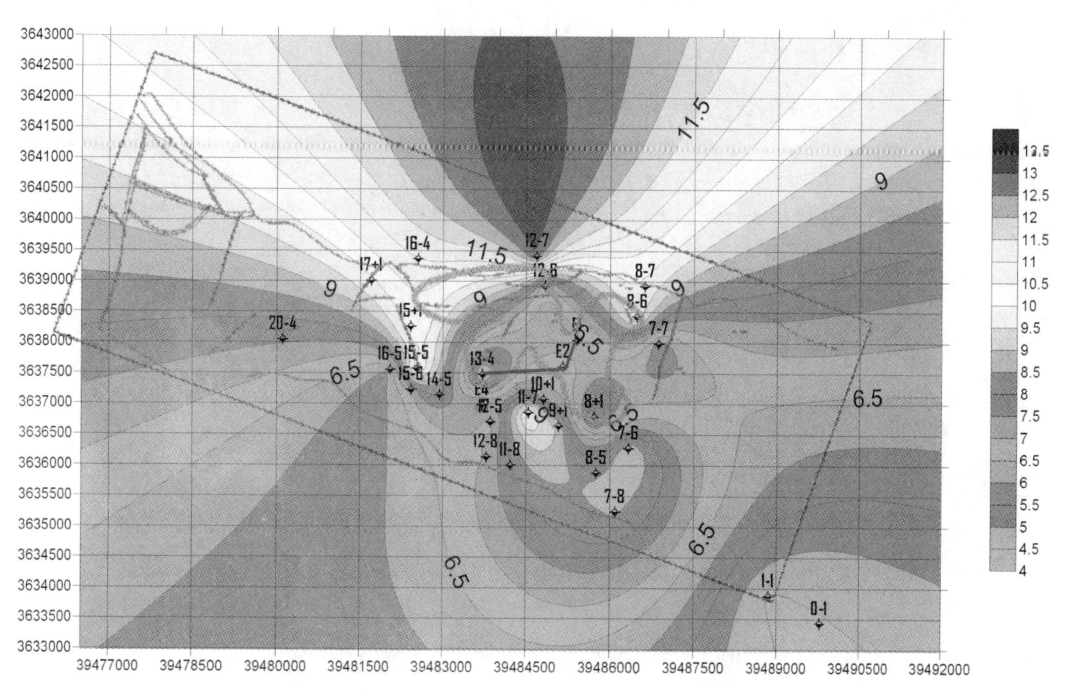

图 6.14　4-1 煤层 Sc 元素平面分布等值线图

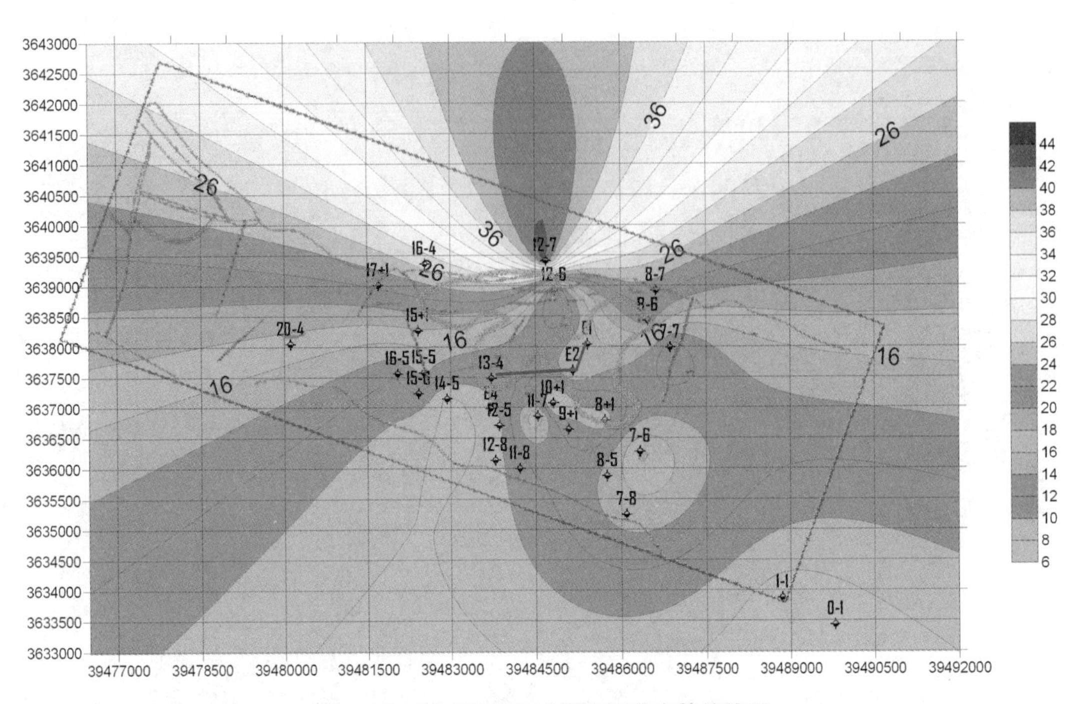


图 6.15　4-1 煤层 Pb 元素平面分布等值线图

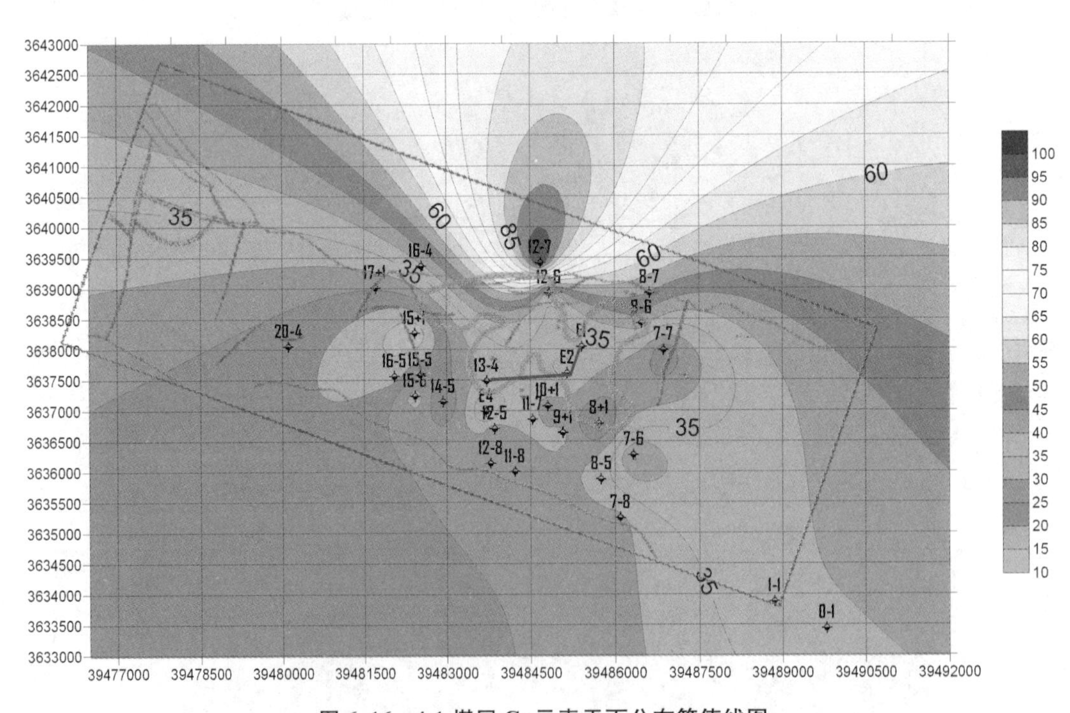


图 6.16　4-1 煤层 Cr 元素平面分布等值线图

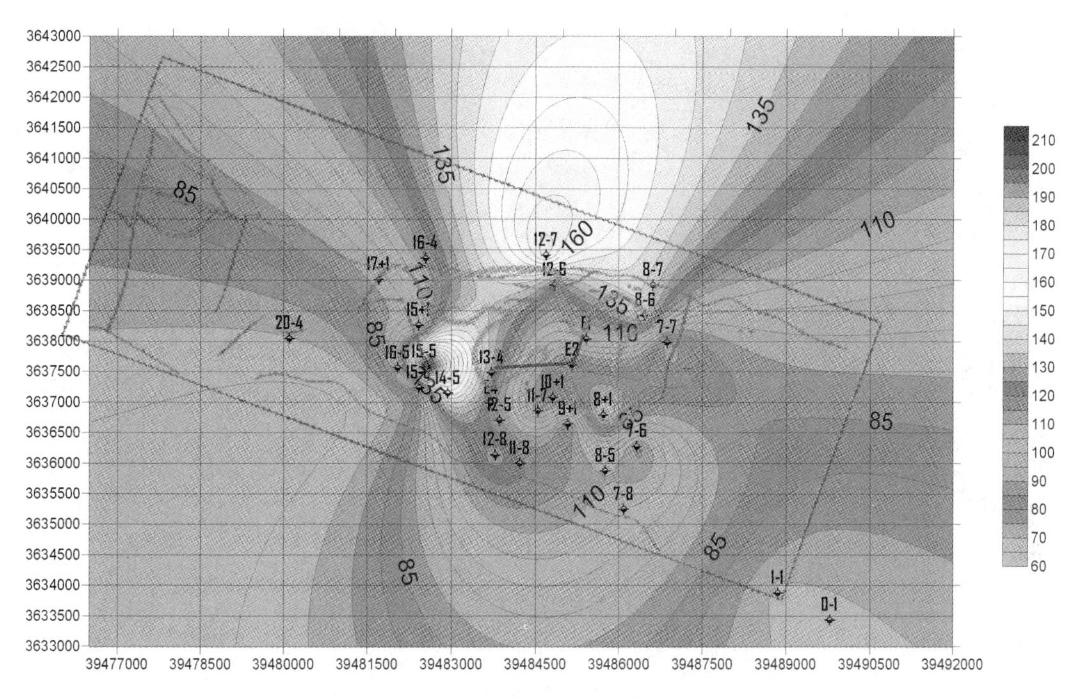


图 6.17　4-1 煤层 REE 元素平面分布等值线图

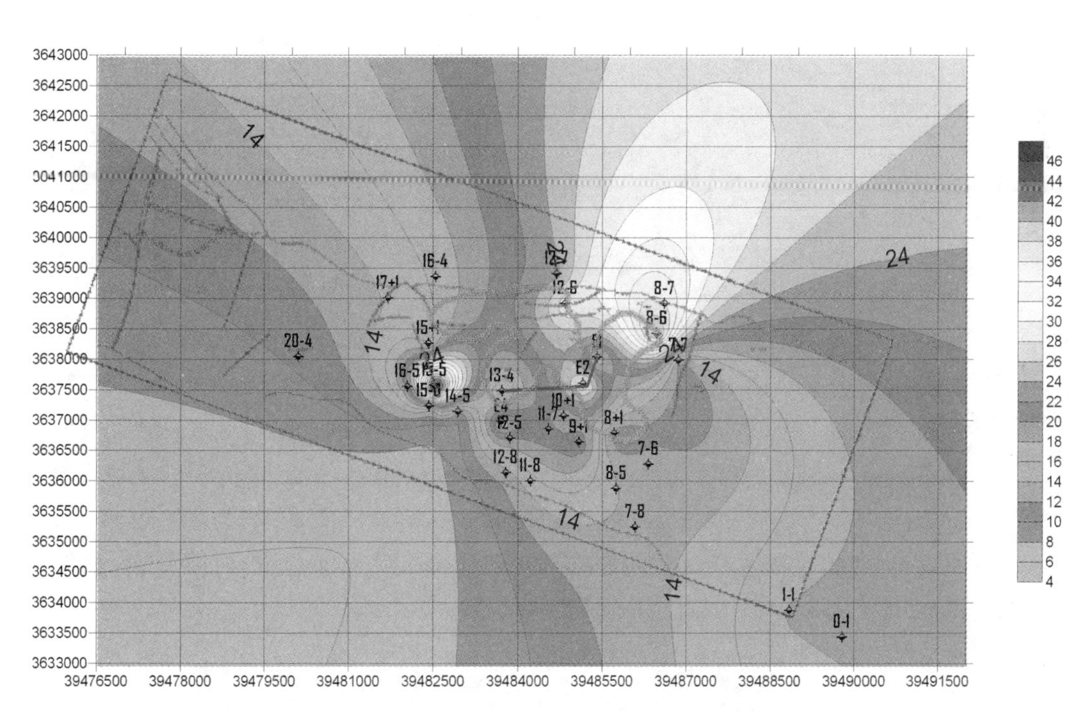


图 6.18　4-1 煤层 Li 元素平面分布等值线图

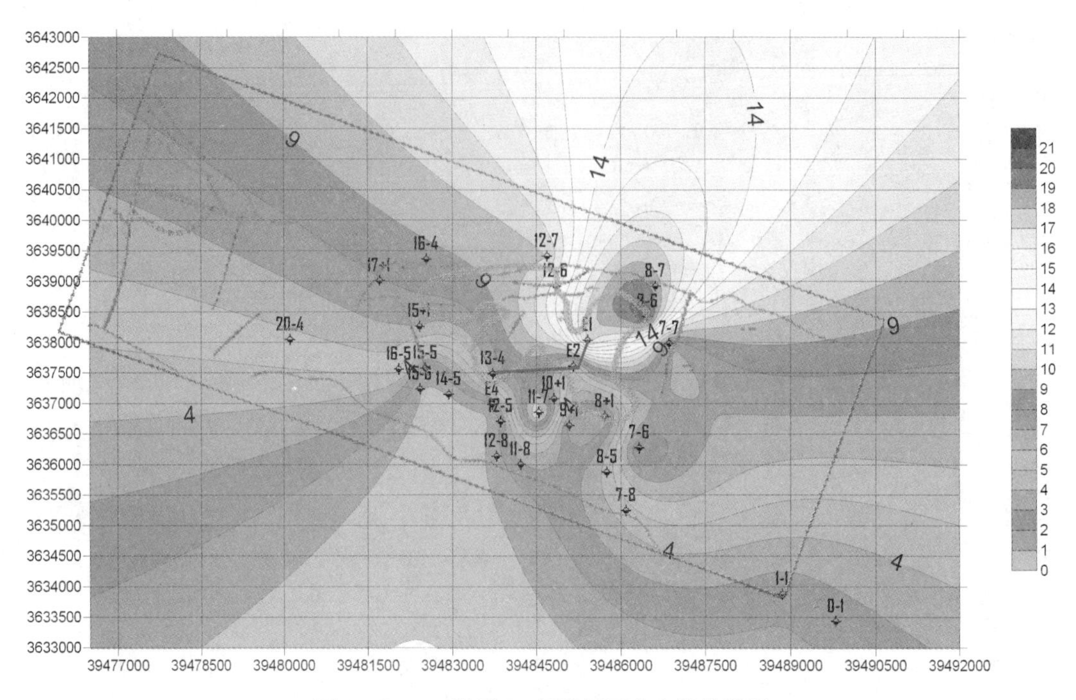


图 6.19　4-1 煤层 Zn 元素平面分布等值线图

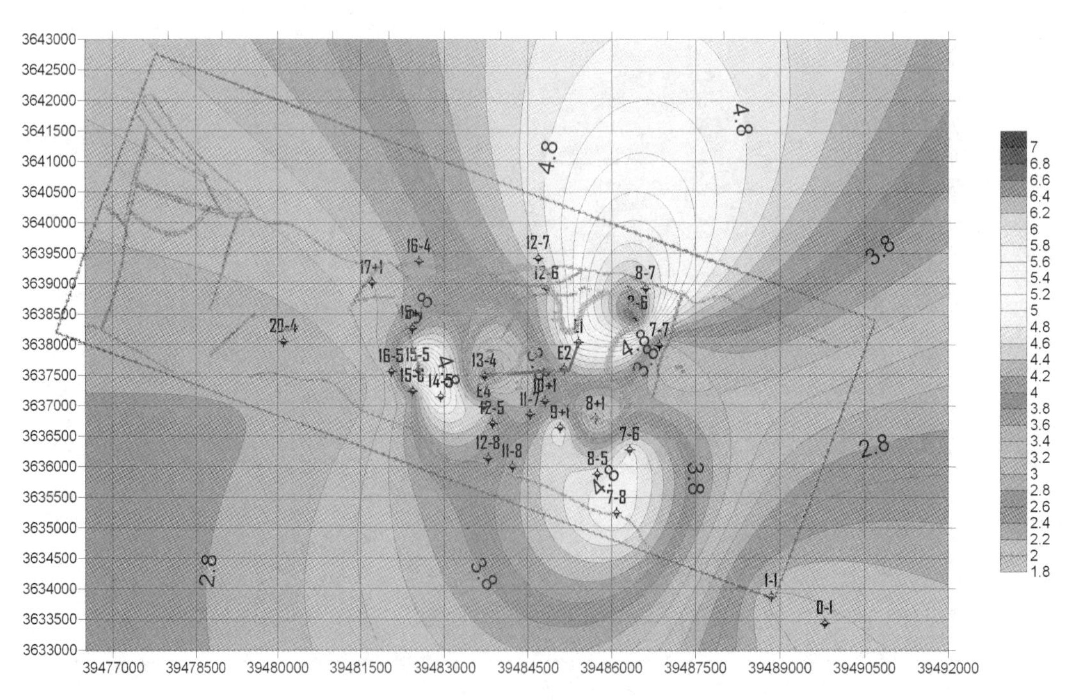


图 6.20　4-1 煤层 Th 元素平面分布等值线图

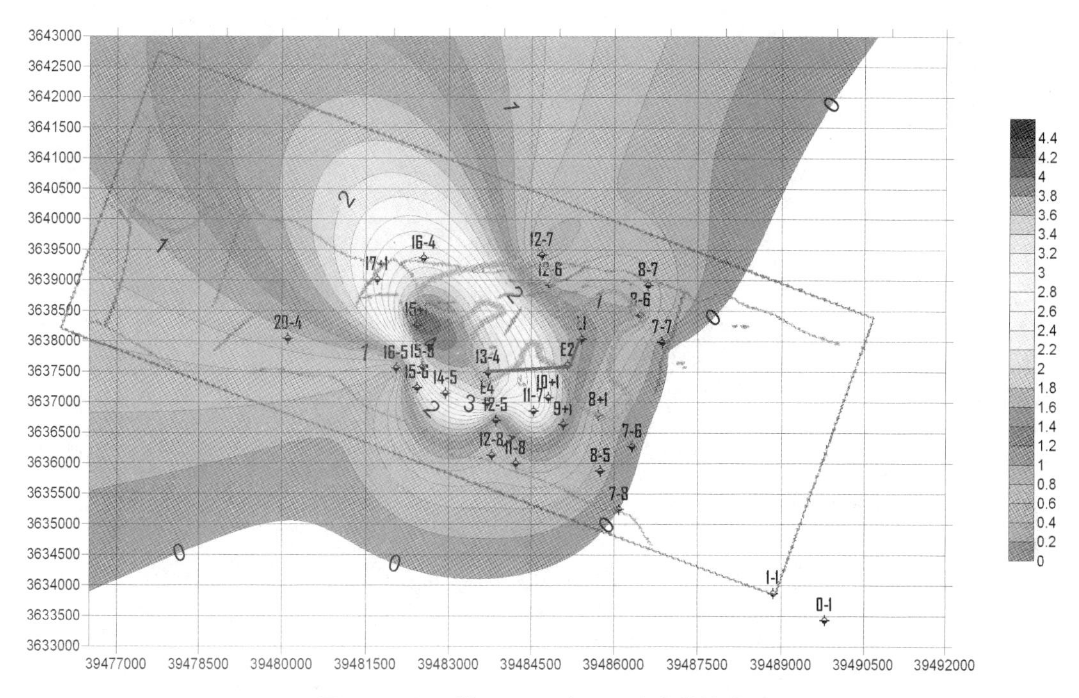

图6.21　4-1煤层Sb元素平面分布等值线图

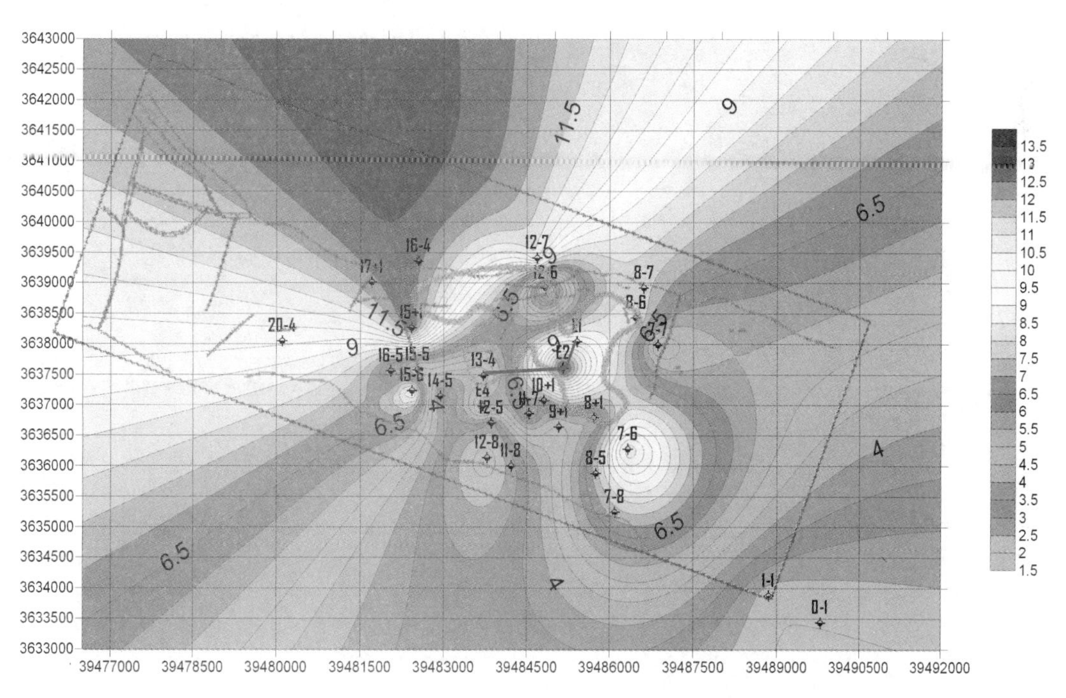

图6.22　4-1煤层Co元素平面分布等值线图

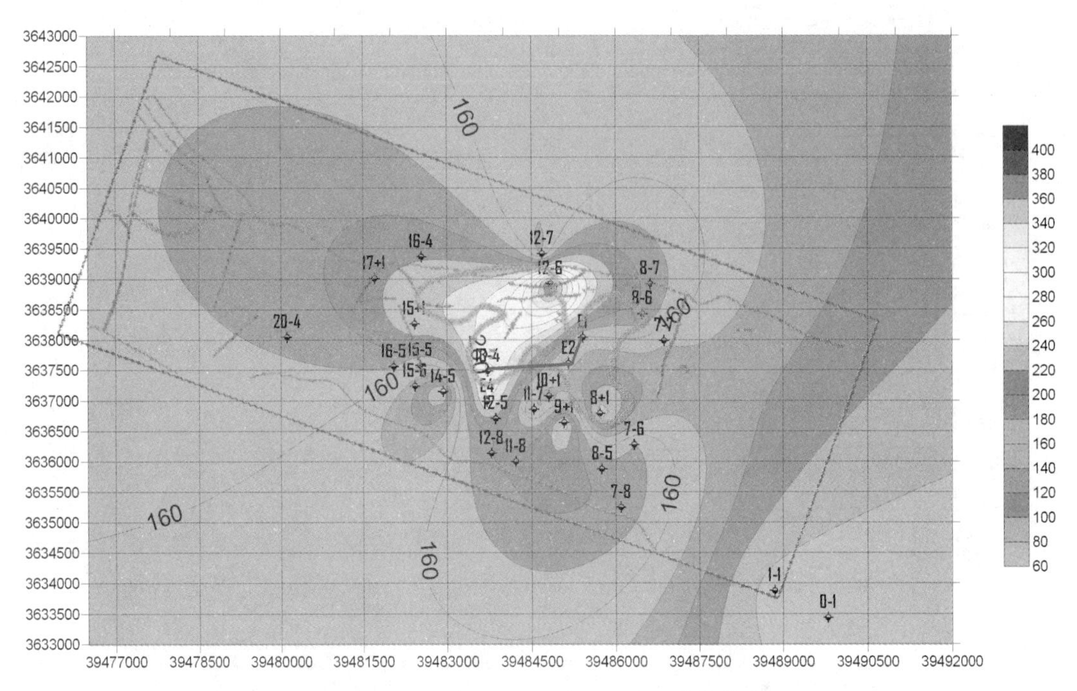

图 6.23　4-1 煤层 Ba 元素平面分布等值线图

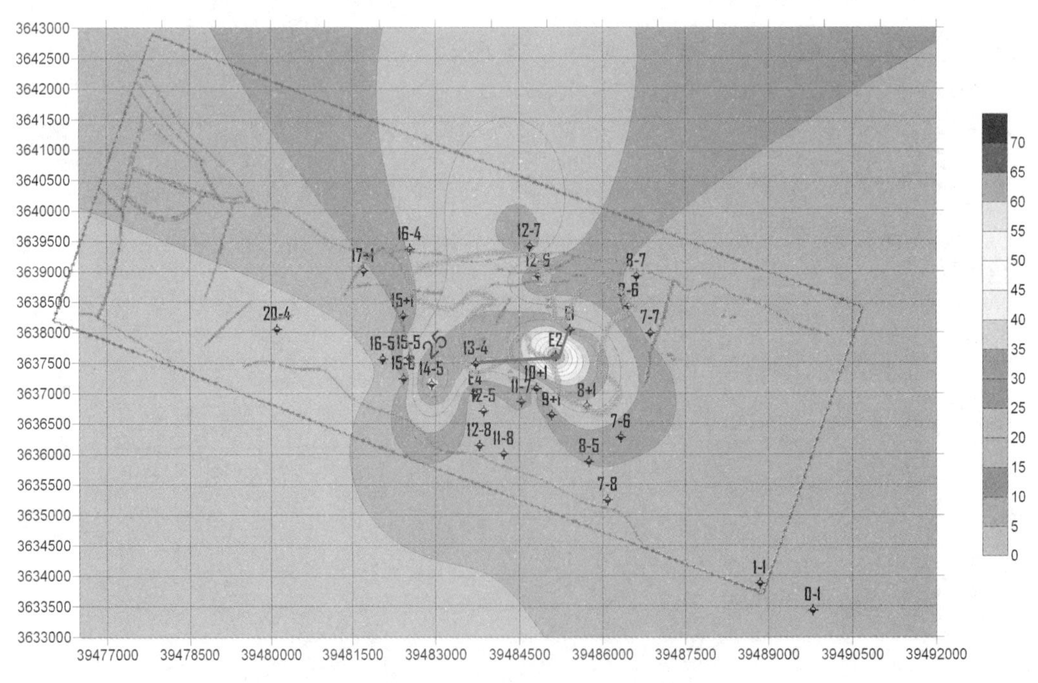

图 6.24　4-1 煤层 Cu 元素平面分布等值线图

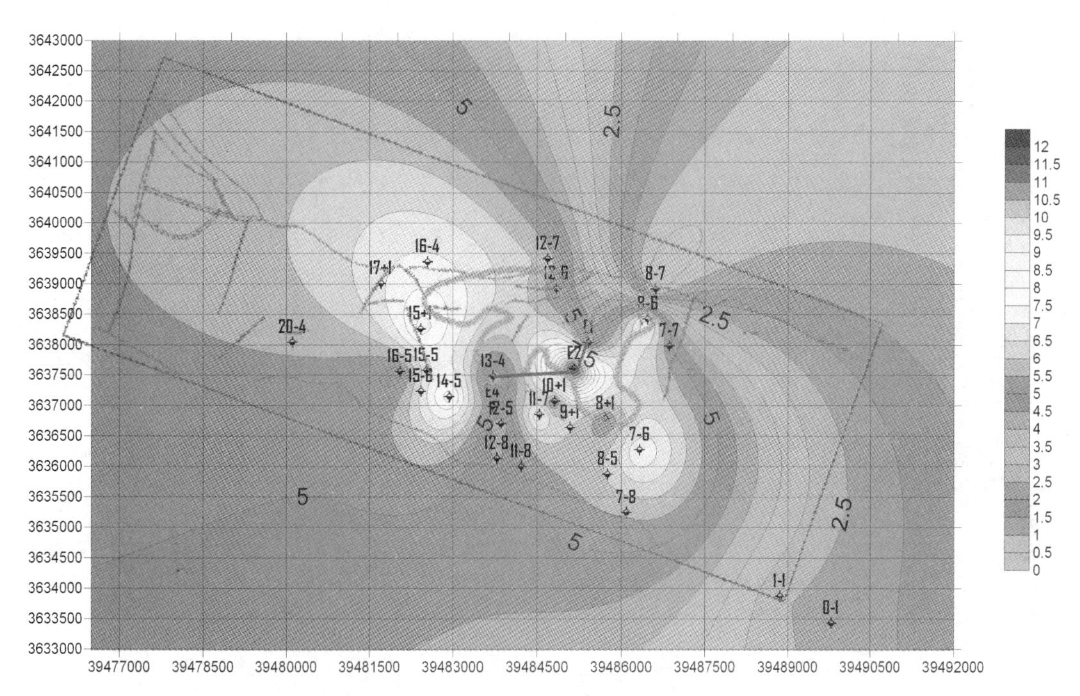


图 6.25　4-1 煤层 V 元素平面分布等值线图

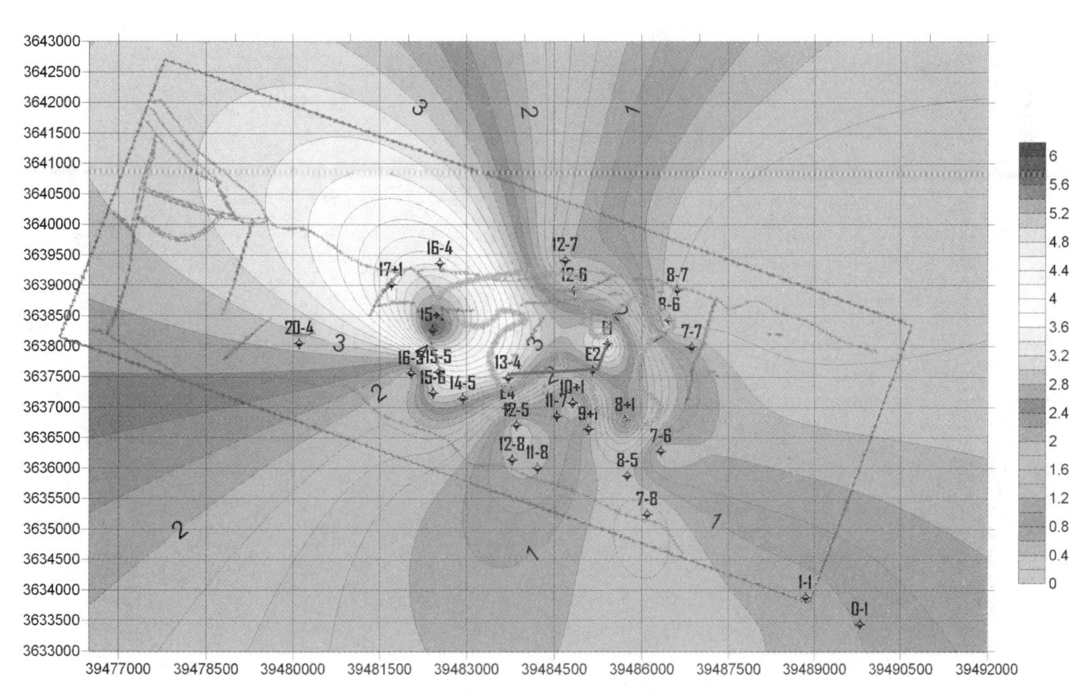


图 6.26　4-1 煤层 As 元素平面分布等值线图

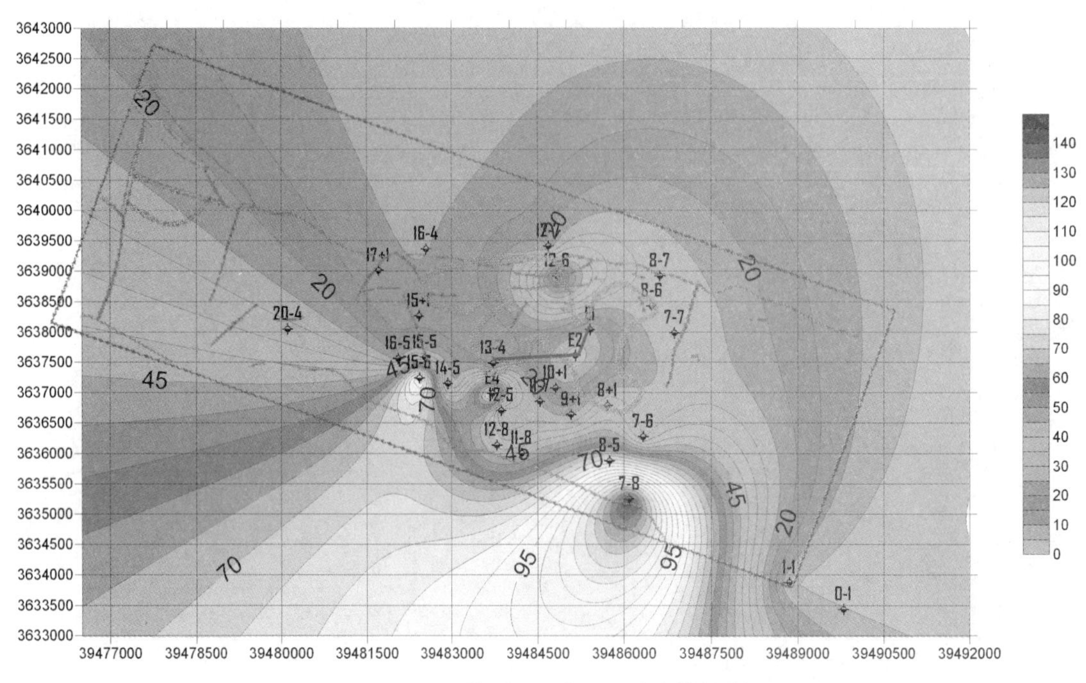


图 6.27　4-1 煤层 B 元素平面分布等值线图

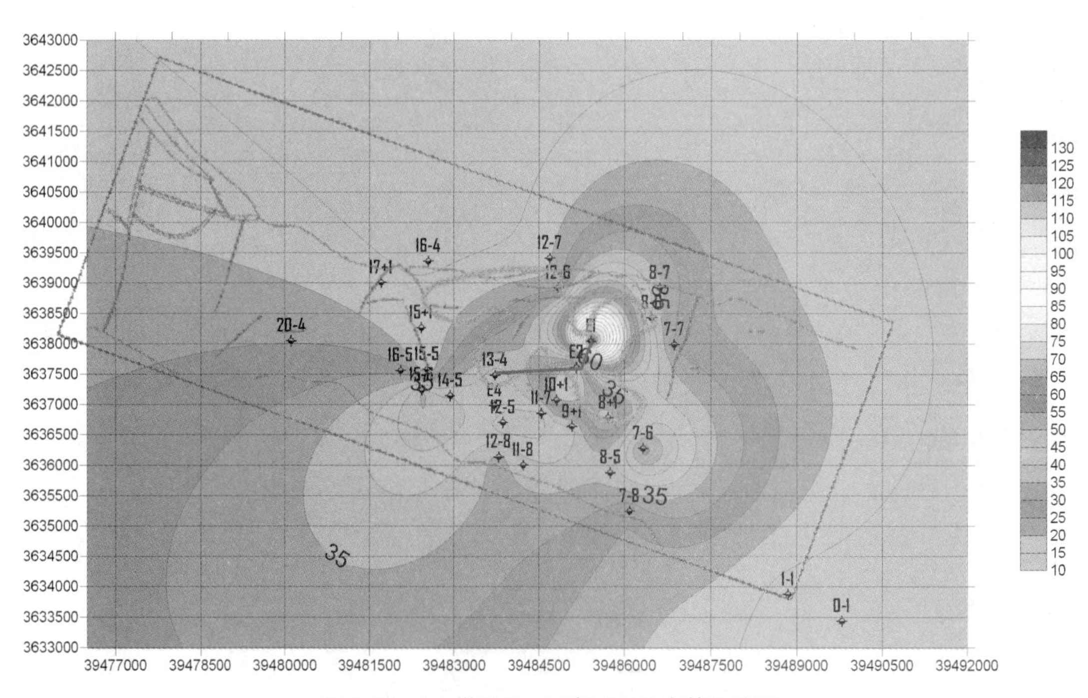


图 6.28　4-1 煤层 Mn 元素平面分布等值线图

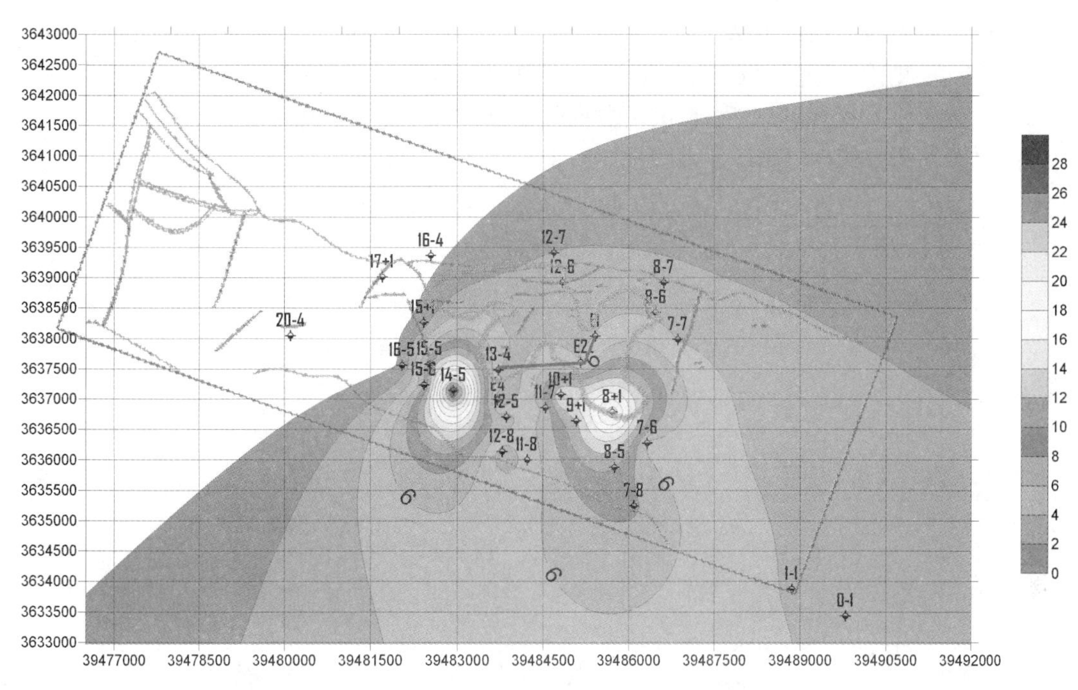

图 6.29　4-1 煤层 Sn 元素平面分布等值线图

### 3. 4-2 煤层

4-2 煤层受岩浆侵蚀的范围如图 6.30 所示，包括 6 个勘探阶段的钻孔和 2 个补堪钻孔，侵蚀的钻孔分布比较分散。

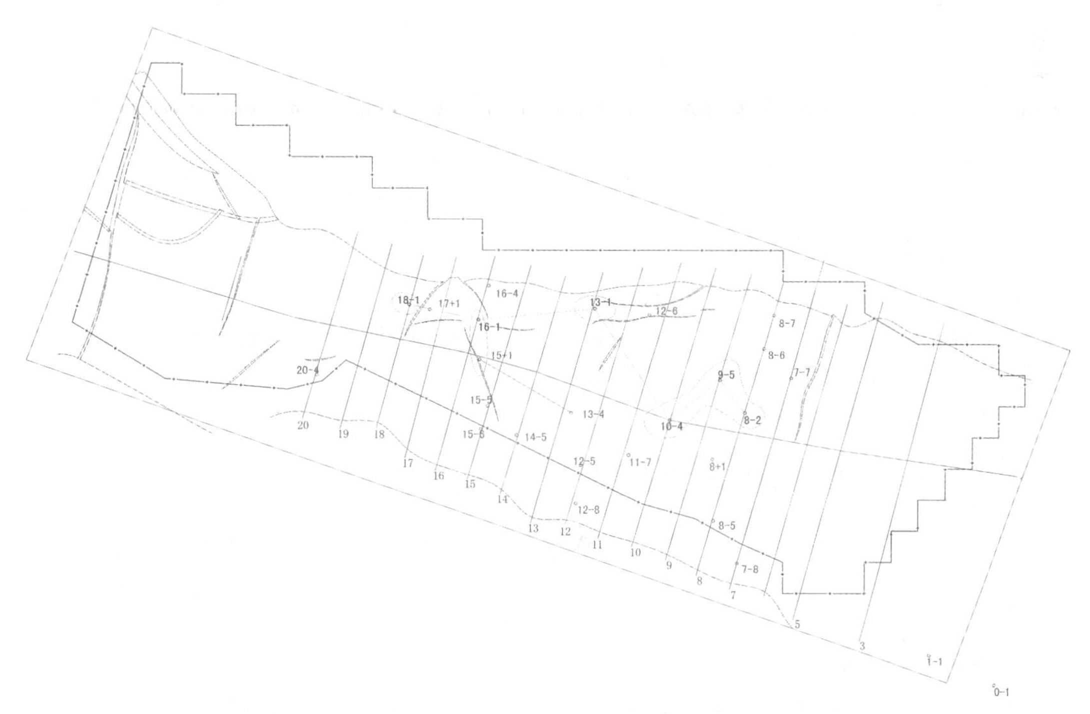

图 6.30　4-2 煤层岩浆岩分布图

2个补堪钻孔13-4和15+1的岩浆岩样品中B、V、Mn、Co平均含量较高,比4-1煤层相应的微量元素的平均值要高出0.8～4.3倍。由图6.31可知,其中3个元素B、Mn、Co在受岩浆侵蚀的煤层中含量均低于非侵蚀钻孔,几乎呈一种相反的趋势。各个元素含量在13-4和15+1钻孔4-2煤层中表现相似的同方向上变化,但是13-4钻孔中的Li、Se、Ba、Pb元素以及15+1钻孔中的V、REE元素含量要高于非侵蚀钻孔1.5倍以上。

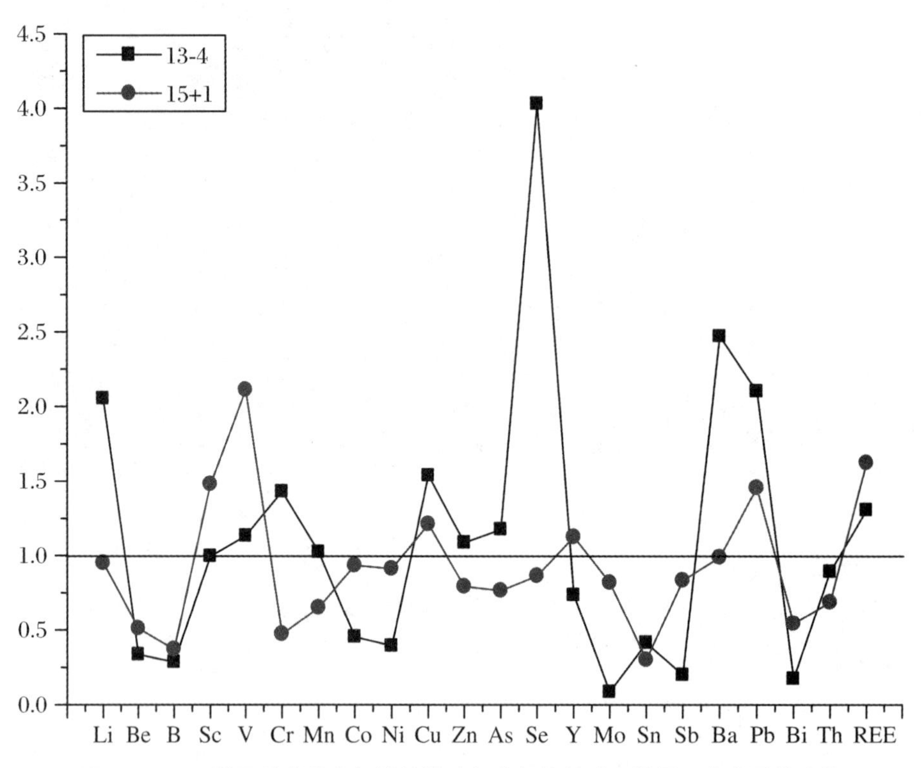


**图6.31 4-2煤层受岩浆岩侵蚀的钻孔与非侵蚀钻孔中微量元素含量的比值**

**4. 8煤层**

8煤层岩浆岩侵蚀范围如图6.32所示,含有7个勘探阶段钻孔和1个补堪钻孔13-4,侵蚀范围主要限于12-16勘探线。

8煤层岩浆岩样品中微量元素的含量除了B、V、Mn分别高于平均值的0.6倍、0.7倍和1.1倍外,其他元素的含量都较低。同样,受岩浆影响的煤层也没有表现出与岩浆岩中元素相似的含量趋势,这3个元素的含量均低于非侵蚀钻孔。只有Cu、Se、Ba在13-4钻孔8煤层中的含量是非侵蚀钻孔的2倍以上(图6.33)。

### 6.2.2.3 潘三矿煤中元素对岩浆侵入的响应

侵入煤层的岩浆及伴随岩浆热液可与煤进行物质交换作用,导致部分元素富集或损失。本节以潘三煤矿13西27孔受岩浆侵入影响的1煤典型剖面为例,揭示了煤中元素对岩浆侵入的响应规律。

**1. 主量元素的响应**

潘三煤矿13西27孔1煤天然焦中主量元素含量见表6.6,可看出:天然焦中$Fe_2O_3$、$TiO_2$、CaO、$K_2O$、$SO_3$、$P_2O_5$、$SiO_2$、$Al_2O_3$、$Na_2O$和MgO的平均含量分别为1.24 wt%、

0.15 wt%、2.49 wt%、0.11 wt%、1.51 wt%、0.03 wt%、9.87 wt%、3.14 wt%、0.10 wt%和1.34 wt%。

图 6.32　8 煤岩浆岩分布图

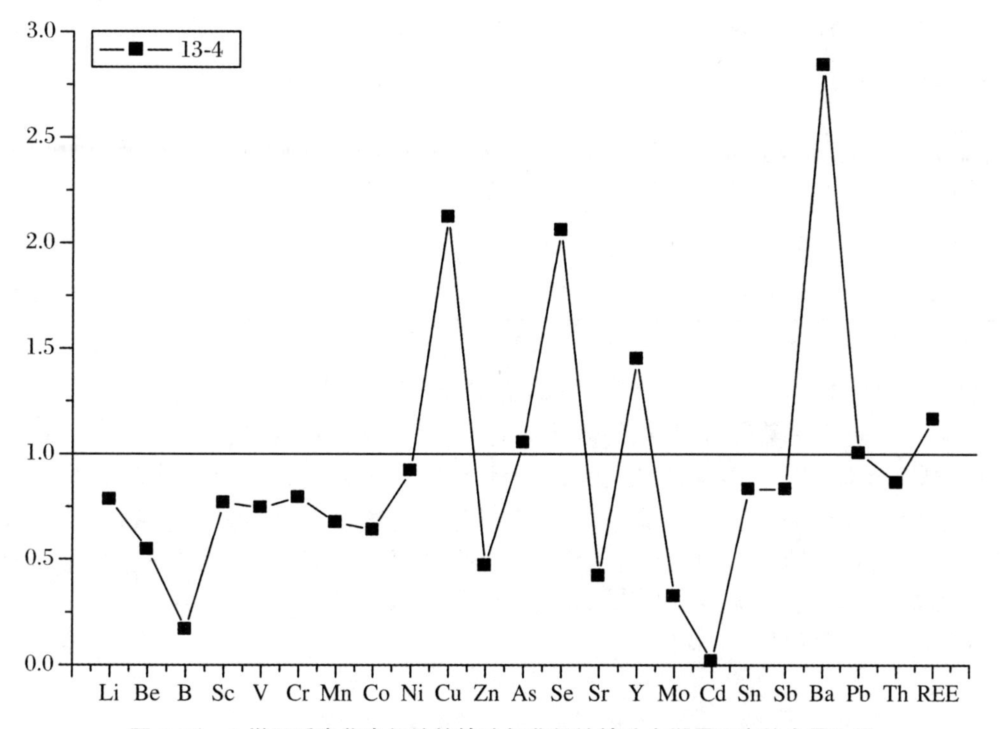


图 6.33　8 煤层受岩浆岩侵蚀的钻孔与非侵蚀钻孔中微量元素的含量比值

潘三煤矿 1 煤天然焦中主量元素含量与其他煤对比(表 6.6 和图 6.34)表明:天然焦中

CaO 和 MgO 高于其他煤，$Fe_2O_3$ 仅略高于 1571 正常煤，较高的 CaO、MgO 和 $Fe_2O_3$ 与后生热液成因铁白云石和黄铁矿有关(图 6.34)；$SiO_2$ 含量较其他煤略高(除 1571 外)，可能与富硅质热液和接触热变质导致煤挥发分损失、灰分增加有关；天然焦中 $Al_2O_3$、$Fe_2O_3$、$TiO_2$、$K_2O$、$Na_2O$ 和 $P_2O_5$ 含量较其他煤低，与其陆源碎屑输入较少有关，潘三煤矿 1 煤沉积时距物源较远，陆源碎屑供应较弱，海水影响较强。

**表 6.6　潘三煤矿 1 煤天然焦中主量元素含量**　(wt%)

| 样品编号 | $Fe_2O_3$ | $TiO_2$ | CaO | $K_2O$ | $SO_3$ | $P_2O_5$ | $SiO_2$ | $Al_2O_3$ | $Na_2O$ | MgO |
|---|---|---|---|---|---|---|---|---|---|---|
| 1327-25 | 2.17 | 0.11 | 9.20 | 0.09 | 0.34 | 0.02 | 10.27 | 3.61 | 0.25 | 5.06 |
| 1327-24 | 3.83 | 0.10 | 11.93 | 0.09 | 4.36 | 0.02 | 9.81 | 3.56 | 0.14 | 6.54 |
| 1327-221 | 1.65 | 0.16 | 0.49 | 0.11 | 0.62 | 0.05 | 20.90 | 4.19 | 0.09 | 0.22 |
| 1327-21 | 0.70 | 0.16 | 1.70 | 0.14 | 0.99 | 0.05 | 26.82 | 3.67 | 0.10 | 0.83 |
| 1327-201 | 1.28 | 0.18 | 0.71 | 0.18 | 0.76 | 0.05 | 17.86 | 4.28 | 0.07 | 0.33 |
| 1327-12 | 0.49 | 0.54 | 2.08 | 0.40 | 0.42 | 0.06 | 13.91 | 6.24 | 0.23 | 1.31 |
| 1327-11 | 1.44 | 0.06 | 2.29 | 0.04 | 3.28 | 0.01 | 4.51 | 2.12 | 0.14 | 1.22 |
| 1327-6 | 0.29 | 0.14 | 0.44 | 0.14 | 1.12 | 0.01 | 6.56 | 2.80 | 0.05 | 0.23 |
| 1327-5 | 0.85 | 0.06 | 0.33 | 0.02 | 0.77 | 0.01 | 2.18 | 1.12 | 0.04 | 0.16 |
| 1327-4 | 0.19 | 0.07 | 0.16 | 0.03 | 0.47 | 0.01 | 3.29 | 2.34 | 0.09 | 0.05 |
| 1327-3 | 1.00 | 0.12 | 1.19 | 0.06 | 3.10 | 0.01 | 3.57 | 1.28 | 0.01 | 0.55 |
| 1327-2 | 0.97 | 0.11 | 1.23 | 0.06 | 2.77 | 0.02 | 3.21 | 2.45 | 0.08 | 0.60 |
| 1327-1 | 1.28 | 0.16 | 0.66 | 0.11 | 0.66 | 0.02 | 5.40 | 3.21 | 0.08 | 0.30 |
| 最小值 | 0.19 | 0.06 | 0.16 | 0.02 | 0.34 | 0.01 | 2.18 | 1.12 | 0.01 | 0.05 |
| 最大值 | 3.83 | 0.54 | 11.93 | 0.40 | 4.36 | 0.06 | 26.82 | 6.24 | 0.25 | 6.54 |
| 平均值 | 1.24 | 0.15 | 2.49 | 0.11 | 1.51 | 0.03 | 9.87 | 3.14 | 0.10 | 1.34 |

因样品均是在 550 ℃下灰化后测定，$SO_3$ 含量仅供参考。

就潘三煤矿 13 西 27 孔 1 煤典型剖面各类型岩石的主量元素含量对比(图 6.34)情况而言，顶板砂岩 $SiO_2$ 含量最高，其次是砂质泥岩夹矸，与其中石英(表 6.7)有关；天然焦中 CaO、MgO、$Fe_2O_3$ 和 $SO_3$ 含量接近侵入岩，显著高于正常煤，进一步说明与岩浆热液有关，如上所述，高 CaO、MgO、$Fe_2O_3$ 和 $SO_3$ 含量与后生裂充填的白云石和黄铁矿有关；天然焦中 $TiO_2$、$K_2O$、$Na_2O$ 和 $P_2O_5$ 含量低于侵入岩和正常煤，表明岩浆侵入可能并未对这几种元素造成影响；砂质泥岩中 $SiO_2$、$Al_2O_3$、$TiO_2$ 和 $K_2O$ 含量较高，与其富含铝硅酸盐矿物(表 6.7，图 6.35 和图 6.36)有关。

**表 6.7　潘三煤矿 1 煤砂质泥岩 XRD 矿物鉴定结果**

| 样品编号 | 采样深度(m) | 岩　性 | 矿物鉴定结果 |
|---|---|---|---|
| 1327-10 | 846.90 | 砂质泥岩 | 高岭石、石英、斜绿泥石 |
| 1327-9 | 847.10 | 砂质泥岩 | 高岭石、石英、多水高岭石 |
| 1327-8 | 847.30 | 砂质泥岩 | 石英、高岭石、白云母 |
| 1327-7 | 848.05 | 泥岩与天然焦 | 多水高岭石、白云母、斜绿泥石、石英 |

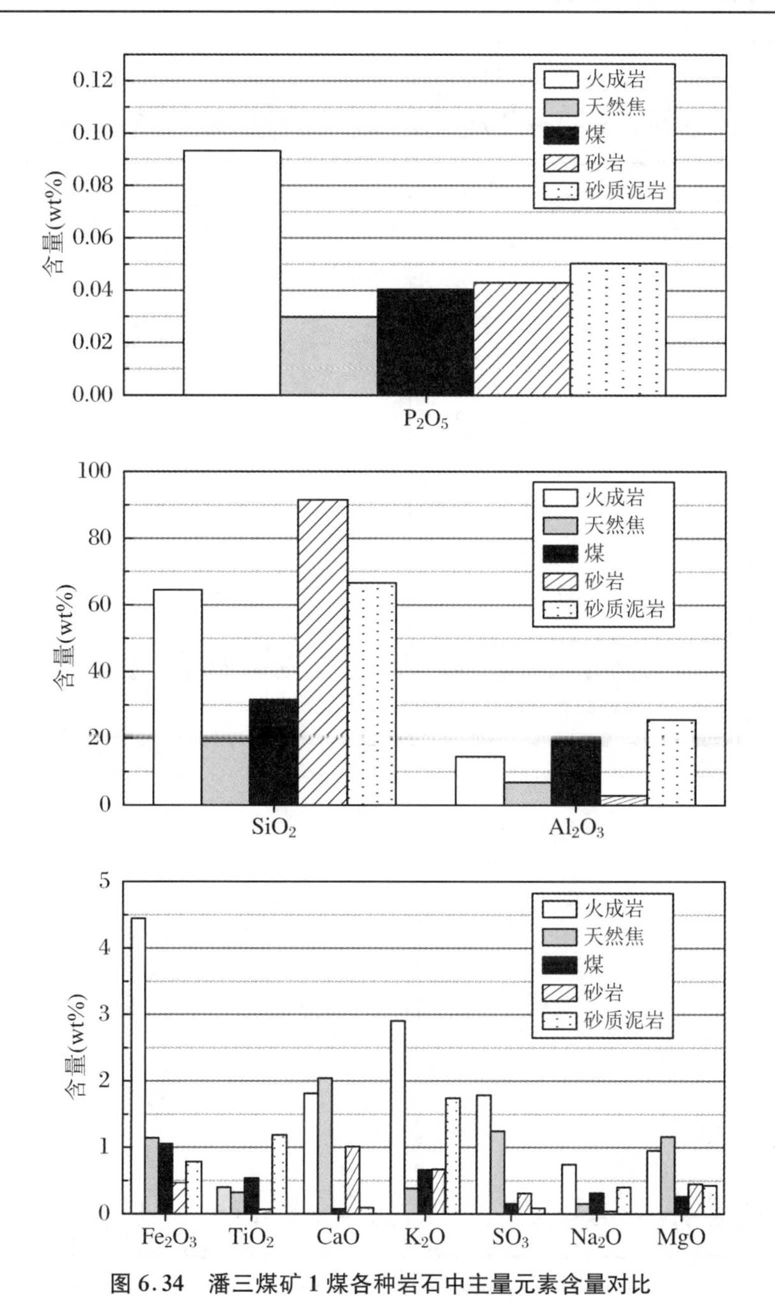


**图 6.34　潘三煤矿 1 煤各种岩石中主量元素含量对比**

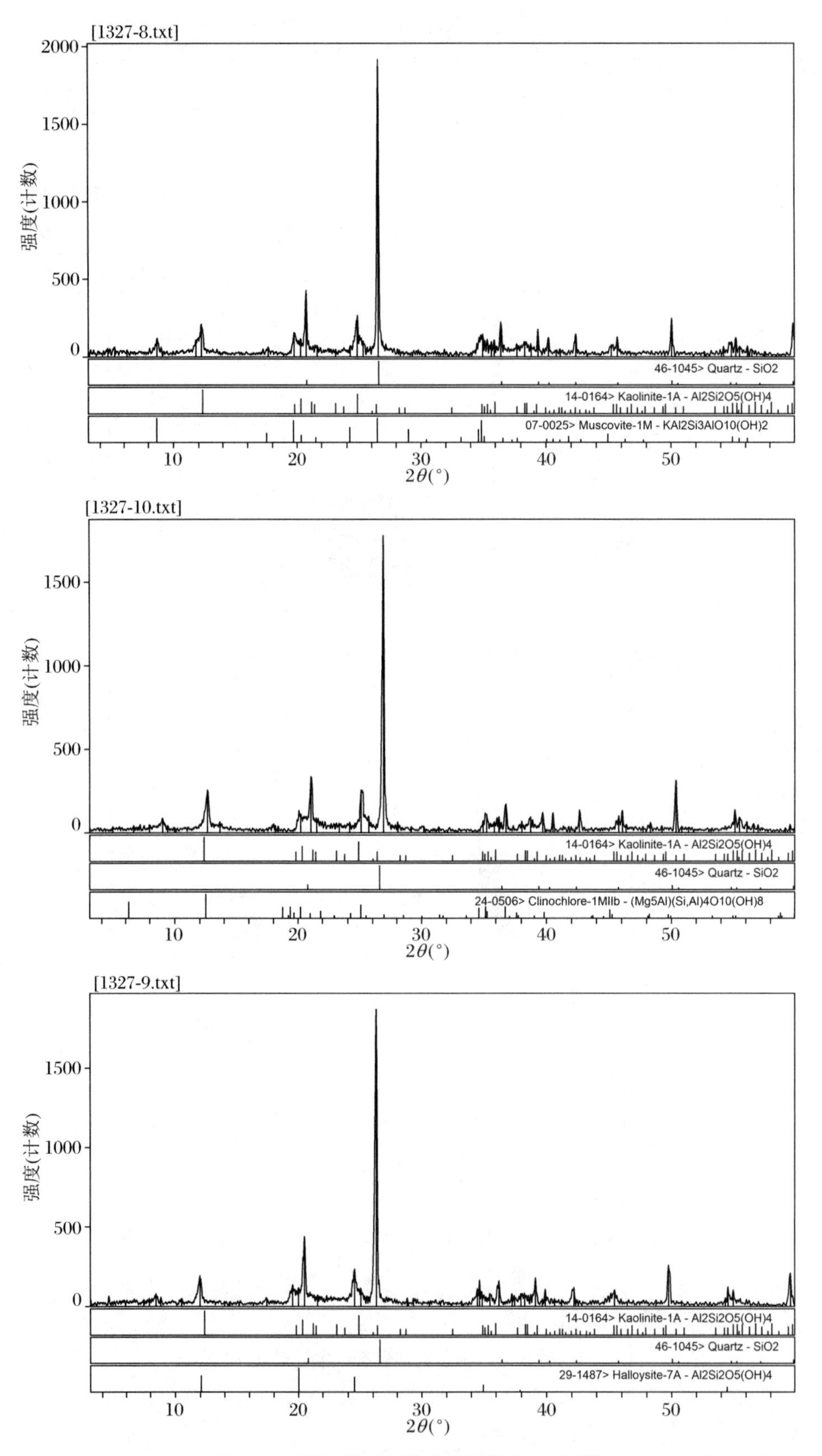


图 6.35 潘三煤矿 1 煤砂质泥岩 XRD 图谱

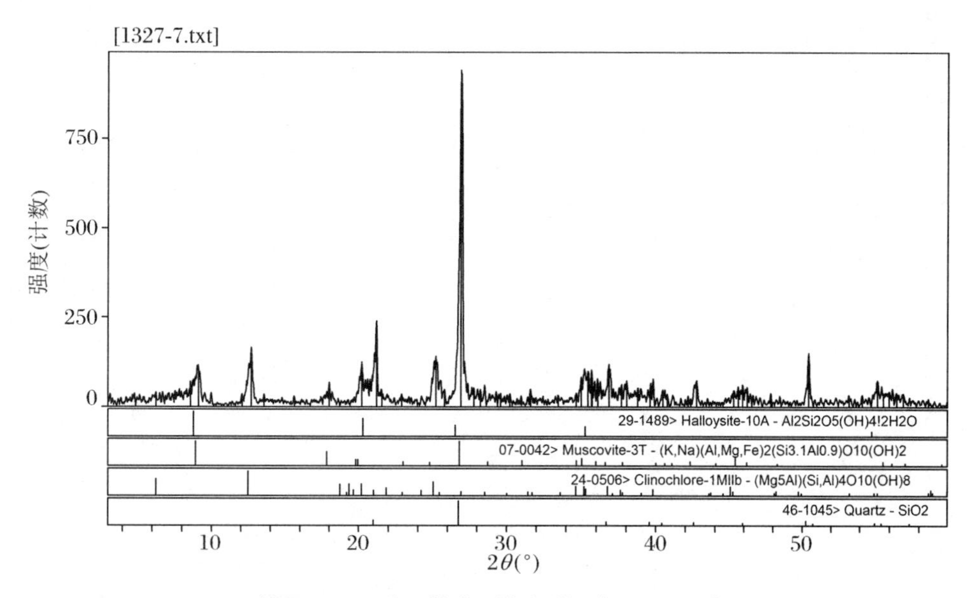


续图 6.35　潘三煤矿 1 煤砂质泥岩 XRD 图谱

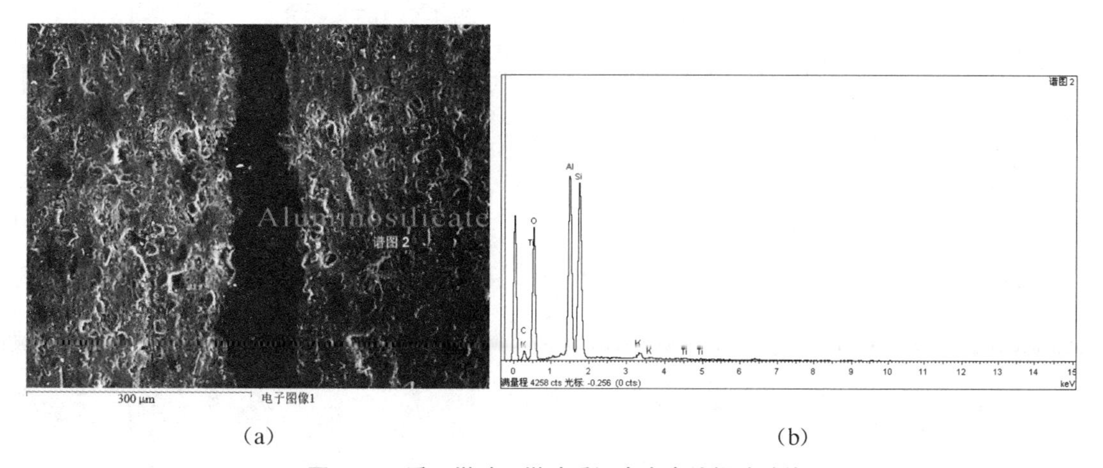


(a)　　(b)

图 6.36　潘三煤矿 1 煤砂质泥岩中含钛铝硅酸盐

## 2. 微量元素的响应

潘三煤矿 13 西 27 孔 1 煤天然焦中微量元素含量见表 6.8，可看出：天然焦中元素 B、Sc、V、Cr、Mn、Co、Ni、Cu、Zn、Ga、Ge、Sr、Y、Zr、Nb、Cd、Ba 和 Pb 的平均含量分别为 10.82 mg/kg、5.82 mg/kg、17.05 mg/kg、10.79 mg/kg、358.63 mg/kg、7.04 mg/kg、8.08 mg/kg、12.42 mg/kg、43.01 mg/kg、8.16 mg/kg、0.37 mg/kg、278.96 mg/kg、9.86 mg/kg、42.68 mg/kg、4.74 mg/kg、0.16 mg/kg、122.71 mg/kg 和 48.77 mg/kg。

**表 6.8 潘三煤矿 1 煤天然焦中微量元素含量**

（单位：mg/kg）

| 样品编号 | B | Sc | V | Cr | Mn | Co | Ni | Cu | Zn | Ga | Ge | Sr | Y | Zr | Nb | Cd | Ba | Pb |
|---|---|---|---|---|---|---|---|---|---|---|---|---|---|---|---|---|---|---|
| 1327-25 | 19.43 | 10.35 | 27.15 | 14.88 | 1300.36 | 11.26 | 11.17 | 9.97 | 63.33 | 8.78 | 0.39 | 322.55 | 8.63 | 46.38 | 4.91 | 0.23 | 76.8 | 120.2 |
| 1327-24 | 29.16 | 13.37 | 23.91 | 13.49 | 1805.59 | 11.45 | 11.31 | 17.3 | 83.56 | 8.51 | 0.92 | 345.19 | 10.04 | 47.68 | 4.91 | 0.27 | 81.12 | 86.35 |
| 1327-221 | 11.45 | 3.32 | 9.07 | 11.95 | 62.31 | 14.98 | 13.23 | 16.41 | 132.96 | 2.27 | 1.31 | 254.71 | 22.21 | 45.14 | 5.67 | 0.12 | 75.75 | 179.97 |
| 1327-21 | 10.1 | 6.82 | 24.86 | 20.75 | 326.28 | 14.73 | 12.57 | 42.01 | 156.12 | 16.57 | 0.23 | 434.26 | 7.15 | 47.2 | 5.63 | 0.32 | 158.77 | 46.68 |
| 1327-201 | 8.48 | 3.27 | 7.35 | 7.1 | 126.07 | 14.85 | 12.51 | 10.65 | 23.78 | 1.98 | 0.79 | 227.67 | 17.37 | 50.44 | 6.27 | 0.06 | 71.06 | 131.95 |
| 1327-12 | 13.28 | 6.3 | 20.82 | 16.25 | 325.11 | 1.33 | 4.04 | 6.57 | 13.07 | 13.07 | 0.14 | 530.67 | 7.12 | 81.16 | 13.3 | 0.18 | 168.73 | 3.88 |
| 1327-11 | 9.2 | 3.79 | 18.25 | 7.05 | 361.91 | 8.03 | 11.1 | 6.29 | 21.55 | 10.03 | 0.25 | 215.6 | 12.8 | 27.96 | 2.35 | 0.19 | 120.96 | 3.21 |
| 1327-6 | 4.69 | 8.53 | 8.15 | 7.13 | 35.59 | 2.17 | 5.38 | 5.9 | 23.8 | 16.2 | 0.09 | 123.69 | 14.08 | 23.33 | 3.63 | 0.04 | 435.09 | 0.52 |
| 1327-5 | 3.83 | 2.44 | 7.95 | 5.22 | 27.01 | 0.79 | 2.91 | 4.77 | 7.25 | 2.93 | 0.11 | 183.51 | 3.31 | 12.32 | 1.33 | 0.02 | 77.24 | 0.54 |
| 1327-4 | 3.29 | 2.02 | 6.78 | 4.06 | 5.67 | 0.35 | 1.65 | 4.8 | 14.23 | 2.52 | 0.03 | 101.33 | 2.79 | 18.09 | 2.11 | 0.06 | 61.86 | 0.5 |
| 1327-3 | 10.42 | 5.13 | 16.22 | 7.26 | 110.12 | 2.53 | 4.72 | 9.03 | 9.83 | 5.35 | 0.17 | 188.65 | 6.76 | 55.84 | 3.53 | 0.24 | 93.39 | 56.86 |
| 1327-2 | 8.91 | 5 | 25.55 | 11.3 | 110.02 | 3.57 | 5.53 | 12.08 | 4.01 | 8.33 | 0.16 | 508.91 | 7.51 | 52.4 | 3.26 | 0.15 | 88.97 | 1.62 |
| 1327-1 | 8.41 | 5.3 | 25.58 | 13.82 | 66.16 | 5.45 | 8.9 | 15.73 | 5.69 | 9.6 | 0.2 | 189.73 | 8.37 | 46.83 | 4.64 | 0.17 | 85.48 | 1.75 |
| 最小值 | 3.29 | 2.02 | 6.78 | 4.06 | 5.67 | 0.35 | 1.65 | 4.77 | 4.01 | 1.98 | 0.03 | 101.33 | 2.79 | 12.32 | 1.33 | 0.02 | 61.86 | 0.5 |
| 最大值 | 29.16 | 13.37 | 27.15 | 20.75 | 1805.59 | 14.98 | 13.23 | 42.01 | 156.12 | 16.57 | 1.31 | 530.67 | 22.21 | 81.16 | 13.3 | 0.32 | 435.09 | 179.97 |
| 平均值 | 10.82 | 5.82 | 17.05 | 10.79 | 358.63 | 7.04 | 8.08 | 12.42 | 43.01 | 8.16 | 0.37 | 278.96 | 9.86 | 42.68 | 4.74 | 0.16 | 122.71 | 48.77 |

详细分析表 6.8 可知：① 天然焦中微量元素含量变化范围大，多相差一个数量级。② 天然焦中 B 的含量范围为 3.29～29.16 mg/kg，平均为 10.82 mg/kg，据 Goodarzi 和 Swaine 利用 B 元素含量对煤沉积环境的划分，B 元素含量＜50 mg/kg 为淡水环境，50～110 mg/kg为微咸水环境，而 B 元素含量＞110 mg/kg 为咸水环境，指示潘三煤矿 1 煤为淡水沉积环境，与 Chen 等报道的淮南煤田 1 煤的海水影响较强矛盾（1 煤煤中 B 的平均含量为 187.8 mg/kg），而天然焦的 Sr/Ba 范围为 0.28～5.72，平均为 2.76（仅 1327-6 的 Sr/Ba＜1），指示受海水影响的沉积环境，煤中 B 具强有机亲和性[192,236,244,258]，岩浆侵入 1 煤的接触热变质作用破坏煤的有机结构，灰分增加，致使与煤有机质结合的 B 逸失，而煤中 Sr 和 Ba 多与矿物结合[102,120,155,162,261]，岩浆侵入不会显著改变其含量，故其比值能更准确地指示沉积环境，潘三煤矿 1 煤沉积于咸水环境。

潘三煤矿 1 煤天然焦中 Mn 和 Sr 含量较其他煤高，Mn 可能与岩浆热液成因碳酸盐矿物（图 6.37）和岩浆作用（岩浆本身富 Mn）有关，Querol 等[109]曾发现辽宁阜新盆地辉绿岩侵入导致受影响的煤中 Mn 含量增加两倍，Finkelman 等[304]认为美国 Colorado 州 Pitkin 郡 Dutch Creek 天然焦中高含量的 Sr 与煤焦化产生的 $CO_2$ 和岩浆热液反应沉积的碳酸盐有关，而潘三煤矿碳酸盐矿物中均未检出 Sr，其原因在后文中详述；Pb 在天然焦和近顶板正常煤中含量高于其他煤，下文将讨论其原因；Sc 和 La 含量略高于其他煤（除 1571 外），与岩浆侵入热变质作用导致天然焦灰分增加有关；天然焦中 B 含量较其他煤低，岩浆侵入热变质导致有机结合的 B 挥发损失，而 Dai 和 Ren[282]发现河北峰峰-邯郸岩浆侵入变质煤中 B 富集，且认为其源于岩浆热液；天然焦中 Zr、Ba、V、Zn、Nd、Cr、Co、Ni、Cu、Ce、Y、Nb、Pr、Sm、Gd、Cd、Ge、Eu、Tb、Dy、Ho、Er、Tm、Yb 和 Lu 含量与其他煤接近，表明岩浆侵入可能并未影响这些元素。

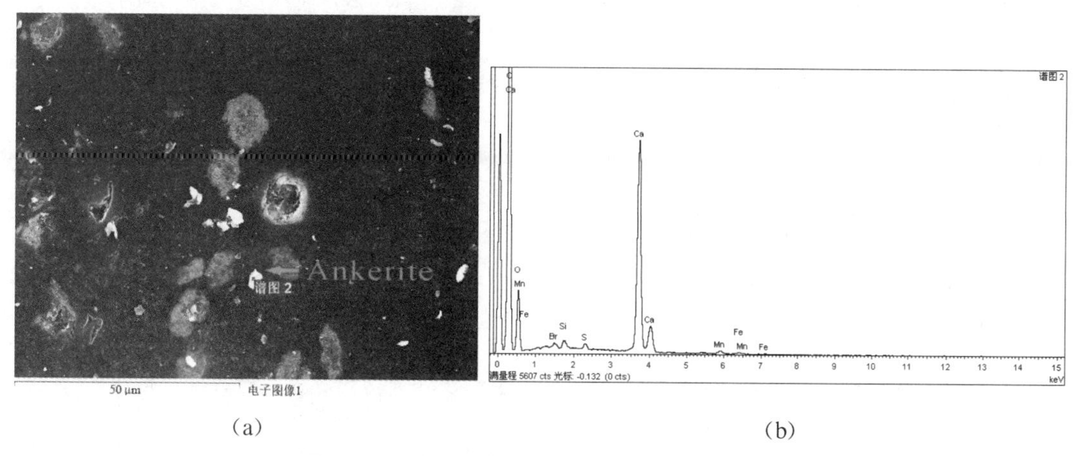


(a)　　(b)

**图 6.37　潘三煤矿 1 煤天然焦中含锰铁白云石**

1327-4：(a) 扫描电镜二次电子图像；(b) X 射线能谱。

潘三煤矿 13 西 27 孔 1 煤典型剖面各类型岩石的微量及稀土元素含量对比（图 6.38）结果表明：

侵入岩中微量元素 Ge、Cd、Sc、Y、Nb、Ga、Mn、Zr 和 Ba，稀土元素 La、Ce、Pr、Nd、Sm、Eu、Gd、Tb、Dy、Ho、Er、Tm、Yb 和 Lu 含量最高。

天然焦中微量元素 Ge、Cd、Sc、Cr、Y、Nb、V、Zn、Zr 和 Ba，稀土元素 La、Ce、Pr、Nd、Sm、Eu、Gd、Tb、Dy、Ho、Er、Tm、Yb 和 Lu 含量低于侵入岩和正常煤（表 6.9），表明 1 煤岩浆侵入并未对这些元素造成显著影响。

表 6.9 潘三煤矿 1 煤天然焦中稀土元素含量

（单位：mg/kg）

| 样品编号 | La | Ce | Pr | Nd | Sm | Eu | Gd | Tb | Dy | Ho | Er | Tm | Yb | Lu |
|---|---|---|---|---|---|---|---|---|---|---|---|---|---|---|
| 1327-25 | 11.15 | 22.56 | 2.47 | 8.96 | 1.75 | 0.44 | 1.86 | 0.28 | 1.69 | 0.33 | 0.98 | 0.13 | 0.83 | 0.13 |
| 1327-24 | 10.83 | 21.53 | 2.42 | 8.96 | 1.76 | 0.45 | 1.93 | 0.29 | 1.79 | 0.35 | 1.04 | 0.13 | 0.86 | 0.15 |
| 1327-221 | 178.7 | 33 | 22.96 | 69.62 | 8.5 | 0.4 | 5.8 | 0.62 | 4.38 | 0.86 | 2.73 | 0.37 | 1.87 | 0.26 |
| 1327-21 | 32.52 | 60.19 | 5.69 | 16.39 | 2.3 | 0.58 | 2.73 | 0.24 | 1.58 | 0.31 | 0.96 | 0.13 | 0.86 | 0.13 |
| 1327-201 | 122.44 | 30.21 | 19.94 | 63.17 | 7.33 | 0.38 | 5.28 | 0.58 | 4.07 | 0.8 | 2.52 | 0.34 | 1.69 | 0.23 |
| 1327-12 | 15.5 | 30.95 | 3.4 | 11.94 | 2.33 | 0.49 | 2.21 | 0.23 | 1.6 | 0.32 | 1.02 | 0.15 | 1.03 | 0.15 |
| 1327-11 | 7.47 | 16.26 | 1.84 | 6.96 | 1.71 | 0.48 | 2.21 | 0.3 | 2.19 | 0.47 | 1.44 | 0.2 | 1.31 | 0.2 |
| 1327-6 | 7.2 | 15.01 | 1.77 | 6.53 | 1.53 | 0.54 | 1.93 | 0.29 | 2.48 | 0.59 | 2 | 0.3 | 2.14 | 0.35 |
| 1327-5 | 11.25 | 25.36 | 2.23 | 7.45 | 1.28 | 0.29 | 1.26 | 0.12 | 0.72 | 0.13 | 0.38 | 0.05 | 0.3 | 0.05 |
| 1327-4 | 4.47 | 10.33 | 0.94 | 3.18 | 0.58 | 0.12 | 0.58 | 0.1 | 0.49 | 0.09 | 0.29 | 0.04 | 0.27 | 0.04 |
| 1327-3 | 11.21 | 23.39 | 2.44 | 8.5 | 1.72 | 0.39 | 1.82 | 0.22 | 1.59 | 0.32 | 0.98 | 0.14 | 0.94 | 0.14 |
| 1327-2 | 19.54 | 35.66 | 3.52 | 11.63 | 2.21 | 0.48 | 2.31 | 0.27 | 1.79 | 0.35 | 1.04 | 0.14 | 0.97 | 0.14 |
| 1327-1 | 17.46 | 36.05 | 3.81 | 13.03 | 2.46 | 0.5 | 2.4 | 0.3 | 1.96 | 0.38 | 1.16 | 0.16 | 1.08 | 0.16 |
| 最小值 | 4.47 | 10.33 | 0.94 | 3.18 | 0.58 | 0.12 | 0.58 | 0.1 | 0.49 | 0.09 | 0.29 | 0.04 | 0.27 | 0.04 |
| 最大值 | 178.7 | 60.19 | 22.96 | 69.62 | 8.5 | 0.58 | 5.8 | 0.62 | 4.38 | 0.86 | 2.73 | 0.37 | 2.14 | 0.35 |
| 平均值 | 34.6 | 27.73 | 5.65 | 18.18 | 2.73 | 0.43 | 2.49 | 0.3 | 2.03 | 0.41 | 1.27 | 0.17 | 1.09 | 0.16 |

Cr、Co、Ni 和 V 在砂质泥岩和近顶板正常煤中含量远高于天然焦，而 1 煤顶板砂岩中 Cr、Co、Ni 和 V 含量低，表明 Cr、Co、Ni 和 V 主要源于陆源碎屑。

Sr 在天然焦中含量最高，近顶板正常煤最低，顶板砂岩和砂质泥岩中含量较高，陆源碎屑不可能是 Sr 来源，Sr 可能源于海水，其来源后文将详述。

Ga 和 Mn 从侵入岩、天然焦到正常煤含量逐渐减小，顶板砂岩中 Mn 含量较高，如上所述，天然焦中 Mn 主要来源于侵入岩；砂质泥岩中 Ga 含量较高，其中存在石英和黄铁矿脉，故 Ga 亦可能与岩浆热液或地下水流动有关。

Pb 在天然焦和近顶板正常煤中含量远高于其他岩石（图 6.38(c)），略高于淮南煤田 1 煤（图 6.38(b)），Pb 为亲硫元素，究其来源，可能与岩浆热液有关。

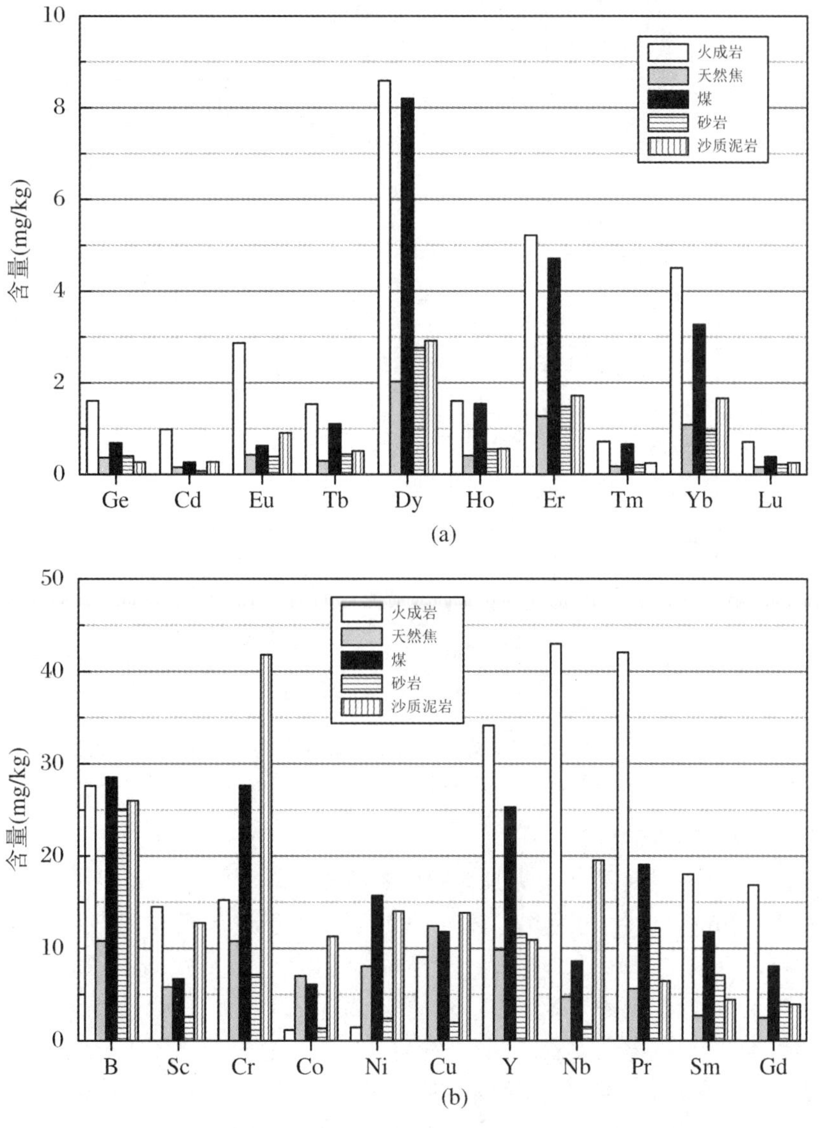


**图 6.38　潘三煤矿 1 煤各种岩石中微量和稀土元素含量对比**

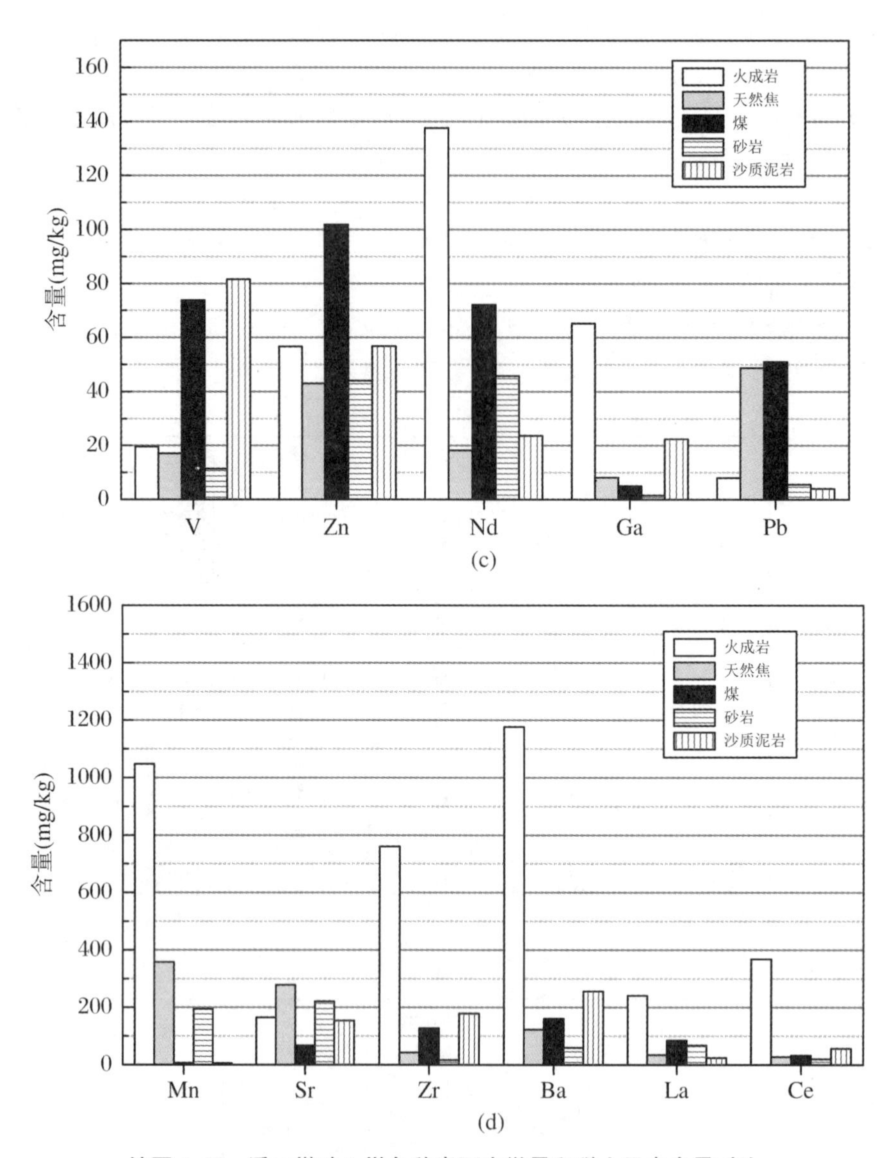


**续图 6.38　潘三煤矿 1 煤各种岩石中微量和稀土元素含量对比**

(a) 含量<10 mg/kg;(b) 含量 10～50 mg/kg;(c) 含量 50～200 mg/kg;(d) 含量>200 mg/kg。

### 3. 稀土元素的变化趋势

潘三煤矿 1 煤天然焦的稀土元素地球化学参数见表 6.10,可看出:天然焦∑REEs 范围为 21.53～330.07 mg/kg,平均为 97.22 mg/kg,明显低于近顶板高灰煤;LREE/HREE 范围为 3.23～18.54,平均为 10.53,显著富集轻稀土元素;$(La/Yb)_N$范围为 2.42～68.52,平均为 19.73,$(La/Sm)_N$范围为 2.83～13.57,平均为 5.92,$(Gd/Yb)_N$范围为 0.75～3.42,平均为 2.00,天然焦中轻重稀土元素之间有较高程度的分馏,轻稀土元素分馏程度大于重稀土元素,与正常煤的 18.73、4.67 和 2.05 非常接近,表明天然焦与正常煤中稀土元素来源和特征的相似性;天然焦 δCe 范围为 0.11～1.17,平均为 0.90,Ce 整体稍负异常(多数天然焦样品 δCe>1,Ce 多正异常),δEu 范围为 0.17～0.96,平均为 0.63,Eu 显著负异常,而正常煤 δCe 和 δEu 均为 0.19,显著负异常,与天然焦有一定的差异。

**表 6.10　潘三煤矿 1 煤天然焦和煤中稀土元素地球化学参数**　(单位:mg/kg)

| 样品编号 | ∑REEs | LREE | HREE | LREE/HREE | $(La/Yb)_N$ | $(La/Sm)_N$ | $(Gd/Yb)_N$ | δCe | δEu |
|---|---|---|---|---|---|---|---|---|---|
| 1327-25 | 53.57 | 47.34 | 6.23 | 7.6 | 9.58 | 4.12 | 1.85 | 1.01 | 0.74 |
| 1327-24 | 52.49 | 45.95 | 6.54 | 7.02 | 9.05 | 3.97 | 1.86 | 0.99 | 0.74 |
| 1327-221 | 330.07 | 313.18 | 16.89 | 18.54 | 68.52 | 13.57 | 2.57 | 0.11 | 0.17 |
| 1327-21 | 124.63 | 117.68 | 6.94 | 16.95 | 27.16 | 9.13 | 2.63 | 1 | 0.71 |
| 1327-201 | 258.98 | 243.48 | 15.5 | 15.7 | 52.03 | 10.79 | 2.59 | 0.14 | 0.18 |
| 1327-12 | 71.32 | 64.61 | 6.71 | 9.63 | 10.85 | 4.29 | 1.78 | 1 | 0.65 |
| 1327-11 | 43.04 | 34.72 | 8.32 | 4.17 | 4.1 | 2.83 | 1.4 | 1.04 | 0.76 |
| 1327-6 | 42.66 | 32.58 | 10.07 | 3.23 | 2.42 | 3.05 | 0.75 | 1 | 0.96 |
| 1327-5 | 50.87 | 47.86 | 3.01 | 15.91 | 26.5 | 5.66 | 3.42 | 1.17 | 0.68 |
| 1327-4 | 21.53 | 19.62 | 1.91 | 10.27 | 11.72 | 5 | 1.76 | 1.17 | 0.65 |
| 1327-3 | 53.8 | 47.64 | 6.15 | 7.74 | 8.55 | 4.22 | 1.6 | 1.05 | 0.66 |
| 1327-2 | 80.05 | 73.04 | 7.01 | 10.42 | 14.44 | 5.7 | 1.97 | 0.98 | 0.64 |
| 1327-1 | 80.91 | 73.32 | 7.59 | 9.66 | 11.64 | 4.59 | 1.84 | 1.04 | 0.63 |
| 最小值 | 21.53 | 19.62 | 1.91 | 3.23 | 2.42 | 2.83 | 0.75 | 0.11 | 0.17 |
| 最大值 | 330.07 | 313.18 | 16.89 | 18.54 | 68.52 | 13.57 | 3.42 | 1.17 | 0.96 |
| 平均值 | 97.22 | 89.31 | 7.91 | 10.53 | 19.73 | 5.92 | 2 | 0.9 | 0.63 |
| 1571 | 249.18 | 221.23 | 27.95 | 7.92 | 18.73 | 4.67 | 2.05 | 0.19 | 0.19 |

潘三煤矿 13 西 27 孔 1 煤砂岩、接触带样品和砂质泥岩夹矸的稀土元素含量及地球化学参数分别见表 6.11 和表 6.12。

**表 6.11　潘三煤矿 1 煤砂岩和接触带样品的稀土元素含量及地球化学参数**　(单位:mg/kg)

| 元素及参数 | 1327-27 | 1327-26 | 1327-13 | 1327-7 |
|---|---|---|---|---|
| | 砂岩 | 天然焦与砂岩 | 岩浆岩与天然焦 | 砂质泥岩与天然焦 |
| La | 67.66 | 53.92 | 17.58 | 50.85 |
| Ce | 20.24 | 115.94 | 29.33 | 106.44 |
| Pr | 12.21 | 12.80 | 3.04 | 12.14 |
| Nd | 45.80 | 47.38 | 10.65 | 41.35 |
| Sm | 7.13 | 8.36 | 1.99 | 5.99 |
| Eu | 0.39 | 1.46 | 0.83 | 1.27 |
| Gd | 4.14 | 7.25 | 2.66 | 5.66 |

续表

| 元素及参数 | 1327-27 | 1327-26 | 1327-13 | 1327-7 |
|---|---|---|---|---|
| | 砂岩 | 天然焦与砂岩 | 岩浆岩与天然焦 | 砂质泥岩与天然焦 |
| Tb | 0.44 | 0.74 | 0.29 | 0.50 |
| Dy | 2.76 | 3.19 | 1.98 | 3.89 |
| Ho | 0.55 | 0.52 | 0.37 | 0.75 |
| Er | 1.48 | 1.56 | 1.00 | 2.40 |
| Tm | 0.21 | 0.18 | 0.12 | 0.33 |
| Yb | 0.96 | 1.17 | 0.81 | 2.31 |
| Lu | 0.22 | 0.19 | 0.14 | 0.35 |
| ∑REEs | 164.19 | 254.66 | 70.79 | 234.23 |
| LREE | 153.43 | 239.86 | 63.42 | 218.04 |
| HREE | 10.76 | 14.80 | 7.37 | 16.19 |
| LREE/HREE | 14.26 | 16.20 | 8.61 | 13.46 |
| $(La/Yb)_N$ | 50.55 | 33.02 | 15.54 | 15.76 |
| $(La/Sm)_N$ | 6.13 | 4.17 | 5.70 | 5.48 |
| $(Gd/Yb)_N$ | 3.57 | 5.12 | 2.71 | 2.02 |
| δCe | 0.16 | 1.05 | 0.90 | 1.02 |
| δEu | 0.20 | 0.56 | 1.10 | 0.66 |

**表 6.12 潘三煤矿 1 煤砂质泥岩夹矸的稀土元素含量及地球化学参数** （单位：mg/kg）

| 元素及参数 | 1327-10 | 1327-9 | 1327-8 | 最小值 | 最大值 | 平均值 |
|---|---|---|---|---|---|---|
| La | 18.75 | 31.74 | 23.21 | 18.75 | 31.74 | 24.57 |
| Ce | 43.90 | 72.92 | 52.52 | 43.90 | 72.92 | 56.45 |
| Pr | 5.22 | 8.30 | 5.93 | 5.22 | 8.30 | 6.48 |
| Nd | 19.20 | 30.49 | 21.44 | 19.20 | 30.49 | 23.71 |
| Sm | 3.59 | 5.72 | 4.00 | 3.59 | 5.72 | 4.43 |
| Eu | 0.73 | 1.15 | 0.85 | 0.73 | 1.15 | 0.91 |
| Gd | 3.24 | 5.11 | 3.51 | 3.24 | 5.11 | 3.95 |
| Tb | 0.49 | 0.51 | 0.53 | 0.49 | 0.53 | 0.51 |
| Dy | 2.44 | 3.74 | 2.57 | 2.44 | 3.74 | 2.91 |
| Ho | 0.47 | 0.71 | 0.49 | 0.47 | 0.71 | 0.56 |
| Er | 1.47 | 2.20 | 1.49 | 1.47 | 2.20 | 1.72 |

续表

| 元素及参数 | 1327-10 | 1327-9 | 1327-8 | 最小值 | 最大值 | 平均值 |
|---|---|---|---|---|---|---|
| Tm | 0.22 | 0.31 | 0.21 | 0.21 | 0.31 | 0.24 |
| Yb | 1.42 | 2.11 | 1.46 | 1.42 | 2.11 | 1.66 |
| Lu | 0.21 | 0.32 | 0.25 | 0.21 | 0.32 | 0.26 |
| ∑REEs | 101.33 | 165.32 | 118.45 | 101.33 | 165.32 | 128.37 |
| LREE | 91.38 | 150.32 | 107.95 | 91.38 | 150.32 | 116.55 |
| HREE | 9.96 | 15.00 | 10.50 | 9.96 | 15.00 | 11.82 |
| LREE/HREE | 9.18 | 10.02 | 10.28 | 9.18 | 10.28 | 9.83 |
| $(La/Yb)_N$ | 9.44 | 10.80 | 11.38 | 9.44 | 11.38 | 10.54 |
| $(La/Sm)_N$ | 3.37 | 3.59 | 3.74 | 3.37 | 3.74 | 3.57 |
| $(Gd/Yb)_N$ | 1.88 | 2.00 | 1.99 | 1.88 | 2.00 | 1.96 |
| δCe | 1.07 | 1.08 | 1.07 | 1.07 | 1.08 | 1.07 |
| δEu | 0.64 | 0.64 | 0.68 | 0.64 | 0.68 | 0.65 |

为对比分析潘三煤矿1煤稀土元素的分配特征及物质来源，按样品在13西27孔剖面的位置将29个样品和1571煤的稀土元素Cl球粒陨石标准化分配曲线列于图6.39中，具有以下特征：

1327-27(砂岩)、1327-222(侵入岩)、1327-221(天然焦)、1327-201(天然焦)、1327-202(侵入岩)和1571(近顶板煤)中稀土元素的球粒陨石标准化分配模式类似，呈宽“W”状，左高右低，轻稀土元素曲线较陡，重稀土曲线较缓，Ce和Eu显著负异常。

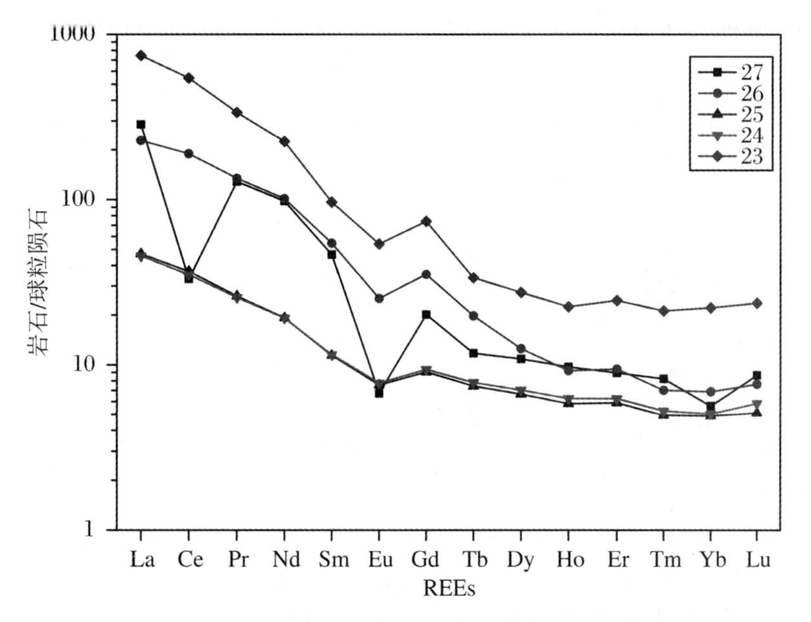


**图6.39　潘三煤矿1煤各样品稀土元素的分配模式**

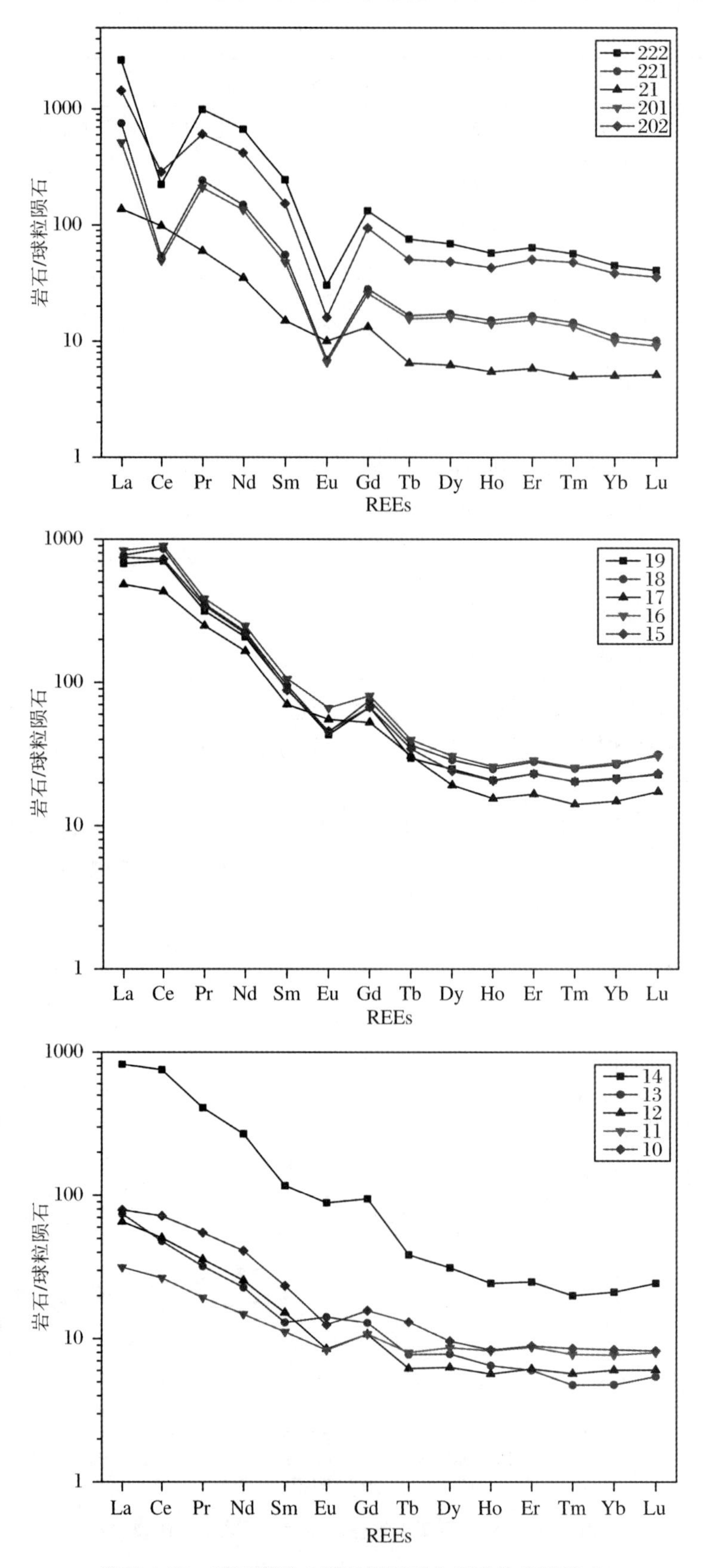


**续图 6.39 潘三煤矿 1 煤各样品稀土元素的分配模式**

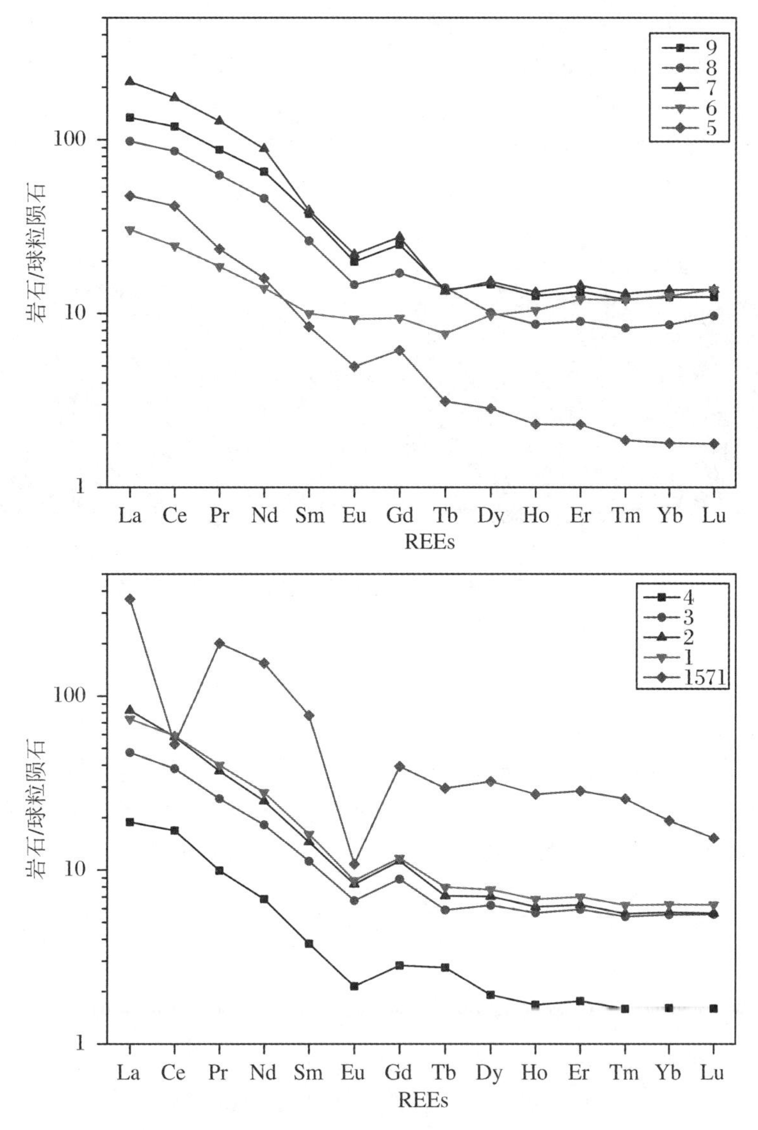


**续图6.39　潘三煤矿1煤各样品稀土元素的分配模式**

图例中仅列出样品序号，未列钻孔号。

几乎所有天然焦，包括1327-26（砂岩与天然焦接触带）、1327-25、1327-24、1327-21、1327-12、1327-11、1327-5、1327-4、1327-3、1327-2和1327-1中稀土元素的球粒陨石标准化分配模式类似，呈宽"V"靠背椅式，左高右低，轻稀土元素曲线较陡，重稀土曲线平缓，Ce无异常，Eu显著负异常。

上分叉侵入岩1327-23，下分叉侵入岩1327-19、1327-18、1327-17、1327-16、1327-15和1327-14中稀土元素的球粒陨石标准化分配模式类似，呈宽"M"状，左高右低，轻稀土元素曲线较陡，重稀土曲线稍左倾，Ce正异常，Eu显著负异常。

砂质泥岩1327-10、1327-9、1327-8和1327-7中稀土元素的球粒陨石标准化分配模式类似于天然焦。

1327-26虽为砂岩与天然焦接触带样品，但不具砂岩稀土元素分配模式的特征；侵入岩1327-222和1327-202的分配模式不同于其他侵入岩样品，而与顶板砂岩类似；天然焦1327-

221 和 1327-201 本是从侵入岩与天然焦接触带岩芯样品 1327-22 和 1327-20(图 6.40)分离，其稀土元素分配模式与侵入岩 1327-222 和 1327-202 类似，同顶板砂岩；天然焦 1327-6 与上覆砂质泥岩和下部天然焦差别较大，轻稀土分配曲线较缓，重稀土分配曲线稍左倾，Ce 无异常，Eu 稍负异常；侵入岩与天然焦接触带样品 1327-13 的稀土元素分配模式呈现轻稀土元素分配曲线陡直，重稀土元素分配曲线平缓，Ce 稍负异常，Eu 正异常的特征。

**图 6.40　潘三煤矿 1 煤 1327-22 和 1327-20 岩芯照片**

(a) 1327-22；(b) 1327-20。1327-221 和 1327-222、1327-201 和 1327-202 是图中两样品分离的天然焦和侵入岩样品。

根据样品间接触关系、岩石显微特征和稀土元素的地球化学性质对稀土元素的差异分配模式及其成因做如下解释：

潘三煤矿 13 西 27 孔 1 煤顶板砂岩 ∑REEs 为 164.19 mg/kg，高于天然焦均值 97.22 mg/kg(表 6.11)，低于近顶板煤样 249.18 mg/kg(表 6.10)，Ce 和 Eu 显著负异常，Ce 负异常一般与海水影响的沉积环境和氧化还原条件有关，Eu 负异常多继承于陆源母岩，表明顶板砂岩中稀土元素由陆源碎屑供应、氧化还原条件和沉积环境决定。

1327-26 砂岩与天然焦接触带样品(以天然焦为主)，其稀土元素分配模式与其他天然焦样品类似，不同于上覆砂岩。

侵入岩 1327-222 和 1327-202 中稀土元素的分配模式与下部侵入岩不同，而类似于顶板砂岩 1327-27，与其接触的天然焦 1327-221 和 1327-201 相似，不同于其他天然焦，然而 1327-22 上覆侵入岩 1327-23 的稀土元素分配模式与其他侵入岩类似，1327-221 和 1327-201 的 ∑REEs 分别为 330.07 mg/kg 和 258.98 mg/kg(表 6.10)，高于砂岩 1327-27(164.19 mg/kg，表 6.11)，但低于相邻侵入岩 1327-222 和 1327-202 的 1276.45 mg/kg 和 846.26 mg/kg，表明稀土元素受侵入岩的影响，来源于岩浆，但分配模式区别于其他侵入岩，Ce 显著负异常(图 6.39)，接触带(1327-22 和 1327-20)裂隙普遍发育，后生热液黄铁矿充填，低温热液蚀变会导致 Ce 负异常，因此，Ce 受富 Fe 和 $H_2S$ 热液流体影响，而 1327-23 无裂隙，热液流体对该样品的影响较小，保存了下部侵入岩的稀土元素分配模式，同时，粗裂隙可为地下水流动提供通道，Ce 负异常亦可源于地下水对接触带的改造，因为氧化条件下 $Ce^{3+}$ 被氧化成 $Ce^{4+}$，$Ce^{4+}$ 离子电势不同于其他三价稀土元素离子，易迁移，流经裂隙的富氧地下水可将 $Ce^{4+}$ 带出，从而导致 Ce 负异常，地下水可能来源于通过断层的富氧的大气降水；天然焦 1327-21 介于 1327-22 和 1327-20 之间，该层天然焦厚 28 cm，其稀土元素分配模式与其他天然焦类似，Ce 无异常，可能与其裂隙窄小且未受富 Fe 和 $H_2S$ 热液流体影响有关。

下分叉侵入岩(厚 27.42 m)稀土元素的分配模式类似，中部 1327-17 稍不同于其他侵入岩，Eu 稍负异常，可能与岩浆演化分异有关。

下部侵入岩与天然焦接触带样品1327-13轻稀土元素的分配曲线是陡直线，重稀土元素分配曲线平缓，Ce稍负异常，Eu正异常，侵入岩和天然焦中Eu均值分别为2.87 mg/kg和0.43 mg/kg，故Eu受侵入岩的影响。

砂质泥岩∑REEs的范围为101.33～165.32 mg/kg，平均为128.37 mg/kg(表6.12)，略高于天然焦(97.72 mg/kg)，其稀土元素分配模式类似于天然焦，灰分产率范围为87.58%～90.69%，平均为89.44%，表明陆源碎屑供应较强，REE多来源于陆源碎屑。

天然焦1327-6紧邻砂质泥岩，其稀土元素分配模式与上覆砂质泥岩和下部天然焦略有差别，重稀土分配曲线稍左倾，Ce无异常，Eu稍负异常，其∑REEs为42.66 mg/kg，HREE为10.07 mg/kg，Eu为0.54 mg/kg，上覆砂质泥岩与天然焦接触带样品1327-7的∑REEs为234.23 mg/kg，HREE为16.19 mg/kg，Eu为1.27 mg/kg(表6.11)，而下部天然焦1327-5的∑REEs为50.87 mg/kg，HREE为3.01 mg/kg，Eu为0.29 mg/kg(表6.9和表6.10)，1327-6的重稀土元素和Eu介于1327-7和1327-5之间，重稀土元素可能来源于上覆砂质泥岩，且反映重稀土元素较轻稀土元素有较强的有机亲和性。

#### 6.2.2.4　岩浆侵入对煤层的物质贡献

煤中微量元素富集成因的类型主要包括以下6种：源岩控制型、海相沉积环境控制型、低温热液流体(岩浆热液、低温热液流体)控制型、海底喷流控制型、地下水控制型和火山灰控制型，其中陆源决定微量元素的背景含量，低温热液流体是我国西南地区煤中微量元素异常富集的主控因素。[144]

潘三煤矿侵入岩普遍发育，如上所述，伴随的岩浆热液可能影响天然焦中的Ca、Mg、Fe、Si、Mn和Ga，以13西27孔1煤典型剖面为例，详细分析岩浆侵入对煤层的物质贡献。

图6.41为潘三煤矿13西27孔岩浆侵入影响1煤中元素的垂向变化趋势，可看出：

$Fe_2O_3$在砂岩下部天然焦样品1327-26中含量最高，与富Fe和$H_2S$热液流经天然焦与砂岩接触带，在天然焦中沉积黄铁矿有关。

MnO在下分叉侵入岩中含量最高，而在正常煤中含量低，且下分叉侵入岩下部天然焦中其含量随距侵入体距离增加而降低，在上分叉侵入岩上部天然焦中亦有相似的变化趋势，但在上分叉侵入岩中含量低，上分叉侵入岩较薄(0.34 m)，Mn极可能被热液流体带入天然焦，而下分叉侵入岩厚(27.42 m)，热液流体对侵入体本身的影响较小，砂质泥岩致密，对热液流体有阻隔作用，从而其下天然焦中Mn含量低，因此，天然焦中高Mn与侵入岩有关。

$TiO_2$在砂质泥岩中含量最高，其次是正常煤，天然焦中含量较低，表明Ti主要来源于陆源碎屑供应，砂质泥岩下部天然焦1327-6和砂岩下部天然焦1327-26中Ti较其下部样品高，进一步说明随着陆源碎屑输入增强，Ti含量增加。

CaO的垂向变化趋势与MnO类似(除其在侵入岩中含量低外)，在上分叉侵入岩上部天然焦1327-24中检出硬石膏(碳酸盐风化产物)，而下分叉侵入岩下部天然焦1327-13含白云石，表明Ca来源于富Ca、Mg和Fe的岩浆热液。

$K_2O$在下分叉侵入岩中含量最高，与钾长石有关，其次是砂质泥岩，与铝硅酸盐矿物有关，砂岩和正常煤中K含量较高，且从砂岩1327-27到天然焦1327-25中K含量逐渐降低，表明K主要来源于陆源供应，岩浆侵入对煤中K影响甚小，下分叉侵入岩中K含量从中部向两端逐渐降低，而上分叉侵入岩中K含量与天然焦接近，表明地下水对K的淋溶。

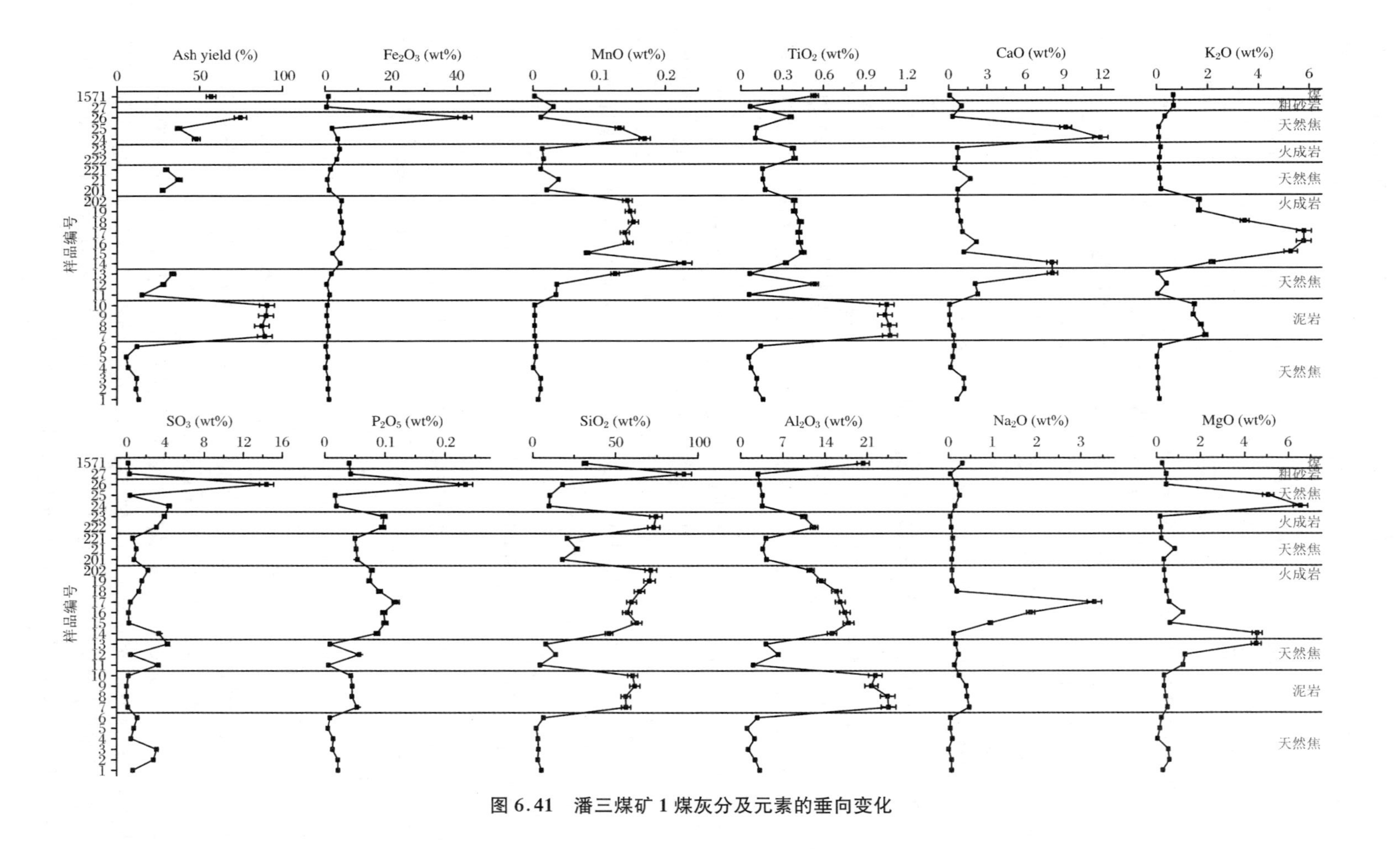


图 6.41 潘三煤矿 1 煤灰分及元素的垂向变化

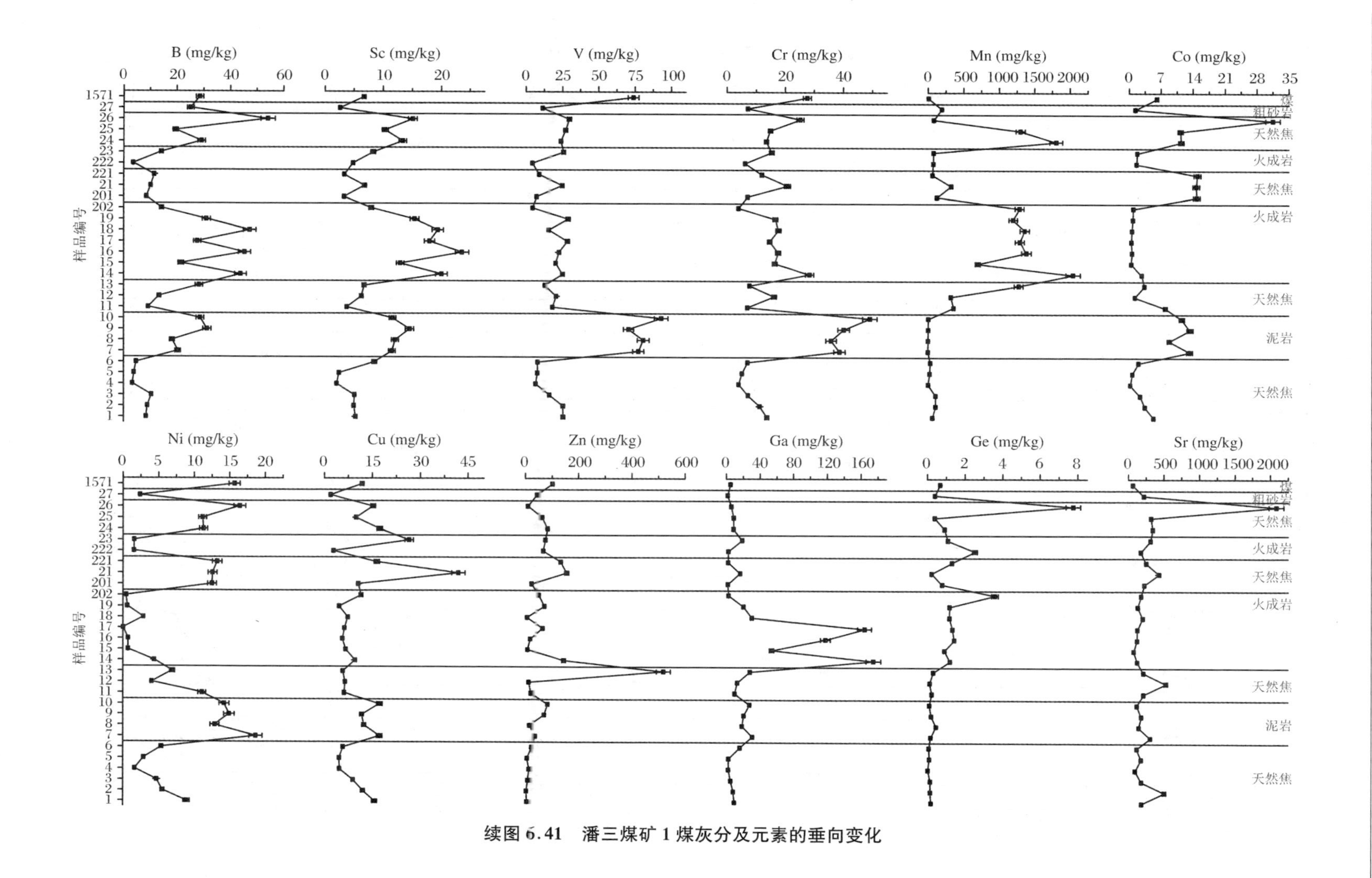


续图 6.41　潘三煤矿 1 煤灰分及元素的垂向变化

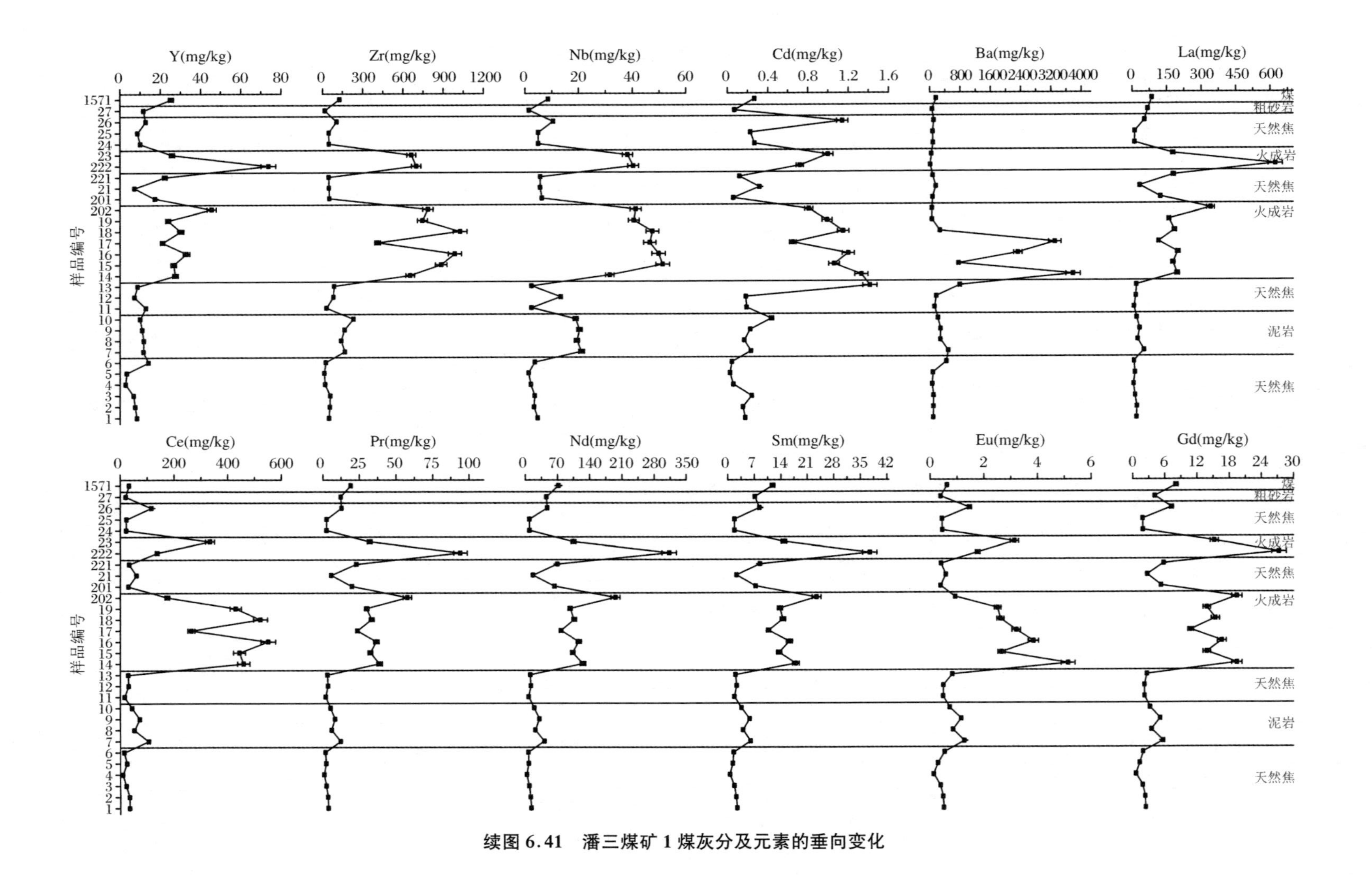


续图 6.41　潘三煤矿 1 煤灰分及元素的垂向变化

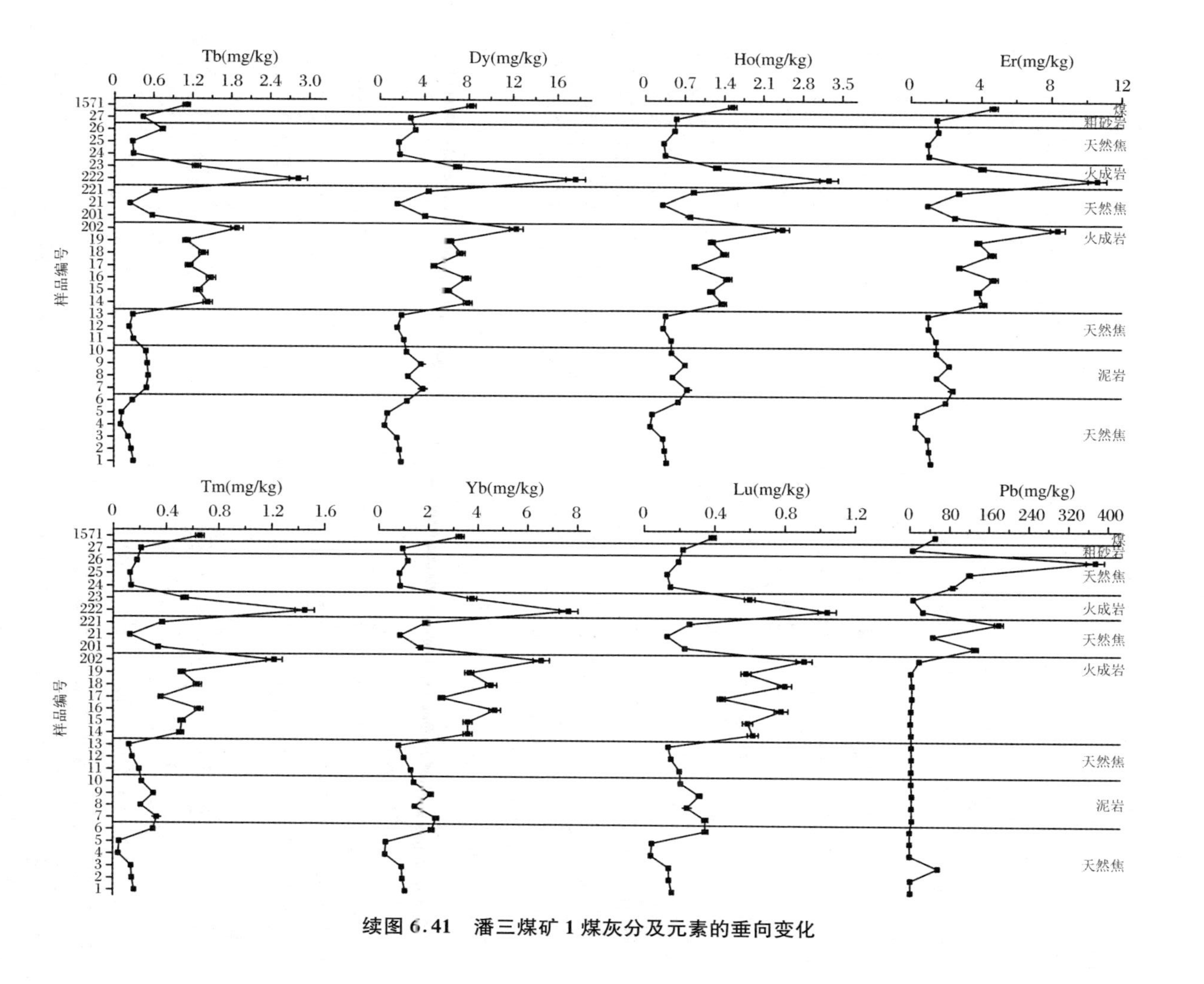


续图 6.41　潘三煤矿 1 煤灰分及元素的垂向变化

$SO_3$ 在接触带样品(1327-26、1327-24、1327-23、1327-14、1327-13 和 1327-11)中含量较高,与三期富 Fe 和 $H_2S$ 热液黄铁矿沉积有关。

侵入岩中 $P_2O_5$ 含量最高,其次是砂质泥岩,天然焦中含量最低,表明岩浆侵入和陆源供应不会显著影响煤中 P,然而砂岩下部天然焦 1327-26 中 P 含量最高,可能与地下水带入有关,其富集原因有待深入研究。

$SiO_2$ 和 $Al_2O_3$ 的垂向变化趋势相似(除砂岩外),侵入岩和砂质泥岩中 $SiO_2$ 和 $Al_2O_3$ 含量高,侵入岩中 $SiO_2$ 和 $Al_2O_3$ 与石英和长石有关,而砂质泥岩中 $SiO_2$ 与碎屑石英,$Al_2O_3$ 与高岭石等铝硅酸盐矿物有关。样品中 $SiO_2$ 含量一般高于 $Al_2O_3$,表明 Si 除以铝硅酸盐矿物存在外,还多以石英赋存。正常煤 1571 的 $SiO_2/Al_2O_3$ 为 1.55,高于高岭石的硅铝比 1.17[236],表明 Si 部分以石英存在;砂岩中 $SiO_2$ 达 91.51 wt%,以石英为主。

$Na_2O$ 在下分叉侵入岩中部含量高,与钠长石有关,且 Na 从下分叉侵入岩中部向两端递减,与 K 类似,亦说明地下水对 Na 的淋溶作用。

大多数样品 MgO 含量低,然而在上分叉侵入岩上部天然焦 1327-24 和下分叉侵入岩下部天然焦 1327-13 中含量较高,且随距侵入体距离增加呈递减趋势,其中存在铁白云石,Mg 主要来源于一期富 Ca、Mg 和 Fe 的热液流体。

B 在天然焦中含量低,岩浆侵入热变质过程中与有机质结合的 B 逸失;侵入岩中 B 含量较高,呈波动变化;而 Dai 和 Ren[282] 认为河北峰峰-邯郸煤田岩浆带入煤中的 B 可与硅酸盐结合,热变质煤中富集 B。

Sc 在下分叉侵入岩中含量最高,下分叉侵入岩上部 Sc 从侵入体中部向接触带逐渐降低,表明 Sc 在变质过程中的迁移,上分叉侵入岩的低 Sc 含量进一步说明该元素迁移;砂质泥岩和上部天然焦中 Sc 含量较高,表明 Sc 的陆源碎屑成因;砂岩中低 Sc 含量说明碎屑石英不是 Sc 的载体。

V 在砂质泥岩和近顶板煤中含量高,表明其陆源成因;V 在天然焦和侵入岩中变化不大,岩浆侵入对煤中 V 影响较小。

Cr 与 V 类似,为陆源成因且岩浆侵入对煤中 V 影响较小。

Co 在侵入岩中含量低,在砂质泥岩和上部天然焦中含量高,近顶板煤中含量较高,表明其陆源成因;上部天然焦中 Co 含量高于下部天然焦,与灰分产率变化相似,天然焦中 Co 含量随岩浆侵入热变质导致煤灰分产率的增加而增加;砂岩中低 Co 含量,表明石英不是 Co 的载体。

Ni 与 Co 类似,为陆源成因且随岩浆侵入热变质导致煤灰分产率的增加而增加,石英不是 Ni 的主要载体。

Cu 在砂质泥岩中含量较高,侵入岩中较低,整体变化不大,表明 Cu 以陆源供应为主;天然焦 1327-21 高 Cu 含量,可能与其高灰分产率(37.34%)有关。

Zn 分布较均匀,在侵入岩下部,从侵入岩到天然焦 Zn 含量有增加的趋势,下分叉侵入岩尤为显著,表明 Zn 可能来源于岩浆热液,天然焦 1327-13 中 Zn 含量高达 528.67 mg/kg,可能与黄铁矿矿化有关;近顶板煤中 Zn 也较高,表明陆源供应决定煤中 Zn 的背景值。

Ga 在下分叉侵入岩中下部含量最高,中上部和上分叉中含量较低,表明地下水对 Ga 的淋溶作用,下分叉侵入岩下部天然焦和砂质泥岩中 Ga 含量较高,可能由地下水带入。

Ge 在侵入岩中含量较高,天然焦、煤和其他岩石中较低,表明岩浆侵入对煤中 Ge 无影响;天然焦 1327-26、与天然焦接触的侵入岩 1327-222 和 1327-202 中含量较高,接触带破碎严重，裂隙发育为地下水流动提供通道，Ge可能由地下水带入。

Sr含量垂向变化不大，与$P_2O_5$相似，天然焦1327-26中Sr含量高达2084.60 mg/kg，其高Sr含量可能与地下水带入有关。

Y亦属稀土元素，但本书未将其划入稀土元素讨论，其垂向变化趋势与其他稀土元素类似，在侵入岩中含量最高，尤其是上分叉侵入岩；在近顶板正常煤较高，表明其陆源成因；天然焦中含量较低，岩浆侵入对Y无影响。

Zr在侵入岩中含量最高，表明其岩浆源，进一步说明岩性柱状图将上分叉侵入岩定为砂岩的错误性；砂质泥岩中含量较高，表明Zr部分来源于陆源碎屑供应；天然焦中Zr含量最低，岩浆侵入对煤中Zr无影响。

Nb与Zr类似，属岩浆成因，但岩浆侵入对煤中Nb并无影响，砂质泥岩中Nb来源于陆源碎屑供应。

Cd在侵入岩中含量最高，天然焦1327-26和1327-13中含量较高，表明其热液成因，或与后生硫化物矿化有关。

Ba在下分叉侵入岩下部含量最高，但其在上分叉侵入岩中与天然焦无差别，在下分叉侵入岩上部也与天然焦接近，表明地下水对Ba的淋溶作用；在下分叉侵入岩下部天然焦中Ba较高，部分Ba淋溶进入天然焦中。

Pb在上部天然焦中含量最高，而在侵入岩、下部天然焦和砂质泥岩中含量低，且近接触带天然焦(1327-26、1327-221和1327-201)中Pb含量高，表明Pb来源于后生热液流体，与硫化物矿化有关。

稀土元素La、Ce、Pr、Nd、Sm、Eu、Gd、Tb、Dy、Ho、Er、Tm、Yb和Lu的垂向变化趋势完全一致，表明其地球化学性质的相似性；在侵入岩中含量最高，其次是近顶板正常煤，天然焦中含量最低，表明潘三煤矿1煤煤中稀土元素来源于陆源碎屑供应，而岩浆侵入对煤中稀土元素含量无影响。

#### 6.2.2.5　地下水与煤中物质的交换

岩浆侵入煤层，由于侵入体挤压和热作用导致煤层严重破碎，裂隙普遍发育，从而为地下水流动提供通道，地下水能携带部分物质由围岩带入煤层，也可因淋溶作用将煤层或侵入岩中部分物质带出。

通过对潘三煤矿13西27孔1煤元素的垂向变化规律分析可知：地下水带入的元素有P、Ga、Ge和Sr，地下水淋溶带出的元素有K、Na和Ba。

Dai等[102,107,182]发现煤层夹矸中REEs随地下水迁移，轻稀土元素易被地下水淋溶，从而导致煤层中重稀土元素富集，而地下水对潘三煤矿13西27孔1煤中REEs无影响。

安徽淮北煤田二叠纪成煤植物以高等植物为主，而且煤中的硫分含量偏低，但汞的含量相对较高，这说明研究区除后期岩浆热液侵入的影响导致5煤层和7煤层中的汞的重新分布和富集外，在成煤作用过程中或成煤后期，地下水中的汞随水循环进入煤层，并进行水岩交换作用，使地下水中的汞可能部分的在该区煤中富集。

# 第7章　微量元素在煤层对比中的应用

## 7.1　煤层对比的意义

煤层是自然界中由植物遗体转变而来沉积成层的可燃矿产，由有机质和混入的矿物质所组成。煤层是含煤岩系的有机组成部分，煤层层数、厚度及其变化和赋存状态等是确定煤田开发规划的重要依据。

所谓煤层对比，就是将一定范围内（一个井田、一个矿区或一个煤田）的天然露头、坑探工程、物探、钻探及巷探和生产坑道所揭露的煤、岩层资料收集起来，借助一些对比标志弄清各个煤层的相互关系，按其自然的埋藏状态把它们连接起来，以达到查明煤层在含煤建造中的层位、层数、结构、赋存情况、煤质及它们的空间变化规律等特征的过程。根据地表和钻探等各种地质工作所获得的资料正确地进行煤层对比工作，是煤田地质勘探各阶段及矿井地质工作中重要的基础工作之一。

在煤田地质勘探工作中，要求在较短的时间内，以较少的钻探、物探工作量探清煤层在地下的赋存情况、埋藏深度、层数、厚度、煤质以及它们的变化情况。并按国家要求合理地计算出煤的储量。由于含煤岩系中至少都含有一层以上至几十层甚至上百层煤层，勘探工程又由点到面进行，因而要根据地表露头、勘探钻孔、巷道和物探资料正确地绘出地质剖面图，因此必须正确进行煤层对比研究。总之，煤层对比工作直接影响到矿区地质构造形态的判断和解释、煤层可采边界的圈定和储量的计算、煤质的评价、综合图件的编制及地质报告的质量。实践证明，由煤层对比不正确造成的储量计算的误差，远比由用不合适的计算方法和技术或计算精度不高等错误所造成的误差要大得多。甚至在矿区投入生产后，煤层对比的错误将导致巷道开拓错误以致报废，在工程上造成极大损失。因而，煤层对比是煤田地质普查勘探及矿井地质工作中的关键。这在构造复杂、煤层不稳定、或煤层层数多、层间距小、标志层不明显的地区尤其重要。如何针对不同地区的不同情况，寻找最合适的煤层对比方法，是煤田地质工作中的一项非常实际和重要的问题。进行煤层对比，首先要寻找对比标志。对比标志，可以是具有一定特征的某些岩层或煤层，也可以是具有一定特征的岩相或一定的岩相组合和旋回结构。对比标志必须在整个含煤建造剖面中具有垂直方向上的特殊性及水平方向上的稳定性，并且成层厚度小、与煤层之间有固定的联系。

# 7.2 煤层对比的方法

## 7.2.1 传统煤层对比方法

淮南朱集矿井含煤岩系沉积环境相对稳定，主要煤层沉积在广阔的三角洲平原上，各含煤段厚度、煤层间距、煤层厚度、结构、组合稳定，岩性组合、化石带、标志层、物性反映特征明显，煤层易于对比。利用传统的对比方法，在一些地质构造简单的区域易于对比，主要对比依据分述如下。

### 7.2.1.1 煤层及岩性组合

第一含煤段：含1、3煤层，3煤层发育较好、1煤层薄且常尖灭，1、3煤层间距小、层数少为该煤组特征。下部以粉砂岩为主，互层状，色深，沿层面富含大云母片及含菱铁结核，常见腕足、瓣鳃类化石及虫迹，下距32 m左右的太原组顶部灰岩及下石盒子组底部的铝质泥岩，是确定3煤层的标志。

第二含煤段：含4-1、4-2、5-1、5-2、6、7-2、8等煤层，该段以含多层煤，并经常两两成组出现为特征。4-1、4-2煤层结构简单，煤层发育较好，两煤层间距3～5 m。4-1煤层底13～18 m处发育的铝质泥岩是区域性对比标志层。4-2煤层与上部5-1煤层间，砂泥岩互层为主，具混浊层理及底栖动物通道。下石盒子组底部分界的骆驼钵砂岩，均为可靠的对比依据，对比可靠。4-1、4-2、5-1、5-2煤层在区内显示为"下厚上薄"，即4-1、5-1煤厚，4-2、5-2煤薄且尖灭点较多。6煤层一般为单层，为薄煤层，常位于含煤段中部，6煤层顶板可见个体较小的舌形贝化石。7-2煤层与8煤层间距小(平均10 m)，7-2煤层平均厚度1.11 m，8煤层平均厚度2.96 m，煤层厚度及间距的差异可对比7-2、8煤层。

第三含煤段：含11-1、11-2煤层。煤层成组出现于含煤段中上部，11-2煤上部约40 m处的石英砂岩是明显的对比标志，11-2煤层厚度较稳定，下与8煤，上与13-1煤之间，相距甚远，间距稳定，易于对比。煤层顶板为一丰富的化石带，尤以瓣轮叶富集为其特征，煤层顶板泥岩中亦含菱铁结核或似层状菱铁条带，是对比该煤层的辅助依据。11-1煤层依附于11-2煤层，底部可见鲕状黏土岩。

### 7.2.1.2 标志层

花斑黏土岩：花斑黏土岩在第二层中发育，层位稳定。4-1煤下15 m左右：一般1层薄层状暗紫色、黄褐色碎花斑，含铝质及铝质胶凝同心圆状鲕粒，伴生浅灰色含铝泥岩。

铝质泥岩：煤系地层中，在18煤层及4-1煤层下，尤以4-1煤层下较发育，层位稳定。4-1煤下15 m左右发育1～2层厚3～5 m的铝质泥岩，浅灰、银灰色、性软、细腻、具滑感、含灰色铝质、胶凝同心圆状鲕状结构，粒径为1～2 mm。

太原组第一层石灰岩：太原组第一层石灰岩上距3煤约32 m，厚度为3 m左右，灰色、致密、含较多的海百合茎、珊瑚、蜓科、腕足类等动物化石，分布广泛，与3煤层间距变化不大，是对比1、3煤层的标志层。

骆驼钵砂岩：骆驼钵砂岩在4-1煤下40 m左右，厚度一般为5～10 m。岩性为灰白色含砾中粗砂岩，钙泥质胶结，较松散，常与顶板铝质泥岩共生，在测井曲线上反映特殊，视电阻率、人工放射性曲线为中等幅值，类似粉砂岩或砂质泥岩，天然放射性为低幅值，显示该层泥质含量高。区内发育普遍、层位稳定，是4煤及1、3煤的对比标志。

#### 7.2.1.3　化石带

区内化石分带明显，大部分植物化石分布在煤层顶板，依沉积顺序叙述如下：4煤层附近可见种子化石(化石果)。6煤层顶板可见个体较小的舌形贝化石。8煤层顶板及其上部岩层为一植物化石带。主要为羊齿、瓣轮叶、斜羽叶等，而以椭圆斜羽叶及栉羊齿富集为其特征。11-2煤层顶板富含植物化石，常见羊齿类、瓣轮叶等化石，尤以瓣轮叶富集为特征。其他动物化石仅在煤系底部海相泥岩中发现。

#### 7.2.1.4　岩层颜色特征

煤系自下而上颜色由浅变深，由单一到混杂，尤其是泥岩、砂质泥岩及粉砂岩颜色变化规律性强。煤系下部为浅灰色、灰色；中部为灰、深灰色；中上部为灰、深灰、青灰色；上部为深灰、灰绿、杂色。

#### 7.2.1.5　煤、岩层物性曲线对比

3煤层距石炭系太原组第一层灰岩32 m左右。在测井曲线上，3煤层呈高电阻率、低密度、低自然伽玛强度反映。自然电位曲线上往往有不大的负异常显示。3煤层顶板多为砂岩类岩层，电阻率不高，但自然伽玛幅值低，可依此确认其岩性。一灰在电阻率曲线上幅值很高，曲线界面陡峭，高密度，低自然伽玛强度，形成岩煤层中独有的曲线特征，是确认3煤层的重要物性标志。部分钻孔的3煤层被岩浆岩侵入，煤层受烘烤变质为天然焦，与高电阻煤层相比，天然焦电阻率明显降低，自然电位，出现明显正异常。

4煤、5煤一般由两个煤分层组成(4-1、4-2、5-1、5-2)。5-1、5-2煤层在电阻率曲线上形态不一样，5-1煤层多呈倒锯齿状，5-2多呈正锯齿状，成为识别5-1或5-2的物性标志之一。4-1煤层电阻率一般都低于4-2煤层。6煤层结构简单，测井曲线多呈单峰状形态。4煤层下15 m左右，多发育有1～2层铝质泥岩，它本身电阻率不高，但自然伽玛曲线上有明显高幅值异常显示，是确认4煤层的主要物性标志。

7、8、9煤层中，8煤层厚度较大，在电阻率曲线上，8煤层上部电阻率多高于下部，呈较明显台阶状，8煤层顶板多为高电阻砂岩层，自然伽玛低异常反应明显、依据这两点，较容易确认8煤层。7-2煤层结构简单，一般不含夹石，测井曲线呈单峰状形态。9煤层大都不可采，但层位稳定，距8煤层距离变化不大，在层位对比中，有重要参考作用。

11煤层由两个煤分层组成(11-1、11-2)，在测井曲线上，11-1和11-2煤层呈宽度窄，幅值高陡峭单峰状异常。其顶、底板岩性多为低电阻率砂泥岩类岩层。

### 7.2.2　微量元素地球化学方法

通过对含煤段、煤层间距、煤层厚度、岩性组合、标志层、化石带、岩煤层物性特征等多种方法和手段的对比，本研究区可采煤层 4-1、5-1、7-2、8、11-2、煤层对比可靠，3、4-2、5-2、6、11-1煤层由于稳定性差，对比基本可靠。然而，这些方法均属定性的研究方法，因此存在着不确定因素，缺少定量化资料给予的验证。

早在 20 世纪 40～50 年代，国外 Zhemchuzhnikov、Beneš、Havlena 等学者曾尝试探讨过利用煤中所含的元素的特征来进行煤层判别、对比的可能性，Boukša[729]在 20 世纪 80 年代曾对煤中微量元素在煤层对比中的应用做过专题评述，认为利用煤层元素地球化学特征进行煤层对比在理论上是可行的。国内在这方面的研究工作起步较晚，应用的实例也不多见，仅有煤炭科学院地质勘探分院的滕辉等学者对吉林省春晖煤田板石勘探区以及刘桂建等对山东济宁煤田的不同煤层利用微量元素进行过判别分析。[730,538]前人的研究结果表明，利用微量元素在煤层判别中进行对比是切实可行的，而且当无法找到可靠、显著的宏观标志或者标志层在横向和纵向上分布极不稳定时，利用微量元素等微观特征更有重要意义。

利用微量元素来寻找煤层的特征元素必须满足两个条件：在同一层煤中不同区域元素含量分布稳定；沿地层方向有几个突出的峰值或谷值。本研究的 29 个补勘钻孔的各个煤层的传统标志层比较明显，因此煤层所在的层位也基本可以确定。采样过程中，我们对每个钻孔的煤层严格按照上、中、下 3 个分层进行采集，然后得出煤层在该钻孔中的平均值。查明已知层位的煤层中特征微量元素来推测其他煤层的层位，能够为朱集矿井其他区域煤层对比提供依据，进而为淮南煤田的煤层对比提供参考。

## 7.3　煤层特征元素

聚类分析是解决数据分组问题的探索性分析，是将数据分类到不同的类或者组的一个过程，所以同一个组中的对象有很大的相似性，而不同组间的对象有较大的差异性。本研究采用层状聚类方法，分析了 10 个主采煤层主量元素和微量元素沿地层方向上的变化。在聚类重新标定距离为 20 时，将所有元素沿地层的变化趋势分为 3 组（图 7.1）。然后又根据不同组组内的元素变化的差异，把第 1 组和第 3 组再分为 3 个小组。组内和组间的元素浓度在垂向方向的变化能够指明这些元素的来源以及它们与沉积时的泥炭沼泽环境、后沉积环境的关系。需要指出的是，一些元素含量的分布具有地域性，与当地的地质条件有关。[516,731]

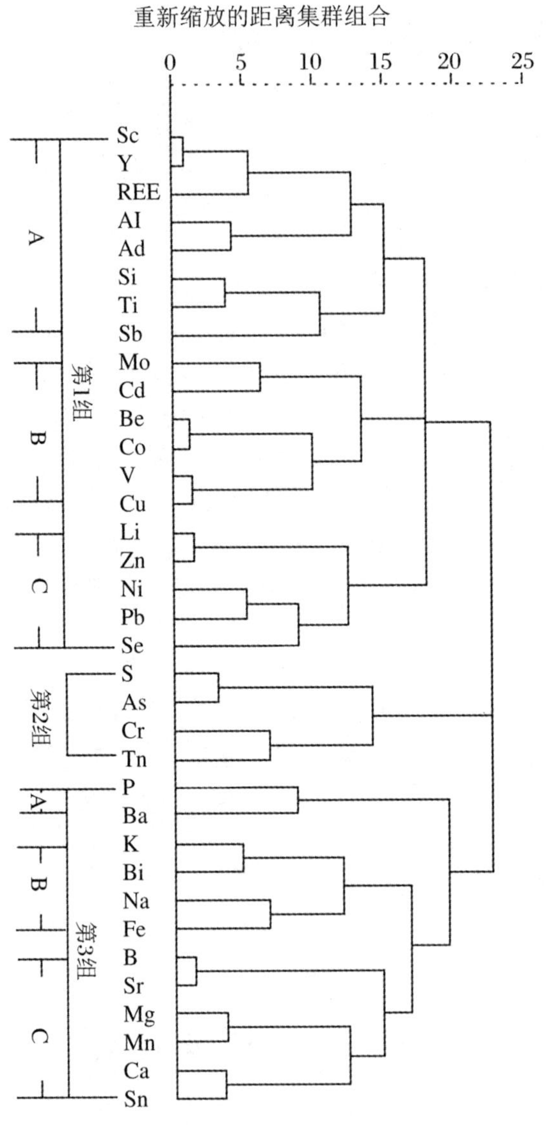


**图 7.1　层状聚类分析的 10 个煤层中元素浓度沿地层方向上的变化**

(聚类方法:圆心聚类;间隔:Pearson 相关)

## 7.3.1　第 1 组元素

### 7.3.1.1　第 1 组 A

第 1 组元素根据其组内分布趋势的差别可分为 3 个小组:第 1 组 A、第 1 组 B 和第 1 组 C(图 7.1)。Sc、Y、REE 和 Sb 划分在第 1 组 A 中,它们的含量从 3 煤到 11-2 煤呈不显著的增加,并且 Sc、Y、REE 增加的趋势较 Sb 明显(图 7.2(a))。Sc、Y、REE 与灰分及其主要成分 Si + Al 显著相关且变化趋势相似,它们都在 3 煤层出现最低值(表 7.1;图 7.1),表明这些元素来自于陆区输入碎屑物的黏土矿物并且有可能赋存在相似的矿物如黏土矿物中。Sc、

Y、REE 含量在 3 煤中的平均值为 5.8 mg/kg、8.0 mg/kg 和 97 mg/kg，分别低于其他煤层 0.2～0.7 倍、0.2～0.9 倍和 0.01～0.5 倍，差异并不明显，不宜作为 3 煤层的特征元素。锑元素在 3 煤的平均值为 0.93 mg/kg，低于其他煤层 0.5～2 倍，且 Sb 在 3 煤分布比较集中，即随煤层的横向延伸元素含量没有多大差异(图 7.1)，可以作为 3 煤层辅助的特征元素。这 4 个元素在 7-2、11-1 和 11-2 都出现高值，但差异仍然不太显著。

**表 7.1　朱集煤中元素含量与灰分、特定元素和特定元素组合之间的相关系数**

| | | |
|---|---|---|
| 与灰分的相关性<br>亲无机元素：$r_{ash}=0.7\sim0.8$ REE, V, Sc, Y, Si | | |
| 无机占主导元素：$r_{ash}=0.5\sim0.69$ Fe, Zn, Li, K, Pb, Al, Ti, Cu, Sn, Be, Na, Ca, Mg, Th, Mn, Mo<br>有机占主导元素：$r_{ash}=0.35\sim0.49$ Co, Se, Ni, Ba, P, Bi<br>亲有机元素：$r_{ash}<0.35$ S, Cd, Sb, As, Cr<br>与特定元素组合之间的相关性 | | |
| $r_{Ca+Mg}$ | >0.7 | Fe, Mn, Zn, Se, Sn |
| | 0.5～0.7 | K, P, Be, Sr, Pb, Th, Na |
| | 0.35～0.49 | As, Ba, Bi |
| $r_{Al+Si}$ | >0.7 | 无元素 |
| | 0.5～0.7 | V, Y, Sc, Fe, Li, Be, Se, Sn, Pb, REE |
| | 0.35～0.49 | Zn |
| $r_{S+Fe}$ | >0.7 | 无元素 |
| | 0.5～0.7 | As |
| 与特定元素的相关性<br>$r_{Ca\text{-}Mg}=0.87$；$r_{Mn\text{-}Fe}=0.78$；$r_{Mn\text{-}Mg}=0.84$；$r_{Mn\text{-}Ca}=0.80$；$r_{Fe\text{-}Se}=0.81$；$r_{Fe\text{-}As}=0.58$；$r_{K\text{-}Be}=0.62$；$r_{Na\text{-}Be}=0.37$；$r_{Se\text{-}Pb}=0.63$；$r_{Fe\text{-}S}=0.2$ | | |

由沉积环境的分析可知，3 煤沉积在水下三角洲平原且 3 煤上下都是黑色海相泥岩。这些元素在含煤地层下端的低值可能是较少的陆源输入所造成的。由表 7.1 可知，亲无机元素包括 Sc、Y、REE，它们与灰分的相关系数($r_{ash}$)为 0.7～0.8。稀土元素的陨石标准化曲线也表明各个煤层的稀土元素有稳定的陆源碎屑的供给，只是不同沉积环境下供给量不一样而已。重稀土元素与灰分之间的相关性($r_{ash}=0.73$)大于轻稀土元素($r_{ash}=0.6$)。

#### 7.3.1.2　第 1 组 B

第 1 组 B 包括 Be、Co、Cu、V、Mo 和 Cd 元素，它们都富集在 11-1 煤层中(图 7.2(b))。这 6 个元素在 11-1 煤层中的平均含量为 9.6 mg/kg、37.1 mg/kg、24.4 mg/kg、13.0 mg/kg、7.0 mg/kg、0.62 mg/kg，分别高于其他煤层 0.8～1.7 倍、1.0～4.8 倍、0.4～0.9 倍、0.3～2.1 倍、0.3～1.3 倍、0.4～1.4 倍，因此 Be 和 Co 宜作为 11-1 煤层的特征元素。然而，从图 7.2(b)可以看到：Co 在 11-1 煤层中的含量分布差异较大，其两个较大的异常值(分别

为84 mg/kg和 183 mg/kg)加大了 11-1 煤层中 Co 的平均值,因此不能作为 11-1 煤层的特征元素。

前人的研究成果表明:V 主要以无机态赋存,吸附在黏土矿物如高岭石和伊利石上,但也赋存在有机物质中,其状态置信度仅为 3(10 为最高置信度;1 为没有置信度)。[169,452] V 在 3 煤有最低值,且由表 7.1 可知 V 与第 1 组 A 中的元素变化相似。Be、Cu、Mo 属于无机占主导的元素,它们与灰分的相关系数的范围为 0.50~0.69(表 7.1)。Be 与 Al、Si 和 K 有显著的相关性,但却与 Na 相关性不太明显,由此推断:Be 可能赋存在含 K 矿物如伊利石中(表 7.1)。Finkelman 认为 Cd 在大多数煤中存在于闪锌矿中,而本研究中 Cd 与 S 及 Fe 的相关系数分别为 0.2 和 0.3,说明朱集煤中 Cr 与少量的闪锌矿结合在一起。[99]

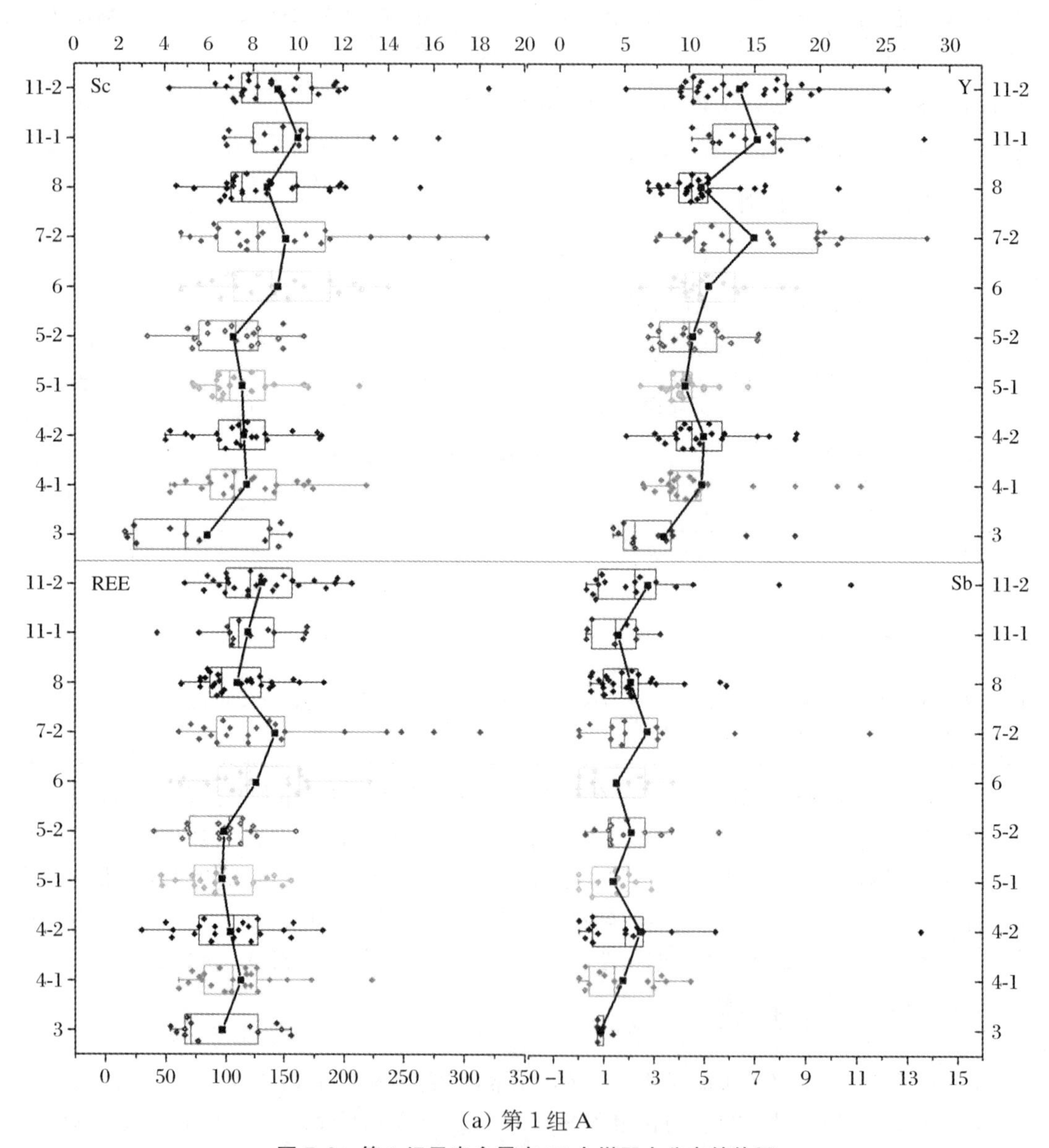


(a) 第 1 组 A

**图 7.2 第 1 组元素含量在 10 个煤层中分布箱体图**

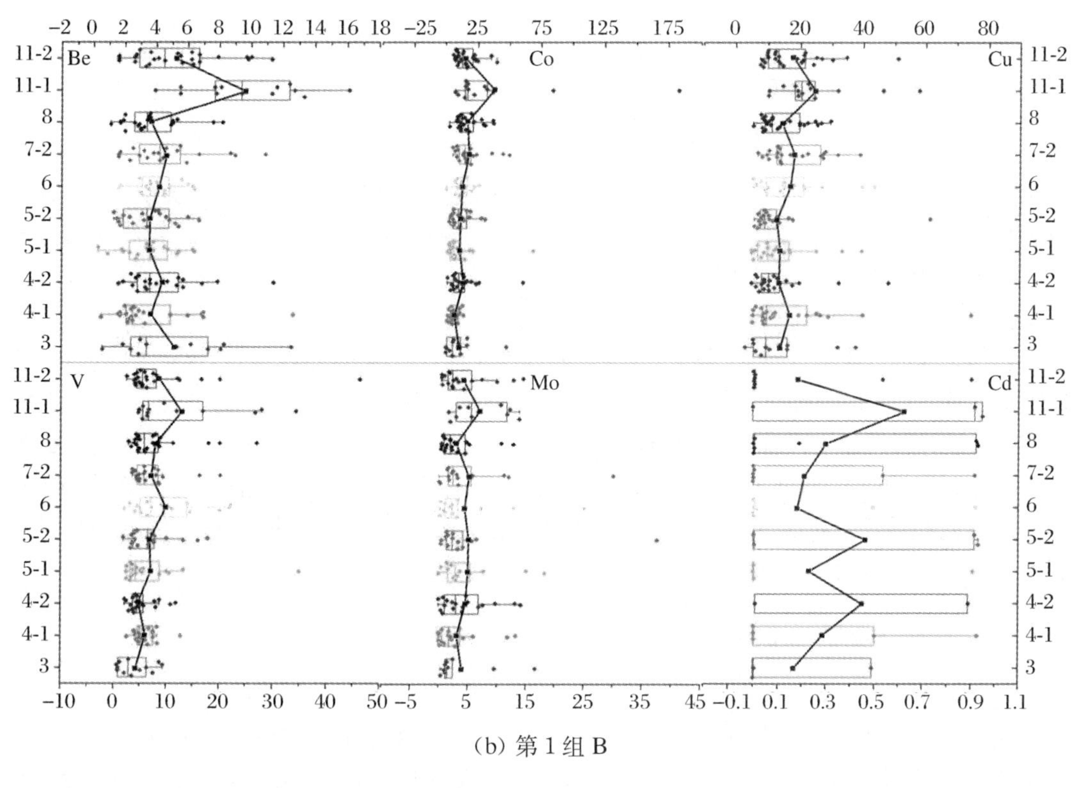


(b) 第1组B

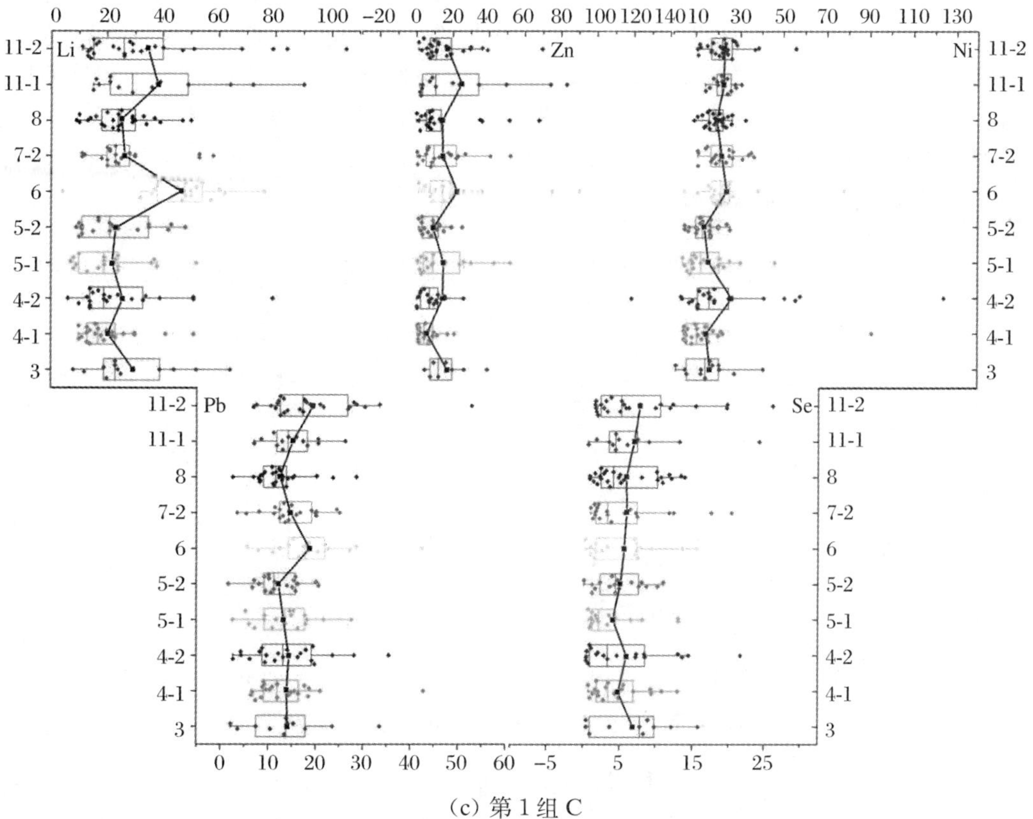


(c) 第1组C

**续图7.2　第1组元素含量在10个煤层中分布箱体图**

#### 7.3.1.3　第1组C

Li、Zn、Ni、Pb和Se元素属于第1组C，这些元素的垂向分布也非常一致，都在6煤层中富集(图7.1;图7.2(c))。Li、Zn、Ni含量的最高值出现在6、11-1、4-2煤层中，分别高于其他煤层0.2～1.2倍、0.4～4.0倍(6煤层除外)、0.1～0.7倍；而Pb和Se的最高含量出现在11-2煤层中，都未超出其他煤层1倍。因此，除Zn可作为一个辅助性特征元素外，其他元素都不太适合作为特征元素。

Li、Zn、Pb无机组分占主导；而Ni和Se的有机组分占主导(表7.1)。煤中Li的赋存状态研究很少[437]，Finkelman[576]认为黏土矿物是Li的主要载体，部分富集在云母、电气石等矿物中。由表7.1可知，Li与Si和Al的相关性分别是0.83和0.67，表明Li存在于硅铝酸盐矿物中。Se在煤中大多存在于有机质中，少量赋存在黄铁矿和方铅矿中。[99,182,452] Se与Fe和Pb的相关系数都大于0.6，但与S的相关性($r_{Se\text{-}ash}=0.07$)不明显，这可能与朱集煤中只有少量的无机硫存在有关。

### 7.3.2　第2组元素

第2组元素包括As、Cr和Th(图7.1，第1组B)。这些元素在位于5-2以下煤层的垂向变化非常相似，且在5-1煤层达到最高值。然而，在5-1地层的上端，这些元素却表现出不同的变化趋势。As、Cr和Th的在5-1的最高值为17.8 mg/kg、44 mg/kg和6.1 mg/kg，分别高于其他煤层1.6～12.7倍、<0.4倍、<0.5倍。以此判断，As可以作为5-1煤层的特征元素。由图7.3所示，As元素5-1煤的高值17.8 mg/kg是由一离群值226 mg/kg所影响的。如果剔除此离群值，As在5-1煤的平均值为4.8 mg/kg，与其他煤层的值差异甚小，不能作为5-1煤层的特征元素。

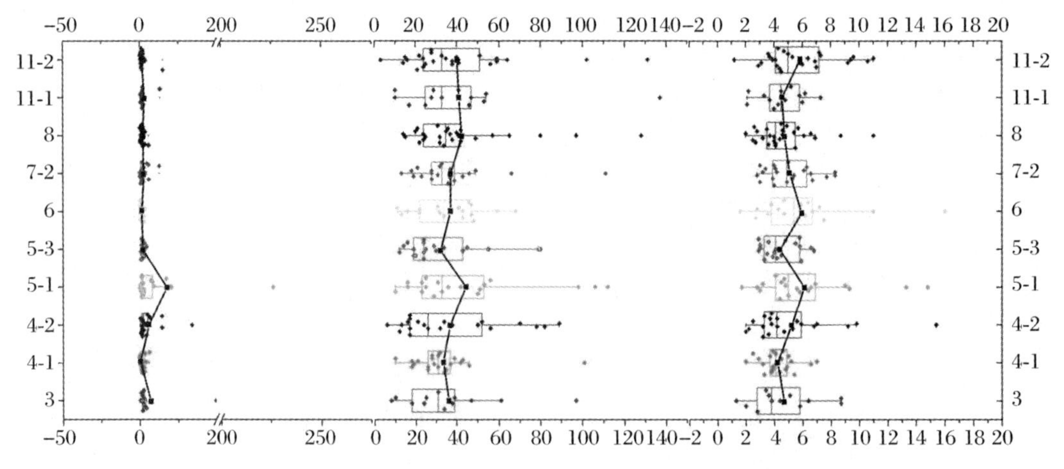


**图7.3　第2组元素含量在10个煤层中分布箱体图**

As、Cr与硫分在聚类分析中处于同一组，它们与灰分的相关性小于0.34，低于统计学意义上显著性的值(表7.1)，主要是有机结合态。只有As与Fe+S的相关性明显，推断As无机态可能存在于黄铁矿。钍与Na+K的相关系数以及钍与Ca+Mg的相关系数都大于0.5

(图 7.1;表 7.1),这些元素也可能存在于含 K、Na 的矿物中(如高岭石和伊利石)或者碳酸盐矿物中(如方解石)。

## 7.3.3　第 3 组元素

如同第 1 组元素一样,第 3 组元素同样被分为 3 个亚组:第 3 组 A,第 3 组 B 和第 3 组 C(图 7.1)。钡属于第 3 组 A,在 8 煤有个明显的高值 348 mg/kg,高于其他煤层 0.4～1.4 倍。但由于 8 煤的离群值较多,不宜作为辅助的特征元素。第 3 组 B 包括 K,Bi,Na 和 Fe 元素(图 7.1)。铋元素含量的最低值为 0.6 mg/kg,位于 7-2 煤层,比其他煤层低 1～2.5 倍。另外,图 7.4 显示在 7-2 煤有个正的 Bi 异常点 3.1 mg/kg。如剔除此异常点,Bi 在 7-2 煤层的平均值只有 0.1 mg/kg,明显低于其他煤层的值。因此,Bi 元素在 7-2 煤可作为特征元素。第 3 组 C 包括 B,Sr,Mn,Mg,Ca 和 Sn 元素,它们中的大部分元素都是亲咸水元素,沿地层方向向上呈递减的趋势。B 和 Sr 沿地层向上的递减趋势较 Mn 和 Sn 更为明显。B 和 Sr 的最大值出现在 3 煤层分别为 259 mg/kg 和 440 mg/kg,分别是其他煤层的 0.4～4.4 倍和 0.7～6.0 倍。Sr 元素在 3 煤层的数值点较少,其平均值可信度不高,可以把 Sr 作为辅助的特征性元素;而具有指相意义的 B 元素在 3 煤的数据点无异常值,其均值较为可信,可以作为 3 煤的特征元素。Mn 和 Zn 含量的最大值也出现在 3 煤层,但各个煤层的含量差异较小,不宜作为特征元素。

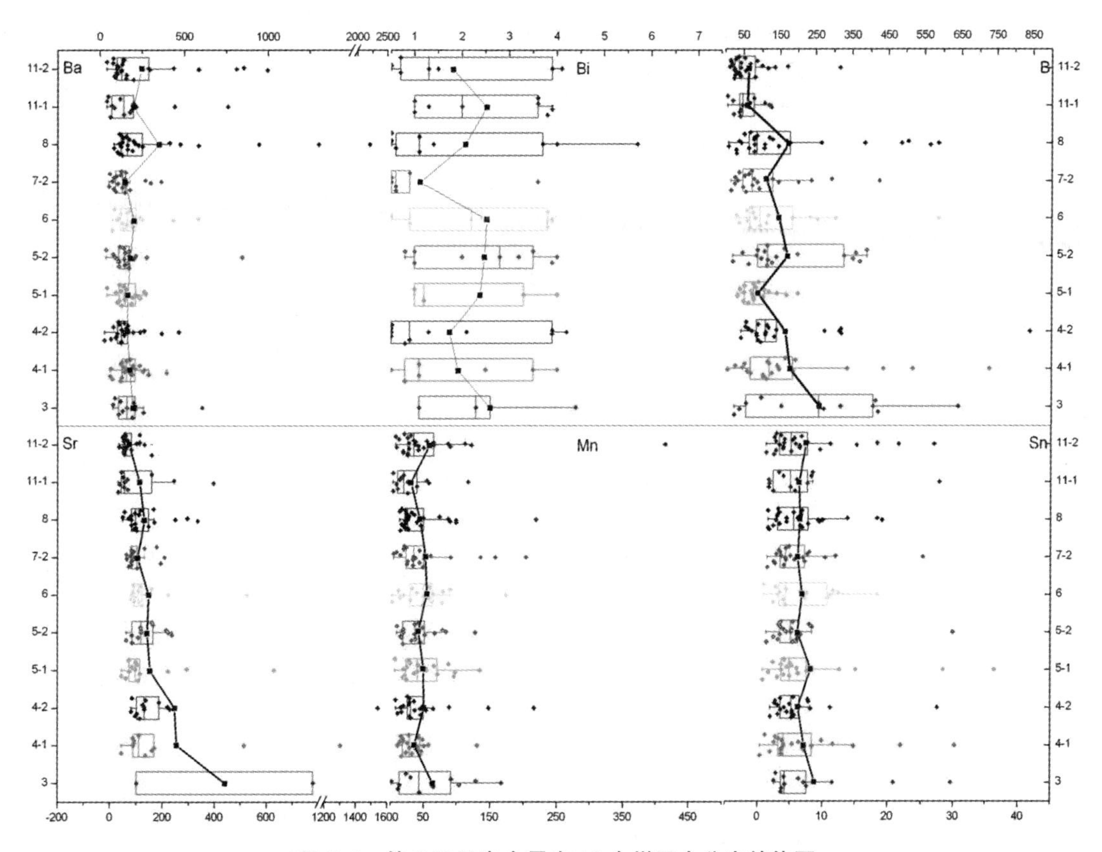


图 7.4　第 3 组元素含量在 10 个煤层中分布箱体图

本组的大部分元素是典型的海洋环境下形成的煤层，所以它们在3煤中的含量较高。Mn与Mg、Ca和Fe的相关性分别为0.84、0.80和0.78，表明Mn无机态可能赋存在菱铁矿和铁白云石中(表7.1)。[99,151]

## 7.3.4 特征元素

通过分析可知：B元素在3煤层平均含量为其他煤层的0.7～6.0倍，可以作为3煤层的特征元素；而锑元素在3煤层的平均值低于其他煤层0.5～2倍，可以作为3煤层辅助性特征元素。如剔除此异常点，Bi在7-2煤层的平均值只有0.1 mg/kg，明显低于其他煤层的值，可以作为7-2煤层的特征元素。Be元素在11-1煤层的平均含量高于其他煤层0.8～1.7倍，可以作为11-1煤层的特征元素；而Zn元素在11-1煤层的平均含量高于其他煤层0.4～4.0倍(6煤层除外)，可以作为11-1煤层辅助性特征元素。

# 参 考 文 献


[1] SWAINE D J. Why trace elements are important [J]. Fuel Processing Technology, 2000, 65-66: 21-33.

[2] CHEN J, LIU G J, KANG Y, et al. Atmospheric emissions of F, As, Se, Hg, and Sb from coal-fired power and heat generation in China [J]. Chemosphere, 2013, 90:1925-1932.

[3] CHEN J, LIU G J, KANG Y, et al. Coal utilization in China: environmental impacts and human health [J]. Environmental Geochemistry and Health, 2014, 36:735-753.

[4] ZHOU C C, LIU G J, WU D, et al. Mobility behavior and environmental implications of trace elements associated with coal gangue: a case study at the Huainan Coalfield in China [J]. Chemosphere, 2014, 95:193-199.

[5] TANG Q, LIU G, ZHOU C, et al. Distribution of trace elements in feed coal and combustion residues from two coal-fired power plants at Huainan, Anhui, China [J]. Fuel, 2013, 107(9):315-322.

[6] TANG Q, LIU G, ZHOU C, et al. Distribution of environmentally sensitive elements in residential soils near a coal-fired power plant: potential risks to ecology and children's health [J]. Chemosphere, 2013, 93:2473-2479.

[7] WANG J, LIU W, YANG R, et al. Assessment of the potential ecological risk of heavy metals in reclaimed soils at an opencast coal mine [J]. Disaster Advances, 2013, 6(S3): 366-377.

[8] WANG X, ZHOU C, LIU G, et al. Transfer of metals from soil to crops in an area near a coal gangue pile in the Guqiao Coal Mine, China [J]. Analytical Letters, 2013, 46:1962-1977.

[9] ZHOU C, LIU G, YAN Z, et al. Transformation behavior of mineral composition and trace elements during coal gangue combustion [J]. Fuel, 2012, 97:644-650.

[10] NRIAGU J O. Mercury pollution from the past mining of gold and silver in the America [J]. Science of the Total Environment, 1994, 149:167-181.

[11] PINOT F, KREPS S E, BACHEIET M, et al. Cadmium in the environment: sources, mechanisms of biotoxicity and biomarkers [J]. Reviews on Environmental Health, 2000, 15(3): 299-324.

[12] SCHMITT A D, GALER S J G, ABOUCHAMI W. High-precision cadmium stable isotope measurements by double spike thermal ionisation mass spectrometry [J]. Journal of Analytical Atomic Spectrometry, 2009, 24(8): 1079-1088.

[13] ALINA K P. Agricultural problems related to excessive trace metal contents of soils [J]. Heavy Metals Environmental Science, 1995: 3-18.

[14] 孙庆津，张维海，张维萍，等. 有机质在 U 成矿过程中作用的实验模拟研究 [J]. 中国地质，2007，34 (3): 463-468.

[15] 王馨，冯启言，方婷，等. 滇东地区中-高硫煤中放射性元素铀的地球化学特征[J]. 煤炭学报，2015，40(10): 2451-2457.

[16] 张仁里. 从含铀煤中提取铀 [J]. 煤炭科学技术，1980，6:44-48.

[17] BUNT J R, WAANDERS F B. Trace element behaviour in the Sasol-Lurgi fixed-bed dry-bottom gasifier. Part 3-The non-volatile elements: Ba, Co, Cr, Mn, and V [J]. Fuel, 2010, 89:537-548.

[18] TAYLOR M, VAN STADEN J, Spectrophotometric determination of vanadium (Ⅳ) and vanadium (V) in each other's presence [J]. Rev Anal, 1994, 119 (6):1263-1276.

[19] HUANG J H, HUANG F, EVANS L, et al. Vanadium: global (bio)geochemistry [J]. Chem Geol, 2015, 417:68-89.

[20] CHRISTIANSEN M B, SORENSEN M A, SANYOVA J, et al. Characterisation of the rare cadmium chromate pigment in a 19th century tube colour by Raman, FTIR, X-ray and EPR[J]. Spectrochimica Acta Part A: Molecular and Biomolecular Spectroscopy, 2017, 175: 208-214.

[21] YAZVINSKAYA N N, GALUSHKIN N E, GALUSHKIN D N, et al. Processes of hydrogen release relaxation at thermal decomposition of electrodes of nickel-cadmium batteries[J]. International Journal of Electrochemical Science, 2017, 12(4): 2791-2797.

[22] FULLERSON W, GOELLER H E. Cadmium: the dissipated element [R]. Oak Ridge National Lab., Tenn, 1973.

[23] SHAH F, KAZI T G, AFRIDI H I, et al. Environmental exposure of lead and iron deficit anemia in children age ranged 1-5 years: a cross sectional study[J]. Science of the Total Environment, 2010, 408:5325-5330.

[24] NRIAGU J O, PACYNA J M. Quantitative assessment of worldwide contamination of air, water and soils by trace metals [J]. Nature, 1988, 333:134-139.

[25] NRIAGU J. Keynote lecture at the 1st international workshop on antimony in the environment [C]. Heidelberg, Germany, 2005.

[26] BLUNDEN S, WALLACE T. Tin in canned food: a review and understanding of occurrence and effect [J]. Food and Chemical Toxicology, 2003, 41(12):1651-1662.

[27] CHANDLER H. Metallurgy for the non-metallurgist [J]. ASM International, 1998: 6-7.

[28] EVANGELOU A M. Vanadium in cancer treatment [J]. Crit Rev Oncol / Hematol, 2002, 42: 249-265.

[29] World Health Orgnization, Reginal office for Europe. Air quality guidelines-Second edition [R]. Copenhagen: WHO, 2000.

[30] World Health Orgnization Seventy-second meeting. 16-25 February 2010: summary and conclusions [R]. Rome: WHO, 2010.

[31] World Health Orgnization. Guidelines for drinking-water quality [R]. Copenhagen: WHO, 2011.

[32] ABERNATHY C O, LIU Y P, LONGFELLOW D, et al. Arsenic: health effects, mechanisms of actions, and research issues [J]. Environmental Health Perspectives, 1999, 107:593.

[33] HUGHES M F. Arsenic toxicity and potential mechanisms of action [J]. Toxicology letters, 2002, 133:1-16.

[34] DUKER A A, CARRANZA E, HALE M. Arsenic geochemistry and health [J]. Environment International, 2005, 31:631-641.

[35] SHEN S, LI X, CULLEN W R, et al. Arsenic binding to proteins [J]. Chemical Reviews, 2013, 113(10):7769-7792.

[36] 刘晓立，孙殿军. 砷的致癌机制 [J]. 中国地方病学杂志,2004, 23 (6):624-626.

[37] REICHARD J F, SCHNEKEN BURGER M, PUGA A. Long term low-dose arsenic exposure induces loss of DNA methylation [J]. Biochemical and Biophysical Research Communications, 2007, 352:188-192.

[38] PATRICK K S. Goodman and Gilman's the pharmacological basis of therapeutics [M]. New York: McGraw Hill, 2002.

[39] 王云，魏复盛. 土壤环境元素化学 [M]. 北京:中国环境科学出版社，2002.

[40] TAPIO S, GROSCHE B. Arsenic in the aetiology of cancer [J]. Mutation Research/ Reviews in Mutation Research, 2006, 612:215-246.

[41] 唐志华. 微量元素砷与人体健康 [J]. 广东微量元素科学，2003，10(3):10-13.

[42] 王明仕，郑宝山，胡军，等. 我国煤中砷含量及分布 [J]. 煤炭学报，2005，30(03):344-348.

[43] SAHA J C, DIKSHIT A K, BANDYOPADHYAY M, et al. A review of arsenic poisoning and its effects on human heath[J]. Critical Reviews in Environmental Science and Technology, 1999, 29(3):281-313.

[44] BELKIN H, ZHENG B S, ZHOU D X. Preliminary results on the geochemistry and mineralogy of arsenic mineralized coals from endemic arsenosis areas in Guizhou province, P. R. China[C]. 14th Annual International Pittsburgh Coal Conference & Workshop, Taiyuan, 1997, 23-27.

[45] FINKELMAN R B, BELKIN H E, ZHENG B. Health impacts of domestic coal use in China[J]. PNAS, 1999, 96(7):3427-3431.

[46] FINKELMAN R B, OREM W, CASTRANOVA V, et al. Health impacts of coal and coal use: possible solutions [J]. International Journal of Coal Geology, 2002, 50:425-443.

[47] ZHENG B, YU X, ZHAND J, et al. Environmental geochemistry of coal and endemic arsenism in southwest Guizhou[C]. 30th International Geologic Congress Abstracts,1996, 3:410.

[48] ZHENG B, DING Z, HUANG R. Issues of health and disease relating to coal use in southwestern China [J]. International Journal of Coal Geology, 1999, 40:119-132.

[49] ZHOU Y, DU H, CHENG M, et al. The investigation of death from diseases caused by coal-burning type of arsenic poisoning [J]. Chin J Endemiol, 2002, 21:484-486.

[50] KANG Y, LIU G, CHOU C, et al. Arsenic in Chinese coal: distribution, modes of occurrence and environmental effects [J]. Science of The Total Environment, 2011, 412:1-13.

[51] 金银龙，梁超轲，何公理，等. 中国地方性砷中毒分布调查(总报告) [J]. 卫生研究，2003，32:519-540.

[52] 郭宗礼. 乌脚病盛行地区井水砷含量调查 [J]. 中华公共卫生杂志，1996，15:116-125.

[53] SUN G. Arsenic contamination and arsenicosis in China [J]. Toxicology and Applied Pharmacology, 2004, 198: 268-271.

[54] 张微，王骋，于光前，等. 2010 年全国饮水型地方性砷中毒监测报告 [J]. 中国地方病学杂志，2012，31(1):55-59.

[55] LIU G, YANG P, PENG Z, et al. Occurrence of trace elements in coal of Yanzhou mining district [J]. Geochimica, 2002, 31:85-90.

[56] NORDBERG G F. Historical perspectives on cadmium toxicology [J]. Toxicology and applied pharmacology, 2009, 238:192-200.

[57] KASUYA M, TERANISHI H, AOSHIMA K, et al. Water pollution by cadmium and the onset of Itai-itai disease [J]. Water Science Technology, 1992, 25: 149-156.

[58] ZENG X, JIN T, JIANG X, et al. Effects on the prostate of environmental cadmium exposure-A cross-sectional population study in China [J]. Biometals, 2004, 17: 559-66.

[59] JARUP L, AKESSON A. Current status of cadmium as an environmental health problem [J]. Toxicology and Applied Pharmacology, 2009, 238: 201-208.

[60] BERGLUND F, BERTIN M. Chemical fallout[M]. Springfield: Tomas Publisher, 1969.

[61] RIO S, DELEBARRE A. Removal of mercury in aqueous solution by fluidized bed plant fly ash

[J]. Fuel, 2003, 82:153-159.

[62] World Health Orgnization. International agency for research on cancer: complete list of agents evaluated and their classification[R]. Copenhagen: WHO, 2006.

[63] DUAN J, TAN J. Atmospheric heavy metals and arsenic in China: situation, sources and control policies [J]. Atmospheric Environment, 2013, 74:93-101.

[64] ZHU L. Gas thrombolysis sucked mode causing Pb poisoning [J]. Applied Journal of General Practice, 2005, 3:171-172.

[65] ZHANG J, HAN C, XU Y. The release of the hazardous elements from coal in the initial stage of combustion process [J]. Fuel Process Technology, 2003, 84: 121-133.

[66] WANG X, SATO T, XING B, et al. Health risks of heavy metals to the general public in Tianjin, China via consumption of vegetables and fish [J]. Science of the Total Environment, 2005, 350: 28-37.

[67] TANG D, LI T, LIU J, et al. Effects of prenatal exposure to coal-burning pollutants on children's development in China [J]. Environmental Health Perspectives, 2008, 116:674-679.

[68] CAO S, DUAN X, ZHAO X, et al. Levels and source apportionment of children's lead exposure: could urinary lead be used to identify the levels and sources of children's lead pollution? [J]. Environmental Pollution, 2015, 199:18-25.

[69] KRACHLER M, EMONS H. Speciation analysis of antimony by high-performance liquid chromatography inductively coupled plasma mass spectrometry using ultrasonic nebulization [J]. Analytica Chimica Acta, 2001, 429:125-133.

[70] SMICHOWSKI P. Antimony in the environment as a global pollutant: a review on analytical methodologies for its determination in atmospheric aerosols [J]. Talanta, 2008, 75:2-14.

[71] WOLF H. Antimony and antimony compounds [M] // Ullmann's Encyclopedia of Industrial Chemistry. Weinheim: VCH Verlagsgesellschaft, 1985.

[72] GEBEL T. Arsenic and antimony: comparative approach on mechanistic toxicology [J]. Chemico-Biological Interactions, 1997, 107:131-144.

[73] GEBEL T, CHRISTENSEN S, DUNKELBERG H. Comparative and environmental genotoxicity of antimony and arsenic [J]. Anticancer Research, 1997, 17:2603-2608.

[74] TIRMENSTEIN M A, PLEWS P L, WALKER C V, et al. Antimony-induced oxidative stress and toxicity in cultured cardiac myocytes [J]. Toxicology and Applied Pharmacology, 1995, 130: 41-47.

[75] BUIMOVICI-KLEIN E, ONG K R, LANGE M, et al. Reverse transcriptase activity (RTA) in lymphocyte cultures of AIDS patients treated with HPA-23 [J]. AIDS Research, 1986, 2:279-283.

[76] INOUYE Y, TOKUTAKE Y, KUNIHARA J, et al. Suppressive effect of polyoxometalates on the cytopathogeneicity of human immunodeficiency virus type 1 (HIV-1) in vitro and their inhibitory activity against HIV-1 reverse transcriptase [J]. Chemical Pharmaceutical Bulletin, Tokyo, 1992, 40:805-807.

[77] World Health Orgnization. Antimony in drinking-water background document for development of WHO Guidelines for Drinking-Water Quality[C]. WHO, 2003.

[78] MCCALLUM R I. The work of an occupational hygiene service in environmental control [J]. The Annals of Occupational Hygiene, 1963, 6:55-64.

[79] BRIEGER H, SEMISCH C W, STASNEY J, et al. Industrial antimony poisoning [J]. Industrial Medicine and Surgery, 1954, 23:521-523.

[80] VAN BRUWAENE R, GERBER G B, KIRCHMANN R, et al. Metabolism of antimoxy-124 in lactating dairy cows [J]. Health Physics, 1982, 43:733-739.

[81] HAPKE H J, Toxikologie Für Veterinärmediziner[M]. 2th ed. Stuttgart: Enke Verlag, 1987.

[82] KUPERMAN R G, CHECKAI R T, SIMINI M, et al. Toxicity benchmarks for antimony, barium, and beryllium determined using reproduction endpoints forFolsomia candida, Eisenia fetida, and Enchytraeus crypticus [J]. Environmental Toxicology and Chemistry, 2006, 25:754-762.

[83] AN Y J, KIM M J. Effect of antimony on the microbial growth and the activities of soil enzymes [J]. Chemosphere, 2009, 74(5):654-659.

[84] HE M, YANG J. Effects of different forms of antimony on rice during the period of germination and growth and antimony concentration in rice tissue [J]. Science of the Total Environment, 1999, 243-244:149-155.

[85] World Health Orgnization. International agency for research on cancer: monographs on the evaluation of carcinogenic risks to human[R]. Lyon: WHO,1989.

[86] STOKINGER H E. Patty's industrial hygiene and toxicology[M]. 3th ed. New York: Wiley Interscience, 1981.

[87] GRIN N V, GOVORUNOVA N N, BESMERTNY A N, et al. Experimental study of embryotoxic effect of antimony oxide [J]. Gig Sanit, 1987, 10:85-86.

[88] BENOY C J, HOOPER P A, SCHNEIDER R. The toxicity of tin in canned fruit juices and solid foods [J]. Food and Cosmetics Toxicology, 1971, 9(5):645-656.

[89] KOHEN M G. Commission Directive 2002/62/EC [Z]. Official Journal of the European Communities, 2002, 58-59.

[90] PAGLIARANI A, NESCI S, VENTRELLA V. Toxicity of organotin compounds: shared and unshared biochemical targets and mechanisms in animal cells [J]. Toxicology in Vitro, 2013, 27(2):978-990.

[91] REHDER D. The bioinorganic chemistry of vanadium [J]. Angewandie Chemie International Edition, 1991, 30:148-167.

[92] LEVY B S, HOFFMAN L, GOTTSEGAN S. Boilermakers' bronchitis [J]. J Occup Med, 1984, 26:567-570.

[93] Agency for Toxic Substances and Disease Registry. Toxicologicalprofile for vanadium prepared by Clement Associates Inc. under Contract 205-88-0608 [R]. Atlanta: ATSDR, 1990.

[94] PATTERSON B W, HANSARD S L, AMMERMAN C B, et al. Kinetic model of whole-body vanadium metabolism: studies in sheep [J]. Am J Physiol, 1986, 251:325-332.

[95] National Toxicology Program. Technical report on the studies of vanadium pentoxide (CAS No. 1314-62-1) in F344/N rats and B6C3F1 mice (inhalation studies) [R]. U.S. Department of Health and Human Services, Public Health Service, National Institutes of Health, National Toxicology Program, 2002.

[96] United States Environmental Protection Agency. Guidelines for carcinogen risk assessment [Z]. Washington DC: USEPA, 2005.

[97] FRANDSEN F, DAM JOHANSEN K, RASMUSSEN P. Trace elements from combustion and gasification of coal-An equilibrium approach [J]. Progress in Energy and Combustion Science, 1994, 20(2):115-138.

[98] 中国国家统计局. 中国统计年鉴[M]. 北京：中国统计出版社，2017.

[99] FINKELMAN R B. Modes of occurrence of environmentally-sensitive trace elements in coal: levels of confidence [J]. Fuel Processing Technology, 1994, 39:21-34.

[100] SWAINE D J. Trace elements in coal [J]. London Botterworths, 1990, 196-214.

[101] 齐翠翠. 锑在中国煤及典型矿区中的环境地球化学研究 [D]. 合肥: 中国科学技术大学, 2010.

[102] DAI S, LI D, CHOU C, et al. Mineralogy and geochemistry of boehmite-rich coals: new insights from the Haerwusu Surface Mine, Jungar Coalfield, Inner Mongolia, China [J]. International Journal of Coal Geology, 2008, 74(3-4):185-202.

[103] DAI S, REN D, CHOU C, et al. Geochemistry of trace elements in Chinese coals: a review of abundances, genetic types, impacts on human health, and industrial utilization [J]. International Journal of Coal Geology, 2012, 94(5):3-21.

[104] DU G, ZHUANG X, QUEROL X, et al. Ge distribution in the Wulantuga high-germanium coal deposit in the Shengli coalfield, Inner Mongolia, northeastern China [J]. International Journal of Coal Geology, 2009, 78:16-26.

[105] ZHUANG X, QUEROL X, ALASTUEY A, et al. Geochemistry and mineralogy of the Cretaceous Wulantuga high-germanium coal deposit in Shengli coal field, Inner Mongolia, Northeastern China [J]. International Journal of Coal Geology, 2006, 66(1-2):119-136.

[106] XU J, SUN Y, KALKREUTH W. Characteristics of trace elements of the No. 6 Coal in the Guanbanwusu Mine, Junger Coalfield, Inner Mongolia [J]. Energy Exploration and Exploitation, 2011, 29:827-842.

[107] DAI S, JIANG Y, WARD C R, et al. Mineralogical and geochemical compositions of the coal in the Guanbanwusu Mine, Inner Mongolia, China: Further evidence for the existence of an Al (Ga and REE) ore deposit in the Jungar Coalfield [J]. International Journal of Coal Geology, 2012, 98:10-40.

[108] REN D, XU D, ZHAO F. A preliminary study on the enrichment mechanism and occurrence of hazardous trace elements in the Tertiary lignite from the Shenbei coalfield, China [J]. International Journal of Coal Geology, 2004, 57(3-4):187-196.

[109] QUEROL X, ALASTUEY A, LOPEZ-SOLER A, et al. Geological controls on the mineral matter and trace elements of coals from the Fuxin basin, Liaoning Province, northeast China [J]. International Journal of Coal Geology, 1997, 34(1-2):89-109.

[110] 唐跃刚, 常春祥, 张义忠. 河北开滦矿区煤洗选过程中 15 种主要有害微量元素的迁移和分配特征 [J]. 地球化学, 2005, 34(4):366-372.

[111] LIU G, ZHENG L, PENG Z. Distribution of hazardous trace elements during coal beneficiation [J]. Geochimica et Cosmochimica Acta, 2004, 67(18):522.

[112] 孙蓓蕾, 曾凡桂, 李美芬, 等. 西山煤田马兰矿区 8 号煤及其夹矸的微量与稀土元素地球化学特征 [J]. 煤炭学报, 2010, 35:110-116.

[113] ZHANG J, ZHENG C, REN D, et al. Distribution of potentially hazardous trace elements in coals from Shanxi province, China [J]. Fuel, 2004, 83(1):129-135.

[114] LI J, ZHUANG X, QUEROL X, et al. High quality of jurassic coals in the southern and eastern junggar coalfields, Xinjiang, NW China: geochemical and mineralogical characteristics [J]. International Journal of Coal Geology, 2012, 99:1-15.

[115] WANG X. Geochmistry of late triassic coals in the Changhe Mine, Sichuan Basin, southwestern China: evidence for authigenic lanthanide enrichment [J]. International Journal of Coal Geology, 2009, 80:167-174.

[116] 代世峰, 周义平, 任德贻, 等. 重庆松藻矿区晚二叠世煤的地球化学和矿物学特征及其成因 [J].

中国科学 D 辑:地球科学, 2007, 37:353-362.

[117] SHAO L, ONESJ T, GAYER R, et al. Petrology and geochemistry of the high-sulphur coals from the upper permian carbonate coal measures in the Heshan coalfield, southern China [J]. International Journal of Coal Geology, 2003, 55(1):1-26.

[118] ZENG R, ZHUANG X, KOUKOUZAS N, et al. Characterization of trace elements in sulphur-rich late permian coals in the Heshan coalfield, Guangxi, South China [J]. International Journal of Coal Geology, 2005, 61(1-2):87-95.

[119] 赵峰华, 彭苏萍, 唐跃刚, 等. 合山超高有机硫煤中 Fe-Mn-Hg-Zn-Ni-Cr-V 的赋存状态及意义 [J]. 中国矿业大学学报, 2005, 34(1):33-36.

[120] DAI S, REN D, TANG Y, et al. Concentration and distribution of elements in late permian coals from western Guizhou province, China [J]. International Journal of Coal Geology, 2005, 61(1-2):119-137.

[121] 代世峰, 任德贻, 马施民. 黔西地方流行病:氟中毒起因新解 [J]. 地质论评, 2005, 51(1):42-45.

[122] YANG J. Modes of occurrence and origins of noble metals in the Late Permian coal from the Puan Coalfield, Guizhou, southwest China [J]. Fuel, 2006, 85:1679-1684.

[123] DAI S, REN D, CHOU C, et al. Mineralogy and geochemistry of the No. 6 coal (Pennsylvanian) in the Junger Coalfield, Ordos Basin, China [J]. International Journal of Coal Geology, 2006, 66(4):253-270.

[124] ZHANG X, LUO K, SUN X, et al. Mercury in the topsoil and dust of Beijing city [J]. Science of the Total Environment, 2006, 368:713-722.

[125] ZHAO Y, WANG S, DUAN L, et al. Primary air pollutant emissions of coalfired power plants in China: current status and future prediction [J]. Atmospheric Environment, 2008, 42: 8442-8452.

[126] DAI S, CHOU C L, YUE M, et al. Mineralogy and geochemistry of a late permian coal in the Dafang Coalfield, Guizhou, China: influence from siliceous and iron-rich calcic hydrothermal fluids [J]. International Journal of Coal Geology, 2005, 61(3):241-258.

[127] ZHANG J, REN D, ZHU Y, et al. Mineral matter and potentially hazardous trace elements in coals from Qianxi Fault Depression Area in southwestern Guizhou, China [J]. International Journal of Coal Geology, 2004, 57 (1):49-61.

[128] ZHUANG X, QUEROL X, ZENG R, et al. Mineralogy and geochemistry of coal from the Liupanshui mining district, Guizhou, south China [J]. International Journal of Coal Geology, 2000, 45(1):21-37.

[129] DAI S, TIAN L, CHOU C, et al. Mineralogical and compositional characteristics of Late Permian coals from an area of high lung cancer rate in Xuan Wei, Yunnan, China: occurrence and origin of quartz and chamosite [J]. International Journal of Coal Geology, 2008, 76:318-327.

[130] DAI S, REN D, ZHOU Y, et al. Mineralogy and geochemistry of a superhigh-organic-sulfur coal, Yanshan Coalfield, Yunnan, China: evidence for a volcanic ash component and influence by submarine exhalation [J]. Chemical Geology, 2008, 255(1):182-194.

[131] DING Z, ZHENG B, LONG J, et al. Geological and geochemical characteristics of high arsenic coals from endemic arsenosis areas in southwestern Guizhou Province, China [J]. Applied Geochemistry , 2001, 16(11-12):1353-1360.

[132] HE B, LIANG L, JIANG G. Distributions of arsenic and selenium in selected Chinese coal mines [J]. Science of the Total Environment, 2002, 296(1-3):19-26.

[133] LIU G, ZHENG L, QI C, et al. Environmental geochemistry and health of fluorine in Chinese coals [J]. Environmental Geology, 2007, 52 (7):1307-1313.

[134] DAI S, REN D. Fluorine concentration of coals in China-An estimation considering coal reserves

[J]. Fuel, 2006, 85:929-935.

[135] 齐庆杰，刘建忠，周俊虎，等. 煤中氟化物分布与赋存特性研究 [J]. 燃料化学学报，2000，28：76-378.

[136] WANG L, JU Y, LIU G, et al. Selenium in Chinese coals: distribution, occurrence, and health impact [J]. Environmental Earth Sciences, 2010, 60:1641-1651.

[137] ZHENG L, LIU G, CHOU C. The distribution, occurrence and environmental effect of mercury in Chinese coals [J]. Science of the Total Environment, 2007, 384:374-383.

[138] ZHENG L, LIU G, CHOU C. Abundance and modes of occurrence of mercury in some low-sulfur coals from China [J]. International Journal of Coal Geology, 2008, 73:19-26.

[139] BELKIN H E, TEWALT S J, FINKELMAN R B, et al. Mercury in coal from the People's Republic of China [J]. Chinese Journal of Geochemistry, 2006, 25:52.

[140] 白向飞，李文华，陈文敏. 中国煤中铍的分布赋存特征研究 [J]. 燃料化学学报，2004，32：155-159.

[141] DAI S, HOU X, REN D, et al. Surface analysis of pyrite in the No. 9 coal seam, Wuda Coalfield, Inner Mongolia, China, using high-resolution time-of-flight secondary ion mass-spectrometry [J]. International Journal of Coal Geology, 2003, 55:139-150.

[142] 赵继尧，唐修义，黄文辉. 中国煤中微量元素的丰度 [J]. 中国煤田地质，2002，14:5-13.

[143] REN D, ZHAO F, WANG Y, et al. Distributions of minor and trace elements in Chinese coals [J]. International Journal of Coal Geology, 1999, 40(2-3):109-118.

[144] DAI S, WANG X, SEREDIN V V, et al. Petroogy, mineralogy and geochemistry of the Ge-rich coal from the Wulantuga Ge ore deposit, Innr Mongolia, China: New data and genetic implications [J]. International Journal of Coal Geology, 2012,90: 72-99.

[145] DIEHL S F, GOLDHABER M B, HATCH J R. Modes of occurrence of mercury and other trace elements in coals from the warrior field, Black Warrior Basin, Northwestern Alabama [J]. International Journal of Coal Geology, 2004, 59:193-208.

[146] WARWICK P D, CROWLEY S S, RUPPERT L F, et al. Petrography and geochemistry of the San Miguel lignite, Jackson Group (Eocene), south Texas [J]. Organic Geochemistry, 1996, 24: 197-217.

[147] MASTALERZ M, DROBNIAK A. Arsenic, cadmium, lead, and zinc in the Danville and Springfield coal members (Pennsylvanian) from Indiana [J]. International Journal of Coal Geology, 2007, 71:37-53.

[148] MASTALERZ M, DROBNIAK A. Gallium and germanium in selected Indiana coals [J]. International Journal of Coal Geology, 2012, 94:302-313.

[149] HOWER J C, RUPPERT L F, WILLIAMS D A. Controls on boron and germanium distribution in the low-sulfur Amos coal bed, Western Kentucky coalfield, USA [J]. International Journal of Coal Geology, 2002, 53(1): 27-42.

[150] DIEHL S F, GOLDHABER M B, KOENIG A E, et al. Distribution of arsenic, selenium, and other trace elements in high pyrite Appalachian coals: evidence for multiple episodes of pyrite formation [J]. International Journal of Coal Geology, 2012, 94:238-249.

[151] HUGGINS F E, HUFFMAN G P. Modes of occurrence of trace elements in coal from XAFS spectroscopy [J]. International Journal of Coal Geology, 1996, 32:31-53.

[152] SUAREZ-RUIZ I, FLORES D, MARQUES M M, et al. Geochemistry, mineralogy and technological properties of coals from Rio Maior (Portugal) and Penarroya (Spain) basins [J]. International Journal of Coal Geology, 2006, 67:171-190.

[153] QUEROL X, FERNANDEZ TURIEL J L, LOPEZ SOLER A, et al. Trace elements in high-S subbituminous coals from the Teruel Mining District, northeast Spain [J]. Applied Geochemistry, 1992, 7:547-561.

[154] ALASTUEY A, JIMENEZ A, PLANA F, et al. Geochemistry, mineralogy and technological properties of the main Stephanian (Carboniferous) coal seams from the Puertollano Basin, Spain [J]. International Journal of Coal Geology, 2001, 45(4):247-265.

[155] ESKENAZY G M. Trace elements geochemistry of the Dobrudza coal basin, Bulgaria [J]. International Journal of Coal Geology , 2009, 78:192-200.

[156] ESKENAZY G M, VALCEVA S P. Geochemistry of beryllium in the Mariza-east lignite deposit (Bulgaria) [J]. International Journal of Coal Geology, 2003, 55:47-58.

[157] ESKENAZY G M, STEFANOVA Y S. Trace elements in the Goze Delchev coal deposit, Bulgaria [J]. International Journal of Coal Geology, 2007, 72:257-267.

[158] ESKENAZY G M, VELICHKOV D. Radium in Bulgarian coals [J]. International Journal of Coal Geology, 2012, 94:296-301.

[159] QUEROL X, WHATELEY M K G, FERNANDEZ-TURIEL J L, et al. Geological controls on the mineralogy and geochemistry of the Beypazari lignite, central Anatolia, Turkey [J]. International Journal of Coal Geology, 1997, 33:255-271.

[160] KARAYIGIT A I, SPEARS D A, BOOTH C A. Distribution of environmental sensitive trace elements in the Eocene Sorgun coals, Turkey [J]. International Journal of Coal Geology, 2000, 42:297-314.

[161] GURDAL G. Geochemistry of trace elements in Can coal (Miocene), Canakkale, Turkey [J]. International Journal of Coal Geology, 2008, 72:28-40.

[162] IORDANIDIS A. Geochemical aspects of Amynteon lignites, Northern Greece [J]. Fuel, 2002, 81:1723-1732.

[163] ZIVOTIC D, WEHNER H, CVETKOVICvetkovic O, et al. Petrological, organic geochemical and geochemical characteristics of coal from the Soko mine, Serbia [J]. International Journal of Coal Geology , 2008, 73(3-4): 285-306.

[164] MOORE F, ESMAEILI A. Mineralogy and geochemistry of the coals from the Karmozd and Kiasar coal mines, Mazandaran province, Iran [J]. International Journal of Coal Geology, 2012, 96-97:9-21.

[165] DEPDI F S, POZEBON D, KALKREUTH W D. Chemical characterization of feed coals and combustion-by-products from brazilian power plants [J]. International Journal of Coal Geology, 2008, 76:227-236.

[166] SILVA L F O, OLIVEIRA M L S, BOIT K M D, et al. Characterization of Santa Catarina (Brazil) coal with respect to human health and environmental concerns [J]. Environmental Geochemistry and Health, 2009, 31:475-485.

[167] SIA S G, ABDULLAH W H. Enrichment of arsenic, lead, and antimony in Balingian coal from Sarawak, Malaysia: modes of occurrence origin and partitioning behaviour during coal combustion [J]. International Journal of Coal Geology , 2012, 101:1-15.

[168] WAGNER N, HLATSHWAYO B. The occurrence of potentially hazardous trace elements in five highveld coals, South Africa [J]. International Journal of Coal Geology, 2005, 63 (3-4): 228-246.

[169] FINKELMAN R B, ARUSCAVAGE P J. Concentration of some platinum-group metals in coal [J]. International Journal of Coal Geology, 1981, 1:95-99.

[170] YUDOVICH Y E, KETRIS M P. Chlorine in coal: a review [J]. International Journal of Coal Geology, 2006, 67:127-144.

[171] KETRIS M P, YUDOVICH Y E. Estimations of clarkes for carbonaceous biolithes: world averages for trace element in black shales and coals [J]. International Journal of Coal Geology, 2009, 78(2):135-148.

[172] SWAINE D J. Trace elements in coal and their dispersal during combustion [J]. Fuel Processing Technology, 1994, 39:121-137.

[173] 王文祥. 煤中伴生元素的地球化学指相研究 [J]. 煤炭学报, 1996, 21(1):12-17.

[174] YUDOVICH Y E. Notes on the marginal enrichment of germanium in coal beds [J]. International Journal of Coal Geology, 2003, 56:223-232.

[175] LIMIC N, VALKOVIC V. The occurrence of trace elements in coal [J]. Fuel, 1986, 65: 1099-1102.

[176] SUN R, LIU G, ZHENG L, et al. Geochemistry of trace elements in coals from the Zhuji Mine, Huainan Coalfield, Anhui, China [J]. International Journal of Coal Geology, 2010, 81(2): 81-96.

[177] 陈健, 陈萍, 刘文中. 淮南矿区煤中 12 种微量元素的赋存状态及环境效应 [J]. 煤田地质与勘探, 2009, 37:47-52.

[178] 黄文辉, 杨起, 汤达祯, 等. 枣庄煤田太原组煤中微量元素地球化学特征 [J]. 现代地质, 2000, 14(1): 61-68.

[179] 钱让清, 杨晓勇. 安徽二叠纪龙潭组煤中潜在毒害元素分布的因子分析研究 [J]. 煤田地质与勘探, 2003, 31(1):11-14.

[180] SUN Y, LIN M, QIN P, et al. Geochemistry of the barkinite liptobiolith (Late Permian) from the Jinshan Mine, Anhui Province, China [J]. Environmental Geochemistry and Health, 2007, 29:33-44.

[181] 代世峰, 任德贻, 孙玉壮, 等. 鄂尔多斯盆地晚古生代煤中铀和钍的含量与逐级化学提取 [J]. 煤炭学报, 2004, 29:56-60.

[182] DAI S, HAN D, CHOU C. Petrography and geochemistry of the middle devonian coal from Luquan, Yunnan Province, China [J]. Fuel, 2006, 85: 456-464.

[183] WANG J, DENG X, KALKREUTH W. The distribution of trace elements in various peat swamps of the No. 11 coal seam from the Antaibao Mine, Ningwu coalfield, China [J]. Energy Exploration Exploitation, 2011, 29:517-524.

[184] DAI S, WANG X, SEREDIN V V, et al. Petrology, mineralogy and geochemistry of the Ge-rich coal from the Wulantuga Geore deposit, Inner Mongolia, China: new data and genetic implications [J]. International Journal of Coal Geology, 2012, 90: 72-99.

[185] QI H, HU R, ZHANG Q. Concentration and distribution of trace elements in lignite from the Shengli Coalfield, Inner Mongolia, China: implications on origin of the associated Wulantuga Germanium Deposit [J]. International Journal of Coal Geology, 2007, 71(2-3):129-152.

[186] 代世峰, 任德贻, 李生盛, 等. 华北地台晚古生代煤中微量元素及 As 的分布 [J]. 中国矿业大学学报, 2003, 32 (2):111-114.

[187] QUEROL X, ALASTUEY A, LOPEZ-SOLER A, et al. Geological controls on the quality of coals from the West Shandong mining district, Eastern China [J]. International Journal of Coal Geology, 1999, 42(1):63-88.

[188] 王文峰, 秦勇, 宋党育, 等. 安太堡矿区 11 号煤层的元素地球化学及其洗选洁净潜势研究 [J]. 中国科学 D 辑: 地球科学, 2005, 35(10):963-972.

[189] QUEROL X, IZQUIERDO M, MONFORT E, et al. Environmental characterization of burnt coal gangue banks at Yangquan, Shanxi Province, China [J]. International Journal of Coal Geology, 2008, 75:93-104.

[190] 杨建业，狄永强，张卫国，等.伊犁盆地 ZK0161 井褐煤中铀及其他元素的地球化学研究 [J]. 煤炭学报，2011，36(6):945-952.

[191] ZHUANG X, SU S, XIAO M, et al. Mineralogy and geochemistry of the Late Permian coals in the Huayingshan coal-bearing area, Sichuan Province, China [J]. International Journal of Coal Geology, 2012, 94(5):271-282.

[192] ZHUANG X, QUEROL X, PLANA F, et al. Determination of elemental affinities by density fractionation of bulk coal samples from the Chongqing coal district, southwestern China [J]. International Journal of Coal Geology, 2003, 55(2-4):103-115.

[193] FENG X, HONG Y. Modes of occurrence of mercury in coals from Guizhou, People's Republic of China [J]. Fuel, 1999, 78 (10):1181-1188.

[194] DING Z, ZHENG B, ZHUANG M, et al. Mode of occurrence of arsenic in high-As coals from endemic arsenosis areas in southwestern Guizhou Province, China [J]. Journal of Coal Science and Engineering (China) , 2007, 13:194-198.

[195] ZHANG J, REN D, ZHANG C, et al. Trace elements abundances in major minerals of Late Permian coals from southwestern Guizhou Province, China [J]. International Journal of Coal Geology, 2002, 53:55-64.

[196] LI D, TANG Y, DENG T, et al. Mineralogy of the No. 6 Coal from the Qinglong Coalfield, Guizhou Province, China [J]. Energy Exploration and Exploitation, 2008, 26:347-353.

[197] 梁汉东，梁言慈，Gardella J A J，等.贵州氟中毒病区燃煤的潜在氟化氢释放 [J]. 科学通报，2011，56:2311-2314.

[198] 梁汉东. 超高硫煤有机相中的元素硫与铁复合物的证据 [J]. 燃料化学学报，2001，29(2)：108-110.

[199] DAI S, REN D, MA S. The cause of endemic fluorosis in western Guizhou Province, Southwestern China [J]. Fuel, 2004, 83:2095-2098.

[200] LI Q, KAKO T, YE J. Facile ion-exchanged synthesis of $Sn^{2+}$ incorporated potassium titanate nanoribbons and their visible-light-responded photocatalytic activity [J]. International Journal of Hydrogen Energy, 2011, 36(8):4716-4723.

[201] 庄汉平，卢家烂，傅家谟，等. 临沧超大型锗矿床锗赋存状态研究 [J]. 中国科学 D 辑:地球科学，1998，28:37-42.

[202] LIU D, YANG Q, TANG Z. Occurrence and geological genesis of pyrites in late Paleozoic coals in North China [J]. Chinese Journal of Geochemistry, 2000, 19:301-311.

[203] DING Z, ZHENG B, ZHANG J, et al. Preliminary study on the mode of occurrence of arsenic in high arsenic coals from southwest Guizhou Province [J]. Science in China Series D: Earth Sciences, 1999, 42:655-661.

[204] 丁振华，郑宝山，张杰，等. 黔西南高砷煤中砷存在形式的初步研究 [J]. 中国科学 D 辑:地球科学，1999，29:421-425.

[205] WANG Y, CHEN P, CUI R, et al. Heavy metal concentrations in water, sediment and tissues of two fish species (Triplohysa pappenheimi, Gobio hwanghensis) from the Lanzhou section of the Yellow River, China [J]. Environ Monit Assess, 2010, 165:97-102.

[206] ZHENG N, WANG Q, ZHENG D. Health risk of Hg, Pb, Cd, Zn, and Cu to the inhabitants around Huludao Zinc Plant in china via consumption of vegetables [J]. Science of Total Environ-

ment，2007，383:81-89.

[207] 齐庆杰，于贵生，李芳玮，等. 煤中氟的无机/有机亲和性与洗选特性［J］. 辽宁工程技术大学学报，2006，25:481-484.

[208] XU M，YAN R，ZHENG C，et al. Status of trace element emission in a coal combustion process: a review［J］. Fuel Processing Technology，2003，85:215-237.

[209] 樊金串，樊民强.煤中微量元素间依存关系的聚类分析［J］. 燃料化学学报，2000，28:157-161.

[210] 张军营，任德贻，王运泉，等. 煤中有机态微量元素含量与煤级的关系［J］. 煤田地质与勘探，2000，28:11-13.

[211] 赵峰华，彭苏萍，李大华，等.低煤级煤中部分元素有机亲和性的定量研究［J］. 中国矿业大学学报，2003，32(1):18-22.

[212] WARWICK P D，CROWLEY S S，RUPPERT L F，et al. Petrography and geochemistry of selected lignite beds in the Gibbons Creek mine (Manning Formation，Jackson Group，Paleocene) of east-central Texas［J］. International Journal of Coal Geology，1997，34:307-326.

[213] HOWER J C，CAMPBELL J L，TEESDALE W J，et al. Scanning proton microprobe analysis of mercury and other trace elements in Fe-sulfides from a Kentucky coal［J］. International Journal of Coal Geology，2008，75:88-92.

[214] KOLKER A，HUGGINS F E，PALMER C A，et al. Mode of occurrence of arsenic in four US coals［J］. Fuel Processing Technology，2000，63:167-178.

[215] HUGGINS F E，HUFFINAN G P，KOLLER A，et al. Direct comparison of XAFS spectroscopy and sequential extraction for arsenic speciation in coal［J］. Fuel Chemistry，2000，45:547-551.

[216] DEMIR I，RUCH R R，DAMBERGER H H，et al. Environmentally critical elements in channel and cleaned samples of Illinois coals［J］. Fuel，1998，77:95-107.

[217] HUGGINS F E，SEIDU L B A，SHAH N，et al. Elemental modes of occurrence in an Illinois #6 coal and fractions prepared by physical separation techniques at a coal preparation plant［J］. International Journal of Coal Geology，2009，78:65-76.

[218] ZIELINSKI R A，FOSTER A L，MEEKER G P，et al. Mode of occurrence of arsenic in feed coal and its derivative fly ash，Black Warrior Basin，Alabama［J］. Fuel，2007，86:560-572.

[219] HUGGINS F E，GOODARZI F，LAFFERTY C J. Mode of occurrence of arsenic in subbituminous coals［J］. Energy and Fuels，1996，10:1001-1004.

[220] COLEMAN L，BRAGG L J，FINKELMAN R B. Distribution and mode of occurrence of selenium in US coals［J］. Environmental Geochemistry and Health，1993，15:215-227.

[221] GOODARZI F. Mineralogy，elemental composition and modes of occurrence of elements in Canadian feed-coals［J］. Fuel，2002，81:1199-1213.

[222] GOODARZI F. Assessment of elemental content of milled coal，combustion residues，and stack emitted materials: possible environmental effects for a Canadian pulverized coal-fired power plant［J］. International Journal of Coal Geology，2006，65(1):17-25.

[223] HUGGINS F，GOODARZI F. Environmental assessment of elements and polyaromatic hydrocarbons emitted from a Canadian coal-fired power plant［J］. International Journal of Coal Geology，2009，77:282-288.

[224] SPEARS D A，ZHENG Y. Geochemistry and origin of elements in some UK coals［J］. International Journal of Coal Geology，1999，38(3-4):161-179.

[225] SPEARS D A，TEWALT S J. The geochemistry of environmentally important trace elements in UK coals，with special reference to the Parkgate coal in the Yorkshire-Nottinghamshire Coalfield，UK［J］. International Journal of Coal Geology，2009，80:157-166.

[226] LEWINSKA-PREIS L, FABIANSKA M J, Cmiel S, et al. Geochemical distribution of trace elements in Kaffioyra and Longyearbyen coals, Spitsbergen, Norway [J]. International Journal of Coal Geology, 2009, 80:211-223.

[227] DIAZ-SOMOANO M, SUAREZ-RUIZ I, ALONSO J I G, et al. Lead isotope ratios in Spanish coals of different characteristics and origin [J]. International Journal of Coal Geology, 2007, 71: 28-36.

[228] RILEY K W, FRENCH D H, LAMBROPOULOS N A, et al. Origin and occurrence of selenium in some Australian coals [J]. International Journal of Coal Geology, 2007, 72:72-80.

[229] ESKENAZY G M. Geochemistry of beryllium in Bulgarian coals [J]. International Journal of Coal Geology, 2006, 66:305-315.

[230] ESKENAZY G M, VALCEVA S P. Geochemistry of beryllium in the Mariza-east lignite deposit (Bulgaria) [J]. International Journal of Coal Geology, 2003, 55: 47-58.

[231] ESKENAZY G M. Trace elements geochemistry of the Dobrudza coal basin, Bulgaria [J]. International Journal of Coal Geology, 2009, 78:192-200.

[232] YOSSIFOVA M G. Mineral and inorganic chemical composition of the Pernik coal, Bulgaria [J]. International Journal of Coal Geology, 2007, 72:268-292.

[233] KORTENSKI J, SOTIROV A. Trace and major element content and distribution in Neogene lignite from the Sofia Basin, Bulgaria [J]. International Journal of Coal Geology, 2002, 52(1-4): 63-82.

[234] BARUAH M K, KOTOKY P, BORAH G C. Distribution and nature of organic/mineral bound elements in Assam coals, India [J]. Fuel , 2003, 82:1783-1791.

[235] MUKHERJEE K N, DUTTA N R, CHANDRA D, et al. A statistical approach to the study of the distribution of trace elements and their organic/inorganic affinity in lower Gondwana coals of India [J]. International Journal of Coal Geology, 1988, 10:99-108.

[236] NEWMAN N A, MOORE T A, ESTERLE J S. Geochemistry and petrography of the Taupiri and Kupakupa coal seams, Waikato Coal Measures (Eocene), New Zealand [J]. International Journal of Coal Geology, 1997, 33:103-133.

[237] LIMOS-MARTINEZ S M, WATANABE K. Slaging and fouling characteristics of seam 32/333, Panian coalfield, Semirara Island, Philippines [J]. Fuel, 2006, 85:306-314.

[238] SIA S G, ABDULLAH W H. Concentration and association of minor and trace elements in Mukah coal from Sarawak, Malaysia, with emphasis on the potentially hazardous trace elements [J]. International Journal of Coal Geology, 2011, 88:179-193.

[239] PIRES M, TEIXEIRA E C. Geochemical distribution of trace elements in Leao coal, Brazil [J]. Fuel, 1992, 71:1093-1096.

[240] MOORE F, ESMAEILI A. Mineralogy and geochemistry of the coals from the Karmozd and Kiasar coal mines, Mazandaran province, Iran [J]. International Journal of Coal Geology, 2012, 96-97:9-21.

[241] WHITWORTH C, PAGENKOPF G K. Cadmium complexation by coal humic acid [J]. Journal of Inorganic and Nuclear Chemistry, 1979, 41:317-321.

[242] VESPER D J, ROY M, RHOADS C J. Se distribution and mode of occurrence in the Kanawha Formation, southern West Virginia, U. S. A [J]. International Journal of Coal Geology, 2008, 73:237-249.

[243] KLIKA Z, KOLOMAZNIK I. New concept for the calculation of trace element affinity in coal [J]. Fuel, 2000, 79:659-670.

[244] SWAINE D J. Environmental aspects of trace-elements in coal [J]. Environmental Geochemistry and Health, 1992, 14 (1):2-2.

[245] HUGGINS F E, HUFFMAN G P. How do lithophile elements occur in organic association in bituminous coal? [J]. International Journal of Coal Geology, 2004, 58:193-204.

[246] SHAH P, STREZOV V, PRINCE K, et al. Speciation of As, Cr, Se and Hg under coal fired power station conditions [J]. Fuel, 2008, 87:1859-1869.

[247] SPEARS D A, BORREGO A G, COX A, et al. Use of laser ablation ICP-MS to determine trace element distributions in coals, with special reference to V, Ge and Al [J]. International Journal of Coal Geology, 2007, 72:165-176.

[248] KLIKA Z, AMBRUZOVA L, SYKOROVA I, et al. Critical evaluation of sequential extraction and sink-float methods used for the determination of Ga and Ge affinity in lignite [J]. Fuel, 2009, 88:1834-1841.

[249] SPEARS D A, BOOTH C A. The composition of size-fractionated pulverized coal and the trace element associations [J]. Fuel, 2002, 81(5):683-690.

[250] QUEROL X, ALASTUEY A, ZHUANG X. et al. Petrology, mineralogy and geochemistry of the Permian and Triassic coals in the Leping area, Jiangxi Province, southeast China [J]. International Journal of Coal Geology, 2001, 48:23-45.

[251] WANG Q, YANG R. Study on REEs as tracers for late Permian coal measures in Bijie City, Guizhou Province, China [J]. Journal of Rare Earths, 2008, 26(1):121-126.

[252] PAVLISH J H, SONDREAL E A, MANN M D, et al. Status review of mercury control options for coal-fired power plants [J]. Fuel Processing Technology, 2003, 82:89-165.

[253] YUDOVICH Y E, KETRIS M P. Arsenic in coal: a review [J]. International Journal of Coal Geology, 2005, 61:141-196.

[254] KOLKER A. Minor element distribution in iron disulfides in coal: a geochemical review [J]. International Journal of Coal Geology, 2012, 94:32-43.

[255] YUDOVICH Y E, KETRIS M P. Selenium in coal: a review [J]. International Journal of Coal Geology, 2006, 67:112-126.

[256] GOODARZI F, SWAINE D J. The influence of geological factors on the concentration of boron in Australian and Canadian coal [J]. Chemical Geology, 1994, 118:301-318.

[257] YUDOVICH Y E, KETRIS M P. Mercury in coal: a review Part 1. Geochemistry [J]. International Journal of Coal Geology, 2005, 62:107-134.

[258] PIRES M, FIEDLER H, TEIXEIRA E C. Geochemical distribution of trace elements in coal: modeling and environmental aspects [J]. Fuel, 1997, 76:1425-1437.

[259] LUTTRELL G H, KOHMUENCH J N, YOON R H. An evaluation of coal preparation technologies for controlling trace element emissions [J]. Fuel Processing Technology, 2000, 65-66: 407-422.

[260] SPEARS D A, TARAZONA M R M, LEE S. Pyrite in UK coals: its environmental significance [J]. Fuel, 1994, 73:1051-1055.

[261] WARD C R. Analysis and significance of mineral matter in coal seams [J]. International Journal of Coal Geology, 2002, 50 (1-4):135-168.

[262] HUANG W, YANG Q, TANG D, et al. Rare earth element geochemistry of Late Paleozoic coals in North China [J]. Acta Geologica Sinica, 2000, 74(1):74-83.

[263] ZHENG L, LIU G, CHOU C, et al. Geochemistry of rare earth elements in Permian coals from the Huaibei Coalfield, China [J]. Journal of Asian Earth Science, 2007, 31:167-176.

［264］ 代世峰，任德贻，李生盛.煤及顶板中稀土元素赋存状态及逐级化学提取［J］. 中国矿业大学学报，2002，31:349-353.

［265］ YANG M，LIU G，SUN R，et al. Characterization of intrusive rocks and REE geochemistry of coals from the Zhuji Coal Mine，Huainan Coalfield，Anhui，China［J］. International Journal of Coal Geology，2012，94(5):283-295.

［266］ SCHATZEL S J，STEWART B W. Rare earth element sources and modification in the Lower Kittanning coal bed，Pennsylvania implications for the origin of coal mineral matter and rare earth element exposure in underground mines［J］. International Journal of Coal Geology，2003，54:223-251.

［267］ 赵志根，唐修义，李宝芳. 淮南矿区煤的稀土元素地球化学［J］. 沉积学报，2000，18:453-459.

［268］ DAI S，WANG X，SEREDIN V V，et al. Petrology，mineralogy，and geochemistry of the Ge-rich coal from the Wulantuga Ge ore deposit，Inner Mongolia，China：New data and genetic implications［J］. International Journal of Coal Geology，2012，90-91：72-99.

［269］ 代世峰，任德贻，李生盛. 华北若干晚古生代煤中稀土元素的赋存特征［J］. 地球学报，2003，24：273-278.

［270］ SEREDIN V V，DAI S. Coal deposits as a potential alternative source for lanthanides and yttrium［J］. International Journal of Coal Geology，2012，94:67-93.

［271］ BANERJEE I，GOODARZI F. Paleoenvironment and sulfur-boron contents of the Mannville (Lower Cretaceous) coals of southern Alberta，Canada［J］. Sedimentary Geology，1990，67:297-310.

［272］ ESKENAZY G，DELIBALTOVA D，MINCHEVA E. Geochemistry of boron in Bulgarian coals［J］. International Journal of Coal Geology，1994，25:93-110.

［273］ 秦勇，王文峰，宋党育，等. 山西平朔矿区上石炭统太原组 11 号煤层沉积地球化学特征及成煤微环境［J］. 古地理学报，2005，7:249-260.

［274］ DAI S，ZHOU Y，REN D，et al. Geochemistry and mineralogy of the Late Permian coals from the Songzao Coalfield，Chongqing，southwestern China［J］. Science in China Series D：Earth Sciences，2007，50:678-688.

［275］ ZHOU Y，BRUCE F B，REN Y. Trace element geochemistry of altered volcanic ash layers (tonsteins) in Late Permian coal-bearing formations of eastern Yunnan and western Guizhou Pvovince，China［J］. International Journal of Coal Geology，2000，44(3-4):305-324.

［276］ DAI S，WANG X，ZHOU Y，et al. Chemical and mineralogical compositions of silicic，mafic，and alkali tonsteins in the late Permian coals from the Songzao Coalfield，Chongqing，Southwest China［J］. Chemical Geology，2011，282:29-44.

［277］ 任德贻，许德伟，赵峰华，等. 沈北煤田第三纪褐煤中微量元素分布特征［J］. 中国矿业大学学报，1999，28(1)：5-8.

［278］ ZHENG B，WANG B，DING Z，et al. Endemic arsenosis caused by indoor combustion of high-As coal in Guizhou Province，P. R. China［J］. Environmental Geochemistry and Health，2005，27:521-528.

［279］ 代世峰，任德贻，张军营，等. 华北与黔西地区晚古生代煤层中铂族元素赋存状态及来源［J］. 地质论评，2003，49:439-444.

［280］ NIE A，XIE H. A study on Emei mantle plume activity and the origin of high-As coal in south-western Guizhou Province［J］. Chinese Journal of Geochemistry，2006，25:238-244.

［281］ DAI S，WANG X，CHEN W，et al. A high-pyrite semianthracite of Late Permian age in the Songzao Coalfield，southwestern China：Mineralogical and geochemical relations with underlying mafic tuffs [J]. International Journal of Coal Geology, 2010, 83:430-445.

[282] DAI S, REN D. Effects of magmatic intrusion on mineralogy and geochemistry of coals from the Feng feng-Handan Coalfield, Hebei, China [J]. Energy and Fuels, 2007, 21(3):1663-1673.

[283] 陈萍，旷红伟，唐修义. 煤中砷的分布和赋存规律研究 [J]. 煤炭学报，2002，27:259-263.

[284] LUO K, REN D, XU L, et al. Fluorine content and distribution pattern in Chinese coals [J]. International Journal of Coal Geology, 2004, 57:143-149.

[285] DAI S. The action and significance of low organism in the formation of high-sulfur coal [J]. Scientia Geologica Sinica, 2000, 9:339-352.

[286] CHOU C. Sulfur in coals: A review of geochemistry and origins [J]. International journal of coal geology, 2012, 100(10):1-13.

[287] RUPPERT L F, HOWER J C, EBLE C F. Arsenic-bearing pyrite and marcasite in the Fire Clay coal bed, Middle Pennsylvanian Breathitt Formation, eastern Kentucky [J]. International Journal of Coal Geology, 2005, 63:27-35.

[288] HOWER J C, RUPPERT L F, WILLIAMS D A. Controls on boron and germanium distribution in the low-sulfur Amos coal bed, Western Kentucky coalfield, USA [J]. International Journal of Coal Geology, 2002, 53:27-42.

[289] KOLKER A, PANOV B S, PANOV Y B, et al. Mercury and trace element contents of Donbas coals and associated mine water in the vicinity of Donetsk, Ukraine [J]. International Journal of Coal Geology, 2009, 79:83-91.

[290] DIAZ-SOMOANO M, CALVO M, ANTON M A L, et al. Lead isotope ratios in a soil from a coal carbonization plant [J]. Fuel, 2007, 86:1079-1085.

[291] WARD C R, SPEARS D A, BOOTH C A, et al. Mineral matter and trace elements in coals of the Gunnedah Basin, New South Wales, Australia [J]. International Journal of Coal Geology, 1999, 40:281-308.

[292] PIRES M, QUEROL X. Characterization of Candiota (South Brazil) coal and combustion by-product [J]. International Journal of Coal Geology, 2004, 60:57-72.

[293] GOLAB A N, CARR P F. Changes in geochemistry and mineralogy of thermally altered coal, Upper Hunter Valley, Australia [J]. International Journal of Coal Geology, 2004, 57(3-4): 197-210.

[294] YAO Y, LIU D. Effects of igneous intrusions on coal petrology, pore-fracture and coalbed methane characteristics in Hong yang, Handan and Huaibei coalfields, North China [J]. International Journal of Coal Geology, 2012, 96-97:72-81.

[295] SINGH A K, SINGH M P, SHARMA M, et al. Microstructures and microtextures of natural cokes: a case study of heat-affected coking coals from the Jharia coalfield, India [J]. International Journal of Coal Geology, 2007, 71:153-175.

[296] COOPER J R, CRELLING J C, RIMMER S M, et al. Coal metamorphism by igneous intrusion in the Raton Basin, CO and NM: implication for generation of volatiles [J]. International Journal of Coal Geology, 2007, 71:15-27.

[297] YAO Y, LIU D, HUANG W. Influences of igneous intrusions on coal rank, coal quality and adsorption capacity in Hong yang, Handan and Huaibei coalfields, North China [J]. International Journal of Coal Geology, 2011, 88:135-146.

[298] CRELLING J C, DUTCHER R R. A petrologic study of a thermally altered coal from the Purgatoire River Valley of Colorado [J]. Geological Society of America Bulletin, 1968, 79:1375-1386.

[299] JIANG J Y, CHENG Y P, WANG L, et al. Petrographic and geochemical effects of sill intru-

sions on coal and their implications for gas outbursts in the Wolonghu Mine, Huaibei Coalfield, China [J]. International Journal of Coal Geology, 2011, 88:55-66.

[300] SINGH A K, SHARMA M, SINGH M P. Genesis of natural cokes: Some Indian examples [J]. International Journal of Coal Geology, 2008, 75(1):40-48.

[301] CRESSEY B A, CRESSEY G. Preliminary mineralogical investigation of Leicestershire low-rank coal [J]. International Journal of Coal Geology, 1988, 10:177-191.

[302] UYSAL I T, GLIKSON M, GOLDING S D, et al. The thermal history of the Bowen Basin, Queensland, Australia: vitrinite reflectance and clay mineralogy of Late Permian coal measures [J]. Tectonophysics, 2000, 323:105-129.

[303] ZHENG L, LIU G, QI C, et al. The use of sequential extraction to determine the distribution and modes of occurrence of mercury in Permian Huaibei coal, Anhui Province, China [J]. International Journal of Coal Geology, 2008, 73(2):139-155.

[304] FINKELMAN R B, BOSTICK N H, DULONG F T. Influence of an igneous intrusion on the inorganic geochemistry of a bituminous coal from Pitkin County, Colorado [J]. International Journal of Coal Geology, 1998, 36:223-241.

[305] WANG W, QIN Y, SANG D, et al. Column leaching of coal and its combustion residues, Shizuishan, China [J]. International Journal of Coal Geology, 2008, 75:81-87.

[306] SONG D, MA Y, QIN Y, et al. Volatility and mobility of some trace elements in coal from Shizuishan Power Plant [J]. Journal of Fuel Chemistry and Technology, 2011, 39:328-332.

[307] JEGADEESAN G, AL-ABED S R, PINTO P. Influence of trace metal distribution on its leachability from coal fly ash [J]. Fuel, 2008, 87:1887-1893.

[308] IWASHITA A, SAKAGUCHI Y, NAKAJIMA T, et al. Leaching characteristics of boron and selenium for various coal fly ashes [J]. Fuel, 2005, 84(5):479-485.

[309] ALVAREZ-AYUSO E, QUEROL X, TOMAS A. Environmental impact of a coal combustion-desulphurisation plant: Abatement capacity of desulphurisation process and environmental characterisation of combustion by-products [J]. Chemosphere, 2006, 65(11):2009-2017.

[310] ZIELINSKI R A, FOSTER A L, MEEKER G P, et al. Mode of occurrence of arsenic in feed coal and its derivative fly ash, Black Warrior Basin, Alabama [J]. Fuel, 2007, 86:560-572.

[311] AKAR G, POLAT M, GALECKI G, et al. Leaching behavior of selected trace elements in coal fly ash samples from Yenikoy coal-fired power plants [J]. Fuel Processing Technology, 2012, 104:50-56.

[312] JONES K B, RUPPERT L F, SWANSON S M. Leaching of elements from bottom ash, economizer fly ash, and fly ash from two coal-fired power plants [J]. International Journal of Coal Geology, 2012, 94:337-348.

[313] OLIVEIRA M L S, WARD C R, FRENCH D, et al. Mineralogy and leaching characteristics of beneficiated coal products from Santa Catarina, Brazil [J]. International Journal of Coal Geology 2012, 94:314-325.

[314] HUGGINS F E, SEIDU L B A, SHAH N, et al. Mobility of elements in long-term leaching tests on Illinois #6 coal rejects[J]. International Journal of Coal Geology, 2012, 94:326-336.

[315] VEJAHATI F, XU Z, GUPTA R. Trace elements in coal: Associations with coal and minerals and their behavior during coal utilization-A review [J]. Fuel, 2010, 89:904-911.

[316] SEAMES W S, WENDT J O L. Regimes of association of arsenic and selenium during pulverized coal combustion [J]. Proceedings of the Combustion Institute, 2007, 31:2839-2846.

[317] MEIJ R, WINKEL B H. Trace elements in world steam coal and their behaviour in Dutch coal-

fired power stations: A review [J]. International Journal of Coal Geology, 2009, 77(3-4): 289-293.

[318] NELSON P F, SHAH P, STREZOV V, et al. Environmental impacts of coal combustion: A rish approach to assessment of emissions [J]. Fuel, 2010, 89:810-816.

[319] DEPOI F S, POZEBON D, KALKREUTH W D. Chemical characterization of feed coals and combustion-by-products from Brazilian power plants [J]. International Journal of Coal Geology, 2008, 76:227-236.

[320] YI H, HAO J, DUAN L, et al. Fine particle and trace element emissions from an anthracite coal-fired power plant equipped with a bag-house in China [J]. Fuel, 2008, 87 (10-11):2050-2057.

[321] DAI S, WANG X, CHEN W, et al. A high-pyrite semianthracite of Late Permian age in the Songzao Coalfield, southwestern China: mineralogical and geochemical relations with underlying mafic tuffs [J]. International Journal of Coal Geology, 2010, 83:430-445.

[322] FURIMSKY E. Characterization of trace element emissions from coal combustion by equilibrium calculations [J]. Fuel Processing Technology, 2000, 63:29-44.

[323] SEKINE Y, SAKAJIRI K, KIKUCHI E, et al. Release behavior of trace elements from coal during high-temperature processing [J]. Powder Technology, 2008, 180:210-215.

[324] GUO X, ZHENG C, XU M. Characterization of mercury emissions from a coal-fired power plant [J]. Energy and Fuels, 2007, 21:898-902.

[325] SHAH P, STREZOV V, NELSON P F. Speciation of chromium in Australian coals and combustion products [J]. Fuel , 2012, 102:1-8.

[326] OTERO-REY J R, LOPEZ-VILARINO J M, MOREDA-PINEIRO J, et al. As, Hg, and Se flue gas sampling in a coal-fired power plant and their fate during coal combustion [J]. Environmental Science & Technology, 2003, 37(22):5262-5267.

[327] REDDY M S, BASHA S, JOSHI H V, et al. Evaluation of the emission characteristics of trace metals from coal and fuel oil fired power plants and their fate during combustion [J]. Journal of Hazardous Materials, 2005, 123(1/3): 242-249.

[328] DABROWSKI J M, ASHTON P J, MURRAY K, et al. Anthropogenic mercury emissions in South Africa: Coal combustion in power plants [J]. Atmospheric Environment, 2008, 42: 6620-6626.

[329] MASEKOAMENG K E, LEANER J, DABROWSKI J. Trends in anthropogenic mercury emissions estimated for South Africa during 2000-2006 [J]. Atmospheric Environment, 2010, 44: 3007-3014.

[330] ITO S, YOKOYAMA T, ASAKURA K. Emissions of mercury and other trace elements from coal-fired power plants in Japan [J]. Science of the Total Environment, 2006, 368(1): 397-402.

[331] KIM J H, PARK J M, LEE S B, et al. Anthropogenic mercury emission inventory with emission factors and total emission in Korea [J]. Atmospheric Environment, 2010, 44:2714-2721.

[332] ZHANG L, ZHUO Y, CHEN L, et al. Mercury emissions from six coal-fired power plants in China [J]. Fuel Processing Technology, 2008, 89:1033-1040.

[333] TANG Q, LIU G, YAN Z, et al. Distribution and fate of environmentally sensitive elements (arsenic, mercury, stibium and selenium) in coal-fired power plants at Huainan, Anhui, China [J]. Fuel, 2012, 95:334-339.

[334] 蒋靖坤，郝吉明，吴烨，等.中国燃煤汞排放清单的初步建立 [J]. 环境科学，2005，26:34-39.

[335] WU Y, WANG S, STREETS D G, et al. Trends in anthropogenic mercury emissions in China from 1995 to 2003 [J]. Environmental Science and Technology, 2006, 40:5312-5318.

[336] TIAN H, WANG Y, XUE Z, et al. Atmospheric emissions estimation of Hg, As, and Se from coal-fired power plants in China, 2007 [J]. Science of the Total Environment, 2011, 409(16): 3078-3081.

[337] WARD C R, FRENCH D, JANKOWSKI J, et al. Element mobility from fresh and long-stored acidic fly ashes associated with an Australian power station [J]. International Journal of Coal Geology, 2009, 80:224-236.

[338] SELCUK N, GOGEBAKAN Y, GOGEBAKAN Z. Partitioning behavior of trace elements during pilot-scale fluidized bed combustion of high ash content lignite [J]. Journal of Hazardous Materials, 2006, 137(3): 1698-1703.

[339] LEE S J, SEO Y C, JIANG H N, et al. Speciation and mass distribution of mercury in a bituminous coal-fired power plant [J]. Atmospheric Environment, 2006, 40:2215-2224.

[340] 代世峰，唐跃刚，常春祥，等. 开滦煤洗选过程中稀土元素的迁移和分配特征 [J]. 燃料化学学报，2005，33(4):416-420.

[341] HOWER J C, ROBERTSON J D, WONG A S, et al. Arsenic and lead concentrations in the Pond Creek and Fire Clay coal beds, eastern Kentucky coalfield [J]. Applied Geochemistry, 1997, 12: 281-289.

[342] FINKELMAN R B, GREB S F. Environmental and health impacts, in: Suarez-Ruiz I, Crelling J C (Eds), Applied Coal Petrology-The Role of Petrology in Coal Utilization [J]. Elsevier, Amsterdam, 2008: 263-287.

[343] FINKELMAN R B. Potential health impacts of burning coal beds and waste banks [J]. International Journal of Coal Geology, 2004, 59(1-2): 19-24.

[344] GUPTA D C. Environmental aspects of selected trace elements associated with coal and natural waters of Pench Valley coalfield of India and their impact on human health [J]. International Journal of Coal Geology, 1999, 40:133-149.

[345] FINKELMAN R B. Health impacts of coal: Facts and fallacies [J]. AMBIO: A Journal of the Human Environment, 2007, 36(1):103-106.

[346] DANG Z, LIU C, HAIGH M J. Mobility of heavy metals associated with the natural weathering of coal mine spoils [J]. Environmental Pollution, 2002, 118(3):419-426.

[347] QI C, LIU G, KANG Y, et al. Assessment and distribution of antimony in soils around three coal mine, Anhui, China [J]. Journal of the Air & Waste Management Association, 2011, 61: 850-857.

[348] FANG W, HUANG Z, WU P. Contamination of the environmental ecosystems by trace elements from mining activities of Badao bone coal mine in China [J]. Environmental Geology, 2003, 44: 373-378.

[349] FENG X, HONG Y, NI J. Mobility of some potentially toxic trace elements in the coal of Guizhou, China [J]. Environmental Geology, 2000, 39:372-377.

[350] ZHAO F, CONG Z, SUN H, et al. The geochemistry of rare earth elements (REE) in acid mine drainge from the Sitai coal mine, Shanxi Province, North China [J]. International Journal of Coal Geology, 2007, 70:184-192.

[351] CHEN Y, LIU G, GONG Y, et al. Release and enrichment of 44 elements during coal pyrolysis of Yima coal, China [J]. Journal of Analytical and Applied Pyrolysis, 2007, 80: 283-288.

[352] YANG Z, LU W, LONG Y, et al. Assessment of heavy metals contamination in urban topsoil from Changchun City, China [J]. Journal of Geochemical Exploration, 2011, 108:27-38.

[353] BRAKE S S, JENSEN R R, MATTOX J M. Effects of coal fly ash amended soils on trace

element uptake in plants [J]. Environmental Geology, 2004, 45:680-689.
[354] PENTARI D, TYPOU J, GOODARZI F, et al. Comparison of elements of environmental concern in regular and reclaimed soils, near abandoned coal mines Ptolemais-Amynteon northern Greece: Impact on wheat crops [J]. International Journal of Coal Geology, 2006, 65:51-58.
[355] POPOVIC A, DJORDJEVIC D, POLIC P. Trace and major element pollution originating from coal ash suspension and transport processes [J]. Environment International, 2001, 26:251-255.
[356] SINGH H, KOLAY P K. Analysis of coal ash for trace elements and their geo-environmental implications [J]. Water, Air, and Soil Pollution, 2009, 198:87-94.
[357] KARUPPIAH M, GUPTA G. Toxicity of metals in coal combustion ash leachate [J]. Journal of Hazardous Materials, 1997, 56: 53-58.
[358] VASSILEVA C G, VASSILEV S V. Behaviour of inorganic matter during heating of Bulgarian coals 2. Subbituminous and bituminous coals [J]. Fuel Processing Technology, 2006, 87: 1095-1116.
[359] PELTIER G L, WRIGHT M S, HOPKINS W A, et al. Accumulation of trace elements and growth responses in Corbicula fluminea downstream of a coal-fired power plant [J]. Ecotoxicology and Environmental Safety, 2009, 72:1384-1391.
[360] JURKOVIC L, HILLER E, VESELSKA V, et al. Arsenic concentrations in coils impacted by dam failure of coal-ash pond in Zemianske Kostolany, Slovakia [J]. Bulletin of Environmental Contamination and Toxicology, 2011, 86:433-437.
[361] MANDAL A, SENGUPTA D. An assessment of soil contamination due to heavy metals around a coal-fired thermal power plant in India [J]. Environmental Geology, 2006, 51:409-420.
[362] WANG Q, SHEN W, MA Z. Estimation of mercury emission from coal combustion in China [J]. Environmental Science & Technology, 2000, 34:2711-2713.
[363] STREETS D G, HAO J, WU Y, et al. Anthropogenic mercury emissions in China [J]. Atmospheric Environment, 2005, 39:7789-7806.
[364] PACYNA E G, PACYNA J M, STEENHUISEN F, et al. Global anthropogenic mercury emission inventory for 2000 [J]. Atmospheric Environment, 2006, 40:4048-4063.
[365] LIU S, NADIM F, PERKINS C, et al. Atmospheric mercury monitoring survey in Beijing, China [J]. Chemosphere, 2002, 48:97-107.
[366] BOONE R, WESTWOOD R. An assessment of tree health and trace element accumulation near a coal-fired generating station, Manitoba, Canada [J]. Environmental Monitoring and Assessment, 2006, 121:151-172.
[367] LLORENS J F, FERNANDEZ-TURIEL J L, QUEROL X. The fate of trace elements in a large coal-fired power plant [J]. Environmental Geology, 2001, 40(4-5):409-416.
[368] KEEGAN T J, NIEUWENHUIJSEN M J, PESCH B, et al. Modelled and measured arsenic exposure around a power station in Slovakia [J]. Applied Geochemistry, 2012, 27:1013-1019.
[369] MOHOROVIC L. First two months of pregnancy-critical time for preterm delivery and low birthweight caused by adverse effects of coal combustion toxics [J]. Early Human Development, 2004, 80:115-123.
[370] FERNANDEZ A, WENDT J O L, WOLSKI N, et al. Inhalation health effects of fine particles from the co-combustion of coal and refuse derived fuel [J]. Chemosphere, 2003, 51:1129-1137.
[371] DAI S, REN D, CHOU C, et al. Geochemistry of trace elements in Chinese coals: A review of abundances, genetic types, impacts on human health, and industrial utilization [J]. International Journal of Coal Geology, 2012, 94(5):3-21.

［372］ LYTH O. Endemic fluorosis in Kweichow，China［J］. The Lancet，1946，247:233-235.

［373］ WATANABE T，KONDO T，ASANUMA S，et al. Skeletal fluorosis from indoor burning of coal in southwestern China［J］. Fluoride，2000，33:135-139.

［374］ ANDO M，TADANO M，ASANUMA S，et al. Health effects of indoor fluoride pollution from coal burning in China［J］. Environmental Health Perspectives，1998，106(5):239-244.

［375］ DAI S，REN D. Effects of magmatic intrusion on mineralogy and geochemistry of coals from the Fengfeng-Handan Coalfield，Hebei，China［J］. Energy and Fuels，2007，21(3):1663-1673.

［376］ 孙玉壮. 黔西煤中氟与"燃煤型"地方性氟中毒的地球化学研究［J］. 矿物岩石地球化学通报，2005，24:350-356.

［377］ 吴代赦，王绍清，朱建明，等.燃煤型氟中毒区石煤氟的环境地球化学行为研究［J］. 地球与环境，2004，32:17-19.

［378］ 代世峰，李薇薇，唐跃刚，等. 贵州地方病氟中毒的氟源、致病途径与预防措施［J］. 地质论评，2006，52(5):50-655.

［379］ 吴代赦，郑宝山，王爱民. 贵州省燃煤型氟中毒地区的氟源新认识［J］. 中国地方病学杂志，2004，23:135-137.

［380］ 郑宝山，黄荣贵. 生活用煤污染型氟中毒的研究与防治［J］. 实用地方病学杂志，1986，1:11-13.

［381］ 郑宝山，黄荣贵. 燃煤污染型氟中毒的环境地球化学研究［J］. 矿物岩石地球化学通报，1985，4(3):113-114.

［382］ 雒昆利，李会杰，牛彩香. 滇黔"燃煤污染型"氟中毒重症区粮食氟和砷污染的主要途径［J］. 地质论评，2010，56:289-298.

［383］ ZHENG B，WANG A，LU Q，et al. Endemicfluorosis and high-F clay［J］. Geochimica et Cosmochimica Acta，2006，70:A744.

［384］ ZHENG B，WU D，WANG B，et al. Clay with high fluorine and endemic fluorosis caused by indoor combustion of coal in southwestern China［J］. Chinese Journal of Geochemistry，2006，25:79-80.

［385］ ANDO M，TADANO M，YAMAMOTO S，et al. Health effects of fluoride pollution caused by coal burning［J］. The Science of the Total Environment，2001，271(1-3):107-116.

［386］ 柯长茂，李先机，翁正一. 生活用煤引起的砷中毒［J］. 环境污染治理技术与设备，1980，4:48-53.

［387］ YU G，SUN D，ZHENG Y. Health effects of exposure to natural arsenic in groundwater and coal in China：An overview of occurrence［J］. Environmental Health Perspectives，2007，115:636-642.

［388］ LIU J，ZHENG B，APOSHIAN H V. Chronic arsenic poisoning from burning high-arsenic-containing coal in Guizhou，China［J］. Environmental Health Perspectives，2002，110:119-122.

［389］ BELKIN H E，ZHENG B，ZHOU D. Chronic arsenic poisoning from domestic combustion of coal in rural China：A case study of the relationship between earth materials and human health［J］. Environmental Geochemistry，2008：401-420.

［390］ 雒昆利，李会杰，陈同斌，等. 云南昭通氟中毒区煤、烘烤粮食、黏土和饮用水中砷、硒、汞的含量［J］. 煤炭学报，2008，33:289-294.

［391］ SHRAIM A，CUI X，LI S，et al. Arsenic speciation in the urine and hair of individuals exposed to airborne arsenic through coal-burning in Guizhou，PR China［J］. Toxicology Letters，2003，137:35-48.

［392］ LI S，XIAO T，ZHENG B. Medical geology of arsenic，selenium and thallium in China［J］. Science of the Total Environment，2012，421：31-40.

［393］ SHAO S，ZHENG B. The biogeochemistry of selenium in Sunan grassland，Gansu，Northwest

China, casts doubt on the belief that Marco Polo reported selenosis for the first time in history [J]. Environmental Geochemistry and Health, 2008, 30:307-314.

[394] LI J, ZHUANG X, QUEROL X, et al. Environmental geochemistry of the feed coals and their combustion by-products from two coal-fired power plants in Xinjiang Province, Northwest China [J]. Fuel, 2012, 95(5):446-456.

[395] 杨光圻，王淑真，周瑞华，等. 湖北恩施地区原因不明脱发脱甲症病因的研究 [J]. 中国医学科学院学报，1981，3(增刊)：1-6.

[396] ZHU J, ZHENG B. Distribution of selenium in mini-landscape of Yutangba, Enshi, Hubei Province, China [J]. Applied Geochemistry, 2001, 16:1333-1344.

[397] ZHU J, ZUO W, LIANG X. Occurrence of native selenium in Yutangba and its environmental implications [J]. Applied Geochemistry, 2004, 19:461-467.

[398] ZHU J, WANG N, LI S. Distribution and transport of selenium in Yutangba, China: Impact of human activities [J]. Science of the Total Environment, 2008, 392:252-261.

[399] 朱建明，尹祚莹，凌宏文，等. 渔塘坝微景观中硒的高硒成因探讨 [J]. 地球与环境，2007，35：117-122.

[400] FORDYCE F M, ZHANG G, GREEN K, et al. Soil, grain and water chemistry in relation to human selenium-responsive diseases in Enshi District, China [J]. Applied Geochemistry, 2000, 15:117-132.

[401] MUMFORD J L, HE X, CHAPMAN R S, et al. Lung cancer and indoor air pollution in Xuan Wei, China [J]. Science, 1987, 235:217-220.

[402] LAN Q, CHAPMAN R S, SCHREINEMACHERS D M, et al. Household stove improvement and risk of lung cancer in Xuanwei, China [J]. Journal of the National Cancer Institute, 2002, 94: 826-835.

[403] SINTON J E, SMITH K R, PEABODY J W, et al. An assessment of programs to promote improved household stoves in China [J]. Energy for Sustainable Development, 2004, 8:33-52.

[404] LUO K, LI L, ZHANG S. Coal-burning roasted corn and chili as the cause of dentalfluorosis for children in southwestern China [J]. Journal of Hazardous Materials, 2011, 185:1340-1347.

[405] 任德贻，代世峰. 煤和含煤岩系中潜在的共伴生矿产资源：一个值得重视的问题 [J]. 中国煤田地质，2009，21:1-4.

[406] SEREDIN V V. From coal science to metal production and environmental protection: A new story of success [J]. International Journal of Coal Geology, 2012, 90-91:1-3.

[407] 王兰明. 内蒙古锡林郭勒盟乌兰图嘎锗矿地质特征及勘查工作简介 [J]. 内蒙古地质，1999(3)：16-20.

[408] QI H, HU R, ZHANG Q. REE geochemistry of the Cretaceous lignite from Wulantuga Germanium Deposit, Inner Mongolia, Northeastern China [J]. International Journal of Coal Geology, 2007, 71:329-344.

[409] 黄文辉，孙磊，马延英，等. 内蒙古自治区胜利煤田锗矿地质及分布规律 [J]. 煤炭学报，2007，32:1147-1151.

[410] ZHAO C, QIN S, YANG Y, et al. Concentration of gallium in the Permo-Carboniferous coals of China [J]. Energy Exploration and Exploitation, 2009, 27:333-343.

[411] DAI S, ZHOU Y, REN D, et al. Geochemistry and mineralogy of the Late Permian coals from the Songzao Coalfield, Chongqing, southwestern China [J]. Science in China Series D: Earth Science, 2007, 50:678-688.

[412] SUN Y, LI Y, ZHAO C, et al. Concentrations of lithium in Chinese coals [J]. Energy Explora-

tion and Exploitation, 2010, 28:97-104.

[413] SUN Y, YANG J, ZHAO C. Minimum mining grade of associated Li deposits in coal seams [J]. Energy Exploration and Exploitation, 2012, 30:167-170.

[414] SUN Y, ZHAO C, LI Y, et al. Li distribution and mode of occurrences in Li-bearing coal seam # 6 from the Guanbanwusu Mine, Inner Mongolia, northern China [J]. Energy Exploration and Exploitation, 2012, 30:109-130.

[415] SEREDIN V V, FINKELMAN R B. Metalliferous coals: A review of the main genetic and geochemical types [J]. International Journal of Coal Geology, 2008, 76(4):253-289.

[416] SPEARS D A. The origin of tonsteins, an overview, and links with seatearths, fireclays and fragmental clay rocks [J]. International Journal of Coal Geology, 2012, 94:22-31.

[417] 中华人民共和国国家质量监督检验检疫总局. 煤岩样品采取方法: GB/T 19222—2003 [S]. 北京: 中国国家标准出版社, 2003.

[418] 任德贻, 赵峰华, 代世峰, 等. 煤的微量元素地球化学 [M]. 北京:科学出版社, 2006.

[419] HUGGINS F E. Overview of analytical methods for inorganic constituents in coal [J]. International Journal of Coal Geology, 2002, 50(1): 169-214.

[420] YUDOVICH Y E, KETRIS M P, MERTS A V. Trace elements in fossil coals [M]. Leningrad: Nauka, 1985:239.

[421] SWAINE D J, GOODARZI F. Environmental aspects of trace elements in coal [M]. Berlin: London Kluwer Academic Publishers, 1995:1-312.

[422] KLER V, NENAKHOVA V, SAPRYKIN F Y. Metallogeny and Geochemistry of Coal-and Shale-Bearing Strata of the USSR: Elements Buildup Behavior and Its Investigation Techniques [M] // Metallogeniya i geokhimiya uglenosnykh islantsesoderzhashchikh tolshch SSSR. Zakonomernosti kontsentratsii elementov i metodyikh izucheniya. Moscow: Nauka, 1988.

[423] ZUBOVIC P, OMAN C L, BRAGG L, et al. Chemical analysis of 659 coal samples from the Eastern United States [R]. U.S. Geology Survey Open-file Rep, No.80-2003, 2003:1-513.

[424] FINKELMAN R B. Trace and minor elements in coal [M]. In: Engel MH, Macko SA, editors. New York: Plenum press,1993.

[425] CHOU C. Abundances of sulfur, chlorine, and trace elements in Illinois Basin coals, USA [C]. Proceedings of the 14th Annual International Pittsburgh Coal Conference, Taiyuan, 1997, 23-27.

[426] WEDEPOHL K H. The composition of the continental crust[J]. Geochimica Et Cosmochimica Acta, 1995, 59 (7):1217-1232.

[427] COLEMAN S L, BRAGG L J. Distribution and mode of occurrence of arsenic in coal [J]. Recent Advances in Coal Geochemistry, 1990, 248: 13-26.

[428] KOLKER A, SENIOR C L, QUICK J C. Mercury in coal and the impact of coal quality on mercury emissions from combustion systems [J]. Applied Geochemistry, 2006, 21:1821-1836.

[429] SWAINE D J. The contents and some related aspects of trace elements in coals [M] // Environmental Aspects of Trace elements in Coal. Dordrecht: Kluwer Academic Publishers, 1995: 5-23.

[430] BOUŠKA V and PEŠEK J. Distribution of elements in the world lignite average and its comparison with lignite seams of the North Bohemian and Sokolov Basins [J]. Zúpadočeské Muzeum, 1999, 42: 1-51.

[431] КЛЕР В Р. Металлогеиия и Геохимия Угленосных и Сланцержащих Толщ СССР: Геохамия Элементов [M]. Москва: Наука, 1988.

[432] DALE L, LAVRENCIC S. Trace elements in Australian export thermal coals [J]. Australian Coal Journal, 1993, 39:17-21.

[433] GOODARZI F, SWAINE D J. Chalcophile elements in western Canadian coals [J]. International Journal of Coal Geology, 1993, 24:281-292.

[434] RUDNICK R L, GAO S. Composition of the continental crust Treatise on geochemistry Volume 3 [M]. Amsterdam: Elsevier, 2004: 1-64.

[435] 刘英俊，元素地球化学 [M]. 北京:科学出版社，1984.

[436] 唐书恒，秦勇，姜尧发.中国洁净煤地质研究 [M]. 北京：地质出版社，2006.

[437] 唐修义，黄文辉. 中国煤中微量元素[M]. 北京：商务印书馆，2004.

[438] GOLDSCHMIDT V M, HEFTER O. Zur Geochemie des Selens [J]. Nachrichten von der Gesellschaft der Wissenschaften zu Göttingen, Mathematisch-Physikalische Klasse, 1933: 245-252.

[439] GOODARZI F, Comparison of elemental distribution in fresh and weathered samples of selected coals in the Jurassic-Cretaceous Kootenay Group, British Columbia, Canada [J]. Chemical Geology, 1987, 63:21-28.

[440] US National Committee for Geochemistry. Trace Element Geochemistry of Coal Resource Development Related to Environmental Quality and Health [R]. Washington DC: National Academy Press, 1980, 153.

[441] DAI S, LI T, SEREDIN V V, et al. Origin of minerals and elements in the Late Permian coals, tonsteins, and host rocks of the Xinde Mine, Xuanwei, eastern Yunnan, China [J]. International Journal of Coal Geology, 2014, 121:53-78.

[442] LI W, TANG Y, DENG X, et al. Geochemistry of the trace elements in the high-organic-sulfur coals from Chenxi coalfield [J]. Journal of China Coal Society, 2013, 38:1227-1233.

[443] YANG Z. Occurrence and Abundance of V, Cr, Mo and U in the Late Permian Coals from Yanshan, Yunnan, China [J]. Bulletin of Mineralogy, Petrology and Geochemistry, 2009, 28: 268-271.

[444] ZHUANG X G, QUEROL X, ALASTUEY A, et al. Mineralogy and geochemistry of the coal from the Chongqing and Southeast Hubei coal mining districts, South China [J]. International Journal of Coal Geology, 2007, 71:263-275.

[445] DUAN L, TIAN Q, GUO X. Review on production and utilization of vanadium resources in China [J]. Hunan Nonferrous Metals, 2006, 22:17-20.

[446] MOSKALYK R R, ALFANTAZI A M. Processing of vanadium: a review [J]. Miner Eng, 2003, 16:793-805.

[447] ZHANG Y, BAO S, LIU T, et al. The technology of extracting vanadium from stone coal in China: History, current status and future prospects [J]. Hydrometallurgy, 2011, 109:116-124.

[448] JIANG Y, YUE W, YE Z. Characteristics, Sedimentary environment and origin of the lower Cambrian Stone-like coal in southern China [J]. Coal Geology of China, 1994, 6(4): 26-31.

[449] CAHILL R A, KUHN J K, DREHER G B, et al. Occurrence and distribution of trace elements in coals [J]. Division of Fuel Chemistry, American Chemical Society, 1976, 21(7):90-93.

[450] SWAINE D J. Trace elements in coal [M] // Recent Contributions to Geochemistry and Analytical Chemistry, New York: Wiley, 1976.

[451] ZUBOVIĆ P, STADNICHENKO T, SHEEPEY N B, Geochemistry of minor elements in coal of the Northern Great Plains Coal Province [J]. United States Geological Survey Bulletin, 1961, 1117-A:57.

[452] FINKELMAN R B. Environmental aspects of trace elements of coal [M]. Dordrecht: Kluwer Academic Publishers, 1995.

[453] 崔凤海，陈怀珍. 我国煤中砷的分布及赋存特征 [J]. 煤炭科学技术，1998，26:44-46.

[454] 王明仕,郑宝山,刘晓静,等.中国煤砷含量评价 [J]. 环境科学, 2006(03):3420-3423.

[455] 郑刘根, 刘桂建, Chou Chen-lin,等. 中国煤中砷的含量分布, 赋存状态, 富集及环境意义[J]. 地球学报, 2006, 27(4):355-366.

[456] 任德贻, 赵峰华, 张军营, 等. 煤中有害微量元素德成因类型初探 [J]. 地学前缘, 1999, 6(增刊): 17-22.

[457] 白向飞,李文华,陈亚飞, 等.中国煤中微量元素分布基本特征 [J]. 煤质技术, 2007, 1:1-4.

[458] TIAN H, LU L, HAO J, et al. A review of key hazardous trace elements in Chinese coals: abundance, occurrence, behavior during coal combustion and their environmental impacts [J]. Energy Fuels, 2013, 27:601-614.

[459] BOUSKA and PESEK. Distribution of elements in the world lignite average and its comparison with lignite seams of the North Bohemian and Sokolov Basins [J]. Folia Musei Rerum Naturalium Bohemiae Occidentails, Geologica, 1999, 42:1-51.

[460] 白向飞. 中国煤中微量元素分布赋存特征及其迁移规律试验研究 [D]. 北京: 煤炭科学研究总院, 2003.

[461] 刘桂建, 彭子成, 王桂梁,等. 煤中微量元素研究进展 [J]. 地球科学进展, 2002, 17(1):53-62.

[462] 王起超, 沈文国, 麻壮伟.中国燃煤汞排放量估算 [J]. 中国环境科学, 1999, 19 (4):318-321.

[463] 张军营, 任德贻, 许德伟,等. 煤中汞及其对环境影响 [J]. 环境科学进展, 1999, 7(3):100-104.

[464] 荆治严, 杨洪莉, 杨杰. 沈阳市汞污染水平与测试技术的研究 [J]. 环境科学丛刊, 1992, 5:1-4.

[465] 郭英廷, 侯慧敏, 李娟,等. 煤中砷、氟、汞、铅、镉在灰化过程中的逸散规律 [J]. 中国煤田地质, 1994, 6(4): 54-56.

[466] 周义平. 老厂矿区煤中汞的成因类河赋存状态 [J]. 煤田地质与勘探, 1994, 22(3):17-22.

[467] 刘绪五, 孙淑珍, 宋河育. 平顶山煤中汞的分布与释放 [J]. 煤炭加工与综合利用, 1996, 3 (2): 52-54.

[468] 王起超, 康淑莲, 陈春,等. 东北、内蒙古东部地区煤炭中微量元素含量及分布规律[J]. 环境化学, 1996, 15 (1):27-35.

[469] 王起超, 马如龙. 煤及其灰渣中的汞 [J]. 中国环境科学, 1997, 17 (1):76-79.

[470] 窦廷焕, 肖达先, 董雅琴, 等. 神府东胜矿区煤中微量元素初步研究 [J]. 煤田地质与勘探, 1998, 26 (3):11-15.

[471] 冯新斌, 洪业汤, 倪建宇,等. 贵州煤中汞的分布、赋存状态及对环境的影响 [J]. 煤田地质与勘探, 1998, 4:12-15.

[472] 雒昆利, 王五一, 姚改焕,等. 渭北石炭二叠纪煤中汞的含量及分布特征 [J]. 煤田地质与勘探, 2000, 28(3):12-14.

[473] 郑刘根, 刘桂建, 齐翠翠,等. 中国煤中汞的环境地球化学研究 [J]. 中国科学技术大学学报, 2007, 37(8):953-963.

[474] 郑刘根, 刘桂建, 齐翠翠, 等. 淮北煤田煤中汞的赋存状态 [J]. 地球科学, 2007, 32(2):279-284.

[475] 胡军. 中国煤中 22 种环境敏感微量元素的地球化学研究 [D]. 广州: 中国科学院地球化学研究所, 2007.

[476] TAYLOR S R, MCLENNAN S M. The geochemical evolution of the continental crust [J]. Reviews of Geophysics, 1995, 33(2):241-265.

[477] CHEN J, LIU G, JIANG M, et al. Geochemistry of environmentally sensitive trace elements in Permian coals from the Huainan coalfield, Anhui, China [J]. International Journal of Coal Geology, 2011, 88:41-54.

[478] LI H, ZHENG L, LIU G. The concentration characteristics of trace elements in coal from the Zhangji mining area, Huainan coalfield [J]. Acta Petrologica Et Mineralogia, 2011, 30:696-700.

[479] LI H, LIU G, SUN R, et al. Relationships between trace element abundances and depositional environments of coals from the Zhangji coal mine, Anhui Province, China [J]. Energy Exploration Exploitation, 2013, 31:89-107.

[480] LIU G, WANG G, ZHANG W. Study on Environmental Geochemistry of Minor and Trace Elements-Example from Yanzhou mining area [J]. Journal of China University of Mining & Technology, 1999, 6:13-97

[481] SUN R Y. Distribution and application of trace elements in coal from Zhuji coalmine, Huainan coalfield [D]. Hefei: University of Science and Technology of China, 2010.

[482] DAI S, LI T, JIANG Y, et al. Mineralogical and geochemical compositions of the Pennsylvanian coal in the Hailiushu Mine, Daqingshan Coalfield, Inner Mongolia, China: Implications of sediment-source region and acid hydrothermal solutions [J]. International Journal of Coal Geology, 2015, 137(1):92-110.

[483] GEBOY N J, ENGLE M A, HOWER J C. Whole-coal versus ash basis in coal geochemistry: a mathematical approach to consistent interpretations [J]. Int J Coal Geol, 2013, 113:41-49.

[484] National Bureau of Statistics PRC, China Statistical Yearbook (Chinese-English Edition) [M]. Beijing: China Statistics Press, 2015.

[485] RUDNICK R, GAO S. Composition of the continental crust [J]. Treatise on Geochemistry. 2014, 4:1-51.

[486] 刘桂建，王俊新，杨萍玥，等. 煤中矿物质及其燃烧后的变化分析 [J]. 燃料化学学报，2003，31 (3) :215-219.

[487] 刘桂建，张浩原，郑刘根，等. 济宁煤田煤中氯的分布、赋存状态及富集因素研究 [J]. 地球科学，2004，29(1):85-92.

[488] 武子玉，李云辉，周永昶. 吉林白山地区原煤微量元素地球化学特征 [J]. 煤田地质与勘探，2005，32(6):8-10.

[489] 曾荣树，赵杰辉，庄新国. 贵州六盘水地区水城矿区晚二叠世煤的煤质特征及其控制因素 [J]. 岩石学报，1998，14(4):549-558.

[490] 周义平. 老厂矿区无烟煤中砷的分布类型及赋存形态 [J]. 煤田地质与勘探，1998，26(4):8-13.

[491] 庄新国，曾荣树，徐文东. 山西平朔安太堡露天矿 9 号煤层中的微量元素 [J]. 地球科学(中国地质大学学报)，1998，23 (6):583-587.

[492] 庄新国，向才富，曾荣树，等. 三种不同类型盆地煤中微量元素对比研究 [J]. 岩石矿物学杂志，1999，18(3):255-263

[493] 庄新国，曾荣树. 赣东北晚二叠和晚三叠煤的微量元素对比研究 [J]. 中国煤田地质，2001，13 (3):15-17.

[494] FU X, WANG J, TAN F, et al. Minerals and potentially hazardous trace elements in the Late Triassic coals from the Qiangtang Basin, China [J]. International Journal of Coal Geology, 2013: 116-117, 93-105.

[495] CHEN C, MOBLEY H, ROSEN B. Separate resistances to arsenate and arsenate (antimonate) encoded by the arsenical resistance operon of R factor R773 [J]. Journal of bacteriology, 1985, 161: 758-763.

[496] 陈冰如，扬绍晋，钱琴芳，等. 中国煤矿样品中砷、硒、铬、铀、钍元素含量分布 [J]. 环境科学，1989，10(6):23-26.

[497] CUI F CHEN H. Characteristics of distribution and modes of occurrence of arsenic in Chinese coals [J]. Coal Science and Technology, 1998, 26: 4-46

[498] QI C, LIU G, CHOU C, et al. Environmental geochemistry of antimony in Chinese coals [J].

Science of the Total Evironment, 2008, 389(2-3):225-234.

[499] FANG T, LIU G, ZHOU C, et al. Lead in Chinese coal: distribution, modes of occurrence, and environmental effects [J]. Environmental Geochemistry and Health, 2014, 36(3):563-581.

[500] LIU Y, LIU G, QU Q, et al. Geochemistry of vanadium (V) in Chinese coals[J]. Environmental Geochemistry and Health, 2017, 39(5): 967-986.

[501] FENG X, SOMMAR J, LINDQVIST O, et al. Occurrence, emissions and deposition of mercury during coal combustion in the Province Guizhou, China[J]. Water Air Soil Pollution, 2002, 139: 311-324.

[502] ZHANG J, REN D, XU D. Distribution of arsenic and mercury in Triassic coals from Longtoushan Syncline, Southsestern Guizhou, P. R. Chins [M] // Prospects for Coal Science in 21st Century, Shanxi: Science Technology Press, 1999.

[503] 郑刘根. 煤中汞的环境地球化学研究 [D]. 合肥：中国科学技术大学，2008.

[504] 张莹. 中国煤中硒的含量、赋存状态及环境效应研究 [D]. 合肥：中国科学技术大学，2007.

[505] 朱文伟，张品刚，张继坤，等. 安徽省两淮煤田控煤构造样式研究 [J]. 中国煤炭地质，2011，23(8)：49-52.

[506] 杨永宽，姜尧发. 徐州煤田的煤岩煤质及煤变质特征 [J]. 江苏煤炭，1988，4:38-41.

[507] DAI S, ZHANG W, SEREDIN V V, et al. Factors controlling geochemical and mineralogical compositions of coals preserved within marine carbonate successions: A case study from the Heshan Coalfield, southern China [J]. International Journal of Coal Geology, 2013, 109:77-100.

[508] WANG W F, QIN Y, SANG S X, et al. Sulfur variability and element geochemistry of the No. 11 coal seam from the Antaibao mining district, China [J]. Fuel, 2007, 86:777-784.

[509] YANG L, LIU C, LI H. Geochemistry of trace elements and rare earth elements of coal in Chenjiashan coal mine [J]. Coal Geology Exploration, 2008, 36:10-14.

[510] 曾荣树，庄新国. 鲁西含煤区中部煤的煤质特征 [J].中国煤田地质 2000，12(2)：10-15.

[511] YANG J. Concentration and distribution of uranium in Chinese coals [J]. Energy, 2007, 32(3): 203-212.

[512] ZHOU J, ZHUANG X, ALASTUEY A, et al. Geochemistry and mineralogy of coal in the recently explored Zhundong large coalfield in the Junggar basin, Xinjiang province, China [J]. International Journal of Coal Geology, 2010, 82(1-2):51-67.

[513] 庞起发，庄新国，李建伏. 内蒙古潮水盆地西部侏罗系煤的岩石学、矿物学及地球化学特征 [J]. 地质科技情报，2012，31(1):27-32.

[514] TEWALT S J, BELKIN H E, SANFILIPO J R, et al. Chemical analysis in the World Coal Quality Inventory (version 1) [R]. U.S. Geological Survey, 2010.

[515] LIU G, PENG Z, YANG P, et al. Characteristics of coal ashes in Yanzhou mining district and distribution of trace elements in them [J]. Chinese Journal of Geochemistry, 2001, 20:357-367.

[516] SONG D, QIN Y, ZHANG J, et al. Concentration and distribution of trace elements in some coals from Northern China [J]. International Journal of Coal Geology, 2007, 69(3):179-191.

[517] WANG W, QIN Y, SONG D. Geochemical Features of Hazardous Elements and Cleaning Potential of Coal from Xinzhouyao Coal Mine [J]. Journal of China University of Mining Technology, 2002, 31:68-71.

[518] WANG C, WANG W, HE S, et al. Sources and distribution of aliphatic and polycyclic aromatic hydrocarbons in Yellow River Delta Nature Reserve, China [J]. Appl, Geochem. 2011, 26: 1330-1336.

[519] ZHOU G, JIANG Y, LIU M. Sapropelic coal petrologic, quality and trace element characteris-

tics in Datun Mining Area, Xuzhou [J]. Coal Geology of China, 2011, 23:7-9.

[520] CHEN Y, WANG J, SHI G, et al. Human health risk assessment of lead pollution in atmospheric deposition in Baoshan District, Shanghai[J]. Environmental Geochemistry and Health, 2011, 33: 515-523.

[521] LIU G, ZHENG L, GAO L, et al. The characterization of coal quality from the Jining coalfield [J]. Energy, 2005, 30:1903-1914.

[522] 李文华，熊飞，姜宁. 三种高硫煤中的微量元素 [J]. 煤炭分析及利用，1993(1):7-9.

[523] DING Z, ZHENG B, ZHUANG M. The mode of occurrence of trace elements in coals from arsenosis-affected areas, Guizhou province [J]. Acta Geologica Sinica-English Edition, 2005, 25: 357-362.

[524] DAI S, ZHANG W, WARD C, et al. Mineralogical and geochemical anomalies of late Permian coals from the Fusui Coalfield, Guangxi Province, southern China: influences of terrigenous materials and hydrothermal fluids [J]. International Journal of Coal Geology, 2013, 105(1): 60-84.

[525] NRIAGU J O, PIRRONE N. Emission of vanadium into the atmosphere [M] // Vanadium in the Environment (Part 1: Chemistry and Biochemistry), New York: John Wiley, 1998.

[526] 邹建华，刘东，田和明，等. 内蒙古阿刀亥矿晚古生代煤的微量元素和稀土元素地球化学特征 [J]. 煤炭学报，2013，38(6)：1012-1018.

[527] KONG H, ZENG R, ZHUANG X, et al. Study of trace elements of coal in Beipiao district, Liaoning province [J]. Geoscience, 2001, 15:415-420.

[528] ZHU C, LI D. Occurrences of Trace Elements in the No. 2 Coal of the Changhebian Coal Mine, Chongqing, China [J]. Bulletin of Mineralogy, Petrology and Geochemistry, 2009, 28:259-263.

[529] 袁三畏. 中国煤质评论 [M]. 北京：煤炭工业出版社，1999.

[530] 李大华，陈坤. 中国西南地区煤中砷的分布及富集因素探讨 [J]. 中国矿业大学学报，2002，31：419-422.

[531] 黄文辉，杨起，彭苏萍，等. 淮南二叠纪煤及其燃烧产物地球化学特征 [J]. 地球科学(中国地质大学学报)，2001，26:501-507.

[532] 丁振华，Frinkelman R B, Belkin H E，等. 煤中发现镉矿物 [J]. 地质地球化学，2002，30(2)：95-96.

[533] 王运泉，任德贻，雷加锦，等. 煤中微量元素分布特征初步研究 [J]. 地质科学，1997a，32(1)：65-73.

[534] 王运泉，张汝国，王良平，等. 煤中微量元素赋存状态的逐提试验研究 [J]. 中国煤田地质，1997，9(3):23-25.

[535] 中国煤田地质总局. 中国主要煤矿煤炭资源图集 [Z]. 北京：中国煤炭地质局内部数据，1996.

[536] LINDAHL P C, FINKELMAN R B. Factors Influencing Major, Minor, and Trace Element Variations in U.S. Coals [J]. Mineral Matter and Ash in Coal, 1986, 5:61-69.

[537] ЮДОВИЧ Я, КЕТРИС М. Мерц АВ Элементы-примеси в ископаемых углях [J]. Л: Недра, 1985, 239.

[538] 刘桂建，王桂梁，张威. 煤中微量元素的环境地球化学研究:以兖州矿区为例 [M]. 北京：中国矿业大学出版社，1999.

[539] 刘桂建，杨萍月，张威，等. 简述煤中微量元素的环境学研究进展 [J]. 能源环境保护，1999，13(5):17-19.

[540] 刘桂建，彭子成，杨萍月，等. 煤中微量元素富集的主要因素分析 [J]. 煤田地质与勘探，2001，29(4):1-4.

[541] 刘桂建，杨萍月，彭子成，等.煤矸石中潜在有害微量元素淋溶析出研究 [J]. 高校地质学报，2001，7(4):451-457.

[542] ЮДОВИЧ Я Э，КЕТРИС М П. Токсичные Элементы-Лримеси в Исколаемых углях [R]. Екатеринбург: Уральское Отдепение Россиской Академии Наук，2005.

[543] 李文华. 我国主要高硫煤和石煤中氟的分布 [J]. 煤炭分析及利用，1986，(2)：27-37.

[544] 孔洪亮，曾荣树，庄新国，等. 辽宁北票地区煤中微量元素研究 [J]. 现代地质，2001，15(4)：415-420.

[545] 李河名，费淑英，王素娟. 鄂尔多斯盆地中侏罗世含煤岩系煤的无机地球化学研究 [M]. 北京：地质出版社，1993.

[546] 萨莱，程汝楠. 铀和其他微量金属在煤和有机页岩中的积聚以及腐殖酸在地球化学富集中的作用 [J]. 国外放射性地质，1979(2):6-13.

[547] DE GREGORI I，LOBOS M G，PINOCHET H. Selenium and its redox speciation in rainwater from sites of Valparaíso region in Chile，impacted by mining activities of copper ores [J]. Water Research，2002，36:115-122.

[548] 童柳华，严家平，唐修义. 淮南煤中微量元素及分布特征 [J]. 矿业安全与保护，2004，31 (增刊)：94-96.

[549] LIU G. Permo-Carboniferous paleography and coal accumulation and their tectonic control in North China and South China continental plates [J]. International Journal of Coal Geology，1990，16:73-117.

[550] HUGGINS F E，HELBLE J，SHAH N，et al. Forms of occurrence of arsenic in coal and their behavior during coal combustion [J]. Abstracts of Papers of the American Chemical Society，1993，38:265-271.

[551] 郭欣，郑楚光，刘迎晖，等. 煤中汞，砷，硒赋存形态的研究 [J]. 工程热物理学报，2001，22(6)：763-766.

[552] 黄文辉，杨起，汤达祯，等. 枣庄煤田太原组煤中微量元素地球化学特征 [J]. 现代地质，2000，14 (1)：61-68.

[553] 黄文辉，杨起，汤达祯，等.潘集煤矿二叠纪主采煤层中微量元素亲和性研究 [J]. 地学前缘，2000，7:263-270.

[554] 卢新卫. 陕西煤中硒的环境地球化学特征 [J]. 陕西师范大学学报(自然科学版)，2003，31(1)：107-112.

[555] 卢新卫，雒昆利，王丽珍，等. 陕西渭北聚煤区原煤的微量元素组成特征 [J]. 吉林大学学报(地球科学版)，2003，33(2)：178-182.

[556] 赵峰华，任德贻，尹金双，等. 煤中 As 赋存状态的逐级化学提取研究 [J]. 环境科学，1999，20 (2):79-81.

[557] 赵峰华，郑宝山. 高砷煤中砷赋存状态的扩展 X 射线吸收精细结构谱研究 [J].科学通报，1998，14:1549-1551.

[558] 许德伟. 沈北煤田煤中铬、镍等有害元素的分布赋存机制及其环境影响 [D]. 北京:中国矿业大学，1999.

[559] ZHAO C，ZHAO B，SHI Z，et al. Maceral，mineralogical and geochemical characteristics of the Jurassic coals in Ningdong Coalfield，Ordos Basin [J]. Energy Exploration & Exploitation，2014，32(6)：965-987.

[560] 赵月圆. 云南干河特高有机硫煤微量元素赋存状态及纳米矿物特征 [D]. 太原：太原理工大学，2017.

[561] 梁虎珍，曾凡桂，相建华，等. 伊敏褐煤中微量元素的地球化学特征及其无机-有机亲和性分析

[J]. 燃料化学学报，2013，41：1173-1183.

[562] LI L，WU H，VAN GESTEL C A，et al. Soil acidification increases metal extractability and bioavailability in old orchard soils of Northeast Jiaodong Peninsula in China [J]. Envirolmental Pollution，2014，188:144-152.

[563] LI Z，MA Z，YUAN Z，et al. A review of soil heavy metal pollution from mines in China：Pollution and health risk assessment [J]. Science of the Total Environment，2014，468:843-853.

[564] LU H，CHEN H，LI W，et al. Occurrence and volatilization behavior of Pb，Cd，Cr in Yima coal during fluidized-bed pyrolysis [J]. Fuel，2004，83(1):39-45.

[565] ZHENG Q，SHI S，LIU Q，et al. Modes of occurrences of major and trace elements in coals from Yangquan Mining District，North China [J]. Journal of Geochemical Exploration，2017，175：36-47.

[566] 张振桴，樊金串，晋菊芳. 煤中钴、镉、镍、锰、铜的赋存状态 [J]. 煤炭分析及利用，1991，4:10-13.

[567] HATCH J R，GLUSKOTER H J，LINDAHL P C. Sphalerite in coals from the Illinois Basin [J]. Economic Geology，1976，71(3)：613-624.

[568] 周建飞. 青海石灰沟克鲁克组煤中伴生元素的研究 [D]. 邯郸：河北工程大学，2015.

[569] 李洋，陈柯婷. 云南临沧大寨地区褐煤中微量元素的地球化学特征 [J]. 绿色科技，2017，24：129-131.

[570] JIANG Y F，QIAN H，ZHOU G. Mineralogy and geochemistry of different morphological pyrite in Late Permian coals，South China [J]. Arabian Journal of Geosciences，2016，9(11)：590.

[571] 石杰. 青海塔妥煤矿侏罗纪煤的地球化学特征 [D]. 邯郸：河北工程大学，2016.

[572] 王运泉，任德贻. 煤中微量元素研究的进展 [J]. 煤田地质与勘探，1994，22:16-20.

[573] RUCH R R. GLUSKOTER H J，KENNEDY E J. Mercury content of Illinois coals [Z]. State Geology Survey：Environment Geology Notes，1971，43:15.

[574] KHAIRETDINOV I A. On the mercury ags aoreols[J]. Geokhimiya. 1971，6:668-683.

[575] FINKELMAN R B，DULONG F T，STANTON R W，et al. Minerals in Pennsylvania coal [J]. Pa Geology，1979，10(5):2-5.

[576] FINKELMAN R B. Modes of Occurrence of Trace Elements in Coal. U. S [J]. Geology Survey，Open-file Report，1981，81-99.

[577] DVORNIKOV A G. Mercury modes of occurrence in Donetsk basin coals [J]. Dokl. Akad. Nauk SSSR (Compt. Rend. USSR Acad. Sci.)，1981，257(5):1214-1216.

[578] GHOSH S B，DAS M C，ROY R R，et al. Mercury in Indian coals [J]. Indian Journal of Chemistry Technology，1994，1:237-240.

[579] QUEROL X，FERNHNDEZ-TURIEL J L，LBPEZ-SOLER A. Trace elements in coal and their behaviour during combustion in a large power station [J]. Fuel，1995，74(3):331-343.

[580] MEYTOV E S. Metal-bearing Coals：Russian Coal Base. Vol. Ⅳ [M]. Moscow：Geoinformmark，2001.

[581] BELYAEV V K，PEDASH E T，KO N A. Minor elements in coal and host rocks at he Shubarkol coal deposit [J]. Razved Ohr Nedr [Exploration and Conservation of Mineral Resources]，1989，11:12-16.

[582] KOLKER A，FINKELMAN R B. Potentially hazardous elements in coal：modes of occurrence and summary of concentration data for coal components [J]. Coal Prep，1998，19:133-157.

[583] XIA K，SKYLLBERG U，BLEAM W，et al. X-ray absorption spectroscopic evidence for the complexation of Hg(Ⅱ) by reduced sulfur in soil humic substances [J]. Environmental Science Technology，1999，33:257-261.

[584] SKYLLBERG U, XIA K, BLOOM P R, et al. Binding of mercury(Ⅱ) to reduced S in soil organic matter along upland-peat soil transects [J]. Journal of Environmental Quality, 2000, 29:855-865.

[585] SENIOR C L, ZENG T, CHE J, et al. Distribution of trace elements in selected pulverized coals as a function of particle size and density [J]. Fuel Process. Technology, 2000, 63:215-241.

[586] KHRUSTALEVA G K, ANDRIANOVA T P, MEDVEDEVA G A, et al. Geological Aspects of Coal Conversion to Liquid Fuels: a review [M]. Moscow: Geoinformmark, 2001.

[587] YUDOVICH Y E, KETRIS M. Arsenic in coal: A review [J]. International Journal of Coal Geology, 2005, 61:141-196.

[588] MUKHERJEE A B, ZEVENHOVEN R, BHATTACHARYA P, et al. Mercury flow via coal and coal utilization by-products: a global perspective [J]. Resource, Conservation and Recycling, 2008, 52:571-591.

[589] GAYER R A, ROSE M, DEHMER J, et al. Impact of sulphur and trace element geochemistry on the utilization of marine-influenced coal-case study from the South Wales Variscan foreland basin [J]. International Journal of Coal Geology, 1999, 40(2-3):151-174.

[590] 梁汉东，张兆英，冯久舟，等. 从高硫煤的抽提物和残渣中检测元素硫 [J]. 燃料化学学报，2000，28(6):492-495.

[591] 冯新斌，洪冰，倪建宇，等.煤中潜在毒害微量元素在表生条件下的化学活动性 [J]. 环境科学学报，1999，19：433-437.

[592] 高连芬，刘桂建，Chou Chen-Lin，等. 中国煤中硫的地球化学研究 [J]. 矿物岩石地球化学通报，2005，24(1)：79-87.

[593] 高连芬，刘桂建，薛蓢，等.淮北煤田煤中有机硫的测定与分析 [J]. 环境化学，2006，25(4)：498-502.

[594] TOOLE- ONEIL B, TEWALT S J, FINKELMAN R B, et al. Mercury concentration in coal-unraveling the puzzle [J]. Fuel, 1999, 78:47-54.

[595] LIU G, ZHENG L, DUZGOREN-AYDIN N S, et al. Health effects of arsenic, fluorine, and selenium from indoor burning of Chinese coal [J]. Reviews of Environmental Contamination and Toxicology, 2007, 189:89-106.

[596] VASSILEV S V, KITANO K, VASSILEVA C G. Relations between ash yield and chemical and mineral composition of coals [J]. Fuel, 1997, 76(1):3-8.

[597] IWASHITA A, TANAMACHI S, NAKAJIMA T, et al. Removal of mercury from coal by mild pyrolysis and leaching behavior of mercury [J]. Fuel, 2004, 83:631-638.

[598] TANAMACHI S, IWASHITA A, NAKAJIMA T, et al. Release behavior of mercury and arsenic from coal during pyrolysis [C]. Proceedings of the 21st Annual International Pittsburgh Coal Conference, Osaka, 2004, No. 5-4.

[599] HUGGINS F E, HUFFMAN G P. An XAFS investigation of the form-of-occurrence of chlorine in U.S. coals [J]. Coal Science and Technology, 1991: 43-58.

[600] HUGGINS F E, HUFFMAN G P. Chlorine in coal: an XAFS spectroscopic investigation [M] // Coal Science Proceedings (1991) Int. Conf. Newcastle, England. Oxford: Butterworth-Heinemann, 1991.

[601] HUGGINS F E, GERALD P H. Chlorine in coal: An XAFS spectroscopic investigation [J]. Fuel, 1995, 74(4):556-569.

[602] 刘桂建，张浩原，郑刘根，等. 济宁煤田煤中氯的分布、赋存状态及富集因素研究 [J]. 地球科学，2004，29(1):85-92.

[603] SKIPSEY E. Distribution of alkali chlorides in British coal seams [J]. Fuel, 1974, 53:258-267.

[604] SKIPSEY E. Relations between chlorine in coal and the salinity of strata water [J]. Fuel, 1975, 54:121-125.

[605] BRAGG L J, FINKELMAN R B, TEWALT S J. Distribution of chlorine in United State coal [J]. Coal Science and Technology, 1991, 17:3-10.

[606] GREIVE D A, GOODARZI F. Trace elements in coal samples from active mines in the Forland Belt British Columbia, Canada [J]. International Journal of Coal Geology, 1993, 24:259-280.

[607] ESKHENAZY G, VASSILEV S, KARAIVANOVA E. Chlorine and bromine in the Pirin coal deposit, Bulgaria [J]. Review of Bulgaria Geology Science, 1998, 59(2):67-72.

[608] GOODARZI F, GENTZIS T, Geochemistry of coals form the Red Deer River Valley [C]. Coal Science. Proc. 8th International Conference of Coal Science, Alberta, 1995.

[609] 张军营，任德贻，许德伟，等. 黔西南煤层主要伴生矿物中汞的分布特征 [J]. 地质论评，1999，45(5):539-542.

[610] 赵峰华. 煤中有害微量元素分布赋存机制及燃烧产物淋滤实验研究 [D]. 北京：中国矿业大学，1997.

[611] WEI X, ZHANG G, CAI Y, et al. The volatilization of trace elements during oxidative pyrolysis of a coal from an endemic arsenosis area in southwest Guizhou, China [J]. Journal of Analytical and Applied Pyrolysis, 2012, 98:184-193.

[612] 王运泉，任德贻，谢洪波. 燃煤过程中微量元素的分布及逸散规律 [J]. 煤矿环境保护，1995，9(6)：25-28.

[613] ZHANG S. Scientific Progress on Trace Elements [M]. Hangzhou: Hangzhou University Press, 1993.

[614] TANG Y, ZHANG H, DAI S, et al. Geochemical characteristics of lead in coal [J]. Coal Geology & Exploration, 2001, 29:7-10.

[615] HOWER J C, ROBERTSON J D. Clausthalite in coal [J]. International Journal of Coal Geology, 2003, 53:219-225.

[616] LI X, THORNTON I. Chemical partitioning of trace and major elements in soils contaminated by mining and smelting activities [J]. Applied Geochemistry, 2001, 16:1693-1706.

[617] LI Z, MOORE T A, WEAVER S D, et al. Crocoite: an unusual mode of occurrence for lead in coal [J]. International Journal of Coal Geology, 2001, 45:289-293.

[618] SWAINE D J, GOODARZI F. Environmental Aspects of Trace Elements in Coal [M]. London: Butterworths, 1990.

[619] CHOU C. Geochemistry of sulfur in coal [C] // ACS Symposium Series 429: Geochemistry of Sulfur in Fossil Fuels. Washington DC: American Chemical Society, 1990, 30-52.

[620] SPENCER L J. On the occurrence of alstonite and ullmanite (a species new to Britain) in a barytes-witherite vein at the New Brancepeth colliery near Durham [J]. Mineralogical Magazine, 1910, 15:302-311.

[621] 唐跃刚. 四川晚二叠世煤中硫的赋存机制、黄铁矿矿物学及其磁性研究 [D]. 北京：中国矿业大学，1993.

[622] 庄新国，曾荣树，徐文东. 山西平朔安太堡露天矿 9 号煤层中的微量元素 [J]. 地球科学(中国地质大学学报)，1998，23 (6)：583-587.

[623] 庄新国，龚家强，王占岐，等. 贵州六枝、水城煤田晚二叠世煤的微量元素特征 [J]. 地质科技情报，2001，20(3):53-58.

[624] SOLARI J A, FIEDLER H, SCHNEIDER C L. Occurrence, distribution and probable source of the trace elements in Ghugus coals, Wardha Valley, districts Chandrapur and Yeotmal, Maha-

rashtra, India [J]. International Journal of Coal Geology, 1989, 2:371-381.

[625] FINKELMAN R B, PALMER C A, KRASNOW M R, et al. Combustion and leaching behavior of elements in the Argonne premium coal samples [J]. Energy & Fuels 1990, 4(6):755-766.

[626] PAREEK H S, BARDHAN B. Trace elements and their variation along seam profiles of the middle and upper Barakar formations (lower Permian) in the east Bokaro coalfield, district Hazarbagh, Bihar, India [J]. International Journal of Coal Geology, 1985, 5:281-314.

[627] 吴江平. 淮南煤田东部煤中某些微量元素及环境意义 [D]. 淮南：安徽理工大学,2006.

[628] LYONS P C, PALMER C A, BOSTICK N H, et al. Chemistry and origin of minor and trace elements in vitrinite concentrates from a rank series from the Eastern United States, England and Australia [J]. International Journal of Coal Geology, 1989, 13:481-527.

[629] ESKENAZY G. Geochemistry of arsenic and antimony in Bulgarian coals [J]. Chemical Geology, 1995, 119:239-254.

[630] TESSIER A, CAMPBELL P G C, BISSON M. Sequential extraction procedure for the speciation of particulate trace metals [J]. Analytical Chemistry, 1979, 51 (7):844-851.

[631] CHOU C. Relationship between geochemistry of coal and nature of strata overlying the Herrin coal in the Illinois Basin, USA [J]. Geological Society of China, 1984, 6:269-280.

[632] CHOU C. Distribution and forms of chlorine in Illinois Basin coals [M]. Coal Science and Technology, 1991.

[633] CHOU C. Origins and evolution of sulfur in coals [J]. Western Pacific Earth Sciences, 2004, 4:1-10.

[634] DVRONIKOV A G, TIKHONENKOVA E G. Distribution of trace elements in iron sulfides of coals from different structures of central Donbas [J]. Geochemistry International, 1973, 10 (5):1168.

[635] ESKENAZY G. Rare earth elements in a sampled coal from the Pirin Deposit, Bulgaria [J]. International Journal of Coal Geology, 1987, 7:301-314.

[636] HELBE J J, MOJTAHEDI W, LYYRANEN J, et al. Trace element partitioning during coal gasification [J]. Fuel, 1996, 75:931.

[637] GALBREATH K C, TOMAN D J, Zygarlicke C J, et al. Trace element partitioning and transformations during combustion of bituminous and subbituminous US coals in a 7kW combustion system [J]. Energy and Fuels, 2000, 14:1265-1279.

[638] PALMER C A, LYONS P C. Chemistry and origin of minor and trace elements in selected vitrinite concentrates from bituminous and anthracitic coals [J]. International Journal of Coal Geology, 1990, 16(1-3):189-192.

[639] CHATZIAPOSTOLOU A, KALAITZIDIS S, PAPAZISIMOU S, et al. Mode of occurrence of trace elements in the Pellana lignite (SE Peloponnese, Greece) [J]. International Journal of Coal Geology, 2006, 65:3-16.

[640] FINKELMAN R B. Mode of occurrence of accessory sulfide and selenide minerals in coal [C]. Neuvième Congrès International Stratigraphie et de Géologie du Carbonifere, Carbondale, 1985.

[641] FINKELMAN R B. Modes of occurrence of trace elements and minerals in coal: an analytical approach [M] // Atomic and Nuclear Methods in Fossil Energy Research. New York: Plenum Press, 1982.

[642] 代世峰，任德贻，李丹，等.贵州大方煤田主采煤层的矿物学异常及其对元素地球化学的影响 [J]. 地质学报，2006c，80(4):589-597.

[643] DREHER G E, FINKELMAN R B. Selenium mobilization in a surface coal mine, Power River

Basin, Wyoming, USA [J]. Environmental Geologic Water Science, 1992, 19:155-167.

[644] PALMER C A, LYONS P C. Selected elements in major minerals from bituminous coal as determined by INAA: Implications for removing environmentally sensitive elements from coal [J]. International Journal of Coal Geology, 1996, 32:151-166.

[645] 徐文东，曾荣树，叶大年，等. 电厂煤燃烧后元素硒的分布及对环境的贡献 [J]. 环境科学，2005，26(2)：64-68.

[646] 朱建明. 渔塘坝黑色富硒岩石中硒的赋存状态及其对区域环境的效应研究 [D]. 贵阳：中国科学院地球化学研究所，2001.

[647] KIZILSTEIN L Y, SHOKHINA O A. Geochemistry of selenium in coal: environmental aspect [J]. Geokhimiya, 2001, 4:434-440.

[648] 武子玉，李云辉，周永昶. 吉林白山地区原煤微量元素地球化学特征 [J]. 煤田地质与勘探，2004，32(6):8-10.

[649] TROSHIN Y P, LOMONOSOV I S, LOMONOSOV T K. Geochemistry of the ore-bearing elements in sediments of the Cenozoic depressions in the Baikal Rift Zone [J]. Geologiyai Geofizika, 2001, 42:348-361.

[650] WEN H, CARIGNAN J, QIU Y, et al. Selenium speciation in kerogen from two Chinese selenium deposits: Environmental implications [J]. Environmental Science & Technology, 2006, 40: 1126-1132.

[651] ZHU J, ZUO W, LIANG X, et al. Occurrence of native selenium in Yutangba and its environmental implications [J]. Applied Geochemistry, 2004, 19:461-467.

[652] LIU G, ZHENG L, ZHANG Y, et al. Distribution and mode of occurrence of As, Hg and Se and sulfur in coal seam 3 of the Shanxi Formation, Yanzhou coalfield, China [J]. International Journal of Coal Geology, 2007, 71(2-3):371-385.

[653] BREEN C, MOLLOY K, QUILL K. Mossbauer spectroscopic and thermalgravimetric studies of tin-clay complexes [J]. Clay mineral, 1992, 27(4):445-455.

[654] PETRIDIS D, BAKAS T. Tin-clay complexes: a mossbauer study [J]. Clays and Clay Minerals, 1997, 45(2):73-76.

[655] 王庆伟. 西北地区煤伴生铀赋存特征及成因机理 [C]. 中国地质学会 2013 年学术年会论文摘要汇编，2013，10.

[656] 杨宗. 云南砚山晚二叠世煤中 V、Cr、Mo 和 U 的丰度与赋存状态 [J]. 矿物岩石地球化学通报，2009，28(3):268-271.

[657] 王朋冲，徐争启，李萍. 有机质与铀成矿关系探讨 [J]. 矿物学报，2013(增刊):250-251.

[658] 王冉. 黔西地区煤中金赋存分布与富集地球化学机理研究 [D]. 徐州：中国矿业大学，2011.

[659] 李薇薇，唐跃刚，邓秀杰，等. 湖南辰溪高有机硫煤的微量元素特征[J]. 煤炭学报，2013，38(7)：1227-1233.

[660] 李文华，熊飞，姜英. 微量有害元素在高硫煤中的存在状态 [J]. 煤化工，1994,69(4):20-23.

[661] TUREKIAN K K, WEDEPOHL K H. Distribution of the elements in some major units of the earth crust [J]. Geological Society of America Bulletin, 1961, 72:175-192.

[662] HOWER J C, GREB S F, COBB J C, et al. Discussion on origin of vanadium in coals: parts of the Western Kentucky (USA) No. 9 coal rich in vanadium [J]. Journal of the Geological Society, 2000, 157: 1257-1259.

[663] 中华人民共和国国家质量监督检验检疫总局. 煤炭质量分级-第 1 部分(灰分)：GB/T 15224.1—2010 [S]. 北京：中国国家标准出版社，2010.

[664] 中华人民共和国国家质量监督检验检疫总局. 煤炭质量分级-第 2 部分(硫分)：GB/T 15224.2—

2010 [S]. 北京：中国国家标准出版社，2010.

[665] ASTM International, Standard Classification of Coals by Rank [S]. ASTM Standard D388-99e1, 2017.

[666] WANG W, QIN Y, SONG D, et al. Geochemistry of rare earth elements in the middle and high sulfur coals from North Shanxi Province [J]. Geochimica, 2002, 31:564-570.

[667] MAYLOTTE D H, WONG J, STPETERS R L, et al. X-ray Absorption Spectroscopic Investigation of Trace Vanadium Sites in Coal [J]. Science, 1981,214:554-556.

[668] GIVEN P H, MILLER R N. The association of major, minor and trace inorgainc elements with lignites. Ⅲ. Trace elements in four lignites and general discussion of all data from this study [J]. Geochimica et Cosmoimica Acta, 1987, 51:1843-1853.

[669] LIU J, YANG Z, YAN X, et al. Modes of occurrence of highly-elevated trace elements in super-high-organic-sulfur coals [J]. Fuel, 2015a, 156:190-197.

[670] SEREDIN V V, DANILCHEVA Y A, MAGAZINA L O, et al. Ge-bearing coals of the Luzanovka Graben, Pavlovka brown coal deposit, Southern Primorye [J]. Lithology and Mineral Resources, 2006, 41:280-301.

[671] FINKELMAN R B. What we don't know about the occurrence and distribution of trace elements in coals [J]. The Journal of Coal Quality, 1989, 8(3-4):63-66.

[672] ARBUZOV S I, VOLOSTNOV A V, RIKHVANOV L P, et al. Geochemistry of radioactive elements (U, Th) in coal and peat of northern Asia (Siberia, Russian Far East, Kazakhstan, and Mongolia) [J]. International Journal of Coal Geology, 2011, 86(4):318-328.

[673] ALAN M, KARA D. Comparison of a new sequential extraction method and the BCR sequential extraction method for mobility assessment of elements around boron mines in Turkey [J]. Talanta, 2019, 194:189-198.

[674] GABARRON M, ZORNOZA R, MARTINE S, et al. Effect of land use and soil properties in the feasibility of two sequential extraction procedures for metals fractionation [J]. Chemosphere, 2019, 218(3):266-272.

[675] ZÚÑIGA-VÁZQUEZ D, ARMIENTA M A, DENG Y, et al. Evaluation of Fe, Zn, Pb, Cd and As mobility from tailings by sequential extraction and experiments under imposed physico-chemical conditions [J]. Geochemistry: Exploration, Environment, Analysis, 2019, 19:129-137.

[676] KORTENSKI J, BAKARDJIEV S. Rare earth and radioactive elements in some coals from the Sofia, Svoge and Pernik Basins, Bulgaria [J]. International Journal of Coal Geology, 1993, 22: 237-246.

[677] GOLDING S D, COLLERSON K D, UYSAL I T, et al. Nature and source of carbonate mineralization in Bowen Basin coals, eastern Australia [M] // Organic Matter and Mineralisation: Thermal Alteration, Hydrocarbon Generation and Role in Metallogenesis. Dordrecht: Springer, 2000.

[678] 陈萍. 中国煤中硫的分布特征和脱硫研究 [J]. 煤炭转化，1994, 17:1-9.

[679] 高连芬. 煤中含硫有机化合物及煤的热解脱硫研究 [D]. 合肥：中国科学技术大学，2006.

[680] RUCH R R, GLUSCOTER H J, SHIMP N F. Distribution of trace elements in coal [R]. EPA-650-2-74-118, Washington DC: EPA, 1974.

[681] CECIL C B, STANTON R W, ALLSHOUSE S D, et al. Geologic controls on element concentrations in the Upper Freeport coal bed Prepr-Am Chem Soc, Div [J]. Fuel Chemistry, 1979, 24 (1):230-235.

[682] FINKELMAN R B, BRAGG L J, TEWALT S J. Byproduct recovery from high-sulfur coals [M].

Processing and utilization of high-sulfur coals (vol. Ⅲ). Amsterdam: Elsevier, 1990.

[683] FLEET A J. Aqueous and sedimentary geochemistry of the rare earth elements [M] // Rare Earth Element Geochemistry. Amsterdam: Elsevier, 1984.

[684] ESKENAZY G. Factors controlling the accumulation of trace elements in coal [J]. Annual of Sofia University, 1996, 89 (1):219-236.

[685] ESKENAZY G M. Aspects of the geochemistry of rare elements in coal: an experimental approach [J]. International Journal of Coal Geology, 1999, 38:285-295.

[686] BIRK D, WHITE J C. Rare earth elements in bituminous coals and under clays of the Sydney basin, Nova Scotia: Element sites, distribution, mineralogy [J]. International Journal of Coal Geology, 1991, 9:219-251.

[687] 陈儒庆，龙斌，曹长春. 广西煤的稀土元素分布模式 [J]. 广西科学，1996，3(2):32-36.

[688] 邵靖邦，曾凡桂，王宇林，等. 平庄煤田煤中稀土元素地球化学特征 [J]. 煤田地质与勘探，1997，25(4):13-15.

[689] 赵志根，冯士安，唐修义. 微山湖地区石炭-二叠纪煤的稀土元素沉积地球化学 [J]. 地质地球化学，1998，26(4):64-67.

[690] 赵志根，唐修义，李宝芳. 淮南矿区煤的稀土元素地球化学 [J]. 沉积学报，2000b，18(3):453-459.

[691] 戚华文，胡瑞忠，苏文超，等. 临沧锗矿褐煤的稀土元素地球化学 [J]. 地球化学，2002，31(3):300-308.

[692] BROWNFIELD M E, AFFOLTER R H, STRICHER G D, et al. High chromium contents in Tertiary coal deposits of northwestern Washington:a key to their depositional history [J]. International Journal of Coal Geology, 1995, 27(2-4):153-169.

[693] CHENG W, YANG R, ZHANG Q, et al. Distribution characteristics, occurrence modes and controlling factors of trace elements in late Permian coal from Bijie City, Guizhou Province [J]. Journal of China Coal Society, 2013, 38:103-113.

[694] KABATA-PENDIAS A, PENDIAS H. Trace elements in soils and plants, 3rd edition [M]. London: CRC Press, 2001.

[695] DAI S, LUO Y, SEREDIN V V, et al. Revisiting the late Permian coal from the Huayingshan, Sichuan, southwestern China: Enrichment and occurrence modes of minerals and trace elements [J]. International Journal of Coal Geology, 2014, 122:110-128.

[696] JIANG Z, TIAN J, CHEN G, et al. Sedimentary characteristics of the Upper Triassic in western Sichuan foreland basin [J]. Journal of Palaeogeography, 2007, 9:143-154.

[697] ZHANG T, TANG H, WU B. Sedimentary facies of the Carboniferous System at the North Pitching End of the Huayingshan Anticline [J]. Sichuan Geol, 2010, 30:271-274.

[698] LIU G, YANG P. Geochemistry of trace elements in Jining coalfield [J]. Geology Geochemistry, 1999, 27:77-82.

[699] QUINBYHUNT M S, WILDE P. Thermodynamic zonation in the black shale facies based on iron-manganese vanadium content [J]. Chem Geol, 1994, 113:297-317.

[700] TAYLOR S R, MCLENNAN S M. The continental crust: Its composition and evolution [M]. United States: Department of Energy Office of Scientific and Technical Information, 1985.

[701] CHENG M, HU X, SUN J, et al. Overview on the Cambrian blank shale-hosted vanadium deposit in Hunan [J]. Contributions to Geology and Mineral Resources Research, 2012, 27:410-420.

[702] RAYMOND R J, GLADNEY E S, BISH D L, et al. Variation of inorganic content of peat with depositional and ecological setting [M] // Recent advances in coal geochemistry. Goelogical

Society of America，1990.

[703] 王运泉，莫洁云，任德贻. 梅田矿区岩浆热变煤中微量元素分布特征 [J]. 地球化学，1999，28(3)：289-296.

[704] DAI S，YANG J，WARD C R，et al. Geochemical and mineralogical evidence for a coal-hosted uranium deposit in the yili basin，xinjiang，northwestern China [J]. Ore Geology Reviews，2015，152：70：1-30.

[705] WU C，CHEN C，CHEN Q. The origin and geochemical characteristics of Upper Sinain-Lower Cambrian black shales in western Hunan [J]. Acta Petrologica et Mineralogica，1999，18：26-39.

[706] DAI S，WANG P，WARD C R，et al. Elemental and mineralogical anomalies in the coal-hosted Ge ore deposit of Lincang，Yunnan，southwestern China：Key role of $N_2$-$CO_2$-mixed hydrothermal solutions [J]. International Journal of Coal Geology，2015，19-46.

[707] DAI S，LIU J，WARD C R，et al. Petrological，geochemical，and mineralogical compositions of the low-Ge coals from the Shengli Coalfield，China：A comparative study with Ge-rich coals and a formation model for coal-hosted Ge ore deposit [J]. Ore Geology Reviews，2015b，71：318-349.

[708] CROWLEY S S，RUPPERT L F，BELKIN H E，et al. Factors affecting the geochemistry of a thick，subbituminous coal bed in the Powder River Basin：Volcanic，detrial，and peat-forming processes [J]. Organic Geochemistry，1993，20(6)：843-853.

[709] 冯宝华. 我国北方石炭二叠纪火山灰沉积水解改造而成的高岭岩 [J]. 沉积学报，1989，7(1)：101-106.

[710] 张玉成. 四川南部晚二叠世含煤地层沉积环境及聚煤规律 [M]. 贵阳：贵州科技出版社，1993.

[711] 贾炳文，张俊计. 冀北辽西晚古生代煤系地层中火山碎屑岩层的发现与研究 [J]. 沉积学报，1996 16(2)：163-171.

[712] 周义平. 中国西南龙潭早期碱性火山灰蚀变的 TONSTEINS [J]. 煤田地质与勘探，1999，27(4)：5-9.

[713] 桑树勋，刘焕杰，贾玉如. 华北中部太原组火山时间层与煤岩层对比：火山事件层的沉积学研究与展布规律[J]. 中国矿业大学学报，1999，28(1)：46-49.

[714] 张慧，周安期，郭敏泰，等. 沉积环境对降落火山灰蚀变作用的影响：以大青山晚古生代煤为例 [J]. 沉积学报，2000，18(4)：515-520.

[715] BOHOR B F，TRIPLEHORN D M. Tonsteins：altered volcanic-ash layers in coal-bearing sequences [J]. Geol Soc Am，Spec Pap，1993，285：44.

[716] 林炳营. 环境地球化学简明原理 [M]. 北京：冶金工业出版社，1990.

[717] 周义平. 试论锗在煤层中分布的两种类型 [J]. 地质科学，1974，2：182-188.

[718] 周义平. 云南某些煤中砷的分布及控制因素[J]. 煤田地质与勘探，1983，11(3)：2-8.

[719] 张军营. 煤中潜在毒害微量元素富集规律及其污染性抑制研究 [D]. 北京：中国矿业大学，1999.

[720] MUKHOPADHYAY P K，GOODARZI F，GRANDLEMIRE A，et al. Comparison of coal composition and elemental distribution in selected seams of the Sydney and Stellarton Basin，Nova Scotia，Eastern Canada [J]. International Journal of Coal Geology，1998，37(1-2)：113-141.

[721] WANG Y. Distribution and modes of occurrence characteristics of coal and its combustion products [J]. South China University of Technology Press，1998.

[722] BOWEN H J M. Environmental Chemistry of the Element [M]. London：Academic Press，1979.

[723] 兰昌益. 两淮煤田石炭二叠纪含煤岩系沉积特征及沉积环境 [J]. 安徽理工大学学报，1989：9-22.

[724] 朱善金. 淮南煤田新集井田二叠纪系煤第Ⅰ，Ⅱ含煤段沉积环境初步分析 [J]. 淮南矿业学院学报，1989：(2)：13-20.

[725] 杨守山，兰昌益. 淮南煤田颍凤区山西组沉积环境[J]. 中国煤田地质，1992，4(2)：6-9.

［726］ 董宇，兰昌益，曾庆平，等. 两淮晚石炭世至晚二叠世初期岩相古地理［J］. 煤田地质与勘探，1994，22(6)：9-12.

［727］ DOMINIK J，STANLEY D J. Boron，beryllium and sulfur in holocene sediments and peats of the Nile Delta，Egypt-their use as indicators of salinity and climate［J］. Chemical Geology，1993，104：203-216.

［728］ 吴文金，刘文中，陈克清. 淮北煤田二叠系沉积环境分析［J］. 北京地质，2000，3：21-25.

［729］ BOUŠKA V. Geochemistry of coal［M］. Amsterdam：Elevier，1981.

［730］ 滕辉. 煤中微量元素特征在煤层对比中的应用［J］. 煤田地质与勘探. 1989，01：2.

［731］ ESKENAZY G M，STEFANOVA Y S. Trace elements in the Goze Delchev coal deposit，Bulgaria［J］. International Journal of Coal Geology，2007，72：257-267.